中国热带农业科学院环境与植物保护研究所

1953—2010年科研论文与调研工作报告选编

（第二卷）

◎ 中国热带农业科学院环境与植物保护研究所　主编

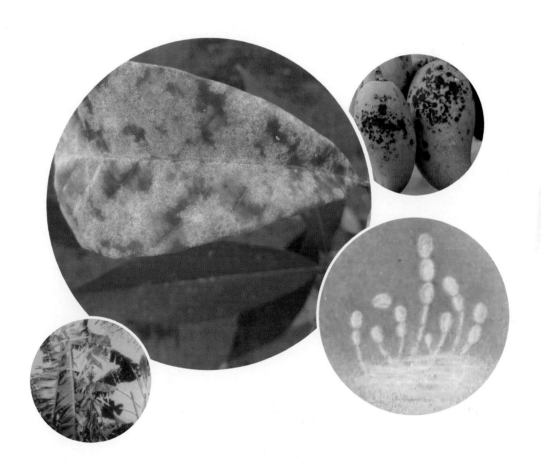

中国农业科学技术出版社

序

　　我国热带作物植物保护学科是随着我国天然橡胶种植业的发展，从无到有、由弱到强发展起来的。六十多年来，以中国热带农业科学院环境与植物保护研究所为主的植保科技工作者，紧密结合热带作物生产实际与产业需求开展科学研究，联合生产部门、基层植保科技人员，对天然橡胶等热带作物生产中发生的重要病虫害，进行了深入研究，基本上掌握了这些病虫害发生、流行的规律，研究出相应的防控关键技术，并及时把科研成果推广应用，有力支撑了我国热带作物产业持续健康发展，取得了显著的经济效益、社会效益和生态效益。

　　为此，我们组织编撰一套中国热带农业科学院环境与植物保护研究所的热作植保科技工作者科研论文、调研工作报告等系列丛书，旨在为大家提供一套较为全面、翔实地了解中国热作植保学科的建立和发展的参考书。

　　本书为该系列丛书的第二卷，集中选编了中共中央、国务院、中央军委颁发的"庆祝中华人民共和国成立 70 周年"纪念章获得者——余卓桐研究员编著的论文和调研报告 100 多篇，是一本不可多得的学习和参考材料，可供植物保护及其相关学科的科研人员、大专院校师生及热带农业生产部门科技人员参考。

中国热带农业科学院环境与植物保护研究所（所长）

2019 年 10 月 15 日

1959 年到华南热带作物研究院植保所工作。1974—1975 年、1977 年两次参加农业部（现农业农村部）专家组出国援外。1981—1982 年作为访问学者到美国路易斯安那大学植病系合作研究，进修专业课程。

工作以来主要从事橡胶树、杧果、香蕉、水稻等作物病害研究。1959—1969 年在橡胶树白粉病的流行、预测和防治研究上获得显著进展，在全国植胶区推广总指数、嫩叶病率防治指标、丰收—30 喷粉机具和 320 筛目硫磺粉，提高了防治效果，降低了防治成本。1965—1966 年、1970—1972 年参加橡胶树条溃疡的试验工作。1970 年后主持橡胶树白粉病的流行、预测、化学防治、化学脱叶、航空防治研究，创立白粉病总发病率短期预测法和混合叶发病率的防治指标，提高了预测准确率和防治效果，节省喷药次数和人力成本，累计挽回干胶损失 1.6 万 t 以上，1980 年后在全国植胶区推广，至今仍在应用，同时试验筛选推荐使用粉锈宁有效农药和乙烯利脱叶剂。1976—1977 年负责橡胶树炭疽病的研究，在农药筛选和测报上有一定的进展。

1972—1988 年每年对海南植胶区发布橡胶树白粉病中期预报，提出防治建议，并报农业部农垦司转发全国有关省区，对我国橡胶树白粉病的预测、流行、防治等具有指导作用。

20 世纪 80 年代赴美国开展水稻病害研究，水稻纹枯病的经济阈值和防治指标的研究成果在路易斯安那州获得推广应用，主要指标写进 *A guide for rice disease control*。1983 年回国后主持"橡胶树白粉病综合管理项目研究"，开展白粉病中短期预测模式、为害损失、经济为害水平、无性系抗病性鉴定、抗病性利用等研究，组建白粉病综合治理体系，并在多个农场大面积试用，比常规防治防效提高 15%，成本降低 22%，该成果于 1991 年获国家级星火奖，并于 1991—1992 年在华南五省植胶，19 个农场 178 万亩推广应用，获得良好的效果与效益，挽回干胶损失 1.1 万 t。1984 年后主持研究杧果病害，基本摸清我国杧果病害的种类，发现 6 种我国前人未报道的煤烟菌。同年鉴定东太农场发现的橡胶树根病确认为白根病。

20 世纪 90 年代初期主持研究构建橡胶树白粉病系统管理模型和防治决策模型，在海南橡胶树白粉病中期预报和多个农场防治上应用预测准确率 90% 以上，获得良好的防治效果和效益，为我国橡胶树白粉病防治提供了新的现代化途径。1991—1992 年、1995—1997 年两次参加"橡胶树及热作种质资源鉴定评价"攻关研究，负责橡胶树新种质对白粉病抗病性鉴定分题，选出了 12 个高抗新种质。此项目于 1992 年获国家科学技术进步奖三等奖。1998 年获国家科学技术进步奖二等奖。1996—2006 年主持"橡胶树病害综合治理研究"，在国内外橡胶树病害研究中，首次提出橡胶树病害综合治理体系，建立动态经济危害水平，预测模式和防治决策模型，在海南多个农场（约 13.5 万 hm^2）试用，比常规防治提高防效 10.5%，成本降低 20.5%，节省农药 1 453t，挽回干胶损失 1.5 万 t，1999 年参加林业病虫调查，鉴定出海南已引进内检对象桉树焦枯病和松树褐斑病。

任职以来，主持项目获国家科技奖 1 项，中央科委和农委科技推广奖 2 项；省部科技奖 8 项；参加项目获国家科技奖 2 项，省部科技奖 2 项。主编《中国橡胶树病虫图谱》《中国热带作物病虫图谱》《香蕉西瓜菠萝病虫害防治》《杧果、荔枝、龙眼、杨桃病虫害防治》《橡胶树病虫防治问答》等书；参编《热带北缘橡胶树栽培》《中国热带作物栽培学》等 6 部图书；发表论文 85 篇，调研报告 58 篇（含 27 篇橡胶树白粉病 27 年的中期预报）。

2019 年 10 月余卓桐作为国家科技进步奖第一完成人之一获得"庆祝中华人民共和国成立 70 周年"纪念章。

1988年，余卓桐在橡胶树白粉病综合管理研究成果鉴定会上作报告，该成果于1991年获国家级星火奖

1984年，余卓桐（中）与5省橡胶垦区主要植保科技人员鉴定橡胶树条溃疡病综合防治研究成果

1984年，余卓桐（右2）与课题组成员、南田农场主要参试人员在橡胶树白粉病试验区合影

1995年，余卓桐在华南热带作物研究院橡胶树种质圃调查新种质对白粉病的抗病性

2004年，余卓桐（后排左3）在广州参加"十五"国家科技攻关计划低聚糖素专题验收

1999年，在海南儋州向果农讲解荔枝病害防治技术

1983年，余卓桐从美国回国后作赴美工作报告

1981年，余卓桐在美国路易斯安那大学植物病理系实验楼外留影

1982年，余卓桐（右）在美国路易斯安那大学水稻试验站与导师M.C.Rush博士（左）及其
助手（中）讨论水稻病害试验工作

1982年，余卓桐在美国路易斯安那大学农业试验场与其科教人员进行水稻病害试验

1988年，余卓桐（主席台）在海南省植物病理学会、昆虫学会、植物检疫协会成立大会暨学术讨论会上作报告

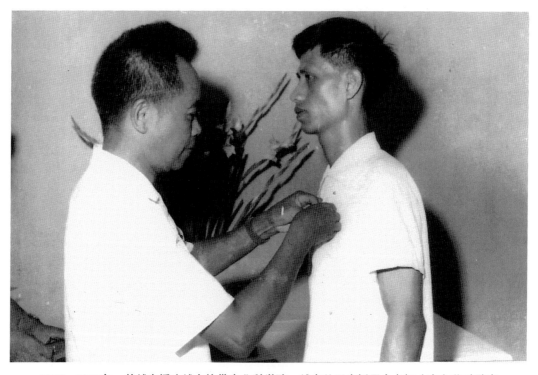

1974—1975年，赴越南援建越南热带农业科学院，越南总理府授予余卓桐（右）奖励勋章

phytopathology news

THE AMERICAN PHYTOPATHOLOGICAL SOCIETY   **MARCH 1982 VOLUME 16/NUMBER 3**

Gary Harman, Cornell University at Geneva, NY, visited the plant pathology department of the Ohio State Agricultural Research Center in Wooster and presented a seminar entitled "Biocontrol of damage by seed maggots and seed rotting fungi." He was also a guest of the Departments of Agronomy, Plant Pathology, and Botany in Columbus where he presented a seminar to the Plant Physiology Department on "Biochemical events in seed deterioration and their effects on the ecosystem around the planted seed."

Valois Galindo Jaimes is a visiting scientist in the Department of Plant Pathology and Crop Physiology at Louisiana State University from January through June. Galindo is employed by the Instituto para el Mejoramiento de la Produccion de Azucar. The Instituto is sponsoring his stay at LSU. He is also a

**Valois
Galindo Jaimes**

student in the M.S. degree program at the Colegio Superior de Agricultura Tropical at Cardenas, Tabasco, Mexico. Galindo is working with **K. E. Damann, Jr., R. L. Schlub, M. J. Giamalva,** and **F. A. Martin.**

Ze-Yong Xu, plant pathologist of the Oil Crops Research Institute of CAAS,

Ze-Yong Xu

Nebraska, Lincoln), was in Japan during October to discuss research on pine wilt disease with Japanese scientists at the Forestry and Forest Products Research Institute at Tsukuba, Kumamoto, Kyoto, and Morioka. **Yasuhara Mamiya,** forest nematologist at the Institute's headquarters in Tsukuba, was his principal contact during the visit.

Zhou-Tong Yu is a visiting scientist in the Department of Plant Pathology and Crop Physiology at Louisiana State University during 1982. He will conduct research on the epidemiology and control of sheath blight of rice with **M. C. Rush.** Yu is deputy director of the Plant Pathology Section at the Tropical

Zhou-Tong Yu

Academy of South China on Hainan Island, Guangdon. In China, Yu works with plant protection activities related to rubber trees, oil palm, and black pepper.

Congratulations

Luther W. Baxter, Jr., was elected a Fellow of the American Camellia Society in November. This award was in recognition of Dr. Baxter's outstanding achievements and valuable contributions to the knowledge of the genus Camellia,

Luther Baxter, Jr.

including control of diseases and culture and propagation of camellias. Baxter is a professor of plant pathology in the Department of Plant Pathology and Physiology at Clemson University.

translocation patterns in diseased plants, axenic culture of rust fungi, cytology, ultrastructure of host-parasite interfaces, and the mode of action of systemic fungicides. He is now developing a further understanding of the pathology of *Phytophthora* diseases, especially those on avocado and other semi-tropical crops. The basis of resistance or tolerance to *P. cinnamomi* in avocado rootstocks will be an important area of research, as will the mechanisms whereby systemic fungicides control disease.

Donald A. Cooksey has joined the Department of Plant Pathology at the University of California at Riverside. Dr. Cooksey received a Ph.D. degree in August, in the Department of Botany and Plant Pathology at Oregon State University. His thesis research, under the direction of **Larry W. Moore,** was on biological control of crown gall. His research at UCR will deal with the ecology and biological control of pathogenic bacteria.

Debra F. Edwards has joined the Pesticide Degradation Lab, ARS, USDA in Beltsville, MD, as a postdoctorate with **Donald Kaufman.** She will study microbial degradation of pesticides in soil. Edwards received her Ph.D. degree in plant pathology from the Ohio State University in Columbus, in 1981, and served as an instructor in the department prior to moving to Beltsville. Her thesis is entitled "Polyphenoloxidase enhancement in *Armillaria mellea* by ethanol and guaiacol in relation to their stimulatory effects on growth and rhizomorph production."

Jonathan P. Hubbard has accepted a position with AgriGenetics Inc. in their vegetable products group. He will be pathologist for the Sun and Keystone seeds group and deal with diseases in bean, corn, peas, and cucumbers. He completed a postdoctoral tour with **Gary Harman** at the Department of Seed & Vegetable Sciences at Cornell University in Geneva where he worked with biological control and microbial interactions around germinating seeds. He received his Ph.D. from the University of Massachusetts in 1977 where he studied with **Mark S. Mount** on regulation of pectic enzyme synthesis in *Erwinia carotovora.*

1982年，《美国植物病理学报》16卷第3期对美国路易斯安那大学访问学者余卓桐（中列上图）的报道

海南

SCIENCE & TECHNOLOGY NEWS OF HAINAN SPECIAL ZONE

特区科技报

省政府指定刊登科技成果、专利技术、产品鉴定结果之法律有效刊物　全国发行　社长:刘须钦　总编辑:赖京安

| 1995年12月29日　星期五　农历乙亥年十一月初八 | 总第220期 | 邮发代号:83—3 |

主办:海南省科学技术协会　海南省科学技术厅　　出版:海南特区科技报社　国内统一刊号CN46—00□

协办:　海南国际科技工业园　　　海南省农业厅　　　　海南省海洋厅
　　　海南省人民医院　　　　　海南省农垦总局　　　海南省环境资源厅

余卓桐　1937年9月生,广东郁南人,汉族,大学学历,中共党员,研究员,现任华南热作两院植保所所长,从事橡胶等热作的病虫害防治研究工作。获奖成果有《橡胶树白粉病综合治理研究》(第一完成人)获1990年海南省科技进步二等奖,1991年获国家星火三等奖,《橡胶树白粉病流行规律及防治措施研究》(第三完成人)获1979年广东省科学大会奖,《橡胶树白粉病总发病率短期预测法研究》(第一完成人)获1982年国家科委、农委科技推广奖。在"橡胶树白粉病预测模式研究"和"利用热雾机喷撒粉锈宁油剂防治白粉病"等方面的研究处于领先地位。曾被评为七·五期间"全国农垦系统科研先进个人"。1992年经国务院批准为享受政府特殊津贴专家。(省科协宣教部供稿)

□琼州科技明星

其中,省农行划拨的5500万元及时解决,将不可避免地会出现"打白条"。于是,该调查组问省委、省政府写了《当前糖蔗问题》和《关于澄迈、儋州、昌江等市县的橡榨季流动资金1995—1996榨季流动资金的调查报告和《关于解决这些糖厂普遍存在的流动资金问题与建议》的调查报告。省政府写了《当前糖蔗行安排的4.7亿元贷款,于日前业银行第二天就将提供到海南分行,农业银行海南分行,农业银行海南分行及时解决,将不可避免地会出现"打白条"。

中国农业银行海南省分行最近政协经济委员会、科技委员会协调提案委员会第二次就将提供生产。资1.25亿元,支持我省糖厂1995

10月中旬,海南省政协经济委员会根据省政协委员、省长阮崇武评选揭晓的'95中国乡镇投资环境300佳中,海南省通什市冲山镇和万宁县万城镇榜上有名,分别受到嘉奖。(林小明)

□简明新闻

本报讯　由民政部、基层政权建设司、农业部政策体制改法规司、国家科委体改委农村经济体制司、国家科委体改委农村经济体制司等单位联合举办的,'95中国乡镇投资环境300佳中

本报讯　琼山市新坡镇连续6年超额完成订阅《海南特区科技报》任务。镇党委、镇政府每年11月中旬召开企事业单位领导、村委党支部书记、主任会议。表扬上年度在发行工作中的先进单位和个人,布置下一年度的征订任务并落实到人。该镇涌现出父子争相订阅《海南特区科技报》的场面。(肖明良)

新坡镇半年超额完成《海南特区科技报》订阅任务

《海南特区科技报》订阅任务成订图1996年度订阅完成1996年度订阅完成月21日,超额百分之十二完成
截止12

□小启　**本报12月22日刊出《曾令国制成"坚甲散"》消息后,有读者电话询问医址。现告知:**
医所:海口市振东区卫生防疫站甲状腺专科门诊部
地址:海府路(省委对面)西侧30米
BB机:127—875828

1995年,《海南特区科技报》对"琼州科技明星"余卓桐的报道

余卓桐以第一完成人获得科技奖的奖状名单

1. 1986年，"橡胶白粉病测报与防治"获广东省科技进步三等奖

2. 1982年，"有关橡胶、胡椒八项科技成果"获中央农委、科委推广奖（主持其中2个项目）

3. 1990年，"橡胶白粉病综合管理研究"获海南省科技进步二等奖

4. 1990年，获农业部全国农业科技推广年先进个人奖

5. 1991年，获农业部全国农垦系统科研先进个人奖

6. 1991年，"橡胶白粉病综合管理研究"获国家星火三等奖

7. 1998年，"橡胶白粉病系统管理模型研究"获农业部科技进步三等奖

8. 2001年，"白粉病系统管理模型示范推广"获海南省科协金桥工程优秀项目奖

9. 2006年，"橡胶树病害综合治理研究"获海南省科技进步二等奖

余卓桐参加的项目获奖名单

1. "橡胶及热作新种质资源鉴定评价"，1991年获海南省科技进步一等奖，1992年获国家科技进步三等奖（余卓桐为此项目分题"橡胶新种质对白粉病抗病性鉴定"的负责人）

2. "橡胶及热作新种质资源鉴定评价"，1997年获海南省科技进步一等奖，1998年获国家科技进步二等奖（余卓桐为此项目分题"橡胶新种质对白粉病抗病性鉴定"的负责人）

3. "芒果炭疽病化学防治及流行规律研究"，1998年获海南省科技进步三等奖，余卓桐为参试人员

4. "橡胶条溃疡病流行规律及防治措施研究"，1978年获广东省科学大会奖（余卓桐为参试人员）

1986年，"橡胶白粉病测报与防治"获广东省科技进步三等奖

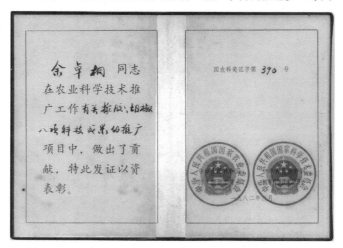

1982年，"有关橡胶、胡椒八项科技成果"获中央农委、科委推广奖（主持其中2个项目）

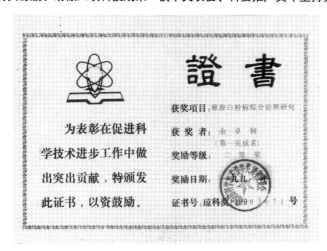

1990年，"橡胶白粉病综合管理研究"获海南省科技进步二等奖

余卓桐 同志：

第 890896 号

在全国农业科技推广年活动中作出显著成绩，特授予先进个人称号。

中华人民共和国农业部
一九九〇年十一月廿一日

1990年，获农业部全国农业科技推广年先进个人奖

为鼓励在实施"星火计划"，促进中小企业、乡镇企业和广大农村科学技术进步，振兴地方经济中做出重要贡献者，特颁发此证书，以资表彰。

奖励类别：叁等奖
项目名称：橡胶白粉病综合管理研究
获奖者：余卓桐

国家星火奖评审委员会
1991年12月12日

证书号：91-3-081-1

1991年，"橡胶白粉病综合管理研究"获国家星火三等奖

荣誉证书

余卓桐同志"七五"期间在参加农业部重点科研项目中成绩显著，被评为全国农垦系统科研先进个人。特颁发证书，以资鼓励。

中华人民共和国农业部农垦司
一九九二年三月

第 750091 号

1991年，获农业部全国农垦系统科研先进个人奖

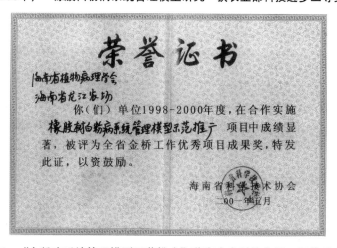

1998年，"橡胶白粉病系统管理模型研究"获农业部科技进步三等奖

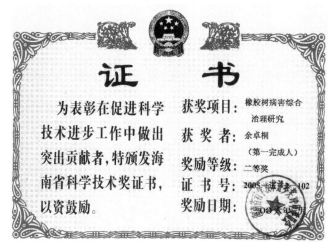

2001年，"白粉病系统管理模型示范推广"获海南省科协金桥工程优秀项目奖

2006年，"橡胶树病害综合治理研究"获海南省科技进步二等奖

目 录

第一部分 橡胶病害

第二部分　其他热带作物病害

第三部分　有关植物病害诊断、流行预测及综合治理简介与评述

第一部分

橡胶病害

橡胶树白粉病病原菌生物学研究[*]

华南热作研究院植保所橡胶白粉病研究小组

余卓桐　执笔

[**摘要**] 病原生物学研究表明，孢子萌发适温范围是 16~32℃，但最低温不低于 0℃，最高温不高于 38℃。侵染、扩展、产孢的适温范围是 15~25℃，高于 28℃ 或低于 12℃ 病菌即受显著影响。孢子在 0~100% 的相对湿度时均能发芽，但以 88% 以上较好。直射阳光照射 60min 对孢子发芽影响不大。孢子具有对紫外光、红外光的抗性。

初步交互接种表明，刺头婆（*Urena lobata*）作为本菌的野生寄主可能性大。

橡胶树白粉病菌的周年侵染循环可分为越冬期、流行期、越夏期 3 个阶段。病害的潜育期受温度、叶龄、菌量影响，一般为 3~5 天。

引言

橡胶树白粉病是世界橡胶树一种著名和严重的病害。它可以对幼苗、幼树及开割胶树的生长和干胶生产造成相当大的为害和经济损失，因此，世界各植胶国家对本病的研究及防治一向都很重视。20 世纪 30 年代初期，印度尼西亚、斯里兰卡、马来西亚等东南亚国家已开始对本病进行研究。他们在初期着重于病害发生观察及防治试验，60 年代起逐渐开始重视病原菌生物学的研究。

笔者从 1954 年起，即开展了这方面的研究。本文就是有关病原生物学方面的研究报道。

1　材料与方法

1.1　供试菌种

一般采用在 23℃ 恒温下，用小苗培养 7 天所产生的新鲜孢子。同批同龄孢子只供一次试验用，以免产生误差。

1.2　病原菌形态和侵染过程观察

将新鲜孢子接种在盆栽苗的古铜嫩叶上，每天用显微镜直接观察 3 次。病菌产孢

---

* 本课题先后负责人：陆大京（1954—1955），周启昆（1954—1955，1959—1961），郑冠标（1962—1969），余卓桐（1970—1981）。其他科研人员：余卓桐（1959—1969），吴木和（1960—1969），黄朝豪（1963—1969），王绍春（1963—1981），张开明（1954—1955，1962），周春香（1978—1981），张元章（1960—1969），裘秋生（1962—1969），黎传松（1962，1966）。

林传光教授曾对本课题给予指导，并参加部分工作。南田、东兴、南林、南茂、西培、加钗等农场曾先后与本题协作，做了部分工作，特此一并致谢。

后，固定观察几条孢子梗，在每个孢子成熟后，用洗耳球把孢子吹走，然后继续观察。

1.3 病原侵染循环的研究

每年在不同时间调查病菌发生和存在形态、场所及侵染能力，调查方法同下述流行期调查。老叶带菌的侵染能力，则用老叶病斑上的孢子，接种到古铜色嫩叶片上，在适宜发病的条件下培养 7~10 天，观察侵染率。

1.4 寄主范围研究

在野外广泛采集各种植物白粉菌，经镜检后淘汰形态与橡胶树白粉菌差异较大者，然后将形态相似的菌种与橡胶树白粉菌进行交互接种。接种成功后，再回接到原植物上。接种用的植物苗，在接种前和接种后均作隔离培养。每次接种 10 株苗，重复 3 次以上。以不接种的苗为对照，检验自然感染。

1.5 病原生物学特性的研究

（1）温度、湿度与白粉菌孢子的萌发和病菌的侵染、扩展及产孢研究：将新鲜孢子印在古铜色嫩叶上，然后放入大培养皿的湿纱布上，加盖保湿。把同批孢子安置在不同温度的恒温箱内处理 12h [低温恒温箱变幅±（1~2）℃]，然后用 0.1%棉兰乳酚油固定染色，5h 后统计各处理的孢子萌发率。芽管短于孢子横径的不列入萌发统计范围内。病菌侵染扩展温度的研究，是用直径 0.3cm 的圆头小玻棒，沾上新鲜孢子，接种在自然条件下培养的健康古铜色嫩叶上。每片嫩叶接种一个点，每处理接种 10~16 株幼苗。幼苗接种后立即放入不同温度的恒温箱内处理。若出现典型天气条件，则在自然生长的实生苗上接种。接种后 10h、20h 观察萌发率，芽管生长长度，附着胞形成率，3 天以后观察侵染率，5 天后观察产孢情况，10 天后调查病害严重度。

（2）湿度与孢子萌发关系研究：用不同盐类（如 $Na_2HPO_4 \cdot 12H_2O \cdot NH_4Cl$，$CaCl_2 \cdot 6H_2O$ 等）饱和溶液保持一定的相对湿度。不同相对湿度处理的孢子均放在 20℃恒温箱内萌发，12h 后检查孢子萌发率。

（3）光照与孢子萌发、侵染及存活关系的研究：

1）太阳光处理法：将印有新鲜孢子的古铜色叶片，置于大培养皿内，在强烈太阳光下（>10 万 lx）进行 5min、30min、60min 等不同照射时间处理。处理后即放入 23℃恒温箱内萌发，对照用 60W 灯光照射，24h 后检查孢子萌发率。太阳光与侵染关系的研究，系用新鲜孢子接种在无病幼苗古铜色叶面上，然后在强烈太阳光下分全日照、6h 日照等不同时间照射。每天早、中、晚用光度计记录光照强度及温度。以全黑暗为对照，处理 7 天后，检查侵染率和严重度。

2）紫外光处理法：将印有新鲜孢子的古铜色叶片，用 300W 紫外光灯距离 30cm 分别进行 2min、4min、6min、8min、10min 和 20min 等不同照射时间处理（处理前先开灯照射 3min，以便使剂量稳定），处理后随即将材料置于 23℃的恒温箱内萌发 12h，以后检查孢子萌发率。紫外光对叶片病斑的作用研究，系把已侵染 7 天的叶片菌斑，用 300W 紫外光灯距离 44cm，照射不同时间。

3）红外光处理法：将印有新鲜孢子的古铜色嫩叶，用 1 300W 红外光灯，距离 50cm 分别进行 2min、3min、5min 等不同时间，处理后置于 23℃恒温箱内萌发 12h，以后检查统计孢子萌发率。

2　结果及分析

我国橡胶树白粉病菌的形态及与分类学有关的特征与国外报道的基本相同。1955年在海南测定的孢子大小是（36~45）μm×（18~27）μm，比 Areds（1918）测定的（28~42）μm×（14~23）μm 为大，孢子卵形，无色透明，串生在孢子梗上。孢子梗棒状，多细胞，顶端细胞膨大成孢子。据连续观察，每枝孢子梗每天可形成一个成熟的孢子，可连续形成2~7个。孢子萌发形成芽管，芽管顶端长出附着胞，附着胞掌状，中部产生侵入丝侵入寄主，并在寄主细胞内形成梨形吸胞。芽管继续分枝长成网状菌丝体。菌丝体表生，无色透明，多细胞。经夏天高温或较长的冬天时间处理后，菌丝体密结，变成灰褐色，形成所谓的"藓状斑"。经几年观察，迄今尚未发现有性世代。根据上述形态与观察结果，橡胶树白粉菌仍可分类为半知菌类粉孢属［粉孢属后来改为端孢属（*Acrosporium*）］，学名为 *Oidium heveae* Steinmann。

本菌的寄主范围，1950年 Young 在锡兰曾做过一些研究，海南热科院1954年的研究未能获得结果。1978—1981年笔者采集了12种植物白粉菌，从中选择了刺头婆、飞扬草、叶下珠、酢浆草、小飞扬5种植物白粉菌与橡胶树白粉菌进行交互接种试验，结果只有刺头婆和飞扬草的白粉菌能侵染橡胶树。刺头婆白粉菌接种试验重复9次，侵染率为34.7%，回接试验重复3次，侵染率为21.1%，飞扬草白粉菌接种试验重复11次，侵染率为27%，但回接未成功。然而胶苗经冰箱8℃低温处理6h后再接种，结果刺头婆白粉菌试验重复7次，侵染率为37.5%，飞扬草白粉菌试验重复5次，侵染率为59.2%，可见低温处理可提高飞扬草白粉菌的侵染率。从试验结果来看，上述两种植物的白粉菌对橡胶树的侵染，不论寄主经低温处理与否，都能获得成功，但侵染率差异较大，经进行 t 测验测定，结果都达不到显著的标准。飞扬草白粉菌虽然能侵染橡胶树，但其形态产生变异，生长、产孢能力大大降低，并且回接也不成功。因此笔者认为刺头婆可能是橡胶树白粉病菌的野生寄主。

笔者的研究和国外的研究都表明：橡胶树白粉菌是一种寄主较多的专性寄生菌。橡胶树白粉病的起源，可能是从野生寄主转移而来的。

橡胶树白粉病菌的侵染循环和侵染过程，国外研究不多。关于侵染来源，国外提出芽条越冬，菌丝在老叶内越冬，子囊壳和野生寄主越冬等几种假说。笔者的研究表明，由于未发现有性世代，整年都是以分生孢子重复侵染嫩叶而生存和发展的。橡胶树白粉病菌周年侵染循环大致分为3个阶段。

（1）越冬期：指病菌度过从气温降低，胶树开始落叶、大落叶直到抽芽为止的一段时期。多年的观察研究表明，白粉病菌的越冬场所有如下几个类型：断例树抽出的冬梢，正常树抽出的冬梢，越冬期不落的带菌老叶，苗圃的苗木，林段内的野生苗，野生寄主。同年份，不同地区的白粉菌的越冬场所可能不同。在风害年份或地区，以断倒树冬梢越冬为主，非风害年份或地区，则常以老叶带菌越冬为主。

断倒树冬梢带菌越冬的作用，在冬春温暖的年份最为显著。如果出现杀伤性寒潮，把冬梢冻死，并促进橡胶树抽叶整齐，则断倒树冬梢菌源越冬作用不大。

老叶带菌越冬的作用，通过1966年笔者在东兴农场的接种试验，已得到证实。用越冬老叶的孢子接种古铜色嫩叶，侵染率 72%，对照（不接种）未见发病。据 1963—1966 年越冬期在海南代表性农场调查，老叶病斑平均每病斑有 8.0 个孢子，而嫩叶病斑（与老叶病斑大小相同）平均每病斑有 10 000 个孢子，即老叶带孢子量与嫩叶孢子量相比为 0.0008：1。

苗圃带菌越冬的作用是明显的。1961 年笔者在南林农场调查，在重病苗圃邻近的林段病害发生较早较重。但其影响的范围只有两个林段的距离。

广东垦区的橡胶园到处都有刺头婆，它作为侵染来源的作用可能是重要的。1977 年初湛江地区的橡胶树，由于强寒潮影响，叶片全部落光，苗圃也不例外，但抽叶后期病害普遍发生，笔者认为主要是野生寄主提供的菌源。当然也可能从海南远距离传播，但未证实。

1954—1955 年在海南石壁胶园，用套袋法研究病菌在芽条上越冬的可能性，证明芽条不能带菌越冬。1978—1980 年多次观察越冬老叶，未肯定橡胶树白粉菌存在有性世代。

越冬菌量在年度间、地区间的巨大差异，主要受冬季气温，降雨和上年台风的影响。上年风害严重，本年度冬春温暖（平均温度 17℃ 以上）的年份，越冬菌量较大。如海南岛西部 1959 年、1965 年、1969 年、1975 年、1978 年的越冬菌量总指数都在 0.01 以上；上年无风害，本年度冬春寒冷（平均温度 15℃ 以下），则越冬菌量较少。如海南岛西部 1962 年、1963 年、1967 年的越冬菌量总指数在 0.001 以下。有些年份虽有风害，但冬春有强寒潮，越冬菌量也较少，如海南西部 1964 年。可见，冬春温度是决定越冬菌量大小的主要因素。

（2）病害流行期：我国橡胶树白粉病的流行期，一般是与春季第一蓬叶抽出的时间相一致的。病害随着第一蓬叶的抽出而发展，到抽叶后期达到高峰，叶片老化后消退下降。可见大量抽发嫩叶是病害流行的基本条件。

（3）病菌越夏：指病菌度过夏初叶片老化、气温升高直至秋末为止的一段时间。病菌在老叶上形成密结的藓状斑，或在低洼阴凉之处侵染少量嫩叶越夏。越夏菌量与当年病害轻重、防治与否无关。郁闭度大，东坡气候较阴凉的地段，越夏菌量较大。

对于橡胶树白粉菌的侵染过程，国外研究甚少。1963 年前锡兰橡胶研究所做过简单的观察。笔者的研究表明，孢子落到叶片上以后，2h 后开始发芽，10~12h 后达到高峰。此时大部分孢子的芽管顶端膨大形成掌状附着胞，附着胞中间产生侵入丝，穿过寄主叶片角质层和表皮，进入表皮细胞，并在表皮细胞内形成梨形吸胞吸取营养。叶表面的芽管继续生长分枝，形成网状菌丝体。

病害的潜育期受气温、叶龄和菌量影响。古铜色叶龄接种的潜育期，在平均温度 15~23℃、相对湿度 80%~90% 时为 3~4 天，平均温度 25℃ 左右、相对湿度 60%~90% 为 5 天；淡绿色叶龄接种的潜育期，在上述两种温湿条件下均为 6~8 天。在 20℃ 左右的温度下接种古铜期叶龄叶片，如菌量很大，则潜育期只有 2 天，如菌量少，潜育期要 5~6 天。接种至产生成熟孢子的时间，受温度影响很大，平均温度 18~23℃ 为 5~7 天；平均温度低于 15℃ 或高于 26℃，则为 8 天。

影响本菌孢子萌发、侵染、扩展、产孢的主要气象要素是温度和相对湿度。孢子萌发的适温范围是 16~32℃（经方差分析得 LSD 的结果：16~32℃均优于其他温度），最高温度 38℃，最低温度 0℃（表1）。本菌侵染、扩展，产孢的适温范围是 15~25℃；高于 28℃，病斑扩展及产孢都会显著减弱。

从试验中看出，温度低于 16℃，叶片生长很慢，7 天后仍为古铜色叶期，而温度在 20~25℃时，7 天叶片已转淡绿，28℃时，7 天叶片已经老化（表2）。可见，低温一般较高温更适合于病害的流行。

表1　温度与白粉病菌孢子萌发的关系

处理温度（℃）	重复次数	检查孢子数	萌芽率（%）
0	2	1 000	0
7~8	2	600	11.0
12~12.5	2	1 100	22.3
16	4	2 100	63.2
17~18	5	1 500	60.0
19~20	3	900	84.5
22~23	12	4 500	83.0
24~25	7	3 600	82.6
26	3	1 600	90.0
29	7	2 900	81.9
30~31	5	2 500	72.2
32	6	2 200	77.5
33	2	1 100	39.4
34	3	900	39.0
35~36	8	3 300	10.6
38~39	4	1 200	0.3

表2　温度与橡胶白粉病菌侵染、产孢的关系

处理温度（℃）	重复次数	处理叶片数	发病率（%）	发病指数	平均每方格孢子数	7天叶片物候
11~12	2	200	45.0	9.0	0.23	古铜
15~16	4	141	97.0	39.1	3.7	古铜
20~21	2	166	97.5	54.5	5.8	淡绿
22~23	5	250	96.6	43.6	5.4	淡绿
24~25	5	225	97.6	38.7	4.1	淡绿
28	3	210	97.0	30.1	1.0	老化

白粉菌对湿度的适应范围很广，从 0~100% 都能萌发。但总的来说，相对湿度高于 88% 时对本菌的孢子发芽更为有利（表3）。经 F 测验相对湿度之间的差异未达显著程

度。水滴对孢子发芽不利，这已被笔者和国外的试验所证实，可见橡胶白粉菌的旱生习性也是显著的。

表3　相对湿度对橡胶白粉病菌孢子萌发的影响

相对湿度（%）	重复次数	检查孢子数	平均萌发率（%）
100	12	5 650	59.2
98	6	2 900	41.5
96	5	2 400	36.8
95	2	900	51.3
93	6	2 900	50.1
88	4	1 700	36.0
72	5	2 400	18.4
66	6	2 900	29.9
55	6	2 900	29.5
32	5	2 400	24.9
0	6	2 800	19.4

本菌对各种光辐射都具有一定的抵抗力。笔者研究结果表明，在强烈的阳光下照射60min 或用300W 紫外光灯、1 300W 红外光灯距离30cm 照射4min 以后，孢子发芽未受影响。紫外光照射10min，红外光照射5min 才未发芽。但此时红外光的照射面温度高达38~42℃。可见红外光对本菌的杀灭作用主要是通过高温而引起的。测定太阳光照射对橡胶白粉病菌侵染的影响也表明，全光照和全黑暗处理的侵染率差别不大（表4）。用紫外光照射盆栽幼苗新鲜病斑，处理4min 后，菌斑开始有部分消退。处理10min 的，有半数菌斑消退，而寄主叶片亦严重受害。照射后7天，菌斑有复生现象（表5）。

表4　太阳光照射对橡胶白粉菌的影响

重复	处理方法	处理温度（℃）	接种点数	侵染点数	侵染率（%）
I 1963 年 3 月 15—30 日	全日光照	16~38.5	188	142	72.7
	光照 6h	16~38.5	156	130	87.6
	对照（全黑暗）	22~26	220	133	53.0
II 1963 年 10 月 24 日— 11 月 8 日	全日光照	27~33	112	112	100
	室内光照	25	111	111	100
	对照（全黑暗）	21~26	101	101	100

表5 叶片上白粉菌斑对紫外光的反应

处理时间 （min）	处理 叶片数	处理病 斑数	处理4天后 部分菌斑 消失（%）	处理4天后 全部菌斑 消失（%）	4天后寄主受害情况	
					受害叶 （%）	严重度
3	54	33	0	0	0	0
4	54	59	5.0	1.7	0	0
5	54	30	6.6		5.5	轻
6	54	48	16.0	0	5.5	轻
8	54	56	28.6	1.8	28.0	重
10	54	35	49.0	8.5	44.4	重
对照	54	40	0	0	0	0

3 讨论

橡胶树白粉病菌是一种寄主较多的专性寄生菌，它可能来源于野生寄主。此菌虽然是一种耐旱抗光的真菌，但却喜欢温和、高湿的环境。以前对此菌的生物学特性的认识，是以 Beeley（1932）、Young（1950）和 Waiste（1972）的资料为基础的。当笔者应用接近自然的叶片和小苗测定的时候，却获得完全不同的结果，那就是病菌对于湿度、光照并不敏感，而对它影响最大的乃是温度。温度是病菌孢子萌发、侵染、潜育期、产孢及病斑扩展的主要制约因子。

过去国内外研究者对本病的侵染循环和侵染过程研究甚少。笔者的研究表明，在一般情况下，病害在一周年内大致经过越冬、流行、越夏3个阶段。风害年在病菌越夏后，由于胶树存在大量嫩梢，而气温又适合病害的发展时，会形成病害的"第二次流行"，为病害的越冬提供大量的菌源。寄主的换叶和老叶病斑变成藓状斑就是病害的明显越冬现象。在湛江地区冬期橡胶树叶片全部落光的情况下，病菌看来主要是在野生寄主上越冬。国外也曾报道老叶菌丝越冬的现象。1961—1966年，笔者都观察到老叶病斑带有孢子，这些孢子有侵染的能力，在适宜的条件下藓状斑能恢复活动，能产生新鲜孢子。在没有冬梢的越冬年份，老叶菌斑是主要的初侵染来源。

参考文献（略）

原载于 *热带作物学报*，1982，Vol.3 No2：63-70

橡胶树白粉病为害损失测定及
经济阈值的初步研究

余卓桐　王绍春　林石明　郑服丛　孔　丰

[摘要] 橡胶白粉病为害损失测定结果表明：橡胶树受白粉病侵染后会造成明显的产量损失，病情越重，损失越大。病害为 1 级的 RRIM600 产量无损失，2 级的损失 4.47%，3 级的损失 11.3%，4 级的损失 15.27%，5 级的损失 34.87%；PR107 病害 2~5 级的损失分别为 3.4%、6.98%、7.27%、12.45%。品系间产量损失的差异很大。RRIM600 最高损失为 34.87%，而 PR107 最高损失只有 12.45%，PR107 可能对白粉病具有一定的耐病性。

根据橡胶白粉病为害损失、防治成本、防治效益与病害严重度之间的相互关系，确定橡胶实生树白粉病的经济阈值为最终病情指数 21.4，4~5 级病株率 2%；RRIM600 为最终病情指数 21.3，4~5 级病株率 2%，PR107 为最终病情指数 23.8，4~5 级病株率 2%。

引言

植物保护中的经济阈值（Economic thresholds），是植物病害综合管理中一个新的重要概念，为了使植物病害防治既有效又经济，必需首先测定病害的经济阈值。过去，无论是国内或国外，尚未有人研究过橡胶树白粉病的经济阈值。

经济阈值是根据防治成本、病害为害损失、防治效益与病害严重程度之间的关系决定的。测定病害的经济阈值，首先要测定病害的为害损失，Aments 在爪哇测定了橡胶树 4 个喷药区与不喷药区的产量，发现施药后增产 14%~22%。斯里兰卡 Murray 研究指出，喷药区在第一年增产 10%，第二年又增产 75%，故认为喷药有累积增产的作用。马来西亚 Wastie 比较了喷药与不喷药林段胶树的产量、茎围增长和树皮再生情况，发现在 9 个月内，喷药区增产 8.1%。从上述各国学者的测定情况来看，他们都没有深入测定不同病害严重度与干胶产量损失的量关系，因而无法分析橡胶白粉病的经济阈值。笔者于 1966—1967 年在东兴农场对实生树做过不同病级与胶乳损失的测定。为了全面分析统计橡胶白粉病的经济阈值，又于 1984—1985 年在南田农场进行了芽接树的白粉病为害损失测定。本文报道后者测定结果，并结合对实生树的测定结果，分析统计橡胶白粉病的经济阈值。

1　材料与方法

测定为害损失的材料是 1970 年定植的橡胶无性系 RRIM600 和 PR107，每个品系选

200 株左右正常树为测定材料。断倒树、条溃疡病树、割线过低或过高树、防护林边胶树均不选作试验树。每个品系选一个树位作为试验区。根据病害轻重分为 5 个处理。

0~1 级：无病或少数叶片有少量病斑；

2 级：多数叶片有较多病斑；

3 级：病斑累累，落叶在 1/10 以下；

4 级：病斑满布，叶片严重皱缩，落叶在 1/3 左右；

5 级：因病落叶在 1/2 以上。

试验结束时，RRIM600 总株数为 122 株，其中病害为 0~1 级的 34 株，2 级的 61 株，3 级的 20 株，4 级的 4 株，5 级的 3 株。PR107 总株数 126 株，其中病害为 0~1 级的 34 株，2 级的 52 株，3 级的 23 株，4 级的 12 株，5 级的 5 株。因为各处理的重复数量差异很大，故在显著性测验时，先把各株（小区）的总产转换为对数，然后再进行统计测验。试验地肥力较一致，胶树生长均匀，两年均由技术水平较高的同一胶工割胶，胶树的施肥管理措施相同。

1984 年春在胶树抽叶 40% 以后，连续喷药两次，使病情保持在 0~1 级，以测定无病或极轻病情况下胶树的产量作基数。1985 年则不防治，任其发病，使试验林段中出现各级病情的植株。第一蓬叶老化后，按上述各处理病级的分级标准评定每株胶树的病级，决定每株树的处理类别。

每年从开割开始，以植株为单位每刀量胶，单株记录产量，直至停割为止。因病严重落叶不能割胶的病树，则到第二蓬叶老化后才开割。每月在月初和月中各测定干胶含量一次，作为折算当月干胶含量的标准。干胶含量测定方法，是将同一级病株的胶乳混合后取样，每个样品 20mL，重复 3 次，共取样 60mL。

每年开割前做一次调查，把死皮树、风害树从试验区中除去。

试验结束后，逐株逐月统计胶乳产量和干胶产量，总计每株每年的总产量和平均每刀产量。然后将其按病级归类，分别计算各病级平均单株和每刀次的干胶产量。比较同一病级 1984 年和 1985 年两年的产量，减去 1985 年比 1984 年的自然增产率，得出每一病级的产量损失率。自然增产率是根据两年病害均为 0 级的植株产量的比较来确定的。本试验测定结果，RRIM600 的年度差异为 2.11%，PR107 为 40.15%。

$$年度差异（\%）=\frac{1985\ 年\ 0\ 级平均每株次产量}{1984\ 年\ 0\ 级平均每株次产量}\times100-100$$

$$产量损失率（\%）=\frac{1985\ 年某级病树平均株次产量}{1984\ 年某级病树平均株次产量}\times100-100-自然增减率$$

为建立橡胶白粉病产量损失估计模型，本试验采用关键点模型法，即用直线回归法统计不同病级与损失率的相关和回归关系，导出产量损失估计模型。

白粉病的防治成本，是根据南田、南茂、东兴和本院试验农场生产防治的实际开支估计的。这些农场的防治方法与其他农场相同，在防治过程中详细记录各项开支。如用药量、用工数、汽油、劳保、机械折旧及其他零杂开支等，按当时的标准价格计算总开支和每亩防治费用。根据白粉病的为害损失、防治效果、防治经济效益与病害数量的关系，分析统计经济阈值。

2 试验结果

2.1 不同病害严重度的产量损失

1984 年和 1985 年对不同级别病害树产量测定结果表明（表1）：两个品系的胶树感病后都有明显的产量损失，病情越重，减产越多。将不同病级的植株感病年（1985 年）的产量与同级植株无病年（1984 年）的产量比较，可以看出，RRIM600 0～1 级的，1985 年比 1984 年增产 2.1%，即此品系的自然产量增长率为 2.1%。2 级植株 1985 年比 1984 减产 2.35%，再减去自然增长率 2.1%，得减产 4.45%。3 级植株 1985 年比 1984 年减产 9.19%，减去自然增长率 2.1%，实际减产 11.29%。用上述方法计算，4 级减产 15.27%，5 级减产 34.87%。可见，橡胶白粉病 2 级病害不会造成明显的产量损失，3 级病害产量损失开始显著，4 级病害损失稍多，而胶树受到白粉病严重侵害（5 级）后，则会造成重大的产量损失。5 级病株，第一蓬叶大部分脱落，无法按时开割，一般要推迟 1.5～2 个月才割胶，这是造成严重损失的主要原因。

表 1 橡胶白粉病产量损失统计

品系	病级	株数	1984 年产量（kg）		1985 年产量（kg）		每刀平均产量（g）		增减率	实际减产（%）
			总产	平均	总产	平均	1984 年	1985 年		
RRIM600	0～1	34	132.38	3.89	131.10	3.86	41.15	42.02	2.11	0
	2	61	209.02	3.11	189.82	3.11	34.10	33.30	-2.35	-4.47
	3	20	45.34	2.27	38.52	1.93	24.98	22.69	-9.19	-11.00
	4	4	7.72	1.93	6.82	1.71	21.21	18.42	-13.16	-15.27
	5	3	7.18	2.39	4.13	1.38	22.36	15.03	-32.76	-34.87
PR107	0～1	34	54.61	1.61	120.03	3.53	23.54	32.97	40.05	0
	2	52	137.06	2.64	161.64	3.11	23.97	32.75	36.67	-3.40
	3	23	58.56	2.55	77.93	3.39	23.85	31.34	33.07	-6.98
	4	12	24.47	2.22	29.61	2.66	21.14	28.07	32.78	-7.27
	5	5	10.34	2.07	12.72	2.54	21.30	27.19	27.60	-12.45

注：经转换后显著测验，病级间差异 $F = 12.38～13.7 > F_{0.01} = 3.49～3.5$（极显著）

无性系 PR107 的白粉病为害损失与 RRIM600 相比，除 2 级比较接近外，减产率都少得多，即使 4～5 级的严重病害，产量损失也不大（7.27%～12.45%）。说明橡胶白粉病的为害损失大小与品系有着密切的关系。PR107 对白粉病可能具有一定程度的耐病性。

2.2 不同病级胶树产量的月份变化

为了清楚地看出胶树感染不同严重度的白粉病后产量的变化规律，现分病级按月统计平均每刀干胶产量，并以 0 级（代表无病）、3 级（代表中病）、5 级（代表重病）平均每刀干胶量作图，结果见表 2 和图 1。

表 2　橡胶白粉病不同病级胶树产量的月份变化

病级 \ 每刀干胶(g) \ 月份	4	5	6	7	8	9	10	11	12
0	29	36	32	41	34	45	39	64	48
1	36	47	49	39	48	48	56	47	37
2	28	34	30	30	29	38	40	34	30
3	25	28	23	21	25	32	27	27	28
4	24	21	20	21	16	18	18	20	17
5	7	11	10	12	14	23	23	15	15

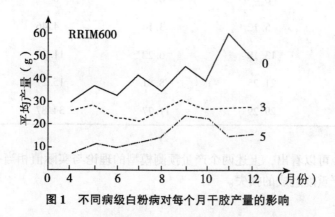

图 1　不同病级白粉病对每个月干胶产量的影响

从表 2 和图 1 可以看出，胶树感病程度不同，月份的产量变化也不同。轻病树（1 级）的产量变化与无病胶树的产量没有多大差异，为正常产胶的变化曲线，中病树（3、4 级）的产量变化特点是整年产量平稳地降低，每个月的产量都比无病树或轻病树低，但月份之间变动不大，形成一条接近水平的产量曲线。重病树（5 级）的产量变化较大，在开割头几个月产量极低，4—8 月平均每刀仅 7~14g，9 月以后才上升，但上升的幅度不大，因而整年产量都低。形成轻重病树产量变化不同的原因，主要是为害方式不同。轻病树病斑不多，对胶树光合作用影响不大；中病树病斑累累，大大减少了光合作用的面积，而且这种叶片整年不落，故整年的产量都降低；重病树的为害主要是造成落叶，不能按时开割，因此头几个月的产量特低，到第二蓬叶抽出老化、生势恢复以后，产量才略有所上升。

2.3　产量损失预测模型

以病级为自变量，各病级的产量损失率为因变量，研究其间的相关关系，发现病害级别与损失率大小密切相关［RRIM600 的相关系数为 $r=0.943>P_{0.01}=0.9172$（极显著）］。PR107 的相关系数为 $r=0.9758>P_{0.01}=0.9172$（极显著）］。利用病级与损失率绘制散点图可以看出，它们之间有直线函数关系，故用一元回归统计产量损失预测模型。

RRIM600 的产量损失预测模型为：

$$y=7.965x-10.487$$

PR107 的产量损失预测模型为：

$$y=2.877x-2.611$$

其中，y = 产量损失率（%），x = 病害级别。

根据上述两个方程式计算的理论值与实际值对比见表 3。

表 3　橡胶白粉病产量损失回归方程理论值与实际值比较

病级	理论值损失率（%）		实际值损失率（%）	
	RRIM600	PR107	RRIM600	PR107
0~1	0	0	0	0
2	5.12	3.14	4.46	3.40
3	13.18	6.22	11.30	6.98
4	21.25	8.81	15.27	7.27
5	29.29	11.77	34.87	12.45

表 3 和图 2 可以看出，上述两个产量预测模型的理论与实际值相当一致，可以用来预报不同病害严重度造成的损失。

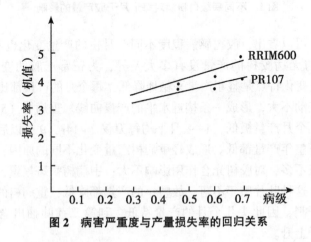

图 2　病害严重度与产量损失率的回归关系

由于每个地区的橡胶白粉病病情都是由不同病级组成的，而且各病级的植株数也不相同，因此，在计算某地区总损失率时要应用加权平均法，用各级产量损失理论值乘以各级病株率，然后总计损失率。

RRIM600 产量损失率估计公式为：

总损失率(%) = ∑（各级病株率×该级损失理论值）=（2 级病株率×0.0512）+
　　　　（3 级病株率×0.1318）+（4 级病株率×0.2125）+（5 级病株率×0.2929）

PR107 产量损失率估计公式为：

总损失率(%) = ∑（各级病株率×该级损失理论值）=（2 级病株率×0.314）+
　　　　（3 级病株率×0.0602）+（4 级病株率×0.0881）+（5 级病株率×0.1177）

用每年最终病情调查的各级病害的病株率代入上述公式，即可算出每个地区的白粉病为害产量损失率。再根据本地区的产量，便可预测当年白粉病的为害损失产量数，计算防治经济效益。

2.4　橡胶白粉病的经济阈值

统计分析经济阈值时，要统计分析防治成本、产量损失，防治效益和病害严重度间的相互关系。

（1）防治成本

根据南田、东兴、华南热作研究院试验农场等单位的历年统计，每亩次的防治成本为 0.95~1.28 元，按此基数，结合目前的情况，可以拟订如下的成本标准。喷 1 次硫磺粉每亩 1.00 元，喷 2 次每亩 2.00 元，喷 3 次每亩 3.00 元（15 亩 = 1hm^2，全书同），一般流行年喷药 2 次，防治成本为 2.00 元。

（2）防治经济效益

Norton（1976）的方法，防治经济效益（防治挽回的经济损失）统计模型为：

$$B = (D_j \times P) - (D_N \times P) \tag{5}$$

其中，B = 防治经济效益；

D_j = 未防治的产量损失；

D_N = 防治后残留病害的产量损失；

P = 产品价格。

未防治的产量损失以现金数表示，等于产量损失率乘以无病的产量再乘以产品价格。损失率可据（3）、（4）式计算，无病的产量可按当地防治彻底林段的平均亩产决定，产品价格为 6.8 元/kg。减去制胶等成本，干胶纯收入 3 元/kg。

防治后残留病害的产量损失，等于防治后残留病害的损失率乘以无病的产量再乘以产品价格，计算方法同上。

以南田、东兴、本院试验农场的病害系统观察材料，统计不同最终病情的各级病株率和防治后各级病株率，按上述方法算出来防治的产量损失和防治后残留病害的产量损失，代入（5）式，即可算出防治经济效益。现以 RRIM600，PR107 和实生树为例，统计其在轻病、中病、重病情况下的防治经济效益，结果综合见表 4。

表 4　橡胶白粉病防经济效益统计

品系	最终病指	干胶损失率（%）	每亩损失		每亩费用（元）	防治后损失			防治效益（元）
			干胶（kg）	现金（元）		损失率（%）	每亩干胶（kg）	现金（元）	
实生树	20	1.44	0.58	1.74	1	0.58	0.23	0.69	1.05
	30	2.57	1.03	3.09	1	1.20	0.48	1.44	1.65
	40	8.48	3.39	10.71	2	2.06	0.82	2.47	8.24
	60	18.63	7.45	22.35	4	3.71	1.48	4.45	17.50
RRIM600	20	1.76	1.23	3.69	1	0.54	0.38	1.13	2.56
	30	3.26	1.28	6.84	1	0.54	1.13	1.13	5.71
	40	5.89	4.12	12.37	2	1.15	0.8	2.42	9.95
	60	10.96	7.67	23.01	3	1.76	1.23	3.69	19.32
PR107	20	1.00	0.60	1.80	1	0.31	0.18	0.56	1.24
	30	1.81	1.08	3.25	1	0.65	0.39	1.16	2.07
	40	3.03	1.82	5.46	2	0.82	0.49	1.47	3.98
	60	5.64	3.38	10.15	3	1.00	0.60	1.80	8.35

（3）经济阈值统计

经济阈值的计算模型为：

$$N = C / (D \times M \times P) \tag{6}$$

其中，N 为经济阈值（以病级表示）；C 为防治费用；M 为防治效果；D 为每一级病害造成的损失（kg/亩）；P 为产品价格。

根据上述对 RRIM600 的统计，防治费用 $C = 2.00$ 元/亩，防治效果 $M = 70\%$，橡胶产品价格 $P = 6.8$ 元/kg，每病级造成的损失 $D = 6.4$ kg/亩，代入（6）式得：

$$N = 2 / (6.4 \times 0.7 \times 6.8) = 0.0657$$

本试验测定结果，1 级病害无产量损失，经济阈值应加上 1 级基数级。故橡胶无性系 RRIM600 白粉病的经济阈值应为 $1 + 0.0657 = 1.0657$ 级，即相当于最终病情指数 21.3，4~5 级病株率 2%。同样，实生树 $D = 6$，PR107 $D = 2.23$，由此可算出实生树白粉病的经济阈值为最终病情指数 21.4，4~5 级病株率 2%；PR107 的经济阈值为最终病情指数 23.8，4~5 级病株率 2%。

3　结论与讨论

（1）橡胶白粉病的为害，会造成明显的干胶产量损失。减产的数量与发病轻重呈正相关。0~1 级病害不减产，2 级病害有轻微的损失，3 级病害的产量损失开始显著，4 级病害比 3 级稍多，5 级病害损失严重。在重病的情况下，RRIM600 的产量损失可达全年产量的 1/3。

橡胶白粉病造成的减产量，也因品系而异。实生树与芽接树相比，实生树的减产较多，芽接树较少。如据 1966 年的测定，实生树的最高减产量为 43.7%，而本试验测定芽接树最高减产量为 34.8%。在芽接树中，RRIM600 的减产量与实生树相近，PR107 则减产量较少（12.45%）。PR107 所以减产较少，主要原因是此品系有边落叶边抽叶的特点。春天新叶虽然感病甚至脱落，但有上年未落的老叶继续维持部分光合作用，所以减产不会太大。

（2）橡胶树受白粉病严重为害后，开割头 2~4 个月产量受到的影响最为明显，一般要到第二蓬叶老化后，产胶才开始恢复正常，但 4~5 级病害的病株始终不能达到常年的产胶水平。

（3）试验发现，病害严重度与损失率呈高度相关，它们间有直线函数的关系。因此，可用直线回归法建立产量损失预测模型，为预测橡胶树白粉病造成的损失、统计防治经济效益、确立经济阈值以及更经济有效地防治橡胶树白粉病提供了依据。

（4）根据橡胶树白粉病的为害损失、防治成本、防治效益与病害数量间的相互关系的统计分析，实生树白粉病的经济阈值为最终病情指数 21.4，4~5 级病株率 2%。RRIM600 白粉病的经济阈值为最终病情指数 21.3，4~5 级病株率 2%。PR107 白粉病的经济阈值为最终病情指数 23.8，4~5 级病株率 2%。病害预测超过这个水平，即需全面喷药防治。病害越严重，防治经济效益越大，施药次数也可根据需要适当增多。

（5）本试验只在海南布置而且试验重复年度不多，试验结果未必适合海南以外的地区。今后我国不同生态类型的植胶区都应进行白粉病为害损失测定，统计分析本地区的经济阈值，这样才能经济有效地防治橡胶白粉病。为害损失测定，可用本地区的当家品系作材料，为减少误差，要注意有足够的样品数量，实行严格的局部控制，采取单株量胶，单株对比等方法。各地区普遍开展为害损失测定和经济阈值的研究，必将把我国橡树胶白粉病的防治提高到一个新的水平。

参考文献（略）

原载于 *热带作物学报*，1989，Vol. 10 No. 2：73-80

橡胶树白粉病的为害损失与补偿作用研究

余卓桐　肖倩莼　陈永强　伍树明　孔　丰　谢　坤　陈仕廉

[摘要] 1992—1995 年，在海南不同类型生态区对橡胶芽接树白粉病为害损失测定的结果表明：病害严重度与干胶产量损失基本上为直线相关关系，病害中偏轻，病指 20~28 造成产量损失在 1% 以下，中偏重（病指 29~39），对干胶生产开始有为害，产量损失 1.5%；病害严重（病指 40~60）时，可引起明显的产量损失，损失量为 6.0%~15.0%，在病害特别严重（病情 60~85）的情况下，产量损失达 17%~28%。

白粉病通过减少开花结果，对其为害损失有一定的补偿作用。其补偿作用以多果的品系在中偏轻（病指 25~28）病年表现最显著，减少结果 72.7%，使橡胶增产 6.67%。

[关键词] 橡胶树白粉病；为害损失；补偿作用

橡胶树白粉病为害损失、补偿作用、经济阈值的研究，是制订经济有效的防治措施的基本依据。国外对白粉病的为害，做过长期的研究，印尼 Leefmans（1929）、斯里兰卡 Murroy（1933）、马来西亚 Want（1969）都一致肯定白粉病的为害，可以引起橡胶产量损失，损失量为 8.1%~34%。但是他们没有深入研究不同病害严重度与干胶产量损失的定量关系，因而无法研究经济阈值，笔者曾两次用单株整年量胶的方法测定白粉病不同严重度与产量损失的关系，并据测定结果初步分析统计经济阈值，和经济为害水平，近年云南邵志忠等以树位为单位，测定不同病害严重度，与产量损失的关系，提出病害严重度与干胶产量损失呈曲线关系，中病（病指 26~51）不但不减产，反而增产；中病通过落花落果，对病害损失有补偿作用，从而提出把白粉病的防治标准提高到病情指数 51。由于他们只把病害严重度划分为轻、中、重三类，范围太广，也无法分析经济阈值。同时，他们对白粉病的补偿作用实际上还没有做过深入的测定，还不了解补偿作用的规律。笔者过去也没有研究过白粉病对橡胶树群体的为害和补偿作用。目前生产上防治白粉病，由于不了解白粉病的为害和补偿规律，盲目防治造成浪费的现象时有发生，迫切需要一个准确可靠的经济为害水平和防治标准，因此，笔者从 1992 年开始，在海南不同生态类型区布置了以树位为单位的白粉病为害损失、补偿作用测定试验，并据试验结果建立为害损失预测模式，为制订准确的防治标准提供科学依据。

1　材料与方法

选海南南部南茂、南田农场，西部龙江农场和两院试验场作试验点，以国内大量种植的品系 RRIM600、PR107 为试验材料。每个农场选 16 个 1975—1979 年定植的树位作测定，共 50 个树位。试验采用对比法设计，以树位作试验小区共有 5 种处理：（同一树位）轻病年与轻病年产量比较（作为产量自然增减的基数处理），轻病年与中偏轻病年比较，轻病年与中偏重病年比较，每种处理重复 2 次以上，病害分级标准、病害轻重年份的划分标准以及病害的调查、统计方法均按农业部"橡胶植保规程"的规定。为了使不同树位形成不同病害严重度的病年，一年对全部参试树位作 2~3 次喷药，使所有树位的最终病指都控制在 13 以下，形成轻病年。另一年则用不同喷药次数，使不同树位出现不同病害严重度。试验树位按其他树位一样的割胶度和生产管理方法，由同一胶工割胶。因病严重落叶的树位也按正常开割时间割胶，不做休割，每年开割前后均做一次割胶株数清查，除去风害、死皮不能割胶的胶树，以实际开割株数和割次统计每个处理的年平均株次产量，所有参试树位都没转线或转割面割胶。比较两年均属轻病的树位产量作为产量自然增减的基数。在比较其他处理时，减去自然增减基数才确定其增减率值。

$$病害为害损失率（\%）=\left(\frac{某病害严重度树位年株次产量}{同树位轻病年株次产量}\times100\right)-产量自然增减率$$

叶片白粉病的补偿作用，主要通过使花序发病，减少结果来实现。因此，选择不同叶病严重度的树位，调查叶病与花病的关系，叶病、花病与落果量的关系，以轻病树平均每株结果量为基数（100%），比较不同病害严重度树位的结果量，得不同病害严重度造成的落果率。每个树位调查 50 株，调查叶片、花序病级和结果量。选 12 个两年均为轻病的树位，一年有不同结果量，一年无果。以两年均无果的树位产量增减为自然增减基数，比较无果年与不同结果量的产量，减去自然落果量与产量的关系，可获得不同病害严重度叶病，通过落果的补偿作用。由于树位中有不同结果量植株，所以在统计群体补偿作用时，乘上不同结果量植株所占的%。总计不同结果量植株的补偿率，为某一病害严重度的群体补偿率。病害为害损失模式，用本试验建立 RRIM600 损失估计模型；病害预测模式，防治经济效益模式则应用笔者过去建立的模式。为了生产上应用，一些重要因素只选目前出现的变量，如防治效果为 40%~80%，一次防治成本 1.2~2.0 元/亩，亩产量 60~100kg，每千克干胶纯收益 6 元。

2　试验结果

2.1　白粉病为害损失测定

1992—1995 年做了 4 年的测定，由于台风影响，南田农场的测定未获结果。同时 1994 年开始割制改革，故分 1992—1993 年、1994—1995 年两次比较。表 1 综合龙江、南茂两地两品系的测定结果表明：无论海南南部或西部，品系 PR107，白粉病的为害损失，都基本上随着病害严重度增加而增加；病害严重度与产量损失基本呈直线关系，相关系数为 0.7888（$P>0.001=0.5800$）。其中 RRIM600 的害严重度与产量损失直线相关系数为 0.8733（$P>P_{0.001}=0.7603$）；PR107 为 0.8209（$P>P_{0.001}=0.7420$）。轻病（病指 20 以下）造成很少损失，损失率在 0.2% 以下，中偏轻病（病指 25~28）增产 6.01%~6.92%；中偏重病（病指 29~39）损失（1.09%~4.6%）；重病（病指 40~60）损失显著（6%~15%）；在特重病的情况下（病指 61~85），造成 17%~28.4% 的损失（显著性试验 $F=37.15>F_{0.01}=4.01$ 极显著），说明不同病害严重度损失均间有极显著差异。用 LSD 法做多重比较，特重病除对重病的产量损失差异为显著外，对中、轻病的损失差异均达到极显著的水平，重病与中病、中病与轻病的损失差异也极显著。

表 1 橡胶树白粉病严重与产量损失的关系

农场	品系	病情指数	病害类型	重复次数	轻病年产量（g/株·次）	重病年产量（g/株·次）	重病年产量增减（%）	实际产量增减（%，减去基数）
龙江	600	10.4	轻病	1	64.68	56.92	-12.00	-12.00（基数）
	600	13.2	轻病	1	49.60	43.57	-12.11	-0.11
	600	19.6	轻病	2	59.22	52.98	-12.22	-0.25
	600	25.6	中偏轻	1	66.48	53.10	-5.08	+6.92
	600	34.8	中偏重	2	63.89	53.44	-16.36	-4.36
	600	46.8	重病	2	65.79	53.43	-18.80	-6.80
	600	60.0	特重	1	64.35	48.84	-24.10	-12.10
	600	60.3	特重	1	62.65	45.17	-27.90	-15.90
龙江	107	13.0	轻病	1	65.80	55.93	-15.00	-15.00（基数）
	107	26.5	中偏轻	1	64.50	54.17	-16.00	-1.00
	107	30.0	中病	1	63.19	52.54	-16.85	-1.85
	107	41.5	重偏中	2	65.85	52.15	-20.80	-5.80
	107	51.3	重病	1	64.78	48.22	-25.56	-10.56
	107	66.8	特重	1	61.75	43.10	-30.20	-15.20
	107	70.3	特重	2	62.40	42.40	-32.05	-17.05
	107	78.5	特重	1	63.84	38.90	-39.09	-24.09
	107	85.5	特重	1	63.89	36.06	-43.56	-28.44
南茂	600	9.6	轻病	1	30.14	32.57	+8.07	+8.07（基数）
	600	20.3	轻病	1	31.66	34.13	+7.80	-0.27
	600	27.1	中偏轻	1	30.56	32.76	+7.22	-0.85
	600	31.4	中病	1	27.10	28.98	+6.94	-1.09
	600	35.8	中偏重	2	31.46	32.93	+4.67	-3.40
	600	39.2	中偏重	2	32.24	33.53	+3.42	-4.68
	600	43.5	重病	2	32.84	33.51	+2.06	-6.01
	600	51.3	重病	1	31.15	30.90	-0.08	-8.15
	107	61.5	特重	1	31.56	30.44	-3.75	-11.82
	107	10.2	轻病	1	41.42	46.23	+11.61	+11.61（基数）
	107	19.5	轻病	1	40.16	44.36	+11.45	-0.16
	107	28.2	中偏轻	1	32.42	38.19	+17.79	+6.19
	107	38.4	中偏重	1	37.90	41.00	+8.18	-3.42
	107	40.4	重病	1	28.29	30.01	+6.07	-5.52
	107	49.8	重病	2	58.60	59.90	+2.22	-9.38
	107	66.8	特重	2	47.14	45.14	-3.96	-15.57

显著性测验　$F = 37.15 > F_{0.01} = 4.01$（极显著）

特重与轻病 $t = 5.57 > 0.05 = 4.704$（显著）

特重与中、轻病 $t = 15.3 - 28.8 > t_{0.01} = 6.446$（极显著）

重病与中、轻病 $t = 9.8 - 23.3 > t_{0.01} = 6.446$（极显著）

中病与轻病 $t = 6.54 - 13.5 > t_{0.01} = 6.446$（极显著）

2.2　病害补偿作用测定

1994—1995 年在两院和龙江农场对叶病与花病、结果量关系的调查结果（表 2）表明：叶病与花病、结果量有密切的关系。叶病轻，花病也轻、结果量最大。叶病中病时，花病已到达较严重的程度，落果率高达 72.7%~81.0%，在叶病严重的情况下，花病特别严重，几乎无果。

表 2　叶病与花病、结果量的关系

叶病病指	花病病指	平均每株果数	减少结果（%）
3.5~5.0	6.8~11.0	212.8	0
19.8~20.5	20.0~27.5	149.0	20.1
23.1~25.0	38.0~39.6	102.8	51.6
28.0~28.7	45.4~48.7	58.0	72.7
32.6~37.9	55.1~59.3	18.9	81.0
48.0~52.0	76.3~80.2	7.87	96.6
60.3~69.2	90.6~95.4	0.4	99.8

不同结果量对产量影响的测定结果（表 3）表明：减少结果可以增加干胶产量。在结果量大的年份以后，如果次年基本无果，可增产 29.29%。如果上年结果量较少（19 个/株以下），次年即使极少结果，增产也不大。

表 3　结果量与产量的关系

植株（%）	多果年			少果年			少果年比多果年干胶产量增加（%）
	病指	果量（个/株）	干胶（g/株·次）	病指	果量（个/株）	干胶（g/株·次）	
16.7	3~5	200 以上	28.23	8~10	0~4	36.50	29.29
18.4	4~7	100~179	45.74	9~12	0~5	52.54	14.88
13.5	5~8	30~79	33.80	11~13	0~3	35.90	6.21
12.2	4~6	10~19	30.30	9~11	0~2	31.30	3.30
14.5	3~7	1~7	35.31	9~12	0~4	36.05	2.11
24.7	5~7	0	33.58	8~11.5	0	33.89	0.90

综合表 2 和表 3 的试验结果，可以统计出不同结果量的情况下，通过减少一定数量的结果而获得的补偿量（表 4）。表 4 是在结果较多的年份后，翌年无果的 RRIM600（结果量大的品系）统计出来的，表明在结果量大年份以后的一年，轻病基本没有补偿作用；中偏轻病（病指 28）的补偿量（6.67%）已达到特重病的补偿量（9.04%）的73.8%。由于此时病轻，为害损失很少，所以表现增产。这一测定结果与上述为害损失测定，在某些年份病指 25~28 时增产 6.01%~6.92% 的结果一致。重病（病指 48）的补偿作用十分接近最高补偿量。但此时病情已重，为害损失已超过补偿作用，因而造成减产。正如上述产量损失测定结果所示，此时减产 6.8%。可见，在橡胶多果的年份，通过减少结果，对橡胶产量损失的补偿的作用以在中偏轻病时表现最明显。

表 4　橡胶树白粉病的补偿作用

占群体 (%)	上年结果量 (个/株)	叶片病指	减少结果 (%)	补偿 (%)	在群体中补偿 (%)
16.7	200 以上	19.8	20.1	5.87	0.980
18.4	100 以上	19.8	20.1	2.99	0.550
13.5	30 以上	19.8	20.1	1.24	0.167
12.2	10 以上	19.8	20.1	0.66	0.08
14.5	1 以上	19.8	20.1	0.42	0.061
24.7	0	19.8	0	0	0
总计	—	19.8	20.1	11.81	1.840
16.7	200 以上	28.0	72.7	21.29	3.556
18.4	100 以上	28.0	72.7	10.81	1.990
13.5	30 以上	28.0	72.7	4.54	0.609
12.2	10 以上	28.0	72.7	2.4	0.298
14.5	1 以上	28.0	72.7	0.31	0.054
24.7	0	28.0	0	0	0
总计	—	28.0	72.7	39.32	6.67
16.7	200 以上	48.0	95.3	27.91	4.660
18.4	100 以上	48.0	95.3	14.86	2.610
13.5	30 以上	48.0	95.3	0	0.799
12.2	10 以上	48.0	95.3	3.14	0.383
14.5	1 以是	48.0	95.3	2.01	0.291
24.7	1	48.0	0	0	0
总计	—	48.0	95.3	53.16	8.740

（续表）

占群体 （%）	上年结果量 （个/株）	叶片病指	减少结果 （%）	补偿 （%）	在群体中 补偿（%）
16.7	200 以上	60.3	99.9	29.28	4.889
18.4	100 以上	60.3	66.9	14.86	2.724
13.5	30 以上	60.3	99.9	6.20	0.837
12.2	10 以上	60.3	66.9	3.29	0.401
14.5	1 以上	60.3	99.9	2.10	0.300
24.7	0	60.3	66.9	5.00	0
24.7 总计		60.3	99.9	55.73	9.500

注：＊根据 1994 年本院试验场调查 12 个 RRIM600 树位的数据

＊＊补偿（%）＝（少果年比多果年增产%×减少结果率）×100（见表 2、表 3）

＊＊＊在群体中补偿%＝（补偿率×占群体率）×100

2.3 白粉病为害损失估计模型

根据为害损失测定结果，病情指数与干胶产量损失关系，属直线回归关系，直线相关系数 0.7888（$P<0.00$），因此，可用直线回归建立模型。

据表 1 的测定结果，海南 RRIM600 和 107 的白粉病为害损失估计模型如下：

RRIM600 $y=0.421x-11.5\pm1.39$（$F>F_{0.001}$）

PR107 $y=0.481x-14.09\pm1.33$（$F>F_{0.001}$）

y 为干胶损失（%），x 为叶片最终病情指数。

利用上述估计模型作图（图 1），可以看出，上述两个品系的损失估计模型的理论值与实际值相当一致，两者的相关系数，RRIM600 模型为 0.9568（$P>P_{0.01}=0.9249$），PR107 的模型为 0.9903（$P>P_{0.001}=0.8721$）。因此，可用来估计白粉病为害损失。

3 结论与讨论

（1）橡胶白粉病的为害损失测定的结果表明：病情中偏轻（病指 20~28），橡胶产量减产很少，在某年份还会增产 6% 左右；中偏重病（病指 30~39）造成少量产量损失，减产 1%~5%；重病（病指 40~60）产量损失明显，减产 6%~15%；在病情特别严重的情况下，产量损失可达 17%~28%。从总体来说，病害严重度与产量损失呈直线相关关系。邵志忠认为，中病（26~51）不单不减产，而且增产。病害严重度与产量损失的关系，不是直线关系，而是曲线关系。产生这种差异的原因，仍待查明。但笔者认为，病害能在如此宽的范围（实际病指 26~51 包括了中病至重病的范围）内增产，是很难理解的。

（2）橡胶白粉病通过减少结果，对其为害损失有一定补偿作用。在群体中，补偿作用以在橡胶树多果的年份病情中偏轻（病指 25~28）时表现最显著，可增产 6.0%~6.9%。笔者过去的测定和本次测定都证明，中偏轻病造成产量损失很少，此时补偿作用使橡胶增产是符合规律的。病害中偏重（病指 30~39）以后，为害损失量已开始超过补偿量，因而表现少量（6% 以下）减产。病害严重（病指 40 以上）后 3~5 级重病

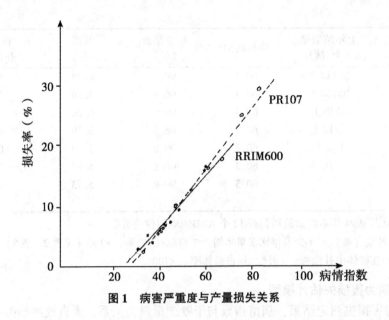

图 1　病害严重度与产量损失关系

株占 30% 以上，损失量大大超过补偿量，因而造成明显的产量损失。这就是橡胶树白粉病为害损失与补偿作用的发生发展的规律。因此利用橡胶树白粉病的补偿作用，以利用中偏轻病最为适宜。由于白粉病的补偿的作用是通过减少落果而实现的，而结果的数量则受品系特性，气候环境、栽培管理，结果大小年等复杂多变的因素影响，因此，补偿作用不可能是一种稳定的作用。少果品系，或多果品系少果的年份，白粉病就没有补偿作用。此时中病不单不能增产，反而减产。因此邵志忠提出在春花为主花期的地区（实际是全国绝大部分胶区），把"中等病情"（病指 26~51）作为经济上容许的防治标准是值得商讨的。据笔者的观察和测定结果，病指 40~50 的平均 3 级病株率为 20%，4 级为 13%，5 级为 8%，干胶损失 8%~10%，大大超过农业部规定的防治标准和上述测定的补偿量，因此认为是一个偏高的防治标准。

（3）本次以树位为单位的白粉病为害损失测定结果与以前（1984—1988 年）以单株为单位测定的结果基本是一致的。如 2 级（相当于发病指数 40 左右）以前测定白粉病为害损失为 3.4%~4.47%，本次测定为 2.4%~4.68%。3 级（相当于发病指数 60 左右）以前测定为 11%，本次为 11.82%~12.1% 等。但以前测定，以病级为单位区分病情轻重，范围太广，例如 2 级病害，就包括发病指数 20~40，没有像本次按指数测定这样细致，不能发现在某些多花多果年份，在最终病情指数 25~28 时对白粉病造成的损失有 6% 左右的补偿作用。由于本次测定和上次测定结果基本一致，而白粉病通过落花减少结果对其为害损失的补偿的作用又是一个不稳定的机制，所以笔者认为，以前测定的结果还是可以继续应用的。在白粉病严重，抽花结果又特别多的年份，可以应用本次建立的白粉病为害损失估计模型来统计分析本年的动态经济为害水平，确定防治标准。

主要参考文献（略）

原载于 *中国植物保护学会编 . 中国植物保护研究进展*，1996：678-680

橡胶树白粉病流行规律及防治措施研究[*]
（1954—1963）

郑冠标　周启昆　余卓桐（执笔）　吴木和　张开明

[摘要] 病菌生物学研究表明，孢子萌发适温范围是 16~32℃，最高温 38℃，最低 0℃。侵染、扩展、产孢的适温范围是 15~25℃。高于 28℃ 或低于 12℃，即受到显著的抑制。在相对湿度 0%~100% 范围内孢子均能萌发，但在 80% 以上萌发较好。直射阳光照射 60min 对孢子萌发影响不大。孢子具有对紫外光、红外光的抗性。

秋季台风和冬季温度是影响越冬菌量的主要因素。

流行过程的一般程序可区分为 3 个阶段：①中心病株（区）阶段；②增长蔓延阶段；③病情下降消退阶段。

在不同的年度和地区，病害按三种方式发展：①一开始发病即较普遍，后转严重，到达高峰后逐渐下降消退；②以中心病株（区）为始点，使林段或大区病情逐渐加重，后转消退下降；③病害出现很迟，零星分散、没有中心病株（区），也没有大区流行的高峰期，只有个别迟抽叶的植株、品系或小区生病。

几年来的调查及研究资料表明：越冬菌量及冬春气温是病害流行的主导因素。

根据海南、粤西垦区各地历年的发病情况、气温、橡胶物候特点，把粤西、海南划分为 4 个流行区：①常发区；②易发区；③偶发区；④轻病区。

分析 1961—1963 年海南 6 个场、站的有关资料，证明越冬菌量与春季流行强度正相关。

用相关回归法演算，导出中期预测病害流行的回归方程式：$y=1.374x+2.41$。

3 年防治试验结果初步表明：易发区、偶发区越冬防治效果较为显著；常发区效果较差。在常发区越冬菌量大，流行速度较高的情况下，第一次喷粉的适宜时机是：古铜嫩叶期，不宜超过发病总指数 3~5（或普遍率 15%~25%），淡绿叶期不宜超过发病总指数 5~8（或普遍率 25%~40%）。喷粉间隔期 7~14 天。在喷硫磺粉的防治成本中，药剂费占 80%~90%，按重病场大规模防治支出及收入计算，防治收益还是很大的。

---

* （1）本研究于 1978 年获广东省科学大会奖。

　　（2）中国农业科学植保所副所长林传光教授于 1960 年参加本题调查，对本题工作给予指导，并拟订了总结提纲，详细修正了本文，特致深切谢意。

　　（3）笔者所在单位植保系陆大京主任在本题工作过程中给予指导。华南热带作物学院周郁文和广东省农垦厅龙永棠分别于 1961 年和 1954 年参加本题工作，本所粤西试验站植保组负责粤西地区试验工作。本文还引用了海南、湛江农垦局所属保亭、东兴、安宁、西流、中建、南田、建设等场站的橡胶树白粉病测报点资料，在此一并致谢。

引言

橡胶树白粉病是世界主要作物著名病害之一。本病自 1918 年阿伦斯（Arens）在印度尼西亚爪哇发现以来，除拉丁美洲以外，迄今已遍及世界各植胶区。由于它能导致胶乳严重减产，胶果失收，削弱胶树生势，甚至引起植株枯死，因此早已受到世界植胶国家的重视。

海南定安石壁老胶园在 1953 年发生橡胶树白粉病，引起生产与研究部门的重视。华南热作研究院植保所于 1954—1955 年进行初步研究。1958 年以来，本病在我国垦区的为害已日渐显著，1959 年为特大流行年，使海南、粤西胶乳生产遭受巨大损失，橡胶种子绝大部分失收。1960—1963 年本病在海南、粤西局部地区仍继续流行，云南、福建、广西、四川等地区亦先后报道本病的发生。因此，橡胶树白粉病也成为我国橡胶栽培业中的一个重要问题。

早在 1930 年，东南亚植胶国家已肯定硫磺粉对本病的防治效果。后经改进，提出从 10% 抽叶开始，每隔 7~10 天喷粉一次，直至 90% 叶片老化时为止的防治规程。但是，由于对病害流行规律还缺乏清楚的认识，一直未能制订合理的防治措施和测报办法来指导防治，以减少硫磺粉的用量，节约成本，有效地控制本病流行。针对上述国内外情况，在前人研究的基础上，重点研究白粉病在我国垦区的流行规律及防治方法，便成了迫切任务。本文总结此项工作的 6 年研究结果。

1 病菌生物学特性

作为流行学研究的基础，笔者首先进行了病菌孢子萌发、侵染、扩展与产孢的环境条件的研究。

1.1 材料及方法

（1）供试菌种：均采取在 23℃ 恒温下，用小苗嫩叶培养 7 天所产生的新鲜孢子。同批同龄孢子只供一次试验用，以免产生误差。

（2）温度与孢子萌发、病菌侵染、扩展及产孢研究：将新鲜孢子印在古铜色嫩叶上，然后放入大培养皿内的湿纱布上，加盖保湿。把同批试验孢子安置在不同温度的恒温箱内处理 12h（低温恒温箱温度变幅 ±1~2℃），然后用 0.1% 棉蓝乳酚油固定染色，上加盖玻片，8h 后分别检查统计孢子萌发率（以下染色及孢子萌发检查方法同）。孢子萌发标准按芽管长于横径 1/2 计，短于横径 1/2 的不列入萌发统计范围内。

病菌侵染扩展温度的研究，是用直径 0.3cm 的圆头小玻棒，在自然条件下培养的无病的幼苗古铜色嫩叶上接种。每片嫩叶接种一个点，每处理接种 12~16 株幼苗，共 72~96 片嫩叶。幼苗接种后即放入不同温度的恒温箱内处理，恒温箱内装置 60W 灯泡一个，作照明用。处理后第 7 天，分别检查不同处理的叶片发病率和严重度。不同温度处理产孢量比较，是摘下上述接种 7 天后的幼苗病叶，在显微镜下用显微方格尺随机统计 10 个方格的孢子数。每处理统计 100 个小方格，计算每个小方格的平均孢子数。

（3）湿度与孢子萌芽关系研究：用不同盐类饱和溶液保持一定的相对湿度。不同湿度处理的孢子均放在 20℃ 恒温箱内萌发，12h 后检查孢子萌发率。

（4）光照与孢子萌发、侵染及存活关系的研究。

太阳光处理法：将印有新鲜孢子的古铜色嫩叶置于大培养皿内，在强烈阳光下（大于 10 万 lx）进行不同照射时间处理，处理后即放入 23℃ 恒温箱内萌发，24h 后检查孢子萌发率。阳光与侵染关系的研究，系用新鲜孢子接种在无病幼苗古铜色叶面上，然后在强烈太阳光下进行不同照射时间处理。每天早、中、晚用光度计记录光照强度及温度。以全黑暗为对照，处理 7 天后，检查侵染率及严重度。

紫外光处理法：将印有新鲜孢子的古铜色孢叶，用 300W 紫外光灯、距离 30cm 进行不同照射时间处理（处理前先开灯照射 3min，以便使剂量稳定），处理后随即将材料置于 23℃ 恒温箱内萌发 12h，以后检查孢子萌芽率。紫外光对叶片菌斑作用的研究，系把已侵染 7 天的叶片菌斑，用 300W 紫外灯距离 44cm 照射不同时间。

红外光处理法：将印有新鲜孢子的古铜色嫩叶，用 1 300W 红外光灯、距离 50cm 进行不同照射时间处理，处理后置于 23℃ 恒温箱内萌发 12h，以后检查统计孢子萌发率。

1.2 结果

影响本菌孢子萌发、侵染扩展、产孢的首要气象要素是温度，其次是湿度。在适宜条件下（恒温 23℃ 左右，相对湿度 100%），2h 内能有 40% 左右萌芽。孢子萌发的适温范围是 16~32℃，最高温度是 38℃，最低温度是 0℃（表1）。本菌侵染扩展与产孢，主要受温度及叶龄的影响。12~28℃ 都可发生侵染，但适温范围是 15~25℃；高于 28℃、低于 12℃，病斑扩展及产孢都会显著减弱（表2）。

表1 温度与橡胶树白粉菌孢子萌发的关系

处理温度（℃）	重复次数	检查孢子数	萌芽率（%）
0	2	1 000	0
7~8	2	600	11.0
12~12.5	2	1 100	22.3
16	4	2 100	63.2
17~18	5	1 500	60.0
19~20	3	900	84.5
22~23	12	4 500	83.0
24~25	7	3 600	82.6
26	3	4 600	90.0
29	7	2 900	81.9
30~31	5	2 500	72.2
32	6	2 200	77.5
33	2	1 100	39.4
34	3	900	39.0
35~36	8	3 300	10.6
38~39	4	1 200	0.3

表2 温度与橡胶树白粉病菌侵染及产孢关系

处理温度（℃）	重复次数	处理叶片数	发病率（%）	发病指数	平均每方格孢子数	接种后第7日物候
11~12	2	—	45.0	9.0	0.23	古铜
15~16	4	141	97.0	39.1	3.7	古铜
20~21	2	83（1次）	97.5	54.5	5.8	淡绿
22~23	5	—	96.6	43.6	5.4	淡绿
24~25	5	45（1次）	97.6	38.7	4.1	淡绿
28	3	—	97.0	30.1	1.0	老化

注：11~12℃及15~16℃处理，在晚上12：00停电后至翌晨7：00温度变幅分别为11~15℃和15~20℃。

表3 相对湿度对橡胶树白粉病菌孢子明发的影响

相对湿度（%）	重复次数	检查孢子数	萌芽率（%）	萌发率变幅（%）
100	12	5 650	59.2	29.6~84.0
98	6	2 900	41.5	15.6~57.2
96	5	2 400	36.8	9.6~78.7
95	2	900	51.3	27.2~75.5
93	6	2 900	50.1	22~79.0
88	4	1 700	36.0	4.2~73.6
72	5	2 400	18.4	13.3~28.0
66	6	2 900	29.9	6.4~52.0
55	6	2 900	29.5	10.2~60.0
32	5	2 400	24.9	8.4~55.0
0	6	2 800	19.4	3.8~34.0

表4 太阳光照射对橡胶树白粉病菌孢子萌发的影响

照射时间	重复次数	处理期间温度（℃）	检查孢子数	孢子萌芽数	孢子萌发率（%）		
					最低	最高	平均
5min	2	27~29	400	304	69.5	82.5	76.0
30min	3	29~37	600	437	45.5	87.5	72.8
60min	3	31.5~37	600	526	78.0	94.0	87.7
对照（60W）	3	23	600	503	71.5	98.5	83.8

湿度与孢子萌发的关系不如温度密切。从水滴至0%相对湿度，孢子都能萌发。但总的来说，相对湿度高于80%有利于本菌孢子的萌发（表3），在水滴中孢子萌发率不高。可见橡胶树白粉病的旱生习性也是非常显著的。

据锡兰 Young 报道，本菌孢子在日光下 1.5min 即被杀死。1963 年笔者的研究结果表明：甚至在强烈阳光下照射 60min 之久，孢子萌发还没有受到影响（表4）。试验结果的这样巨大差异，主要是由于试验方法不同所引起的。前人的研究，没有把温度和光照的作用区分开来，很可能起作用的是高温而非光照。测定太阳光射对橡胶树白粉病菌侵染的影响亦表明，全光照和全黑暗处理的侵染率差别不大（表5）。

表5　太阳照射对橡胶树白粉病菌侵染的影响

试验日期	处理方法	处理期间温度（℃）	接种点数	侵染点数	侵染率（%）
1963 年 3 月 15—30 日	全日光照	16~38.5	188	142	72.7
	光照 6h	16~38.5	156	130	87.6
	对照（全黑暗）	22~26	220	133	53.0
1963 年 10 月 24 日至 11 月 8 日	光照 6h	27.7~33	112	112	100
	室内光照	25	111	111	100
	对照（全黑暗）	21~36	101	101	100

表6　紫外光照射对橡胶树白粉菌孢子萌发影响

处理时间	重复次数	检查孢子数	孢子萌发率（%）	孢子萌发率变幅（%）
对照（用 60W）	5	1 000	88.6	71~94.5
对照（黑暗）	5	1 000	86.5	76~95.0
2	6	1 200	85.3	75~93.5
4	9	1 800	77.5	46~90.5
6	8	1 600	20.3	5~63.5
8	5	1 000	2.5	0~7.5
10	4	800	0.9	0~3.5
20	4	800	0	0

表7　橡胶树叶片上白粉病菌对紫外光照射的反应

处理时间（min）	处理叶片数	处理菌斑数	处理菌斑部分消失（%）	处理 4 天后菌斑全部消失（%）	4 天后寄主受害情况	
					受害叶片（%）	严重度
3	54	33	0	0	0	0
4	54	59	5.0	1.7	0	0
5	54	30	6.6	0	5.5	轻
9	54	48	16.6	0	5.5	轻
8	54	56	28.6	1.8	28.0	重
10	54	35	49.0	8.5	44.4	重
对照	54	40	0	0	0	0

表 8　红外线对橡胶树白粉菌孢子萌发的影响

照射时间（min）	重复次数	处理期间叶面温度（℃）	检查孢子数	萌发率（%）		
				最低	最高	平均
2	5	27.9~34.9	920	36.7	96	66
3	5	31~38.5	1 000	0	76.5	38.2
5	4	38~42	800	0	0	0
对照（60W）	4	23	800	55	93.5	77

本菌对紫外光、红外光的照射具有一定的抵抗力。1963 年笔者对热带乔木病害——橡胶树白粉病第一次使用了紫外光和红外光的照射处理，结果表明，用 300W 紫外光灯、距离 30cm，照射 4min，孢子萌发率开始受到影响；照射 10min，才几乎没有萌发（表6）。

用同等剂量紫外光照射盆栽幼苗新鲜病斑，处理 4min 的，菌斑开始消失；10min 的，有半数菌斑消退，寄主叶片亦严重受害。照射后 7 天，菌斑有复生现象（表7）。用 1 300W 红外光灯照射 5min，孢子即不能萌发，但此时照射面温度高达 38~42℃，可见红外光对本菌的杀害作用主要是通过高温而引起的（表8）。掌握光照和温度的作用，对本菌在不同气候条件下的传播距离、存活期限都有一定的意义。

2　病菌的越夏和越冬

橡胶树白粉病既然对于温度很敏感，又只能侵染嫩叶，它在自然界的大量繁殖限于春季。到夏季大部分消失，秋季略有回升，冬季随着落叶又有所减少。因此，越夏和越冬的场所和数量是春季流行的先决条件。越夏和越冬，从广义上说，也属于流行规律的问题。

越夏调查是每年 9—10 月在海南代表性农场进行的。越冬调查是在每年橡胶树大落叶后，在海南和粤西 8~12 个代表性的农场进行。每农场调查 4~6 个代表性林段，采样、病害分级方法与流行期普查相同。越冬老叶物候，按叶量分为 5 级，分别为：

0 级……………………老叶全落光

1 级……………………老叶脱落占整株叶片 25% 以下

2 级……………………老叶脱落占整株叶片 26%~50%

3 级……………………老叶脱落占整株叶片 51%~75%

4 级……………………老叶脱落占整株叶片 75% 以上

老叶数量指数是用上述标准分级计算出来的数值。为了统一起见，老叶、嫩叶均用百分率表示。

$$老梢（%）= \frac{老叶数量指数×500}{调查总株数×500}×100$$

越冬期嫩梢数量，可在调查时数出调查范围的冬梢总量，按下述公式计算叶量百分率。

$$正常树冬梢（\%）=\frac{冬梢总数}{调查总株数\times500}\times100$$

$$断倒树冬梢（\%）=\frac{断倒树冬梢总数}{调查范围内断倒树数\times25}\times100$$

越冬期发病总指数 ＝（老梢%×发病指数）＋（正常树冬梢%×发病指数）＋

（断倒树冬梢%×发病指数）

（说明：一株正常胶树整株抽梢时，约共有 500 条嫩梢，故需以 500 乘调查总株数，一株断倒树春季抽梢数约 25 条，故需以 25 乘调查范围内断倒树总数，求得调查总梢数。）

（1）越夏：越夏是指病菌度过夏初叶片老化、气温升高以后，直至秋末为止的一段时间。病菌在老化叶片上以癣状斑和少量活动斑，或在少量嫩梢上以活动斑状态越夏。越夏菌量大小与当年病害轻重、防治与否无关。郁蔽度大、东坡、气候较温和的地区，越夏菌量较多。

（2）越冬：越冬期是指病菌渡过从冬季气温降低，橡胶树叶开始脱落直到大量落叶抽芽前为止的一段时间。几年的研究表明，病菌的越冬场所有如下几个类型：林段内个别冬梢，越冬期不落的带菌老叶，苗圃内的苗，野生苗。越冬菌源较集中的地区有抽叶特早而不整齐的林段，不越冬或迟越冬的无性系橡胶树、扫帚状树，曾做过苗圃而残留下来的实生苗以后长大成林的林段，林内冬季郁绿的小群胶树等。

苗圃带菌越冬的作用，1961 年特别明显。该年海南岛、粤西几乎所有农场的苗圃均严重发病，因而近苗圃的林段发病也较早较重。

老叶带菌越冬的作用，通过越冬期在海南代表性农场的调查，证实各农场越冬老叶均带一定数量的孢子。1961—1962 年海南许多农场的胶树有冬梢，春季病害流行强度与老叶带菌量呈正相关。

1954—1955 年在海南石壁胶园，用套袋法研究病菌在芽条越冬的可能性，证明芽条不能带菌越冬。

越冬菌量在年度间、地区间的巨大差异，主要受冬季气温、上年秋季台风、农场内局部土壤肥力、管理条件等影响。没有受台风为害地区，1 月平均温度在 18℃ 以上，15℃ 以下日数不超过 10 日，1 月≥15℃ 有效积温在 90℃ · d 以上，则越冬菌量大（总指数>0.7）。1 月平均温度在 15~18℃，15℃ 以下日数一般在 10 天以上，1 月有效积温在 80℃ 以下，则越冬菌量为中—少。其中，中：总指数 0.3~0.6；少：总指数 <0.2。至于在哪种情况下属中属少，则需视农场的土壤肥力，冬季雨量等条件来确定。风害地区有其特殊情况。1963 年东兴、南田、保亭等场、站风害率为 5%~14.7%，这些地区当年 1 月温度虽较历年为低，但越冬菌量仍可达中—多。1963 年粤西徐闻（风害严重区）则出现另外一种情况，其 1 月平均温度为 12℃，极端最低温达 -1℃，断倒树抽出的嫩梢被冻死，越冬菌量因而大大减少。这种情况在广西历年都有出现。因此，风害区即使温度稍低，越冬菌量仍大，只有出现极端低温，或受到时间较长的平流型寒潮侵袭时，冬季嫩梢受冻致死，越冬菌量才会减少。

3 流行规律

在这一项研究中，笔者着重观察春季病害流行过程，分析流行的主导因素，并试图划分海南和粤西流行区。1954—1955 年在海南石壁老胶园进行观察，1960 年以联昌及侨植老胶园为观察点。1961—1963 年均以海南、粤西有代表性农场的 1952—1954 年定植的实生树为调查材料。

调查观察系采取系统观察与普查相结合的方法。系统观察方法，在定点农场（如海南的南田、南林等场）中选择有代表性林段 4~5 个，流行期每隔 3 天，其他时间每隔 7 天调查一次。1960 年使用对角线随机抽样法；1961 年后采用定点定株、按物候按比例取样。每林段定株观察 100 株橡胶树，每株在 3 个方位采摘中层叶蓬 3 蓬，每蓬取 3~4 片复叶，调查其中间一片小叶（即每株共采 10 片叶）。根据病斑面积大小，叶片皱缩程度和脱落与否，将病情分为 5 级。考虑到研究前期病害流行规律的重要性及人的视觉分辨能力，1961 年以来采用如下的分级标准：

0 级……………无病

1 级……………病斑占叶片面积 7%

2 级……………病斑占叶片面积 15%或叶片轻度皱缩

3 级……………病斑占叶片面积 30%或叶片较中度皱缩

4 级……………病斑占叶片面积 50%或叶片严重皱缩

5 级……………病斑占叶片面积 75%或脱落

流行期胶树物候，根据叶龄分为 6 个时期：未抽叶、萌动期、开芽期、古铜色嫩叶期，淡绿色嫩叶期，叶片老化期。

叶片病害按下述公式计算发病率、发病指数、发病总指数：

$$叶片病害普遍率（\%）= \frac{病叶数}{调查叶片数} \times 100$$

$$叶片病情指数 = \frac{\sum（各级病叶（株）数 \times 该病级代表值）}{调查总叶片（株）数 \times 5} \times 100$$

流行期叶片病害总指数 $= \sum（各级物候百分数 \times 该级叶片发病指数）\div 100$

物候期的计算，是统计各级物候的百分率。

病害普查，是在病害流行期，选择海南、粤西有代表性农场 8~12 个定期进行。每个农场选择代表性林段 4~6 个，根据地势、坡度按隔行、对角线或棋盘法抽样进行调查。病害分级、统计方法与定点观察相同。

3.1 流行过程

根据几年来的观察结果，病害流行过程的一般可区分为 3 个阶段，在不同的年份和地区按 3 种不同的方式发展。

3.1.1 中心病株（区）阶段

橡胶树抽叶后，在早抽叶植株中所找到的个别感病较早的植株，笔者称之为中心病株。中心病株一般都在 30%抽叶以后出现，其数量为 0.2%~0.6%。

中心病株期出现的迟早和数量之多寡，主要受越冬菌量及抽叶物候所影响。1960

年海南、粤西各地中心病株都较为突出，主要由于越冬菌量中等，抽叶物候较不整齐的原因。1961—1963 年海南、粤西许多地区中心病株都不显著，即使有中心病株，但出现迟，感病也较轻。一般病害都是零星分散地发生，这是由于这几年各地抽叶物候很整齐，越冬菌量特少之故。1959 年在联昌、1962 年在南田发现在越冬菌量大、抽叶迟或不齐整的情况下，病害发生一开始即较普遍。因此，中心病株的形成需要具备一定的条件。在一些地区和年份，中心病株可能构成流行过程的一个阶段；在另一些地区和年份，则没有或很少中心病株，这时病害流行可以不需经过中心病株阶段。

中心病株对病害流行的作用，主要表现在对周围植株的病情扩展和蔓延。

中心病区是海南南部地区病害流行过程一个阶段。中心病区对大区流行的作用，以1962 年在南田农场的观察资料最为明显。该场长田、田弯区的中心病区使周围林段的病情显著地加重。可见在海南南部地区，抽叶初期进行普查和消灭中心病区在防治策略上具有重要意义。

3.1.2　增长蔓延阶段

病害在少数中心病区（株）发生以后，植株的或叶片的普遍率和严重度即能按一定的速度增加。从几年的资料看，流行期病情上升曲线有 3 个类型：①单峰稳步上升曲线；②双峰或多峰曲线，在这一类型病害发展过程中有若干次小下降；③基本上属水平线，病害始终维持较低的水平。只有第一类型才能够上升得较高。

3.1.3　病害消退阶段

病害消退的主要原因是高温和叶片老化。4—5 月后大雨的出现也是病害消退原因之一。当林内平均或超过 26℃时，病害即迅速下降和消退（图1）。

总结几年来流行过程的研究，病害的发展可概括为以下 3 种方式：

（1）一开始即较普遍，然后转严重，到达高峰后逐渐下降消退；

（2）以中心病株（区）为始点，使林段或大区病情逐渐加重，后转下降、消退；

（3）病毒出现很迟，零星分散，没有中心病株（区），也没有大区流行高峰期，只有迟抽的植株、品系或小区胶树重病。

3.2　病害流行主导因素分析

影响病害发生和流行的有关因素包括越冬菌量、橡胶树物候情况、气象因素中的温度、湿度条件。但对流行主导因素则存在着意见的分歧。笔者根据历年调查资料做出如下的分析。

越冬菌量与春季流行强度的相关极为显著（见附录表 1—略）。同时，海南代表性农场 1959—1963 年的资料分析，指出即使在气候较为不宜（气温 24℃左右，并有 3 日以下的有害温日——最高温度>35℃，平均温度>28℃），抽叶物候较为整齐的情况下，如越冬菌量大，也能引起流行。相反，即使气候适宜，抽叶又较为不整齐，但越冬菌量很少，也不致严重发病。越冬菌量的作用主要是通过影响病害始见期及流行速度，从而影响病害最终严重度。

橡胶树物候与发病也有密切关系。我国橡胶白粉病大面积流行，出现在 1959 年胶园郁蔽成林以后，一个胶园，也只有郁蔽成林的林段病害才会严重。可见胶园连片郁蔽是病害流行的基本条件。但是橡胶树普遍成林郁蔽以后，这一因素便成为经常存在、不

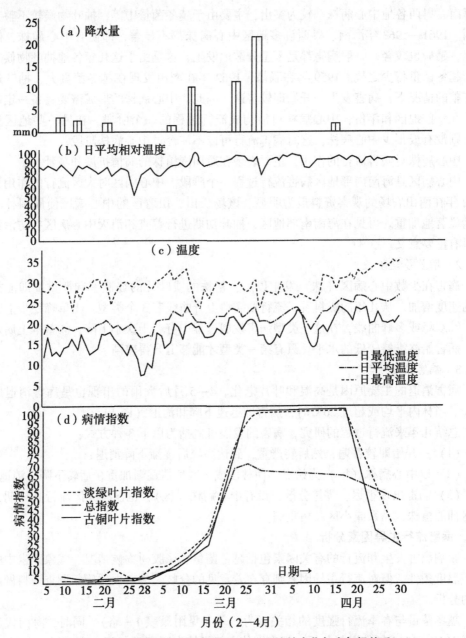

图1　1963 年南田长田 113 林段 2—4 月病情变化与小气候关系

起决定作用的因素。橡胶树每年春季抽叶过程的长短也与发病有较密切的关系。凡抽叶不整齐，从开芽至叶片老化日数多，则发病较重。关于抽叶物候迅速齐整，是否会成为病害流行的决定因素这一问题，从几年的资料来看，实生树物候最整齐的年份，从开芽到老化也需要 35~37 天，如果病害流行开始得早、速度快，按每天平均上升 2 总指数计算，最终总指数也可以发展至 50 总指数左右。

气象因素是决定病害流行速度的主要因素。比较几年来海南代表性农场气象资料与海南、粤西各代表性农场发病关系的资料可以看出，4月气象要素和发病关系不明显，起作用的主要是3月的气象要素。3月的雨量、雨日与病害流行与否无关。雨量、雨日多的地区（如粤西区）或年份（如海南东部、西部的1963年），发病并不重；而海南南部滨海干旱地区，自1959年以来，已连续5年发生不同程度的病害流行。该地区干旱，但是3—4月相对湿度经常在70%～80%以上，已能满足病菌发展的需要。1962年南田农场2—4月降水量总计只有16mm，3月日间湿度曾出现过相对湿度38%的短暂记录，气候可说非常干旱，但当年病害却为特大流行。如前所述，即使相对湿度为0%，仍有一定数量的孢子萌芽（表3）。综合上述室内外资料来看，高的相对湿度利于发病，但它并非本病流行的主导因素。

光照与病害流行关系不明显。在强光和阴暗情况下，病害都可以顺利发展。几年来看重病胶园在病害流行期光照都较强；历年病害较轻的粤西地区，阴天数反而较多。这也与前述的病菌对光照具有强大抗性的试验结果相符合。

显然，冬春温度与病害发生及流行的关系最为密切，4年的系统观察资料表明，林下平均温度超过26℃、最高温度超过32℃时，即使光照、相对湿度对病害流行没有发生不利的变化，病害都会很快下降（图1）。平均温度28℃，最高温度超过35℃，这种气候持续3天以上，病斑即会消退。在不同地区不同年份的抽叶过程中，不一定每天都处于适温范围内，只要有几天低于或高于适温范围，便可看到病害下降。如果大部分时间都处于适温范围，病害一直上升，到高温出现时，病害才会下降。这又与病菌生物学特性研究的结果相符合。可见春季温度是制约春季病害升降的主要因素，也是决定病害一般只局限在春季第一蓬叶流行的基本条件。

冬季温度是影响越冬菌量大小，抽叶落叶整齐度的重要因素。1月偏暖，则冬梢多，落叶不彻底，适于越冬病菌繁殖，越冬菌量便较大。冬季温暖，胶树落叶不整齐，抽叶也会不整齐，这就有利于病菌的早期活动和累积。在偏冷的年份或地区，还可使断倒树大量冬梢和正常树春梢遭受冻害，因而清除了大批越冬菌源。

从上述气象要素的分析中，可以得出这样的结论：温度条件是橡胶树白粉病流行的主导因素，它不仅直接控制流行期的病害消长速度，而且也影响到越冬菌量和橡胶树抽叶物候的整齐度。

3.3　流行区划分

根据历年海南、粤西各地发病情况、越冬菌量、冬春温度及落叶抽叶情况，可将海南、粤西划分为4个流行区：

（1）常发区：流行频率最高，一般年份均重病。

（2）易发区：一般年份病情中等，个别年份重病或轻病。

（3）偶发区：一般年份轻病，个别年份重病。

（4）轻病区：历年均属轻病。

各流行区特点见表9。

表 9   海南、粤西垦区橡胶树白粉病流行区特点

流行区类型	地区	越冬菌量	落叶	抽叶	1月温度		3月温度	
					平均温（℃）	15℃以下日数	平均温度	最高35℃以上日数
常发区	海南崖县、保亭	多	不彻底	不整齐	17~20	2~5	21~23	0
易发区	海南万宁	中	不彻底	较整齐	16~18	10天以上	22	0
	粤西化州	中—少		较不整齐	13~15	20天以上	20	0
偶发区	海南西路、中路、东路的琼海、定安	少	彻底	整齐	15~17	15天以上	23~24	3日以上
轻病区	文昌、琼山、徐闻、雨阳	少	很彻底	很整齐	15	15天以上	23	3日以上

4   预测预报方法

关于橡胶树白粉病流行的预测预报问题，研究部门和生产都已积累了一些经验和资料。笔者通过 1962 年和 1963 年两年对海南、粤西垦区的两次流行年的预测，证明以越冬菌量为基础，结合早春气候和物候条件作为中期预测的依据是可靠的。但在应用生物统计学方法对本病流行规律进行数学分析方面，国内外尚无先例可循。笔者根据近几年来对广东橡胶树白粉病的研究及生产部门的系统观察资料，并参考国外在农作物主要病害（如小麦锈病、马铃薯疫病等）流行学方面的先进经验，对本病的中期预测进行第一次的数学分析，作为我国热带作物病害流行学的研究从定性（方法）向定量（方法）发展的开端。

4.1   中期预测

根据 1961—1963 年海南西庆、东兴、保亭、南田、金江、安宁等场、站越冬菌量（数个林段的总平均数）与春季流行强度（数个林段平均）关系资料分析（见附录表 1），以越冬菌量为横坐标，春季流行强度为纵坐标，春季流行强度增长符合一般 S 形曲线。若用 log（100×越冬菌）为横坐标，春季流行强度实测值的机率为纵坐标，则为"等值偏差对数曲线"直线关系，应用相关及回归方程如下：

$$相关系数\ r = 0.997 \pm 0.0016 \tag{1}$$
$$回归方程\ y = 1.37x + 2.41$$

此方程主要是通过越冬菌量数值，而获得春季流行强度的预测值。将大落叶后、抽叶前实地调查到的越冬菌量总指数（变成 X 值）代入（1）式，便得到 y 的概率值，查概率表（或百分率与等值偏差换算表）即可得到该年橡胶白粉病最终流行强度的预测值。为了便于参考，根据上述经验公式计算出不同越冬菌量预测春季流行强度的理论值，附录于后（见附录表 2）。

注：在偏冷地区或偏冷年份，冬梢受冻害，部分或大部分越冬菌源因而被自然清

除，对上述回归方程适用程度，尚需进一步验证和研究。

4.2　短期预测

对短期预测，海南热科院植保所几年来已提出了两种方法，兹就其中一种生产上应用较多的指标测报法简单介绍如下：

每个农场以分场（或作业区）为单位来建立测报点，固定 1~2 专业测报员。在越冬末期，个别林段抽叶初期做一次全面的普查。根据普查结果，按抽芽迟早、越冬菌最大小、病害历史等把整个作业区大致划分为下述 4 个类型区：

（1）抽叶早，越冬菌量大，总指数>0.7。

（2）抽叶早，越冬菌量少，总指数<0.2。

（3）抽叶期不早不迟，越冬菌量中等，总指数 0.2~0.6。

（4）抽叶迟。

每区约 500 亩，选择其中一个越冬菌量最大、抽叶较早的林段作为观察点，按规定方法定期 3 天调查一次，当某个点到达指标时（指标同下述），即应发动群众对它所代表的区进行逐个林段普查，当某些林段古铜嫩叶期达到发病总指数 3~5 或淡绿色嫩叶期达到发病总指数 5~8，即应对该林段进行喷粉。对未到达上述指标的林段应继续进行普查（每次普查最好同样的行走路线），直到那些林段到达指数时才进行喷粉。如始终未达到指标，即应调查到胶树叶片 90% 老化叶为止。第一次喷粉后 7 天，应继续进行普查，根据当时病情和物候情况决定是否需要进行第二次喷粉。

此外，尚需在 30% 胶树抽叶后进行 1~2 次全面普查，以发现中心病株（区）。对中心病株（区）应做出标记，并立即喷粉加以扑灭。

4.3　橡胶树物候期预测方法

春季橡胶抽叶物候期的长短主要取决于物候的整齐度及每株胶树从开芽到老化的速度。此两者均受春季温度及雨量的影响。据 1962 年和 1963 年在南田农场和本所数百株胶树定株物候观察资料分析，在 3 月平均 20~23℃ 的温度下，单株从开芽到老化所需时间的差异很大，这主要是由于抽叶整齐度不同所引起。因此，可根据开芽到 90% 叶片老化需天数与物候整齐度之间的相关性，来预测达到 90% 叶片老化所需时间。根据本所所部、西联、南田、东兴、保亭、安宁、南林、金江等农场 1961—1963 年同一年份林段的平均物候资料分析，20% 左右胶树开芽后第 10 天未抽芽胶树% 与 20% 左右开芽至 90% 叶片老化天数存在正相关（表10）。用直线回归方程统计方法计算，即可得出物候期预测的经验公式。若以 y 代表 20% 开芽到 90% 叶片老化所需天数，x 代表 20% 胶树开芽后第十天未抽芽树%，即可计算出 y 与 x 的相关系数及回归方程（演算时把 x 乘以 100，即得整数）。

相关系数 r=0.954±0.013（极显著）
回归方程 $y=0.45x+32.41$（极显著）

上述回归方程只适用于 3 月 20~23℃、抽叶过程无伤害性寒流出现的地区或年份。

表10　物候预测公式的理论值与实际值比较

农场	年份	20%抽芽后第10天未抽芽树（%）	理论开芽至90%叶片老化天数	实际开芽至90%叶片老化天数
南田	1963	42	51.3	47
保亭	1963	58	49.5	51
金江	1963	35	48.2	45
本所	1963	6	35.1	38
东兴	1963	3	33.8	35
安宁	1963	9	36.5	36
南田	1962	47	53.7	56
保亭	1962	40	49.5	48
东兴	1962	31	46.4	50
安宁	1962	7	35.6	36
联昌	1961	30	45.9	45
安宁	1961	60	59.4	63

5　防治试验

5.1　铲除越冬菌源试验

可以预期铲除越冬菌源（简称冬防）会推迟发病期，减轻发病强度，节约喷粉防治费用。1954 年笔者在定安进行冬防试验，但由于面积太小，大面积胶树普遍轻病，因此防效不显著。1960 年在联昌胶园进行过较大面积的冬防试验（600 亩），以距离联昌 3km 的侨植农场作对照，防治效果较为显著。1962 年笔者所在研究所粤西站在建设农场的冬防试验结果表明，冬防能推迟病害始见期。1962—1963 年笔者在南田农场的两年试验结果表明，冬防后流行期不再喷粉的，防治效果不好；但冬防配合流行期喷粉的，则两年防效都比较好。上述资料说明易发区、偶发区冬防效果较好，常发区冬防效果较差。不同地区、不同年份冬防效果及具体措施有待进一步试验研究。

5.2　喷硫磺粉的防治方法

喷粉防治的试验设计，是以流行学的研究成果为依据，目的在于寻找节约硫磺粉、提高防效的喷粉措施，供大田防治使用。

方法：1961 年在南林年生实生树植区布置此项试验。试验设有一个对照区及 4 个喷粉区。以 120~200 筛目国产硫磺粉、加入 10%草木灰喷粉，剂量 1kg/亩·次，机具用国产三用机。

1962 年和 1963 年改在南田农场布置此项试验。

1962 年试验设计如下：①对照区 10 个林段；②系统防治区 2 个林段（冬防 2 次，30%植株开叶后定期 7~10 天喷粉一次）；③冬防+低指数喷粉区（总指数 1~5）；④低指数喷粉区；⑤中指数喷粉区（总指数 8~12）；⑥高指数喷粉区（总指数 32~38）；⑦冬防区。

1963 年试验设计如下：①系统防治区；②低指数喷粉区；③中指数区（总指数 6~10）；④高指数喷粉区（总指数 11~22）；⑤冬防区；⑥冬防+低指数喷粉区（用喷粉法进行一次冬防，流行期喷粉一次）；⑦冬防+低指数喷粉区（流行期喷粉两次）；⑧按 30%开叶低剂量喷粉区；⑨按 77%开叶低剂量喷粉区；⑩对照区。

调查及喷粉方法：1 月下旬普查越冬菌源，以后每隔 3~6 天调查物候及病情 1 次。物候调查是在每个试验林段内固定 100 株胶树进行观察，病情则在 100 株固定胶树范围内用对角线随机取样方法，分别采取古铜色嫩叶、淡绿色嫩叶及老化叶片各 30~40 蓬，每种叶龄检查 150~200 张叶片，计算发病总指数。喷粉时间均在清早 6:00—8:00 进行。1962—1963 年改用进口的 Mistral II AB 喷粉机喷粉。抽叶 30%以后的流行期喷粉，是按每隔 4~6 行胶树（25~35m）平行走道进行。喷粉剂量：①冬防：0.2~0.4kg/亩·次。②低中高指数区：1.5kg/亩·次；③冬防+低指数区：冬防用 0.2~0.4kg/亩·次，流行期用 1.5kg/亩·次；④按 30%开叶喷粉的低剂量区：第一次用 0.3kg/亩·次，以后用 0.5kg/亩·次；⑤ 77%开叶低剂量区用 0.5kg/亩·次。

防效鉴定依据：

$$防效（\%）=\frac{对照区病情指数-处理区病情指数}{对照区病情指数}\times100$$

病情 3~5 级的胶树占试验林段胶树的百分数。

（1）不同年度、不同地区防治效果表明：1962 年在南田农场的防效较好。1961 年防效不够明显，原因是试验区病情不严重，3—4 月南林农场阴雨天数及雨量较多，硫磺粉被雨水冲失，又不利于硫磺粉的挥发所引起（该年南林农场 3 月降水量为 134.3mm，4 月为 491.5mm）。1962 年防效明显，原因是病情严重，喷粉期间天气又非常干旱（3—4 月仅降水 16.2mm）；1963 年防效稍差，原因是 3 月有 8 个阴雨天，因而降低了硫磺粉的作用。历年防治试验效果比较见表 11。

（2）历年防治试验结果表明，系统防治区防效虽较显著，但不经济，生产实践意义不大。冬防+低指数喷粉或低指数喷粉的两种处理，防效都比较好；中指数和高指数处理的防效不好，不宜再进行试验和使用。

（3）第一次喷粉适宜时机，古铜嫩叶期不宜超过 3~5 总指数（相当于普通率 15%~25%），淡绿色嫩叶期（抽叶 70%~90%）不宜超过 5~8 总指数（相当于普遍率 25%~40%）。

（4）喷粉间隔期的长短与第一次喷粉时病情的轻重、气候条件（风雨、气温）等因素有密切关系。低指数区第一次喷粉后的第 14 天，病情上升很慢，但 16 天后病情便有显著增加，这可能是随着叶片面积的不断增加、硫磺粉的消失使覆盖保护面积相应逐渐减少，病菌因而在第 14 天前已获得入侵处所。在菌源基数大的情况下（如高指数处理区），喷粉间隔期虽然只有 6~7 天，但仍不能有效地控制本病的发展。按 30%开叶的低剂量处理区，间隔期亦达 7~14 天，可能是与第一次喷粉时病情较轻有关。倘若喷粉后遇上阴雨天气，间隔期会大大缩短，因雨水可以把硫磺粉冲走，低温会降低硫磺的效能，故当天气好转时，应立即补行喷粉。

表 11　1961—1963 年不同硫磺喷粉防治处理效果比较

年份及农场	处理	重复次数	喷粉次数（冬防+流行期）	最终病情指数			防治效果（%）			3~5级病情胶树合计%（平均值）
				平均	最低	最高	平均	最低	最高	
1961 年南林	一区（总指数 5.9）	1	0+4	19.8			43.1			
	二区（总指数 11.1）	1	0+4	32.6			6.8			
	三区（总指数 16.2）	1	0+4	21.8			37.3			
	对照	1	0+2	33.6			3.4			
	对照	1	0	34.8			0			
1962 年南田	系统防治区	2	2+5	13.7	10.4	17.0	82.7	80	80	
	冬防+低指数区	3	2+2	26.4	21.2	30.8	65.5	60	60	
	低指数区	11	0+2	27.6	22.0	31.8	58.9	51	51	
	中指数区	4	0+2	43.6	32.4	58.6	46.6	25	25	
	高指数区	3	0+2	63.2	56.6	70.2	21.4	19.5	19.5	
	冬防区	4	2+0	73.4	70.0	78.0	0	0	0	
	对照（不喷粉）	10	0	73.5	61.4	90.2	0	0	0	
1963 年南田	系统防治区	1	1+6	21.6			60			8
	低指数区	4	0+2	29.5			58			10.7
	中指数区	3	0+2	43			37			28
	高指数区	5	0+2	62			31			35
	冬防	1	1+0	76.5			0			61
	冬防+低指数①	2	1+1	38			50			26
	冬防+低指数②	2	1+2	26			53			15
	30%开叶，①低剂量	2	1+3	31			58			11.5
	30%开叶，②低剂量	1	1+2	33			51			10
	77%开叶，低剂量	2	0+2	56			21			40
	对照区（不喷粉）	4	0	73			0			73

（5）有效喷粉次数的多少和第一次喷粉时的病情、剂量、气候条件等有关。研究结果表明，虽在阴雨天较多的流行年份，低指数和冬防+低指数处理区喷粉两次，已能将最终病情指数控制在 40 以下。

（6）防治成本及经济收益（表 12 和表 13）：

试验处理成本：每种防治处理费用的多少，决定于硫磺粉的消耗量，几年试验指出，不同防治处理设计中，80%~90% 的成本是花在硫磺粉上。如何减少硫磺粉的用量，降低硫磺粉价格，乃是关系到橡胶树白粉病防治的重大问题。

农场的实际防治成本及防治收益：农场大规模防治白粉病的费用与喷粉次数及使用剂量关系很大。据了解，南田农场 1962 年喷粉 0~2 次，平均每亩次防治费用为 1.58元；1963 年喷粉 1~3 次，少数林段喷粉 3~5 次，每亩防治费用 3.42 元，但是，1962年由于防治不及时，白粉病在大面积林段内严重流行，估计感病 3~5 级的胶树达 20 万株，因病延迟开割胶影响胶树产量，损失干胶 20t，折合人民币 10 万元。1963 年防治工作开展及时，有效地控制了病害的流行，估计感病 3~5 级胶树 2 万株，损失干胶 2t，折合人民币 1 万元。前后两年对比，1963 年的当年实际防治经济收益［（1962 年干胶损失价值+防治总费用）－（1963 年干胶损失价值+防治总费用）］达 46 000 多元。

此外，由于有效控制了白粉病的大面积流行，使胶树的增长及再生皮恢复更快，对优良品系又能保花保果，对生产及育种工作意义都很大，这些方面的收益也应估计在内。因此，根据几年来的试验结果及现场实际成本和收益估计，笔者认为根据预测预报，合理施用硫磺粉来防治白粉病，对生产是有利的，而且是目前较为切实可行的有效办法。

表 12　1962—1963 年南田场橡胶树白粉病防治费用（根据南田场资料）

年份	计划防治面积（亩）	实际防治总面积（亩次）	硫磺粉费用（元）	汽油费用（元）	机油费用（元）	工资（元）	喷粉机折旧费（元）	其他付费（元）	合计（元）	每亩每次防治费（元）	每亩合计防治费（元）
1962	24 950	27 249.5	31 984.1	534.6	60.9	2 445.0	2 000	2 400	39 424.6	1.44	1.58
1963	24 346	54 292	65 260.7	316.5	130.2	3 391.5	5 950	5 950	83 248.9	1.28	2.42

表 13　1962—1963 年南田场橡胶树白粉病为害损失

年份	感病 3~5 级胶树占比率（%）	感病 3~5 级胶树株数（株）	干胶量损失（kg）	损失干胶折合人民币值（元）	损失比率（%）
1962	50	200 000	20 000	100 000	100
1963	5	20 000	2 000	10 000	10

近几年来对各地流行过程和流行区的研究表明：病害流行过程、流行强度显示明显的区域性。防治战役的部署和防治策略的决定，应以各地区各个流行年度的病害流行过程特点为依据。一般来说，在防治策略上应抓紧关键性地区，关键性时期和关键的防治战役。从全局着眼，关键性地区应该是常发区，一个农场内的关键地区应该是中心病区（株）或迟抽叶的重病区；关键时间是病害发生的早期（发病总指数 3~5 时）。海南、粤西各流行区常年的关键战役：常发区应着重消灭中心病区和早期全面防治；易发区应着重冬防及局部重病区控制；偶发区应以局部冬防局部重病区喷防治为主；轻病区只需防治局部重病林段。

6　讨论

对橡胶树白粉病菌生物学性的认识通常以 Beeley（1932）和 Yong（1950）的资料为依据。现在看来，Beeley 所总结的病菌生长最适条件和 Yong 关于光照与孢子萌发关系的研究结果，都只是一些比较粗放的室内试验结果所获得的人为现象的反映。当笔者应用接近自然的叶片试验方法的时候，却获得完全不同的结果，那就是病菌对于湿度和光照并不敏感，对它影响最大的乃是温度。这种特性是与笔者后来在各代表性地点观察到的流行规律相符合的。

从文献资料看来，菌丝是主要的越冬形式。笔者在 1954 年也已观察到越冬老叶菌斑上有新鲜孢子存在。1961—1963 年又做了进一步的观察，肯定老叶病斑带有新鲜孢子越冬，但认为老叶病斑恢复产孢可能有区域和年度间的差异。老叶菌斑恢复产孢在生产部门也曾观察到。但是，老叶在任何条件下带菌最多，作用最大，在什么条件下能恢复产孢等问题，尚待研究解决。

对病害的流行过程，Beeley 认为本病的流行是暴发性的，即当阴湿天气来临时，病害可以在 48h 内暴发流行。Bobililff 和 Young 则认为病害传播很慢，是逐株逐叶传播的。这些看法显然都是片面的。因为一方面可能没有进行早期的观察，缺乏整个流行过程的系统资料，只当病害已经相当普遍，遇上适宜气候条件，病害在大面积内暴发流行时才被发现，另一方面可能只是根据早期或轻度流行条件下的局部材料而进行推断的。根据几年来的观察研究，笔者认为流行的一般程序可区分为 3 个阶段，病害的发展则是按 3 种方式进行的。明确病害流行过程，对病情预测，因地因时制宜地采取适宜防治策略，都有重要意义。

对流行的主导因素，国内外有多种不同方面意见。Murray 认为流行的主导因素是低温；Hansford 认为是高湿；Young 认为是阴湿；Beeley 总结其室内外的研究结果，认为适宜于病害的流行条件有：温度约 60°F（15.5℃），雨不太大，湿度 75%~80%。国内方面，湛江农垦局认为流行的主导因素是阴雨连绵；海南农垦认为是毛毛雨；保亭育种站则认为是阴天。笔者认为，上述这些因素，在一定程度上均有利于发病，但作为主导因素来说，则是值得讨论的。据几年系统观察资料及病原生物学的研究，笔者认为越冬菌量及冬春期间温度乃是决定橡胶树白粉病流行与否的主导因素。

橡胶树白粉病还有待进行研究的问题包括：

（1）中心病株或病区形成过程，传播距离和速度。

（2）早春抽叶期的寒流对于寄主抗病性的影响，流行期的温度变化对病菌生活力和繁殖力、对寄主抗病力及物候（抽叶整齐度，叶片老化速度）的影响。

（3）台风对于越冬菌量的影响。

（4）全国的流行区划分及长期预测方法。

（5）抗病育种和新药剂的筛选。

附录（略）

参考文献（略）

本研究于 1965 年 4 月 6 日在中华人民共和国科学技术委员会登记出版。

橡胶树白粉病流行规律的研究*
（1959—1981）

橡胶白粉病研究小组
余卓桐执笔

[摘要] 流行过程一般可分为3个阶段：①中心病株（区）阶段；②病害增长蔓延阶段；③病情下降消退阶段。

病害在不同的年份和地区按3种方式发展：①一开始发病即较普遍，后转严重，到达高峰后逐渐下降消退；②以中心病株（区）为始点，使林段或大区病情逐渐加重，后转消退下降；③病害出现很迟，零星分散，没有中心病株（区），也没有大区流行高峰期，只有后抽叶的林段和植株重病。

20多年的资料研究分析结果表明，冬春温度，抽叶期长短，病害流行始点期出现迟早，越冬菌量，嫩叶期雨日等，与病害流行关系较密切。冬春温度是病害流行的主导因素，低温阴雨天气是病害发展的综合有利条件。温度主要是通过落叶、抽叶物候影响病害的流行强度。

分析广东垦区的白粉病发生与气候的关系，发现有4种流行气候型：①冬春温暖流行型；②冬暖春凉流行型；③冬冷春凉流行型；④冬春干旱流行型。

根据海南岛、粤西垦区各地历年病害的流行频率和流行强度，气候、物候特点，可将广东垦区划分为3个流行区：①常发区；②易发区；③偶发区。

引言

据一些国家的记录，斯里兰卡橡胶树白粉病年度流行频率约50%，马来西亚20%。我国自1959年起的23年中，有9年全面流行，流行频率达39%，可见橡胶白粉病是一种流行性很强的病害。

笔者自1959年以来着重研究病害的流行规律，初步摸清了白粉病的发生和流行规律，为预测预报提供了科学依据。

---

* 本课题先后负责人：周启昆（1959—1961），郑冠标（1962—1969），余卓桐（1970—1981）。

参加本课题工作的其他科研人员：余卓桐（1959—1969），吴木和（1960—1969），黄朝豪（1963—1969），王绍春（1963—1969，1972—1981），张开明（1962），周春香（1978—1981），张元章（1960—1969），裘秋生（1962—1969），黎传松（1962—1966）。

林传光教授曾给予本课题以指导，并参加部分工作；广东省国营南田、东兴、南茂、西培、加钗农场曾先后与本课题部分工作予以协作，特此一并致谢。

1 材料及方法

在这项研究中，笔者着重观察春季病害流行过程，分析流行的因素和流行气候型，并划分广东垦区的流行区。

研究材料以 1956 年前定植的橡胶实生树为重点，也有少量的主要无性系芽接树。

调查观察方法采取系统观察与普查相结合的方法。系统观察方法是在代表性农场（如海南岛西部本院试验农场）中选择代表性林段 4~5 个，从 12 月开始，每隔 3~5 天调查一次。调查内容包括橡胶树物候和病情两个方面。橡胶树物候的观察，采取隔数行连株取样法。根据林段大小，每个观察点固定 50~100 株橡胶树编号作为观察株，单株记录物候期。

越冬期主要调查橡胶树越冬落叶量和抽冬梢的数量。越冬落叶量分级标准如下：

0 级：老叶未黄未落。

1 级：老叶脱落或变黄占树冠 1/4。

2 级：老叶脱落或变黄占树冠 2/4。

3 级：老叶脱落或变黄占树冠 3/4。

4 级：老叶落光或全部变黄。

流行期橡胶树物候分为 5 个时期：未抽叶，开芽期，古铜色嫩叶期，淡绿色嫩叶期，叶片老化期。调查后统计各物候期的百分率和古铜色嫩叶期以上的抽叶率。

病情的调查，是在固定观察物候的植株内按物候比例均匀分散取样。每个观察点取样 20~50 株树，每株树按不同方位取中层叶 2 蓬，每蓬取中间小叶 5 片，每个观察点取 200~500 片叶。根据病斑面积大小，叶片皱缩程度和脱落与否，将病情分为 5 级，其标准如下：

0 级：无病。

1 级：病斑占叶片面积 1/16。

2 级：病斑占叶片面积 1/8。

3 级：病斑占叶片面积 1/4。

4 级：病斑占叶片面积 1/2 或中度皱缩。

5 级：病斑占叶片面积 3/4 或脱落。

每年叶片老化后，在固定的物候观察株中，按下述分级标准做整株胶树最终病情鉴定。

0 级：无病。

1 级：少数叶片有少量病斑。

2 级：多数叶片有少量病斑。

3 级：叶片病斑累累，或落叶 1/10 以下。

4 级：叶片病斑满布或整株落叶 1/3 左右。

5 级：整株落叶 1/2 以上。

病害按下述公式计算发病率，发病指数，发病总指数。

$$发病率（\%）=\frac{有病叶片数}{调查叶片数}\times100$$

$$发病指数=\frac{\sum\left[各级病叶（株）数\times该病级代表值\right]}{调查总叶片（株）数\times5}\times100$$

$$发病总指数=\sum（各级物候百分数\times该级叶片发病指数）\div100$$

病害的普查，是在流行期中和流行期末选择 8~12 个代表性农场进行。每个农场选择 4~10 个林段，按隔数行连株法取样调查。每个林段调查 100 株橡胶树，分级、统计方法与系统观察点相同。

2　结果及分析

2.1　流行过程

根据笔者的观察结果，橡胶树白粉病的流行过程一般可分为如下 3 个阶段。

2.1.1　中心病株、病区阶段

橡胶树抽叶初期（指 5%~30% 胶树抽叶期间），个别感病较早较重的植株，即为中心病株。中心病株数量一般在 0.2%~0.6%。

中心病株的形成，受越冬菌量、抽叶初期的天气和抽叶整齐度的影响。一般越冬菌量中等，抽叶不整齐的年份，中心病株较明显。如 1960 年在海南、粤西和 1966 年在海南岛东部，就是这种情况。有些年份如 1968 年，在海南岛万宁县橡胶树抽叶初期遇到强寒潮，中止了抽叶过程，早抽叶的植株为越冬菌源所侵染而形成明显的中心病株。相反，海南岛、粤西有些抽叶整齐或越冬菌源特少的年份，90% 胶树抽叶后才发现有病，则没有出现中心病株。1962 年在南田农场；1969 年、1978 年在本院试验农场发现越冬菌量大、抽叶极不整齐的情况下，病害发生一开始就相当普遍。在这种情况下，可说无中心病株可言。因此，中心病株的形成需具备一定的条件。在一些地区和年份，中心病株可能构成流行过程的一个阶段；另一些地区和年份，则没有或极少有中心病株。中心病株对病害流行的作用，主要表现在对周围植株的病情扩展和蔓延上。

有些地区，有些年份，一些地块的胶树抽叶特早而不整齐的林段为周围越冬菌源所侵染从而形成明显的病区，这即为中心病区，这种病区，在海南岛南田农场、南林农场和本院试验农场及粤西建设农场，都曾多次发现过。中心病区对大区病害流行的作用，以 1962 年春在南田农场的观察为最清楚。该场长田、田弯等两个作业区的中心病区向其附近四周的林段蔓延扩展，其势如燎原之火，使周围林段的病情显著地加重。因此，消灭中心病株（区）在防治策略上具有重要的意义。

2.1.2　病情增长蔓延阶段

病害在少数中心病株、病区发生后，首先是植株或叶片发病率普遍增加。这时，叶片多为一级小病斑。当 40% 叶片感病以后，由于菌源数量增多，侵染密度加大和病斑扩展，病情急转严重，形成病害的高峰。从多年的系统观察资料来看，流行期病害上升的曲线有三种类型：①单峰稳步上升曲线（图 1）；②双峰或多峰曲线（图 2），这一类型病害发展过程有若干次小下降；③平缓上升曲线（图 3），病害发生迟，上升慢，始终维持较低的水平。

2.1.3 病害消退阶段

病害到达高峰以后，由于气温升高，叶片老化，达到不能再侵染程度，病害逐渐消退。

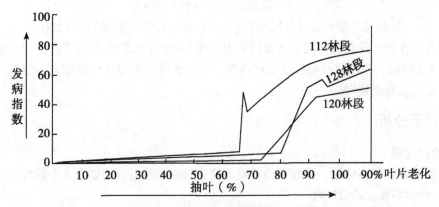

图 1 1962 年南田农场 3 个林段的单峰稳步上升的白粉病流行曲线

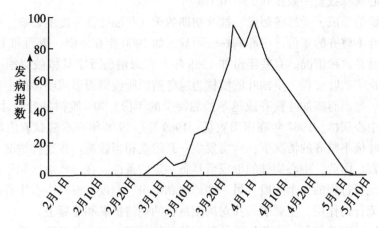

图 2 1962 年南田农场 98 林段白粉病双峰上升流行曲线

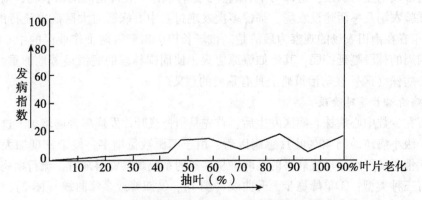

图 3 1960 年联昌胶园幼树林段白粉病平缓上升流行曲线

当林段内的平均温度达到或超过 26℃，最高温度超过 32℃时，病害即迅速下降和消退。总结多年对本病流行过程的研究，白粉病的发展过程可概括为 3 种方式：

（1）一开始即普遍，然后转严重，到达高峰后逐渐下降消退。

（2）以中心病株（区）作始点，使林段或林区的病情逐渐加重，后转下降、消退。

（3）病害出现迟，零星分散，没有中心病株（区），也没有大区流行的高峰期，只有迟抽叶植株、品系或林段病重。

2.2 流行条件及主导因素分析

根据笔者多年的观察，影响病害发生和流行的有关因素有橡胶树物候情况、越冬菌量、病害在抽叶过程期间出现的迟早，气象因素中的温度、湿度、降雨、光照等。

据海南岛、粤西地区 1959—1978 年 20 年的资料分析，上述各种因素与白粉病流行强度的关系如表 1。

表 1　影响橡胶树白粉病流行强度的因素相关程度比较

项目	海南西部	海南东部	海南南部	湛江粤西站
抽芽 20% 至 90% 老化天数	0.9083 *	0.9415 **	0.6700 **	0.6533 **
5% 抽芽期	−0.5224 *	0.7647 **	0.2700	−0.0660
落叶量（或存叶量）	0.5390 *	0.9110 **	0.7500 **	0.7599 **
越冬菌量	0.6432 **	0.7670 **	0.4900 *	0.0760
病害流行始点期	−0.8831 **	−0.9345 **	−0.5791 **	−0.8500 **
最冷月均温	0.4013	0.4312	0.0100	0.3650
嫩叶期寒潮（12~18℃）天数	0.7752 **	0.7180 **	0.1700	0.7450 **
嫩叶期>25℃天数	−0.3085	−0.5289 *	−0.4900 *	−0.4900
最冷月均温和嫩叶期寒潮（12~18℃）天数	0.7770 **	0.7682 **	—	0.8340 **
12 月至翌年 1 月雨量	−0.2817	−0.0700	−0.5600 **	−0.6029 *
嫩叶期雨日	0.7345 *	0.5270 *	−0.5922 *	0.7200 **
嫩叶期雨量	0.7556 **	0.1230	−0.5600 **	0.3500
光照	0.4803	0.2797		0.4473

注：** 极显著，* 显著

表 1 的结果表明：抽叶期长短、病害流行始点期（总发病率 2%~3% 出现期）、橡胶树越冬存叶量等因子，在广东省 4 个地区都表现与流行强度有高度相关。橡胶树嫩叶期寒潮与流行强度的关系，除了在海南岛南部因常年不受寒潮影响，未表现与病情相关外，其他地区都与病害流行强度高度相关。特别是最冷月平均温度和嫩叶期寒潮与流行强度的相关，比其他因素都高，而且在不同地区都表现一致。有关降雨的几个参数，其中嫩叶期的雨日与流行强度有中度至高度相关。嫩叶期的雨量在各地区表现不一致，在粤西地区，12 月至翌年 1 月越冬期的雨量与流行强度呈负相关。海南岛南部冬春降雨少，病害反而严重。越冬菌量与流行强度的关系，除粤西地区外，其他地区有中度至高度相关。下面分述上述诸因素对橡胶树白粉病流行的作用。

2.2.1 橡胶树物候

广东垦区白粉病的第一次严重流行是 1959 年，出现在大面积郁蔽成林的胶树，说明郁蔽成林是白粉病大区流行的基本条件。但是，橡胶树普遍郁蔽成林以后，这一因素便成为经常存在，不起决定作用的因素了。1959 年以来的几个大流行年（1959 年、1966 年、1969 年、1970 年、1978 年）有一个共同的特点：橡胶树抽芽较常年早且不整齐。海南岛常在 2 月中旬至 3 月上旬抽芽，而这几年则在 1 月下旬至 2 月上旬。从 5% 抽芽至 90% 叶片老化的天数一般年份是 30~50 天，而这几年则在 70 天以上。橡胶树抽叶越早，遇到适宜于病害流行的天气的机率便越大，病害就可能越重。可见，橡胶树物候是橡胶树白粉病流行的基本条件。

2.2.2 基础菌量

白粉病要在有限的橡胶树物候期达到流行程度，需要一定的菌量基数，橡胶树白粉病流行的基础菌源是越冬期和中心病株（区）的菌源。多年的材料分析比较说明（表2），在抽叶整齐的情况下（如 1965 年、1975 年），越冬菌量越大，病害流行要求的重复侵染次数越少，故即使抽叶整齐，也能造成病害的流行。但是，如果抽叶极不整齐，橡胶树白粉病菌有足够的重复侵染次数，那么即使越冬菌量较少（如本院试验农场1972 年，1974 年），病害仍能流行。可见，越冬菌量对病害流行的作用在抽叶整齐的年份较为明显。

表 2　越冬菌量与流行强度的关系

地点	年份	越冬菌量（总指数）	20%橡胶抽芽至90%叶片老化天数	最终病情指数
南田农场	1965	0.01174	34	44.5
	1971	0.00036	35	20.0
东兴农场	1965	0.00410	34	25.0
	1971	0.00011	35	7.7
东红农场	1965	0.00300	35	53.6
	1963	0.00002	35	2.5

如前所述，中心病株（区）的数量与病害流行有密切关系。如海南岛南部的大流行年（1967 年、1969 年），抽叶早的植株发病率达到 60% 以上，而轻病年（1971 年、1973 年、1976 年）抽叶早期几乎不能发现病株。

2.2.3 病害流行始点期

这是病害从缓慢发展向稳定迅速发展的起点。根据多年的观察，树胶树白粉病的流行始点期是总发病率到达 2%~3% 的时期，这与 Vander Plank 的逻辑斯蒂期始点期一致。病害流行始点期在抽叶过程中出现越早，病害流行强度越大。流行始点期出现的迟早，既反映出病害早期流行速度，又反映出胶树抽叶物候的进程，是病害是否严重的最重要的标志。据 1959—1978 年广东代表性农场的资料分析，它与病害流行强度关系的回归公式为：

$$y = 68.28 - 0.5071x \quad （海南岛南部）$$

$$y = 89.80 - 0.7960x \quad （海南岛西部）$$

$$y = 65.77 - 0.4933x \quad （海南岛东部）$$

$$y = 73.57 - 0.6340x \quad （粤西中部）$$

式中，y 为流行强度，x 为总发病率 2%~3% 时的橡胶树抽叶百分率。

上述这些公式已在总发病率短期预测法中用来预测病害的严重度。

2.2.4　气候条件

气候不仅影响橡胶树物候进程，而且影响基础菌量的多少及其发展速度，是橡胶树白粉病流行的重要条件。现将气象诸因素分析如下：

（1）降雨：对于降雨与白粉病流行的关系，是国内外学者意见分歧的焦点。笔者分析比较历年广东垦区代表性农场橡胶树越冬抽芽期和古铜叶期的雨量、雨日与病害流行的关系，发现有三种互相矛盾的现象：①干旱年份病重：如海南岛南田农场在 1962 年、1963 年、1977 年，从 12 月至翌年 3 月，总雨量不超过 8mm，雨日 3 天以下，而病害的最终指数都在 70 以上。②多雨年份病重：如海南岛西部 1959 年、1965 年、1969 年、1970 年、1972 年、1978 年，嫩叶期雨日在 15 天以上，最终发病指数 35 以上。③多雨年份病轻：如海南岛西部 1968 年，雨日 17 天，嫩叶期雨量 45mm；粤西红五月农场 1967 年，嫩叶期雨日 21 天，雨量 176.8mm，最终发病指数为 14.05。

降雨对白粉病菌侵染的作用：用喷头连续喷洒的处理，孢子萌芽及侵染率都较低；放在室内相对湿度 70%~90% 的处理，孢子萌芽和侵染率居中，而在室内保湿，湿度在 95% 以上的处理，孢子萌芽，侵染率都很高。这说明降雨对白粉病菌侵染不利。白粉病菌侵染并不要求水滴，而是要求高的相对湿度（表3）。

表3　降雨对橡胶白粉病菌孢子萌芽及侵染的影响

处理	重复次数	检查孢子数	孢子萌发率（%）	检查叶片数	侵染率（%）	潜育期天数
淋水	3	200	61.5	55	30.9	5
保湿，相对湿度大于95%	3	300	94.5	44	95.4	3~4
保湿，相对湿度小于90%	3	300	74.7	45	33.3	3~4

毛毛雨有利于发病，这是因为它往往有间歇停雨的时间，而这个时间叶片的水膜消失，形成饱和的相对湿度。这对病菌孢子的萌发、侵染都是十分有利的。

降雨与橡胶树白粉病发生的关系虽然变化很大，但据笔者多年的观察，有几种情况是肯定的。①低温毛毛雨有利于发病。②长期干旱，如果夜间相对湿度较高，一般有利病害流行。干旱不仅有利于白粉病菌孢子的产生和传播，而且使橡胶树抽叶不整齐，叶片生长缓慢，延长感病期。一般说干旱期的早晨、晚间湿度会升高，病菌能获得适合侵染的条件。③大雨，特别是抽叶初期下大雨，不利于白粉病菌孢子的产生、传播，相反却有利于橡胶树的生长，缩短感病期，因而不利于病害的流行。从上述情况可以看出，橡胶树白粉病菌对降雨有很广泛的适应范围，笔者认为降雨不是橡胶树白粉病大区流行的主导因素。

（2）相对湿度：相对湿度与病害的发生有关。如表 3 的结果表明，相对湿度在 95% 以上，孢子发芽率和侵染率都明显地较相对湿度 90% 以下的高，潜育期也较短。因此，高湿度是白粉病迅速发展的重要条件。但是，由于本病菌对湿度的适应范围很广，我国垦区橡胶树白粉病流行期的相对湿度一般均能满足其发展的要求。因此，相对湿度不是决定白粉病大区流行的主导因素。

（3）光照：根据笔者在南田、东兴农场系统观察的材料，看不出光照与病害流行有密切的关系。如东兴农场 1959 年、1964 年，日照偏少，嫩叶期（约 35 天）日照总时数在 41 以下，阴天日数 22~24 天，病害流行；而 1966 年日照偏多，嫩叶期日照时数 120，阴天日数只 12 天，病害也流行。南田农场 1962 年、1967 年，嫩叶期日照时数都在 180 以上，阴天日数 11 天以下，病害特大流行。可见光照也不是白粉病流行的主导因素。

（4）台风：上年台风与次年病害流行的关系，主要决定于冬春的温度条件。如果冬春温暖，上年台风强，则冬梢多，越冬菌量大，次年白粉病可能会流行，如果冬春寒冷，断倒树冬梢受害，则台风对次年病害流行的作用不大，如 1964 年海南岛西部，粤西徐闻县，1973 年琼文地区便属于这种情况。因此，台风也不是决定白粉病流行的主导因素。

（5）温度：冬春温度与病害发生及流行的关系最密切。分析海南岛代表性地区的越冬期温度与病害流行的关系看出：流行年份越冬期的温度较轻病年份为高。海南岛西部 1959 年以来的流行年（1959 年、1965 年、1969 年、1970 年、1974 年、1978 年）的越冬期平均温度都在 17℃ 以上，而轻病年份越冬期平均温度一般都在 15℃ 以下。冬季温度是影响橡胶树越冬落叶、抽芽迟早、抽叶整齐度和越冬菌量大小的主要因素。冬暖则落叶不彻底，抽芽早而不整齐，越冬菌量较大，次年白粉病的流行可能性就大。

嫩叶期的寒潮对白粉病的流行有极显著的影响。嫩叶期的寒潮强度不同、维持时间长短不同、出现的时间不同病害的流行强度也不同。病害流行的年份（如海南岛西部的 1959 年、1965 年、1969 年、1970 年、1972 年、1974 年、1978 年，粤西化州、阳江的 1959 年、1965 年、1966 年、1970 年、1978 年），都曾在嫩叶期出现过 12~18℃ 长时间的寒潮（12 天以上），而上述地区轻病的年份（如海南岛西部 1960 年、1961 年、1963 年、1967 年、1968 年、1971 年、1973 年、1976 年；粤西湛江、化州、阳江 1961 年、1962 年、1963 年、1964 年、1967 年、1968 年、1971 年、1973 年），这种寒潮天数在 10 天以下。1964 年海南岛西部的强寒潮出现在橡胶树抽芽期，冻死了全部新芽和越冬叶片，使原来抽芽不整齐变为整齐，较多的越冬菌量变为极少，从而限制了病害的流行。相反，在粤西，1959 年、1965 年、1970 年，在海南岛西部、中部、北部，1959 年、1972 年、1974 年、1978 年，较强的寒潮出现在古铜叶期，冻死部分嫩叶嫩芽，打乱了整个抽叶物候进程，使抽叶变得非常不整齐，大大延长了抽叶过程，并形成了较多的中心病株（病区），结果造成病害大流行。

嫩叶期出现高温，是海南岛某些年份病害未能流行的主要原因。如海南岛西部，1960年、1966年、1973年、1980年，万宁县1967年，琼中县1973年，嫩叶期遇到6天以上日平均温度为26℃，最高温度32℃以上的高温天气，病害发展便受到抑制，结果最终病情轻微。

根据笔者历年在海南岛南部、东部、西部的系统观察材料，白粉病发展的适温范围为11~22℃，在这个温度范围内，只要有一定的菌源和感病组织，病害都可以迅速而稳定地发展。广东省多数地区（海南岛南部除外）引起病害流行的温度是11~18℃，说明这种温度最适合病害的流行。日平均温度26℃以上，最高温度32℃以上，连续3天以上，病情即会下降，这是病害发展的限制温度。日平均温度28℃以上，最高温度35℃以上，连续3天以上，嫩叶病斑即告消退。

根据笔者的分析温度主要是通过影响橡胶树嫩叶的老化过程来决定白粉病的流行强度的。

可见，冬春温度不仅主要地影响橡胶树的落叶抽叶过程，叶片的生长和老化速度，而且影响病菌的基础数量及病害的升降速度，从而左右病害在年度间、地区间的流行强度，是橡胶树白粉病大区流行的主导因素。

2.2.5　流行气候型

多年的观察研究看出：白粉病的流行要求在不同的发展阶段，不同的物候期有不同的气候条件。不论在何种病害发展阶段或物候期，只要有适当的气候条件配合，才可能引起病害的流行。由于不同的病害发展阶段和不同的物候期内相配合的气候条件的不同，就形成了不同的气候型。病害流行强度年度间的变化，为各年度的气候型所决定。根据广东省1959年以来的研究资料分析，可归纳为4种流行气候型：

（1）冬春温暖流行型：1—3月中旬平均温度17~21℃，雨量较少。最终病情指数40以上。海南岛南部、东南部以此流行气候型为主。

（2）冬暖春凉流行型：1月或1月下旬开始至2月中旬平均温度17℃以上，2月下旬至3月中旬出现平流型寒潮，平均温度11~18℃，最低温度6℃以上，伴有毛毛细雨，这种天气持续12天以上。最终病情指数50以上。海南岛西部、中部、东部、北部以此种流行气候型为主。粤西、海南岛东南部也常有出现。

（3）冬冷春凉流行型：12月至翌年1月较冷，平均温度在16℃以下，但嫩叶期出现长时期（18天以上）的低温阴雨天气，平均温度11~18℃，最低温度6℃以上，最终病情指数30以上。粤西以此种流行气候型为主，海南岛西部、中部、北部也有个别年份属此种类型。

（4）冬春干旱流行型：12月至翌年4月雨量在10mm以下，雨日在6天以下，1~2月平均温度在17℃以上，3月平均温度在22℃以下。海南岛南部及其他地区有个别流行年属此类型。

2.2.6　小区流行规律

通过大量的林段调查分析，笔者发现具有下述5种情况的林段病害较重：

①抽叶迟的林段发病较重；②抽叶不整齐的林段比抽叶整齐的林段病重；③越冬菌量大的林段病情较重；④抽叶迟而不整齐、越冬菌量又大的林段，发病最为严重；⑤种

植感病品系或多品系混种的林段发病较严重。

林段间流行势的差异，主要决定于抽叶过程、越冬菌量大小和品系的抗病性。大气候基本是一致的，林段间的小气候、土壤肥力、坡向、地势、风害程度等条件，主要是通过对抽叶物候和基础菌量而影响林段的发病程度。

3 讨论

对于病害的流行过程，Beeley 认为本病的流行是暴发性的，即当阴湿天气来临时，病害可以在 48h 内暴发流行。Bobilioff、Young 则认为病害传播很慢，是逐株逐叶传播的。这些看法显然都是片面的。根据笔者的观察研究，白粉病的流行过程一般地可区分为 3 个阶段：中心病株（病区）阶段，病害增长蔓延阶段，病害下降消退阶段。病害的发展则根据当时的橡胶树物候、菌源和气候情况，按 3 种不同方式进行。这一研究结果，为因地因时制宜地采取适宜的防治策略，提供了理论依据。对病害流行的主导因素，国内外有多种不同的看法。国外方面，Murray 认为病害流行的主导因素是低温，Hansford 认为是高湿，Young 认为是阴湿，Waiste 认为最重要的是温度与湿度。国内方面，肖陈保、陈武兴等认为是毛毛雨天气，李元和认为是阴冷毛毛雨天气。笔者认为，上述的这些因素都在一定程度上有利于发病，但作为主导因素来说，则是值得讨论的。根据 20 多年的观察材料，多种有关因素的相互关系分析，及病原生物学特性的研究，笔者认为冬春温度是决定橡胶树白粉病流行与否的主导因素。任玮等的观察结果与笔者类似。低温毛毛雨是综合有利于病害发展的气候条件，这种天气主要通过减慢叶片老化的速度，打乱橡胶树抽叶过程，加快病害流行速度而起作用，但温度仍然是这种天气中起作用的主要因素，并主要通过影响橡胶树物候决定病害的流行强度。

从病害流行气候型的研究看出：决定病害的流行程度，往往不是一时的气候，而是病害不同发展阶段和不同物候期的配合。前人对病害流行学的研究，多偏重于一些因子在某一时期的作用，这样往往不能得到病害流行规律的全面认识。近年笔者对橡胶树白粉病的研究证实，广东垦区有 4 种流行气候型。这为白粉病的中期预报提供了依据。

广东省历年各地区的橡胶树白粉病发生情况证明：笔者划分的 3 个流行区（常发区，易发区，偶发区）是符合实际的，对生产性的防治部署是起了重大作用。

参考文献（略）

原载于 *热带作物学报*，1983，Vol. 4. No. 1：75-84

橡胶树白粉病流行过程和流行结构分析

余卓桐　王绍春

[摘要] 大量资料统计分析表明，橡胶树白粉病的流行，是按指数增长、逻辑斯蒂生长模型增长、衰退等过程发展的。这为准确描述和预测病害的发展提供了新的理论依据。海南地区橡胶树白粉病流行结构分析表明，在南部和东部，物候期的长短和越冬菌量对流行影响最大；而在西部则以物候期的长短和流行速度最为重要。据此，提出了这些地区的防治策略。

[关键词] 橡胶树；白粉病；流行过程；流行结构；流行病学

国外对橡胶树白粉病流行病学的研究，以流行条件的观察、分析为主，对流行过程和流行结构则从未触及。

我国从 1959 年开始，对橡胶树白粉病的流行条件、流行过程、流行区划分别进行过长期深入的研究。把白粉病的流行过程划分为 3 个阶段：中心病株（区）期、流行期、消退期。这种划分从过去定性流行学的观点来看，是符合实际的，但不能适应现代流行数理分析的要求，而病害的流行结构，则从未做过研究。为此，本文根据现代流行病学的最近研究成果，对白粉病的流行过程和流行结构做分析，并进一步提出不同地区的防治策略，以提高我国橡胶树白粉病的防治水平。

1　材料和方法

分析的材料主要是笔者从 1959 年以来在海南地区南田、南茂、东兴以及本院试验场等代表性农场的病害系统观察和越冬期、流行期在广东、海南病害普查的材料，缺少部分则引用上述农场本身的系统观察材料。粤西地区则引用本院粤西试验站和建设农场的材料。气象材料则取自上述农场的气象站。

病害调查采取系统观察与普查相结合的方法，系统观察方法是在上述农场中选择代表性林段 4~5 个，流行期每隔 3 天，其他时间每隔 5 天调查一次。物候、病情的观察、取样、分级、统计方法，与农牧渔业部橡胶植保规程相同。

病害普查每年进行 2 次，一次在越冬期，调查橡胶树越冬落叶、抽芽和越冬菌量情况，同时收集各地越冬期间的气象材料。另一次在流行末期，做流行强度和发病条件的调查。两次均调查相同的农场与林段，以便分析越冬期的菌源、气象条件与流行期的关系。每年选择海南、粤西不同地理位置的代表性农场 8~12 个，每个农场调查 4~6 个林段。病害调查的取样、分级、统计方法同系统观察。

流行过程的分析，按照 Van der Plank 的方法，利用其指数增长模型和逻辑斯蒂模型分析白粉病的流行过程，看流行曲线是否符合这些模型，从而划分流行阶段。

2 结果与分析

2.1 流行过程

分析橡胶树白粉病的流行过程，大致可分为缓慢发展期、迅速发展期、衰退期 3 个时期，整个过程的流行曲线是一条 S 形曲线（图 1）。这 3 个时期的深入分析结果发现，完全符合 Van der Plank 的指数增长期、逻辑斯蒂期和衰退期 3 个阶段。

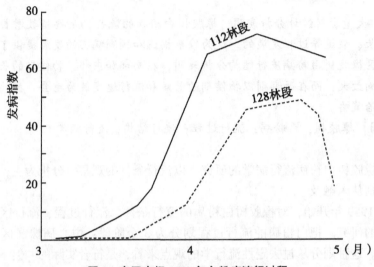

图 1 南田农场 1962 年白粉病流行过程

（1）指数增长期：是指从开始发病至总发病率 3% 左右的一段时间。从图 1 看，是从开始发病，至病情急转上升的转折点。据笔者分析，这一时期的病害是按指数增长规律增长的；病情增长的绝对数量很小，但增长速率却很大，因此，这个阶段可用指数增长模型来描述。指数增长模型为：

$$x = x_0 \cdot e^{rt}$$

x_0 为越冬菌量（初始病情）；r 为单位时间的病害增长率；e 为自然对数的底，$e = 2.71828$；x 为 t 时间后的病情。

据此模型计算海南南部、东部、西部代表性年份的 r 值见表 1。

表 1 海南代表性地区指数增长期的流行速度（r 值）

地区	重病年	中病年	轻病年
南部	35.9	33.1	21.7
东部	35.4	27.4	24.2
西部	37.2	28.8	26.2

从表 1 看出，流行的地区（海南南部）和其他地区的流行年份，其流行速度要比轻病地区或轻病年高，说明在白粉病常发区或其他地区的重病年份，要特别注意及时开始防治，稍一疏忽拖延几天就很难控制病害发展。指数增长期是整个流行过程的基础阶

段，也是最关键的阶段。这个时期出现的迟早，流行速度的快慢，往往决定病害的最终流行程度。据笔者的研究，这个时期的末期（总发病率2%～3%）在抽叶过程中出现的早晚，与病害发生轻重有密切的关系，总发病率2%～3%在抽叶过程出现越早，最终病情越重。海南各地总发病率2%～3%出现时的抽叶率与最终病情关系的回归模型如下：

海南南部：$y = 68.28 - 0.507x$

海南西部：$y = 89.82 - 0.7963x$

海南东部：$y = 65.77 - 0.4933x$

海南中部：$y = 75.60 - 0.61x$

海南北部：$y = 99.80 - 0.86x$

y 为最终病情指数，x 为总发病率2%～3%出现时的抽叶率。

（2）逻辑斯蒂期或称流行中期：病害到达总发病率3%以后，便开始快速地发展，直至病害总发率90%以上才基本稳定。这段时间，据笔者用逻辑斯蒂模型分析，符合逻辑斯蒂生长曲线的特征，故可定为逻辑斯蒂期。在这一阶段中，病害发生逐渐普遍和严重。由于感病组织增加，健康组织减少，新生病部的增长受到可感病的组织减少所抑制，因而病害流行速度逐渐减慢，以致最后停止发展。这个时期，虽然流行速度减慢，但病害的绝对增长量却是最大的。

1963年Van der Plank根据逻辑斯蒂模型提出了统计这个时期流行速度的模型，其模型为：

$$r = \frac{1}{t_2 - t_1} \left(\ln \frac{x_2}{1 - x_2} - \ln \frac{x_1}{1 - x_1} \right)$$

r 为流行速度，病害日增长率；x_1 为 t_1 时的病情；x_2 为 t_2 时的病情。

根据上述模型，统计海南代表性地区1962—1983年流行速度平均、最高、最低值如表2所示。表2表明：常发区（海南南部）流行速度最高，易发区（海南东部）流行速度中等，而偶发区（海南西部）偏低。

表2　海南代表性地区病害流行速度（r 值）

地区	平均	最高	最低
南部	31.8	69.1	16.1
东部	30.8	42.3	19.5
西部	28.1	50.5	16.7

逻辑斯蒂期的长短、流行速度的快慢往往决定病害的最终流行程度。其持续期长短一方面与指数增长期结束的迟早有关，另一方面则取决于物候期的长短。流行速度是寄主、病原、环境三方面相互作用的综合表现，是流行因素综合体的概括值，它决定于病原、寄主、环境的相互关系。因此，在逻辑斯蒂期中，病害能够达到什么程度，不单跟当时的寄主物候、流行速度有关，而且跟指数增长期有关。

（3）衰退期或称流行末期：逻辑斯蒂期以后，由于胶叶感病已经饱和，病害发展趋于停止，而且由于叶片老化，抗病力提高，温度升高又不适合病菌的侵染繁殖，病害逐渐下降消退，并转入越夏时期。

从上述白粉病流行过程分析可以看出，白粉病的流行过程，从它的发展模式来看，符合从指数增长，到按逻辑斯蒂模型增长，然后消退等过程。这为更准确地描述白粉病的发展规律，建立预测模型，决定防治指标提供了理论依据。将这 3 个时期与过去分为中心病株期、病害增长蔓延期、消退期相比，可以发现过去划分的流行阶段是不准确的，它把病害发展性质不同的几个阶段混在一起。例如，把病害按指数增长的时期划分为中心病株期和病害增长、蔓延阶段的前期；而病害增长、蔓延阶段却包括了指数增长和逻辑斯蒂增长等两个性质不同的时期。而对这些性质不同的阶段，过去都简单地用病害平均增长指数来描述，因而与实际病情发展相差很大。例如，指数增长期病害的发展规律是 1，2，2^2，2^3，2^4……，第 4 天的病害可发展至 16。而按平均增长指数统计，每天平均增长 2，则第 4 天的病情只是 9，所以，用过去划分流行阶段的方法，是不可能得到准确的数理预报的。

2.2 流行结构分析

所谓流行结构，是指初始菌量、流行速度和流行时间三者以何种数量组合而导致流行的。例如低菌量与高速度、长时间；高菌量、低速度、长时间；高菌量、高速度、短时间都可组合而引起流行。不同的流行结构所用的防治策略不同，有必要对橡胶白粉病的流行结构做较深入的分析。现据笔者和海南代表性农场历年的观察材料，将海南南部、西部、东部的流行结构综合见表 3。

表 3 海南橡胶白粉病流行结构分析

年份	海南南部				海南西部				海南东部			
	菌量	速度	物候	病指	菌量	速度	物候	病指	菌量	速度	物候	病指
1962	0.052	30.9	67	74.0	0.0015	25.6	38	3.0	0.0003	29.5	68	30.0
1963	0.005	38.7	48	59.9	0.0006	26.5	37	6.0	0.0004	32.6	52	20.3
1964	0.018	32.9	52	45.2	0.0009	24.5	33	8.0	0.004	23.6	65	43.5
1965	0.012	44.8	38	44.2	0.0038	25.5	49	44.5	0.007	30.4	50	25.0
1966	0.055	26.6	57	40.3	0.0084	16.7	62	24.7	0.001	29.8	65	45.0
1967	0.032	41.6	53	71.8	0.0003	17.9	37	1.0	0.002	22.9	58	17.0
1968	0.009	34.3	59	41.2	0.0004	20.7	30	7.5	0.003	23.7	55	13.3
1969	0.006	37.5	62	53.9	0.006	21.9	55	50.0	0.071	19.5	77	60.0
1970	0.005	35.5	43	40.0	0.0015	34.0	58	50.1	0.0003	25.2	54	30.0
1971	0.004	35.9	32	14.0	0.00001	29.0	35	3.0	0.0001	42.8	49	7.7
1972	0.0134	31.3	46	57.2	0.0002	35.7	62	35.0	0.002	29.4	61	35.5
1973	0.0004	35.2	41	18.0	0.0029	21.0	37	1.0	0.0003	32.4	54	20.0
1974	0.006	24.5	48	45.6	0.0019	18.6	71	49.3	0.0002	36.7	53	35.0
1975	0.005	30.4	57	40.0	0.0086	28.5	54	22.1	0.0002	39.1	57	40.0
1976	0.065	16.1	45	17.0	0.00004	31.0	39	2.2	0.0005	24.0	47	20.0

（续表）

| 年份 | 海南南部 | | | | 海南西部 | | | | 海南东部 | | | |
---	菌量	速度	物候	病指	菌量	速度	物候	病指	菌量	速度	物候	病指
1977	0.02	19.8	73	65.2	0.00003	50.5	35	23.5	0.0005	29.9	57	30.0
1978	0.116	18.5	83	75.6	0.0089	21.4	73	83.8	0.0014	33.8	76	60.0
1979	0.02	22.9	60	57.6	0.002	24.6	62	29.0	0.00008	38.3	63	31.3
1980	0.0026	38.2	63	74.6	0.0003	43.5	43	36.4	0.0011	30.3	67	60.0
1981	0.002	30.6	48	44.0	0.0027	39.7	47	40.1	0.0028	37.9	49	16.7
1982	0.0008	69.1	68	65.5	0.002	31.3	73	41.9	0.001	41.1	54	57.0
1983	0.041	2.46	37	42.2	0.0008	30.5	51	18.3	0.0017	25.3	57	21.2

注：菌量为越冬菌总指数，0.01以上为大，0.001~0.01为中等，0.001以下为少；

速度为日流行速率（%），35%以上为高，25%~35%为中，25%以下为低；

物候指5%抽芽至95%老化日数，60天以上为长，45~60天为中，45天以下为短。

根据表3的材料，笔者可做如下分析。

海南南部：在22年材料中，有7次特大流行（最终发病总指数超过60）。其中由于菌量大、物候期长引起流行的有3年（1962年、1977年、1978年），占42.8%；由于流行速度高、物候期长引起病害流行的有2年（1980年、1982年），占28.6%由于流行速度高、菌量大引起病害流行的有2年（1963年、1967年），占28.6%。这22年中，有3年轻病，其中2年（1971年、1973年）是由于物候期短、菌量少所引起的，1年（1976年）是由于流行速度特低，物候期偏短所引起的。可见海南南部的白粉病流行，主要是物候期长短和菌量多少的相互作用所决定的，缩短物候期和减少菌源应该是解决海南南部白粉病流行的主要策略。但其流行速度一般较高，物候期也较长，化学防治也有重要的作用。

海南西部：22年中，只有1年特大流行（1978年），是由于物候期特长，菌源偏多所引起的。中度流行有7年，由于流行速度高物候期长引起病害流行的有4年（1970年、1972年、1981年、1982年），占57.1%，由于菌源多，物候期较长引起病害流行的有3年（1965年、1969年、1974年），占42.8%。在这22年中，有9年是特轻的年份，其中有8年（1962年、1963年、1964年、1967年、1968年、1971年、1976年、1977年）是由于物候期特短或较短、菌量很少而形成的，只有1年（1973年）是由于流行速度低，物候期短而造成的。可见，海南西部地区的橡胶树白粉病流行，主要是流行速度与物候期的相互作用而决定的，化学防治和缩短物候期是防治海南西部橡胶树白粉病的主要策略。

海南东部：22年中有4年是特大流行年。其中有3年（1969年、1978年、1980年）是由于物候期长、菌量偏多而引起的，有1年（1982年）是由于流行速度高、物候期长而引起。病情很轻的年份只有1年（1971年），其最大的特征是菌源特少，物候期较短。可见，海南东部地区的白粉病流行，主要受物候期长短和菌量的多寡所影响，缩短物候期和减少菌源是该地区的主要防治策略。在流行速度高的年份，应着重开展化学防治。

3 结论与讨论

（1）对于病害的流行过程，过去国外有所谓 48h 内暴发流行和逐株逐叶缓慢传播等理论，经观察和分析橡胶白粉病的流行过程揭示，这些理论都是不符合实际的。过去笔者将橡胶树白粉病的流行过程分为中心病株，增长蔓延，消退下降 3 个阶段。这种划分方法，最大的问题是把病害发展性质不同的几个阶段混在一起。对于病害性质不同的阶段，过去都用一种方法去描述，因而不符合病害的实际发展规律，也不可能得到准确的预测预报。经过大量资料的统计分析，笔者认为橡胶树白粉病的流行符合指数增长期，逻辑斯蒂期，衰退期 3 个阶段。这些不同病害阶段，可以用相应的模型来描述。这就为准确地描述橡胶树白粉病的流行规律，建立准确的预测模型，安排防治策略提供了可靠的理论依据。这对提高橡胶树白粉病的预测准确率，改进防治策略，都将有着重大的作用。

（2）无论国外或是国内，从来没有人对橡胶树白粉病的流行结构做过研究与分析，因此使防治决策多少带有盲目性。近年笔者对海南各地区橡胶树白粉病流行结构的分析表明，海南岛南部、东部主要是物候期长短与菌量多少相互作用的结果，这些地区病害流行速度一般都较高，不是病害流行的限制因素，因此，这些地区的防治策略应着重缩短感病期如种植抽叶整齐的品系和消灭菌源，由于流行速度高化学防治也不可少。在海南岛西部、中部、北部地区，菌源一般不是主要的，关键是物候期的长短与流行速度的相互作用，而物候期的长短和流行速度的快慢主要受冬春气候条件所决定，因此，在冬春气候适合发病的年份，应特别引起注意；这些地区的防治策略应着重在缩短物候期和降低流行速度。缩短物候期的方法，一方面是选种高产和抽叶物候期短的无性系，另一方面是进行人工脱叶。降低流行速度的主要方法是开展化学防治，由于化学防治是这些地区的主要防治策略，同时，这些地区流行频率较低，预测预报显得特别重要，只有准确及对地开展预报，才能经济有效地控制病害的流行。

参考文献（略）

原载于 *热带作物学报*，1988，Vol. 9 No. 1：83-89

橡胶白粉菌空中孢子量变化规律研究

余卓桐 王绍春 周春香 潘 宇

橡胶树白粉病是一种气传病害，研究其空中孢子量的变化规律，可使笔者了解孢子的传播，进而探讨利用空中孢子量预测病害的可能性，改进目前的测报方法。

气传病害的孢子捕捉，早在1954年，英国人Hirst就设计了一种吸气式的捕孢器。1972年Beerker做了改进，可以连续取样一个星期。日本人研制了旋转式捕孢器，近年英，美国学者又设计了一些新型的捕孢器，认为可以提高捕捉效率。利用捕孢器取样以预测病害的发生，在茶饼病、稻瘟病上取得了进展。但多数学者认为，目前使用的捕孢器效率不高，在病害发生的早期捕不到孢子，不能利用作为病害预测。我国江苏无锡华中电器厂设计了一种旋转式的孢子捕捉器，1979年后在我国橡胶垦区进行了试验。笔者从1980年开始，利用这种孢子捕捉器进行了橡胶白粉菌空中孢子量变化规律的研究。本文是四年研究工作的总结。

1 材料与方法

所用的孢子捕捉器为江苏无锡华中电器厂出产的Bz-2型旋转式孢子捕捉器。在研究孢子量一天内各小时变化时，则使用我院自制的吸收式孢子捕捉器。捕孢器安装在胶园中空旷的地方，用铁架支持在6m高处。除每小时取样的试验以外，每天取样3次，每次捕捉15min，分别在8:00、14:00、20:00捕捉。用涂有凡士林的玻璃片装在捕孢器上，利用自控钟定时开启捕孢器。捕捉后取下玻片，在10×10倍的显微镜下观察，统计孢子量。每个玻片取样4条4cm长的观察线，显微镜的视野直径为858μm，每玻片观察面积为2.15cm²。孢子量的年变化是用上述方法整年取样观察。孢子垂直分布的研究则分0m、1m、2m、3m、4m、5m、6m、6.5m共8个高度进行捕捉。孢子量的水平分布研究，则同时在相距1~10km的林段捕捉，比较同一时间的孢子量差异。空中孢子存活率的研究，是用古铜叶片粘在玻片上放到捕捉器上取样，然后将古铜叶放在23℃下保湿做发芽试验。捕捉期间每3天观察一次林段的病情物候情况。分析用的气象资料则取自本院气象站。

2 结果与分析

2.1 空中孢子量的变化规律

2.1.1 孢子量的日变化规律

林段内的孢子量在一天中的各个小时之间变化很大，即使是在孢子释放时能大量捕到的时期，有些时间亦捕不到孢子或只捕到极少量的孢子。经在不同日期、不同病情物候的情况下多次取样测定发现，橡胶树白粉菌一天内各小时的孢子量的变化是有规律的。一般是从 11:00 开始捕到孢子，14:00—16:00 最多，以后孢子量又逐渐下降。但在 10 次测定中，有两次孢子高峰期出现在 21:00—22:00。说明橡胶白粉菌的孢子释放主要在中午或午夜。

2.1.2 孢子量的年变化规律

橡胶白粉菌空中孢子量的年变化，大致与整年病害发生的升降一致。即病害越冬期孢子量很少，抽叶后随病害的增加而增加，夏季高温病害消退后孢子量下降，直至冬季。说明病害与孢子量有密切的关系。

2.1.3 空中孢子量的垂直分布

3 次在不同病害严重度的情况下测定不同高度孢子量的结果（表 1）表明，林段内不同高度的孢子量变化没有固定的规律，同一高度不同时间差异亦很大。从平均数看，以 4m 高孢子量最多。因此孢子捕捉器安装在 4~6m 为适宜。

表 1　橡胶树白粉菌空中孢子垂直分布

日期	0m	1m	2m	3m	4m	5m	6m	树杈
3 月 31 日	0	16	8	86	319	6	68	71
4 月 3 日	177	41	33	12	14	5	3	15
4 月 15 日	42	20	10	11	30	26	94	48
平均	73	260	17	36	121	12	55	45

2.1.4 空中孢子量的水平分布

在几个相距 1~10km 的林段同一时间测定孢子量的结果表明（表 2），同一时间内橡胶白粉菌的空中孢子量的水平分布是不均匀的。例如，在本院试验场一队捕到 131 个孢子，而同一时间在三队只捕到 20 个，在院部系比区却捕到 516 个。在相距只有 1km 的附中胶园和系比区的捕捉结果也一样，3 月 10 日中午，附中胶园捕到 19 个，而系比区则捕不到孢子。因此设想在一个捕捉器代表一片林段进行预测预报是不符合实际的。

表 2　橡胶树白粉菌空中孢子水平分布

捕捉地点	孢子量	抽叶率（%）	发病率（%）	病情指数
一队	131	86	99	26.8
三队	20	96	86	14.8
系比区	516	96	94	24.9

2.1.5 空中孢子存活率

1981 年 3 月中、下旬几次测定白粉菌空中孢子存活率的结果表明（表 3），橡胶树白粉菌在空中的孢子存活率是不高的，一般为 11%~28%，最高也只有 50%~67%。说明橡胶树白粉菌的孢子释放以后，很快就丧失了生活力。不同时间捕到的孢子生活力比较的结果发现，最高存活率的孢子多出现在午间，这可能是由于白粉菌多在午间成熟释放，因而捕捉到的孢子也较新鲜的缘故。

表 3　空中橡胶树白粉菌孢子存活率测定

时间	检查孢子数	发芽率（%）
3 月 18 日中午	300	58
3 月 18 日晚	300	25
3 月 20 日中午	200	67
3 月 21 日早	200	11
3 月 23 日早	300	28
3 月 23 中午	100	11
3 月 23 日晚	300	17
3 月 24 日早	100	27
3 月 24 日中午	100	12
3 月 24 日晚	100	24
3 月 26 日早	50	8

2.2　影响空中孢子量的因子分析

2.2.1　空中孢子量与病情的关系

比较林段的病情与当时的孢子量关系的结果看出：林段的病情越重，捕获的孢子量越多，其相关系数达 0.6665。从 1980—1983 年 4 年的病情与孢子量关系的记录来看，林段的孢子量一般要到总指数 4 以上才能稳定上升。总指数 4 以下的孢子量变化很不规则，有时捕到几个孢子，有时捕不到。说明目前使用的孢子捕捉器捕捉效率不够理想，对病情轻时的孢子量变化反应不敏感。病害早期捕捉量变化不规则的原因，可能还存在其他白粉菌空中孢子的干扰问题（表 4）。

表 4　病情与空中孢子量的关系

日期	病情指数	当天孢子量
1980 年 3 月 5 日	0	0
3 月 10 日	0.14	0
3 月 15 日	1.29	0
3 月 20 日	10.33	4
3 月 26 日	35.43	0
3 月 31 日	40.80	4 814
1981 年 2 月 25 日	0.04	0
3 月 3 日	2.01	0
3 月 6 日	4.90	11
3 月 10 日	11.76	36
3 月 14 日	16.94	230
3 月 20 日	47.15	2 672
3 月 26 日	39.67	450

（续表）

日期	病情指数	当天孢子量
1982 年 2 月 25 日	0.072	1
3 月 1 日	0.12	0
3 月 5 日	0.33	0
3 月 10 日	0.61	0
3 月 16 日	9.84	3
3 月 20 日	17.16	5
3 月 25 日	36.40	1 083
3 月 30 日	42.04	1 076
1983 年 3 月 14 日	0	0
3 月 19 日	0	0
3 月 23 日	0.2	0
3 月 28 日	1.1	0
4 月 2 日	1.08	1
4 月 6 日	4.4	0
4 月 12 日	20.23	48
4 月 18 日	14.94	1

2.2.2 气象条件对空中孢子量的影响

取病情接近，但捕孢量差异很大的相邻时段（每段 3 天），一段孢子量少，一段孢子量多，比较其气象条件的差异。经七组时段的比较发现（表 5）在温度开始降低、湿度升高、光照减少、风速加大等条件下，即在北方冷空气来临时和冷空气控制时间，孢子量骤然增加。其中温度与孢子量关系的相关系数为 -0.5717（显著），湿度的相关系数为 0.4910，降雨的相关系数为 0.6498（显著），光照的相关系数为 0.4987，风速的相关系数为 0.7378（极显著）。可见，北方冷空气入侵的气象条件十分有利于橡胶白粉病的孢子产生、成熟和释放。这一观察结果，与历年田间病害的观察结果一致。笔者的捕孢试验结果还发现，冷空气诱发孢子的大量释放必须有一定的病情基数，病害未到这个数值，虽然冷空气来临，孢子数量也不会很明显地增加。据笔者的观察，在海南西部这个基数约总指数 4 左右。如果越冬菌量大，基数值会降低一些。

表 5　空中孢子量与气象条件的关系

日期	孢子量	最高温度（℃）	最低温度（℃）	平均温度（℃）	湿度（%）	降雨	光照	风速	病指
1980 年									
3 月 27—29 日	1	34	19.0	25.5	73	0	9.2	0.9	34.4
3 月 30 日—4 月 1 日	3 215	29.8	16.6	22.6	83	1.3	4.7	2.9	40.8
1981 年									
3 月 11—13 日	40	32.8	18.4	24.5	76	0	9.7	1.5	12.0

（续表）

日期	孢子量	最高温度（℃）	最低温度（℃）	平均温度（℃）	湿度（%）	降雨	光照	风速	病指
3月14—16日	437	30.4	19.0	24.0	82	0.3	6.4	2.2	16.9
1982年									
3月14—16日	2	31.5	17.2	23.5	78	0	9.3	1.2	9.84
3月17—19日	131	31.5	15.8	23.0	77	0	9.5	1.0	13.0
1982年									
3月14—16日	15	31.9	17.9	24.0	76	0.1	9.4	1.3	25.2
3月17—19日	661	30.8	20.3	23.6	85	0.1	2.0	3.7	36.4
1983年									
4月14—16日	0.3	36.6	24.7	29.7	66	0	8.3	2.0	20.2
4月18—20日	64	33.0	19.4	25.0	78	0	8.5	1.7	14.9
1983年									
4月19—21日	38	32.2	19.7	25.5	79	0	8.8	1.6	14.9
4月22—24日	169	31.0	20.0	25.0	77	0.1	5.1	2.1	14.9

2.3 利用孢子捕捉量作预测预报的可能性分析

2.3.1 中期预报

利用孢子捕捉量作橡胶树白粉病中期预报，宜用越冬期和抽芽初期的孢子量来探讨。根据抽芽5%之前10天（越冬期）和抽芽5%之后10天的累计孢子量与最终病害流行强度关系的分析（表6、表7），越冬期累计孢子量与病害流行强度关系有中度相关，相关系数为0.5184（显著），回归方程为$y=24.09+1.39x$（y=流行强度值，x=越冬期10天累计孢子量）。抽芽初期孢子量与流行强度无关，相关系数为0.1292（不显著）。从上述分析可以看出，越冬期累计孢子量有可能是中期预报的一个有用的参数，而抽芽初期的累计孢子量则不能利用。橡胶树白粉病多年预测预报的实践告诉笔者，单独应用越冬菌量做预测因子是不可靠的，必须结合物候、气候因子综合考虑，才可能得到准确的预测指标。

表6 越冬期孢子量与最终流行强度关系

年份	越冬期	累计孢子量	最终流行强度
1980	2月5—20日	13	43.2
	1月25日—2月10日	8	40.8
1981	2月1—15日	10	36.4
	2月5—20日	11	49.2
1982	2月5—15日	3	53.0
	2月26日—3月10日	21	51.6
1983	2月15—25日	5	25.0
	2月5—20日	5	14.8

表 7　抽芽期累计孢子量与最终流行强度的关系

年份	抽芽期	累计孢子量	最终流行强度
1980	2 月 10—20 日	13	43.2
	1 月 20 日—3 月 1 日	8	40.8
1981	2 月 10—20 日	10	36.4
	2 月 20 日—3 月 1 日	11	49.2
1982	2 月 10—20 日	3	53.0
	2 月 20 日—3 月 1 日	21	51.6
1983	2 月 23 日—3 月 4 日	5	25.0
	3 月 1—10 日	5	14.8

2.3.2　短期预报

为了探讨利用孢子量进行橡胶树白粉病短期预测的可能，笔者着重分析了白粉病的早期发病（总指数 4.9 以前）与发病前的不同时间（当天、5 天、10 天、15 天）的累计孢子量的关系，结果综合见表 8。

表 8　橡胶白粉病早期发病与孢子量的关系

病害总指数	当天孢子量	5 天前的累计孢子量	10 天前的累计孢子量	15 天前的累计孢子量
0	0	0	0	1
0	0	0	0	0
0	0	1	1	0
0.04	0	5	1	0
0.072	1	0	1	0
0.12	1	0	0	0
0.14	0	0	0	0
0.33	0	1	0	0
0.61	0	11	0	0
1.08	1	0	0	0
1.10	0	0	0	0
1.29	0	7	0	0
2.01	0	2	7	0
4.40	48	0	1	0
4.90	11	1	0	0
相关系数	0.7329	-0.0578	0.1739	-0.1637

结果表明：在橡胶白粉病发病初期，只有发病当天的孢子量与发病强度显著相关；发病前 5 天、10 天、15 天的累计孢子量与发病强度无关。这说明利用病害出现之前的累计孢子量做橡胶树白粉病预测仍无可能。当天孢子量虽与病害强度有密切关系。但从表 4 的记录可以看出，在病情低于总指数 1 时，不能捕到孢子或只捕到 1 个孢子，与病害轻重亦无关系，到孢子量上升时，病害总指数亦达 4.4 以上。这种情况，亦不能利用孢子量提前预测病害的发生和施药日期。因此，使用现有的孢子捕捉器作橡胶树白粉病的短期预测，起码在海南中、西、北部以及湛江、福建、云南胶区，仍无现实可能。

3　讨论

（1）4 年的孢子捕捉结果表明：一天中的孢子量变化有一个高峰期，这个高峰期一般是在 14:00，有时则在 20:00~22:00。孢子量的整年变化与病害的起伏一致。孢子在空中的垂直分布并无规律，一般以 4~6m 高处孢子量较多；孢子的水平分布则很不均匀。空中孢子的存活率较低，故可推测侵染机率不会很高，空中孢子的存活率可能有地区和时间的差异，尚需研究。空中孢子量的变化与病情、温度、光照、风速等因素有关。病害加重和北方冷气团到达时孢子量显著增多。孢子量的这些变化规律，为笔者正确进行孢子取样和认识白粉菌的传播规律提供了依据。目前有些单位试图用一个孢子捕捉器取样捕孢，代表一个生产队或甚至一个农场的想法是不切实际的。

（2）4 年的孢子捕捉结果，未能表明用孢子捕捉法能够预测橡胶树白粉病的发病强度和施药日期。主要的原因是在病害的早期捕不到孢子或孢子量的变化没有规律，到孢子量稳定上升时病害已超过施药指标。利用孢子捕捉作施药期预测，要求在施药指标（总指数 1~4）之前 3~10 天孢子达到一定的数量。笔者的捕捉结果证明，目前笔者使用的孢子捕捉器效率较低，不能确定这个数量指标。越冬期的孢子量似与流行强度有关，可以考虑作为一个预测因子组合到综合模型中去，是否可行还须进行试验。

（3）利用孢子捕捉量做短期预报，国内已在保亭所进行了试验。认为早期病害与孢子量高度相关，可以预测病害的发生。但笔者认为，光是分析相关关系就肯定能够利用孢子捕捉法预测病害是不全面的。利用孢子捕捉法进行预测不单要求捕捉量与病害强度相关，而且要求在施药期之前稳定地捕到孢子，且孢子量与病害数量有定量的关系。从他们所做的结果来看，目前利用孢子捕捉法预测橡胶树白粉病，尚存在许多需要解决的问题。例如目前的取样方法没有代表大面积的孢子量，利用孢子捕捉法预测就会出现防治指标偏高（对于重病林段）或偏低（对轻病林段）的不准确现象，至目前为止，还没有一个单位做过测报方法的对比试验，孢子捕捉法是否能比原来的方法提高准确率和防治效果，增加经济效益尚属未知。对于菌量指标，则仍缺乏实际的检验等。在这些问题未研究明确之前，推广使用孢子捕捉测报法是值得商榷的。

原载于 *热带作物研究*，1985（2）：34-40

橡胶树白粉病预测预报研究[*]
（1960—1980）

华南热作院植保所橡胶白粉病研究小组
余卓桐　执笔

[摘要] 经过多年的试验研究，先后向生产部门推广了 4 种短期预测预报方法，即总指数法、混合病率法、嫩叶病率法、总发病率法。4 种方法中，以总发病率法为最优，准确率达 87% 以上。生产防治实践证明，应用这些方法能提高防治效果，降低防治成本。

采用中期预报指标，在春季气候稳定的地区或年份，准确率较高。

橡胶树白粉病预测预报，国外研究甚少，有些学者甚至认为，白粉病的发生是不可预测的。近年，马来西亚 Lim，研究用"侵染日"短期预测，减少两次喷药，获得 5 次喷药的效果。笔者于 1960 年开始进行白粉病的预测预报研究，1963 年利用回归法建立了一元回归预测模式和总指数预测法。1966 年后又提出了混合病率法、嫩叶病率法，并在生产上推广应用。1974 年后，针对上述预测方法存在的问题，又试验了总发病率法，1978 年正式向生产部门推广。本文总结这 4 种短期预测法及中期预测的研究成果。

1　材料与方法

本试验所用的材料，绝大部分是橡胶实生树，也有少量芽接树。

1.1　中期预测方法

1965 年前是根据越冬菌量与春季流行强度的一元回归公式，结合春天的气象预报及物候情况进行预测。其预测公式为：$y=1.37x+2.41$，y 为流行强度预测概率值，x 为越冬菌量对数值。1966 年后，改为按白粉病流行气候型进行预测，病害严重流行的指标为：

（1）1—2 月上旬，平均气温在 17℃ 以上。

（2）越冬落叶量 70% 以下，2 月中旬前橡胶树开始抽芽，但抽芽不整齐。

（3）越冬菌量总病率 0.05% 以上。

（4）气象预报 2 月下旬至 3 月中旬平均气温 17~21℃（海南南部、东南部），或此

* 本课题先后负责人：郑冠标（1962—1969），余卓桐（1970—1980）；其他科研人员：余卓桐（1959—1969），吴木和（1960—1969），黄朝豪（1963—1969），王绍春（1963—1969、1972—1977），张元章（1960—1966），裴秋生（1962—1969），黎传松（1962—1966）。

林传光教授曾对本课题给予指导。南田、东兴、南林、南茂、西培、加钗等农场曾先后与本课题协作，做了部分工作，特此一并致谢。

时有 12 天以上的寒潮，平均气温 11~18℃，最低温度 6℃ 以上（海南西部、东部、中部，北部及湛江地区）。

（5）2 月下旬至 4 月上旬，出现上述寒潮天气共 18 天以上（海南西部、中部、北部及湛江地区）。

在冬季末期，选择海南代表性农场 6~8 个做调查。调查内容包括橡胶树落叶、抽芽情况、越冬菌量，并同时收集越冬期的气象资料，参照上述指标，发出中期预报。流行期末，再对上述农场做一次病害流行强度调查，验证预测值，按华尧楠计算预测准确率的标准确定预测准确率。调查方法同系统观察点的方法。

1.2　短期预测试验

采用配对对比法，以林段为单位，每个林段用一种测报方法测报，指导施药防治，相邻的几个林段为一组。在附近林段设 2~3 个不防治林段作对照区，分别测定下述 4 种测报方法的防治效果。每年试验林段 24~84 个，重复 6 次以上。试验林段随机排列，每年抽叶期开始，按照各种测报要求进行调查、测报和防治。试验过程详细记录喷药次数、用药量、用工数，叶片老化后，整株观察确定最终病情。病害调查方法和分级标准同系统观察点。防治结束后计算防治成本和防治效果，比较各种测报方法的准确率。

1.3　四种测报方法的测报过程和测报指标

（1）总指数法：从橡胶树抽叶 20% 开始调查，以林段为单位，每 3 天查一次，调查病情及橡胶抽叶物候。如果橡胶物候期为古铜期，发病总指数达到 1~3，或淡绿期发病总指数达到 4~6，则应立即进行第一次全面喷粉。7 天后再继续调查，如果发病总指数超过上述指标，则需做第 2 次全面喷粉，直至橡胶树叶片 90% 老化为止。

（2）混合病率法：调查方法同总指数法，但不分叶龄，不分病级，只计算发病率，按表 1 指标喷粉。喷粉后 7 天再调查，到指标再喷粉。

表 1　混合病率法喷粉指标

物候期	抽叶 30% 以前	抽叶 31%~60%	抽叶 61%~75%	抽叶 76% 至叶片老化 30%	老化 31%~45%	老化 46%~60%	老化 60%~70%	老化 71% 以后
发病率（%）	10	5	4	25	40	50	50 以上	30 以上
调查后多少天应喷粉	2	4~5	6~8	3	2	1~2	1~2	1~3
喷粉方式	局部	全面	全面	全面	全面	全面	全面	局部或单株

（3）嫩叶病率法：调查方法同总指数法，但只采集嫩叶调查，计算嫩叶发病率，到达表 2 指标即喷粉，喷粉后 7 天恢复调查，到达指标再喷粉。

表 2　嫩叶病率法喷粉指标

橡胶物候期	嫩叶发病率（%）	喷粉方式
抽叶 30% 以前	20 左右	单株或局部

（续表）

橡胶物候期	嫩叶发病率（%）	喷粉方式
抽叶 30%~50%	15~20	全面
抽叶 50%至叶片老化 40%	25~30	全面
叶片老化 40%~70%	50~60	全面
叶片老化 70%以后		单株或局部

（4）总发病率法：以生产队为单位，按照林段的物候、越冬菌量、地理位置等条件划分 5~8 个测报区，每个测报区选一个代表性的林段作测报点。从 10%抽叶开始对测报点进行病情和物候调查，每 3 天查一次。测报点到达下述指标，即应安排这测报点所代表的测报区的施药日期，并按期进行喷粉。第一次全面喷粉后 3 天，再对测报点做一次物候调查（不查病情），如果植株叶片未到 60%老化，则应在 5~7 天内安排再次喷粉。测报区是否应进行第 3 次全面喷粉，亦按第 2 次全面喷粉的指标决定。60%植株叶片老化后做一次病情调查，总发病率在 20%以上的林段，要进行局部或单株防治。

总发病率法的测报指标为：

①平均温度 24℃以下，古铜叶期（抽叶 20%~50%）病情总发病率达到 2%~3%后 3~5 天，淡绿叶期（抽叶 51%~85%）5~8 天，做第一次全面喷粉。②每次全面喷粉后 8 天，植株叶片未到 60%老化的测报区，应在 3~5 天内进行再次全面喷粉。③抽叶 85%以后病情才到达总发病率 2%~3%的测报区，不做全面喷粉。④60%叶片老化后，若总发病率超过 20%，需要进行后抽植株的局部防治。

1964—1970 年做总指数法、混合病率法、嫩叶病率法的比较试验，1974—1978 年进行总发病率法和嫩叶病率法的比较试验。

2 试验结果

2.1 中期预报指标验证

1962—1977 年利用上述中期预报指标进行预报，结果见表 3。

表 3 中期预测准确率

年份	南部			东部			北部			西部			中部		
	预测值	实际值	准确率（%）	预测值	实际值	准确率（%）	预测值	实际值	准确率（%）	预测值	实际值	准确率（%）	预测值	实际值	准确率（%）
1962	60	24	85	40~60	30~40	80	20以下	4.2	90	20以下	2.9	90	—	—	—
1963	60	59.9	100	30~50	32.8	88	20以下	2.5	90	20以下	6	90	20以下	10	95
1964	50~65	45~57	92	40~55	45~62.5	95	30以下	38.5	80	30~50	16~24	50	30~40	20	80
1965	23~68.5	35~52.4	84	15~35	15~29	100	48	51.0	96	44	47.8	90	—	—	—
1966	50~60	40.3	85	45	45	95	30~40	42.7	95	40	24.7	80	—	—	—

（续表）

年份	南部			东部			北部			西部			中部		
	预测值	实际值	准确率(%)	预测值	实际值	准确率(%)	预测值	实际值	准确率(%)	预测值	实际值	准确率(%)	预测值	实际值	准确率(%)
1969	40~60	50~60	95	40	40	90	20~35	30	100	30~40	50	85	—	—	—
1972	30~40	40~45	95	30~45	36~54	92	20以下	6.8~12.1	95	10~20	24~36	80	30~40	23~31	85
1973	30~50	10~30	80	30~40	31.3	95	3.0	1.0	98	30~40	2~5	40	30~50	3~5	40
1977	60	65.2	95	33	30	95	20	15	90	20~30	23.5	95	20~40	25	95
平均			90.1			92.2			93.2			77.8			79

预报结果表明，1966 年制订的中期预报指标对海南南部、东部、北部的预测较准确，准确率达 90.1%~93.2%，但对西部、中部的预测则准确率稍低，平均为 78.4%~79%。分析这两地区预报偏差的原因，是嫩叶期出现了出乎意料的异常气象条件，如高温天气（1966 年、1973 年），强寒潮天气（如 1964 年、1972 年）。可见，以上中期预报指标对气候稳定的地区和年份，预测的可靠性较大。

2.2 几种短期预测方法比较

2.2.1 混合病率法、嫩叶病率法与总指数法比较

1964—1970 年，在海南不同地区比较了混合病率法、嫩叶病率法与总指数法的预测准确率、防治效果、防治成本，详细结果如表 4。

表 4 几种短期测报方法比较

试验地点	年份	测报方法	林段数	喷粉时总指数	喷次/亩 全面	喷次/亩 局部	最终病情	4~5级病株(%)	防治效果(%)	防治成本(元)	准确率(%)
南田	1964	混合病率法	40	3~5	1.2		18.2	0	60	1.59	100
		总指数法	40	3~5	2.2		12.8	0	71.8	2.48	100
		对照	4				45.5	15			
东兴	1966	混合病率法	15	1.1~6.9	0.93	0.7	22.0		49	0.75	90
		嫩叶病率法	8	0.81~10.4	1.9	0	23.1	2	48.9	1.21	75
		总指数法	9	1.1~9	1	0.9	23.0	2	48.9	0.7	90
		对照	3		1		43.1	13			
东和	1968	混合病率法	7	3.8~5.6	1.5		19.3	1	52.8	0.77	85.7
		嫩叶病率法	6	5.3~8.3	1.5		22.8	1	55.3	1.23	66.6
		总指数法	8	4~8	1.6		23.0	1	56.6	1.19	95
		对照	3				56.2	22			

（续表）

试验地点	年份	测报方法	林段数	喷粉时总指数	喷次/亩 全面	喷次/亩 局部	最终病情	4~5级病株（%）	防治效果（%）	防治成本（元）	准确率（%）
本院	1970	混合病率法	12	3.4~7.6	1.7		23.9	0.1	52.8	0.91	90
		嫩叶病率法	12	3.2~7.6	1.3		22.1	0	56.4	1.27	90
		总指数法	6	3.1~7.3			22.5	0	55.8	1.15	92
		对照	3				50.7	20			

注：嫩叶病率法与总指数比较：防效差异不显著（$t<_{0.05}$），准确率差异显著，（$t=5.12$，$t_{0.01}=2.92$，$t>t_{0.01}$），每亩成本差异不显著（$t=2.02$，$t_{0.05}=2.06$，$t<t_{0.05}$）。

表 4 结果表明：从预测准确率来看，最准确的是总指数法，其次为混合病率法，嫩叶病率法较差。用嫩叶病率法指导喷粉，施药时间都比较迟。3 种测报方法的防治效果差异不大（显著性测验差异不显著），利用 3 种方法指导化学防治，都可以达到生产防治的要求。嫩叶病率法的成本比总指数法高 3.4%~72.8%（t 测验达到差异显著），原因是用嫩叶病率法喷粉次数较多。

1967 年在华南四省区推广混合病率法和嫩叶病率法后，发现嫩叶病率法喷粉次数、调查次数偏多，花工较多，成本较高，且无预测期，混合病率法的调查次数和用工也偏多，对后期施药的预测不够准确。为了解决上述问题，1974—1978 年笔者设计并试验了总发病率短期预测法。

2.2.2 总发病率法与嫩叶病率法比较

1974—1978 年在海南南部、西部对总发病率法和嫩叶病率法做了比较试验，结果见表 5。

表 5 总发病率法与嫩叶病法测报试验比较

单位	时间	测报方法	林段数	喷粉时指数	最终病指	平均防效（%）	施药期预测准确率（%）	平均喷药次数	平均调查次数	平均每亩用工数	平均每亩成本（元）
南田	1974	总发病率法	9	3.05	14.4	69.2	89.7	0.9	2.5	0.8	0.77
		嫩叶病率法	10	2.14	16.0	66.1	73.5	1.1	7.3	2.4	1.06
		对照	2		45.7						
南田	1977	总发病率法	13	2.5	13.0	78.1	87.0	2.0	5.8	1.93	1.66
		嫩叶病率法	12	3.37	12.4	84.5	76.0	2.0	6.0	1.98	1.69
		对照	1		63.4						
西培培光	1978	总发病率法	4	3.75	11.9	86.9	96.0	2.1	3.1	0.66	1.99
		嫩叶病率法	3	3.51	17.1	79.5	91.0	2.1	4.75	1.57	2.10
		对照	1		69.3						

注：总发病率法与嫩叶病率法比较，每亩用工数差异极显著（$t=6.77$，$t_{0.01}=2.92$，$t>t_{0.01}$），准确率差异不显著（$t=1.39$，$t_{0.05}=2.06$，$t<t_{0.05}$），成本差异显著（$t=5.46$，$t_{0.01}=2.02$，$t>t_{0.01}$），防效差异不显著（$t=1.26$，$t_{0.05}=2.06$，$t<t_{0.05}$）。

从表5结果可以看出：总发病率法的预测准确率比嫩叶病率法高4%~16.2%（t测验差异不显著），调查用工比嫩叶病率法节省25%~66.7%（t测验差异极显著），防治效果则两种方法差异不显著，均能有效地控制病情，达到生产防治要求。利用总发病率法预测，可提前3~8天预测施药日期，嫩叶病率法则无提前期。可见，利用总发病率法进行橡胶白粉病短期预测，具有准确率高、预见性强、省工省钱等优点，目前已在华南四省区普遍推广应用。

3　结论与讨论

（1）利用中期预测指标预报，在病害预报后气候稳定的地区，准确率较高。预报后若出现原来没有预想到的异常气候，就会发生较大的偏差。如果出现后一种情况，必须在异常气候出现后，发一次补充预报，准确率才有保证。

（2）经过20多年短期预测预报的研究和应用，笔者已先后在生产上推广了以病害数量和发展速度为基础的4种短期预测方法：总指数法、嫩叶病率法、混合病率法和总发病率法。生产实践证明，运用这些方法，在提高防治效果，降低防治成本、节省测报用工等方面都发挥了良好的作用。4种短期测报方法多年比较试验表明，以总发病率法为最优。从现在的观点来看，总指数法和嫩叶病率法在实际上不是预测方法，因为无预测期，它们是一种决定防治时间的施药防治指标。因此，总发病率法和嫩叶病率法都可以在生产上继续使用。这4种方法主要是根据海南的资料拟订，而且都在海南进行试验，其他地区在应用这些方法时，要结合本地的实际调整指标，才能获得良好的效果。

（3）这些中、短期预测的指标与方法，均属经验预测，在应用上有一定的局限性。在实际应用上，要进行多次钩叶调查，工作繁重，花工较多。近年笔者已进行预测模式研究，以期从根本上克服经验测报法存在的问题。

参考文献（略）

原载于*热带作物学报*，1985，Vol. 6 No. 2：51-56

橡胶树白粉病总发病率短期预测法试验*

余卓桐　王绍春　周春香　孔　丰　李振武　陈鸣史

[摘要] 本测试用总发病率法和嫩发病率法做橡胶白粉病短期预测比较结果表明：①总发病率预测法准确率无论在病害严重度预测或施药预测方面，都比嫩叶发病率为高；②总发病率法指导防治与嫩叶病率法防治效果基本一致，能达到生产防治的要求；③总发病率法比嫩叶病率法预见性强，省工、省药、成本低、简单易行，是一种较好的橡胶树白粉病测报方法。

引言

病害的预测预报，是做好防治准备，提高防治效果，降低防治成本的基础。1960年以来，我国橡胶树白粉病预测预报工作不断取得进展。如 1960 年以后推广了总指数法，对降低防治成本，提高防效曾起到良好的作用。但此法计算复杂，测报人员不易掌握。1966 年以后，又试验了混合病率法和嫩叶病率法。1968 年确认，这两种方法对指导生产防治都达到生产防治要求，且工人容易掌握，于是正式在生产上推广使用。这两种发病率的测报方法，经生产实践证明，虽然比总指数法有所改进，简单易行，能够指导防治，但仍存在不少的问题。例如：调查次数过多，面积过大，花工很多；嫩叶病率法没有预测期，不能起到预报的作用；它只能预测施药日期，不能预测病害严重度，准确率也不够高，因而造成一些不必要的浪费。国外长期以来都是根据抽叶期来决定喷硫磺粉的时间和次数的。从橡胶树抽叶 20% 开始，每 3~7 天喷药一次，直至 80%~90% 植株叶片老化。一般需喷粉 5~6 次，1972 年 Lim 提出以温湿度为指标预测病害发展的方法。胶林的温度在 32℃ 以下，湿度超过 90%，这样的条件，每天保持 13h 以上，为一个侵染期，第一个侵染期出现后 7~10 天，病害即暴发流行，需要在几天内喷药控制。据试验，用此方法测报，可比上述常规药法减少两次喷药，而具有相同的防效。但他们未解决病害严重度预测和再次喷药预测等问题。

为了克服嫩叶病率法和混合病率法在预测病害上所存在的缺陷，进一步提高准确率，增强预见性，减少调查用工，解决国外尚未解决的病害严重预测和再次喷药预测，1974 年后，笔者与南田、南茂、南林、东兴、大丰、保亭橡胶所、西培、加钗、新中等农场协作，开展了总发病率法试验。以下是笔者 1974—1978 年在南茂、南田、西培、东兴、本院试验农场等农场的试验总结。

---

* 本所刘清芬、余卫红及热作学院文衍堂等同志参加部分工作，谨表示感谢。
本研究于 1982 年获中央科委、农委技术推广奖，1986 年获广东省科技进步三等奖。

1　材料与方法

1.1　试验材料和规模

1974 年在南茂农场所的试验，面积 1 000 亩，20 个林段；1977 年在南田农场，面积 2 000 亩，均属 1952 年实生树的小区对比试验。1978 年为生产性试用。参试农场有 4 个农场，南林农场、加钗农场、南田农场、本院试验场。这些农场除少数生产队应用原来的测报方法做对比外，全场应用总发病率法。笔者驻点的西培农场，面积 28 000 亩，以 1952 年实生树为主，兼有少数国内品系和国外高产品系芽接树。1978 年总试验面积为 14 万亩左右。

1.2　总发病率法的预测指标

总发病率法的测报指标，主要是根据病害在抽叶过程中出现迟早来预测病害的严重度，根据病害的流行速度预测第一次喷药日期，按叶片老化速度决定是否需要再次喷药。具体预测指标如下：

（1）病害严重度预测公式：

海南南部为：$y = 68.28 - 0.5071x_2$

海南东部为：$y = 65.77 - 0.4933x_2$

海南西部为：$y = 89.82 - 0.7963x_2$

y——病情最终指数

x_2——总发病率 2%~3% 出现时的抽叶率（%）

（2）第一次全面喷药指标：在适宜的气候条件下，古铜叶期（抽叶 20%~50%）病情总发病率达到 2%~3%（或发病率 3%~5%）后 3~5 天，淡绿叶期（抽叶 51%~85%）总发病率达到 2%~3%（或发病率 2%~4%）后 6~8 天，做第一次全面喷药。调查时总发病率超过 2%~3%，按每天增加 2% 计算，提前一定天数喷药。

（3）再次喷药指标：每次全面喷药至 60% 植株叶片老化的时间超过 9 天，要在 2~4 天内进行再次全面喷药。

（4）决定是否需要全面喷粉指标：抽叶 85% 后总发病率才达到 2%~3%（或发病率 3%~4%）的地区，不做全面喷药。

（5）后抽局部防治指标：60% 叶片老化后，总发病率在 20% 以上（或发病率 25%），平均温度 26℃ 以下，需要进行后抽局部防治。

1.3　测报过程

1.3.1　总发病率法的调查和测报

总发病率法的调查和测报，分为划区、调查、测报、施药 4 个阶段。

（1）划区：每个农场以生产队为单位、在橡胶树抽芽初期，按物候，越冬菌量和地理条件，划分为 3~6 个测报区，每区选一个物候早、菌量较大的林段为测报点。每个测报区内再按上述要求，把条件较一致的 2~4 个林段划分为一个普查区，每个普查区选一个有代表性的普查点。

（2）调查：从 10% 抽叶开始，先对测报点进行调查，测报点到达指标后按普查点进行普查。调查内容分为病情和物候调查。病情调查按当时物候比例取样，每点查 20 株，每株 2 蓬叶，每蓬选 5 片中间小叶，共 200 片，不分叶龄，不分病级统计病叶数、无病叶数计算总发病率［总发病率（%）=发病率×抽叶率×100］。物候调查，采取定株取样法，视其林段大小固定 50~100 株胶树作物候取样株。物候分级标准同系统观察点。

（3）测报：任何一个测报点到达总发病率 2%~3% 时，即对它所代表的测报区的普查点进行普查。任何一个普查点到达总发病率 2%~3% 时，按上述指标进行测报，安排该普查区的喷药日期，做好喷药的准备。每个点的具体喷药日期，除主要按上述指标外，还可按当时的天气适当调整。如在预测期有低温阴雨天气预报，可提前在阴雨天气来临之前 2 天喷药。若此时高温干旱，平均温度在 25℃ 以上，可推迟至平均温度下降到 24℃ 以下才喷药，以增加保护面。如果推迟几天后，抽叶量已达到 85% 以上，可以不做全面防治。第一次喷药后 8~9 天，按普查点调查一次物候（不查病情），按再次喷粉的指标安排再次喷药。60% 植株叶片老化后，可按普查点进行一次病情、物候调查，按指标进行局部防治。

（4）喷粉机具和剂量：一般用丰收-30 型喷粉机，1978 年在西培农场用拖拉机牵引喷粉机。每亩剂量 0.6~0.9kg。

1.3.2 嫩叶病率法的测报指标

（1）施药期指标：古铜叶期（抽叶 30%~50%）嫩叶（即古铜、淡绿叶片）发病率达到 15%~20%，淡绿叶期（抽叶 51%~40% 老化）发病率达到 25%~30%，立即进行全面喷药。

（2）后抽局部防治指标：70% 植株叶片老化后，嫩叶发病率在 40% 以上，需要进行后抽局部防治。

1.4 试验区布置

1977 年前，以林段为单位作配对法比较试验。总发病率法和嫩叶病率法，均各选 8~10 个林段进行试验。1978 年除每个协作农场选 12 个林段做配对法比较试验外，另选 2~4 个生产队，其中 1~2 个队用总发病率法，其余 1~2 个队用嫩叶病率法。这种对比法，主要是比较两种测报方法的防效和准确率，调查用工，防治成本等。1978 年笔者所在院在西培农场布置的试验，原以培平队用总发病率法，培红队用嫩叶病率法，后来发现这两个队的病情不一致，不好比较，便改为林段配对法试验，即在相邻林段，一个用总发病率法，一个用嫩叶病率法，重复 9 次。

1978 年西培病情特重，抽叶 20% 以前已经达到或超过总发病率 2%~3%，而且在达到喷粉指标时正逢下雨，提前喷粉则抽叶量太少，结果只好推迟 5~7 天才喷药。第二次喷粉正常。每年试验均设 1~3 个不防治的对照区林段，一方面测定处理区的防效，另一方面做病害严重预测准率的测定。测报过程详细记录喷粉面积，喷粉次数，测报和防治用工，用药量。为了验证施药期预测的准确率，在喷药当天用总指数法调查一次，以古铜叶期总指数 1~3，淡绿叶期总指数 4~6 为标准，计算准确率。叶片 95% 老化后，做整株病情鉴定，计算防治效果。防治结束后分别比较 2 种方法的防治效果，每亩用工和防治成本，4~5 级病株率和准确率。

$$防治效果（\%）=\frac{（对照区最终病指-对照区首次施药时指数）-（处理区最终病指-处理首次施药时指数）}{对照区最病指-对照区首次施药时指数}\times100$$

2　试验结果

2.1　防治效果

1974 年、1977 年、1978 年共 3 年的试验表明（表 1）：利用总发病率指导喷粉，具有良好的防治效果，平均防效为 69.2%~86.9%，平均 4~5 级病株率在 1.5% 以下，平均最终病情指数为 11.9~23.2，能够达到生产防治要求，它与嫩叶病率法相比，防效是一致的（嫩叶病率法的平均防效为 66.1%~84.5%）。

表 1　总发病率预测法与嫩叶病率法防效对比

农场及时间	测报方法	林段数	喷粉时病指	最终病指	平均防治效果	4~5 段病株率（%）	附注
南茂 1974 年	总发病率法	9	3.05	14.4	69.2	0	
	嫩叶病率法	10	2.14	16.0	66.1	0	
	对照	2	—	45.7	—	7.0	
南田 1977 年	总发病率法	13	2.50	18.0	78.1	1.5	
	嫩叶病率法	12	3.37	12.4	84.5	0	最终鉴定是队保员负责
	对照	1		63.4		44.0	
西培培平 1978 年	总发病率法	5	8.37	23.2	76.8	1.4	
	嫩叶病率法	6	10.7	23.7	79.3	3.3	
	对照	1		69.3		53.0	
西培培红 1978 年	总发病率法	4	3.57	11.9	86.9	0.25	
	嫩叶病率法	3	3.51	17.1	79.5	0	
	对照	1		69.3		53.0	

2.2　病害严重度预测准确率比较

预测准确率是衡量测报水平的重要标准。国外有些预测水平较高的方法准确率 80% 以上。为了测量总发病率法预测病害严重度的准确率，笔者利用了一些不防治的林段。因不防治林段不能多设，只能以多年重复测定来解决。1974—1978 年的测定结果表明（表 2），总发病率法在预测病害严重度上有较高的准确率。以总发病率法预测值与实际值属同一级值或 ±10 为允许误差范围，则准确率为 89.47%。

表 2　总发病率法预测病害严重度准确率测定

农场	年份	林段	当总发病率 2%~3% 时的抽叶率（%）	预测最终病指	实际最终病指	准确率评定
	1974	15-6	39	48.5	54.5	准确
	1974	5-3	60	37.86	36.82	准确
南茂	1975	5-0	23	56.62	47.0	准确
	1975	13-8	19	58.65	59.6	准确
	1975	农村	18	59.15	42.2	准确
南田	1977	146	16	60.17	63.4	准确
	1974	6-3	52	40.12	48.7	准确
	1976	6-3	100	16.44	2.6	准确
东兴	1976	8-4	100	16.44	2.8	准确
	1976	63-8	100	16.44	1.8	准确
	1976	6-7	100	16.44	4.2	准确
	1974	附中	74	32.93	49.6	准确
	1974	农村	78	31.78	52.8	准确
	1974	铺仔	100	10.19	18.04	准确
	1975	附中	64	38.86	25.2	准确
两院	1975	农村	85	22.13	21.1	准确
	1976	附中	93	15.76	25.0	准确
	1977	农村	94	15.91	22.0	准确
	1978	农村	16	77.08	83.8	准确

　　嫩叶病率法没有严重度预测的指标。但根据原设计的设想，为凡到达指标的林段均会重病，从而需要喷药。可见嫩叶病率法的指标在实际上兼作严重度预测。为了验证其准确率，1974 年笔者在南茂农场 10 个林段中选出按总发病率法预测为轻病，但按嫩叶病率法预测为重病需要喷粉的 2 个林段，不喷粉作观察，结果这两个林段的最终病情指数为 14.6 和 17.2，总发病率法预测准确，嫩叶病率法预测错误。以 10 个林段计算，嫩叶病率法的准确率为 80%。

2.3　施药期预测准确率比较

　　第一次全面喷粉的时机是否适宜，是决定防效的关键。从 3 年的试验结果看出（表 3）：总发病率法比嫩叶病率法准确。前者准确率为 87.3%~100%，后者为 73.5%~96.6%。从表 3 还可以看出流行强度越大，总发病率法的准确率越高。1974 年南茂农场为中度流行，准确率 89%，1978 年西培农场为特大流行年，准确率达到 96%。可见，总发病率法不但适合中轻病年，也适合于特大流行年应用。

表3　总发病率法与嫩叶病率法预测准确率比较

农场	年份	测定方法	林段个数	喷粉时指数	物候期	准确率（%）	相对准确率（%）
南茂	1974	总病率	8	3.05	古铜期	89.7	100
		嫩叶病率	10	2.68	古铜期	73.5	81
南田	1977	总病率	13	2.3	古铜期	87.0	100
		嫩叶病率	10	3.37	古铜期	70	87
西培	1978	总病率	9	2.38	古铜期	96	100
		嫩叶病率	9	2.67	古铜期	91	97

2.4　工效和防治成本比较

1974年、1977年、1978年共3年以林段为单位试验的调查用工比较结果见表4。1977年南田、1978年西培等农场的试验，没有完全按嫩叶病率法规定的每3天调查一次物候病情，少查4~5次，所以在用工上差异不大。1974年南茂的试验是按两种方法规定调查的，总发病率法平均每个林段查2.3次，而嫩叶病率法查7.3次。按每人每天查3个林段计算，总发病率法每个林段花工0.8个，嫩叶病率法花工2.42个。前者比后者省工67%。这仅是林段比较试验的结果，总发病率由于改进下述两个方面的调查方法，比嫩叶法省工更多。

表4　总发病率预测法与嫩叶病率法工效和成本比较

农场	年份	测定方法	林段个数	平均喷粉次数	平均调查次数	平均用工数	每亩成本（元）	相对用工率（%）	相对每亩成本率（%）
南茂	1974	总病率	8	0.9	2.5	0.8	0.77	33	72
		嫩叶病率	10	1.1	7.3	2.42	1.06	100	100
南田	1977	总病率	13	2	5.8	1.93	1.60	97	99.4
		嫩叶病率	10	2	6	1.98	1.65	100	100
西培	1978	总病率	9	2.1	3.1	0.665	1.99	42	94.5
		嫩叶病率	9	2.05	4.75	1.57	2.10	100	100

注：1977年、1978年嫩叶病率法均不按规定进行调查。

（1）不以林段为单位建立林段调查区3天查一次，而是以2~4个林段为一个普查区，每个普查区只查一个林段（即普查点），可少查50%~70%的林段。每个普查点也不是以20%抽叶开始，每3天查一次，而是先查测报点，当测报点达到指标后才查普查点，普查点一般查1~2次就到指标。

（2）第二次喷药预测，不查病情，只查物候。每人查一个林段只花15min，而嫩叶法物候病情均要查，每人查一林段要一个多小时，相比之下，提高工效4~5倍。因此，用总发病率预测法指导防治，可以大大节省调查用工。总发病率法的成本较嫩叶法为低

（表4）。1974年南茂农场总发病率法比嫩叶法降低成本28%，1978年西培农场用总发病率法比嫩叶法降低成本5.5%，1977年南田农场的两种方法成本较为一致，主要是没有真正按照嫩叶法规定进行所致。

3 结论和讨论

（1）利用总发病率法预测橡胶树白粉病，无论在病害严重度预测方面，或是施药期预测方面其准确率都比嫩叶率法为高。过去国内外的研究者只注意研究第一次施药的适宜时机，而无病害严重度的短期预测方法。笔者根据病害流行始点期在抽叶过程出现迟早与病害流行强度呈正相关的规律提出了准确的病害短期预测指标和方法，并在生产上试用，取得了良好的效果，解决了橡胶树白粉病严重度预测问题。

（2）根据病害总菌量（总发病率）的增殖速度进行施药期的预测，比只根据嫩叶菌量预测准确，并且可以提前3~8天确定施药期，改进了嫩叶法即查即喷药的做法，使生产单位有充分时间做好防治准备。在不良天气到来之前，能及时施药，避免不良天气对防效和病害发展的影响。但其预测只有3~8天，仍需进一步提高。

（3）利用总发病率法指导防治，可较嫩叶病率法节省防治用工40%左右，降低防治成本15%左右，防效与嫩叶病率法基本一致，均能达到生产的防治要求。广东橡胶农场应用嫩叶病率法指导防治的面积，估计有100万亩，3万5千个林段，若改用总发病率法，每年可节省用工5万6千个，节约防治成本29万元，这无疑是橡胶树白粉病测报上的一项革新。但是，与先进的农作物病害测报制度相比，总发病率法仍然是花工多，而且要钩叶调查，操作不便。今后应引进新技术，不断提高测报水平。

参考文献（略）

原载于 *热带作物通讯*，1978（4）：15-22

总发病率法试验林段（南田农场）

嫩叶病率法试验林段（南田农场）

对照林段（南田农场）

橡胶树白粉病短期预测新方法
——总发病率法

余卓桐

郑冠标　敖良知　校

病害的预测预报，是做好防治准备，提高防治效果，降低防治成本的基础。1960 年以来，我国橡胶树白树病的预测预报工作不断取得进展。1960 年以后推广了总指数法，对降低防治成本，提高防效曾起到良好的作用；但此法计算复杂，测报人员不易掌握。1966 年以后，又试验了混合病率法和嫩叶病率法。1968 年确认，这两种方法对指导生产防治都能达到生产防治要求，且工人容易掌握，于是在生产上推广使用。这两种发病率的测报方法，经生产实践检验证明，虽然较总指数法有所改进，简单易行，能够指导防治，但仍存在不少的问题。例如：调查次数过多，面积过大，花工很多；嫩叶法没有预测期，不能起到预报作用；它只能预测施药日期，不能预测病害的严重度，准确率也不够高，因而造成一些不必要的浪费。为了克服这些缺陷，1974 年以后，又进行了总发病率预测法的试验，其主要目的是进一步提高准确率，增强预见性，减少调查用工。经过 1974—1978 年的多点试验和生产性试用，证明总发率法准确率高，预见性强，简易省工。1978 年经海南农垦局和华南热带作物科学研究院联合召开鉴定会，一致同意将总发病率预测法在生产上推广应用。为了使垦区广大植保员能掌握和运用这种新方法来指导生产防治，下面将此法的预测依据，预测指标和预测方法做较详细的介绍。

1　总发病率短期预测法的概念

总发病率法是用叶片的总发病率，作为预测指标的一种短期预测方法。它有预测病害严重度，预测第一次全面喷粉和再次全面喷粉以及后抽植株局部喷粉等项指标，并运用测报点指导普查，以普查指导防治等测报过程，因此是一种较全面的测报制度。

总发病率法以病害严重度的预测指标，准确地按照林段病情的轻重决定是否需要防治和防治的方式，因此它不仅能保证收到良好的防效，且能大大提高准确率。用总发病率法指导防治的效果在 75% 以上，能够达到生产防治的要求。在预测病害严重度方面，其准确率达 90%。嫩叶病率法因无预测病害严重度的指标，故常出差错。病情较轻，不必全面防治的林段，按指标有时也得防治，其准确率为 73.5%（南茂 1974 年）。总发病率法还改进了以前即查即喷的做法，提前 3~8 天预测第一次全面喷粉的日期，增强了预见性，使生产单位有充分时间做好防治准备工作，提前安排需喷林段计划。在不良天气到来之前能及时而有效地安排喷粉作业，避免不良天气到来对喷粉效果和病害发展的不良影响。总发率法预测第一次全面喷粉期的准确率在 80% 以上，比嫩叶病率法稍高。

总发病率法将过去以林段为单位的林段岗哨测报法改为划区测报法。先查测报点，从测报点测到指标后，才开展普查。普查点不以林段为单位，而以物候、病情近似的几个林段作为一个普查点，它既有代表性，又可省去到达指标前的几次普查和许多林段的调查。而且第一次喷粉后，只按物候继续测报，不需再查病情。因此，用总发病率法测报，较嫩叶病率法可省工 60% 左右。

总之，总发病率法具准确率较高，预见性较强，简易省工等优点，目前正在生产上推广应用。

2　预测依据和预测指标

2.1　病害严重度的预测

任何一种预测方法，首先必须有准确预测病害严重度的指标，以决定当年是否需要防治和相应采取的防治方式，这样才能把农药及时而有效地用在最需要的地方。根据华南热作研究院植保所的多年调查研究，认为在抽叶过程中病害出现的迟早，是病害严重与否的重要标志，在抽叶过程中病害出现的时间越早最终病情越重（相关系数 0.5791~0.9354，极显著）。病害流行始点期（即总发病率 2%~3%）出现在抽叶 20% 以前，最终病害特重（总指数 60 以上）；流行始点期出现在 20%~50% 抽叶期，最终病情严重（总指数 40~60）；流行始点期出现在 51%~85% 抽叶期，最终病情中等（总指数 26~40）；流行始点期出现在 85% 抽叶期以后，最终病情轻微（总指数 25 以下）。根据以上相关关系，总发病率法的第一指标规定：总发病率 2%~3% 若出现在抽叶 85% 以前，需要进行全面喷粉防治；若出现在抽叶 85% 以后，不需全面喷粉防治，但应根据具体情况对后抽植株进行局部防治。

根据试验研究材料，笔者认为广东垦区各地，可参照下述公式，利用总发病率 2%~3% 出现时的抽叶率（x）来预测林段的最终严重程度（y）：

海南岛西路、中路：$y=89.82-0.7963x$

海南岛南路：$y=68.28-0.507x$

海南岛东路：$y=65.77-0.4933x$

粤西：$y=73.57-0.6336x$

橡胶树白粉病的发展在很大程度上受天气的影响，在预测病害严重度时，应注意下述几种特殊情况。

（1）病害发展过程中，出现高温（日平均气温 26℃ 以上，绝对最高气温 32℃ 以上）病害严重度会下降。

（2）病害发展过程中，出现长时间的寒潮（日平均气温 10~18℃）病害严重度会升高。

（3）迟抽叶的林段病害较重，早抽叶的林段较轻。

2.2　第一次喷粉时间的预测

国内外的经验证明，适时地进行第一次喷粉，是取得高防效的关键。据华南热作研究院的研究，以及与海南农垦局、南田、东兴等农场的协作试验结果表明：第一次喷粉的最适时机是古铜期发病总指数 1~3，淡绿叶期 4~6。过去曾直接利用这个指标指导防治，后来又改用与之相当的嫩叶发病率，一到达这个指标便立即喷粉，取得较好的防效。但即查即喷，没有预测期，不能真正起到提前预报的作用，而且花工多。只有提前预测喷药指标出现的日期，才能主动安排防治作业，做到打有准备的防治仗，又打有把握的防治仗。比较总发病率法，嫩叶病率法和混合病率法的大量材料表明：三者预测变异系数依次为 3.0%、9.1%、6.33%。变异系数越小，预测越准确。总发病率法的变异系数小，因此，可用总发病率法来预测施药日期。

根据广东垦区各地材料的统计分析，总发病率 2%~3% 发展到总指数 1~3，多数需要 3~5 天；发展到总指数 4~6，多数需要 6~8 天。这可以作为预测古铜期和淡绿期第一次喷粉时间的标准。

2.3 再次喷粉和后抽局部防治的预测

第一次喷粉以后，是否需要再喷，决定于第一次喷粉后，病情是否还会严重和当时嫩叶植株的数量。据多年的试验材料分析及近几年的试验证明：全面喷粉后到 60% 植株叶片老化的时间若超 9 天，如果不再防治，则病害还会再度严重，需要再次全面喷粉。反之在 9 天以内，病害不会严重。在 90% 植株叶片老化以前，叶片总发病率超过 20%（发病率超过 25%）则后抽植株病情还会严重，还必须进行局部防治。

根据上述分析研究结果，总发病率法短期预测指标如下：

（1）橡胶抽叶率 85% 以前，总发病率达到或超过 2%~3% 的林段，需要进行全面喷粉防治。

（2）在正常天气条件下，实生树区叶片总发病率达到 2%~3%，芽接树区胶树叶片达到总发病率 4%~5%，其中抽叶率达 20% 以前的林段，3 天内需进行局部防治；抽叶率达 20%~50% 的林段，3~5 天内需进行第一次全面喷粉。抽叶率达 51%~85% 的林段，6~8 天后，需进行第一次全面喷粉。

（3）全面喷粉后至 60% 植株叶片老化的时间，超过 9 天则需在 2~4 天内进行全面喷粉。

（4）对不需要全面喷粉或不需再次喷粉的林段，当 60% 植株叶片老化以后，若总发病率超过 20% 时，则需在 2~4 天内对后抽植株进行局部防治。

3 预测方法

总发病率法的预测过程，分为划区、调查、测报 3 个阶段。

3.1 划区

在橡胶树抽芽初期，以生产队为单位，按物候迟早、落叶彻底程度、越冬菌量多少，以及地理位置等条件将全队林段分为 3~6 个测报区。每个测报区内选一个物候较早，菌量较大的林段作为测报点。每个测报区内，再按上述条件，把更为一致的 2~4 个林段划为一个普查区，每个普查区选一个具有代表性的林段，作为普查点。

3.2 调查

从抽叶率达 10% 开始，进行测报点的调查，每 3 天查一次。任何一个测报点的病情，达到总发病率 2%~3% 时，应立即对它所代表的预报区内所有的普查点进行普查。调查内容包括病情和物候两方面。

（1）病情调查按当时物候比例取样，每个测报点查 20 株树，每株查两蓬叶，每蓬查 5 片中间小叶，共 200 片。不分叶龄，不分病级，统计有病叶片数和无病叶数，计算出发病率和总发病率。

（2）物候调查采取定株取样法，50 亩以上固定 100 株，50 亩以下固定 50 株作为物候观察株。物候分级标准如下：

未抽：胶树未萌动抽芽。

抽芽：胶树抽芽至开叶之前。

古铜：叶片张开呈古铜色。

淡绿：叶片变色至淡绿色软垂。

老化：叶片变硬，有光泽，开始挺伸。

调查后计算各类物候的百分率和抽叶率。

$$发病率（\%）= 有病叶片数/调查叶片数×100$$

$$抽叶率（\%）=（古铜株数+淡绿株数+老化株数）/调查株数×100$$

$$总发病率（\%）=（发病率×抽叶率）×100$$

3.3　测报

经过调查，任何一个普查点的总发病率到达 2%~3%，而当时普查点胶树的抽叶率在 85% 以前，则预测病害严重度在中度以上，需要对该普查区进行全面喷粉。如抽叶率在 50% 以前，总发病率已达 2%~3%，则安排在 3~5 天内对该普查点及其所代表的几个林段进行全面喷粉。如抽叶率为 51%~85%，总发病率已达 2%~3%，则安排在 6~8 天内全面喷粉。每个普查区的具体施药日期，在一般天气情况下可按上述指标进行喷粉。若天气发生明显变化，施药日期则应适当提前或推迟。如天气高温晴朗，可推迟喷粉日期，以增大每次喷粉的保护面。反之，在预测施药日期内天气预报有阴雨，则应赶在阴雨天之前喷粉，以避过不良天气对防治效果的不良影响。调查时普查点的总发病率如已超过 2%~3%，则按总发病率每递增 2% 而递减一天的计算方法，提前一定的天数进行喷粉。

每次全面喷粉后的第 9 天，对原普查点再做一次物候调查（不查病情），如植株叶片不到 60% 老化，则应在 2~4 天内安排再次全面喷粉，60% 植株叶片老化后，则对原测报点做一次病情物候调查，总发病率达 20% 以上的预报区，则需在 2~4 天进行局部防治。

下面举例说明测报方法。

例一：3 月 1 日调查测报点。

物候调查为：10% 未抽、10% 抽芽、55% 古铜、15% 淡绿、10% 老化、则抽叶率为：

$$抽叶率（\%）=（55+15+10）/100×100＝80\%$$

病情调查为：有病叶片 10 片，无病叶片 190 片，则发病率及总发病率为：

$$发病率（\%）= 10/200×100＝5\%$$

$$总发病率（\%）=（0.05×0.8）×100＝4\%$$

根据这个测报点的调查结果可以看出，它已到达测报指标（总发病率 2%~3%，3 月 2 日应开始对它所代表的测报区内的 3 个普查点进行普查。普查结果如下：

1 号林段（代表 1、2、3 号林段）：物候：20% 未抽、10% 抽芽、40% 古铜、25% 淡绿、5% 老化。

病情：有病叶数 12 片，无病叶数 188 片。

$$抽叶率（\%）=（40+25+5）/100\times100=70\%$$

$$发病率（\%）=12/200\times100=6\%$$

$$总发病率（\%）=0.70\times0.06\times1000=4.2\%$$

此林段已超过指标，按每天上升 2% 计，应提前一天喷粉，其抽叶率在 50% 以上、85% 以下，故应在 5~7 天（指标原订为 6~8 天内），即 3 月 7—9 日安排全面喷粉。

5 号林段（代表 4、5 号林段）：物候：10% 未抽、20% 抽芽、40% 古铜、30% 淡绿。

病情：有病叶数 4 片，无病叶数 198 片。

$$抽叶率（\%）=（40+30）/100\times100=70\%$$

$$发病率（\%）=4/200\times100=2\%$$

$$总发病率（\%）=（0.70\times0.02）\times100=1.4\%$$

此林段尚未到达指标，3 日后应再查一次，若到达指标则进行测报。

7 号林段（代表 6、7、8 号林段）：物候：2% 未抽、8% 抽芽、10% 古铜、40% 淡绿、40% 老化。

病情：有病叶数 3 片，无病叶数 197 片。

$$抽叶率（\%）=（10+40+40）\times100=90\%$$

$$发病率（\%）=3/200\times100=1.5\%$$

$$总发病率（\%）=（0.9\times0.015）\times100=1.35\%$$

此林段的抽叶率已超过 85%，病情总发病率只有 1.35%，按指标不必进行全面喷粉防治。可以过 7 天左右，再做一次病情调查，若总发病率在 20% 以上则进行后抽植株的局部防治。

4 注意事项

（1）划区应特别注意掌握条件。在物候、病情、地形都较复杂的地区，每个测报区内的普查点可多设一些，以避免普查点代表性不强。物候、病情、地形条件较一致的地区，可少设普查点，以减少调查用工。

（2）本文阐述的测报指标，主要是根据一般气候情况下病情物候的速度；若遇特殊天气情况，对具体测报指标要进行适当的调整。如嫩叶期遇到杀伤性寒潮使部分嫩叶受害脱落，按指标原来测报不需全面喷粉（抽叶 85% 以后，总发病率 2% 以下）的林段，因物候进程被寒潮打乱，寒潮过后，应根据寒潮后的物候、病情，按照上述指标另行测报。

（3）病害的调查，应特别注意按当时物候的比例采样，观察病害要特别仔细，力图发现初期的侵染病斑。对于在高温天气时或在胶树抗病力强时表现出来的红色无白粉之病斑，亦应算入有病范围之内。

（4）本测报方法的全面喷粉指标只考虑把病害控制在总指数 25 以下。广东地区的防治目标是 20 以下。为了将病害控制在 20 以下，全面防治后要特别注意进行后抽植株的局部或单株防治。进行后抽植株的局部（单株）防治可减少全面防治次数，节省防治成本，是防治过程必不可少的重要环节。

本文为华南热带作物研究院植保所编，白粉病测报学习班教材，1980 年 9 月

Models for Forecasting Disease Development and Severity of Rubber Powdery Mildew

(*Oidium heveae* Steinm)

Yu Zhuotong, Xiao Qiachun, Chen Youqing, Wu Shuning, Huang Wuren

Abstract: The disease progress rate of powdery mildew of rubber trees was affected by the inoculum level at wintering, refoliation speed, temperature and relative humidity during 5% budburst to 20% refoliation. Forecasting models were developed based on these factors. The results of validation in different rubber growwg areas in Hainan Island showed that the forecasting values of the models were rather identical with actual values, and that the correlation coefficients were 0.8872-0.9732. The models were used to guide chemical control, and the control efficiency was 9.1% higher than normal dusting schedule, resulting in reduced cost by 17.6%, and increased benefit by 11.4%.

Key words: *Oidium heveae* Steinm; rubber trees; disease progress

1 INTRODUCTION

Rubber powdery mildew (*Oidium heveae* Steinm) is a serious disease in China. It is also an important economic disease in many rubber growing countries. There are a few studies on predicting of the disease reported overseas. Lim (1972) suggested a forecasting system "infection day" to forecast the disease progress and to schedule the commencement and frequency of dusting. Some researchers in China have worked on the disease forecasting and to guide on disease control with their forecasting system (Yu Zhuotong, 1985; Long Yongtong, 1982). But most of the forecasting systems were only used to schedule the commencement of dusting. This paper reports the study results of some new forecasting models which can be used to predict disease progress and severity at any time of the refoliation of rubber trees and to make a strategic decision of disease control and to accurately schedule the commencement and frequency of dusting.

2 MATERIALS AND METHODS

The experiment was conducted at three state farms in Hainan Island, China. The rubber clones were RRIM600 and PR 107. Based on systematic observation data of rubber powdery mildew and meteorological observation data made in CATAS and some state farms in Hainan Island from 1959 to 1990, nineteen variances were selected for analyzing the correlation between disease progress rate or disease severity and their variances. Variances which are closely related to the rate of disease progress or disease severity were selected to develop predicting models. Computer with multivariate regression programme was used for modelling.

The rate (r_1) of epidemic progress in exponential phase was calculated by

$$r_1 = \frac{2.3026}{t} log \frac{x_0}{x_1} \quad \cdots\cdots (1)$$

Disease severity (x) in this phase could be calculated by

$$x = x_0 e^{rt} \quad \cdots\cdots (2)$$

The rate (r_2) of epidemic progress in logistic phase was calculated by

$$r_2 = \frac{1}{t_1 - t_2}(\ln \frac{x_2}{1 - x_2} - \ln \frac{x_1}{1 - x_1}) \quad \cdots\cdots (3)$$

The disease severity (x_2) in this phase could be calculated by

$$\ln \frac{x_2}{t_1 - t_2} = \ln \frac{x_1}{1 - x_1} r(t_2 - t_1) \quad \cdots\cdots (4)$$

Models (1), (2), (3), (4) were suggested by Van der Plank (1963).

x_0: % disease at the start. x: % disease at the time of t. r_1: rate of epidemic progress in exponential phase of disease (before 5% disease). r_2: rate of epidemic progress in logistic phase (after 5% disease).

x_1: % disease at t_1. x_2: % disease at t_2

Disease was recorded as percent leaves infected and 0-5 rating: 0 = no disease, 1 = 5% of leaf surface infected, 5 = 75% of leaf surface infected or fallen. Forty whorls of leaves from twenty rubber trees planted at different places in a field were collected, and two hundred leaves were observed for rating.

Validation experiments were conducted at three state farms in Hainan Island. Variances which were related to predicting models were observed during 5% budburst to 20% refoliation, and the data were input into the computer with predicting models programme. The r_1, r_2, and disease severity could be calculated, and the forescasted results were provided to the state farms for control of rubber powdery mildew. The forecasting accurracy was assessed by comparing the forecasting value with the actual value of field observations and calculating the correlation coefficient.

Experiment for application of models was also conducted at the same time. The models were used to forecast if the final disease severity reached economic injury level (disease index 20) (Yu Zhuotong et al., 1989) for control, and to accurately time the commencement (10%~15% leaves infected after 30% refoliation) and frequency of dusting (at a 7~10 days interval of application until 70% leaves are mature). This method was compared with the normal dusting schedule in China, which started first dusting at 15%~20% disease and at a 7~

10 days interval of application until 80% leaves matured. Results were evaluated based on control efficiency （%） is:

$$\frac{\text{Diseases everity of CK} - \text{Diseases everity of treatment}}{\text{Diseases everity of CK)}} \times 100$$

3　RESULTS

3.1　Main Factors Affecting Disease Progress Rate

According to correlativity analysis of eighteen variances with r_1, r_2 （Table 1）, six variances were closely correlated with the rate of disease progress at different stages of epidemiological process, including inoculum level （x_1）, days from 5% budburst to 10% refoliation （x_3）, days from 5% bud burst to 20% refoliation （$x4$）, days of average temperature < 11℃ during x_4 （x_8）, days of average temperature <15℃ during x_4 （x_{11}）, and days of average temperature 18~21℃ and RH > 90% during x_4 （x_{13}）. Their correlation coefficients were 0.5156-0.7201 （$P<0.01$）, thus the six variances are the main factors affecting disease progress rate, and they were selected to develop predicting models.

Table 1　Correlationship of some variances with disease progress rate

Variances	r_1 Correlation coefficient （R）	r_2 Correlation coefficient （R）
x_1	0.6173 **	0.6202 **
x_2	0.2045	0.3158
x_3	0.5279 **	0.5444 **
x_4	0.6137 **	0.7012 **
x_5	0.3058	0.3423
x_6	0.4543 *	0.4809 *
x_7	0.0748	0.1534
x_8	0.5156 **	0.5401 **
x_9	−0.3543	−0.3860
x_{10}	−0.3010	−0.3062
x_{11}	0.5572 **	0.5739 **
x_{12}	0.3416	0.3715
x_{13}	0.6135 **	0.6424 **
x_{14}	0.4190 *	0.4236 *
x_{15}	0.2793	0.3271
x_{16}	0.2315	0.3169

Variances	r_1 Correlation coefficient（R）	r_2 Correlation coefficient（R）
x_{17}	0.2004	0.2751
x_{18}	0.1094	0.2124

Note：＊ significant level ＝0.05；＊＊ significant level ＝ 0.01；

x_1 ＝ % disease at the end of rubber tree wintering（inoculum level）；

x_2 ＝ the date of 5% budburst，20 January ＝0，30 January ＝10；

x_3 ＝days from 5% budburst to 10% refoliatiors；

x_4 ＝days from 5%budburst to 20% refoliations；

x_5 ＝ rainfall during x_4；

x_6 ＝ rain days during x_A：

x_7 ＝days of average temperature<20℃ and raining during x_4；

x_8 ＝days of average temperature <11℃ during x_4；

x_9 ＝days of maximum temperature > 32℃ during x_4；

x_{10} ＝days of average temperature >26℃ during x_4；

x_{11} ＝days of average temperature <15℃ during x_4；

x_{12} ＝days of average temperature15~18℃ and RH >88% during x_4；

x_{13} ＝days of average temperature18~21℃ and RH >88% during x_4；

x_{14} ＝days of average temperature 21~25℃ and RH >88% during x_4；

x_{15} ＝days of maximum temperature<32℃ and RH >90% during x_4；

x_{16} ＝days of RH >90% during x_4；

x_{17} ＝days of RH >88% during x_4；

x_{18} ＝days of RH > 80% during x_4；

x_{19} ＝% refoliation per day during x_4.

3.2 Predicting Models

Because the correlation between rate of epidemic progress and x_1，x_2，x_3，x_4，x_8，x_{11}，x_{13} were linear or near linear，a linear step multi-variation regression was used to develop models. The models which have been selected by step multi-variation regression are given in Table 2.

Table 2 Models of predicting disease progress rate and final severity[*]

Areas		Regression model	Correlation coefficient	Significant level（F）
The South and	r_1	＝6.15+0.0212x_1+1.576±2.8	0.9135	F＝0.001
East Hainan	r_2	＝4.92+0.0059x_1+0.518x_4± 1.18	0.8462	F＝0.01
	y	＝44−11.6x_{19}+3.4r_2±6.5	0.9235	F＝0.001
The West and	r_1	＝ 21.82+0.0197x_1+0.681x_4± 2.8	0.7840	F＝0.01

（续表）

Areas		Regression model	Correlation coefficient	Significant level (F)
Central Hainan	r_2	$= 8.07+0.00386x_1+0.355x_{11}\pm 1.3$	0.7870	$F=0.01$
	y	$= 18.27-1.273x_{19}+2.54r_2\pm 8.0$	0.8919	$F=0.001$

* r_1 = rate of epidemic progress in disease exponential phase (before 5% disease) in epidemic process

r_2 = rate of epidemic progress in disease logistic phase (after 5% desease) in epidemic process

y = final disease severity (the disease rating after 95% leaves have matured)

3.3　Validation of Models

The models were validated at different regions in Hainan Island from 1993 to 1995. The results showed that the forecasting values of r_1 and r_2 were consistant with actual values, and that the correlation coefficients were 0.9365 and 0.9158 ($P<0.001$) respectively (Table 3). It is considered that these models are quite accurate.

Table 3　Validation of the models of disease progress rate

Areas	Year	r_1		r_2	
		Forecasting value (r)	Actual value (r)	Forecasting value (r)	Actual value (r)
South Hainan	1993	0.23~0.32	0.24~0.30	0.11~0.12	0.10~0.11
	1994	0.24~0.28	0.23~0.30	0.10~0.11	0.09~0.10
	1995	0.28~0.37	0.30~0.39	0.13~0.14	0.14~0.16
	1996	0.22~0.36	0.20~0.33	0.08~0.09	0.09~0.11
West Hainan	1994	0.25~0.33	0.26~0.38	0.08~0.12	0.09~0.14
	1995	0.29~0.37	0.27~0.40	0.12~0.13	0.14~0.16
Central Hainan	1993	0.21~0.27	0.22~0.27	0.10~0.11	0.09~0.12
	1994	0.22~0.30	0.22~0.29	0.10~0.12	0.11~0.13
	1995	0.34~0.44	0.33~0.40	0.14~0.17	0.15~0.20

The validation results of disease severity at different times during refoliation process showed that all the forecasting values of disease severity at different times of refoliation process from 1993—1995 were accorded with actual values, and that their correlation coefficients were 0.9138~0.9986 ($P< 0.001$) (Figure 1). It is considered that the models of disease severity forecasting are also accurate.

3.4　Application of Predicting Models

Predicting models were used at two state farms in Hainan from 1994 to 1996. Their control

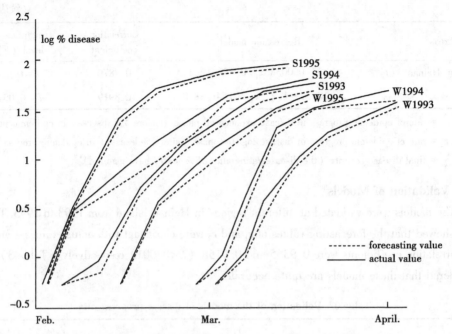

Figure 1　Forescasting validation of disease severity

S 1995 = the South of Hainan in 1995

W 1995 = the West of Hainan in 1995

efficiency, cost and benefit were compared with those of normal dusting. The results showed that these predicting models, when used to guide *Oidium heveae* chemical control, improved control efficiency ($t > t_{0.05}$) by 9.1%, reduced cost ($t > t_{0.01}$) by 17.6% and increased benefit by 11.4% when they were compared to normal dusting schedule (Table 4).

Table 4　Effect of application of predicting models (A) on chemical control of rubberpowdery mildew in comparison with normal dusting schedule (B)

Localities	Year	Treatment	Disease severity (rating)	Control efficiency (%)	Cost (yuan/ha)	Benefit (yuan/ha)
	1994	A	0.44	83.9	31.5	619.0
		B	0.65	75.9	37.5	591.0
		CK	2.70			
Farm A in	1995	A	1.86	58.2	55.5	1 068.7
South Hainan		B	2.20	50.7	58.5	922.4
		CK	4.10			
	1996	A	0.14	92.0	59.7	265.1
		B	0.40	77.4	80.7	183.5
		CK	1.75			

（续表）

Localities	Year	Treatment	Disease severity (rating)	Control efficiency (%)	Cost (yuan/ha)	Benefit (yuan/ha)
	1994	A	0.75	72.8	51.0	637.2
		B	0.94	66.2	54.0	625.5
		CK	2.78			
Farm B in West Hainan	1995	A	0.44	83.0	46.5	552.6
		B	0.62	76.0	48.6	526.5
		CK	2.59		0	0
	1996	A	0.10	93.8	24.9	288.9
		B	0.28	82.5	47.4	230.7
		CK	1.60			

4　DISCUSSION

Disease progress and severity of *Oidium heveae* are mainly determined by such factors as temperature, relative humidity, refoliation speed, and inoculum level during early refoliation, and can be predicted accurately by these factors. Because the epidemiological process of *Oidium heveae* has three different rate phases (Yu Zhuotong, 1988), i. e. exponential phase, logistic phase and disease abating phase, disease progress rate has to be predicated according to the rate at different phase, respectively. The final severity of *Oidium heveae* was not only related to porgress rate, but also the speed of refoliation, thus it has to be predicted by these two factors. As soon as r_1, r_2, and disease severity at different time during refoliation are predicted, the necessary chemical control and the commencement time and frequency of dusting can be decided accurately. The reasons why application of these models produced more benefit are a reduction of dusting area and frequency. About 20% rubber fields and one to two rounds of dusting were reduced when light or moderate disease was forcasted. These predicting models have been used for developing systemic management models of rubber powdery mildew in recent years, and received good results.

References (Omitted)

In Proceedings at IRRDB Symposium1999, Pest and Dereaces Managemant: 281-287

橡胶树白粉病流行因素数理分析及预测模型研究[*]

余卓桐　王绍春　郑服丛　林石明

[摘要] 橡胶树白粉病流行因素数理分析的结果，进一步证实冬春温度是决定其流行的主导因素，温度主要通过影响橡胶树抽叶物候过程和病害流行速度而影响病害的流行强度。

根据流行分析结果。选择 18 个预报因子，并用微电脑逐步回归程序，选择了最优预测模型。1979—1984 年在广东不同胶区进行了预测试验，结果表明，海南南部、中部的中期预测模型平均准确率为 93%~96.5%；东部、西部和湛江中部的预测模型平均准确率为 84%~86%。短期流行强度预测，南部，东部、中部的模型较准确，平均准确率 86.4%~92.7%；西部，湛江中部的模型平均准确率为 79.4%~83.3%。流行始点期预测，以南部、东部的模型较准确，平均准确率分别为 84.4% 和 85.2%；西部的模型中等，平均准确率 77.3%。1983 年用电算修订的模型，经 1984 年验证，准确率均有提高。

橡胶树白粉病是一种分布广，为害严重的橡胶病害，在国内外都曾造成过巨大的经济损失。因此，为国内外植胶者所重视。进行过长期的研究，无论在流行学、生物学、防治措施等方面，都取得了进展。

国外早期橡胶树白粉病流行学的研究，以流行观察为重点，近年才注意病原生物学和预测预报的研究。1974 年 Lim 认为温度是影响病害发生的主要因素。提出了利用"侵染日"短期预测病害流行强度的方法。

我国橡胶树白粉病流行学，在多年系统研究的基础上，初步分析了影响病害流行的因素，划分了流行区划和流行阶段。试验和推广了几种预测预报的方法。笔者曾于1962 年和 1964 年做过流行因素的数理分析。近年云南热作所、湛江团结农场、建设农场开始利用回归分析法进行预测预报。本文报道利用国外一些数理分析方法分析橡胶树白粉病流行因子和根据这些分析建立的预测模型并进行验证的结果。

1 材料与方法

橡胶树病情材料主要为笔者从 1959—1984 年在海南南田、南茂、东兴、加钗及本院试验农场的观察材料。缺少部分则引用上述农场的系统观察材料。湛江地区则引用本院粤西试验站和少量建设农场的材料。调查观察的对象主要为实生橡胶树。也有少量芽接树，

---

* 曾士迈教授给本题以指导，肖悦岩同志帮助进行部分电算，特表深切谢意。

调查方法按《橡胶树植物保护技术试行规程》所规定。根据多年流行观察的实际经验，选择了 20 种因子，利用微电脑逐个统计分析其与病害流行的相关关系。测定显著性水平。同时，利用 Van der Plank 的流行速度公式，分析病害流行 3 个基本因素在白粉病流行上的作用。在上述流行分析的基础上，从中选出了 18 个与橡胶树白粉病流行密切相关的因素作为自变量，经散点图分析其与病害流行的函数关系。计算相关系数，进行显著性测验，从中选择 8 个在预测期之前出现相关程度高又容易测定的因子，即越冬期落叶量、越冬菌量、5% 抽芽期、12 月至翌年 1 月的温度、雨量、抽叶初期的抽叶速度及这段时间的温度作为中、短期预报因子，应用日立 NECIP8800 型微电脑，利用本院编制的逐步回归程序统计回归模型。选择因子少，历史符合率高，决定系数大的回归式作为预测模型，广东各代表性地区的中、短期预测模型如表 1、表 2、表 3。

表 1　流行强度短期预测模型

地区	预测模式	R	R^2	显著性水平	历史符合率%	离回归标准差
海南东部	(1) $y=44.5-1.84x_6$	—	—	$F>0.01$	80	±17.7
	(2) $y=66.77-0.49x_7$	—	—	$F>0.01$	94.5	±5.3
海南南部	(1) $y=53.5+11.7x_2-18.5x_8$	0.852	0.62	$F>0.01$	70	±16
	(2) $y=68.3-0.51x_7$	—	—	$F>0.01$	93.7	±10
海南西部	(1) $y=44.7-0.46x_1+2.1X_{11}$	0.8959	0.8027	$F>0.01$	95.5	±9.4
	(2) $y=89.8-0.79x_7$	—	—	$F>0.01$	85.7	±11.6
海南中部	(1) $y=2.46x_{11}+0.77x_{20}-8.9$	0.8085	0.67	$F>0.01$	70	±15
	(2) $y=75.6-0.61x_7$	—	—	$F>0.01$	87	±10
湛江中部	(1) $y=41+1.2x_{20}-0.22x_9$	0.69	0.65	$F>0.01$	70	±12
	(2) $y=73.57-0.63x_7$	—	—	$F>0.01$	80	±14.5

表 2　中期预测模型

地区	预测模式	R	R^2	显著性水平	历史符合率%	离回归标准差
海南东部	(1) $y=20+0.54x_2+6.64x_{20}$	0.82	0.91	$F>0.01$	83.3	±3.32
	(2) $y=87.6-0.43x_1-0.75x_3$	0.86	0.9	$F>0.01$	88.9	±9.75
海南南部	(1) $y=27.23+1.09x_{20}$	—	—	$F>0.01$	80.0	±10.3
	(2) $y=114.3-0.79x_1+0.024x_5-0.325x_4$	0.803	0.82	$F>0.01$	86.7	±11.4
海南西部	(1) $y=110-0.87x_1-0.66x_3$	0.701	0.71	$F>0.01$	73.7	±11.0
	(2) $y=27.6-0.33x_4+1.15x_{20}$	0.789	0.74	$F>0.01$	78.6	±14.4
海南中部	(1) $y=64.7-0.31x_1-0.65x_3$	0.892	0.87	$F>0.01$	93.2	±7.64
	(2) $y=65.8+0.26x_2-0.5x_1$	0.913	0.84	$F>0.01$	92.6	±7.3
湛江中部	(1) $y=41-6.22x_4+1.2x_{20}$	0.77	0.67	$F>0.01$	70.0	±15
	(2) $y=71.2-0.88x_3+4.72x_2-0.72x_1+2.2x_{19}$	0.854	0.6	$F>0.01$	71.1	±16

表 3　流行始点期及施药期预测模型

地区	预测模式	R	R^2	显著性水平	历史符合率%	离回归标准差
海南东部	(1) $y = 34 - 1.3x_{11} - 1.89x_2$	0.9497	0.82	$F > 0.01$	75.8	3.8
	(2) $y = 16.4 - 0.68x_{11} + 0.075x_1 - 4.9x_{14} + 1.07x_{15}$	0.9196	0.85	$F > 0.01$	77.1	2.4
海南南部	(1) $y = 12.6 - 0.62x_{10} - 2.8x_2$	0.5120	0.61	$F > 0.01$	73.5	3.6
	(2) $18.1 - 0.67x_{10} - 0.057x_2$	0.8103	0.68	$F > 0.01$	83.5	3.0
海南西部	(1) $y = 21.5 - 0.42x_2 - 0.68x_{11}$	0.645	0.60	$F > 0.01$	72.0	4.0
	(2) $y = 21.4 - 0.16x_3 - 0.42x_{10} - 0.67x_{11} + 0.12x_1 + 0.966x_{16}$	0.9692	0.74	$F > 0.01$	80.9	1.8
海南中部	(1) $y = 21.5 - 0.42x - 0.66x_{11}$	0.645	0.60	$F > 0.01$	72.0	4.0
	(2) $y = 0.57 - 0.47x_3 - 1.86x_{11} + 1.5x_{12} + 3.68x_{13} - 0.26x_{17}$	0.969	0.73	$F > 0.01$	77.1	2.2
湛江中部	(1) $y = 118 - 5.48x_{18}$	0.77	0.67	$F > 0.01$	83.4	4.2

注：x_1 = 落叶量（海南西部为存叶量）

x_2 = 越冬菌量（海南东部×100 西部和湛江 ×10 000）

x_3 = 5%抽芽期（东部以 1 月 20 日为 0、西部以 1 月 25 日为 0、中部以 1 月 15 日为 0）

x_4 = 12 月雨量　　x_5 = 12 月均温

x_6 = 20%抽叶至总发病率 2%~3% 天数

x_7 = 总发病率 2%~3% 时抽叶率

x_8 = 10%抽叶至总发病率 2%~3% 天数

x_9 = 30%抽叶至总指数 3 的天数

x_{10} = 5%抽芽至 10%抽叶的天数

x_{11} = 5%抽芽至 20%抽叶的天数

x_{12} = 5%抽芽至 20%抽叶期间的平均温度

x_{13} = 5%抽芽至 20%期间 11~18℃ 的天数

x_{14} = 5%抽芽至 20%期间日均温 ≤ 11℃ 的天数

x_{15} = 5%抽芽至 20%抽叶期间最低温 ≤ 11℃ 的天数

x_{16} = 5%抽芽至 20%抽叶时最高温 > 度 32℃ 的天数

x_{17} = 5%抽芽至 20%抽叶期间的雨量

x_{18} = 5%抽芽至 30%抽叶的天数

x_{19} = 2 月中旬平均温度

x_{20} = 越冬存叶量

　　中期预测模型的验证方法，是在 1979—1984 年每年作两次调查。第一次在橡胶树越冬期。在海南各代表性地区共选 7~8 个农场，每个农场选 3~5 林段。调查橡胶树越冬落叶、抽芽和越冬菌量，同时收集气象资料。根据各地的调查数据，分别输入各地的中期预测模型。算出流行强度值，并向生产部门及农场发出中期预报。病害流行期末做第二次调查。调查的农场和林段与第一次调查相同。以不防治林段的病情为基础估计各地区的年度流行强度。比较预测值和实际值。按照华尧楠评定预测预报准确率的标准，算出预测准确率。

短期预测模型的验证。海南南部在南田农场、南茂农场；东部在南林农场、东兴农场；中、西部在加钗农场、本院试验农场；湛江在本院粤西试验站进行。每个农场随机选择 3~6 个林段作为试验林段。各场根据预测模型要求调查参数，输入预测模型，计算出流行强度值（发病指数）、流行始期和施药日期，发出短期预报，在预报期前后 3 天共作 3 次调查，验证实际流行始期和施药合适日期。确定偏差天数和预测准确率。流行期末测定试验林段的最终发病指数。确定预测准确率。

2　试验结果

2.1　橡胶树白粉病流行因素数理分析

根据多年的观察与分析，影响白粉病流行的因子有 3 组变数：

第一组变数是感病性、感病期，即品系的感病性，抽叶期长短、迟早等。关于不同抗病性品系的病害流行问题，这里不进一步讨论。主要讨论感病品系的抽叶期长短与病害流行的关系。

第二组变数是菌量及其繁殖速度。即越冬菌量，流行始点期出现的早迟和流行速度等。

第三组变数是气候条件。包括温度、降雨、湿度、光、风等。

经过多年的实践观察和测报验证、相关的比较，笔者发现在上述各因素中，落叶、抽叶过程、越冬菌量、流行始点期出现迟早（病害早期流行速度）、冬春温度等因素对橡胶树白粉病的流行强度的变化有较大的作用。

2.1.1　抽叶物候过程在病害流行上的作用

为了比较上述主要因素在橡胶树白粉病流行上的作用，以本院试验农场 1977 年和 1978 年的白粉病流行为例进行统计分析。1977 年为中病年，最终病指 23.5，1978 年为特重年，最终病指 83.5，1977 年菌量低（0.000032），流行速度较慢（$r=0.23$），抽叶物候期短（20%抽芽至 90%叶片老化只需 30 天）。1978 年越冬菌量大（0.089），流行速度高（0.30），抽叶物候期长。为了便于比较，抽芽 5%至总指数 20 所需的时间来测定上述因素的重要性，求时间的公式为：

$$t_2 - t_1 = \frac{2.30}{r} \log \frac{x_2}{x_1} \quad\cdots\cdots\cdots\cdots\cdots\cdots\cdots\cdots\cdots\cdots\cdots（1）$$

$$r = \frac{230}{t_2 - t_1} \log \frac{x_2 (1-x_2)}{x_1 (1-x_2)} \quad\cdots\cdots\cdots\cdots\cdots\cdots\cdots（2）$$

$r=$流行速度（病情总指数/日）

$x_1 = t_1$ 时的病情（此处为越冬菌量）

$x_2 = t_2$ 时的病情

先看菌量的作用，将 1977 年的越冬菌量和流行速度的数据代入（1）式得：

$$t_2 - t_1 = \frac{2.30}{0.23} \log \frac{0.2}{0.000032} = 38 （天）$$

即按 1977 年的越冬菌量和流行速度，从 5%抽芽发展到病情总指数 20 需要 38 天。

如 1978 年保持 1977 年的流行速度（0.23）。而只是越冬菌量较大（0.0089），代入（1）式得：

$$t_2 - t_1 = \frac{2.3}{0.23} \text{Log} \frac{0.20}{0.0089} = 23 \text{（天）}$$

可见 1978 年由于越冬菌量比 1977 年大 280 倍，可使病害较 1977 年提早 15~16 天到达总指数 20，从而为病害的发展多提供了半个月的时间。

1978 年不单越冬菌量较大，流行速度也较高，如果 1977 年菌量保持原水平，而流行速度增加到 1978 年的水平（0.089）则从 5% 抽芽发展到病害总指数 20 需要的时间为：

$$t_2 - t_1 = \frac{2.3}{0.3} \text{Log} \frac{0.2}{0.000032} = 29 \text{（天）}$$

即病害以 1978 年的速度发展，可比 1977 年提早 9 天达到总指数 20，因此，1978 年由于流于速度的提高，为病害的发展比 1977 年多提供了 9 天时间。

最后，比较一下抽叶物候期长短的作用。1978 年从 5% 抽芽至 90% 叶片老化为 73 天。而 1977 年只有 36 天，两者相差 37 天。即 1978 年由于抽叶过程的延长，为病害发展多提供了 37 天时间，它分别比越冬菌量的增加和流行速度的提高为病害的发展多提供 22 天和 28 天，白粉病在春天的气候条件下，5 天可完成一次侵染循环，延长 22~28 天，可使病害增加 4~5 次的侵染循环，从而大大加重病害严重程度，可见，在橡胶树白粉病的流行上，橡胶树抽叶过程（即嫩叶期）的长短较流行速度的增加和菌量的增大更为重要的因素。

2.1.2 冬春温度在病害流行上的作用

根据冬春温度与抽叶过程，菌量，流行速度关系的统计分析，冬春温度不单对抽叶期长短有巨大的影响，而且对基础菌量病害流行速度有明显的作用。

表 4 越冬菌量、温度、降水量与流行速度的相互关系

年份	越冬菌量	平均温度（℃）	雨日（天）	流行速度	
				5%抽芽至总指数3的天数	R
1972	0.0073	19.4	1	16	0.485
1973	0.0016	24.0	5	26	0.296
1974	0.0006	19.5	4	18	0.420

冬暖则落叶不彻底、抽叶不整齐（相关系数 0.649~0.662 极显著），为病害发展提供了较长的感病期。抽芽期遇到平均 11℃，最低 6℃ 以下的低温，可冻死全部新芽，使原来抽芽不整齐变为整齐（如海南西部 1964 年），大大缩短感病期，不利于病害流行。但在嫩叶期遇到这种寒潮，则只冻死部分嫩叶，打乱抽叶物候进程（如海南西部、中路的 1959 年、1972 年、1978 年），大大延长橡胶树感病期，诱发病害流行。可见冬春温度是抽叶进程的决定因素。

冬季温度也是影响白粉病越冬菌量多寡的重要因素。冬暖则老叶存叶最大、冬梢多、感病较重，越冬菌量也较多（相关系数 0.4600，极显著）。

嫩叶期的温度与白粉病的流行速度有密切的关系。分析 1972—1974 年南茂农场抽叶初期流行速度与温度、雨量、菌原的关系（表4）可以看出：1972 年虽然菌量较大，雨日较多。但由于温度偏高（平均 24℃有 5 天）。流行速度慢。相反 1972 年、1974 年雨日、菌量较少，但温度合适，流行速度比 1973 年几乎快 1 倍。

综上所述。在白粉病流行的 3 个基本因素（感病期、基础菌量、流行速度）中，感病期的长短是最主要的因素。冬春温度则对感病期的长短有决定作用，又与越冬菌量、流行速度有密切的关系。因此，冬春温度是橡胶树白粉病流行的主导因素。

2.2　预测模型研究

2.2.1　中期预测模型验证

6 年来在广东代表性地区验证中期预测两个模型的结果（表5）表明：海南南部、中部的预测模型比较准确。平均准确率在 93% 以上；西部、东部、湛江中部的模型稍次，但平均准确率仍达 84%~86%。海南南部、东部、中部抽叶期的气候较平稳，利用越冬期的预报因子就能准确地进行预报。但海南西部抽叶期受寒潮或台风影响、湛江有寒潮干扰，因而有些年份预测偏差稍大。这些地区，如能在橡胶抽叶后根据天气变化做一次补充预报，则准确仍有保证。表中两个模型预测比较说明，经过几年实践后修订的模型（模型2）平均准确率比原来的模型有提高。

表5　中期预测模式验证

地区	年份	预测病情总指数		实际总指数	准确率（%）	
		模式 1	模式 2		模式 1	模式 2
海南南部	1979	56.2	50.0	57.6	98	92
	1980	60.0	74.0	74.0	85	100
	1981	43.5~53.7	42.0	44.0	95	98
	1982	60 以上	67.5	60.0	95	93
	1983	32.9~45.5	36.5	41.9	95	93
	1984	45	46.3	54.0	90	92
海南西部	1979	30~50	35.0	20.8~42.0	90	95
	1980	37.7~43.8	50.3	25.4~43.2	85	70
	1981	21.9~30.2	42.0	32~49.2	80	92
	1982	20.4~44.3	35.0	32.8~53.0	85	92
	1983	10 以下	4.0~29.6	8~20	85	91
	1984	13~18	10~19	10~18	94	95

（续表）

地区	年份	预测病情总指数		实际总指数	准确率（%）	
		模式 1	模式 2		模式 1	模式 2
海南东部	1980	38.6~55.4	54	56.4~72.8	80	90
	1981	28.7~65.7	33	28~50	90	76
	1982	23.2~40.5	20.6	31.6~51	85	68
	1983	20.7~21.2	10	12.4~19	95	90
	1984	20	15	12	92	97
海南中部	1979	33~37.2	28	28~30.3	90	97
	1980	33.5~40.4	34	31.8~41.2	95	91
	1981	15~20	20	22.2~23.0	95	99
	1982	21.4~24.3	15	2.4~24.2	90	95
	1983	20 以下	16	14.8~21.2	93	96
	1984	14.0	16	21	95	
湛江中部	1981	65.0		70.1	95	
	1982	45.0		37.6	90	
	1983	57.0		66.2	90	

2.2.2 短期预测模型验证

（1）流行强度短期预测模型的验证

两种模型比较结果（表6）表明，利用流行始点期（总发病率2%~3%）在抽叶过程出现迟早作为预测因子（模式2）要比用橡胶树早期抽叶速度（模式1）准确率高一些。地区间预测比较看出，南部、东部、中部的模型较准确，平均准确率在86.4%~92.7%；西部、湛江中部的模型属基本准确，误差均在一级以内。可见，利用本流行强度短期预测模型进行橡胶树白粉病预报是可靠的。

表6 流行强度短期预测模式验证

地区	年份	预测病情总指数		实际总指数	准确率（%）	
		模式 1	模式 2		模式 1	模式 2
海南南部	1979	36.5~55.1	48.5	27.0~57.1	85	90
	1980	72.3	68.1	74.6	95	90
	1981	57.3	51.1	44.0	75	90
	1982	64.5	64.5	60.0	95	95
	1983	44.9	56.6	41.0	95	80
	1984	45.0	46.3	54.0	90	92

（续表）

地区	年份	预测病情总指数		实际总指数	准确率（%）	
		模式1	模式2		模式1	模式2
海南西部	1979	36.5~55.7	26.1~49.2	20.8~43.0	70	85
	1980	26.7~40.5	18.1~26.1	25.4~43.2	95	85
	1981	24.5~43.3	41.0~65.9	32.0~49.2	77	83
	1982	28.7~40.2	29.3~65	35.2~53.0	84	82
	1983	41.0~45.1	19.7~42	25.0~29.5	71	78
	1984	12.4~19.7	21.0~23.9	10~18	99	93
南海东部	1979	24.3~31.6	28.2~42	29.2~31.4	93	88
	1980	53.7	57.8	60.0	90	97
	1981	20.5	23.8~29.7	16.7	95	85
海南中部	1979	31.3~36.1	20.5~38.1	22.6~41.4	88	82
	1980	70.4~79.5	38.8~79.4	64.5~76.7	80	85
	1981	15.8~19.8	22.4~23.0	22.2~23.0	92	90
	1982	5.8~25.5	10.2~12.6	8.4~17.2	85	92
	1983	1~13.2	11.0~25.3	5.4~22.2	87	93
湛江中部	1978	83.6	54.7	69.2	75	70
	1980	32.0	32.4	37.2	90	90
	1981	57.6	54.7	66.2	85	80

（2）流行始点期，防治适期预测

橡胶树白粉病发展到总发病率2%~3%以后，病害才会稳定而迅速的发展，这个时间为橡胶树白粉病的流行始点期。流行始点期预测模型验证结果（表7）表明：海南南部、东部的预测模型较准确，平均准确率分别为84.7%和85.2%；西部的预测模型属于基本准确，平均准确率77.3%，在6年预测中，有一年（1981年）偏差较大（3~6天）。海南中部原无预测模型，引用西部的模型，所以预测偏差大，准确率只有58.7%。

1983年应用微电脑修订了预测模型（包括制订了海南中部的新模型）。把流行始点期预测改为施药期预测（模型2），并于1984年做了验证，结果表明，施药模型的准确率明显提高，各地预测准确率，除西部为95%外，其余均为100%。

表7　流行始点期预测验证

地区	年份	预测日期	实际日期	偏差天数	准确率（%）
海南南部	1979	2月1日	1月31日—2月2日	0~1	93
	1980	1月25—29日	1月23—28日	1~2	80
	1981	2月9—15日	2月11—13日	2	70
	1982	1月30—31日	1月30日	0~1	95
	1983	2月14—17日	2月14—16日	1~2	80
	1984	2月19—21日	3月18—21日	0~2	90

（续表）

地区	年份	预测日期	实际日期	偏差天数	准确率（%）
海南西部	1979	2 月 23—27 日	2 月 23—27 日	2	100
	1980	3 月 10—14 日	3 月 11—13 日	1~1	85
	1981	2 月 18—3 月 8 日	2 月 20 日—3 月 5 日	2~3	70
	1982	3 月 9—11 日	3 月 5—10 日	0~3	85
	1983	3 月 21—28 日	3 月 22—30 日	1~2	75
	1984	3 月 26 日—29 日	3 月 24—28 日	0~3	84
海南东部	1979	2 月 23—3 月 1 日	2 月 20—3 月 1 日	1~4	81
	1980	2 月 19—26 日	2 月 18—25 日	1~2	90
	1981	3 月 7 日	3 月 5 日	2	70
	1982	3 月 4—6 日	3 月 4—6 日	0	100
海南中部	1979	2 月 22—23 日	2 月 24	1~2	80
	1980	2 月 22—27—3 月 4 日	2 月 28—3 月 1 日	1~3	70
	1981	3 月 4—9 日	3 月 7—8 日	2~3	60
	1982	3 月 8 日—14 日	3 月 8—12 日	0~2	90
	1983	3 月 13—16 日	3 月 9—14 日	2~3	60
	1984	3 月 21~23 日	3 月 20~22 日	0~2	90

3 结论和讨论

（1）数理分析广东垦区橡胶树白粉病流行因子相互关系的结果，进一步证实冬春季温度是决定橡胶白粉病流行的主导因素。冬春温度主要通过影响橡胶树抽叶物候而影响病害流行强度。抽叶物候期的长短，是病害流行 3 个基本因素的主要因素；冬春温度则是决定物候期长短的主要条件。

（2）6 年中、短期预测模型验证，用电算逐步回归程序建立预测模型进行预测，简单易行，准确可靠。在建立模型时，重要的是要根据流行分析正确选择预报因子和有多年历史资料。几年的测验发现，利用橡胶树越冬落叶量、越冬菌量、早期抽叶速度、流行始点期出现迟早、冬春温度等预报因子作橡胶树白粉病的中、短期测报是可靠的，某些地区个别年份预测失误，但偏差不大，失准的原因是抽叶期出现异常气候，如长期的低温阴雨或高温影响。这些因子在预测时是无法估计的，这种情况下，可在天气变化时及时补发预报，则准确仍有保证。利用这些模型，只要在抽芽初期调查有关参数，即可进行预报。而这些参数的调查，都极简单易行，可比现有方法提高工效，节省用工。因此，用数理模型预报，不但准确率高，而且方法简单易行，可在生产上试用。

（3）这些预测模型毕竟还是经验模型，在应用上有一定局限性。同时，建立模型的数据，主要来自实生树，对芽接树则另需建立模型进行测报，今后还需利用人工气候模拟设备深入研究橡胶树白粉病流行学，构建系统模型，不断提高测报水平。

参考文献（略）

本文为中国植物病理学会 1985 年学术交流会论文

橡胶树白粉病预测模式的研究*

余卓桐　王绍春　周春香　郑服丛　林石明　孔丰　李振武　陈鸣史

[摘要] 根据我院和广东垦区代表性农场1959—1983年橡胶树白粉病流行观察材料和历年流行学的研究成果，选出了橡胶树越冬落叶量、越冬期的温度、降雨、5%抽芽期、抽叶早期的抽叶速度及该时期的温度等20个预报因子，并用电子计算机逐步回归程序，选出了广东植胶区各代表性地区的预测模式。1979—1985年在广东不同植胶区进行了测报验证试验。结果表明：①海南南部、中部的中期预测模式平均准确率为92.5%~96.3%，东部、西部和湛江中部为85.5%~91.7%，准确率都较高。②短期流行强度预测，南部、东部、中部的模式较准确，平均准确率88.6%~92.2%；西部和湛江中部的模式平均准确率为80%~84.4%。③施药期预测，南部、东部的准确率为84.3%~85.2%，西部为77.7%。上述中、短期预测模式，经过7年试用，方法简单易行，调查次数少，省工省钱工效高，预见性强，可以在生产上应用。

引言

橡胶树白粉病的预测预报，在马来西亚有"侵染日"法，在我国有总指数法、嫩叶病率法、总发病率法等。我国推广的这些方法虽然提高了防效，降低了防治成本，但仍要求多次钩叶查病，工作繁重、花工多，效率不够高。为此有必要研究简单而准确的预测方法。

1978年后，笔者利用本院试验农场和在南田、加钗、东兴等农场的系统观察材料以及部分农场本身积累的历年材料，用电子计算机进行逐步回归分析，试图建立广东代表性植胶垦区的预测模式，并于1979—1985年进行了验证。本文报道模式的建立及验证的结果。

1　材料与方法

预测模式的研究，包括预测因子的筛选、预测模式的选择和验证。这次研究所利用的材料，绝大部分是橡胶实生树的病害系统观察材料，并有少量芽接树的观察材料。

预测因子筛选：根据历年来笔者对橡胶白粉病流行规律和预测预报的研究，选出了20个与病害发生和施药适期（因变量）有关的自变量，经散点图分析，计算相关系数，

* 感谢曾士迈教授给本课题以指导；南田农场孔丰、加钗农场陈鸣史、东兴农场李振武参加本课题部分工作，负责检验本地区预测模式；本院潘宇、江良同志参加本课题工作；热作学院丘建德同志在建立预测模式时给予指导并参加计算，特此一并致谢。

然后进行预测因子选择。预测因子入选的条件是：①在生物学上、流行学上与预测内容（最终病情、施药适期等）有密切关系；②相关系数高；③在预测期之前出现；④容易测定。

预测模式优选：1978年，用电子计算器以多元回归法进行计算，建立了海南代表性植胶区的中、短期预测模式，1979—1982年进行了验证，取得了较好的预测效果，这里不再详述。根据上述验证存在问题，1982—1983年进行了修订，修订的方法是利用微电脑逐步回归程序，分别统计海南4个代表性地区和湛江中部地区的资料，进行测验，从8~10个预测因子中逐步剔除不显著的因子，在每一步计算回归方程时，都进行显著性测验，并计算准确率、决定系数、离回归标准差。以下述标准选择最优预测模式：①测报准确率高；②决定系数大，即方差贡献大；③预报因子尽可能少。

中期预报模式验证方法，是每年做两次病害预测普查。第一次在橡胶树越冬期，选择7~8个代表性农场，调查橡胶树越冬落叶、抽芽和越冬菌量，同时收集气象资料；随之根据各地的调查数据，分别代入各地区的中期预测模式，算出流行强度值，并向生产部门及农场发出中期预报。病害流行期末做第二次调查，调查的农场和林段与第一次调查相同，以不防治林段的病情为基础，估计各地区的年度流行强度。比较预测值和实际值，按照华尧楠评定预测预报准确率的标准，算出预测准确率。

短期预测模式的验证是在海南南部的南田农场；东部的南林农场、东兴农场；中西部的加钗农场、本院试验农场；湛江的本院粤西试验站进行。每个农场随机选择3~8个林段作试验林段。各农场根据本地预测模式要求调查参数，代入预测模式，计算出流行强度值（发病指数）和流行始点期和施药日期，发出短期预报。在预报期前后3天共做3次调查，验证实际流行始点期和施药适期，确定偏差天数和预报准确率。流行期末调查鉴定试验林段的最终发病指数，确定预测准确率。

2 试验结果

2.1 预报因子筛选

各代表性地区部分待选预报因子与预报内容的相关如表1。从表1可以看出，抽芽20%至90%老化天数（x_{24}）、嫩叶期寒潮（x_{22}）、嫩叶期雨日（x_{23}）等因子与病害流行强度高度相关，但这些因素都是预测期以后才出现的因素，不能作为预测因子。从全面权衡，落叶量（x_1）、5%抽芽期（x_3）、病害流行始点期（x_7，即总发病率2%~3%在抽叶过程出现的迟早）是普遍适用于各地区的预报因子。其他因子在不同区域有不同的表现，因此，可以按不同地区选择其他的预测因子。海南西部，还可选择越冬菌量（x_2）、抽芽5%至20%抽叶天数（x_{11}）及此时期内日最高温度>32℃的天数（x_{16}）、日平均温度>25℃天数（x_{26}）、日平均温度11~18℃天数（x_{13}）、雨量（x_{17}，）等变量；东部还可选择越冬菌量（x_2）、5%抽芽至20%抽叶天数（x_{11}）及在此期间11~18℃的天数（x_{13}）、5%抽芽至20%抽叶期最低温≤11℃天数（x_{15}）、雨量（x_{17}）等变量；南部还可选择12月至1月雨量（x_4）、5%抽芽至10%抽叶天数（x_{10}）等变量，湛江地区还可选择5%抽芽至30%抽叶的天数（x_{18}）、越冬菌量（x_2）、12月至1月雨量（x_4）等变量。

表 1　预测因子与白粉病最终病指（y_1）及施药期（y_2）的相关关系

		海南西部		海南东部		海南南部		海南中部		湛江中部	
		y_1	y_2	y_1	y_2	y_1	y_2	y_1	y_2	y_1	y_2
落叶量	x_1	-0.5390*	0.4526*	-0.9110**	0.6511**	-0.7500**	0.4106**	-0.9141**	0.6802**	-0.7599**	0.6828**
越冬菌量	x_2	0.6432**	-0.4004*	0.7670**	-0.4031*	0.4900**	-0.5578**	0.8294	-0.4274	0.0760	-0.5885**
5%抽芽期	x_3	0.5224*	0.0622	0.7647**	-0.0601	0.2700	0.5056	-0.6826**	0.3010	0.0660	0.1552
12月和1月雨量	x_4	-0.2817	0.5879*	-0.0700	0.2053	-0.5600**	0.1480	0.3343-2632		-0.6029*	0.0420
12月平均温度	x_5	0.4960	-0.7380**	0.4312	0.0925	0.2026	0.1520	0.4960*	-0.0780	0.1660	-0.2430
20%抽叶至总发病率2%~3%的天数	x_6	-0.7290**	0.9150**	-0.7205**	0.9404**	-0.5083*	0.6084**	-0.7250**	0.9500**	-0.5990**	0.9700**
总发病率2%~3%时抽叶率	x_7	-0.8831**		-0.9354**		-0.5791**		-0.8937**		-0.8500**	
抽叶10%至总发病率2%~3%的天数	x_8	-0.7140**	0.8540**	-0.7243**	0.9069**	-0.4243	0.6001**	-0.7210**	0.9500**	-0.5650**	0.9970**
抽叶10%至总指数3的天数	x_9	-0.7760**	0.9860**	-0.6878**	0.8983**	-0.3402	0.3401	-0.8730**	0.8050**	-0.5060**	0.9720**
5%抽芽至10%抽叶的天数	x_{10}	0.6327**	-0.3825	0.5012*	-0.5866*	0.2337	-0.6520**	0.4580	-0.7896**	0.0202	0.0637
5%抽芽至20%抽叶的天数	x_{11}	0.7223**	-0.5337*	0.6873**	-0.03729	0.6695**	-0.2178	0.4636*	-0.8145	0.0624	0.0349
5%抽芽至20%抽叶期间的平均温度	x_{12}	-0.6920**	0.4590*	0.0337	0.2715	-0.2086	0.4268*	-0.1600	0.3000	0.1790	-0.0860
5%抽芽至20%抽叶期间11~18℃天数	x_{13}	0.6680**	-0.8036**	0.5738**	-0.6885**	0.2125	-0.0162	0.4506	-0.5462*	-0.2929	0.0553
5%抽芽至20%抽叶期间日均温≤11℃的天数	x_{14}	0.7160**	-0.6190	0.2610	-0.5010*	0.2610	-0.5010	0.8130	-0.7800*	0.0830	-0.0330
5%抽芽至20%抽叶期最低温≤11℃的天数	x_{15}	0.7920**	-0.6830**	0.3152	-0.1185	-0.1197	-0.4617*	0.6130**	-0.6340**	0.1020	-0.4390

（续表）

		海南西部		海南东部		海南南部		海南中部		湛江中部	
		y_1	y_2	y_1	y_2	y_1	y_2	y_1	y_2	y_1	y_2
5%抽芽至20%抽叶期间>32℃的天数	x_{16}	0.3714*	-0.4770*			0.3618	-0.0162	0.0231	-0.5251	-0.2544	0.0985
5%抽芽至20%抽叶期间的雨量	x_{17}	0.3582*	0.5962**	0.5465**	0.5325**	0.2852	0.0977	0.5039**	-0.3142	-0.3880	0.2865
5%抽芽至30%抽叶的天数	x_{18}	0.7392**	-0.3935**	0.5700**	-0.7185**	0.7758**	-0.0903	0.4912**	-0.7997*	0.1056	0.8867**
2月中旬平均温度	x_{19}	-0.2930	0.2750	0.2547	-0.3661	-0.3008	0.1046*	-0.1230	0.3890	0.4880	-10.6820**
越冬期存叶量	x_{20}	0.4750*	-0.5790*	0.9110**	-0.6511**	0.7753**	0.4166*	0.8390*	-0.6870*	0.3180	-0.2700
5%抽芽至20%抽叶期日均最高温度	x_{21}	0.4330	-0.2070	-0.0419	0.0485	0.0330	0.4286	0.2270	-0.2840	0.1600	-0.1640
嫩叶期雨日	x_{22}	0.7345**	0.0931	0.5270*	-0.1084	-0.5922*	-0.1188	0.7012**	-0.1240	0.7200**	-0.0596
嫩叶期寒潮	x_{23}	0.7752**	0.1906	0.7180**	-0.5887*	0.1700	0.1222	0.7750**	0.5648*	0.7450**	-0.1190
20%抽芽至90%叶老化天数	x_{24}	0.8896**	-0.5480*	0.4069*	0.4691	0.7686**	0.8992	0.4912*	0.3650	0.7832**	0.4120
5%抽芽至20%抽叶期日均最高温度	x_{25}	0.5585*	-0.07534**	0.6293**	-0.6585**	-0.2063	0.2134	0.4408	0.4996	0.0682	-0.1393
5%抽芽至20%抽叶期>25℃天数	x_{26}	0.0354	-0.1213	-0.2946	0.2588			-0.5522*	-0.3522		

注：* 显著水平=0.05；** 显著性水平=0.01

2.2 预测模式的优选

上述预报因子在电子计算机计算程序中可以组成许多预测模式。但不是每一模式都可以在实际中应用，必须经过优选。现以海南西部短期预测施药期的模式的建立过程，说明本试验的优选结果。首先将选出的预测因子 5% 抽芽期（x_3）、5% 抽芽至 10% 抽叶的天数（x_{10}）、5% 抽芽至 20% 抽叶的天数（x_{11}）、越冬菌量（x_2）、落叶量（x_1）、5% 抽芽至 20% 抽叶期间日最高温度 >32℃ 的天数（x_{16}）、日平均温度 11~18℃ 的天数（x_{13}）、日平均温度 >25℃ 的天数（x_{26}）、雨日（x_{25}）等因子作为自变量，以 20% 抽叶至总指数 1 的天数为因变数输入电脑中统计。第一次计算得九元回归方程：

$$y = 22.8 - 0.16x_3 - 0.45x_{10} - 0.86x_{11} + 0.88x_2 + 0.12x_1 + 0.87x_{16}$$
$$+ 0.25x_{13} + 0.82x_{12} + 0.26x_{25}$$

此模式准确率（AC）很高（86.4%），复相关系数 $R = 0.9771$，F 测验达极显著（$F = 28.1^{**}$），但预测因子太多，增加预测工作量，不宜选用。进一步计算时，将 t 测验值最小的 x_{12} 剔除，得八元回归方程，$AC = 86.4\%$，$R = 0.977$，$F = 34.26^{**}$，因子仍然太多，不可选用，第三步计算剔除 x_{13}、x_{12} 得七元回归方程，$AC = 84.1\%$，$R = 0.9768$，$F = 41.6^{**}$，因子尚属太多。第四步计算剔除 x_2、x_{13}、x_{12}，得六元回归方程，$AC = 84.1\%$，$R = 0.9762$，$F = 58.5^{**}$。第五步计算剔除 x_2、x_1、x_{13}、x_{12}，得五元回归方程，$AC = 80.9\%$，$R = 0.9692$，$F = 49.51^{**}$。此步计算后，准确率已降到 80.9%，虽然因子仍多，但应考虑，这取决于进一步计算后，准确率是否还在 80 以上（准确率 80% 是人为定的界线）。第六步计算剔除了 x_{10}、x_2、x_1、x_{13}、x_{12} 得四元回归方程，$AC = 76.4\%$，$R = 9.9591$，$F = 48.8^{**}$，第七步计算剔除了 x_{10}、x_2、x_1、x_{13}、x_{12}，得三元回归方程，$AC = 72.3\%$。从上述计算过程可见，如果笔者要保持 80% 左右的准确率而预测因子又要尽可能少，只能选择五元或四元回归方程作为预测模式。其方程为

$$y = 21.8 - 0.16x_3 - 0.42x_{10} - 0.67x_{11} + 0.12x_1 + 0.97x_{16}$$

按同样的方法选出海南其他代表性地区和湛江中部的模式（表 2、表 3、表 4）。

表 2 流行强度短期预测模式

地区	预测模式	R	R^2	显著性水平	历史符合率（%）	离回归标准差
海南东部	$y_1 = 44.5 - 1.8x_6$			$F > 0.01$	80	±17.7
	$y_2 = 66.77 - 0.49x_7$			$F > 0.01$	94.5	±5.3
海南南部	$y_1 = 53.5 + 11.7x_2 - 1.35x_8$	0.852	0.62	$F > 0.01$	70	±16
	$y_2 = 68.3 - 0.51x_7$			$F > 0.01$	93.7	±10
海南西部	$y_1 = 44.7 - 0.46x_1 + 2.1x_{11}$	0.8959	0.8027	$F > 0.01$	95.5	±9.4
	$y_2 = 89.8 - 0.78x_7$			$F > 0.01$	85.5	±11.6
海南中部	$y_1 = 2.46x_{11} + 0.77x_{20} - 8.9$	0.8085	0.67	$F > 0.01$	70	±15
	$y_2 = 75.6 - 0.613x_7$			$F > 0.01$	87	±10
湛江中部	$y_1 = 41 + 1.2x_{20} - 0.22x_9$	0.69	0.65	$F > 0.01$	70	±12
	$y_2 = 73.57 - 0.63x_7$			$F > 0.01$	80	±14.5

表 3　中期预测模式

地区	预测模式	R	R^2	显著性水平	历史符合率（%）	离回归标准差
海南东部	$y_1 = 20 + 0.54x_{20} + 6.64x_2$	0.82	0.91	$F > 0.01$	83.3	±3.32
	$y_2 = 87.6 - 0.43x_1 - 0.75x_3$	0.806	0.90	$F > 0.01$	88.9	±9.75
海南南部	$y_1 = 27.23 + 1.09x_{20}$			$F > 0.01$	80.0	±10.3
	$y_2 = 114.3 - 0.325x_4 - 0.79x_1$	0.803	0.82	$F > 0.01$	86.7	±11.4
海南西部	$y_1 = 110 - 0.87x_1 - 0.66x_3$	0.701	0.71	$F > 0.01$	73.7	±14.4
	$y_2 = 27.6 - 0.33x_4 + 1.15x_{20}$	0.789	0.74	$F > 0.01$	78.6	±14.4
海南中部	$y_1 = 64.7 - 0.31x_1 - 0.65x_3$	0.892	0.87	$F > 0.01$	93.2	±7.64
	$y_2 = 65.8 + 0.26x_2 - 0.5x_1$	0.913	0.84	$F > 0.01$	92.6	±7.3
湛江中部	$y_1 = 41 - 6.22x_4 + 1.2x_{20}$	0.77	0.67	$F > 0.01$	70.0	±15
	$y = 71.2 - 0.88x_3 + 4.72x_2 - 0.72x_1 + 2.2x_{18}$	0.854	0.60	$F > 0.01$	71.7	±16

表 4　流行始点期（模式 1）及施药期（模式 2）预测模式[*]

地区	预测模式	R	R^2	显著性水平	历史符合率（%）	离回归标准差
海南东部	$y_1 = 34 - 1.3x - 1.89x_2$	0.9497	0.82	$F > 0.01$	75.8	±3.8
	$y_2 = 16.4 - 0.68x_{11} + 0.075x_1$ $- 4.9x_{14} + 1.87x_{15}$	0.9196	0.85	$F > 0.01$	77.1	±2.4
海南南部	$y_1 = 12.6 - 0.62x_{10} - 2.8x_2$	0.512	0.61	$F > 0.01$	78.5	±3.6
	$y_2 = 18.1 - 0.67x_{10} - 0.05x_2$	0.3103	0.68	$F > 0.01$	83.5	±3.0
海南西部	$y_1 = 21.5 - 0.42x_2 - 0.66x_{11}$	0.645	0.60	$F > 0.01$	72.0	±4.0
	$y_2 = 21.8 - 0.16x_3 - 0.42x_{10} - 0.67x_{11}$ $+ 0.12x_1 + 0.87x_{16}$	0.9692	0.74	$F > 0.01$	80.9	±1.8
海南中部	$y_1 = 21.5 - 0.42x_2 - 0.66x_{11}$	0.645	0.60	$F > 0.01$	72.0	±4.0
	$y_2 = 0.57 - 0.47x_3 - 1.86x_{11} + 1.5x_{12}$ $+ 3.68x_{13} - 0.26x_{17}$	0.9698	0.73	$F > 0.01$	79.7	±2.2
湛江中部	$y_1 = 118 - 5.48x_{18}$			$F > 0.01$	83.4	±4.2
				$F > 0.01$		±14.5

　　[*]表 2、3 中 y = 最终病情指数，但表 4 中 y = 20% 抽叶至总发病率 2% ~ 3% 的天数（y_1）或总指数 1 天数（y_2）。

2.3　中期预测模式验证

　　7 年来在海南代表性地区中期预测验证的结果（表 5）表明：海南南部、中部的预测模式较准确，准确率在 93% 以上；海南西部、东部及湛江中部的预测模式稍次，平均准确率 85.5% ~ 91.7%。海南南部、东部、中部抽叶期的气候较平稳，利用越冬期的预报因子就能准确地进行预测。

　　海南西部、北部、湛江地区抽叶期受气候变化干扰，海南西部还受老挝风高温影响，因而有些年份预测偏差较大。这些地区，如能在抽叶初期根据天气变化做一次补充预报，则预报准确仍有保证。表5中两个模式预测比较（模式的1979—1982年资料为回报资料，并非测报）说明，经过几年实践后，1982年修订的模式（模式$_2$）平均准确率比原来的模式（模式$_1$）有明显提高。

表5　中期预测模式验证

地区	年份	预测病情总指数		实际总指数	平均准确率（%）		地区平均	
		模式1	模式2		模式1	模式2	模式1	模式2
海南南部	1979	56.2	50	57.6	98	92	92.5	94.3
	1980	60	74	74	85	100		
	1981	43.5~53.74	42	44	95	98		
	1982	60以上	67.5	60	95	93		
	1983	32.9~45.5	36.5	41.9	95	93		
	1984	45.0	46.3	54	90	92		
	1985	51.2	50~70	42~61.8	90	92		
海南西部	1979	30~50	35	20.8~42	90	95	87	89.3
	1980	37.7~43.8	50.3	25.4~43.2	85	70		
	1981	21.9~30.2	42	32~49.2	80	92		
	1982	20.4~44.3	35	32.8~53	85	92		
	1983	10以下	4~29.6	8~20	85	91		
	1984	13~18	10~19	10~18	94	95		
	1985	20~40	23.2~41.7	52	90	90		
海南东部	1980	38.6~55.4	54	56.4~72.8	80	90	87.5	85.5
	1981	28.7~65.7	33	28~50	90	76		
	1982	23.2~40.5	20.6	31.6~51	85	78		
	1983	20.7~21.2	10	12.7~19	85	90		
	1984	20	15	12	90	97		
	1985	30	30.6~33.8	14.6~35.6	85	92		
海南中部	1979	33~37.2	28	28~30.2	90	97	93.6	96.3
	1980	33.5~40.4	24	31.8~41.2	95	91		
	1981	15~20	20	22.2~23	95	99		
	1982	21.4~24.3	15	24~24.2	90	95		
	1983	20以下	16	14.8~21.2	93	96		
	1984	14	16	21	92	95		
	1985	20.7	10~25	19.9~23.8	100	94		
湛江中部	1981	65		70.1	95			91.7
	1982	45		37.6	90			
	1983	57		66.2	90			

2.4 流行强度短期预测模式验证

用两种模式进行短期预测结果（表6）表明：海南南部、东部、中部用预测模式1，预测相当准确，平均准确率分别为88.6%、92.2%、88.6%。如果考虑离回归标准差，则预测完全准确。海南西部、北部和粤西中部的预测模式1，则预测基本准确，平均准确率83.3%~83.7%。若考虑离回归标准差，则准确率为93.5%。个别年份中有个别林段预测误差较大，但最大的误差也只有一级左右。

表6　流行强度短期预测模式验证

地区	年份	预测病情总指数		实际总指数	平均准确率（%）		地区平均	
		模式1	模式2		模式1	模式2	模式1	模式2
海南南部	1979	36.5~55.1	43.5	27~57.1	85	90		
	1980	72.3	68.1	74.6	95	90		
	1981	57.3	51.1	44	87	90		
	1982	64.5	64.5	60	95	95	83.6	90.4
	1983	44.9	56.6	41.4	95	80		
	1984	45	46.3	54	90	92		
	1985	46.7	57.5	61.8	85	96		
海南西部	1979	36.5~55.7	26.1~49.2	20.8~43	81	85		
	1980	26.7~40.5	18.1~26.1	25.4~43.2	95	85		
	1981	24.5~43	41~65.9	32~49.2	85	83		
	1982	28.7~45.1	29.3~65	35.2~53	84	82	83.7	84.4
	1983	41~45.1	19.7~42	25~29.5	71	78		
	1984	12.4~19.7	21~23.9	10~18	99	93		
	1985	31.2~36.5	26~30.5	30~52	90	85		
海南东部	1979	24.3~31.6	28.2~42	29.2~31	93	88		
	1980	53.7	57.8	60	90	97	92.2	90.5
	1981	20.5	23.8~29.7	16.7	95	85		
	1982	32.4	33.5	31.6~51	91	92		
海南中部	1979	31.3~75.5	20.5~38.1	22.6~41.4	88	82		
	1980	70.4~75.5	38.8~79.4	64.5~76.7	80	85		
	1981	15.8~19.8	22.4~23	22.2~23	92	90		
	1982	5.8~25.5	10.2~12.6	8.4~17.2	85	92	88.6	89.6
	1983	1~13.2	11~25.3	5.4~22.2	87	93		
	1984	15.7	14.6	21	95	92		
	1985	28	23.7	19.9~23.8	93	95		
湛江中部	1979	83.6	54.7	69.2	75	70		
	1980	32	32.4	37.2	90	90	83.3	80.0
	1981	57.6	54.7	66.2	85	80		

从表6还可以看出，海南各地和粤西中部利用总发病率2%~3%出现时的抽叶期率即预测模式2进行短期预测，也相当准确，平均准确率均在80%以上，若考虑离回归标准差，则准确率90%以上。个别预测偏差较大的林段，误差只有一级左右，可见，利用本流行强度短期预测模式进行橡胶树白粉病预测是可靠的。

2.5 总发病率2%~3%出现期及施药期预测模式验证

橡胶树白粉病发展到总发病率2%~3%以后，病害才会稳定而迅速的发展，这个时间，称为流行始点期。历年的防治试验结果证明，在发病率2%~3%后3~7天进行喷粉，是最经济有效的防治时机。因此，预测总发病率2%~3%的出现时间，也是预测白粉病最适防治时间。1979—1985年预测模式验证结果综合如表7。

表7 流行始点和施药期预测验证

地区	年份	预测日期	实际日期	偏差天数	准确率（%）	地区平均
	1979	2月1日	1月31—2月2日	0~1	93	
	1980	1月25—29日	1月23—28日	1~2	80	
	1981	2月9—15日	2月11—13日	2	70	
海南南部	1982	1月30—31日	1月30日	0~1	95	84.3
	1983	2月14—17日	2月14—16日	1~2	80	
	1984	2月19—21日	3月18—21日	0~2	90	
	1985	2月14—23日	2月12—23日	0~3	82	
	1979	2月23—27日	2月23—27日	0	100	
	1980	3月10—14日	3月11—14日	0~1	85	
	1981	2月18—3月8日	2月20—3月5日	2~3	80	
海南西部	1982	3月9—11日	3月5—10日	0~3	85	84.2
	1983	3月21—28日	3月22—30日	1~2	74	
	1984	3月26—29日	3月24—28日	0~3	84	
	1985	3月11—27日	3月12—25日	1~2	80	
	1979	2月23—3月1日	2月20—3月1日	1~4	81	
海南东部	1980	2月19—26日	2月18—25日	1	90	85.2
	1981	3月7日	3月5日	2	70	
	1982	3月4—6日	3月4—6日	0	100	
	1979	2月22—23日	2月24—25日	1~2	86	
	1980	2月27—3月4日	2月28—3月1日	1~3	75	
	1981	3月3—9日	3月7—8日	2~3	70	
海南中部	1982	3月8—14日	3月8—12日	0~2	90	82.8
	1983	3月13—16日	3月9—10日	4~5	60	
	1984	3月21—22日	3月20—22日	0~2	90	
	1985	3月7—9日	3月7—9日	0~1	97	

表 7 的结果表明：用本院 1978 年建立的总发病率 2%~3% 出现期和 1982 年建立的施药期预测模式进行预测尚属准确。其中以海南南部的预测模式较准确，平均准确率为 85.2%，其次为东部和西部，平均准确率分别为 84% 和 84.2%。中部准确率稍低，为 82.8%。若考虑离回归标准差 4 天，则南部、东部模式全部准确；西部共预测 24 个林段，有 2 个林段偏差 4 天以上，准确率 91%。中部预测 17 个林段有 4 个偏差在 4 天以上，准确率 86.5%。7 年来在海南各地区共验证了 120 个林段，其中偏差最大的为 6~7 天。偏差 6 天的有 4 个林段，占 3.3%，偏差 7 天的有 1 个林段，占 0.8%。1981 年海南西部的短期预测偏差较大，达 2~6 天。原因是该年出现倒春寒，冻死部分嫩叶，加快病情发展，多数的预测日期比实际日期迟。即使如此，预测偏差仍属不大，各地区预测模式仍较可靠。

3　结论和讨论

（1）预测因子的广泛筛选、验证发现，橡胶树越冬期的落叶量、5% 抽芽期的早晚、从 5% 抽芽至 20% 抽叶的速度及这段时间的温度、降雨，12 月至翌年 1 月份的温度、降雨，越冬菌量，总发病率 2%~3% 在抽叶过程中出现的迟早等因子是中、短期预测橡胶树白粉病的可靠因子。有些因子虽与橡胶树白粉病的流行有密切关系，如抽叶期长短、嫩叶期寒潮等，但这些因子出现太迟，不能作为预测因子。马来西亚研究院 Wastie（1972）分析了 13 年气象材料与白粉病流行的关系，认为白粉病是不能预测的。这个结论是错误的；主要的原因是他们没有对白粉病的流行做系统的观察与分析。

（2）7 年来中、短期预测模式验证试验证明，本院用微电脑逐步回归程序建立的中、短期预测模式是准确可行的。其中海南南部、东部的模式尤为准确，西部、中部和粤西中部的模式属基本准确。个别年份或林段预测失误，流行强度预测最大偏差不到一级，总发病率 2%~3% 出现期预测最大偏差一般不超过 5 天。预测失准的原因是抽叶期出现异常气候，如长期低温阴雨或高温影响。这些地区或年份如能在天气变化后及时补发预报，则准确率仍有保证。这些模式在不同的地区，经过不同气候、不同病情的多年考验，证明具有较大的可靠性，可以在生产上应用。

（3）利用这些模式进行中、短期预测，只要在越冬期或抽叶初期做几次有关参数的调查，即可进行预报。而且这些参数的调查，如落叶量、5% 抽芽至 20% 抽叶速度的调查，都极简单易行，不像现有的测报方法那样，要进行多次钩叶查病。因此能节省调查用工，提高工效，降低劳动强度，节约防治成本。至于越冬菌量这个参数，从上述模式来看，在越冬菌量中、少的情况下，对预测值影响甚微，可以忽略不计，但在越冬菌量大的年份（超过 0.1 病指）不能忽略。本中期预测模式，在 1 月下旬至 2 月上旬可预测 3 月下旬至 4 月中旬的病情，提前两个月预测。短期预测模式则提前一个月预测最终病情，提前半个月预测总发病率 2%~3% 的出现期和施药期，比以前的方法增加了预见性，为防治准备提供了更多的机会。用数理模式预报，不但方法简单易行、准确率高、预见性强、省工省钱，而且使我国橡胶树白粉病预报向定量预报的方向迈进了一步，为将来应用电子计算技术测报打下了良好的基础。

（4）这些预测模型毕竟是经验性模型，在应用上有一定的局限性。此外，所建立的模型大部是实生树数据，对芽接树则需建立新的模型才能测报。

参考文献（略）

原载于 *热带作物学报*，1985，Vol. 6. No. 2：57-66

橡胶树白粉病化学防治研究[*]
（1962—1983）

华南热作研究院植保所　橡胶白粉病研究小组
余卓桐执笔

[摘要]　多年采用硫磺粉防治橡胶树白粉病的研究结果表明；第一次全面喷粉的最适宜时机是在病情总指数 1~3（古铜叶期，相当于叶片发病率 10%~15%）和 4~6（淡绿叶期，相当于叶片发病率 25%~30%），硫磺粉细度以 325 筛目为最佳；其适宜剂量为每亩 0.5~0.8kg；有效期 7~14 天。

筛选 35 种新农药，未选出 1 种在成本和防效上比硫磺粉优越的农药。引进及仿制了一种优良机具丰收-30 喷粉机。航空防治结果表明：航空防治具有与地面防治一致的效果，喷粉均匀，工效较高，是有发展前途的防治技术。

橡胶树白粉病是橡胶树严重病害之一。其流行性很强，经常引起橡胶树大量落叶，导致胶乳减产、胶果失收、生长缓慢、甚至引起植株枯死。因此，早就受到世界植胶国家的重视。

国外早在 20 世纪 30、40 年代就开始研究此病的防治方法。1930 年斯里兰卡肯定了硫磺粉对橡胶树白粉病的防治效果。30 年代，爪哇开展了飞机施药试验。50 年代初期，斯里兰卡 Young 提出从橡胶树 10% 抽叶开始，每隔 7~10 天喷粉一次，连续喷 4~5 次，直至 90% 叶片老化为止的防治规程。1972 年马来西亚提出了以温湿度为指标的"侵染日"短期预测方法，喷粉次数减少 2 次，也可获得 5 次常规喷粉的防治效果。通过几年的病害观察，马来西亚于 1974 年提出了施药、施肥、脱叶等综合防病措施。

我国橡胶树白粉病防治研究是从 1959 年开始的，经过 20 多年的防治研究，初步摸清了白粉病的发生规律，提出了一些防治策略和措施，并在生产上推广应用，取得了提高防效、降低成本的效果。

本文综述笔者 1962 年以来化学防治的主要研究结果。

1　材料与方法

1962—1981 年在海南岛东部（东兴）、南部（南茂，南田）及西部（西培及本院

---

* 本课题先后负责人：郑冠标（1962—1969）、余卓桐（1970—1983）；参加工作的其他科研人员：余卓桐（1959—1969）、吴木和（1960—1969）、黄朝豪（1963—1969）、王绍春（1963—1969，1972-1983）、张开明（1962）、周春香（1978—1981）、张元章（1960—1969）、裘秋生（1962—1969）、黎传松（1962—1966）。林传光教授曾给予本题以指导，并参加部分工作，南田、东兴、南茂农场曾先后协作参加部分工作，特此一并致谢。

试验农场）重病农场布置试验，试验内容包括：硫磺粉防治白粉病的应用技术，新农药筛选，施药机具改进等。试验设计采用配比法，处理与处理，处理与对照均以成对排列对比，试验材料是1952—1953年定植的实生树，试验区以林段为单位，每个林段为一个处理，重复2~11次。

（1）硫磺粉应用技术试验。包括施药指标（第一次全面喷粉的最适时间），硫磺粉细度、施用量及有效期等。施药指标以发病总指数为标准，分低、中、高3种处理，低指标为发病总指数1~6，中指标为7~12，高指标为32~38。

（2）新农药筛选大田防治试验。硫磺粉细度、施用剂量及有效期测定中的第一次全面喷粉是在总指数1~5时进行，清晨5:00—9:00时喷粉。1965年前用瑞士出产的喷粉机Mistral Ⅱ AB，1965年后用国产丰收-30喷粉机，喷幅32m。除了剂量试验外，其他试验每亩用药0.6~0.8kg。剂量比较试验则每亩用0.3kg、0.5kg、0.5kg、1.0kg。硫磺粉细度比较有120、200、325筛目等3种处理，以喷药后古铜色叶片的发病率恢复到喷药时古铜色叶片的发病率所经历的时间为农药的有效期。

试验从20%胶树抽叶时开始调查物候、病情，调查方法与病害系统观察点的方法相同。95%植株叶片老化后做最终病情鉴定，比较各处理的防治效果。

$$发病指数 = \frac{\Sigma（各级病叶数×该级级值）}{调查叶数×5）} ×100$$

$$发病总指数 = 发病指数×抽叶率$$

$$防治效果（\%）= \frac{（对照区最终发病指数-防治区最终发病指数}{对照区最终发病指数）} ×100$$

（3）新农药室内药效测定。用孢子萌芽法和幼苗接种法。孢子萌芽法是在离体的古铜色叶片上，分别喷撒各种待测的农药，药液干后，用取自田间的新鲜孢子接种，置于室温下保湿处理8~10h，然后用棉兰乳酚油染色固定，检查孢子发芽率。幼苗接种测定，是在苗圃选择古铜色叶期植株，用新鲜孢子接种，随即喷撒各种待测农药，7天后检查各处理发病情况。上述两种测定方法，均以硫磺粉作标准农药，以不施药（喷清水）为对照，重复4次以上。

（4）施药机具的改进试验。包括机具的引进、仿制、使用方法测定及航空防治研究。机具使用方法测定包括喷粉高度、有效喷幅等。喷药高度用测坡仪测定，有效喷幅则通过在喷药走道下方不同距离处调查所得病情测定。

（5）航空防治试验。主要测定防治效果及其应用技术。试验面积8万~23万亩。由广州民航局派出"运五"型飞机施药。海南、通什农垦局及其所属的农场西庆、西联、西培、南茂、南平与我所共同协作进行各种测定。每亩用320筛目硫磺粉1.0kg。在航空防治的第2~4航线内，选择2~6个林段做试验林段，并在附近非空防区选择6~9个物候、病情与空防林段一致的林段作地面防治和不施药的对照区。航空施药喷幅75~100m。在主航道两边不同距离处挂玻片测定航空喷粉的粉粒分布，同时调查病情以测定有效喷幅，地面防治与航空防治在同一时间进行，每亩剂量0.8~0.9kg。

2 试验结果

2.1 硫磺粉使用技术

6 年的施药指标试验结果（表 1）表明，无论是中度流行年份、严重流行年份，或是常发区、易发区、偶发区均以低指标（总指数 1~6）开始做第一次全面喷粉的防治效果最佳。例如，常发区南田农场 1962 年为特大流行年，利用低指标喷粉 2 次，最终病情指数为 27.6，防治效果 72.6%，基本控制了白粉病的为害。而用高、中指标喷 2 次，最终指数 43.6~60.8，防效 23.3%~60.8%，未能达到生产防治要求，低指标与高指标防效差异达极显著水平（$t>t_{0.01}$）。在易发区（东兴农场）、偶发区（西培农场）的重病年份，用低指标喷粉 2 次可把病情指数控制在 21.9 以下，防效 51.3%~86.9%，而用中指标喷粉 2 次，病情指数在 23.5 以上，防效 47.3%~79.3%。1968 年以后，笔者在生产上推荐了古铜叶期用总指数 1~3（当于嫩叶发病率 15%~20%），淡绿叶期用总指数 4~6（相当于嫩叶发病率 25%~30%）作为第一次全面喷粉指标。多年来在生产上应用也证明这个指标是可靠的。因此，利用化学农药防治橡胶树白粉病，以在病情较轻时及时控制最为有效。

表 1　不同防治指标效果比较

农场	年份	施药指标	重复次数	喷药次数（冬防+喷药）	最终病情指数	防治效果（%）	4~5 级病株（%）
南田	1962	系统防治	2	2+5	26.4	82.7	1.5
		低指标	11	0+2	27.4	72.6	2.5
		中指标	4	0+2	43.6	46.6	15.0
		高指标	3	0+2	63.8	21.4	39.0
		对照区	10	0	73.5	—	58.0
南田	1963	系统防治	1	1+6	21.6	60	1.0
		低指标	4	0+2	29.4	58	3.0
		中指标	3	0+2	43.0	37	13.0
		高指标	5	0+2	62.0	31	37.0
		对照区	4	0	73.0	—	51.0
南田	1964	低指标	2	0+2	15.4	68.5	2.8
		中指标	2	0+2	23.9	58.1	7.0
		对照区	7	0	42.6	—	33.8
东兴	1966	低指标	12	1+2	21.9	51.3	1.0
		中指标	5	1+2	23.7	47.3	4.0
		对照区	3	0	45.0	—	18.0
南茂	1966	低指标	2	0+2	18.2	68.5	0
		中指标	2	0+2	23.0	63.5	1.0
		对照区	3	0	57.0	—	23.0

（续表）

农场	年份	施药指标	重复次数	喷药次数（冬防+喷药）	最终病情指数	防治效果（%）	4~5级病株（%）
西培	1978	低指标	7	0+2	14.5	83.2	0.1
		中指标	11	0+2	23.5	78	2.8
		对照区	1	0	69.3	—	53

注：最终病指标准差 19.9，低指数与高指数之间 $t=5.95$，$t_{0.01}=3.707$，$t>t_{0.01}$（极显著）

防治效果标准差 10.7，低指数与高指数之间 $t=2.83$，$t_{0.05}=2.44$，$t>t_{0.05}$（显著）

325 筛目、200 筛目胶体硫、120 筛目 3 种不同细度的硫磺粉，以相同的剂量（1kg/亩）和喷次（2 次）相比，防治效果以 325 筛目为最高（80.3%），120 筛目居中（60.6%），200 筛目胶体硫最差（57.5%），详见表 2。

表 2　3 种细度硫磺粉不同施用剂量的防效比较

硫磺粉筛目	每亩次剂量（kg）	喷粉次数	每亩总施药量（kg）	重复次数	最终病情指数	防治效果（%）
	0.3	3	0.9	3	25	48.0
	0.5	2	1.0	4	16.6	64.9
	0.8	1	0.8	3	19.5	65.0
	0.8	2	1.6	3	15.4	68.5
325	0.5~1.0	2	1.5	2	14.2	77.1
	0.5~1.0	3	2.5	2	14.3	70.3
	1.0	1	1.0	1	16.6	72.5
	1.0	2	2.0	3	11.9	80.3
	0.3	3	0.9	3	24.0	49.1
	0.5	3	1.5	3	25.0	34.2
	0.8	2	1.6	2	23.9	58.0
	0.8	3	2.4	1	20.2	49.8
120	0.5~1.0	2	1.5	2	14.5	73.1
	0.5~1.0	3	2.5	2	17.9	65.9
	1.0	1	1.0	2	17.5	63.8
	1.0	2	2.0	3	16.8	60.6
200（胶体硫）	0.5~1.0	2	1.5	2	21.4	56.2
	1.0	2	2.0	3	18.1	57.5
对照	—	—	—	7	42.6	—

注：三种硫磺粉用 0.5~1kg/亩比较防效，差异不显著 $t<t_{0.01}$，325 筛目每亩次 0.3kg 与 0.5~1kg 相比防效差异极显著（$t=5.06$，$t_{0.01}=4.6$，$t>t_{0.01}$），最终病指 S.D.=6.77，防治效果 S.D.=6.99

3 种规格的硫磺粉施用剂量不同，防治效果也不相同。325 筛目硫磺粉每亩次剂量

0.3kg，平均防效只有 48%，最终病情指数 23，未能达到生产防治的要求，每亩次 0.5~0.8kg，平均防效 64.9%~68.5%，最终病情指数 15.4~19.5，达到生产防治要求。每亩用 1.0kg，虽然防效可提高一些（72.5%~80.3%），但增加不多，且需增加防治成本，因此，应用 325 筛目硫磺粉，每亩次剂量以 0.5~0.8kg 最为适宜。120 筛目硫磺粉，每亩次 0.3~0.8kg，防效只有 34.2%~58.1%，最终病情指数 20.2~25，3~5 级病株率高达 4.7~9%。每亩次剂量增加到 1.0kg，防治效果可提高到 63.8%~67.6%，最终病情指数 14.5~17.9。虽然达到生产防治要求，但用药量过大，成本较高。

1963 年的试验证明，硫磺粉的有效期长短与喷粉时的病情、气候条件有密切关系。在晴天和低指标时喷粉，喷后第 14 天病情仍然上升很慢，说明其有效期可达 2 周之久。但若用高指标喷粉，喷后 6~7 天，病害即显著上升，有效期在 7 天以内。1963 年低剂量（0.3kg/亩）多次数喷区，第二次喷粉后立即下雨，病情总指数在 3 天内由 0.73 上升到 8.25，说明喷粉后即遇雨则无效，应予补喷。从上述试验可以看出，在正常条件下，硫磺粉的有效期为 1~2 周。

2.2 新农药筛选

1972—1977 年测定了内疗素、托布津、苯莱特、甲菌啶、十三吗啉、7130、7012、多菌灵、灭菌丹、敌菌丹、棉隆、砷 37、放线菌酮、氯硝铵、三苯锡、三氯酚酮、退菌特、四氯对醌、菲醌、灭瘟素、苏化 911、三硝散等 35 种农药抑制白粉病菌孢子萌发和侵染的效果，选出 6 种效果较好的农药，将其测定结果列于表 3。从结果看出，0.03% 内疗素、0.2% 托布津、0.1% 甲菌啶、0.1% 乙菌啶、0.5% 十三吗啉抑制孢子萌发的效果均在 90% 以上，与硫磺粉效果相当。除了内疗素略低以外，上述几种农药 0.1% 以上浓度的预防侵染的效果均达到 100%，但试验过程发现，甲菌啶、乙菌啶、十三吗啉均有不同程度的药害。

表 3　新农药对橡胶树白粉菌孢子萌芽、侵染的抑制效果

处理农药	浓度（%）	重复次数	平均发芽率（%）	萌芽抑制效果（%）	发病率（%）	防治效果（%）
内疗素	0.005	3	43.5	34.6	15.3	91.3
	0.02	3	14.6	73.6	0.5	98.3
	0.03	3	6.0	91.1	—	—
托布津	0.1	5	14.5	78.6	0	100
	0.2	2	6.5	90.0	0	100
	0.3	2	—	—	—	—
苯莱特	0.1	1	80.0	0		
	0.5	1	—	—	0	100
	1.0		—	—	0	100
甲菌啶	0.1	3	3.8	95.6	0	100
	0.5	3	2.9	96.7	0	100
	1.0	3	1.4	98.4	0	100

（续表）

处理农药	浓度（%）	重复次数	平均发芽率（%）	萌芽抑制效果（%）	发病率（%）	防治效果（%）
乙菌啶	0.1	3	22.8	84.0	0	100
	0.5	3	10.4	88.0	0	100
	1.0	3	5.3	93.9	0	100
十三吗啉	0.1	3	14.2	83.7	0	100
	0.5	3	1.25	98.7	0	100
	1.0	3	0.5	99.4	0	100
硫磺	90	10	2.9	95.8	0	100
对照	—	13	72.4	—	91.4	—

注：平均发芽率 S.D. =17.4，萌芽抑制效果 S.D. =21.9，各农药防治效果差异不显著 $t=0.809$，$t_{0.05}=2.75$，$t<t_{0.05}$

1972—1975 年选择室内测定效果较好的内疗素、托布津等农药进行大田防治试验，结果（表4）表明：1972—1974 年 200~400 单位内疗素粉剂的防治效果为 61.3%~67.1%，相当于硫磺粉防效的 83.6%~95.1%。1975 年因药剂质量差，内疗素的防治效果很差。1974 年 0.3%~0.5% 托布津粉剂的大田防效为 61.1%~66.7%，相当于硫磺粉防效的 92.3%~98.1%，而 1975 年的效果只有 39.1%，相当于硫磺粉防效的 40.8%。苯莱特只在 1974 年做过一年的试验，具有接近硫磺粉的效果。

表4 新农药大田防治试验结果

年份	处理农药	重复次数	施药次数	第一次施药时总指数	最终症情指数	防治效果（%）	与硫磺相比防效（%）	4~5级病株率（%）
1972	内疗素 200 单位	3	2	6.0	22.0	61.7	89.6	0
	硫磺	3	2	4.8	18.2	68.7	—	0
	福美铁 25%	3	2	7.3	42.52	26.6	49.5	7
	醋酸镍 11%	3	2	7.3	36.4	36.7	68.5	1
	硫磺	3	2	8.8	26.8	53.4	—	1
	对照	—			57.2	—		38.5
1974	内疗素 900 单位	4	2	0.6~6.7	18.5	61.3	95.1	0
	内疗素 400 单位	4	2	0.9~4.2	16.6	67.1	97.1	0
	硫磺	4	2	1~1.2	15.3	68.2	—	0
	托布津 0.3%	1	2	1.46	15.2	61.1	93.1	0
	托布津 0.5%	1	2	1~7.4	18.8	66.7	92.3	0
	苯莱特 2%	1	2	1.24	15.2	60.5	97.1	0
	苯莱特 4%	1	2	0.96	15.2	72.2	96.7	0
	硫磺	1	2	1.79	15.2	74.7	—	0
	对照	2		—	45.6			7.0

（续表）

年份	处理农药	重复次数	施药次数	第一次施药时总指数	最终症情指数	防治效果（%）	与硫磺相比防效（%）	4~5级病株率（%）
1975	内疗素 400 单位	4	3.5	8.6	30.7	41.2	43.6	4.0
	托布津 0.7%	4	3	8.5	31.4	39.1	40.3	5.0
	硫磺	4	2	8.5	8.8	95.9	—	0
	对照	1		6.8	44.4	—	—	10.0

注：最终病指 S.D.=3.48，防治效果 S.D.=10.9，4~5 级病株率 S.D.=9.44，农药之间的最终病指、防治效果无显著差异（$t=1.67$，$t_{0.05}=2.57$，$t<t_{0.05}$）

经过 1972—1977 年室内外农药筛选试验，尚未选出一种新农药在效果和成本上都优于硫磺粉的。硫磺粉仍然是防治橡胶树白粉病的优良农药。

2.3　机具的改进

1961 年从斯里兰卡引进了 Mistral Ⅱ AB 喷粉机，1963—1964 年与北京农业机械化研究所和上海农械厂协作，按照该机仿制出国产丰收 30 喷粉机，并在我国橡胶垦区推广使用。多年的生产应用经验证明，丰收-30 喷粉机是一种射程高（20m 左右）、故障少、效率高（每天可喷 300 亩）、价格较低的优良喷粉机械，深受广大农垦工人欢迎。

为了进一步提高防治橡胶树白粉病的工效，1977—1978 年笔者与海南、通什农垦局协作，进行了航空防治试验。两年的试验结果综合如表 5。从表 5 可看出：航空喷药防治橡胶树白粉病具有明显的防治效果，平均防效 66.5%~100%，与地面防治效果（71.1%~100%）基本一致。

表 5　航空防治与地面防治效果比较

农场	年份	施药方法	试验林段数	施药前指数	施药后指数	防治效果（%）	相对防效（%）	4~5级病株率（%）
西庆	1977	航空	2	1.21	7.15	67.7	83.4	0
		地面	2	2.35	6.75	81.2	100.0	0
		对照	2	0.65	18.9	—	—	—
西联	1977	航空	2	0.95	1.4	96.7	109.6	0
		地面	1	0.05	2.0	88.2	100.0	0
		对照	1	0.45	17.0	—	—	—
西培	1978	航空喷第一次	6	2.1	23.1	66.5	79.6	0.2
		地面喷第一次	6	7.3	14.1	83.5	100.0	0
		航空喷二次	6	4.1	3.0	99.0	139.2	0

（续表）

农场	年份	施药方法	试验林段数	施药前指数	施药后指数	防治效果（%）	相对防效（%）	4~5级病株（%）
西培	1978	地面喷二次	6	1.6	16.6	71.1	100.0	0
		航空（两次合计）	6	6.4	13.05	84.6	108.8	0.2
		地面（两次合计）	6	4.4	13.9	77.7	100.0	0
		对照	1	—	69.3	—	—	53.0

注：航空喷药防效 S.D = 11.9，地面防治防效 S.D = 2.35，航空和地面防效比较无显著差异（$t = 0.0414$，$t_{0.05} = 2.45$，$t < t_{0.05}$）

在航空喷粉的主航道两侧不同距离内调查效果，和挂玻片测定硫磺粉颗粒分布的试验结果表明（表6至表8）：航空防治有效喷幅为70~80m。粉粒在树冠的水平分布和垂直分布是均匀的。

表6　西培农场航空喷粉不同距离防治效果

林段	喷粉次数	不同距离防效（%）											标准差
		顺风向（m）			0（m）	背风向（m）							
		40	20	10		10	20	30	40	60	80	90	100	
22及24	第一次	100	81.2	100	52.0	65.2	80.2	99.0	76.5	63.3	86.3	100	65.9	16.9
	第二次	82.1	90.6	97.2	86.7	87.7	64.2	100.0	100.0	96.7				11.9
	合计	100	92.9	100.0	78.8	60.5	80.2	95.0	97.5	78.8	86.3	100	65.9	14.9
29	第一次	57.6	69.0	70.0	72.8	66.1	69.0	89.6	64.2	54.8				6.7
	第二次	99.0	95.3	87.7	97.6	72.2	96.2	94.3	94.3	99.0				8.2
	合计	72.4	74.3	60.5	40.5	33.9	50.1	86.1	79.5	78.5	70.3		53.4	10.6

注：各次喷粉不同距离的防效比较无明显差异（$t = 0.083 \sim 1.28$，$t_{0.05} = 2.093$，$t < t_{0.05}$）。

表7　西培农场1978年航空喷粉不同距离的粉粒分布

项目	顺风向（m）			0（m）	背风向（m）				
	40	20	10		10	20	30	40	60
粉粒数/视野	28.1	20.2	50.6	29.2	13	9.8	9.6	13.3	17.4

表8　西培农场1978年航空喷粉不同高度的粉粒分布

测定时间	挂片拉置	平均粉粒数（粒/视野）	以中层为100%
测定时间3月19日	中层	29.8	100.0
	下层	23.4	95.3

（续表）

测定时间	挂片拉置	平均粉粒数（粒/视野）	以中层为100%
3月29日	中层	46.1	100.0
	下层	39.7	86.1

不同病情指数开始航空喷粉的防治结果表明（表9）：从指数1~9开始喷粉的防治效果差异不大（防治效果70.1%~74.3%），最终指数均在20以下，4~5级病株率0.4%以内。考虑到天气对航空防治的影响，航空防治第一次喷粉的指标以总发病率10%~40%（相当于总指数2~8）为宜。

表9　航空喷粉施药指标与防效关系

农场	林段	施药时病指	最终病指	防治效果（%）	4~5级指病株（%）
西培培平	10	1.2	11.0	76.9	0
	22	3.3	13.8	72.9	0
	14	3.1	16.0	69.6	0
	平均	2.8	13.3	73.1	0
西培培红	3	4.36	15.6	73.5	1
	30	4.25	22.0	58.2	0
	9	6.4	17.4	74.1	0
	23	4.18	13.8	77.3	1
	12	7.26	22.4	64.4	0
	24	9.12	21.3	71.1	0
	15	7.6	19.2	72.7	0
	8	8.8	16.6	81.6	0
	平均	8.44	19.9	72.4	0
西庆	13~42	6.25	12.0	87.7	0
	平均	5.07		74.3	0.4
八一	402	14.4	42.6	66.6	7
西华	7~4	11.0	44.4	52.3	12
西联	2~13	39.0	64.8	50.9	45
	平均	21.5	50.5	56.6	21.3

注：最终病情指数 S.D.=15.4。不同指标喷药防效 S.D.=6.07，4~5级病株率 S.D.=11.8，施药指标1~4与10以上之间差异极显著（$t=3.62$，$t_{0.01}=3.11$，$t>t_{0.01}$），施药指标4~7与10以上之间差异显著（$t=3.45$，$t_{0.01}=3.355$，$t>t_{0.01}$）

详细比较航空防治和地面防治的成本和工效后可以看出，空防的成本比地面防治高许多。但一架飞机每天可喷8 000亩，而8 000亩的地面防治需30台丰收-30机动喷粉机工作一天才能完成。总之，航空防治具有防效好、喷粉匀、工效高等优点，因而特别适合于控制病害的大面积流行。符合我国植物保护现代化的要求，是一种有发展前途的防治技术。

3 结论与讨论

（1）20 世纪 60 年代以来采用硫磺粉防治橡胶树白粉病的试验证明：正确选择第一次喷粉时机、硫磺粉的适当颗粒细度和剂量等，对于提高防治效果、降低防治成本有重要的作用。国外也强调第一次喷粉时间的重要性，但研究甚少，本研究发现，胶树古铜叶期在总指数 1~3（相当于叶片发病率 10%~20%），淡绿叶期在总指数 4~6（相当于叶片发病率 25%~40%）开始第一次全面喷粉防治橡胶树白粉病最为有效。这是世界上防治橡胶树白粉病的一个新的重要发现。硫磺粉的细度和剂量的研究，则与国外的研究结果一致。

（2）1972—1977 年的农药筛选，未选出一种在成本、防效上比硫磺粉优越的农药，硫磺粉仍是防治橡胶树白粉病的优良农药。但是，由于硫磺粉不耐雨水冲刷，有效期短，成本较高，有必要进一步筛选。

（3）对高大乔木的病害防治，改进施药机具以提高防效和工效是十分重要的。热作研究院在 60 年代初期引进国外先进喷粉机，并仿制出丰收-30 喷粉机，为我国橡胶树白粉病的生产防治提供了较好的施药机具。70 年代后期航空防治的成功，又为进一步提高橡胶树白粉病防治的工效找到了现代化的途经。丰收-30 喷粉机的主要缺点是工效较低，而航空防治的主要问题是成本较高，有必要进一步改进。热雾机的利用可能是解决上述两个问题的途径。

参考文献（略）

原载于 *热带作物学报*，1985，Vol. 6. No. 1：57-65

脱叶亚磷和乙烯利脱叶防病试验研究

余卓桐　王绍春　周春香

1 引言

橡胶白粉病的严重流行与橡胶落叶、抽叶整齐度有密切关系。落叶彻底、抽叶早和整齐的年份、地区或林段可以避病或者是轻病。相反，落叶不彻底、抽叶迟或不整齐，物候期长的则病害严重。因此，采用各种方法促使胶树落叶抽叶整齐是控制白粉病严重为害的经济有效的措施。马来西亚橡胶研究院早在 20 世纪 50 年代初开展脱叶剂农药筛选研究，认为 2,4-D 和 2,4,5-T 脱叶效果显著，但嫩梢普遍受害枯死。70 年代初试验了二甲肼酸和甲肼酸一钠，脱叶防病效果好，且对嫩梢无药害，认为用人工脱叶防治橡胶叶片病害是最经济有效的方法。1976 年后试用了脱叶亚磷，认为此药不但脱叶效果好、无药害，且有内吸和耐雨水冲刷等特点。1978 年后推广使用。近年来又选出一种新的脱叶剂（thidiazuron），据称脱叶效果良好。我所于 70 年代初也开展了这方面的研究，筛选了氯酸钠、五氯酚钠、碘化钾等十几种脱叶剂，1972 年试验了乙烯利和氯酸钠等 6 种脱叶剂，发现乙烯利是一种较为理想的脱叶剂。近年来广东垦区一些农场也开展了乙烯利脱叶试验。1979 年以来，我院与南田、南林、南茂、叉河农场、文昌橡胶所等单位协作进行了脱叶亚磷和乙烯利脱叶防病效果试验，目的是明确脱叶亚磷、乙烯利不同浓度、剂型，产品等对橡胶脱叶防病的效果，以便确定其使用价值及使用方法，现将三年来试验的资料总结如下。

2 试验材料与方法

（1）试验区设计：选择 6~8m 高的未开割幼龄胶树为大田试验材料。小区试验选用苗圃实生苗。试验采用配对法，每一林段为一对，其中 2/3 为处理，1/3 为对照；处理区和对照胶树要求在处理前越冬落叶基本一致。每一试验点重复 1~3 次，地区试验重复 6~8 次，每年试验面积 200~300 亩。

（2）供试农药：72% 脱叶亚磷乳油剂（美国），37.8% 乙烯利乳剂（上海彭浦化工厂）；70% 脱叶亚磷乳油剂（少量，广西化工研究所制造）。喷药时，用柴油稀释成 10%、12%、14%、15% 浓度的脱叶亚磷油剂（下称油剂），用水稀释为 1%、1.5%、2%、3% 等浓度的水剂。用柴油和乳化剂将乙烯利稀释成 4 000 和 6 000 单位的油剂。

（3）喷药技术：在橡胶树越冬初期喷药。大田用机动背负喷粉喷雾机（3M-F 多用机），装上低容量喷头喷雾。喷雾时，从下风向开始，行走路线与风向垂直，逐行进行，要求药雾均匀一致，每亩剂量油剂为 0.8~1kg，水剂为 70~80kg 药液。苗圃采用手提喷雾器喷射。所有试验林段，在白粉病流行期间，不做任何防治。

（4）药效调查与评定：大田调查是按林段大小，每一处理固定 50~160 株胶树作药效评定观察株。本院试验区落叶物候分为 10 级，即

0 级：植株叶片未黄未落；

1 级：植株 10% 的叶片变黄或脱落；

2 级：植株 20% 的叶片变黄或脱落；

3 级：植株 30% 的叶片变黄或脱落；

4 级：植株 40% 的叶片变黄或脱落；

5 级：植株 50% 的叶片变黄或脱落；

6 级：植株 60% 的叶片变黄或脱落；

7 级：植株 70% 的叶片变黄或脱落；

8 级：植株 80% 的叶片变黄或脱落；

9 级：植株 90% 的叶片变黄或脱落；

10 级：全株叶片变黄或脱落。

其他协作点则用原越冬落叶 4 级标准：

0 级：老叶未落；

1 级：老叶变黄或脱落者占全株 1/4；

2 级：老叶变黄或脱落者占全株 1/2；

3 级：老叶变黄或脱落者占全株 3/4；

4 级：老叶全落。

在喷药当天或前一天调查作为落叶量基数，以后每隔 5 天调查一次，直至胶树 5% 抽芽为止。胶树抽叶后，每隔 5 天调查一次胶树抽芽、抽叶和发病等情况，直至 90% 植株叶片老化为止。半个月后做整株最终病情鉴定，计算防病效果。苗圃喷药、调查观察方法与大田基本一致，但不调查病情，只做最终病情鉴定。

药效是根据落叶强度，落叶速度和防治效果来评定的。落叶量以胶树抽芽 5% 时的落叶量为标准。落叶速度则以施药后到 50% 和 90% 落叶所需要的时间来表示。抽叶速度则是比较胶树 5% 抽芽起到 90% 植株老化的时间。在调查胶树落叶、抽叶过程中同时注意观察药害情况。药害级别分为：①轻微：枝条轻度受害，但不影响抽芽抽叶。②中度：枝条受害中等，回枯枝条小于 5cm，仍能抽芽、抽叶。③严重受害：枝条回枯 5cm 以上或枯死。

叶片老化后，根据最终病情计算施用脱叶剂的防治效果。

$$防病效果（\%）=\frac{对照区最终病情指数-处理区最终病情指数}{对照区最终病情指数}\times100$$

3 试验结果和分析

3.1 脱叶亚磷和乙烯利大田施用的脱叶效果

3 年大田施用 12% 脱叶亚磷和 4 000、6 000 单位乙烯利的结果表明（表 1），脱叶亚磷和乙烯利有良好的脱叶效果。喷 12% 脱叶亚磷后平均 13 天即有 50% 落叶，比对照（平均 30 天）快 17 天，喷药后平均 28 天可达 90% 落叶，比对照（平均 44 天）90% 落

叶平均快 16 天。喷 600 单位乙烯利至 50%落叶平均 12 天，比对照快 24 天。

施药对抽叶速度的影响则因地区而异。在海南岛南部，施药区胶树 5%抽芽快 16 天。喷 4 000 单位乙烯利至 50%落叶，平均 12 天，比对照（平均 36 天）快 24 天，至 90%叶片老化平均 30 天，比对照（平均 40 天）快 10 天，但在海南岛西部，施药区平均 43 天，比对照（平均 32 天）迟 11 天。出现这种差异主要是由于各地区的气候不同所致。

表 1   12%脱叶亚磷油剂和乙烯利大田脱叶试验效果

试验地点	年份	处理浓度	处理浓度量（%）	处理后落叶速度（天数）		5%抽芽至90%叶片老化天数
				50%落叶量	90%落叶量	
南田	1979	对照	9.5	25	35	39
		12%油剂	10.5	12	27	30
热作院	1979	对照	5.5	30	46	37
		12%油剂	7.2	15	40	42
南田	1980	对照	6.0	15	45	41
		12%油剂	6.5	12	25	30
热作院	1980	对照	8.8	45	70	27
		12%油剂	11.5	11	18	62
		对照	5.2	47	80	
		12%油剂	8.0	18	48	
热作院	1981	对照	9.5	34	52	25
		12%油剂	11.8	13	28	40
热作院	1981	对照	9.5	34	52	52
		4 000 单位乙烯利 I	10.6	13	23	25
		对照	7.5	38	53	36
		乙烯利 II	8.3	13	26	24
		乙烯利 III	10	12	23	24
		对照	9.5	34	52	52
		6 000 单位乙烯利 I	6.9	12	28	26
		对照	7.5	38	53	36
		乙烯利 II	10.6	12	18	25

12%脱叶亚磷油剂 50%落叶 $t=4.167>t_{0.01}=4.03$，$t>t_{0.01}$（极显著）

90%落叶 $t=4.00>t_{0.01}=3.71$，$t>t_{0.01}$（极显著）

400 单位乙烯利 50%落叶 $t=20.905>t_{0.01}=4.604$，$t>t_{0.01}$（极显著）

90%落叶 $t=15.93>t_{0.01}=4.604$，$t>t_{0.01}$（极显著）

3.2   不同剂型脱叶亚磷脱叶效果比较

试验结果（表 2）表明，油剂和 2%水剂的脱叶效果基本一致。从落叶速度来看，两者脱叶 50%均为 13 天，90%落叶为 29 天，比对照快 10~20 天。但水剂的脱叶效果比油剂处理的差异较大，如 2%水剂处理的从喷药至 50%落叶平均 13 天，最快的 4 天，最慢的 18 天，而油剂处理的最快与最慢的仅相差一周；从 5%抽芽到 90%老化速度来看，油剂处理的为 40 天，水剂处理的 45~47 天，油剂比水剂早一周左右。

表 2　不同剂型脱叶亚磷脱叶效果比较

剂型浓度	重复次数	处理前叶量（%）	5%落叶量的天数			90%落叶量的天数			5%抽芽至90%叶片老化天数		
			最高	最低	平均	最高	最低	平均	最高	最低	平均
12%油剂对照	4	8.9	15	11	13	45	27	29	62	30	40
	4	7.5	45	15	33	45	35	40	41	27	36
2%水剂对照	4	5.1	18	4	13	35	21	29	54	39	45
	4	6.3	63	4	34	80	35	53	53	39	44
1.5%水剂对照	3	4.5	23	12	19	75	31	50	68	35	47
	3	4.3	63	25	39	80	35	55	53	39	44

3.3　不同浓度脱叶亚磷脱叶效果比较

试验结果（表 3）表明，浓度越高，脱叶的速度越快。15%油剂脱叶 50%比 12%油剂快 20 天。10%油剂脱叶效果不明显，落叶速度与对照基本一致。12%油剂理想，脱叶效果接近 15%油剂而比 15%油剂省药、安全。水剂做了 4 种浓度试验比较，只有 1.5%、2%两种浓度得到试验结果，其中以 2%水剂效果较好，可见，在大田使用时，以 12%油剂、2%水剂为适宜浓度。

表 3　脱叶亚磷不同浓度脱叶效果比较

处理浓度	重复次数	喷药时落叶量（%）	50%落叶的天数			90%落叶的天数			5%抽芽至98%叶片老化天数		
			最高	高低	平均	最高	高低	平均	最高	高低	平均
12%油剂	6	7.9	15		13	45	27	30	42	25	39
对照	6	6.5	45	7	36	66	35	50	50	32	38
10%油剂	1	3.5		15	30			41			
对照	1	4.0			30			46			
15%油剂	1	7.6			10			30			
对照	1	5.5			45			56			
1.5%水剂	3	4.5	23	23	19	75	31	50	68	35	47
对照	3	4.3	63	25	39	80	35	55	53	39	44
2%水剂	4	5.4	18	4	13	35	21	29	54	39	45
对照	4	6.3	63	4	34	80	35	53	53	39	44

3.4 不同剂量脱叶亚磷脱叶效果比较

试验结果（表4）表明，每亩施用 0.8kg 脱叶亚磷油剂比每亩施用 0.5kg 的效果好，如热作院每亩用 0.8kg 剂量喷后 11 天就脱叶 50%，18 天叶子基本落光，每亩0.5kg 剂量喷后 25 天落叶才 50%，65 天才基本落光。南林农场试验结果也说明这一问题。因此，大田使用油剂时以每亩 0.8kg 剂量较为适宜。

表 4　不同剂量脱叶亚磷脱叶效果比较

试验地点	处理浓度	每亩剂量（kg）	处理前落叶量（%）	处理后落叶速度（天数）	
				5%落叶量	90%落叶量
南林	对照	0	5.0	26	34
	12%油剂	0.5	0	24	38
热作院	对照	0	8.8	45	80
	12%油剂	0.5	10.6	25	65
	12%油剂	0.8	11.5	11	18

3.5 不同时期施用脱叶亚磷对脱叶效果的影响

不同时期施用脱叶亚磷对其脱叶效果有明显的影响（表5）。在橡胶树进入越冬期施用 12% 的脱叶亚磷油剂，喷后 13 天即能脱叶 50%，28 天基本脱光。而在进入越冬期以前（即 11 月中旬）施用脱叶剂将近 2 个月时间才脱叶 50%，84 天后才基本脱光叶片。相反，橡胶树进入越冬高峰期后才施用脱叶剂效果也不明显。如南茂农场 1979 年1 月 25 日处理的，喷药当时树自然落叶已达 40% 左右，喷后 13 天左右基本落光与对照相比没有差异。可见，施药时间最好在 12 月下旬至翌年 1 月中旬，即橡胶自然越冬初期进行最为适宜。

表 5　不同时期施用脱叶亚磷脱叶效果比较

试验地点	处理浓度	处理时间	处理前落叶量（%）	处理后落叶速度（天数）		5%抽芽至90%叶片老化天数
				50%落叶量	90%落叶量	
南茂	对照	1978 年 1 月 25 日	44	7	13	
	12%油剂		39	5	11	
热作院	对照	1980 年 11 月 17 日		75	90	33
	12%油剂			54	84	25
	对照	1981 年 1 月 7 日		34	52	32
	12%油剂			13	28	25

3.6 不同药源的脱叶亚磷对脱叶效果的影响

试验结果（表6）表明，不同药源的两次处理其脱叶效果不一致。第一次处理是美国进口的 12% 油剂，脱叶效果比广西化工所的 12% 油剂好，而第二次处理结果恰好相反，原因尚不清楚。

表 6 不同药源的脱叶亚磷脱叶效果比较

重复	处理	药源	喷药时落叶量（%）	施药后落叶（天数）	
				50%落叶量	90%落叶量
I	对照		3.3	30	
	12%油剂	美国	2.5	7	9
	12%油剂	广西	0	30	
II	对照		0	14	20
	12%油剂	美国	0	14	20
	12%油剂	广西	0	0	17

3.7 脱叶亚磷和乙烯利的防病效果

大田施用脱叶亚磷和乙烯利防治试验结果如表7、表8。

表 7 12%油剂脱叶亚磷的防病效果

试验地点	年份	处理	最终病情指数	防治效果（%）
热作院	1979	对照	7	
		施药	0.3	95.7
		施药	0	100
南田	1979	对照	22.1	
		施药	13.4	39.4
热作院	1980	对照	24.2	
		施药	11.3	55.6
		施药	11.9	48.3
		施药	15.4	33.0
南田	1980	对照	44.8	
		施药	31.4	28.6
热作院	1981	对照	24.8	
		施药	18.8	35.3
		施药	8.8	41.3
南田	1981	对照	55.4	
		施药	33.4	39.5

表 8 热作院 1981 年乙烯利脱叶防病效果

乙烯利用量（单位）	最终病情指数	防治效果（%）
对照	43.8	
4 000	18.8	40.9
4 000	19.2	56.2
4 000	12.0	72.6
对照	32.0	
6 000	21.5	32.8
对照	43.8	
6 000	14.1	67.6

乙烯利 4 000、6 000 单位脱叶防病 $t = 5.09$，$t_{0.01} = 4.60$，$t > t_{0.01}$（极显著）

结果表明，施 12%油剂脱叶亚磷和乙烯利对降低橡胶白粉病的流行强度有一定作用。12%脱叶亚磷油剂平均防效 46.36%，4 000 单位乙烯利平均防效 56.57%，6 000 单位乙烯利平均防效 50.19%。经 t 测验达极显著水准。但其效果因病害流行强度而有不同，中等发病年份（发病指数 20~40）能达到生产上防治的要求；病害中度流行（发病指数 41~60）年份，光喷脱叶剂不能达到生产防治的要求；病情严重流行年份未能控制病害的流行。由此可见，单靠施用脱叶剂是不能将病害降低到经济为害水平以下的。

4 结论与讨论

（1）脱叶亚磷和乙烯和对胶树脱叶防治白粉病有较好效果。对胶树嫩枝没有药害，施药后一般 10~15 天可脱叶 50%，20~40 天叶片基本脱光。脱叶后半个月左右即萌动抽芽，使橡胶树落叶彻底、抽叶早而整齐。抽时过程缩短，从而降低病害流行强度。一般防效 30%~50%。但由于抽叶过程受气候影响很大，有些地区和年份施脱叶剂后遇到强寒潮而打乱物候，物候期反而比不施药的长，防效降低。因此，只有在冬春温暖（平均温度 17℃以上）的地区和年份，施脱叶剂才能获得较好效果。从试验结果看，只能控制病害中等发生。在病害中度至严重流行情况下，除施脱叶剂外，还需补喷 1~2 次硫磺粉，才能得到理想防效。

（2）经过试验，明确了施用脱叶亚磷的基本技术指标。施用脱叶剂的时机以橡胶树越冬初期最适宜，若施药过早，胶树还未进入越冬阶段，不能获得脱叶效果；过迟，施药与不施药的差异不大。在海南岛、云南垦区一般以 12 月下旬至翌年 1 月中旬最为适宜。施药浓度以 12%油剂或 2%水剂为宜，又以油剂较好，耗药少，成本低，不需考虑水源。施药剂量油剂每亩不可少于 0.8 kg，水剂每亩不可少于 70~80 kg。

（3）目前使用脱叶亚磷脱叶防病尚存在一些问题需待解决，如施药机具扬程不高，脱叶亚磷成本虽不高（每亩次约 0.8 元），但国内尚未生产，需要进口，不同条件下使用化学脱叶剂的经济效益，仍待测定。

（4）在胶园使用脱叶剂是一项有发展前途的技术措施。今后应广泛开展脱叶剂的筛选，深入研究不同地区、不同年份施用脱叶剂技术和效果。目前，按上述技术指标试用脱叶亚磷或乙烯利脱叶防病，笔者认为还是可取的。

原载于 *热带作物研究*，1982（1）：56-62

粉锈宁防治橡胶树白粉病试验研究[*]

余卓桐　王绍春　郑服丛　林石明　孔丰　谢坤

[**摘要**] 试验结果表明：利用热雾机喷撒粉锈宁防治橡胶树白粉病，比用喷粉机喷撒硫磺粉具有更好的防治效果。粉锈宁是一种效果好、有效期长、成本低的优良农药。应用粉锈宁以早期施药（总指数在 6 以下）最为有效，其有效剂量为每亩次 5g 纯药，有效期 12~19 天。

1　引言

目前防治橡胶树白粉病，主要是用硫磺粉进行化学防治。这种方法对橡胶树白粉病防治效果，早在 1930 年就得到了斯里兰卡有关部门的肯定。但硫磺粉黏着性较差，不耐雨水冲刷，生产成本较高，加工、运输、贮存等都有些困难，且对人的眼睛和皮肤有刺激作用。国外学者多年来一直都在寻找替代农药。1955 年，斯里兰卡用可湿性的胶体硫做防治试验，证明其效果与硫磺粉相当，但因其成本高、工效低而未推广使用。1958 年，Riygenbach 选出的一种 Karathare，效果等于硫磺粉，但其成本较高，也未推广使用。马来西亚近年也进行了新农药筛选工作，于 1973 年选出 BAS2203F（十三吗啉）等 3 种内吸剂。在 1976 年筛选的 11 种农药中，也肯定十三吗啉的效果最好。1984 年印尼橡胶研究所做过粉锈宁防治橡胶白粉病试验，但因用普通机具喷撒乳剂，效果不如硫磺粉，故未能推广。

1960 年以来，我国垦区许多单位都进行了新农药筛选工作，以寻找硫磺粉的替代农药。1960 年笔者曾试用硫烟剂，但未获成功。1971—1981 年，笔者进行了较广泛的农药筛选试验，选出了内疗素、托布津等有效农药，但这些农药或者由于成本高或者由于药效不稳定而未能推广使用。

1978—1983 年，笔者试验了十三吗啉。此药虽有效，但有药害，也未能推广使用。因此，国内外还未选出一种比硫磺粉更经济有效的防治橡胶白粉病的农药。鉴于应用硫磺粉所遇到的问题，生产上急需一些成本低、效果好的替代农药。为此，笔者于 1980 年引进了国际上新研制的专治锈病和白粉病的新农药——粉锈宁，并在 1980—1986 年间进行了室内、苗圃和大田防治试验。本文报道其研究结果。

2　材料与方法

（1）新农药室内药效测定：用孢子萌芽法和幼苗接种法。孢子萌芽法是在处于

---

* 本研究于 1986 年获广东省科技进步三等奖。

古铜色期的离体叶片上，分别喷撒各种待测农药，药液干后，用取自田间的新鲜孢子接种，置于室温下保湿培养 8~12h，然后用棉兰乳酚油染色固定，检查孢子萌芽率，计算抑制效果。幼苗接种法测定是在苗圃选择物候在古铜色叶期的植株，用 0.5cm 粗的玻璃棒接种新鲜孢子，随即喷撒各种待测农药，7 天后检查其发病情况，计算防治效果。

$$防治效果（\%）= \frac{对照区最终发病指数-防治区最终发病指数}{对照区最终发病指数} \times 100$$

上述两种测定方法，均以硫磺粉作标准农药，以不施药（喷清水）为对照。每个重复包括 0.1% 粉锈宁油剂、0.5% 粉锈宁油剂、0.1% 粉锈宁乳剂、0.5% 粉锈宁乳剂、4% 胶体硫、2% 胶体硫及硫磺粉和不施药的对照等 8 种处理，每次测定设 3 个重复，共测定了 4 次，合计 12 个重复。

（2）新农药大田防治试验：采用随机区组设计。小区面积 30~50 亩，每个重复包括有 2% 粉锈宁油剂、硫磺粉和不施药对照等 3 个处理。处理在重复中随机排列，1983 年重复 1 次，1984 年重复 2 次，1985 年重复 2 次，1986 年重复 7 次，总共重复 12 次。为了减少生产损失，每年只设 1~3 个对照区。1985 年后，为了大面积验证粉锈宁的防治效果，除上述试验以外，还在其他林段进行生产性防治应用。其中，1985 年，西庆农场喷 2% 粉锈宁乳剂 1 200 亩，喷硫磺粉 1 200 亩；南林农场喷 2% 粉锈宁乳剂 1 200 亩，喷硫磺粉 1 200 亩；本院试验农场喷 2% 粉锈宁乳剂 600 亩，喷硫磺粉 600 亩。1986 年，西庆农场喷 1.5% 粉锈宁油剂 1 000 亩，硫磺粉 1 000 亩；南田农场喷 2% 粉锈宁乳剂 400 亩，硫磺粉 400 亩；南茂农场喷 2% 粉锈宁油剂 400 亩，硫磺粉 400 亩。粉锈宁农药是四川化工研究所和江苏省建湖农药厂出产的 70% 原药和 20% 乳剂。

（3）施药机具：粉锈宁用进口热雾机，硫磺粉则用担架式机动喷粉机丰收-30 型喷施。在古铜盛期抽叶率为 53%~97%、发病指数为 1.9~10 时进行第一次喷药。粉锈宁处理区全部喷 1 次药，硫磺粉则在试验区中喷 1 次，在生产性防治比较试验中喷 1~2 次。喷药时间均在 8:00—17:00。用热雾机喷粉锈宁的剂量为每亩 0.2~0.3kg。用丰收-30 型喷粉机喷硫磺粉的剂量为每亩 0.6~0.8kg。热雾机用拖拉机牵引，每隔 6~12 行胶树走一轮。

喷药后每隔 3 天观察 1 次物候及病害发生情况。观察的方法同化学防治研究。植株新叶 95% 老化后 10 天做病情最终调查，计算防治效果和 4~5 级重病株率。

3 试验结果与分析

3.1 农药室内和苗圃测定结果

自 1980 年以来测定了粉锈宁、胶体硫、硫磺粉等 3 种农药对抑制白粉病菌孢子发芽和预防侵染的效果。试验结果见表 1、表 2。

从表 1 可以看出，3 种农药对白粉菌孢子均有良好的抑制效果，其抑制率均在 93.7% 以上，经 F 测验，均达到极显著水平（$F > F_{0.01}$），农药间对白粉菌孢子的抑制效果则差异不显著（$F < F_{0.05}$）。

表1　3种农药对白粉病菌抑制效果比较

处理农药	浓度（%）	重复次数	平均芽率（%）	相对抑制率（%）
粉锈宁油剂	0.1	12	4.12	98.6
	0.5	12	1.44	99.6
粉锈宁油剂	0.1	12	5.0	93.7
	0.5	12	2.7	96.6
硫磺粉		12	1.5	98.1
胶体硫	4.0	12	1.25	99.0
	2.0	12	1.75	99.0
对照		12	79.4	0

注：①发芽率转换成角度值作 F 值测验，结果 $F=121.38>F_{0.01}$，差异极显著；
　　②Q 测验，0.5%粉锈宁油剂、乳剂、S 粉、胶态硫 4%、2%之间的差异不显著

表2　3种农药对苗圃白粉病的防治效果比较

处理农药	浓度（%）	重复次数	平均发病率（%）	平均防效（%）
粉锈宁	0.1	4	4.3	95.4
	0.5	4	0	100.0
硫磺粉	90.0	4	11.1	88.2
胶体硫	2.0	4	34.8	61.1
	4.0	4	16.2	83.9
对照		4	82.4	

注：①将发病转换角度值作 F 值测验，$F=27.34$，$F_{0.01}=4.56$，$F>F_{0.01}$（极显著）；
　　②Q 测验：0.5%粉锈宁与硫磺粉比 $Q=24.9$，$Q_{0.01}=20.4$，$Q>Q_{0.01}$（极显著）；
　　0.1%粉锈宁与硫磺粉比 $Q=15.89$，$Q_{0.05}=16.03$，$Q<Q_{0.01}$（不显著）；
　　2%胶体硫与硫磺粉比 $Q=17.52$，$Q_{0.05}=16.03$，$Q>Q_{0.01}$（显著）

　　表2为苗圃试验结果，表明3种农药对橡胶树白粉病的防治效果是明显的（显著性测验 $F>F_{0.01}$，极显著），其中尤以 0.5%粉锈宁的防治效果为最佳。比较农药之间的防治效果发现，即使是使用较低浓度（0.1%）的粉锈宁处理也比较高浓度（2%）的胶体硫的防治效果好（$Q>Q_{0.01}$，极显著），粉锈宁与硫磺粉的防治效果之间的差异不显著（$Q<Q_{0.05}$），2%胶体硫的防治效果不如硫磺粉（$Q>Q_{0.05}$，显著）。

3.2　粉锈宁与硫磺粉大田防治效果比较

　　从1983年开始，在室内和苗圃测定的基础上，用粉锈宁与硫磺粉进行了大田防治效果比较试验。1983—1986年的试验结果表明（表3），粉锈宁对橡胶白粉病具有优异的防治效果，它比传统的农药硫磺粉的防效高1.3%～49%。显著测验结果，粉锈宁与硫磺粉的防治效果差异达到显著的水平。

　　1983年，海南西部橡胶树白粉病中度发生（当时橡胶物候属中等整齐），笔者用热雾机喷1次粉锈宁油剂，将病害控制到几乎无病的程度，防效高达87%，比用硫磺粉

（防效为 38.1%）高 49%。这种巨大差异的原因，主要是由于当时喷药后 4h 下雨，粉锈宁是一种内吸性强的农药，在雨到之前就已被胶叶所吸收，而硫磺粉则因无内吸性而大部分被很快到来的雨水冲失。

表3　粉锈宁与硫磺粉大田防治效果比较

年份	处理油剂硫磺粉对照	重复次数	喷药时抽叶率（%）	喷药时指数	平均最终指数	平均防效（%）	4~5级病株率（%）
1983	粉锈宁油剂	1	95	2.2	6.0	87.1	0
	硫磺粉	1	93	2.0	19.2	38.1	0
	对照	1	97	2.0	30.2		1.0
1984	粉锈宁油剂	2	60	1.9	22.0	63.0	0.5
	硫磺粉	2	71	2.4	23.0	61.7	0.3
	对照	2	70	2.5	60.0		23.0
1985	粉锈宁油剂	2	82	4.3	20.0	57.6	0
	硫磺粉	2	81	6.2	28.0	42.4	0
	对照	2	80	5.0	43.6		22.0
1986	粉锈宁油剂	12	93	6.6	22.5	49.5	1.6
	硫磺粉	12	91	2.3	26.9	37.7	2.6
	对照	5	90	3.0	42.3		13.0

注：①用最终发病指数转角度值作 F 测验：$F=16.23$，$F_{0.01}=6.01$，$F>F_{0.01}$（极显著）；②Q 测验，粉锈宁与硫磺粉比较 $Q=5.2$，$Q_{0.05}=4.8$，$Q>Q_{0.05}$（显著）。

1984 年，南田的试验区病情很重，物候也不整齐，加上施药时下雨，风速较高，部分粉锈宁药液被风雨压落地上，所以效果不如 1983 年。即使如此，粉锈宁的防治效果仍与喷 2 次硫磺粉的相当（硫磺粉早一天喷粉，不受雨水冲刷影响）。1985 年，西庆、南林农场的白粉病发为中等偏重，喷药时发病指数偏高，粉锈宁和硫磺粉均喷 1 次药做大面积防治比较，从个别林段的防治比较（各取两个条件一致的林段做比较）中看出（表3），粉锈宁的防效比硫磺粉的防效高 15.2%。从西庆、南林两个农场大面积施用粉锈宁与硫磺粉（两场两种农药各 1 200 亩）的防效比较中看出，粉锈宁的防效比硫磺粉高 12.4%~34.3%。1986 年在 3 个农场做了多点较大面积的（400~1 000 亩）生产性防治应用试验。西庆农场用 1.5% 粉锈宁油剂喷 1 次，比用硫磺粉喷 2 次防效高 7%；南茂农场用 2.5% 油剂喷 1 次，比用硫磺粉喷 2 次防效高 6%，但用 1.5% 粉锈宁油剂则比喷 2 次硫磺粉的防效低 8%；南田农场用 2% 粉锈宁乳剂喷 1 次的效果比喷 2 次硫磺粉高 10.7%。在这 3 个农场做的粉锈宁与硫磺粉防效比较试验中，南茂重复 5 次，南田重复 4 次，西庆重复 3 次，共 12 次重复，粉锈宁防效比硫磺粉平均防效高 11.8%（表3）。上述多年、多点的小区试验和大面积生产性防治应用试验结果，说明用热雾机喷撒粉锈宁防治橡胶树白粉病，具有比硫磺粉更高的防治效果。显著性测验说明，粉锈宁的防效显著优于硫磺粉（$Q>Q_{0.05}$，显著）。

3.3 不同剂型的粉锈宁防治效果比较

1984 年在南田农场，用热雾机喷撒粉锈宁油剂和乳剂做大田防效比较试验。试验包括 3 种处理，分别是每亩 5g 油剂、5g 乳剂以及不处理的对照。每个处理重复 5 次，处理在区组中随机排列，试验结果如表 4。

由表 4 可见，利用热雾机喷撒粉锈宁防治橡胶树白粉病，以油剂的效果为最好，其防治效果比乳剂高 8.0%。显著性测验说明，试验处理间的差异达到极显著的水平（$F>F_{0.01}$）。其原因主要是油剂有较强的内渗性能，不易被雨水冲洗，有效期较长。

表 4 粉锈宁不同剂型防治效果比较

处理	重复次数	药时指数	最终病情	平均防效（%）
油剂	5	1.9	20.4	66.0
乳剂	5	2.0	25.2	58.0
对照	2	1.8	60.0	

注①将发病数转换角度值作 F 测验，$F=35.11$，$F_{0.01}=8.56$，$F>F_{0.01}$（极显著）；②Q 测验：粉锈宁油剂与乳剂差异不显著，$Q=3.27$，$Q_{0.05}=6.69$，$Q<Q_{0.05}$。

3.4 粉锈宁的防治指标测定

防治指标即第一次全面喷药的最适时间。根据笔者多年应用硫磺粉防治的经验，这是一个决定防效的重要因素。为了测定粉锈宁的防治指标，笔者按喷药前的病情高低分为 3 种处理：低指标、中指标和高指标。低指标是指喷药时病情指数在 3 以下，中指标在 3~6，高指标在 7 以上。1985—1986 年在南田、南茂农场做比较试验，每个农场重复 3 次，共 6 次重复。试验结果如表 5。

表 5 粉锈宁防治橡胶白粉病的防治指标测定

喷药时病指	重复次数	最终病指	防治效果（%）	4~5 级病株率（%）
低指标（1.9~2）	6	15.8	65.4	0
中指标（3.5~6.6）	6	19.8	56.5	2
高指标（7.6~8.5）	6	25.9	43.0	5
对照	6	45.6		15

注：①将最终发病指数转为角度值作 F 测验，$F=10$，$F_{0.01}=7.56$，$F>F_{0.01}$（极显著）；
②Q 测验：低指标极显著于高指标 $Q=7.2$，$Q_{0.01}=5.12$，$Q>Q_{0.01}$（极显著）；
低指标与中指标差异不显著，$Q=3.1$，$Q_{0.05}=3.59$，$Q>Q_{0.05}$（不显著）。

由表 5 可见，用低指标、中指标作粉锈宁的防治指标，防治效果都较满意，能够达到生产防治要求。但用高指标指导喷药，粉锈宁的防效就明显地降低，未能达到生产防治要求。可见，用粉锈宁防治橡胶树白粉病，也是当病情较轻时开始喷药最为有效。显著性测验表明，低指标的防治效果与中指标的防治效果差异未达显著水平（$Q<Q_{0.05}$），但极显著高于高指标的防治效果（$Q>Q_{0.01}$）。

3.5 粉锈宁防治橡胶树白粉病的有效剂量测定

1985 年在南田、南林农场布置了剂量测定试验。试验剂量分为 3 种处理，即每亩

3g、5g、7.5g。每个农场设 3 个重复，共 6 个重复，以不施药为对照。试验结果见表 6。

由表 6 可见，应用每亩剂量为 3g 的粉锈宁，未能够控制病情，最终病情指数、平均防效、4~5 级病株率均未能达到生产防治要求。每亩用 5g 以上的粉锈宁，防效均较满意，无论是最终病情指数，还是 4~5 级病株率均达到了生产防治的要求。显著性测验表明，每亩 7.5g 与每亩 5g（$Q>Q_{0.05}$，显著）或者每亩 3g（$Q>Q_{0.01}$，极显著）的防治效果差异均达到显著或极显著的水平；每亩 5g 与每亩 3g 相比，则差异显著（$Q>Q_{0.05}$）。但考虑到每亩 7.5g 用药量偏多，成本较高，认为应用热雾机喷撒粉锈宁防治橡胶树白粉病最适宜的剂量是每亩次 5g。

表 6　粉锈宁防治橡胶白粉病有效剂量测定比较

处理 （g/亩）	重复次数	施药时病指	最终病指	平均防效 （%）	4~5 级病株 （%）
3	6	1~3	23.4	50.2	5
5	6	1~3	16.2	65.4	1
7.5	6	1~3	9.4	80.0	0
对照	6	1~3	46.8		15.2

注：①将最终发病指数转换角度值作 F 测验，结果 $F=17.9>F_{0.01}=7.56$（极显著）；
②Q 测验：7.5g 与 3g 比较 $Q=12.56$，$Q_{0.01}=6.63$，$Q>Q_{0.01}$（极显著）；
7.5g 与 5g 比较 $Q=5.9$，$Q_{0.05}=4.64$，$Q>Q_{0.05}$（显著）；
5g 与 3g 比较 $Q=6.66$，$Q_{0.01}=6.63$，$Q>Q_{0.01}$（极显著）。

3.6　粉锈宁有效期观察

有效期为施药后保持病害不上升的时间。防治橡胶树白粉病的有效期可定为从施药开始至古铜叶的发病率超过喷药时的发病率为止的一段时间。对 5 个只喷一次粉锈宁的处理区的病情连续观察结果表明，1.5% 粉锈宁油剂的有效期为 19 天，1.5% 粉锈宁乳剂的有效期为 12 天，同一时间喷药的硫磺粉有效期为 8 天。这说明粉锈宁的有效期比硫磺粉长（图 1）。

3.7　粉锈宁的作用机制

粉锈宁是一种内吸药剂，为测定其内吸作用，在苗圃用棉花吸 2mL 0.3% 的粉锈宁药液，包在橡胶古铜期的大叶柄上，同时用新鲜孢子接种于同一叶柄的古铜叶片，以不施药接种的古铜叶为对照，10 天后检查试验结果。试验重复 2 次。

结果经过内吸处理的 28 片有 3 片发病，均为一级，病情指数为 2.1，而对照的 31 片叶中有 27 片发病，发病指数为 32.9，内吸处理的防治效果为 93.6%。为了进一步证明粉锈宁的内吸杀菌和抵抗雨水冲刷的能力，笔者在喷撒粉锈宁后 2h、5h、24h 分别用水淋洗喷过药的叶片，然后接种，7 天后检查防治效果。试验结果表明（表 7），用 0.3% 粉锈宁油剂或 0.1%、0.3% 粉锈宁乳剂，在喷药后 2h 用水冲洗叶片，其防治效果仍然良好。可见，粉锈宁不单具有良好的内吸治疗效果，而且具有快速内吸、抵抗雨水冲刷的能力。

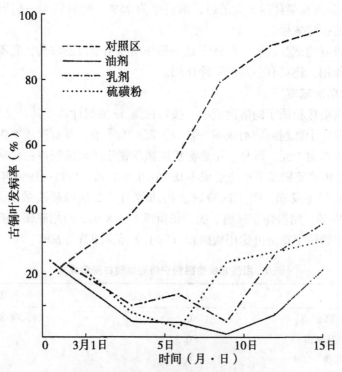

图1 不同农药施药后古铜叶病情发展

表7 粉锈宁内吸防病效果测定

剂型	浓度（%）	喷药后淋洗时间（h）	处理叶数	病叶数	发病率（%）	防治效果（%）
油剂	0.3	2	15	0	0	100
	0.1	不淋洗	24	0	0	100
	0.1	2	21	0	0	100
	0.1	5	27	0	0	100
	0.1	24	24	2	8.3	91.7
乳剂	0.3	不淋洗	39	0	0	100
	0.3	2	43	0	0	100
	0.3	5	58	0	0	100
	0.3	24	24	0	0	100
CK			45	45	100	

铲除作用的测定，在苗圃用0.33%粉锈宁乳剂喷在发病不久的病斑上，以不喷药的病斑为对照，每次处理7株苗，共14个叶片，重复2次。经过处理的28片病叶中，

有 21 片病叶的病斑在喷药后 5 天消退，消退率为 75%，而对照无一病斑消退，说明粉锈宁兼有较好的铲除效果。

上述作用机制的试验表明，粉锈宁是一种作用相当全面的农药，它不单具有保护作用和内吸治疗作用，还具有一定的铲除作用。

3.8 粉锈宁的防治成本

利用热雾机喷撒粉锈宁的防治成本，按每亩施 5g 油剂计算，其开支如表 8。用表 8 中的标准计算粉锈宁乳剂的防治成本，乳剂不需加喷雾油，每亩次成本为 0.539 元。喷硫磺粉每亩次成本为 1 元。可见，用热雾机喷撒粉锈宁防治橡胶树白粉病，每亩可比用丰收-30 型喷粉机喷硫磺粉节省防治成本 0.16~0.461 元。1985—1986 年大面积应用粉锈宁防治白粉病时还发现，喷 1 次粉锈宁的防效与喷 2 次硫磺粉的防效相当。例如，1985 年在西庆农场，用粉锈宁只喷 1 次，每亩成本 0.8 元，而用硫磺粉要喷 2 次，每亩成本 2.0 元，用粉锈宁每亩可比用硫磺粉节省 1.2 元，即节省 60%。

表 8　用热雾机喷撒粉宁防治橡胶白粉病成本

项目	成本（元/亩）	备注
粉锈宁油剂（5g/亩）	0.5	每天喷 800 亩
喷雾油（0.2kg/亩）	0.3	
拖拉机费	0.015	
人工费	0.018	
汽油费	0.006	热雾机每天耗油 6kg
合计	0.839	

4　结论和讨论

（1）几十年来，国内外学者一直在筛选一种比硫磺粉更经济有效的农药，但始终未获成功。我们 4 年的防治试验及生产性应用的结果表明，利用热雾机喷撒粉锈宁防治橡胶树白粉病，比用丰收-30 型喷粉机喷撒硫磺粉更经济有效。首次在世界上成功地筛选出硫磺粉的替代农药。

（2）粉锈宁防治橡胶树白粉病的突出优点是有效期长，其内吸作用可抵抗雨水冲刷（若配成油剂，则作用更大），在抽叶整齐或较不整齐的年份喷 1 次药，在抽叶极不整齐的年份喷 2 次药即可达到生产防治要求。因此，可比用硫磺粉省药、省工、省钱。

（3）应用粉锈宁防治橡胶树白粉病，和应用硫磺粉一样，亦是以早期施药（发病总指数在 6 以下）最为有效。其有效剂量为每亩次 5g 纯药，有效期 12~19 天，可以隔半个月施药 1 次。

（4）粉锈宁是一种内吸性农药，一般病原菌容易产生抗药性，为了保持其持久的效果，粉锈宁可与硫磺制剂混合应用和交替应用。

（5）目前使用粉锈宁主要存在问题是缺少施药用的热雾机。现有的热雾机，进口的价格太高，农场一般不愿意购买；而国产的热雾机喷幅和高度都不够，且国产机实质是烟雾机，喷烟时温度过高，容易烧坏农药，降低防效。近年我院热机所仿制的热雾机过于笨重，需要用拖拉机牵引，不能在坡地应用，影响使用范围。因此要仿制一些轻便的、喷幅大、射程高的小型热雾机，才能大量推广粉锈宁农药。

参考文献（略）

原载于 *热带作物学报*，1989，Vol. 10. No. 2：65-72

OS 增抗剂防治橡胶白粉病试验

余卓桐　黄武仁　肖倩菊

受广东原沣生物工程有限公司委托，笔者对 OS 增抗剂防治橡胶白粉病的效果做了系统的测定。经室内、苗圃（人工接种）和大田不同抗病水平品种的药效测定，已明确此药防治橡胶白粉病的效果。现将实验结果报告如下：

1　试验材料与方法

1.1　试验材料

OS 增抗剂为原沣生物工程有限公司提供的每支（8mL）含 300mg 有效成分的产品。试验胶树用热作研究院国家生物技术重点实验室种质苗圃的胶树，选择其中高抗、中感、高感的植株做测定，面积约 20 亩。同时在热作研究院学生试验场另选 RRIM600 和实生树开割林段作大田防治试验。

1.2　试验方法

1.2.1　抑制孢子萌发效果测定

用新鲜白粉菌孢子，接种于古铜期叶片上，立即喷上不同浓度（10mg/kg、20mg/kg、50mg/kg、100mg/kg、200mg/kg）的 OS 增抗剂，并以不喷药作对照，以硫磺作标准农药进行比较。处理后培养 10h 然后用棉兰染色固定，观察各处理的孢子发芽率，计算抑制效果。每种浓度重复 6 次，检查 600 个孢子。

1.2.2　苗圃药效测定

选高抗品种 RRIC52，高感品种 PB5/51，在叶片古铜期用新鲜孢子接种，立即喷上 20mg/kg、50mg/kg、100mg/kg OS 增抗剂，并以不喷药作对照，以硫磺粉作标准农药，每个浓度喷 4~5 株苗。喷药后第 3 天开始，每天观察一次病情。同时每种浓度选 10 个病斑测量直径，取 3 片病叶在显微镜下观察 100μm 范围内的孢子梗数量，以测定本药抑制病斑扩展和产孢的效果。叶片老化后，做病情最终调查，计算防治效果。

$$防治效果（\%）=\frac{对照发病指数-处理发病指数}{对照发病指数}\times100$$

1.2.3　大田防治试验

用随机区组法设计，共有 12 种处理：高抗品种 50mg/kg、20mg/kg、CK 不施药对照；中抗品种 50mg/kg，20mg/kg，CK；中感 50mg/kg，20mg/kg，CK；高感 50mg/kg，20mg/kg，CK，各处理重复 4 次。橡胶抽叶古铜期喷药。50mg/kg 处理每亩喷药 1 500mg（5 支），20mg/kg 处理每亩喷药 600mg（2 支）。10 天后喷第二次药，药量同第一次。叶片完全老化后调查最终病情，按上述公式计算防治效果。

除上述试验外，笔者选定 RRIM600（中抗）林段和附近实生树（感病）作生产性使用。试验设计与上述相似，有 8 种处理：中抗 20mg/kg，50mg/kg，100mg/kg，CK；高感 20mg/kg，50mg/kg，100mg/kg，CK。每种浓度重复 4 次，每个重复为 1 株开割胶树。

2　试验结果

2.1　OS 对白粉病侵染过程的抑制效果的测定

2.1.1　对孢子发芽的抑制效果（表1）

表1　OS 对白粉病菌孢子发芽抑制效果

处理	检查孢子数	孢子发芽率（%）	相对抑制率（%）
OS 10mg/kg	600	41.0	49.8
OS 20mg/kg	600	37.5	52.8
OS 50mg/kg	600	35.0	54.9
OS 100mg/kg	600	33.4	56.2
OS 200mg/kg	600	30.3	58.8
硫磺	600	14.7	72.0
对照	600	84.4	—

由表1可见，OS 对白粉病菌有一定的抑制效果，但效果比硫磺低。

2.1.2　对白粉病菌侵染的抑制效果（表2）

表2　OS 对抑制白粉病侵染的效果　　单位:%

处理	6 天	7 天	8 天	9 天	14 天
OS 100mg/kg	0	0	4.8	21.1	100
OS 50mg/kg	0	0	3.5	26.9	100
OS 20mg/kg	0	5.7	13.8	26.9	100
硫磺	0	0	0	10.0	13.0
对照	37.5	41.7	41.7	62.5	95.0

表2说明，OS 有较好预防白粉病侵染的效果，其有效期约一个星期。

2.1.3　对白粉病病斑扩展、产孢的抑制效果（表3）

表3　OS 对抑制白粉病病斑扩展（A）和产孢（B）的效果　　单位:%

效果	喷药后6天		喷药后7天		喷药后7天		喷药后9天	
	A（mm）	B（条）	A（mm）	B（条）	A（mm）	B（条）	A（mm）	B（条）
OS 20mg/kg	2.23	1.7	2.66	2.14	4.03	2.74	5.12	2.94
OS 50mg/kg	2.04	2.0	2.51	2.63	4.00	2.74	4.91	2.94
OS 100mg/kg	1.86	1.43	2.56	3.21	2.88	2.63	3.59	2.63
CK	2.35	1.25	2.78	3.33	3.10	3.00	3.91	3.00

表 3 说明，OS 对白粉病的病斑扩展、产孢没有抑制作用，处理与对照没有差异。从表 1 至表 3 的试验结果表明：OS 防治橡胶白粉病主要不是通过抑制病原菌的生长与繁殖起作用，而是提高寄主的抗病性。

2.2 OS 防治橡胶白粉病的效果（表 4、表 5）

表 4 OS 对不同橡胶品系防治白粉病的效果

品种	处理	重复次数	喷药时病指	最终病情指数	防治效果（%）
高抗	OS 50mg/kg	4	10.7	20.7	51.7
中抗	OS 50mg/kg	4	10.7	25.2	46.9
中感	OS 50mg/kg	12	10.7	32.1	39.2
高感	OS 50mg/kg	31	10.7	42.7	36.7
高抗	OS 20mg/kg	4	5.6	31.2	27.3
中抗	OS 20mg/kg	10	5.6	37.7	20.6
中感	OS 20mg/kg	19	5.6	43.0	18.5
高感	OS 20mg/kg	36	5.6	54.7	15.0
高抗	CK	4	5.5	42.9	—
中抗	CK	4	5.5	47.5	—
中感	CK	4	5.5	52.8	—
高感	CK	14	5.5	65.1	—
中抗	硫磺	10	5.5	15.2	68.0

表 4 表明，①OS 防治橡胶白粉病的有效浓度为 50mg/kg，以上，20mg/kg 效果较差。②OS 对抗病品种的防治效果较好，对感病品种效果较差。③OS 与硫磺相比，效果较差。

表 5 不同浓度 OS 对不品系胶树白粉病的防治效果

品种	处理浓度	重复次数	喷药时病治	发病指数	防治效果（%）
RRIM600（中抗）	OS 20mg/kg	4	1.7	29.6	44.5
RRIM600（中抗）	OS 50mg/kg	4	1.7	21.2	60.2
RRIM600（中抗）	OS 100mg/kg	4	1.7	16.7	68.7
RRIM600（中抗）	硫磺	4	1.7	13.3	75.0
RRIM600（中抗）	对照	4	1.7	53.3	
实生树（感病）	OS 20mg/kg	4	2.0	28.5	42.4
实生树（感病）	OS 50mg/kg	4	2.0	24.0	51.5
实生树（感病）	OS 100mg/kg	4	2.0	21.3	57.0
实生树（感病）	硫磺	4	2.0	15.2	69.3
实生树（感病）	对照	4	2.0	49.5	—

表5表明，①用OS在开割树上做白粉病生产防治有较好的效果。②OS防治白粉病的有效浓度约为50mg/kg；100mg/kg的效果接近标准农药硫磺粉；20mg/kg则防效较低。③比较表4、表5可以看出喷药时病指对OS的防治效果影响很大，表5试验喷药时病指较低，防治效果好，表4试验喷药时病指高，防治效果较低。

3　结果分析及建议

室内、苗圃、大田的系统试验表明，OS对橡胶白粉病有良好的防治效果；用100mg/kg此药可获得相当于标准农药硫磺粉90%的防治效果。

应用OS防治橡胶白粉病，施药指标以发病指数1~2为宜，施药量最好用100~150mg/kg，每亩1 500~2 000mg。其有效期7~8天，故应视橡胶抽叶状况，需喷药2~3次。

目前的OS增抗剂为水剂。在橡胶上施用水剂较困难，建议设法制造粉剂，以利推广。

本文为委托测定项目（1997年2月）

航空喷粉防治橡胶白粉病试验研究*

橡胶白粉病航空防治协作组

余卓桐执笔

[摘要] 本文报道 1977—1978 年我们航空防治橡胶白粉病的效果、技术指标、经济性的测定结果。结果表明：①航空防治与地面防治效果基本一致，能够达到生产防治要求。②航空防治的有效喷幅为 70~80m，喷幅过大，则航道及背风 10m 处效果较差，有效剂为 0.8~1kg。③航空防治的施药指标，总指数 1~9 防治效果差异不大，但以总指数 3~8 为宜。（即抽叶 40% 以后，总发病率 15%~40%）。④航空防治的成本比常规防治稍高，主要原因是机场离作业点较远，同时施药的剂量也较多。⑤一架飞机的工作量相当于 20 台拖拉机，32 台丰收-30 型担架式喷粉机的工作量，可以大大地提高工效，节省劳动力。

1 引言

航空防治是实现橡胶热作植物保护机械化的有效途径。在国外，爪哇（1930 年）、锡兰（1954—1955 年）都做过试验，证实其防治白粉病有较好效果，但因成本高未能推广。1960 年后，印度经过 3 年试验，肯定了航空防治季风落叶病的效果，1976 年空防面积达 60 万亩。1970 年以来，马来西亚试用飞机喷射脱叶剂防治白粉病获得成功，近年已推广应用，巴西近年试验航空喷射代森锰锌油剂防治南美叶疫病亦证实航空防治的效果。国外近年的研究说明：利用航空防治橡胶病害是一种经济有效的施药技术，是热带作物保护机械化的方向。我国橡胶垦区于 1960 年在海南南田农场、湛江建设农场做过一次航空防治试验，但因施药过迟，未能获得预期效果。1977 年在广东农垦总局的领导下，并得到广州民航局的大力支持，中断了 17 年的航空防治试验又恢复了试验，这次航空防治试验的目的，是明确航空防治的效果、经济性，研究经济有效地开展航空防治的技术指标。经过两年的试验，确定了航空防治的效果，基本解决了有关的技术指标，为开展橡胶及热作病虫航空防治积累了经验。现就热作两院植保所系 1977 年与海南农垦局及西庆、西联、南平、南茂，1978 年与西培等农场协作的试验结果总结如下：

---

* 航空喷粉防治白粉病协作单位及人员：华南热作研究院余卓桐、王绍春、周春香，华南热作学院黄朝豪、林天壮、许若华、黎传松、文衍堂，海南农垦局范会雄、谭象生，通什农垦局李志云、孔丰、邹浩。

本研究于 1982 年获中央科委、中央农委农业技术推广奖。

2　基本情况

1977 年的试验材料为 1952—1956 年定植的橡胶实生树，面积 89 467 亩。由广州民航局派出一架运–5 运输机进行喷粉作业。海南农垦局（通什农垦局）、华南热作两院和参试单位组成航空防治指挥部，负责组织领导工作。南平、南茂两场在 3 月 11—18 日喷粉。西联、西庆在 3 月 28—29 日喷粉。1977 年海南南部病害特大流行，西部中等偏轻。共飞行 38.6h，80 架次，消耗硫磺粉 72t，防治费用超过 8.5 万元。

1978 年的试验，仍以 1952—1956 年定植的橡胶实生树为主，兼有少量芽接树，面积扩大到 23 万亩。我院参加了西培农场的试验工作。西培农场航空防治面积有 10 000 亩，其中 3 000 亩试验区喷粉两次，第一次喷粉在 3 月 19 日，第二次在 3 月 29 日。除航空防治外，还在 3 月 10—11 日进行一次地面防治。航空防治飞行 7.5h，13 架次，消耗硫磺粉 11.4t。

试验的项目有：①航空防治效果测定及其与地面防治比较；②航空防治有效喷幅测定；③航空防治施药指标测定；④航空防治与地面防治成本比较；⑤航空防治与地面防治工效比较。

3　防治效果

试验方法：用配对法。在航空防治的第 2~4 航线内，选择 2~6 个空防林段，在附近非空防区选择 6~9 个物候、病情与空防林段一致的林段做地面防治和不施药的对照区。航空防治的喷幅为 75~100m。空防和地防在同一时间进行，每亩剂量 0.6~0.9kg。防治前每林段选择古铜叶橡胶树 20 株为防效测定株，防治当天用总指数法调查病情基数，喷后 5 天、10 天、15 天各查一次病情、物候，以喷后 5~15 天的病情计算防治效果。

两年的空防试验结果表明（表1）：航空防治橡胶白粉病具有明显的防治效果，平均防效为 66.5%~100%。两年的多点防治试验区极少出现 4~5 级严重病株。在特大流行的情况下，有极少的落叶（平均每平方米 11 片），与地面防治相似（平均每平方米 21 片），而对照区则严重落叶（平均每平方米高达 425 片）。航空防治的最终指数在 20 以下。可见，航空喷粉防治橡胶白粉病能够达到生产防治要求。

航空防治和地面防治效果相比，是基本一致的。1977 年西庆的飞机防治比地面防治效果低 16.6%，是因为每亩剂量较地面防治少用 0.2kg 硫磺粉。西联农场则相反，航空防治较地面防治高 9.6%，是因为航空防治每亩剂量多用 0.1kg 硫磺粉。1978 年西培农场第一次飞机防治效果较地面防治低 17%，第二次较地面防治高 7.9%。

1978 年 4 月 12—13 日，我院植保所、系同志到八一、西华、西联、西庆等农场做了飞机防效调查，结果表明（表1、表2）：凡是及时航空防治的林段，防效都在 90% 以上；航空防治与地面防治相比，有 3 种情况：①航空防治比地面防效高，占 43%；②航空防治比地面防治效果低，占 43%；③航空防治与地面防治效果相当，占 14%。这也说明航空防治与地面防治有相似的效果。

表 1 飞机防治与地面防治效果比较

农场	施药方法	试验林段数	施药前指数			施药后指数			防数			相对防数	4～5 病株（%）
			最高	最低	平均	最高	最低	平均	最高	最低	平均		
西庆（1977 年）	飞机	2	1.5	1.0	1.21	7.6	6.7	7.15	71.5	63.8	67.7	83.4	0
	地面	2	2.5	2.2	2.35	6.4	5.15	6.75	83.8	78.6	81.2	100	0
	对照	2			0.55			18.9					
西联（1977 年）	飞机	2	1.15	0.75	0.95	1.7	1.1	1.4	97.8	95.7	96.7	109.6	
	地面	1			0.05			2.0			88.2	100.0	
	对照	1			0.45			17.0					
南茂（1977 年）	飞机	4			13.0			3.3			100	137.0	
	地面	10			2.2			4.8			100	100	
	对照	1			6.4			20.0					
南平（1977 年）	飞机	6			2.8			1.1			100		
	对照	1			6.6			11.1					
西培（1978 年）	飞机（第一次喷粉）	6	14.5	3.2	2.1	34.0	16.0	23.1	81.6	48.9	66.5	79.6	0.2
	地面（第一次喷粉）	6	9.1	5.5	7.3	24.0	5.0	14.1	100.0	70.3	83.5	100	0
	飞机（第二次喷粉）	6	10.0	0.8	4.1	9.0	0	3.0	100	95.7	99.0	139.2	0
	地面（第二次喷粉）	6	4.7	0.2	1.6	29.0	3.0	16.6	100	33.5	71.1	100	0
	飞机（两次合计）	6	12.6	2.8	6.4	19.0	8.0	13.05	88.9	77.7	84.6	100.0	0.2
	地面（两次合计）	6	6.3	2.05	4.4	19.0	9.0	13.9	88.2	62.8	77.7	100	0
	对照	1						69.2					53.5

表 2 飞机防治效果调查

农场、队	林段	喷前指数	喷后指数	防效	4～5 级病株（%）	喷粉次数
西华 10	7-1 400	17.7	71.8		63	CK（漏喷）
西华 10	7-1 600	17.7	59.8	22.8	34	28 日飞机喷 1 次
西华 7	4	18.2	44.0	52.3	12	3 月 25 日飞机喷 1 次
西华 7	6	18.2	20.8	95.2	1	3 月 23 日地防
西华 18	18	15.6	26.6	79.8	4	地面防 4 次
西华 14	95	17.0	12.4	185.0	0	21 日飞机喷 1 次
八一	2-35（国内）	28.6	29.6	96.0	1	19 日飞机喷 1 次

（续表）

农场、队	林段	喷前指数	喷后指数	防效	4~5级病株（%）	喷粉次数
八一	401-107		54.0		20	CK（飞机漏喷）
八一	19-83（国内）	35.7	41.8	66.6	7	19日下午飞机喷1次
八一	402	28.8	42.6	45.2	6	地面喷1次
西联	4-2		19.4		8	3月20、30日2次飞防
西联	2-13	54.2	64.8	50.9	45	3月20、30日2次飞防
西联	2-9		30.8		8	3月20、30日2次地防
西联			30.5		12	3月20、30日2次地防
西联	11-2（1）	35.5	57.1		2	CK
西联	11-2（2）		59.2		36	CK
西庆	5-66	30.3	28.6	100	2	3月18日、30日2次拖拉机喷
西庆八队	5-64	30.3	23.2	100	5	3月20日、30日2次拖拉机喷
西庆	13-44	21.2	11.0	100	0	3月5日单防 3月21、30日2次飞防
西庆	13-42	11.8	12.0	99.4	0	3月15日单防 3月21、31日2次飞防
西庆	5-40	24.5	29.3		22	CK

4 有效喷幅和剂量

为了准确地评定飞机防治的有效喷幅，我们进行了如下三方面的试验。

4.1 飞机喷粉的粉粒分布

4.1.1 方法

飞机喷粉前，在航道两侧不同距离（0m、10m、20m、30m、50m），不同高度（中层下层）、不同位置（叶面、叶背）黏附盖玻片或用竹杆挂玻片，每个高度3片，重复2次。喷粉后1h取下玻片，用显微镜（100×）检查粉粒数，1977年喷粉时，飞机实际飞行的航道距信号航道偏北10~13m。1978年喷粉时偏北10m，喷粉当时的风向均为东南风，风速0~3m/s。试验林段的喷粉时间，除一个林段第二次喷粉时间在11:00时外，其余均在7:20—9:20。

4.1.2 结果

（1）粉粒的水平分布：以飞机飞越的实际位置面为0，调整各挂片位置的距离，并按当时的风向，分为顺风和背风两个方向。测定结果见表3。表3结果表明：①顺风的粉粒较多，背风向较少。②1977 年与 1978 年相比，1978 年的粉粒数显著较 1977 年多。这与喷粉条件有关。1977 年风大（2~3m/s），飞机飞行高（离树顶 7~10m），1978 年静风（0~1m/s）飞行高度低（离树顶 5~7m）。③不同距离都有硫磺粉分布，说明航空喷粉是均匀的。

表 3　航空防治粉粒分布

农场	顺风 40m	顺风 20m	顺风 10m	航道 0m	背风 10m	背风 20m	背风 30m	背风 40m	背风 60m
西庆（1977 年）	19.2	5.5	2.7	7.5	8.6	1.5	7.0	11.8	
西联（1977 年）	15.4	9.2	8.2	6.4	5.5	6.3	5.4	12.5	
西培（1978 年）	28.1	20.2	50.6	29.2	13	9.8	9.6	13.3	17.4

可见，航空喷粉的粉粒水平分布和粉粒密度，与飞行高度、风速关系很大。在正常的条件下（风速较小，飞行高度 7m 以下），从整个喷幅来看，粉粒分布量较均匀的。

（2）粉粒的垂直分布：不同树冠高度的粉粒分布测定：因树顶太高，无法挂片，仅做中层（12m 左右），下层（6m 左右）的挂片试验，以 1977 年西庆、西联及 1978 年西培场测定结果为例，结果见表 4。

表 4　不同高度的粉粒分布

农场	测定时间	挂片位置	平均粉粒数（粒/视野）	以中层为 100%
西庆	1977 年 3 月 29 日	中层	8.6	100
		下层	7.3	84.9
西联	1977 年 3 月 28 日	中层	9.3	100
		下层	6.8	73.1
西培	1978 年 3 月 19 日	中层	29.8	100
		下层	28.4	95.3
西培	1978 年 3 月 29 日	中层	46.1	100
		下层	39.7	86.1

表 4 结果说明，中层受粉量较下层多。1977 年在淡绿叶期喷粉，由于叶量大，上中层叶片阻隔大量粉粒，下层粉粒减少最为明显，达 26.9%，1978 年第一次测定在古铜叶期，因叶量小，下层比中层仅减少 4.7%。而第二次喷粉在淡绿叶期，下层粉粒比中层减少达 13.9%。

4.2　不同距离着粉叶片抑制孢子萌发的效果

此试验由于试验重复次数少，试验孢子不新鲜，对照萌发率低，未能获得预期的结果，在此不做详细总结。

4.3　不同距离的防治效果

4.3.1　方法

按照上述挂片的距离，每一距离固定 5 株古桐叶期植株，喷前调查病情基数，喷后定期 5 天查一次病情物候，直至叶片老化才做病情最终鉴定，分别第一次喷粉、第二次喷粉及两次合计计算防治效果。

4.3.2　结果

两年不同距离防效的试验结果（表 5），都有同一个倾向，即在飞机航道及背风10m 处防治效果较差，顺风 10~40m、背风 20~90m 的效果较好。从喷行较好的 1978 年22-24 林段第一次喷粉来看，这种情况特别明显，这个林段顺风向 10~40m 的防治效果为 92.9%~100%，背风向 20~90m 的防治效果为 80.2%~100%。而航道及背风向 10m 的防效仅为 66.1%~72.8%。此林段第一架次喷粉时，顺风向 10m 处上获得较多的粉粒，航道及背风的各个距离受粉较少。背风 20~90m 是从第二架次获得粉粒的，航道及背风 10m 外，由于距下一架次太远（90~100m），受粉也不多，所以效果较差。从第二架次顺风各距离（从背风 0~100m）的效果来看，有效距离是从背风 90m 至背风 20m的 70m 范围。

从上述两个方向的测定结果可以看出：飞机喷粉的有效喷幅为 70~80m，喷幅过大，则航道及背风 10m 处效果较差。

按运五型飞机的飞行速度，一架次施药距离 9~10km，有效喷幅为 70~80m，可喷1 000~1 200亩，飞机装药量为 850kg，因此，飞机喷粉的有效剂量应为 0.7~0.8kg/亩。

表 5　不同距离防治效果　　　　　　　　　　　　　　　　　　　单位：%

农场林段	顺风向40m	顺风向20m	顺风向10m	0m	背风向10m	背风向20m	背风向30m	背风向40m	背风向60m	背风向80m	背风向90m	背风向100m（下一航0m）
西庆6-56		77.7		60.5	44.1			53.7	82.2			
西庆6-58	50.9	67.1		52.3	68.8			68.8				
西培22-24（第一次喷粉）	100	81.2	100	52.0	65.2	80.2	99.0	76.5	63.3	86.3	100	65.9
西培22-24（第二次喷粉）	82.1	90.6	97.2	86.7	87.7	64.2	100.0	100.0	96.7			
西培22-24（二次喷粉共计）	100	92.9	100.0	78.5	60.5	80.2	95.0	97.5	78.8	86.3	100	65.9
西培29（第一次喷粉）	57.6	69.0	70.0	72.8	66.1	69.0	89.6	64.2	54.8			
西培29（第二次喷粉）	99.0	95.3	87.7	97.6	72.2	96.2	94.3	94.3	99.0			
西培29（二次喷粉共计）	72.4	74.3	60.5	40.5	33.9	50.1	86.1	79.5	78.5	70.3		53.4

5 施药指标

5.1 方法

在飞机喷粉前选择 14 个病情较重的林段，调查病情基数，林段叶片 90% 老化后调查整林最终病情，计算防效。飞机喷粉 2 次，根据病情基数高低，分为低指标（总指数 1~3）、中指标（总指数 4~6）、中上指标（总指数 7~9）、高指标（高指数 10 以上），分析第一次不同施药指标与防效的关系。

5.2 结果

第一次不同施药指标的比较结果表明（表 6）：从总指数 1 至 9 开始喷粉的防效差异不大（70.1%~74.3%），最终指数均在 20 以下，4~5 级重病株率 0.4% 以下，都能达到生产防治的要求。而高指标（总指数 10 以上）开始第一次喷粉，不但最终指数高（平均 50.0），4~5 级病株率多（21.3%），而且防效也很低（平均 56.6%）。可见。航空防治的适宜施药指标为总指数 1~9。考虑到天气对飞机喷药的影响，地面机具不足，以及保证飞机防治的保护面，笔者认为在生产防治中，航空防治的施药指标，以 40% 抽叶以后，总指数达到 3~8（相当于发病率 20%~40%）开始施药，较为合适。

表 6　飞机喷粉施药病指与防效关系

农场	林段	施药时病指	最终病指	防治效果（%）	4~5 级病株（%）
西培	10	1.2	11.0	76.9	0
	22	3.3	13.8	72.9	0
	14	3.1	16.0	69.6	0
	平均	2.8	13.3	73.1	0
西培	3	4.36	15.6	73.5	1
	30	4.25	22.0	58.2	0
	9	6.4	17.4	74.1	0
	23	4.18	13.8	77.3	1
西庆	13-42	6.25	12.0	87.7	0
	平均	5.07	15.5	74.3	0.4
西培	12	7.26	22.4	64.4	0
	24	9.12	21.3	71.1	0
	15	7.6	19.2	72.7	0
	8	8.8	16.6	81.6	0
	平均	8.44	19.9	72.4	0
八一	402	14.4	42.6	66.6	7
西华	7-4	11.0	44.0	52.3	12
西联	2-13	39.0	64.8	50.9	45
	平均	21.5	50.5	56.6	21.3

6　成本核算

为了确定飞机防治的成本，笔者统计了 1977 年南茂农场、南平农场，1978 年西培农场航空防治和地面防治的费用，结果见表 7。

统计结果说明：飞机防治的每亩成本是不高的。以每亩 0.5~0.7kg 剂量计，每亩以防治成本的为 0.8~0.9 元，与地面防治成本相比，则略有增加。1977 年南茂农场飞机防治每亩剂量比地面防治高 0.25kg，防治成本增加 62.7%。1977 年南平农场飞机防治成本比地面防治费用高 10%，原因也主要是每亩剂量比地面防治高 0.2kg。1978 年西培农场培伟队用飞机防治 2 次，地面防治 1 次，飞机防治与地面防治 3 次的培安队相比，飞机防治比地面防治高 5.5%。可见，航空防治比地防所增加的成本是不多的，而在生产实用上也是可以接受的。

航空防治成本比地面防治高的原因：①机场离作业区较远，空飞时间多，增加飞行费用。②施药剂量要比地面防治高一些，因为飞机喷药占面积大（包括一些空地）；要达到与地面相同的剂量，必须稍为增加药量。因此，航空防治的成本是可以设法不断降低的。

表 7　航空防治与地面防治成本比较

农场	机械	面积 (hm²)	飞行费 (元)	机器折旧 (元)	剂量 (kg/亩)	硫磺粉消耗 (kg)	燃料等费用 (元)	人工费用 (元)	防治费用 (元)	平均每亩 (元)
南茂	飞机	20 854	3 910		0.76	12 800		624.56	17 334.56	0.83
南茂	地面（丰收）	2 500		40.0	0.51	1 020	28.41	258.87	1 346.88	0.51
南平	飞机	20 000	2 524		0.80	12 800		317.4	15 641.4	0.78
南平	地面（丰收）	1 575		40.0	0.60	820	41.36	268.25	1 169.61	0.70
西培培伟	飞机	1 036	340		0.96	2 899		170.10	3 338.80	3.22
西培培安	地面	924		40.0	0.96	2 700.00	92.4	137.70	2 821.90	3.05

7　工效比较

按 1978 年西培农场用拖拉机喷粉与飞机喷粉的工效比较，拖拉机每天喷粉面积为 500 亩。飞机一天（静风、天晴）飞行 10 架次可喷 10 000 亩，一架飞机每天的工作量相当于 20 架拖拉机喷粉的工作量。一般一台丰收-30 喷粉机每天可喷 250 亩，飞机每天可喷 8~10 个架次，8 000~10 000 亩，一架飞机的工作量，相当于 32 台丰收-30 的工作量。可见，飞机防治能大大提高喷粉作业的工效。这是航空防治的最大优越性。

8　结论和讨论

（1）航空喷粉防治橡胶白粉病具有防效好，喷粉的工效高等优点，特别适合于控制大面积流行的病害，2 年防治试验结果说明航空防治橡胶白粉病有与地面防治基本一致的效果，能够达到生产防治的要求。

（2）航空防治的有效喷幅为 70~80m，每亩剂量 0.8kg 较为合适。选择适宜的喷粉时机，是航空防治取得良好效果的重要条件。航空防治的最适宜时机，是在 40% 抽叶以后，发病总指数 3~8（相当于发病率 20%~40%）。根据这一施药指标和病害的流行速度，可以提出如下的测报指标：在适宜的气候条件下，抽叶 30%~85%，发病率达到 2%~3%（或发病率 4%~6%）后 5~8 天喷第一次粉。航空防治可以以航次为单位设测报点进行测报。测报点达到总发病率 2%~3% 后，即需按指标安排喷粉日期，准备航空防治。在白粉病大流行年，应先做一次地面局部或全面防治，然后做 1~2 次航空防治，后期作一次地面局部防治。

（3）航空防治的主要问题是受天气影响大，风大（>3m/s）阴雨天能见度低不能进行航空作业，而且前期、后期的局部防治和地形复杂的地区，都不宜利用航空防治。因此，必须实行航空防治和地面防治相结合，在不能进行航空防治的时间和地区，抓紧开展地面防治，实行"两条腿走路"的方针。

（4）航空防治的成本，可通过建立临时机场，加强预测预报等措施不断降低，预测预报对地面防治是必要的，对航空防治也完全是必要的。通过预测预报，可以掌握最适宜的喷粉时机，准确地区分病情轻重的地区，省去不必要的全面喷粉地区，从而达到提高防效、降低成本的目的。

（5）信号是飞机喷粉航行的标志，是影响喷粉质量的最重要因素，务必切实抓好。目前利用人工打旗作信号，是相当花工和笨重的工作，需要发展新的导航技术，如电子计算机导航等。

（6）为了发展和完善热带作物的航空防治技术，尽快引进新技术与设备，如直升机施药技术、航空超低量喷雾技术、新式导航设备等。

参考文献（略）

本文为 1979 年海南农垦植保会议论文

利用热雾机喷撒粉锈宁防治橡胶白粉病的研究

余卓桐 王绍春 郑服丛 林石明 孔 丰
李整民 宋德庆 王 珊 徐世明

利用热雾机施药防治植物病虫害，是植保施药机具研究的一个新进展。1976年巴西、1977年马来西亚分别从美国引进了热雾机，在防治橡胶病害上做了试验。马来西亚用热雾机喷撒十三吗啉油剂防治橡胶白粉病取得比喷硫磺更好的效果。据称，每台热雾机每天可喷1 200~2 000亩，喷高30m，有效喷幅150m。1981年笔者从美国Tifa公司引进了一套热雾机。1981—1982年，笔者进行了十三吗啉的室内筛选试验，同时筛选对橡胶无害的喷雾油，发现十三吗啉和许多喷雾油对橡胶叶片有药害，只有一种喷雾油无药害。此时，笔者在苗圃筛选一种新药——粉锈宁对橡胶白粉病有优异的效果。1983年笔者配制成粉锈宁油剂，1984年又配制成粉锈宁乳剂。1983—1984年先后在热作研究院试验场和南田农场做了生产性防治试验，取得良好的防治效果。热机所在此期间进行了仿制热雾机试验，1983年仿制出一台热雾机。本文报道1983—1984年应用进口热雾机和仿制热雾机喷撒粉锈宁防治白粉病的试验结果。

1 材料与方法

试验的橡胶为1952年定植的实生树。1983年的试验在两院试验场布置，面积200亩，包括2.5%粉锈宁油剂（70亩）、2.5%十三吗啉油剂（50亩）、硫磺粉（40亩）等三个处理和一个对照区（40）亩。1984年的试验在南田农场长田作业区重病林段进行。面积756.8亩，包括1.5%粉锈宁油剂（132.2亩）、1.5%粉锈宁乳剂（227.2亩）、硫磺粉（278.4亩）等3个处理。粉锈宁油剂、乳剂一半重复用进口机，一半重复用仿制机。试验区按随机区组法设计，重复4次，并设不施药的对照区3个（119亩）。

粉锈宁农药是四川省化工研究所和上海化工所出产的70%原药。粉锈宁先用溶剂溶解，然后加入喷雾油稀释到所需浓度。配制乳剂则用溶剂溶解粉锈宁后，加入等量的喷雾油和少量乳化剂，调匀后即可冲一定的水量使用。

施药的热雾机，一种是从美国引进的Tifa型热雾机，另一种是热机所仿制的热雾机。

第一次施药时间是在古铜期抽叶率40%~60%，发病指数2~4。1983年病情较轻，只喷一次。1984年病情较重，粉锈宁试验区中，一半林段喷一次粉锈宁，一半林段在14天后用硫磺粉喷第二次粉。硫磺粉试验区由于病情发展，全部喷两次药，全部试验区不做后抽局部防治。热雾机的喷药剂量每亩0.4kg配好的药液，丰收-30喷硫磺的剂量每亩用 0.7kg。热雾机的施药时间是 9：00—11：30。用拖拉机牵引热雾机进行喷雾，拖拉机行走速度每小时 2.5km。每隔 8~12 行喷一行（喷幅 50~60m）。

喷药后每 3 天观察一次病情、物候，观察方法及分级标准同系统观察点。叶片 95% 老化后 10 天做病情最终调查，计算防治效果。

有效喷幅的调查，是在喷药走道下风处隔不同距离调查病情，以病情指数在 25 以下的药雾移动水平距离为有效喷幅范围。

热雾的水平分布和垂直分布测定，是在喷药走道下风处 10m、20m、40m、60m、80m 挂上喷有氧化锌的玻片，每个距离又在胶树的上、中、下层（约 18m、13m、8m 高）挂玻片。喷药后立即收片并在显微镜下观察每平方厘米的药滴数。

2 试验结果

2.1 不同农药的防治效果比较

两年来利用粉锈宁、硫磺粉、十三吗啉防治橡胶白粉病的比较试验结果见表1。

表1 不同药剂防治橡胶白粉病的比较试验结果

年份	处理	重复次数	喷药时病指	喷药时抽叶（%）	最终病指	4~5级病株（%）	平均防效（%）	药害
1983	2.5%粉锈宁油剂	1	2.2	95	6.0	0	87.1	无
	2.5%十三吗啉油剂	1	2.0	93	21.6	0	30.9	叶畸形
	硫磺粉	1	2.0	97	19.2	0	38.1	无
	对照	1	—	—	30.2	1.0	—	无
1984	1.5%粉锈宁油剂1次	2	1.9	60	22.2	0.5	63	无
	1.5%粉锈宁乳剂1次	2	2.1	59	25.6	1.5	57.3	无
	1.5%粉锈宁油剂及硫磺粉各1次	2	2.4	53	20.3	1.5	66.3	无
	1.5粉锈宁乳剂及硫磺粉各1次	2	2.3	66	23.6	1.0	60.5	无
	硫磺粉2次	2	2.4	71	23.0	0.3	61.7	无
	对照	2	—	—	60.0	23.0	—	

结果表明：粉锈宁对白粉病具有优异的防治效果，它比传统农药硫磺粉的防效高，国外推荐的十三吗啉效果比硫磺粉差，且有明显的药害。1983 年海南西部病情中等，对照最终指数 30.2，物候亦属中等整齐，天气经常下雨，在这种情况下，用热雾机喷一次粉锈宁油剂，即可将病害控制至几乎无病的程度，防效高达 87%，比硫磺粉（防效为 38.1%）高 49%。这种巨大差异的原因，主要是当时喷药后 4h 下雨，此时粉锈宁油液已干，具有抵抗雨水冲刷能力，而硫磺粉则大部分被雨水冲刷掉。1984 年南田的试验区病情重，物候也不整齐，加以施药时下雨，风向不稳定，粉锈宁药液大部分被压在地上，所以效果不如 1983 年。但即使如此，粉锈宁油剂的防效仍比硫磺粉高。粉锈

宁油剂试验区中有些喷药质量较好的小区如85、110林段，即使喷一次药，效果仍与喷两次硫磺粉相当。粉锈宁乳剂喷药质量较好的小区，喷一次的效果比喷两次硫磺粉稍低。喷药质量较差的林段，在3月12日以后病情有所发展，但由于缺喷雾油，在第二次喷药时改喷硫磺粉，其中粉锈宁一次加喷一次硫磺粉的防效比喷两次硫磺粉高，而喷一次乳剂加喷一次硫磺粉的防效比喷两次硫磺粉的稍差。上述结果表明，用热雾机喷撒粉锈宁防治白粉病具有比硫磺粉更高的效果。

2.2 粉锈宁不同剂型防效比较

1.5%粉锈宁油剂与乳剂的防效比较（表2），油剂比乳剂防效高，其原因主要是油剂有较强的内渗性能，并可防止雨水冲洗，有效期较长。用两种热雾机喷撒粉锈宁油剂，防效一致。

表2 喷布一次粉锈宁不同剂的型的防效比较

处理	林段	施药机具	最终病指	防（%）	平均防效（%）
油剂	110	仿制机	22.8	62	63
	85	进口机	21.6	64	
乳剂	112	进口机	24.0	60	57.3
	113	进口机	27.2	54.6	
对照	147		60.0	—	—

2.3 粉锈宁有效期观察

有效期为施药后保持病害不上升的一段时间。防治橡胶白粉病的有效期可定为从施药开始，至古铜叶的发病率开始超过喷药时的发病率为止的一段时间。5个只喷一次粉锈宁的处理区病情连续观察的结果表明，1.5%锈宁油剂的有效期为19天，1.5%粉锈宁乳剂有效期为12天。同一时间喷硫磺粉的有效期为8天。说明粉锈宁的有效期比硫磺粉长。

2.4 热雾机有效喷幅测定

在喷药走道下风处不同水平距离、不同高度挂玻片测定的结果表明，用热雾机喷雾后药滴的水平分布和垂直分布都是比较均匀的（表3）。由于测定时风速较高（>3m/s）药雾移动过快，每平方厘米面积药液数量较少。药雾移动的水平距离，据肉眼观察在150m以上。

表3 热雾的水平分布和垂直分布

高度	不同水平距离（m）每平方厘米雾滴平均数				
	10	20	40	60	80
上	0.5	2.8	3.6	12.9	3.4
中	7.0	4.2	3.6	3.1	1.3
下	—	2.4	4.3	4.3	2.4

在喷药走道下风处不同水平距离调查病情的结果表明（表4），1983 年粉锈宁的有效喷幅为 75m 左右，1984 年的有效喷幅为 55m，经测定，热雾机的施药高度，一般在 20m 以上，在天气不良的情况下，最低也有 16m。

表 4　喷药下风处不同水平距离病情调查

林段（年份）	不同水平距离（m）的病情指数						
	15	25	35	45	55	65	75
农村（1983）	8	6	5	6	7	8	9
82 上（1984）	22	20	24	20	26	46	
85（1984）	16	10.6	12	16	18		

2.5　热雾机施药工效测定

据 1983—1984 两年大田使用热雾机的测定，用拖拉机运载热雾机喷雾，每小时行走 2.5km，每分钟可喷 3 亩地。如果每天喷 6h，可喷 1 080 亩；如果每天喷 7h，可喷 1 260 亩。丰收-30 喷粉机每天喷药 300 亩。热雾机的工效可比丰收-30 喷粉机高 3~4 倍。

2.6　热雾机施用粉锈宁与丰收-30 喷粉机喷硫磺的成本比较

用热雾机施用粉锈宁的开支如下：70% 粉锈宁原药每公斤 70 元，需加 1kg 溶剂，计 4.6 元，若配成 1.5% 油剂，要加 44.6kg 喷雾油，计 26.76 元，合计 101.36 元，可喷 116.5 亩，每亩药费 0.87 元，每天喷 1 000 亩，需 3 个工，每亩工费 0.015 元，拖拉机费每小时 2 元，每亩拖拉机费 0.015 元，热雾机每天消耗汽油 6kg，每亩汽油费 0.006 元。上述各项合计，用热雾机喷 1.5% 粉锈宁每亩次费用为 0.906 元。用上述标准计算乳剂成本，每亩次费用为 0.68 元。喷硫磺粉每亩次成本为 0.9~1 元。可见用热雾机喷撒粉锈宁防治白粉病的成本与喷硫磺相当或稍低，特别是喷乳剂，每亩次成本比喷硫磺粉低 22% 以上。

3　结论和讨论

（1）经过两年大田应用的结果证明，热雾机是一种适合胶园使用的先进植保机具，它与目前应用的植保机具相比，具有射程高、喷幅广、速度快、效果好等优点。热雾机的一般喷药高度在 20m 以上，有效喷幅 55~75m，每天可喷 1 000 多亩。热机所仿制的热雾机，在使用性能上与进口机基本相似，但在发动机稳定性和重量上仍需改进。

（2）两年生产性防治白粉病试验的结果表明，利用热雾机喷撒粉锈宁油剂，具有比用丰收-30 喷硫磺粉更好的效果。用粉锈宁防治白粉病效果高，有效期长，成本低，是一种理想的农药。这在我国橡胶白粉病防治史上，在寻找硫磺代替农药的过程中，是第一次获得了初步成功。国外推荐的有效农药十三吗啉，效果也不如粉锈宁。利用热雾机喷撒粉锈宁的有效浓度为 1.5%，每亩剂量 0.4kg。粉锈宁防治橡胶白粉病的一个突出的特点是有效期长（一般为 12~19 天），在抽叶整齐的年份喷一次，抽叶不整齐的年份喷两次即可达到生产防治要求，因此比喷硫磺粉省药、省工，节省防治成本。

（3）使用热雾机的主要问题是进口机售价太贵，急需国产仿制解决。同时此机较为笨重，亦需仿制时加以改进。在使用上有一个问题是受天气限制较大，降雨、重露、叶片有水、大风等天气情况下都会降低防治效果。目前，国内已有数家工厂生产粉锈宁和喷雾油，由于用户过多，供不应求，亦需有关部门解决。

原载于*热带作物研究*，1984（4）：68-71

橡胶主要无性系对白粉病抗性的鉴定

余卓桐　王绍春　符瑞益

[摘要] 1983—1989 年在抗病系比苗圃和大田鉴定了 48 个主要橡胶品系对白粉病的抗性。结果表明：RRIC52、红山 67-15 等品系具有高度抗病力；热研 11-9、RRIC102、IAN873、湛试 8-67-3 等品系，具有中度抗病力；热研 14-20、八一 36-3、保亭 936、热研 7-33-97、文昌 12-12、RRIC100、RRIM600 品系，也具有中度抗病力，但个别年份易发病，属于中抗至中度感病品系，其他品系都不同程度感病，其中 PB5/51、热研 88-13、PR107、热研 44-9 等品系尤其感病。

[关键词] 橡胶树；主要无性系；白粉病；抗病性

橡胶白粉病是我国橡胶树的主要病害，给橡胶生产造成过严重的损失。目前，生产上防治此病主要依靠化学药剂。用化学药剂虽然有效，但需花费大量的农药、劳力和资金，并且对环境有严重的污染。因此，生产上对橡胶白粉病迫切需要经济、有效、安全的综合管理方法。

植物抗病性的利用，是植物病害综合管理的重要组成部分与经济、有效、安全的防治方法之一。

国内外对橡胶树白粉病抗性的鉴定进行过一些研究。马来西亚、印尼都曾用苗圃系比法测定了一些橡胶品系对白粉病的抗性。为了加速橡胶树白粉病抗性的鉴定工作，70 年代后，国内外都研究其速测法，如马来西亚提出根据白粉菌在各品系上的产孢强度确定品系对白粉菌的抗性。笔者则提出过根据白粉菌在各品系叶片上的生长速度可鉴定品系抗病力。

我国目前推广或准备推广的橡胶品系，大多数对白粉病的抗性尚未清楚，因此很难在生产上利用。为了明确国内外主要橡胶品系在我国条件下对白粉病的抗病力，给使用推广品系提供依据，笔者从 1983—1990 年，在我院试验场设抗病系比苗圃，对国内大量推广和将要推广的主要品系的抗病力做了鉴定。本文报道其鉴定结果。

1　材料与方法

用本院橡胶所育种组收集的 48 个主要橡胶无性系的芽接苗为材料进行测定。

试验设计采用随机区组法。每个小区为一行，种植一个无性系小区 20 株，3 次重复，以 RRIC52 为抗病对照品系，PB5/51 为感病对照品系。为保证试验区有较多的菌源，在每重复中加设 2 行感病品系 PB5/51。试验区按常规的苗圃管理办法管理。为了便于观察和接种，每年 10 月将芽接苗锯干一次，保留 1m 高左右。

病害的诱发采取自然诱发和人工接种两种方法。自然诱发是任其自然发病。由于苗圃位于成龄胶林中间，保证了试验区有较丰富的菌源诱发病害。人工接种诱发是春天于各品系抽出嫩叶期间，在气候适合发病时逐株用新鲜菌源接种于古铜期嫩叶上。

病害鉴定每年进行 1~2 次，一般是在春天叶片老化后进行。按整株病害分级标准逐株分级和记录，计算品系发病指数。整株病害分级标准和发病指数计算，按原农牧渔业部农垦局《橡胶植保规程》规定。根据品系历年的病情指数确定其抗病力等级。抗病力分级标准如下：

高度抗病：平均发病指数≤15，最高发病指数≤30；

中度抗病：平均发病指数 16~20，最高发病指数 31~40；

中度感病：平均发病指数 21~30，最高发病指数 41~60；

高度感病：平均发病指数≥31，最高发病指数≥60。

对在苗圃中表现抗病和目前国内大量种植的品系，还到大田调查其抗性。大田调查的方法按《橡胶植保规程》规定。

为寻找室内快速鉴定抗病力的方法，选择不同抗病力的代表性品系，做菌丝生长速度的研究。其方法是在大田采集不同品系的古铜期嫩叶，每个品系 3 蓬叶，每蓬叶取 9 片叶片，用新鲜孢子接种，在 10cm 的大培养皿内保温培养，8h 后用棉蓝染色固定，在显微镜下量度芽管的长度，每处理叶片量 20 个孢子，每个品系重复 9 次，共 180 个孢子，取平均菌丝生长长度。

2　试验结果

2.1　苗圃鉴定

1983—1990 年连续 7 年对 48 个无性系的苗圃和大田抗病性鉴定的结果表明，在我国目前推广的 48 个主要橡胶无性系中，有 2 个是高度抗病品系，占 4.3%，它们是 RRIC52、红山 67-15。RRIC52 是从斯里兰卡引进的品系，其抗病力已为国外所肯定，红山 67-15 是我院南亚所从红山农场选出的品系，其抗病力接近 RRIC52。有 4 个品系属中度抗病，占 8.4%，它们是湛试 8-67-3、RRIC102、热研 11-9、IAN873。这些品系中，RRIC102，IAN873 是从国外引进的品系。还有 7 个品系（保亭 936、RRIM600、RRIC100、文昌 12-12、热研 14-20、热研 7-33-97、八－36-3）历年平均病情属中度抗病，但最高指数偏高，这些品系也具有一定的抗病力，在环境适合发病时，则抗病力降低，它们的抗病力比中抗品系稍低。其余 35 个品系，都不同程度地感病，占 74.5%，其中热研 4、热研 88-13、热研 7、PR107、海垦 1 等 4 个品系，其最高指数达到高度感病标准（表1）。说明在某些条件下，它们有可能严重感病。将各品系的病情指数转换为角度值进行显著性测验 $F>F_{0.01}$，说明品系间的抗病力差异极显著，可见，在我国目前推广的橡胶主要品系中，大部分为感病品系，这就是我国橡胶白粉病之所以经常严重流行的重要原因。

2.2　代表性品系菌丝生长长度

于室内测定 17 个有代表性抗病力品系的菌丝生长长度的结果表明，品系越抗病，菌丝生长越慢；品系越感病，菌丝生长速度越快。

表 1　橡胶主要无性系对白粉病抗性鉴定结果

品系	各重复病情指数			平均病指 指数	最高病情 指数	大田平均 病情指数	抗病力
	I	II	III				
RRIC52	15.3	10.4	14.9	13.5	26.7	20.0	高抗
红山 67-15	16.9	12.8	14.3	14.7	32.2	28.0	高抗
热研 11-9	15.7	19.8	32.5	17.1	32.5	30.9	中抗
RRIC102	19.1	16.3	16.7	17.4	33.8	27.1	中抗
湛试 8-67-3	18.3	14.2	23.2	18.6	37.3	27.5	中抗
热研 14-20	21.4	16.0	19.8	19.1	50.9	26.9	中抗
八一 36-3	23.6	17.6	17.3	19.5	46.3	26.9	中抗
保亭 936	20.0	19.6	19.4	19.7	42.7	31.3	中抗
热研 7-33-97	22.4	18.3	18.6	19.8	42.9	28.8	中抗
文昌 12-12	22.7	14.9	21.9	19.8	49.6	28.7	中抗
RRIC100	22.4	18.9	20.1	20.4	37.8	35.7	中感
RRIM600	22.5	18.9	20.2	20.5	46.4	32.6	中感
海垦 2	19.2	19.4	23.4	20.7	51.1	31.8	中感
保亭 235	18.2	21.4	22.5	20.7	40.0	32.7	中感
保亭 63-1	19.5	21.4	22.9	21.2	37.8	33.4	中感
IAN873	17.6	31.7	16.1	19.9	40.0	35.0	中感
PB86	21.3	9.4	36.4	22.4	53.3	38.4	中感
海垦 6	23.9	18.3	25.1	22.4	53.3	36.4	中感
红星 1	26.9	19.7	21.3	22.6	45.0	37.4	中感
热研 4-30-8	20.0	17.0	30.8	22.6	43.0	36.2	中感
热研 10-14-28	26.4	20.7	21.6	22.9	47.7	32.4	中感
GT1	29.5	20.2	20.5	23.3	47.1	29.4	中感
海垦 5	25.8	23.3	20.4	23.4	51.7	32.9	中感
热研 2-14-39	25.8	20.9	24.1	23.3	51.6	23.6	中感
湛试 93-114	30.7	22.2	17.6	23.5	57.3	30.5	中感
海垦 3	26.3	23.2	21.4	23.6	42.9	32.4	中感
文昌 10-78	27.7	23.1	20.4	23.6	53.8	31.9	中感
热研 8-76	20.0	31.1	20.0	23.7	31.1	30.1	中感
热研 7	27.8	20.0	24.3	24.0	60.0	38.7	中感-高感
保亭 3406	29.5	24.2	18.8	24.2	40.0	31.3	中感
热研 7-20-59	24.5	19.8	29.6	24.6	58.7	32.7	中感
保亭 037-23-2	30.1	26.1	18.3	24.8	56.4	34.9	中感
热研 6-18	26.4	20.8	27.4	24.9	48.9	44.0	中感
海垦 1	30.2	24.8	20.3	25.1	68.9	40.0	中感-高感

（续表）

品系	各重复病情指数			平均病指	最高病情	大田平均	抗病力
	I	II	III	指数	指数	病情指数	
保亭 933	31.5	16.9	20.2	25.2	49.1	42.1	中感
大岭 17-155	29.9	22.5	23.1	25.2	57.2	40.2	中感
热研 6-231	25.1	23.7	28.0	25.6	36.0	37.5	中感
热研 7-31-89	30.7	23.9	23.1	25.9	56.0	41.3	中感
热研 7-18-55	26.7	26.3	25.6	26.2	53.0	44.0	中感
热研 9-4	32.8	19.1	27.7	26.5	45.0	42.8	中感
文昌 193	31.9	21.6	27.7	27.1	56.9	40.5	中感
五星 I_3	32.5	19.1	30.8	27.5	53.8	43.6	中感
大丰 95	28.9	27.0	26.6	27.5	56.0	41.6	中感
热研 4	36.8	26.0	21.6	28.1	61.7	35.6	中感
PR107	36.0	28.0	23.0	29.0	61.0	41.4	中感
热研 88-13	31.3	29.0	28.0	29.4	60.0	44.5	中感
热研 44-9	29.1	30.6	32.2	30.6	40.0	31.2	中感
PB5/51	41.1	45.8	32.1	40.0	60	53.1	高感

抗病品系 RRIC52、RRIC102、红山 67-15、热研 14-20，平均菌丝长度在 30μm 以下；中度感病品系，如五星 I_3、热研 7-20-59 等，平均菌丝长度在 34~59μm，高度感病品系，如 PB5/51 等，平均菌丝长度在 60μm 以上，各品系的平均菌丝长度与其病情指数的相关系数为 0.7451，说明它们间高度相关。

以平均菌丝长度作自变量 x，品系田间最高病情指数为因变量 y，其回归预测模式为：

$$y = 23.08 + 0.627x$$

用此模式预测品系抗病力，回报准确率达 93.9%。

3　讨论

（1）经过 7 年的抗病性鉴定，选出了红山 67-15、湛试 8-67-3、热研 11-9 等抗白粉病的橡胶品系。这些品系都是我国自己选育国内外尚未报道的新抗病品系，它们丰富了橡胶白粉病抗病育种的抗病基因资源，并为白粉病综合管理，利用品系抗病性提供了更多的材料。

（2）RRIC52、RRIC100、RRIC102、IAN873 等品系，是国外选出并已肯定的抗病品系，在本鉴定中仍然表现抗病，与国外鉴定结果一致，说明用本鉴定方法进行抗病性鉴定的结果是可靠的。

（3）我国目前推广的主要无性系中，大部分属感白粉病品系。此类品系，只要气候条件适合白粉病发生，就有严重感病的可能，因此，必须经常做好防治的准备，以便及时控制病害流行。在病害的常发区和易发区，应尽量减少推广感病品系，并根据各地情况，推广抗病品系，在我国重病区推广抗病高产品系，必将显著地降低我国橡胶白粉病的流行频率与流行强度，减少防治成本，这是防治橡胶白粉病最经济有效的方法。

（4）本鉴定是从 1983 年开始的，只能选择当时认为是主要的无性系。国内外橡胶抗病选育种工作进展很快，不断选出优良品系，鉴定工作只有不断进行，才能适应形势的需要。

参考文献（略）

原载于 *热带作物学报*，1992，Vol. 13. No. 1：47-51

橡胶新种质对白粉病抗病性的鉴定[*]
（1989—1990）

余卓桐　肖倩莼　郑建华　符瑞益

[摘要] 107个橡胶新种质和多倍体种质PG1对白粉病抗病性的室内和大田鉴定结果表明：统一编号为34、405、108、244、72、439、408、291、271等种质，具有接近高度抗病品系RRIC52的抗病力，占全部鉴定种质的10.2%；101、363、245、254、293、387、410等，具有田间避病性，占6.5%；237、132、60、23等4个种质高度感病，无论室内菌丝生长速度或田间病情，都与感病对照品系PB5/51的相当或略高。其余86个种质（占79.6%），都不同程度地感病。本鉴定利用白粉菌在橡胶叶片上的生长速度鉴定品种抗病性，方法简单易行，准确快捷，可以缩短抗病育种年限。

橡胶白粉病在植胶区，每年都不同程度地发生，给橡胶生产带来严重的危害。过去，由于抗病种质资源贫缺，每年都需要花费大量的农药、资金、劳力进行化学防治。为了改变这种状况，因内外早就开始了抗病选育种工作，但成效甚微。如在20世纪40年代，爪哇发现LCB870能避病，但此品系产量低，未能推广应用。50年代中期，斯里兰卡选出了抗病品系RRIC52。据称此品系产量中等，亦未能大面积推广应用，只在高海拔重病地区使用。70年代后，斯里兰卡又用RRIC52与一些高产品系杂交，选育出RRIC100、RRIC101、RRIC102、RRIC103等较抗病高产的品系。但这些品系产量仍不理想，且易感棒孢霉叶斑病，亦未推广应用。鉴于上述情况，寻找新的抗原和快速的抗病性鉴定方法，加快抗病育种工作，是橡胶生产上一个迫切需要解决的问题。为此，笔者对本院郑学勤副院长于1981—1982年从巴西引进的橡胶新种质进行了白粉病抗病性鉴定。本文报道其部分橡胶种质的抗病性鉴定结果。

1　材料与方法

本试验的材料，取自华南热作两院热带作物生物技术国家重点实验室种质苗圃的部分橡胶新种质资源的幼树。其新种质试验区设3次重复，按随机区组设计。每重复中每个新种质为2株。参加鉴定的新种质107个，其统一编号详见鉴定表；此外，还鉴定多倍体种质PG1。为了比较，同时以RRIC52为抗病对照品系，PB5/51为感病对照品系。

鉴定工作分室内鉴定和大田鉴定两部分。

（1）室内鉴定：测定白粉菌在不同种质上的菌丝生长速度，并根据菌丝生长速度决定种质材料的抗病性。测定方法是取各新种质的古铜期叶片，接种白粉菌新鲜孢子，

* 本研究作为"橡胶热作种质资源性状鉴定评价"一个分题于1991年获国家科技进步奖三等奖。

在常温下保湿培养 10h，用棉蓝染色液染色固定，在显微镜下测量菌丝长度。每个种质每次接种 3 片叶，重复 9 次。每片叶量度 20~30 个发芽孢子。统计平均菌丝长度。以抗病品系 RRIC52 的平均菌丝长度为基数（100%），比较其他种质的白粉菌生长速率。

（2）大田鉴定：在春天橡胶种质叶片老化以后，逐个鉴定种质的白粉病病情。病情鉴定用整株病情分级法，逐株记录病级，计算发病指数。

整株分级标准如下：

0 级：无病；

1 级：少数叶片有少量病斑；

2 级：多数叶片有较多病斑；

3 级：病斑累累，叶片中度皱缩；

4 级：病斑满布，或叶片严重皱缩或落叶 $\frac{1}{3}$；

5 级：落叶 $\frac{1}{2}$ 以上。

$$发病指数 = \frac{\sum（各级病株数×该级级值）}{调查株数×5} \times 100$$

室内鉴定和大田鉴定完成后，根据各种质的平均菌丝长度和大田病情指数，综合评定各种质的抗病力。

抗病力的分级标准如下：

抗病：菌丝长度 < 30μm，发病指数≤30；

中感：菌丝长度 30~35μm，发病指数 31~34；

感病：菌丝长度 36~45μm，发病指数 41~60；

高感：菌丝长度 > 45μm，发病指数 > 60；

避病：菌丝长度 > 35μm，发病指数 < 30。

2 试验结果

2.1 鉴定结果

重复 9 次的室内鉴定和大田最终病情鉴定的结果综合如表 1。从表 1 可以看出：

（1）在参试的 107 个新种质中，34、405、108、244、72、439、291、271、39 等 10 个新种质和 PG1 多倍体，平均菌丝长度在 30μm 以下，大田发病指数在 30 以下，都接近抗病品系 RRIC52，是具有较高抗病力的新种质。但这部分种质数量不多，只占全部鉴定数的 10.2%。

（2）在鉴定的种质中，有一部分的菌丝生长速度很快（菌丝长 > 36μm），但田间病情较轻（病情指数 < 27.5），如 101、363、245、254、293、387、410 等，是具有田间避病性的种质。从菌丝生长速度来看，它们是感病的种质，而从田间病情来看，它们表现轻病。这些种质大都由于叶片老化快或嫩叶期遇到不利发病的天气，因而避病。这部分种质不多，只占全部测定数的 6.5%。

（3）大部分种质是感病的。其中感病性较低（中感）的有 36 个，占 33.3%；较感病的（含感病）有 50 个，占 46.3%；高度感病的 4 个，占 3.7%。高度感病的种质菌丝生长速度或田间病情，都接近或高于高度感病对照品系 PB5/51 的水平。

可见，在引进的新橡胶种质中，确实存在有白粉病的抗源。但这部分抗源数量不多，大部分为感病的种质资源，仍需要深入鉴定，才能找到理想的抗源。

表 1　橡胶新种质对白粉病抗病性鉴定结果

统一编号	种质	名称	平均菌丝长度（μm）	与 RRIC52 的比率（%）	大田病情指数	抗病力
	RRIC	52（CK）	25.4	100.0	28.3	抗病
34	RO	46	27.8	109.4	20.0	抗病
405	AC/S/112	42/276	27.9	109.8	25.0	抗病
108	RO/JP/3	22/42	29.1	114.6	25.0	抗病
244	RO/CM/10	44/7	29.0	114.2	28.0	抗病
72	MT/C/2	10/155	28.0	110.2	30.0	抗病
	PG1		28.6	112.6	30.0	抗病
439	AC/S/11	41/254	27.4	107.9	30.0	抗病
408	AC/S/12	42/186	27.7	109.1	30.0	抗病
291	AC/S/12	42/59	26.7	105.1	25.0	抗病
271	RO/CM/10	44/15	29.5	116.1	20.0	抗病
101	MT/IJ/14	30/106	40.8	160.6	25.0	避病
363	RO/CM/10	44/258	37.3	146.9	25.0	避病
245	RO/CM/10	44/129	38.6	152.0	25.0	避病
254	RO/CM/10	44/2	42.0	165.4	22.5	避病
293	AC/S/12	42/387	36.7	144.5	20.0	避病
387	AC/S/12	42/210	45.9	180.7	27.5	避病
410	AC/X/20	53/34	39.2	154.3	17.5	避病
247	RO/CM/10	44/145	32.6	128.3	32.5	中感
185	RO/C/9	23/398	33.0	129.9	35.0	中感
217	MT/I/404	40	33.0	129.9	35.0	中感
229	MT/I/39A	38	30.0	118.1	40.0	中感
311	AC/S/12	42/50	33.7	132.7	40.0	中感
282	AC/S/12	42/431	35.0	137.8	30.0	中感
39	IAN717		30.0	118.1	30.0	抗病
260	RO/CM/10	44/20	35.0	137.8	40.0	中感
213	RO/I/47	73	42.1	165.7	30.0	中感—感病
287	AC/S/12	42/373	39.5	155.5	32.5	中感—感病
4	RO	42	44.2	174.0	30.0	中感

（续表）

统一编号	种质	名称	平均菌丝长度（μm）	与 RRIC52 的比率（%）	大田病情指数	抗病力
119	AC/AB/15	54/1152	44.8	176.4	30.0	中感
278	AC/S/12	42/392	34.8	137.0	40.0	中感
277	AC/S/12	42/437	30.0	118.1	40.0	中感
138	AC/AB/15	54/557	30.4	119.7	40.0	中感
115	T/02/81	1/16	33.5	131.9	35.0	中感
183	AC/S/12	42/452	35.0	137.8	30.0	中感
30	AC	78	32.5	108.0	35.0	中感
242	RO/CM/10	44/101	33.3	131.1	40.0	中感
294	AC/X/20	53/68	31.7	124.8	30.0	中感
134	MT/VB/25	57/13	35.0	137.8	35.0	中感
64	RO/JP/3	22/127	32.7	128.7	30.0	中感
110	RO/J/5	33/44	34.9	137.4	30.0	中感
78	RO/C/8	24/9	34.6	136.2	30.0	中感
76	AC/F/5	21/100	34.2	134.6	30.0	中感
328	RO/CM/10	44/230	34.5	135.8	35.0	中感
352	RO/CM/10	44/160	34.4	135.4	40.0	中感
322	AC/S/12	53/122	39.2	154.3	50.0	感病
268	RO/CM/10	44/66	36.7	144.5	50.0	感病
258	AC/X/20	53/116	38.0	149.6	50.0	感病
304	AC/S/12	42/366	35.7	140.6	40.0	感病
335	RO/CM/10	44/225	36.6	144.1	55.0	感病
103	RO/PB/15	2/10	35.2	138.6	60.0	感病
133	AC/AB/15	54/575	35.8	141.0	45.0	感病
198	AC/AB/15	54/547	40.9	161.0	40.0	感病
189	RO/AB/2	3/429	37.2	146.5	55.0	感病
266	RO/CM/10	44/150	45.0	177.2	45.0	感病
243	RO/CM/10	44/129	44.9	176.8	40.0	感病
104	RO/PB/2	3/117	35.5	139.8	50.0	感病
97	RO/PB/2	3/53	37.5	147.7	55.0	感病
113	MT/IJ/14	30/170	36.5	143.7	50.0	感病
273	AC/S/12	42/400	43.2	170.1	40.0	感病
348	RO/CM/10	44/76	40.3	158.7	40.0	感病
297	AC/S/12	42/354	35.7	140.6	50.0	感病

（续表）

统一编号	种质	名称	平均菌丝长度（μm）	与 RRIC52 的比率（%）	大田病情指数	抗病力
82	MT/C/11	9/1	37.2	146.5	52.5	感病
88	MT/C/11	9/67	35.8	141.0	50.0	感病
203	RO/C/8	24/400	35.3	139.0	55.0	感病
256	AC/S/11	41/66	41.3	162.6	60.0	感病
50	RO/C/8	24/10	41.0	161.4	40.0	感病
52	AC/F/5	21/203	35.0	137.8	35.0	中感
196	AC/AB/15	54/688	31.4	123.6	40.0	中感
147	RO/I/81	96	33.7	132.7	30.0	中感
253	RO/CM/10	44/71	30.9	121.6	50.0	感病
208	AC/I/25	11	33.4	131.5	30.0	中感
302	AC/S/12	42/105	33.9	133.5	30.0	中感
430	RO/CM/10	44/194	33.7	132.8	35.0	中感
389	AC/S/12	42/499	34.8	137.0	32.5	中感
202	MT/IT/12	26/32	31.5	124.0	35.0	中感
136	MT/C/11	9/17	39.7	156.3	40.0	感病
127	RO/PB/2	3/94	35.4	139.4	45.0	感病
137	RO/PB/	3/483	35.5	139.8	50.0	感病
215	RO/I/57	82	36.1	142.1	50.0	感病
140	RO/09/4	20/115	49.1	193.3	40.0	感病
355	RO/CM/10	44/51	43.7	172.0	40.0	感病
288	AC/S/12	42/367	45.0	177.2	50.0	感病
262	RO/CM/10	44/27	41.8	164.6	45.0	感病
235	RO/CM/12	40/96	41.0	161.4	40.0	感病
201	RO/JP/3	22/250	45.1	177.5	50.0	感病
318	AC/X/20	53/102	36.2	142.5	42.5	感病
236	RO/CM/10	44/19	41.9	165.0	50.0	感病
210	RO/C/9	23/101	41.9	165.0	40.0	感病
63	RO/PB/2	3/104	35.3	139.0	45.0	感病
197	AC/B/17	58/38	43.2	170.1	55.0	感病
225	MT/I/24	27	43.3	170.4	55.0	感病
171	RO/I/25	62	40.3	158.7	40.0	感病
135	AC/AB/15	54/119	45.0	177.1	40.0	感病
124	RO/PB/2	3/171	37.6	148.0	40.0	感病

（续表）

统一编号	种质	名称	平均菌丝长度（μm）	与 RRIC52 的比率（%）	大田病情指数	抗病力
233	RO/I/52	78	39.5	155.5	40.0	感病
68	RO/PB/1	2/51	38.9	153.1	50.0	感病
126	RO/CM/10	44/780	41.8	164.6	40.0	感病
249	RO/CM/10	44/138	35.3	139.0	45.0	感病
413	AC/S/12	42/16	53.9	141.3	45.0	感病
139	RO/OQ/4	20/190	35.4	139.4	55.0	感病
427	AC/S/12	42/142	37.2	146.4	40.0	感病
107	MT/ST/14	3/37	35.0	137.8	50.0	感病
265	RO/CM/10	44/1	45.0	177.2	40.0	感病
187	AC/S/8	35/32	43.9	172.8	55.0	感病
237	RO/CM/10	44/18	56.3	221.6	60.0	高感
132	RO/PB/2	3/245	46.5	183.1	60.0	高感
60	RO/PB/2	3/267	50.8	200.0	65.0	高感
23	AC	57	47.9	188.6	70.0	高感
	PB5/51（CK）		46.7	183.9	71.4	高感

2.2 室内鉴定方法的评价

为了加速橡胶抗病选育种工作，在短期内确定鉴定材料的抗病性，国内外学者都在研究室内抗病性鉴定方法。70 年代初期，马来西亚研究院提出用产孢强度（孢子梗数量）来测定品系的抗病力。此法经笔者重复测定，认为与大田病情相关性不高。笔者在 1973 年首先利用菌丝生长速度来鉴定品系的抗病力。本次鉴定结果进一步证明，利用菌丝生长速度鉴定橡胶品系或种质的抗病性是可靠的。用表中资料统计，各种质的平均菌丝长度与大田病情指数密切相关，相关系数 $r = 0.6498$（$P > P_{0.01} = 0.3211$，极显著），用直线回归法统计平均菌丝生长速度与田间发病指数的关系，其回归模式为：

$$y = 1.17x - 1.21$$

其中，y 为品系大田病情指数，x 为平均菌丝生长长度（μm）。

以室内测定白粉菌在某品系上的平均菌丝生长长度代入模式，就可预测出此品系的大田病情，确定其抗病等级。用此模式回报上述 99 个种质（避病品种除外）的大田发病指数，准确率达 93.3%。

过去，笔者曾用抗病系比苗圃法鉴定品系抗病性，前后花了 8 年时间才鉴定了 48 个品系。本次鉴定只花 2 年时间，说明这种方法能简化鉴定过程，大大缩短抗病性鉴定的年限。

3 讨论

（1）经室内和大田的抗病性鉴定，在新引进的橡胶种质中，确实存在有白粉病的抗源，这为橡胶抗病育种提供了新种质。但是，在橡胶新种质中，抗病的种质是很少的，大部分是感病的种质。白粉病起源于东南亚，在历史上，橡胶新种质没有与白粉菌共同进化的历史。新抗病种质引进我国后，其抗病力是否能持久维持下去，还需继续鉴定。另外，白粉菌是一种生理分化性强的病原菌，在不同地区有不同的生理小种分布，上述抗病新种质在不同地区，其抗病力可能有不同的表现。在使用时必须先进行地区适应性鉴定。

（2）根据白粉菌在不同种质或品系上的菌丝生长速度，结合橡胶幼苗的大田病情鉴定，可以准确地鉴定抗病性。此法简单易行、快捷准确，可以大大缩短抗病性鉴定的年限。目前国内外尚未见用此法测定橡胶树抗病性的报道。

（3）应用菌丝生长速度测定橡胶树的抗病性，可较准确鉴定大多数品系的抗病性。但对个别品系，特别是具有避病性的品系则有偏差，必须结合大田观察，才能得到准确的结果。

（4）本鉴定只鉴定橡胶新种质的少部分，今后还需进行大量的工作，才能真正选出抗病、高产的新种质。

本文为"橡胶及热作新种质鉴定评价"报奖内容之一

橡胶树对白粉病抗病新种质筛选研究[*]
（1993—1995）

肖倩莼　余卓桐　陈永强　单家林　伍树明　符瑞益

[摘要] 1993—1995 年鉴定了 500 个橡胶新种质对白粉病的抗病性，筛选出 2508、2610、2647、2637、2630、2927、2620、2761、2739、2768、2811 等 12 个高度抗病的新种质，2644、2463、2736、2496、2874、2583 等 6 个中度抗病新种质，以及 2489、2460、2731 等 3 个避病新种质。

[关键词] 橡胶树；白粉病；抗病性；种质

橡胶树白粉病是橡胶树最严重的病害，给橡胶生产带来严重的危害。过去，由于缺乏抗病品种，每年都要花费大量的农药、资金、劳力进行化学防治。为了改变这种状况，国内外早就开始选育抗病品种。20 世纪 40 年代初期，爪哇就发现 LCB870 品系具有避病特性。但此品系产量低，至今未能应用，50 年代中期斯里兰卡橡胶研究所选育出抗病品系 RRIC52。这是迄今最抗病的品系，但产量中等，亦未能大面积推广应用。70 年代后，斯里兰卡用 RRIC52 与一些高产品系杂交，选育出 RRIC100、101、102、103 等较抗病高产品系，这些品系产量仍不理想，且易感棒孢霉叶斑病，亦未推广应用。我国从 60 年代开始进行品系抗病性鉴定，选出了红山 67-15 较抗病的品系。此品系产量不高，未能推广应用。鉴于上述情况，寻找新抗源，提高抗病选育种的成效，仍然是橡胶生产迫切需要解决的问题。为此，笔者对本院 1982 年从巴西引进的橡胶新种质进行了抗病性筛选研究。本文报道 1993—1996 年抗病性筛选的结果。

1　材料与方法

本研究的材料，为我院热带植物生物技术国家重点实验室种质圃的部分橡胶新种质的幼树和植保所芽接的幼苗。抗病种质幼苗 20 株以上。参试种质为统一编号 2441~2940，共 500 个。以 RRIC52 为抗病对照品系，PB5/51 为感病对照品系。

抗病性筛选方法分初筛、复筛两步。初筛采用大田病情鉴定法，目的是淘汰大量感病种质，初步选出抗病或避病种质，在春天种质叶片老化以后，逐株调查病情，病害分级标准和统计方法按农业部农垦司所规定。根据病情指数鉴定种质抗病力。高度抗病的标准为年平均发病指数≤15，最高发病指数≤30；中度抗病为平均发病指数 16~20，最高发病指数 31~40；中度感病为平均发病指数 21~30，最高发病指数 41~60；高度感病

---

* 本研究作为"橡胶热作种质资源性状鉴定评价"的一个分题，于 1998 年获国家科技进步奖二等奖。

为平均发病指数≥31，最高发病指数≥60。本研究经5年的大田观察，并据5年平均和最高发病指数确定种质初筛阶段的抗病等级。

复筛采用人工接种的方法，进一步鉴定初筛选出的抗病种质，测定其对白粉菌侵染过程各环节的抗性，包括抗侵入、抗侵染、抗扩展、抗产孢的能力，以确定种质是否真正抗病或属避病，提高鉴定的准确率。人工接种用0.5cm直径的玻棒，粘取田间新鲜孢子，分别接种于待测的新种质感病期（小古铜期）的叶片上。10h后取样观察孢子的发芽率、芽管菌丝生长长度。以RRIC52的平均芽管、菌丝生长长度为基数（100%），比较白粉菌在其他种质上的生长速率，确定其抗侵入和抗扩展的能力。接种后3天开始，每天观察发病情况，确定潜育期和侵染速率，并采样在显微镜下统计100μm范围内的孢子梗数，确定产孢速度与数量。以发病后连续4天的孢子梗平均数与同期抗病对照品系的孢子梗数相比，确定种质抗产孢的能力。叶斑老化后测量菌斑大小和最终发病率，并统计从小古铜叶期至老化所需时间，与抗病对照品系列比较确定种质抗侵染、抗扩展和避病能力。人工接种在不同时期重复3次。每次接种叶片30~50片。复筛根据人工接种最高发病率，白粉菌在各种质上的芽管、菌丝生长速度、潜育期、产孢量、菌斑大小与抗病和感病对照品系比较，参考历年大田病情鉴定的最高发病指数，确定种质的抗病等级。具体分级标准如表1。

表1　抗病性分级标准

抗病等级	接种最高发病率比抗病对照高（%）	田间最高发病指数	芽管菌丝长度、潜育期、产孢量、菌斑大小4项与抗病对照品系相比
高度抗病	<2	≤30	3项以上相当
中度抗病	3~20	31~40	2项以上相当
中度感病	21~50	41~60	3项以上较高
高度感病	>50	>60	4项均较高
避病	>20	≤20	3项以上较高，古铜叶期至老化在12天以内

本试验中的中感、高感种质按初筛鉴定结果确定；高抗、中抗、避病的种质则必须经过复筛，明确抗病机制才确定抗病等级，以保证选出真正抗病的种质。

2　结果与分析

2.1　初筛鉴定结果

初筛500个橡胶新种质的结果表明，有12个新种质达到初筛高度抗病的标准，占全部种质2.4%，9个达到中抗标准，占1.8%。其中高抗种质，5年平均病情比抗病对照品系低，说明从亚马孙流域引进的橡胶原始种质，确有少数比目前国际上抗病力最强的品系更为抗病的种质（表2）。

初筛鉴定的中感种质129个，占全部鉴定的种质25.8%；高感种质350个，占70%。全部感病种质占95.8%，说明亚马孙流域的橡胶种质，绝大部分是感病种质。

169

表 2　橡胶新种质对白粉病抗性初筛结果

统一编号	大田发病指数							抗病等级
	1991	1992	1993	1994	1995	平均	最高	
2508	20.0	20.0	0.0	10.0	11.1	12.2	20.0	高抗
2610	20.0	25.0	4.0	7.1	0.8	8.6	25.0	高抗
2620	20.0	15.0	10.0	15.0	2.6	12.5	20.0	高抗
2630	20.0	20.0	10.0	13.0	15.0	15.0	20.0	高抗
2637	10.0	15.0	25.0	8.6	14.5	14.6	25.0	高抗
2647	10.0	20.0	20.0	10.0	15.0	15.0	20.0	高抗
2761	25.0	20.0	20.0	20.0	1.5	15.0	25.0	高抗
2927	20.0	10.0	15.0	16.0	15.0	15.0	20.0	高抗
2561	10.7	23.0	13.0	20.0	7.4	14.8	23.0	高抗
2739	22.0	20.0	20.0	10.0	2.7	14.9	22.0	高抗
2768	20.0	20.0	10.0	23.5	12.5	15.0	23.5	高抗
2811	30.0	20.0	10.0	10.0	5.2	15.0	30.0	高抗
2563	20.0	26.0	10.0	23.3	20.0	19.8	26.0	中抗
2583	20.0	30.0	18.0	20.0	15.0	20.0	30.0	中抗
2644	20.0	20.0	10.0	30.0	19.4	19.9	30.0	中抗
2683	20.0	25.0	20.0	15.0	20.0	20.0	25.0	中抗
2731	20.0	10.0	20.0	32.5	25.0	20.0	32.5	中抗
2874	20.0	16.0	40.0		5.3	20.0	40.0	中抗
2460	20.0	20.0	5.0	37.5	15.0	19.5	37.5	中抗
2463	20.0	20.0	10.0	28.8	22.0	19.7	28.8	中抗
2496	25.0	12.0	12.0	19.0		19.4	25.0	中抗
RRIC52	10.0	20.0	20.0	25.0		15.0	25.0	高抗
PB5/51	95.4	70.0	40.0	60.0	95.0	72.1	95.4	高感

2.2　复筛鉴定结果

1994—1996 年分两次复筛了 23 个从初筛选出的抗病种质，结果表明（表3）：统一编号为 2508、2610、2647、2637、2927、2811、2561、2739、2620、2768、2761、2630等 12 个橡胶种质，无论是历年田间病情或是人工接种发病率、潜育期、芽管菌丝生长速率、产孢量、菌斑扩展速度，均与抗病对照品系相当或略低，具有明显的抗侵染、抗扩展和抗产孢的能力，属高度抗病的种质。它们中有些种质还具有对侵染过程某些环节的突出抗性。如 2508 抗侵染、潜育、产孢；2647 对产孢；2630 对病斑扩展；2561、

2739、2811 对侵染、产孢、扩展的抗性，都远远超过抗病对照品系。2630、2927 除具有抗侵染过程的能力外，其叶片老化快，还具有一定的避病能力。

表3　橡胶新种质对白粉病抗病性鉴定复筛鉴定结果

种质统一编号	接种时间（年.月）	人工接种发病率（%）			芽管菌丝长度		潜育期（天）	孢梗数（条/100μm）	病斑大小（mm²）	田间最高发病指数	古铜期至老化（天）	抗病等级评定
		平均	最高	与RRIC52比	平均（μm）	相当于RRIC52（%）						
2508	1994.3	2.3	5.2	-15.5	28.4	96.6	8~10	1.0	15.0	20.0	14	高抗
2610	1994.3	6.4	19.1	-1.6	30.0	102.0	4~5	4.0	11.0	25.0	14	高抗
2630	1994.3	5.6	22.2	+1.5	30.4	103.4	5~10	5.0	2.7	20.0	12	高抗
2637	1994.3	4.5	12.5	-8.2	29.0	98.4	3~5	3.0	10.0	25.0	14	高抗
2647	1994.3	0.9	4.5	-16.2	31.0	105.4	4~6	0.0	13.0	20.0	14	高抗
2927	1994.3	1.4	4.1	-16.6	30.0	102.0	4~6	4.0	11.0	20.0	14	高抗
2463	1994.3	24.1	37.9	+17.2	31.9	108.5	5~8	4.0	13.3	28.8	15	中抗
2496	1994.3	13.3	30.2	+9.5	31.2	106.1	3~5	3.0	20.1	25.0	15	中抗
2638	1994.3	19.4	48.9	28.2	31.6	107.5	3~6	11.1	16.0	55.3	13	中感
2644	1994.3	10.1	30.7	+10.0	31.0	105.4	6~8	12.5	21.7	30.0	15	中抗
2736	1994.3	8.3	46.7	+26.0	31.8	108.2	3~5	4.0	35.9	40.0	15	中感
2874	1994.3	22.9	37.5	+16.8	30.7	104.4	8~13	9.5	17.7	40.0	16	中抗
2460	1994.3	29.2	41.9	+21.2	24.9	84.7	4~6	1.0	20.0	37.5	12	避病
2489	1994.3	30.7	42.9	+22.2	33.4	113.7	3~5	3.9	15.8	40.0	12	避病
2731	1994.3	25.0	50.0	+29.3	28.9	98.3	3~5	16.7	10.8	32.5	12	避病
2495	1994.3	13.1	46.6	+25.9	36.5	124.1	3~5	5.0	27.4	52.5	14	中感
RRIC52	1994.3	3.8	20.7	0	29.4	100.0	5~7	4.1	10.6	25.0	15	高抗
PB5/51	1994.3	28.7	100.0	+79.3	45.2	153.7	3~5	9.2	47.3	95.4	14	高感
2561	1995.3	3.5	7.5	-61.3	31.0	103.0	8~9	0.2	4.0	23.0	14	高抗
2620	1995.3	11.0	25.0	-43.8	30.4	101.0	8~9	2.13	7.1	20.0	17	高抗
2761	1995.3	10.4	20.8	-48.0	30.0	99.7	8~9	0.8	8.1	25.0	16	高抗
2739	1995.3	3.2	6.8	-62.0	31.4	104.3	8~9	0.8	3.5	22.0	17	高抗
2768	1995.3	18.2	24.0	-44.8	30.0	99.7	6~7	1.5	11.0	23.5	15	高抗
2811	1995.3	3.6	12.9	-55.19	31.0	103.0	8~9	0.2	3.0	30.0	14	高抗
2497	1995.3	55.5	89.8	+21.0	34.0	113.0	8~9	0.91	6.0	26.0	14	中感
2583	1995.3	58.6	84.5	+15.7	34.0	113.0	8~9	1.50	2.89	30.0	16	中抗
2526	1995.3	95.0	100.0	+31.2	36.8	122.2	4~5	0.5	25.5	55.0	16	中感
2690	1995.3	95.2	100.0	+31.2	34.8	115.6	6~7	1.33	26.4	47.5	16	中感
2788	1995.3	91.4	93.0	+24.2	34.9	115.7	6~7	1.79	21.4	52.5	15	中感
RRIC52	1995.3	48.4	68.8	0	30.1	100.0	6~8	1.26	16.0	25.0	15	高抗
PB5/51	1995.3	95.0	100.0	+31.2	48.0	163.3	5~6	2.3	115.0	95.4	15	高感

2644、2463、2496、2736、2874、2583 等 6 个种质，人工接种最高发病率比抗病对照品系高 8.2%~20%，田间最高发病指数在 30 以下，对侵染过程各环节具有 2 项以上的抗性，属中度抗病的种质。这类种质的一个显著特点，是只具有抗侵染过程的部分环节，没有抗侵染全过程的能力。如 2496、2463 产孢量较低，具有抗产孢的能力，但侵染率较高，抗侵染力较低；2644、2874 潜育期长，具有抗侵入和抗扩展的能力，但产孢量、侵染率较高，抗产孢和抗侵染力较低。由于这些种质只抗侵染过程某些环节，所以表现中度抗病。

2489、2731、2460 则比较特殊，其人工接种侵染率比感病对照品系 PB5/51 还高，抗病力很差，但田间却表现轻病。复筛发现这些品系叶片老化快，从小古铜叶期到老化只有 12 天。系统切片观察，这些种质的叶片，在 11~13 天角质层和表皮细胞已达到最大厚度，具抗病力。由于感病期短，具有明显的避病能力，属避病种质。

3 讨论

3 年来通过初筛、复筛的综合鉴定法，选出了 12 个抗病水平与迄今国际公认的抗病品系 RRIC52 相当或略高的高度抗病种质，同时选出 6 个抗病水平略低的中抗种质和 3 个避病种质。这些种质，是 20 世纪 80 年代初期从亚马孙流域引进的新种质，国内外尚未见学者对这些种质做过抗白粉病的鉴定，本研究为橡胶白粉病抗病选育种提供了新的抗源。陈守才等用 RAPD 技术，从笔者鉴定的 11 个抗病种质中，全部分离出一个和橡胶树抗白粉病基因紧密连锁的 RAPD 标记，而鉴定为感病的 11 个新种质则全部没有。1991 年、1995 年是橡胶白粉病大流行年，对种质的抗病力是一个严格的考验。从这两年鉴定结果来看，笔者鉴定为抗病的种质，发病指数都在 30 以下，而感病种质都在 50 以上。这些都是对本鉴定结果准确性的证明。

一个种质的抗病水平是由其抗侵染过程的综合能力所决定的。抗病性鉴定，必须测定种质对病原菌侵染全过程的抗性，才能获得准确的鉴定结果。过去许多病害的抗病性鉴定只靠田间病情鉴定，不做人工接种，或做人工接种而不测定对侵染过程各环节的抗性，都可能降低鉴定的准确率，不能选出真正抗病的种质。本试验选出的抗病种质，还没有测定产量和其他农艺性状，只供抗病育种使用，还不能直接在生产上应用。

参考文献（略）

原载于 *作物品种资源*，1997（1）：33-36

橡胶树抗白粉病组织学研究

单家林 余卓桐 肖倩莼 黄武仁

[摘要] 比较橡胶树抗病与感病品种的叶片表皮细胞结构及其对病原菌侵染过程的作用。结果表明，具有组织抗病性的品系的叶片角质层较厚、生长快，叶片老化快，原生质体积小，较易发生黄斑性坏死反应，具有明显的限制病菌侵染、产孢、扩展的作用。

[关键词] 橡胶树；白粉病；抗病组织

橡胶白粉病（*Oidium hereae* Steinm）是橡胶树的严重病害。过去对此病一直以化学防治为主。由于化学防治存在许多问题，国内外学者很早就开展抗病选育种工作。但是，自 20 世纪 30 年代爪哇发现 LCB870，50 年代斯里兰卡橡胶研究所育出 RRIC52 以来，迄今还没有选出一个能在生产上大规模推广的抗病品系。国内外对该病抗病选育种所以成效较低，主要原因一方面是由于没有掌握橡胶树对该病的抗病机制，因而缺少快速准确的抗病选育种方法。另一方面是缺乏抗源。过去学者对该病的抗病机制研究甚少，只有 Young 对 LCB870 的叶片老化速度与其避病关系做过研究。为了寻找快速鉴定和选育抗病品种的方法，提高抗病选育种的成效，从 1996 年开始，笔者进行了橡胶树对白粉病的抗病组织学研究。

1 材料与方法

本试验的材料，取自中国热带农业科学院热带作物生物技术国家重点实验室橡胶种质圃的幼树。参试品系有国际公认的组织结构抗病品系 LCB870、生理生化抗病品系 RRIC52、高度感病品系 PB5/51。

抗病组织的研究，采用对比法试验设计，切片比较抗病品系与感病品系不同叶龄（抽芽后 7 天、10 天、16 天、22 天）的角质层厚度和生长速度、表皮细胞壁厚度、原生质体积以及叶片老化速度的差异。同时，用人工接种的方法使抗病种和感病种发病，切片观察比较它们上述组织在病原菌作用下的数量变化和是否产生新的抗病组织结构，如木栓层、过敏性坏死细胞、细胞壁乳突等，探明抗病品系是否出现主动抗病组织结构。在人工接种发病后，为了分析抗病组织对病害侵染过程的作用，同时在田间观察记录白粉病病情和橡胶树物候期的发展。试验处理设计见表 1。

上述设计共有 16 个处理，试验重复 3 次。每处理每次采叶 10 片，先用 FAA 固定，然后制片，在显微镜（10×100）下观察和测量表皮细胞的上述有关组织。每片叶取叶片中部（病叶取中部病组织切片多片。每个切片测量 5 个不同位点。表皮细胞原生质体积的测定，为了避免脱水处理对液泡、原生质体积等的影响，采用徒手切片法观察表皮细胞的横切面，估计出液泡在细胞中所占比例（%）。据笔者预先测量 60～90 个表皮细胞的表面积，绝大部分（80%以上）的表皮细胞上表面积比较接近，其面积总和占所测细胞总面积 80%以上。表皮细胞为扁平状，横切面为长方形。故本试验的原生质体积的测量，是把所测的细胞表面积的平均值乘以细胞厚度（不含角质层）来代表上表皮细胞的近似体积。再减去细胞中液泡所占的比例，即为原生质体积的近似值。每处理测量 50 个细胞，以平均值代表该处理重复的原生质体积。

表 1 橡胶白粉病抗病组织研究试验处理设计

品系类型	病情	抽芽后天数（天）				测定内容
抗病品系	无病	7	10	16	22	角质层厚度生长速度、细胞壁厚度
抗病品系	有病	7	10	16	22	原生质体积
感病品系	无病	7	10	16	22	叶片老化速度
感病品系	有病		10	16	22	白粉病病情、流行速率、白粉菌产孢量、扩展速度

抗病组织对病菌侵染过程作用的研究，包括测定其对孢子萌发、侵入、潜育、侵染、扩展、产孢、病害严重度、流行速度等影响。孢子萌发测定，是在接种后 10h 每个处理取叶 3 片，用棉蓝染色，在显微镜下统计萌发率。病菌侵入、潜育、侵染、病害严重度、流行速度、叶片物候等，是在田间用系统观察的方法来测定。接种后每隔 3 天观察 1 次，直至叶片老化。病害和物候的调查、分级、统计方法按农业部农垦局《橡胶植保规程》的规定。病害流行速率按 Van der Plank 的逻辑斯蒂模型计算。病斑扩展的测定，每个处理在发病初期选 10 个病斑，每隔 3 天测量 1 次，统计平均每天的扩展速率。产孢量测定，从接种后 3 天开始，每隔 3 天取样一次，每次取叶 3 片，在显微镜下统计 100μm 范围的孢子梗数量。分析比较病原菌在具有与不具有抗病组织结构的品系上的侵染过程、病害严重度和流行速率，明确抗病组织的作用机制。

2 试验结果

2.1 叶片角质层厚度及其生长速度

不同抗病性品系叶片角质层厚度及其生长速度测定比较的结果（表 2）表明：具有组织抗病性的品系 LCB870 的叶片角质层显著比感病种 PB5/51 厚，且生长较快。在没有病害侵染（无病）的情况下，抽芽后 7 天（小古铜期），LCB870 的角质层厚度已比同期的 PB5/51 厚 7.3%；抽芽后 16 天（淡绿期）的厚度已达 3.07μm，比同期的 PB5/51 厚 43.5%，超过 PB5/5l 叶片老化期（抽芽后 22 天）所达到的最大厚度 2.75μm，并接近其本身老化期的最大厚度 3.64μm。LCB870 的最大厚度比 PB5/5l 的最大厚度大32.4%。两者差异极显著（多重比较 Q 测验：$D>D_{0.01}$）。说明组织抗病品系的角质层厚度和生长速度极显著超过感病品种；角质层在橡胶树对白粉病的抗病性中起着重要的作用。

生理生化抗病品系 RRIC52 与 LCB870 不同，其角质层厚度和生长速度与感病品系

PB5/51 没有明显的差异（Q 测验 $D<D_{0.01}$），说明角质层厚度在此品系的抗病性中没有明显作用（表 2）。

表 2　不同抗病性品系角质层厚度和生长速度比较

品系	处理	抽芽后 7 天	抽芽后 10 天	抽芽后 15 天	抽芽后 22 天
LCB870	接种	1.17A（107.3）	2.03（129.3）	3.11（119.6）	3.47（124.3）
LCB870	不接种	1.17A（107.3）	2.28（129.3）	3.07（143.5）	3.64（132.4）
RRIC52	接种	1.00b（91.7）	1.37b（87.3）	2.29b（88.1）	2.08（100.0）
RRIC52	不接种	1.00b（91.7）	1.67b（90.9）	2.22（103.7）	2.70b（98.2）
PB 5/51	接种	1.09b（100.0）	1.57b（100.0）	2.60（100.0）	2.80（100.0）
PB5/51	不接种	1.09b（100.0）	1.76b（100.0）	2.14（100.0）	2.75（100.0）

说明：①括号内数字为%；②显著性测验：$F=69.02$，$F_{0.05}=7.59$，$F>F_{0.05}$（极显著）。多重比较，同一天厚度中附注字母相同者不显著，字母不同，大小写不同者极显著。

从表 2 还可以看出，无论哪一类品系，接种病原菌后角质层都没有明显的增厚反应，说明这种抗病性是橡胶树自然存在的非主动抗性。

2.2　原生质体积

比较 LCB870 与 PB5/5l 的表皮细胞原生质体积（表 3）可以看出：在易感病期间（抽芽后 7~16 天），组织抗病品系的原生质体积明显地较感病品系小。抽芽后 7 天（小古铜期），LCB870 的原生质体积只相当于 PB5/51 的 46.23%；抽芽后 16 天（淡绿期），只相当于 PB5/51 的 55.2%。至抽芽后 22 天叶片老化具有抗病性时，两类品系原生质体积才没有差异。两种不同抗病性品系原生质体积在嫩叶期差异达极显著（Q 测验），说明组织抗病性品系的原生质体积极显著小于感病品系的原生质体积。原生质体积小，则提供病原菌的营养少，使病原菌不能正常生长繁殖而表现抗病。可见叶片表皮细胞的原生质体积在橡胶树对白粉病的抗病性中有重要的作用。

生理生化抗病品系 RRIC52 的表皮细胞原生质则比感病品系 PB5/51 大，说明原生质体积与这类品系的抗病性关系不大。

表 3　不同抗病性品系表皮细胞原生质体积比较　　　　　　　单位：μm^3

品系	抽芽后 7 天	抽芽后 16 天	抽芽后 22 天
LCB870	338A（46.2）	425A（55.2）	943a（100.5）
RRIC52	897b（122.9）	961b（124.8）	972a（103.6）
PB5/51	731c（100.0）	770c（100.0）	938a（100.0）

说明：①括号内数字单位为%；②显著性测验（7 天和 16 天分别比较）$F=918~1290$，$F_{0.01}=5.95$，$F>F_{0.01}$。以同一天不同品系的原生质体积作多重比较，比较结果的表示方法同表 2。

2.3　表皮细胞壁厚度

比较不同抗病性品系的表皮细胞壁厚度看出（表 4），抗病品种与感病品种之间，无论在不同的物候期或经接种有病或不接种无病，其细胞壁的厚度都没有显著的差异

（显著性测验 $F<F_{0.05}$），说明表皮细胞壁厚度与橡胶树对白粉病的抗病性没有明显的关系。

表4　不同抗病性品系细胞壁厚度比较　　　　　　　　　单位：μm

品系	处理	抽芽后 7 天	抽芽后 10 天	抽芽后 16 天	抽芽后 22 天
LCB870	接种	0.76a	0.83b	0.85d	1.10c
LCB870	不接种	0.76a	0.87b	0.93d	0.97c
RRIC52	接种	0.65a	0.71b	0.85d	1.00c
RRIC52	不接种	0.65a	0.71b	0.83d	1.17c
PB5/51	接种	0.68a	1.07b	1.09d	1.24c
PB5/51	不接种	0.68a	1.06b	1.07d	1.23c

说明：显著性测验 $F=4.74$，$F_{0.05}=5.107$，$F<F_{0.05}$（不显著），多重比较（同一天）的表示方法同表1。

2.4　不同抗病性品系对病菌侵染的组织反应

过敏性坏死反应，是寄主对专性寄生病原物侵染最显著的组织反应。通过系统观察和切片解剖，发现不同抗病性品系感染白粉病后其病部可有不同的反应（表5）。感病品系 PB5/51 代表正常的反应，90%病斑属正常病斑，菌斑白色、粉状，只有10%红斑（组织变红、约50%细胞死亡，有少量菌丝和孢子）和黄斑（组织褪绿变黄、80%以上细胞死亡，完全没有菌丝与孢子）。组织抗病品系 LCB870 则大部分（66%为红斑，30%为黄斑，只有极少量（4%）正常斑）。生理生化抗病品系 RRIC52 则以黄斑为主（占58%），也有部分（42%）正常斑。一种新选出的抗病种质 2927，据测定它兼具组织和生化抗性，其组织反应是在接种后20天全部变成黄斑。这揭示病原菌在这个种质上虽能侵入和侵染，但生长、繁殖受到强烈的抑制，因而不久死亡。在笔者迄今观察过的所有品系中，还未发现有一个品系或新种质对白粉菌的侵染有过敏性坏死反应，也没有其他主动抗病的组织反应，如细胞壁乳突、木栓层、离层、胼胝体等。形成黄斑或红斑，细胞大量死亡，对病原菌生长与繁殖有强烈的抑制作用，是橡胶树对病原菌侵染的一种抗病组织反应。

表5　不同抗病性品系对病害的组织反应　　　　　　　　　单位:%

品系	黄斑	红斑	正常斑	坏死斑
PB5/51	5a	5a	90	0
LCB870	30b	66b	4	0
RRIC52	58c	0c	42	0
2927	100D	0D	0	0

说明：以黄斑+红斑作品系间显著性测验 $F=1\,050$，$F_{0.01}=6.99$，$F>F_{0.01}$（极显著），多重比较表示同表2。

表6　不同抗病性品系的叶片生长老化速度比较

品系	抽芽至古铜期	抽芽至淡绿期	抽芽至老化期
LCB870	7	11	16A
2630	7	11	16A
RRIC52	7	14	22b
PB5/51	7	16	22b

说明：显著性测验 $F=1\,151$，$F_{0.01}=6.99$，$F>F_{0.01}$（极显著）。多重比较表示同表2。

2.5　叶片生长老化速度

从抽芽至叶片老化过程的系统观察结果看出（表6），组织抗病种 LCB870、2630，在抽芽后11天已到淡绿期，16天就已老化，而感病种 PB5/51 在抽芽后16天才到淡绿期，22天老化，前者比后者叶片生长快5天，老化速度快6天。可见，叶片生长、老化速度是橡胶重要抗病机制之一。橡胶叶片古铜期至变色期，是最易感染白粉菌的时期。组织抗病品系 LCB870 和 2630 恰恰是这段时间很短，从小古铜期到变色期仅有5天，而感病种 PB5/51 也恰恰是这段时间较长（11天）。可见，品系最感病时间的长短与田间抗病性有密切的关系。

2.6　抗病组织对病原菌侵染过程的作用

用人工接种方法测定比较病原菌在不同抗病性品系上的侵染过程可以看出（表7），病原菌在组织抗病品系 LCB870 上的潜育期较在感病品系 PB5/51 上明显延长，侵染率、病斑扩展速度、流行速率、产孢量、最终病情都显著降低，方差分析品系间这些项目的差异，除了发病率以外，均达到极显著的水平（$F>F_{0.01}$）。说明组织抗病性不单影响病原菌侵染过程的某一环节，对侵染全过程都有明显的影响。比较病原菌在组织抗病品系 LCB870 和生化抗病品系 RRIC52 的侵染过程（表7）表明，组织抗病性主要作用于病原菌侵入、侵染阶段；生化抗病性则主要作用在病原菌侵染后的扩展和产孢阶段。它们最后导致的结果——病害流行速率和最终严重程度都差不多。

表7　抗病组织及抗病性类型对病菌侵染过程、流行速率的作用

品系	抗病类型	潜育期（天）	侵染率（%）	病斑扩展（mm/天）	产孢量（孢梗数/μm）	流行速率 r 值（%）	最终病指
LCB870	组织抗病	9A	90a	0.37A	1.96A	20.5A	19.69A
PB5/51	感病	3b	100b	0.81b	3.02b	41.30b	69.0b
RRIC52	生化抗病	5b	100b	0.33A	1.87A	22.30A	22.0A

说明：显著性测验 $F=6.22\sim201.6$，$F_{0.01}=5.99$，$F>F_{0.01}$（极显著）。多重比较的表示同表2。

3　结论和讨论

（1）比较橡胶树组织抗病品系和感病品系的叶片表皮细胞结构及其对病原菌侵染过程的影响，发现叶片角质层厚度和生长速度，叶片生长老化速度，原生质体积，感病

后病部组织褪绿变黄或变红，细胞死亡等组织结构特征，与橡胶树对白粉病抗病性有密切的关系。它们具有显著的抗御白粉菌侵入、侵染、产孢、扩展的作用。白粉菌属表生性的活体营养寄生菌，依靠在寄主表面产生侵入丝穿入表皮细胞吸取营养，提供在叶表面的菌丝生长和繁殖。寄主叶表面角质层厚、叶片老化快，纤维组织多，不但给病原菌侵入和扩展造成巨大的障碍，而且大大缩短寄主可感病的时间，因而延长病害的潜育期，降低侵染率和扩展速率。原生质体积小，或甚至病部组织褪绿变黄、变红死亡，则大大减少病原菌的营养基地以至停止营养供应，使病原菌极少或不能生长、产孢和扩展，最后死亡。抗病组织对病原菌侵染过程影响的结果是较大幅度地降低病害的流行速度和最终严重度。这就是橡胶树抗白粉病组织学的基本机制。国外学者，除了 Young 对 LCB870 的角质层生长速度做过某些观察以外，迄今还没有学者对橡胶抗白粉病组织学做过研究，本研究属首次全面报道。过去一般植物病理学者认为，组织抗病性在植物抗病性中作用不大，或至少尚不能肯定。但从本研究的结果来看，寄主组织抗病性不单有显著的抗病作用，而且还是一种持久的抗病性。组织抗病品系 LCB870 是印尼在 30 年代初期发现的品系，至今已有 60 多年的历史，仍然保持稳定的组织抗病性。可以设想，选择具有组织抗病性的品种，可能是解决目前国际上存在的日趋严重的抗病性丧失问题的有效方法。

（2）根据本研究结果和抗病选种之需要，初步拟订下述抗病组织学指标：在正常天气条件下（平均温度 17~23℃，最低温度 15℃以上），橡胶抽芽后 16 天内叶片角质层 3μm 以上，表皮细胞原生质体积<450μm³，或受侵染后 20 天内 45% 以上病组织变成黄斑，或橡胶树从抽芽至叶片老化在 16 天以内。

参考文献（略）

原载于*热带作物学报*，1999，Vol. 20 No. 2：17-22

The Biochemistry Fundamental Study of Rubber Clones Resistance to Powdery Mildew

Yu Zhuotong　Shan Jialin　Xiao Qianchun　Huang Wuren　He Limin

(Plant Protection Research Institute CATAS. Danzhou, Hainan, 571737)

In the past, there were few achievements in breeding resistant rubber clones, and also few clones being putted to use in production. In order to improve the result of breeding resistant, we started on this study in 1996.

1　Materials and Methods

In the course of leaf developing, leaf samples were taken out at differenttimes from resistant clones and susceptible clones respectively, and analyzed the content of plenol and phytoalexin; and activity of peroxidase and polyphenol oxidase; compared the cuticle cell wall and plasma of the epidermis cells by section; and observed the effects of a certain resistant factors on infecting process of the pathogen.

2　Result and Dlscussion

The results showed that the content oftotal phenol in leaf, the activities of peroxidase (Figure 1), the production of Phytoalexin of flavonoid, the speed of growth and the thickness of cuticle. The bulk of protoplast (Table 1). etc, all of these were closely correlations with hevea clones resistance to powdery mildew, but the relations between the resistance and activity of polyphenol oxidase or the thickness of cell wall were not significant. All of the resistant factors were passive recsislance having existed before pathogen invading except the phytoalexin which was induced by inoculation. In view of these considerations, the functions of all the biochcmistry resistant (BR) factors were resistance to sporulation and to expandness, the main functions of histological construct (HR) resistant factors were resistance to pathogen penetration and to expandness of the pathogen. The clones that get biochemistry resistance factors and histological structure resistance factors have the highest resistance such as the rubber germplasm 2927 (Table 2). A histological resistant clone LCB870 had been bred in1930's in Indonesia. It has kept the resistance to the disease for 60 years. So it is considered that breeding clones which acquire biochemistry resistance as well as histological resistance of rubber clones are an effective way to resolve the problem of biochemist resistant loss.

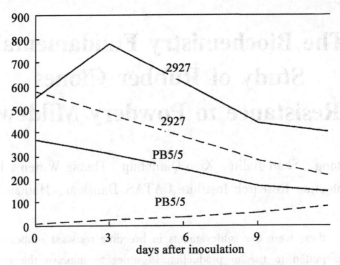

Fig. 1 The content of phenol and activity of Peroxidase of
the resistance（2927）and susceptible clones

Table 1 The cuticle and protoplasm of epidermis cells in different disease resistance clones

The type of resistance	Clones	10 days after refoliation 16 days after refoliation			
		Cuticle (um)	Protoplasm (um³)	Cuticle (um)	Protopsasm (um³)
HR	LCB870	2. 28	338	3. 07	425
BR	RRIC52	1. 37	897	2. 22	961
S	PB5/51	1. 09	731	2. 14	771

Table 2 The effect of biochemistry and histological resistant factors on pathogen infection process

Resistant factor types	Clones	latent time (days)	disease rate (%)	Disease spot growth mm/day	sportulate (spore/100um)	epidemic speed（r）	disease index
BR	RRIC52	5	20. 7	0. 33	4. 0	0. 22	22. 0
HR	LCB870	9	11. 2	0. 57	5. 0	0. 20	19. 7
BR&HR	2927	7	4. 1	0. 34	4. 1	0. 05	10. 0
S	PB5/51	1	100. 0	3. 37	9. 2	0. 41	69. 0

Reference（Omitted）

In ACPP 2000 proccedings p. 241

橡胶树白粉病防治决策模型研究*

余卓桐　肖倩莼　黄武仁　陈永强　伍树明　范会雄　陈仕廉　苏彰前

[摘要] 根据综合治理系统的系统分析，用电算模拟的方法建立了橡胶白粉病防治决策模拟模型。1993—1996 年在海南 4 个不同生态类型区做了验证，结果表明，其子模型均与实际相符，预测值与实际值的相关系数为 0.8887~0.9989，$P<P_{0.01}$，准确率较高。1993—1996 年在 2 个农场 17 万 hm^2 橡胶园中应用决策模型指导生产防治，防治效果比常规防治提高 6.2%，防治成本降低 13.4%，防治经济效益增加 12.3%，挽回干胶损失 2 000t。

[关键词] 橡胶树；白粉病；防治决策模型

橡胶树白粉病的防治，过去国内外一直以化学防治为主。近年发展了综合治理方法；除化学防治以外，还注意利用品种抗病性，以预测预报指导防治。这些方法虽然有效，但都只是一些简单的防治决策指令，没有进行防治决策优化设计，因而常常不能准确开展防治工作，获取最大的社会、经济、生态效益。为了解决这个问题，从 1993 年起，笔者在橡胶树白粉病管理模型研究基础上，进一步进行了橡胶树白粉病的防治决策模型的研究。

1 材料与方法

试验材料为目前国内外大量种植的橡胶树无性系 RRIM600、PR107、PB86、GT1等。防治决策优选的标准是社会效益、经济效益、生态效益，即以最少的用药量获得最大的经济效益为目标函数。模型的建立，首先根据笔者过去对橡胶树白粉病流行和防治的研究和累积的资料，对该病的防治系统做系统分析，摸清与目标函数有关的组分及其相互关系，并建立有关子模型。然后把子模型拿到生产实际中重复验证，修订。再按子模型之间的相互关系把它们有机联系起来，编成计算机程序就构成该病的防治决策模拟模型。输入不同的防治方案，即可输出防治经济效益和用药量，根据防治方案的经济效益和用药量选出最佳防治方案。防治方案由下述 3 种措施的不同变量组合而成：①利用品种抗病性：分抗病（抗病性参数 1）、中感（抗病性参数 1.3）、感病（抗病性参数 1.5）；②防治指标：中指标（发病率 20%~40%）、低指标（发病率 10%~20%）；③喷药次数：有 1、2、3、4 次。这 3 种措施的不同变量可组成 7 776 个方案，在实际应用中，利用抗病品种，可以以抗病品种的防治方案为基础，按照抗病性参数算出中感和感

---

* 本文为《橡胶树白粉病管理模型研究》一文于 1997—1998 继续开发研究的论文。原研究（上文）于 1998 年获农业部科技进步奖三等奖。

病品种的数值。这样每次参加优选的方案就可减少至 32 个。1993—1998 年，笔者利用本模型优选防治方案指导生产防治试验。试验用随机区组设计，有 3 个处理：决策模型、常规防治、不施药的对照，重复 4~6 次，即每个处理以 4~6 个生产队做试验，每年试验面积约 5 000hm²，比较各处理的防治效果、防治成本，防治经济效益。

2　试验结果

2.1　防治决策模拟模型

系统分析有关子模型的相互关系如图 1。

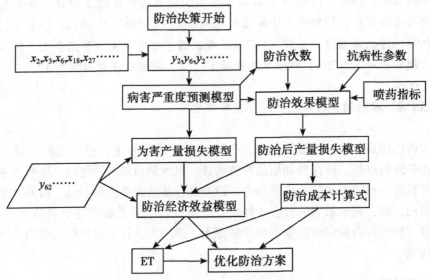

图 1　橡胶白粉病防治有关模型相互关系

经验证、订正，橡胶白粉病防治决策模型的有关子模型如表 1。

表 1　橡胶树白粉病防治决策模拟模型

子模型类型	子模型
防治经济效益（y_{10}）	$y_{10} = [(y_8-y_9)/100 \times x_{62} \times 5] - y_{14}$
为害产量损失（y_8）	$y_8 = 0.448y_1 - 12.30 \pm 1.0$（$r=0.9850$，$F>F_{0.01}$）
病害严重度预测（y_1）	$y_1 = 44.25 - 3.91y_6 + 1.27r_2 \pm 3.5$（$r=0.8460$，$F>F_{0.01}$）
病害流行速率（r_2）	$r_2 = 8.07 + 0.00386x_2 + 0.355x18 \pm 1.3$（$r=0.7870$，$F>F_{0.01}$）
叶片老化速率（y_6）	$y_6 = 0.928x_6 + 0.088x_3 - 2.57 \pm 1.3$（$r=0.9243$，$F>F_{0.01}$）
叶片抽叶速率（y_2）	$y_2 = 0.709x_6 + 0.157x_{27} - 1.19 \pm 1.54$（$r=0.9012$，$F>F_{0.01}$）
防治后产量损失（y_9）	$y_9 = 0.145y_9 - 1.0034 \pm 0.6$（$r=0.9857$，$F>F_{0.01}$）
防治后病指（y_0）	$y_0 = 0.628y_1 - 6.008 \pm 3.9$（$r=0.9875$，$F>F_{0.01}$）
防治成本（y_{14}）	$y_{14} = y_7 \times$ 每次费用

（续表）

子模型类型	子模型
防治次数（y_7）	$y_7 = 0.185 + 0.009y_1 + 0.071x_{61} \pm 0.28$（$r = 0.9603$，$F > F_{0.01}$）
经济阈值（ET）	输入不同的 y_1，统计 y_8，y_9，y_0，直至 $y_{10} = 0$，此时 $y_1 = ET$

说明：y_8 模式的应用限于少花年份；预计病情>30 的多花年份，则用：

$y_8 = 0.482y_1 - 14.1 \pm 1.5$（$r = 0.9730$，$F > F_{0.01}$）；

y_{62} = 农场上年平均产量（kg/hm²）；

$y_{62} \times 6$ = 纯收入（元/hm²）；

x_2 = 白粉病越冬菌量（病指×10 000）；

x_{18} = 橡胶 5%抽芽至 20%抽叶期间<15℃天数；

x_6 = 5%抽芽后 10 天抽叶%；

x_3 = 5%抽芽期，以 1 月 20 日为 0 推计；

x_{27} = 5%抽芽至 30%抽叶期间<15℃天数；

y_2 预测 3%叶片老化前的抽叶速率（抽叶率/天）；

y_6 预测 3%叶片老化后的叶片老化率（老化率/天），与 y_2 衔接。

2.2　主要子模型验证

2.2.1　病害发展过程验证

1993—1995 年在海南南部、西部验证与病害发展过程有关的子模型（y_1，r_2），结果（图 2）表明病害流行速率和病害严重度预测子模型的预测值与实际值相当一致，其相关系数为 0.9137~0.9986，$P < P_{0.001}$，说明这些子模型准确可靠。

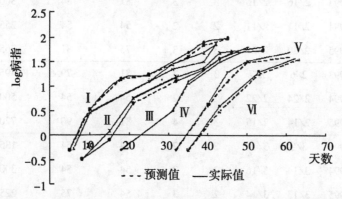

图 2　海南南部（Ⅰ-1995 年，Ⅱ-1994 年，Ⅲ-1993 年）、西部（Ⅳ-1995 年，Ⅴ-1994 年，Ⅵ-1993 年）病害发展过程流行速率模型和病害严重预测模型验证

2.2.2　橡胶树抽叶和叶片老化速度子模型验证

1993—1994 年在海南南部、西部验证的结果（图 3）表明，橡胶树抽叶和叶片老化速度预测子模型的预测值与实际值相符，相关系数为 0.9230~0.9943（$P < P_{0.001}$），说明这些子模型准确可靠。

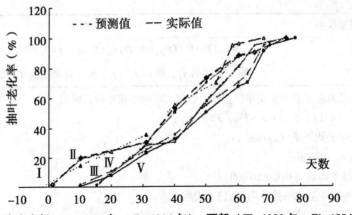

图 3　海南南部（Ⅰ-1993 年，Ⅱ-1994 年）、西部（Ⅲ-1993 年，Ⅳ-1994 年）
橡胶树叶片抽叶老化过程验证

2.2.3　防治有关子模型验证

1993—1995 年在海南不同地区验证结果表明（表 2），防治有关的子模型预测值与实际值一致，防治指标、防治次数、防治成本、防治效益等子模型预测值与实际的相关系数为 0.8887~0.9973，$P<P_{0.001}$，都达到高度相关，说明这些子模型准确。

表 2　防治子模型验证

地点	年份	第 1 次施药期	实际日期	施药次数	实际次数	防治成本（元/hm²）	实际成本（元/hm²）	防治效益（元/hm²）	实际效益（元/hm²）
	1993	2/16	2/16	3	3	81	84	360	390
海南南部	1994	2/11	2/11	2	2	54	54	255	270
	1995	2/20	2/21	3	3	75	81	765	750
	1993	2/6	2/7	3	3	81	79.5	495	446
海南中南部	1994	2/24	2/22	2	2	54	54	500	465
	1995	2/14	2/15	3	4	81	90	720	692
	1993	3/9	3/10	2	2	54	54	135	150
海南中西部	1994	3/14	3/16	2	2	54	54	300	360
	1995	3/13	3/14	2	3	54	75	225	330
	1993	3/20	3/18	0	0	0	0	0	0
海南西部	1994	3/25	3/25	1	2	27	54	165	225
	1995	3/19	3/20	2	2	54	54	510	495

2.3　决策模型应用

1993—1998 年应用本防治决策模型进行防治方案优化设计，指导海南 2 个地区代表性农场一些生产队的防治，与附近常规防治生产对比，结果见表 3。

表3 决策模型（A）与常规防治（B）应用效果比较

地区	年份	处理	防治效果			防治成本		防治效益	
			病指	防效 （%）	增减 （%）	元/hm²	增加 （%）	元/hm²	增加 （%）
龙江农场	1993	A	16.1	54.7	+2.4	19.20	−14.7	134.70	+4.3
		B	16.9	52.3		22.50		129.15	
		CK	35.6						
	1994	A	15.1	72.8	+6.6	51.00	−5.5	637.20	+2.9
		B	18.8	66.2		54.00		625.50	
		CK	55.6						
	1995	A	8.8	83.0	+7.0	46.50	−4.3	552.60	+4.96
		B	12.4	76.0		48.60		526.50	
		CK	51.8						
	1996	A	0.6	97.6	−1.1	24.90	−47.5	253.959	+20.0
		B	0.4	98.7		90.00		230.00	
		CK	26.7						
	1997	A	7.6	90.0	+10	81.00	−10.0	703.50	+20.0
		B	13.7	80.0		90.00		567.00	
		CK	58.8						
	1998	A	1.0	97.6	+1.5	48.00	0	346.50	+1.6
		B	1.6	96.1		48.00		357.00	
		CK	40.7						
南茂农场	1993	A	26.9	64.5	+5.8	48.00	−8.6	864.00	+8.3
		B	31.3	58.7		52.50		798.00	
		CK	75.8						
	1994	A	8.7	83.9	+8.0	31.50	−16.0	619.05	+4.8
		B	13.0	75.9		37.50		591.00	
		CK	54.0						
	1995	A	37.2	58.2	+7.5	55.50	−1.5	1060.65	+14.1
		B	43.9	50.7		56.25		922.35	
		CK	82.0						
	1996	A	2.8	92.0	+14.6	59.70	−26.0	205.05	+53.5
		B	7.6	77.4		80.70		133.50	
		CK	35.0						

　　表3表明，应用防治决策模型指导生产防治，平均防治效果79.4%，比常规防治效果（73.2%）高6.2%（$t=7.64$，$t_{0.01}=4.96$，$t>t_{0.01}$极显著）。平均防治成本46.5元/

hm^2，比常规防治（530.7 元/hm^2）降低 13.4%（$t=5.78$，$t_{0.01}=4.65$，$t>t_{0.01}$ 极显著）。平均经济效益 540 元/hm^2，比常规防治（487.5 元/hm^2）提高 12.3%（$t=24.7$，$t_{0.01}=4.8$，$t>t_{0.01}$ 极显著）。可见，应用防治决策模型优化防治方案，指导生产防治，可以显著提高防治效果，降低防治成本，增加经济效益。

3 讨论

本研究根据橡胶树白粉病综合治理系统分析，用电算模拟技术建立了该病防治决策模型。本模型的材料大部分取自生产防治实际记录，故属半理论半经验性质的模型。3 年的验证结果说明，所有的子模型都有较高的准确率，这是保证本模型在实际应用中成功的关键。6 年模型应用试验的结果表明，应用本模型做防治方案优化，指导生产防治，能够显著提高防治效果，降低防治成本，获得较大的社会效益、经济效益和生态效益。验证和应用结果都证明，应用本研究的方法建立防治决策模型结构合理，功能良好，较易在实际应用中获得成功。

过去一般生产者认为，应用模型的一个主要问题是计算程序复杂，不易推广。笔者已将模型做成计算机软件，使用时只要输入有关参数和不同防治方案，在短时间内即可选出最佳防治方案。可见，应用本决策模型，可为橡胶白粉病的防治决策提供快捷、简易、准确的新方法。

参考文献（略）

原载于《热带作物学报》，2002，Vol. 23 No. 3：27-35

橡胶白粉病综合管理研究[*]

橡胶白粉病综合管理研究协作组

余卓桐　执笔

1　材料与方法

试验材料　试验材料为国内 20 世纪 70 年代后定植的主要无性系，如 RRIM600、PR107、PB86 等和 60 年代定植的实生树，所用的农药为山西长治出产的 325 筛目的硫磺粉。

1.1　综合管理体系的建立

根据现代植物病害综合管理的理论，建立综合管理体系，必须明确病害系统各组分的相互关系和病害发生规律，防治策略和技术措施，防治经济学等基本问题。为此，笔者在 1984—1986 年首先进行下述研究。

（1）橡胶白粉病系统的组分及相互关系，白粉病的流行规律，包括流行过程、流行结构（1986—1988 年）；

（2）橡胶白粉病为害损失测定及经济阈值分析（1984—1986 年）；

（3）预测模式的建立、验证和修订（1984—1988 年）；

（4）芽接树防治指标测定（1987—1988 年）；

（5）品系抗病性和避病性的鉴定和利用（1979—1988 年）；

（6）不利发病天气利用（1987 年）。

下面分述各项试验的方法。

（1）前 2 项研究的材料、方法和结果：已在热带作物学报发表，本文引用与白粉

* 此项目于 1991 年获国家级星火三等奖，1990 年获海南省科技进步二等奖。本文还包括 1991—1992 年本项目在华南 5 省胶区扩大开发试验的结果。

协作组参加单位和主要参试人员：

华南热带作物科学研究院及热作学院 余卓桐（主持人）、王绍春、肖倩莼、丘健德、符瑞益、林石明、陈永强。

海南农垦总局及南田、东兴、加钗、龙江、大丰农场、范会雄、孔丰、李振武、陈鸣史、石铭政。

云南农垦总局及景洪、东风、孟腊农场、陈积贤、张佐周、方云洪、张佑新、陈克难、彭若清、张志康、禹金虎。

广东农垦总局及建设、火星、胜利、马鞍山等农场 罗立安、梁泽民、卢文标、陈明英、李统添、陈武兴、肖鸣、陈飞、潘文豪、黄庆、颜承昆、黄汉明、韩坚雄。

福建省农业厅经作处及漳州农垦局、建设、诏安橡胶站、平和热作站、林寿峰、游国惠、陈治水、陈金木、施超平、陈心鉴、林其成、洪玉书、张智健、蔡治平。

病综合管理有关的结果。预测模式的验证和修订，试验方法同过去的试验，本研究做进一步验证，并对预测准确率较低的模式进行修订完善。

（2）品系抗病或避病性的利用：首先对国内 48 个主要无性类的抗病性做鉴定，选出抗病或避病品系。鉴定方法和结果已在热带作物学报报道，同时，在南田和本院试验场对 7 个大规模推广的无性系的病情、物候做系统观察。系统观察方法按农业部橡胶植保规程规定的方法，连续观察 10 年（1979—1988 年）。上述试验的目的是选出抗病或避病的品系在防治上利用。品系抗（避）病性，进行了 2 项试验；①利用抗（避）病品系减免化学防治试验，1988 年在中等病情的东兴农场布置，抽叶初期选择一些具有抗（避）病性的品系（RRIM600 等），经预测其最终病情在经济阈值以下，不做防治，定期观察其病情、物候情况，最后鉴定其最终病情，确定这类品系在中病年是否可以免除化学防治。②抗（避）病品系的施药次数和剂量试验。1984—1987 年在南田农场选择抗（避）病品系 PB86 林段 6 个，实生树林段 6 个，作 3 种剂量处理。即每亩次 0.4kg、0.6kg、0.9kg，PB86 喷药 2 次，实生树喷药 3 次，以不施药为对照。试验采用随机区组设计，各处理在试验区中随机排列，每个处理重复 2 次，比较抗（避）病品系与实生树不同剂量喷药防治白粉病的效果，确定利用品系抗（避）性与感病的实生树相比，可减少化学防治次数和剂量。

（3）芽接树防治指标测定：1988—1989 年在南田农场选择 30 个 PB86 林段，分 3 种处理，即低指标处理，第一次全面喷药在发病率 10% 左右；中指标处理，第一次全面喷药在发病率 25%~30%；高指标处理，第一次全面喷药在发病率 35%~53%。每个处理重复 10 次，以不施药林段为对照。试验采用随机区组设计，重复内各处理随机排列。每亩施药 0.4kg，共喷药 2 次。叶片老化后做病情鉴定，比较不同防治指标的防治效果，确定适宜的防治指标。

（4）不良发病天气的利用：据笔者对白粉病流行学的研究，在橡胶嫩叶期，平均温度 28℃以上，最高温度 35℃以上，白粉病即会下降消退，其作用犹如喷药防治，可以在防治上利用。1987 年在两院教学队布置此项试验，参试林段 8 个，包括国内大量推广的主要无性系和实生树。3 月 10—17 日出现上述高温天气。笔者把原定此时要做第二次喷药的林段不再喷药，任其发病，观察经过高温的作用。由于此时各品系的病情和叶片老化率不同，可以分析在何种物候和病情情况下可以不再防治，或采取何种喷药方式，也能达到防治要求，以节省喷药次数。

1.2 综合管理大田试验

在上述试验基础上，组建白粉病综合管理体系。1988—1991 年进行大田防治试验。先在海南东、南、西、中各选一个代表性农场作试验区，1990—1991 年除海南 4 个农场外，扩大到广东、广西、云南、福建等省共 17 个农场。试验总面积 139.02 万亩，其中应用综合管理的面积 78.09 万亩，试验采用随机区组设计，有 3 种处理：综合管理、常规防治、不防治对照区，处理在试验区中随机排列。以农场为单位作试验区，一个生产队做一个处理小区，每个小区 600~2 600 亩，每个农场试验区重复 6~20 次，为减少农场的损失，对照处理小区只设 2~4 个林段。常规防治与综合管理比较试验的每一个重复，要求选择病情、物候、品系一致的生产队，以便比较，减少误差，试验从开始至大规模推广进行了 4 年。

综合管理的措施（组分）见下述"综合管理体系的建立"部分。

常规防治的措施，主要是按防治指标定期开展化学防治。从抽叶开始，以林段为单位调查病情、物候、每隔 3 天查 1 次，到达下述指标立即喷药：古铜期（抽叶 30%以后）嫩叶病率 15%~20%或总指数 3~5，叶片老化中期（叶片老化 30%~80%），嫩叶病 50%~60%，或总指数 5~8 做第一次全面喷药。第一次喷药后 5 天恢复调查病情、物候，到达上述指标喷第二次药。用同样的方法决定喷第三四次药，直至 80%叶片老化后转入局部防治。

试验结束后详细比较综合管理和常规防治的防治效果，防治成本和防治经济效益。

$$防治效果（\%）= \frac{对照病指-处理区病指}{对照病指} \times 100$$

防治成本按实际用药、用工、机器折旧，劳保和其他开支统计，根据防治面积统计平均每亩防治成本。

防治经济效益（元）=（对照为害损失金额-处理区防治后残留损失金额×试验面积）-防治成本

根据试验面积统计平均每亩经济效益。

为害损失金额=为害损失率×当地实际亩产×胶价×试验面积

为害损失率按过去测定的结果（3）即病害 2 级损失 3%，3 级损失 12%，4 级损失 21%，5 级损失 28%计算。

胶价按每吨 7 300 元计，为了计算纯经济效益，在统计时每吨减去胶制和其他管理成本 4 800 元。

2 试验结果

2.1 综合管理体系的建立

2.1.1 综合管理体系设计

根据笔者对橡胶白粉病系统及白粉病流行学的研究，认为橡胶白粉病系统主要的组分有橡胶寄主、白粉菌、环境条件和栽培制度 3 个成分。橡胶寄主由具有不同抗病力的不同的品系组成；白粉菌的基础菌量年度间差异很大；环境条件包括气候、土壤、栽培技术、人为干预等，是一组多变的因子，它们对寄主、病原菌以及它们之间的相互关系有巨大的影响，白粉病是在这些组分相互联系，相互制约中发生的。流行学的研究发现，橡胶白粉病是一种流行速度高的多循环流行病，其流行强度主要受流行速度、感病期长短和基础菌量 3 个因素相互作用所制约。分析海南不同地区的流行结构发现，海南地区的白粉病流行强度，主要决定于流行速度和感病期长短的相互作用，因此，防治橡胶白粉病，应以降低流行速度和缩短感病期为主要防治策略。Zadok 认为，降低流行速度的主要方法是化学防治和利用品系抗病性。笔者的研究还发现，不利发病天气对降低流行速度也有重要的作用。缩短感病期在橡胶上主要是利用抽叶物候过程短而整齐的避病品系，因此，橡胶白粉病的综合管理，应以化学防治和利用品系抗（避）病性为主要措施。在综合管理体系中，为了保持生态系统的平衡，减少化学防治和获取较大的经济效益，降低防治费用，必须应用经济阈值作为防治决策的依据。同时，为了经济有效地进行化学防治和利用品系抗病性，减少农药的用量，应用预测预报和防治指标有重要的作用。

根据上述的分析，建立了以化学防治、利用品系抗（避）病性和不利发病天气，经济阈值，预测预报为主要组分的橡胶白粉病综合管理体系。这个体系各组分之间互相联系，相互补充，把白粉病控制在经济为害水平以下。化学防治可以补充利用品系抗（避）病性的不足；而利用品系抗（避）病性又可以充分发挥化学防治的作用，使化学防治能以较少的次数和剂量达到防治的要求。应用经济阈值预测预报可以减少那些得不偿失的化学防治面积和次数，降低防治成本，增加防治经济效益和环境污染。他们相互补充，形成一个经济、有效、安全、简单的综合管理体系。

为了确定各组分在橡胶白粉病综合管理中的具体措施，笔者对上述每个组分进行了单项的测定，下面报道单项试验的结果。

2.1.2 综合管理组分的单项试验

（1）经济阈值测定：根据 1984—1986 年在南田，两院试验场对芽接树，1966—1968 年在东兴农场对实生树的白粉病为害损失测定和经济阈值的统计分析，芽接树的白粉病经济阈值为最终病指 24，实生树为 22。

（2）预测模式验证和修订：1988—1990 年海南南田、东兴、加钗、两院试验场，对 1985 年的预测模式进行了修订和验证，验证结果如表 1。

表 1　病害严重度及施药期预测准确率

地区	年份	预测病指	实际病指	准确率（%）	预测施药日期	实际施药日期	准确率（%）
	1988	60~72	60~62	91	2月9—13日	2月9—13日	100
南田农场	1989	71.7~72	64.4~75	90	2月8—12日	2月8—12日	100
	1990	47.8~56.9	45.2~62.4	94	2月10—26日	2月8—24日	97
	1988	45.9~62	32.3~55	90	2月5—15日	2月5—17日	85
东兴牧场	1989	35.4~42.6	37.2~55.2	90	3月5—16日	3月10—20日	70
	1990	35.0~42.0	38.4~44.9	97	3月1—14日	3月3—20日	80
	1988	30~35.8	19~46	89.7	3月20—28日	3月22—28日	88
加钗农场	1989	27.6~29.3	36.9~46.6	84.7	3月13—18日	3月13—19日	90
	1990	20.1~28.8	24.2~40.4	87.5	3月5—12日	3月10—15日	70
	1988	31.8~53	23.8~42	90.5	3月5—20日	3月7—19日	84.4
两院试验场	1989	23.4~67.7	15.8~61.4	90.6	3月19—28日	3月22—27日	77.0
	1990	24~43.0	24~56.4	89.4	2月12—17日	3月14—17日	66.5

表 1 的验证结果表明：经过修订后的预测模式，准确率有明显的提高，各地病害严重度预测模式平均准确率为 87.8%~92.3%，均比过去的模式（准确率为 80%~86%）提高；施药期的预测模式平均准确率为 78.3%~99%，也比过去的预测模式（平均准确

率 71%～85%）提高。因此，在本试验中应用修订后的预测模式。

（3）品系抗（避）病性利用：1979—1988 年对南田、两院试验场的 7 个国内主要无性系和实生树的系统观察结果表明（表 2）：RRIM600、RRIM623、海垦 1、PB86 等品系抽叶整齐，病情较轻，具有一定的抗（避）病性。南田的上述品系从 5%抽芽到95%叶片老化平均 50 天，最终病情平均 31.2，而实生树则分别为 60 天和 58.8。前者比后者物候期短 10 天，最终病情低 27.6，利用品系抗病的防效达 46.9%。两院试验场上述品系的物候期平均 41 天，最终病指平均 24.8，而实生树则分别为 56 天和 41.6。前者物候期短 15 天，病指低 16.2，防效 39.3%，可见这些品系具有对白粉病一定的避病性或抗病性，利用其抗（避）病性，有一定防效。

表 2　芽接树与实生树的物候和病情比较

地区	年份	5%抽芽至 95%叶片老天数			最终病情指数	
		中抗芽接树	实生树	相差	中抗芽接树	实生树
南田	1979	48	55	−7	35	57.6
	1980	54	65	−11	44.7	74.6
	1981	46	49	−3	38.7	44
	1982	60	75	−15	41	65.5
	1983	43	52	−9	30	42.2
	1984	54	58	−4	32	53.4
	1985	45	55	−10	38	61.8
	1986	47	55	−8	33	49.4
	1987	60	75	−15	46	78.4
	1988	43	60	−17	37	61.4
两院试验场	1979	55	67	−12	9.8	37.2
	1980	40	53	−13	26.2	43.2
	1981	37	55	−18	29	49.2
	1982	40	56	−16	40	53
	1983	32	55	−23	4	25
	1984	30	28	+2	10.8	21.6
	1985	43	60	−23	35.6	53
	1986	35	37	−2	32	35.4
	1987	41	58	−17	43	56.8
	1988	59	37	−28	23.8	42

注：显著性测验：物候 $F = 24.23$，$F_{0.01} = 10.66^{**}$，$F > F_{0.01}$；病情 $F = 57.62$，$F_{0.01} = 10.56^*$，$F > F_{0.01}$

1988 年在南田农场布置利用品系抗（避）病减少化学防治次数和剂量试验结果表明（表 3）：对具有一定抗（避）病的品系（如 PB86），施药两次，每亩 0.4kg，其防治效果（78.2%）就相当于感病的实生树施药 3 次，每亩 0.6kg 的防治效果（71.9%），利用品系抗病性，减少了化学防治 1 次，剂量 0.2kg；对于具有抗（避）病性的品系，每亩次剂量改为 0.4kg，已能将抗病性控制在经济阈值以下。

表 3 芽接树和实生树施药剂量测定

品 系	每亩剂量（kg）	重复次数	每亩总剂量（kg）	喷药时病指	喷药时抽芽率（%）	平均最终指数	平均 4~5 级病株率（%）	平均防治效果（%）
PB86	0.4	8	0.8	2	76	14.6	0.37	73.2
	0.6	8	1.2	2.5	76	12	0.25	77.2
	0.9	8	1.8	2.6	71	11.4	0.25	78.1
实生树	0.4	8	1.2	3.3	68	22.5	4.11	64.8
	0.6	8	1.8	3.1	68	18.3	1.44	71.9
	0.9	8	2.7	3.0	62	13.4	0.87	78.3

注：显著性测验：芽接树处理间 $F=3.06$，$F_{0.05}=5.14$，$F>F_{0.05}$（显著）；实生树处理间 $F=6.780$，$F_{0.05}=5.14$，$F>F_{0.05}$（显著）

1988 年在东兴农场布置了利用 RRIM6000 的抗避病性免除化学防治的试验。此场当年病情中度，最后病指 39.25。在抽叶初期选择一些 RRIM600 林段，经预测其最终病指在 24 以下，不做任何防治。这种林段曙光队有 12 个，400 多亩，占全队林段面积 30.8%；军民队有 5 个，150 亩，占全队林段面积 15%，试验结果表明，这些林段的最终指数只有 4.4~18.4，5 级病株率 0，完全达到生产防治要求；这两个队利用抗避病性降低防治成本 15%~25%。

上述品系抗避病性利用的试验结果说明，目前我国推广的主要无性系中存在着一些抗（避）病的品系；利用这些品系的抗（避）病的抗性，不单可以减少化学防治的次数、剂量，而且在某些情况下还可以免除化学防治，是橡胶白粉病综合管理的有效措施。

（4）芽接树防治指标测定：过去的防治指标，是从实生树上测出来的。这个指标是否适合芽接树，需进一步测定。1988—1989 年在南田农场对芽接树防治指标的测定结果表明（表4）；用较低的剂量（0.4kg/亩次）对抽叶整齐的无性系施药，第一次全面喷药的时间，以低指标（发病率 10%~15%）的效果最佳，平均防效达 76.2%，最终病指只有 16。以中指标（发病率 16%~30%）、高指标（发病率 31%以上）开始喷药，防治效果明显降低，无论最终病情或 4~5 级病株率都超过生产防治规定的标准。

表 4 芽接树防治指标测定

处理	重复次数	施药时抽叶率（%）	最终病指	4~5 级病株率（%）	防治效果（%）
低指标	10	66	16	0	76.2
中指标	10	66	26.3	1.2	61.2
高指标	10	67	28.0	3.6	58.4
对照	4	66	67.2	89.5	—

注：防治指标之间比较显著性测验：$F=15.33$，$F_{0.01}=6.51$，$F>F_{0.01}$（极显著）。

（5）利用不利发病天气：1987年在两院试验场教学队利用不利发病天气减少化学防治试验的结果表明（表5）；利用不利发病天气可以减少化学防治。如 RRIM600、RRIM623、PB86、海垦1等林段，高温期过后不再防治，最终病情在18.2以下，未超过生产防治要求的标准。这些林段由于高温的作用，减少了一次化学防治。其林段经过高温期抽叶率增加4%~27%，叶片老化率增加2%~65%，这就增加了农药的保护面和抗病叶片的数量，缩短喷药时间，从而减少化学防治次数。

表5　高温期过后叶片老化率与最终病情

品系	高温开始时病情指数	高温期后叶片老化率（%）	最终病指	4~5级病株率（%）
RRIM600	15.0	88	18.2	0
RRIM623	5.9	78	9	0
PR107	7.4	60	25.8	0
GT1	8.8	12	27.4	2
PB86	10.0	86	17.4	0
PB5/51	8.6	68	25.8	2
海垦1	10.0	92	9.8	0
实生树	6.8	8	31.4	4

从表5的结果还可以看出，高温期过后，是否还需防治和防治方式，决定于高温期过后的橡胶叶片老化率。如叶片老化率在78%以上，如 RRIM600、RRIM623、PB86、海垦等，虽不防治，最终病情也在经济阈值以下。叶片老化率60%~68%如 PR107 和 PB515，如不防治最终病情偏高，有必要做后抽局部防治。叶片老化率在60%以下，如 GT1 和实生树，如果不防治，最终病情会超过经济阈值，需要再做全面防治。

2.1.3　综合管理的具体措施

在上述综合体系设计和组分单项试验的基础上，形成下述的综合管理措施。

（1）以经济阈值确定防治决策：据病情预测，芽接树最终病指超过24，实生树超过22的地区才做全面喷药防治，否则视情况进行局部防治或不防治。

（2）以测报指导防治：用修订后的预测模式或总发病率预测法，预测病害的最终病情、施药时间、施药次数，确定是否需要防治和防治时间、次数。

（3）用施药指标确定化学防治的适宜时机：古铜期（抽叶30%~60%）防治指标为发病率10%~15%；淡绿期（抽叶60%至叶片老化30%以前）为发病率20%~25%；叶片老化中期（叶片老化30%~70%）为发病率31%~40%。根据施药期预测，在前一天做病情物候调查，到达指标立即喷药，如有阴雨预报，可提前在阴雨天来前喷药。

（4）充分利用品系抗病和避病性：据上述单项试验测定结果，RRIM600、RRIM623、PB86、海垦1等品系具有抗病或避病性。对于这类品系，预测中病（最终病指20~25）以下的流行年，一般不需全面防治改为局部或单株防治。重病年经预测病情超过经济阈值需要防治，每亩次施药剂量从0.6~0.8kg减为0.4~0.6kg，施药次数减为1~2次。

（5）利用不利发病天气减少化学防治：在预测施药期出现平均温度28℃以上，最高温度35℃以上，则暂不喷药，待降温后再喷。如降温后橡胶叶片已达70%老化，则不再全面喷药，以减少喷药次数。

2.2 综合管理大田试验

1988—1991年17个参试农场应用综合管理与常规防治比较试验的结果如下：

2.2.1 防治效果比较

试验结果综合如表6，结果表明，所有参试农场应用综合管理防治橡胶白粉病，与常规防治比较，防治效果都有不同程度的提高，综合管理的平均防效68.16%，比常规防治（58.53%）提高9.63%，4~5级重病株率平均1.71%，比常规防治（4.01）减少2.3%。各参加农场在试验期间，病情都很严重，对照区的平均指数57.4。应用综合管理后。

表6 综合管理与常规防治效果比较

地区农场	年份	处理	防治效果			
			平均最终病指	4~5级病株率（%）	平均防效（%）	与常规防治相比（%）
海南南田	1988—1991	综管	17.50	1.65	69.8	109.7
		常规	20.50	2.70	63.6	100.0
		CK	58.90	31.30	—	—
海南东兴	1998—1991	综管	19.10	2.20	61.0	115.2
		常规	24.80	5.75	51.7	100.0
		CK	49.00	23.50	—	—
海南加钗	1988—1991	综管	21.80	2.36	52.4	132.3
		常规	28.70	3.88	39.6	100.0
		CK	46.15	20.27	—	—
海南龙江	1990—1991	综管	9.00	0.25	82.6	122.8
		常规	14.80	0.79	67.5	100.0
		CK	52.95	31.50	—	—
海南大丰	1990—1991	综管	12.10	0.60	75.0	124.4
		常规	20.40	0.75	60.3	100.0
		CK	58.00	27.75	—	—
云南景洪	1990—1991	综管	21.05	4.80	63.8	103.6
		常规	21.40	4.80	61.6	100.0
		Ck	57.30	43.70	—	—
云南东风	1990—1991	综管	15.15	1.00	64.2	105.1
		常规	17.65	5.40	61.1	100.0
		Ck	42.30	10.66	—	—
云南勐腊	1990—1991	综管	7.00	0.50	78.7	118.7
		常规	16.10	2.50	66.3	100.0
		CK	41.30	22.60	—	—

（续表）

地区农场	年份	处理	防治效果			
			平均最终病指	4~5级病株率（%）	平均防效（%）	与常规防治相比（%）
广东建设	1990—1991	综管	10.60	0.08	86.7	105.7
		常规	13.85	0.15	82.0	100.0
		CK	79.95	66.30	—	—
广东火星	1990—1991	综管	12.10	0.71	92.1	108.0
		常规	16.60	1.62	74.1	100.0
		CK	65.60	42.30	—	—
广东胜利	1990—1991	综管	14.95	4.80	76.5	105.0
		常规	16.70	4.98	72.8	100.0
		CK	61.75	24.25	—	—
广西马鞍山	1990—1991	综管	12.10	0.30	69.6	134.9
		常规	17.50	2.30	51.6	100.0
		CK	39.60	9.30	—	—
广西火光	1990—1991	综管	29.05	0.30	47.1	104.4
		常规	29.80	2.85	45.1	100.0
		CK	54.90	20.75	—	—
广西荣光	1990—1991	综管	31.65	3.30	51.2	143.0
		常规	41.60	9.55	35.8	100.0
		CK	64.80	37.50	—	—
福建诏安建设	1990—1991	综管	21.50	1.50	62.4	188.5
		常规	31.20	5.00	45.2	100.0
		CK	57.10	31.50	—	—
福建平和民营	1990—1991	综管	24.10	1.73	72.0	139.3
		常规	41.25	10.00	51.7	100.0
		CK	85.80	82.00	—	—
福建诏安	1990—1991	综管	27.40	3.00	52.3	115.5
		常规	31.70	8.00	45.3	100.0
		CK	59.30	33.00	—	—
福建诏安橡胶站	1990—1991	综管	18.25	7.71	68.16	118.2
		常规	23.78	4.01	58.53	100.0
		CK	57.34	33.01	—	—

注：防治效果显著性测验：综合管理与常规防治 $t=5.284>t_{0.01}=2.75$，$t>t_{0.01}$（极显著）。

除广西2个参试农场和福建橡胶站的1991年，由于防治期间连续降雨，最终病情略高以外，其他各场均能把病情控制在经济阈值以下，平均最终病情18.2，4~5级病株率1.71%，达到生产防治要求；而应用常规防治，有50%的试验区最终病指在经济阈值以上，平均最终病指23.8，4~5级病株率4.01%，未能达到生产防治要求，可见，应用综合管理能够明显提高防治效果。

　　应用综合管理所以能够提高防治效果，主要是有适当的防治指标。实际上，综合管理的防治指标比常规防治降低了 5%~10% 的发病率。其次是应用预测预报，提前安排防治日期，遇到阴雨天气预报，在雨前安排防治，避免降雨对防治的影响。

2.2.2　防治成本

　　各参试农场的防治成本统计结果如表 7。结果表明，凡是应用综合管理的农场，防治成本都明显地比常规防治降低，平均降低 16.4%，各参试农场应用综合管理平均每亩防治成本 2.91 元，而常规防治为每亩 3.48 元，应用综合管理节省防治成本 44.5123 万元，可见，应用综合管理可以明显降低防治成本，节省防治费用。

表 7　综合管理与常规防治防治成本，经济效益比较

农场	年份	处理	面积（万亩）	防治成本 平均每亩（元）	防治成本 增减率（%）	防治挽回损失干胶（吨）	经济收益 平均亩收入（元）	经济收益 增减率（%）
南田	1988—1991	综管	5.8124	2.91	-7.03	410.06	12.20	+9.5
		常规	3.8553	3.18	—	255.72	11.14	—
东兴	1988—1991	综管	5.4157	2.20	-20.6	237.45	9.59	+53.7
		常规	8.0651	2.77	—	234.43	6.24	—
加钗	1988—1991	综管	4.6098	3.08	-21.16	184.02	9.39	+54.18
		常规	1.8262	3.91	—	63.13	6.09	—
龙江	1990—1991	综管	10.6053	3.33	-10.96	802.90	19.00	+10.1
		常规	3.8440	3.74	—	222.20	17.26	—
大丰	1990—1991	综管	5.2305	2.57	-35.75	431.95	20.08	+44.2
		常规	1.0650	4.00	—	76.45	13.92	—
景洪	1990—1991	综管	18.4740	3.37	-3.44	1 303.10	26.02	+2.89
		常规	12.9319	3.49	—	1 249.29	25.29	—
东风	1990—1991	综管	14.8826	3.38	-16.33	651.76	9.70	+53.48
		常规	11.4044	4.04	—	398.12	6.32	—
勐腊	1990—1991	综管	1.1616	0.99	-21.43	31.310	2.00	+8.69
		常规	1.8121	1.26	—	20.185	1.84	—
建设	1990—1991	综管	3.3226	4.08	-25.27	555.75	153.138	+3.83
		常规	4.4040	5.46	—	731.41	44.39	—
火星	1990—1991	综管	2.4780	3.32	-32.2	230.53	24.59	+49.66
		常规	2.5918	4.90	—	148.59	16.43	—
胜利	1990—1991	综管	5.0857	4.27	-4.0	254.60	10.93	+10.2
		常规	8.8553	3.18	—	255.72	11.14	—
马鞍山	1990—1991	综管	1.3196	3.40	-2.8	37.12	4.94	+35.3
		常规	0.7514	3.5	—	12.728	3.65	—

（续表）

农场	年份	处理	面积（万亩）	防治成本		防治挽回损失干胶（吨）	经济收益	
				平均每亩（元）	增减率（%）		平均亩收入（元）	增减率（%）
火光	1990—1991	综管	0.8283	1.96	−16.2	22.753	3.93	+3 714
		常规	0.0802	2.34	—	30.17	2.86	—
荣光	1990—1991	综管	0.8918	2.35	−31.3	35.05	9.44	+84.7
		常规	0.917	3.42	—	26.34	5.11	—
诏安建设	1990—1991	综管	1.1	331	−16.2	59.3	12.62	+8.2
		常规	0.66	3.95	—	32.86	11.66	—
平和民营	1990—1991	综管	1.0	2.17	−4.4	50.38	12.9	+19.4
		常规	1.2	2.27	—	54.35	10.8	—
诏安橡胶站	1990—1991	综管	0.2	2.20	−10.2	2.85	2.10	+12.9
		常规	0.2	2.45	—	2.82	1.86	—
总计		综管	78.0918	2.91	−16.4	5 300.893	16.36	+17.31
		常规	60.9267	3.48	—	8 808.695	13.945	—

注：显著性测验：防治成本比较 $t=5.927$，$t_{0.01}=2.75$，$t>t\ 0.01$（极显著）；经济效益比较 $t=6.039$，$t_{0.01}=2.704$，$t>t\ 0.01$（极显著）。

应用综合管理所以能够降低防治成本，是因为应用了经济阈值、预测预报，利用品系抗（避）病性和不利发病天气等措施，减少了化学防治面积、次数和剂量，据统计，各参试农场应用综合管理后，减少防治面积 4.45 万亩，相当于防治面积 5.7%。1998—1991 年 4 年海南南田、东兴、加钗 3 个参试农场，应用综合管理平均每亩用药 0.855kg，而用常规防治则为 1.1kg，前者比后者节省农药 22.8%。综合管理平均每亩用工 0.041 个，常规防治用工 0.058 个，前者比后者省工 29.2%。

2.2.3　防治经济效益

各参试农场的防治经济效益统计结果表明（表 7）：应用综合管理防治橡胶白粉病，与常规防治相比，有明显的提高。据统计，应用综合管理挽回干胶损失 5 804t，除防治和制胶，管理等成本外，纯经济效益 1 277.3155 万元，平均每亩 16.36 元。而常规防治挽回干胶 3 808.695t，纯经济效益 849.6227 万元，平均每亩 13.95 元，前者比后者纯经济效益提高 17.31%，即每亩增加 2.41 元。应用综合管理投入产出比为 1：5.1，而应用常规防治则为 1：2.05，可见，应用综合管理防治橡胶白粉病能明显地增加经济效益。

应用综合管理之所以能够提高经济效益，一方面是降低了防治成本已如上述，另一方面提高了防治效果，增加防治挽回的干胶损失。据统计，应用综合管理平均每亩挽回干胶损失 6.8kg，而应用常规防治为 6.15kg，前者比后者增加 10.6%，每亩增加 0.65kg；78 万亩共增加干胶 507.6t。

3　结论与讨论

（1）本研究在深入研究橡胶白粉病流行学，为害损失和经济阈值，预测模式，防治指标，利用品系抗（避）病性和不利发病天气等基础理论和实际措施的基础上，建立了橡胶白粉病的综合管理体系。4 年来应用这个体系在生产上大面积多点比较试验的结果证明：利用综合管理治橡胶白粉病与目前生产上的常规防治相比，不单提高了防治效果，而且降低了防治成本，增加了经济效益。

（2）橡胶白粉病的防治，无论国外或国内，一直都是主要应用化学防治。东南亚国家的白粉病防治，是从 10% 抽叶开始，每隔 5~7 天喷药一次，直至 80% 叶片老化，一般喷药 4~5 次，每亩成本 6 元以上。1972 年马来西亚采用"侵染日"预测法，减少1~2 次喷药，但每亩成本仍在 4.5 元以上。过去我国的白粉病防治，采用防治指标指导化学防治，一般喷药 2~4 次，每亩防治成本 3~6 元。笔者应用综合管理防治白粉病，无论防治效果还是防治成本，经济效益都比它们有较大的改善，是国内外防治橡胶白粉病的先进措施。综合管理的某些组分，如应用经济阈值决定防治决策，利用品系抗病性，避病性和不利发病天气减少化学防治等，在国内外其他学者的研究中尚无报道。

（3）目前，国际上正发展植物病害管理的理论和实践，笔者综合管理的研究，为建立系统管理打下了基础，但是，笔者对其中一些问题。如应用系统分析方法使管理决策最优化等，仍需进一步研究。

参考文献（略）

本文为中国热作学会植保委员会 1992 年学术交流论文

橡胶白粉病综合管理大田试验*

余卓桐　王绍春　肖倩莼　符瑞益　孔　丰　李振武　陈鸣史

[摘要] 1988—1990 年在海南代表性农场进行了橡胶白粉病综合管理大面积生产防治试验。试验结果表明：应用综合管理技术防治橡胶白粉病，比常规防治的防治效果提高 11.2%，防治成本降低 19.1%，防治经济效益提高 40.2%。

为了减少农药对环境的污染，提高防治效果与效益，国际上正发展植物病害管理的理论与技术，并在一些作物病害防治上取得了成功。

无论国内或国外，橡胶白粉病的防治主要采用化学防治。这种方法农药用量大，成本高，效益低。为了改变这种状况，笔者从 1984 年开始，对橡胶白粉病的综合管理进行了研究。1984—1986 年测定白粉病为害损失，确定经济阈值。1984—1988 年逐个研究综合管理的有关措施，如防治指标、预测模式的修订，抗（避）病性和不利发病天气利用等。1988 年建立综合管理体系，并于 1988—1990 年在海南代表性地区进行大面积的生产性试验，1990—1991 年向海南、广东、广西、云南等省（区）推广。本文报道了 1988—1990 年在海南进行综合管理大田试验的结果。限于篇幅，单项试验结果另行报道。

1　材料与方法

在海南选择代表性农场 4 个（南部南田农场、东部东兴农场，中部加钗农场，西部两院试验场）做试验。试验设计采用随机区组法，共有 3 个处理：综合管理、常规防治、不防治对照区。以一个农场为 1 个重复，共 4 个重复。以一个生产队为 1 个处理小区，每个处理有 4~12 个小区，即重复 4~12 个。每个处理小区约 53.3~173.3hm²。试验重复 3 年。累计试验总面积 5 000hm²。

1.1　综合管理措施

（1）利用经济阈值指导防治决策：根据 1984—1986 年在南田农场、两院试验场对芽接树，1966—1968 年在东兴农场对实生树的测定，芽接树的白粉病经济阈值为最终病指 24，实生树为 22。预测最终病情超过经济阈值才做全面喷药，否则视情况进行局部防治或不防治。

（2）应用预测模式指导化学防治：根据笔者建立的中、短期预测模式，预测病害最终病指、施药时间、施药次数，确定是否需要防治、防治时间和次数。

（3）利用防治指标指导适时喷药：据单项防治指标试验结果，古铜期的防治指标

---

　*　本研究于 1991 年获国家级星火三等奖，1990 年获海南省科技进步二等奖。

为发病率 10%～15%，淡绿期为发病率 20%～25%，老化中期为 30%～40%。根据施药期预测，在预测施药期前一天，做病情物候调查，到达施药指标立即喷药。

（4）利用品系抗（避）病性：根据单项试验的结果，RRIM600、PB86、海垦 1、RRIM623 等品系抽叶整齐，病情较轻，具有一定的抗（避）病性。对于这些品系，利用其抗（避）病和感病期较短的特性，减少施药剂量和次数。施药剂量由原来每公顷 9～12kg，减至 6～9kg；施药次数由 1～3 次减为 0～2 次。有些轻病的林段，预测不到经济阈值，则不予防治。

（5）利用不利发病天气：经单项措施测定，白粉病在平均温度 26℃以上，最高温度 32℃以上，则病害不发展或下降消退。这种天气持续 6 天以上，可以减少 1 次喷药。因此，在预测施药期间，出现上述天气，暂不喷药，待降温后再喷。降温后橡胶叶片已达 70%以上老化，则不再全面喷药，以减少喷药次数。

1.2 综合管理的工作过程

每个试验处理区（生产队）按病情、物候、品系、地理条件等情况划分为 6～11 个测报区，每个测报区约 20hm^2，其中选一个有代表性的林段为测报点。胶树 5%抽芽时调查越冬菌量、落叶量，以后每隔 3 天查 1 次病情物候，直至胶树 20%抽叶，并收集其他有关预测因子，如气象资料等，代入本地的预测模式，预测测报区的最终病情，施药日期和施药次数。预测最终病情不超过经济阈值的林段，不做全面喷药；超过阈值的林段则需在预测施药日期前一天做病情、物候调查，到达防治指标的测报区，于次日全面喷药。喷药后 9 天查一次橡胶物候期，如叶片未达 60%老化，则在次日做第二次喷药。并按此法决定是否要喷第三次药。一般林段喷药剂量每公顷 9～12kg；对具有抗（避）病的品系或抽叶整齐的林段，则每公顷剂量减为 6～9kg。植株叶片 70%老化以后，根据情况开展后抽植株的局部防治。叶片完全老化后做病情最终鉴定，计算防治效果和 4～5 级重病株率。

常规防治方法的实施过程：以林段为单位，抽叶后开始调查病情、物候。到达下述指标立即喷药：古铜期（抽叶 30%以后）嫩叶病率 15%～20%；淡绿期（抽叶 60%至老化 30%前），嫩叶病率 25%～30%；叶片老化中期（叶片老化 30%～80%）嫩叶病率 50%～60%。第一次喷药后 5 天恢复调查，到达上述指标喷第二次药。用同样方法决定喷第三、四次药，直至 80%老化后转入局部防治。

试验结束后详细比较综合管理和常规防治的防治效果、防治成本、防治经济效益。

$$防治效果（\%）=\frac{对照病指-处理区病指}{对照病指}\times100$$

防治成本按实际用药、用工、机器折旧、劳保及其他开支统计，并统计每亩防治成本。

防治经济效益（元）=（对照为害损失金额-处理区防治后残留损失金额）×试验面积-（防治成本+制胶和其他管理成本）

试验的病情、物候调查、统计方法，按橡胶树植保规程进行。

2 试验结果

1988—1990 年海南各代表性地区综合管理与常规防治的防治效果、防治成本、经济效益比较试验结果如下。

2.1　防治效果

南田、东兴、加钗 3 个农场 3 年各处理的防治效果综合如表 1。表 1 的试验结果表明，应用综合管理防治橡胶白粉病，防治效果比常规防治明显提高。

表 1　综合管理与常规防治效果比较

农场	年份	处理	重复次数	最终病指				防治效果（%）		
				最高	最低	平均	4~5级病株（%）	最高	最低	平均
南田	1988	综管	4	24.7	5.4	14.1	1.0	85.6	38.2	71.6
		常规	4	26.6	9.2	17.6	2.2	75.4	28.9	63.0
		对照	4	62.0	30.8	54.2	26.0			
	1989	综管	4	28.2	9.0	22.0	3.6	84.2	55.1	64.1
		常规	4	40.2	16.2	26.2	5.2	71.6	29.1	56.9
		对照	2	64.4	57.0	60.7	35.0			
	1990	综管	12	17.8	11.3	14.4	0.4	76.7	67.0	72.2
		常规	12	24.8	13.2	17.3	1.02	73.9	54.0	66.2
		对照	2	62.4	45.2	52.1	16.0			
东兴	1988	综管	4	24.6	8.2	13.9	2.2	82.4	47.3	70.5
		常规	4	26.8	7.2	21.2	7.7	83.5	39.7	54.4
		对照	4	60.4	32.3	46.7	12.0			
	1989	综管	4	30.2	15.2	23.0	2.5	72.5	45.3	55.0
		常规	4	37.2	21.0	30.8	3.9	62.0	29.6	39.8
		对照	4	59.0	48.2	57.1	38.5			
	1990	综管	11	28.5	9.6	17.4	1.82	76.7	30.8	57.7
		常规	11	26.4	12.4	17.8	2.29	69.9	35.9	55.4
		对照	4	44.9	38.4	41.2	10.0			
加钗	1988	综管	6	26.2	9.2	19.7	1.2	80.7	48.5	61.2
		常规	6	47.8	32.8	39.4	7.0	35.6	6.1	22.6
		对照	4	61.0	27.6	50.9	27.3			
	1989	综管	6	53.4	25.8	35.9	6.8	47.9	4.0	24.0
		常规	6	47.4	30.2	38.4	5.8	39.0	4.2	22.5
		对照	3	64.6	39.6	49.5	27.8			
	1900	综管	10	37.0	3.8	19.6	0.45	91.3	15.6	55.4
		常规	10	37.8	10.0	21.8	0.5	77.2	27.5	50.4
		对照	4	54.4	34.2	43.9	9.0			

南田农场 3 年的白粉病都很严重，对照最终病情指数 52.1~60.7。应用综合管理，都能将最终病情控制在经济阈值以下，平均防治效果 69.3%，比常规防治效果（62.0%）高 7.3%。平均 4~5 级病株率 1.7%，比常规防治（2.8%）减少 1.1%。

东兴农场三年的白粉病属重病，最终病指 41.2~57.1。应用综合管理，也能将病情控制在经济阈值以下，平均防治效果 61.1%；比常规防治（49.9%）高 11.2%。平均 4~5 级病株率 2.2%，比常规防治（4.6%）减少 2.4%。

加钗农场 3 年的白粉病亦属重病，对照最终病情指数 43.9~50.9。除 1989 年因施药期下雨，防效较差以外，其余两年均能将病情控制在经济阈值以下，平均防治效果 46.9%，比常规防治（31.8%）高 15.1%。4~5 级病株率 2.8%，比常规防治（4.4%）减少 1.6%。

3 个参试农场 3 年综合管理的平均防效为 59.1%，比常规防治（47.9%）提高 11.2%，平均 4~5 级病株率为 2.2%，比常规防治（3.4%）减少 1.2%。可见，应用综合管理比常规防治可明显地提高防治效果，降低重病株率，达到生产防治的要求。

2.2　防治成本

根据各场试验队的实际记录，综合管理和常规防治的防治成本综合见表 2。

表 2 的统计结果表明：凡应用综合管理的试验区，其防治成本都明显地比常规防治低。南田农场综合管理试验区平均每亩防治成本为 2.14 元，比常规防治（2.59 元）降低 17.37%；东兴农场综合管理试验区平均每亩防治成本 1.36 元，比常规防治（1.77元）降低 20.93%；加钗农场综合管理试验区的每亩防治成本为 2.73 元，比常规防治（3.37 元）降低 19%。3 个参试农场 3 年防治成本平均，综合管理为每亩 2.07 元，常规防治为 2.56 元。综合管理比常规防治降低 19.1%，每亩节省 0.49 元。试验面积 5 600hm²，应用综合管理可节省 4.1072 万元。

综合管理所以比常规防治节省防治成本，除了减少喷药面积以外，还节省了农药和用工。从表 2 可以看出，3 个参试农场综合管理平均每亩用药 0.855kg（每公顷 12.825kg），而常规防治每亩用药 1.1kg（每公顷 16.5kg），综合管理节省农药 22.3%。综合管理平均每亩用工 0.041 个，常规防治 0.058 个，前者比后者节省用工 29.2%。

2.3　防治经济效益

从表 2 可见，应用综合管理可以明显地增加经济效益。南田农场综合管理试验区平均每亩经济效益 18.85 元，常规防治为 17.17 元，综合管理经济效益增加 10.3%，东兴农场综合管理平均每亩经济效益 16.48 元，常规防治为 10.40 元，综合管理增加经济效益 58.4%；加钗农场综合管理平均每亩 9.95 元，常规防治为 4.71 元，综合管理增加经济效益 111.2%。3 个参试农场 3 年平均综合管理每亩经济效益 15.10 元，常规防治为 10.76 元，综合管理比常规防治提高 40.30%。3 年 3 个参试农场共获经济效益 90.92 万元。防治成本总额为 17.39 万元，投入产出比为 1：5.2。

表2　综合管理与常规防治成本、经济效益比较

农场	年份	处理	面积（亩）	亩药用量（kg）	喷次	用工	防治成本		挽回损失		经济效益	
							总数（元）	亩/元	kg/亩	元/hm²	元/亩	%
南田	1988	综管	4 265	0.84	1.7	0.025	6 180	1.45	5.98	19.7	18.25	114.5
		常规	2 709	1.01	1.9	0.07	5 862	2.16	5.50	18.1	15.94	100.0
		对照	200						0	0	0	0
	1989	综管	4 344	0.98	2.7	0.03	8 915	2.05	9.54	28.63	26.57	106.9
		常规	2 559	1.02	2.8	0.05	6 162	2.41	8.62	27.28	24.86	100.00
		对照	200						0	0	0	0
	1990	综管	24 172	0.9	2.8	0.10	70 948	2.93	5.28	14.67	11.74	109.5
		常规	18 003	0.95	2.9	0.12	58 024	9.22	5.04	13.94	10.72	100.0
		对照	200						0	0	0	0
东兴	1988	综管	1 953	0.46	1.1	0.02	1 477	0.81	7.33	24.20	23.39	138.4
		常规	2 655	1.09	1.7	0.03	3 843	1.51	5.58	18.41	16.90	100.0
		对照	300						0	0	0	0
	1989	综管	2 700	0.68	1.28	0.03	3 392	1.25	7.30	21.89	20.64	175.4
		常规	3 400	0.74	1.53	0.03	4 528	1.33	4.40	13.11	11.77	100.0
		对照	300						0	0	0	0
	1990	综管	25 000	0.60	2.5	0.02	50 500	2.02	2.48	7.44	5.42	215.4
		常规	24 000	0.75	2.8	0.03	55 446	2.31	1.61	4.83	2.52	100.0
		对照	300						0	0	0	0
加钗	1988	综管	2 226	1.0	2.1	0.02	3 723	1.67	4.93	16.27	14.60	378.3
		常规	1 244	1.66	4.0	0.03	3 336	2.67	1.48	6.53	3.26	100.0
		对照	300						0	0	0	0
	1989	综管	2 322	1.06	2.0	0.07	6 725	2.90	3.53	10.59	7.69	136.6
		常规	1 541	1.15	2.3	0.10	5 046	3.27	2.96	8.80	5.63	100.0
		对照	300						0	0	0	0
	1990	综管	19 190	1.18	2.5	0.06	69 810	3.64	3.64	11.19	7.55	144.4
		常规	8 270	1.54	2.8	0.07	34 352	4.16	3.39	10.83	5.23	100.0
		对照	300						0	0	0	0

综合管理所以比常规防治增加经济效益，一方面是降低了防治成本，已如上述。另一方面是提高了防治效果，增加挽回干胶损失量。从表2可以看出，综合管理平均每亩挽回干胶损失平均金额17.03元，常规防治为13.52元。前者比后者增加27.44%。

综上所述，应用综合管理防治橡胶白粉病，由于协调地应用经济阈值、预测模型、防治指标、化学防治、品系抗（避）病性和利用不利发病天气等新技术，不单提高了防治效果，而且降低了防治成本，增加了经济效益。

3 结论与讨论

（1）本研究在深入研究橡胶白粉病综合管理的基本理论和组分的基础上，建立了以经济阈值、预测预报、防治指标、化学防治，利用品系抗（避）病性和不利发病天气为主要组分的综合治理体系。大面积多点多年的生产性防治试验的结果表明：应用综合管理防治橡胶白粉病，不仅提高了防治效果，而且降低了防治成本，增加了经济效益。

（2）橡胶白粉病的防治，无论国内或国外，一直都是依靠化学防治。这种方法农药用量大，成本高，效益低。笔者应用综合管理技术，能减少化学防治的面积、次数和剂量，提高防治效果，降低防治成本，增加经济效益，应用综合管理技术和其中的一些措施，如利用品系抗（避）病性和不利发病天气等，在国内外同类研究中尚无报道。

（3）植物病害综合管理，是一个新发展起来的理论，笔者对其中一些问题，如应用系统分析建立系统模型，进行防治决策最优化等，还需进一步研究。随着我国社会主义现代化建设的发展，综合管理的研究，必将是橡胶白粉病研究的方向。

原载于 *热带作物研究*，1993（3）：15-20

橡胶白粉病国内外研究概述

余卓桐

橡胶树白粉病是世界性的重要作物病害之一。由于其广泛严重的为害，引起了各热带国家学者们的注意，在多方面进行了研究，取得了一定的成果。本文在几个主要方面概述取得的进展。

1　发生、分布及为害

1918 年 Arens 在爪哇首先报道本病的发生，此后，在乌干达（1921）、锡兰（1925）、马来西亚（1927）、越南（1929）、刚果（1937）、新几内亚和伊里安岛（1967）相继报道本病的发生。目前全世界胶区都有此病的发生。其中以锡兰、印尼、刚果及我国发生最重。据一些种植橡胶国家每年发病的记录，锡兰有50%的年份重病，马来西亚约有20%的年份重病。我国自 1959 年以来的 19 年中有 8 年全面流行，流行频率约为42%。

白粉病为害嫩叶花序，引起嫩叶脱落、花枝凋萎，严重影响橡胶的生长、产胶、产果，重复落叶会造成枝条回枯。印度尼西亚 Leefmans 认为，当年受到一次侵袭，产量可减少 10%。Aments 发现，不喷药的地区在 11 个月的割胶间减产22%，而喷粉区未减产。锡兰 Murray（1963）证明，喷粉区第一年增产10%，而第 2 年又增产75%，认为喷粉有累积增产效应。

Schweitzer 用摘叶法证明，假如摘去50%的叶子，当年产量减少11%~34%。Keushenius 在 1931 年认为橡胶白粉病约可减产5%~29%，马来西亚 Wartie 在 1969 年用喷粉方法比较了防治区和对照区的产量、茎围增长，树皮再生，对照区的病指相当于我国的50。结果表明，在 9 个月中，防治区较对照区产量增加8.1%，8 个月茎围则比对照区增加28%~43%，再生皮厚度较对增加10.8%~35.3%，并能减少除草的费用。华南热作研究院于 1966—1967 年在海南东兴农场对橡胶白粉病不同级别造成的损失做了测定。结果 2 级减产1.9%，3 级减产9%，4 级减产12.1%，5 级减产37.9%。从上述各国的试验结果来看，白粉病对橡胶产量的为害损失为 10%~30%。损失的轻重因病害的严重程度、品系、生势、土壤肥力和气候环境而不同。

2　病害起源和寄主范围

橡胶白粉病首次在爪哇发现，而不在橡胶原产地南美发现的事实表明，橡胶白粉病是从当地野生寄生转移而来的。1900 年在爪哇记载了飞扬草有白粉病。以后 Petch（1921）、Sltoughto-havris（1925）、Batty（1927）、Bobilioff（1929）都曾找到飞扬草的白粉病和一种叶下珠植物（*Phyllonthus niruri*）的白粉病，并与橡胶白粉病进行交互接种，但都未能获成功，至 1950 年锡兰 Young 在研究院发现带有白粉病的飞扬草，把其白粉菌接种于盆栽的橡胶叶子上，长出了菌落，获得成功。多次接种都获得相同的结果。1965 年锡兰研究所又重复了这个试验，结果认为橡胶白粉菌可侵染飞扬草，但回接不成功。当橡胶白粉菌侵染飞扬草后，病菌的形态会发生变异。

华南热作院于 1953 年在广西大青山苗圃发现 500 多株幼苗上发生白粉病，离大青山 9 华里的龙州苗圃也有发现。大青山定植苗是由海南砍头除尾运去的，不带病叶，此病不可能由海南传来，种子不可能带病。所以怀疑是野生寄主转移而来。1954 年将橡胶白粉菌接种飞扬草，未获成功。这一问题仍待研究解决。近年印度等国家报道红木（*Bixa orellana*）、麻疯树（*Tatbcpha uroas*）是橡胶白粉的野生寄主。

3　病原菌的形态及生物学特性

橡胶白粉菌为子囊菌纲、白粉菌科真菌。有性世代至今仍未发现，其无性世代为半知菌粉孢属。学名为 *Oidium heueae* Steinmanm。

白粉菌表生，分生孢子多为单生，有时亦有数个串生。孢子无色透明、卵形，各国学者测出的大小数值如下：

Arebns（1918）：（28~42）μm×（14~23）μm；

Stonghton-Haevis（1982）和 Steinmann（1925）测定结果与 Arens 相同；

Bally（1927）：（25~30）μm×（14~17）μm；

Gdd（1926）：（30~33）μm×（12~16）μm；

华南热作院（1955）：（36~45）μm×（18~27）μm。

关于病菌生物学特性，过去国外研究较少，近年开始重视。1935 年马来西亚 Beclcy 进行过 3 年的粗放的观察，结果认为 13.3~16.6℃，相对湿度 75%~80.6%病菌生长最好，产孢最多。1963 年锡兰研究所做了萌芽试验，结果认为萌芽最高温度为 35℃，最适温 25~30℃，最低 5℃，水对孢子有害，长期浸于水中能杀死孢子，但与水短期接触（2h）则无影响。华南热作研究院 1960—1962 年的试验表明，萌芽的最高温度为 38℃，最低温度 0℃，最适温度 16~32℃，湿度与孢子发芽的关系不如温度密切，从水滴到相对湿度 0 都能萌发，但高于 80%对孢子萌发更为有利。

锡兰 Young（1950）认为，本菌在日光下 1.5min 即被杀死。1963 年华南热作院的研究表明：甚至在强烈阳光下照射 60min 之久，孢子发芽仍未受影响。本菌对紫外光照有一定的抵抗力，在 200W 紫外光，距离 30cm 照射 4min，萌发率开始受到影响，照射 10min 几乎没有萌发。1964—1965 年锡兰的试验结果也证明这一结果。

华南热作院 1963 年的试验结果表明：病菌侵染、产孢的最适温度为 15~25℃，高于 28℃，低于 12℃，侵染、扩展、产孢都显著减弱。

马来西亚研究院（1976）总结其近年的研究结果认为：孢子发芽、侵染、产孢的最适温度为 23~25℃，相对湿度 90%以上。温度超过 32℃，相对湿度低于 90%，对孢子生活力有不良影响。

1970—1971 年，马来西亚研究院用孢子捕捉器对白粉菌的孢子散播做了详细的研究，结果表明，整年都可捕到分生孢子，但以 2 月下旬至 3 月底为最多。在 3 周内，孢子量从每小时每立方米空气 30 个孢子迅速增加到 17 000 个。在这段时间内定时观察病害严重的结果表明，空气中日益增加的孢子浓度与相应较高的叶片发病水平有关。孢子量的变化也有昼夜周期性，在 15：00 前后达到高峰，因为这时较干燥，风速较大。傍晚、夜间或早晨孢子散播较少。连续下雨能降低空气中的孢子量，雨后 1h 捕捉不到孢子。

4　侵染循环

据华南热作院的多年观察，白粉病的周年侵染循环，大致分为 3 个阶段：越冬、流行、越夏阶段。由于未发现有性世代，认为整年均是以分生孢子多次重复侵染嫩叶而生存和发展的。在锡兰 300m 以上的高海拔地区，温度较低，嫩叶经常抽发，一年四季都有发病的条件病菌因而是终年活动的，生活史很简单。

4.1　病害的越冬

关于病害的越冬，国外有几种假说：

（1）芽条越冬：马来西亚 Beeley（1935—1939）赞成此说。他观察到一个刚刚开放的顶芽就已受害，在顶梢的芽鳞里找到正在发芽的孢子。后来，他又看到白粉病可以在短期内普遍出现。但是，他把嫩梢培养，并未发现任何孢子或菌丝。后来，Hansbora（1938）和华南热作院（1954—1955）都做了芽条套袋观察，未能证实这种越冬方式。

（2）菌丝在老叶内越冬：印度尼西亚 Bobilioff 和 Young（1950）都观察到这种越冬方式。他们看到在越冬期间，老斑周围长出活动的孢子，作为初侵染来源。华南热作院于 1961 年在南林农场也观察到相似的情况。1966 年并用越冬老叶的孢子接种幼苗嫩叶，侵染率达 60%~80%，说明老叶带菌是越冬的一种方式。

（3）子囊果和野生寄主：子囊果越冬仅属怀疑，至今未发现。在胶园附近多种植物发生白粉病，是否系橡胶白粉菌的野生寄主，尚待研究。广东粤西地区 1976 年、1977 年越冬期，橡胶叶片全部落光，但抽叶后在适当的条件下病害很快普遍出现，说明有较多的初侵染源，这些侵染源从何而来，值得进一步研究。

4.2　侵染过程

据锡兰研究所 1963 年的研究认为，病菌在寄主表面 2h 内发芽，24~36h 侵入，接种后 6 天产生孢子。笔者也做了相似的观察。分生孢子落到嫩叶表面后，在适宜的条件下，可在 2~3h 后开始发芽，由一端长出芽管，芽管顶端膨大成附着胞产生侵入丝，穿过角质层到达表皮细胞，在表皮细胞中形成梨形吸胞吸取营养。留在表面的芽管则继续伸长分枝成蜘蛛网状的菌丝体。潜育期为 3~7 天，因气候，叶龄而不同。从侵染到产孢为 5~8 天。

橡胶越冬后大量抽发嫩叶，病菌获得大量的可侵染的组织，大量侵染繁殖，多次重复侵染，以致病害流行，从而构成一个明显的病害流行期。不管抽叶时间在什么时候，流行期都出现在大量抽叶时间。一般植胶国家在 1—3 月抽叶，流行期在 1—3 月；印度尼西亚橡胶抽叶时间在 8—9 月，流行期也在 8—9 月。橡胶抽叶以后，随着叶片老化，温度升高，雨量增加，病害逐渐下降转入越夏阶段。

4.3 越夏

各国胶园夏天一般都不适于病害的发生，病菌在这段时间以癣状斑的形态在老叶上生存，或在低洼阴凉的地区，侵染少量嫩叶度过夏秋，直至冬季。我国广东海南、湛江地区的橡胶，有些年份遭受台风为害，风后抽发大量嫩梢，病菌得到大量可侵染的感病组织，使这些嫩梢严重感病，实际上这是病害的第二次流行，它为次年抽叶期提供大量的初侵染源。

5 流行规律

对于橡胶白粉病的流行规律，国内外都进行了长期和大量的观察研究，各国学者看法不一。现就流行学的几个主要问题介绍各国研究的结果。

5.1 流行过程

马来西亚 Bally 看到，在阴湿天气来临后 48h 内，病害可以突然暴发，认为病害的流行有暴发性。相反，Bobilioff（1929）和 Young 则认为病害传播很慢，是逐株逐叶的传播。锡兰、马来西亚早期的观察都看到早抽植株成为发病中心，以后传播和病害迅速上升等现象。我国垦区 1960 年在粤西建设农场和两院试验农场首先发现中心病株，1962 年在南田农场发现中心病区。华南热作院（1963）把病害的流行过程划分为 4 个阶段：越冬、中心病株（区）、病害的蔓延增长、病害消退。由于气候、物候、菌量的影响，病害按 3 种方式来发展：①一开始即较普遍，然后严重，达到高峰后逐渐下降。②以中心病株（区）为起点，使林段或大区病情逐渐加重，后转下降消退。③病害出现迟，零星分散，没有中心病株（区），也没有大区流行高峰期，只有迟抽植株、品系或林段重病。

5.2 流行条件和主导因素分析

一种病害的流行强度，是由气候、寄主、病原相互作用的结果所决定的。这 3 个因素中最难满足流行发生的因素，即对病害发生和流行影响最大的因素，称为主导因素。病害的流行轻重主要为主导因素出现的频率和强度所决定。对于白粉病的流行条件，各国学者都是根据这些方面进行分析的。

5.2.1 气候条件与白粉病流行的关系

马来西亚、锡兰的早期研究，大多数强调降水的作用。冬季干旱，越冬旱而彻底，春季抽叶期没有阴湿天气，时有降水则病轻；冬季潮湿，越冬迟缓，不彻底，嫩叶期遇上阴湿天气则病重。有些人则认为，重要的是降水的性质，大雨对发病不利，它能促进叶片老化，把孢子冲刷落地，叶面的水滴对孢子不利，但小雨则利于发病。1970 年马来西亚研究院分析了 13 年气象资料与发病的关系后认为，雨量最为重要。3 月的雨量少于 101.9mm 会重病。在东南亚十几年的发病史上，曾报道过几年因长期干旱而造成病害的严重流行。如马来西亚的 1930 年，2—8 月干旱，病害甚重。锡兰 1933 年、1935 年、1939 年很旱，1—3 月雨量仅有 76.2mm、134.6mm、129.9mm，病害严重流行。我国垦区许多单位都强调毛毛雨对病害流行的有利作用。认为是病害流行的主导因素。华南热作院于 1973 年分析了我国广东垦区 15 年白粉病流行与雨量、雨日的关系，发现三种矛盾的现象：①干旱年份重病；②多雨年份重病；③多雨年份轻病。因此，认为降水不是白粉病大区流行的主导因素。

光照与病害流行的关系，据锡兰 Young 报道，白粉菌孢子在阳光下照射 1min 即被杀死，因此，在光照下病害仅能逐株、逐叶的传播，认为阴湿天气是病害流行的主导因素。国内也有认为阴天是病害流行的主要条件。但马来西亚 Waste 报道，长日照利于白粉病的发生。华南热作院（1973）分析了南田、东兴、本院试验场历年的试验，发现日照时数长短与病害流行的关系不密切，1963 年的室内工作也证明本菌对光照有相对强的抵抗力，因此认为光照不是本病流行的主导因素。

关于温度在病害流行上的作用，已逐渐被国内外的研究所肯定。锡兰 Murrye1939 年就看到低温的有利作用，1939 年锡兰低温干旱，病害很重，他认为这主要是低温影响的结果。马来西亚 1976 年认为温度和湿度是病害发展的最主要的因素。最高温度低于 32℃，相对湿度>90%，最有利病害的发展。我国各垦区的许多部门，都看出了温度的作用。如云南所较强调冬季温度的影响，广东垦区南俸场、大丰场、西联场今年的研究都看出了嫩叶期低温的作用。华南热作院（1963、1973）分析了广东垦区 15 年的病害发展与雨量、光照、湿度、台风、温度的关系后指出：温度是决定病害流行的主导因素。冬季温度是影响橡胶树越冬落叶、抽芽迟早、抽叶整齐度和越冬菌量大小的重要条件。嫩叶期出现寒潮，能延缓叶片老化速度，促进病菌繁殖因而加快流行速度，使病情加重。嫩叶期杀伤性寒潮，有些年份会打乱橡胶物候，造成抽叶不齐，增加病菌重复侵染，使原来轻病变为重病。但有些年份在抽芽期出现杀伤性寒潮，把幼芽冻死。以后抽芽发叶迅速而整齐，使原来重病变为轻病。嫩叶期的高温，能抑制病菌的侵染和繁殖，促进叶片老化，是有些年份轻病的主要原因。通过历年材料的分析认为，白粉病发展的适温范围为 16~22℃，在这个温度范围内，只要有一定的菌源和寄主组织，病害就可以迅速而稳定的发展；平均温度 23~24℃，最高温度 28~31℃，在菌源较少的情况下，病害发展缓慢；平均温度超过 26℃，最高温度超过 32℃，病害会很快下降；平均温度 28℃以上，最高温度 35℃以上，连续 3 天，嫩叶病斑即告消退。

主导因素不是固定不变的，由于各地区的气候、寄主、菌源配合的不同，主导因素也可能不同。这是目前植物病害流行学中已广泛引起人们注意的因子相互作用的原理。例如马来西亚一般年份 2—3 月平均温度为 24~26℃。高温使这个国家常年的白粉病轻病。但是，由于近年大面积种植高度感病的品系，病害在这些品系中十分严重，说明品系的感病性弥补了温度之不足，也能引起病害的流行。我国许多地区，在白粉病流行以后，残留的病菌极大，当第二次抽叶时，虽然温度较高，病害仍能流行，这是菌量弥补了温度之不足。因此，在分析主导因素时，还要注意因素间的相互配合和相互作用。

笔者（1973）根据历年不同病害发展阶段和不同物候期的气候配合与病害发生的关系，提出广东垦区有 7 种病害流行气候型：①冬春温暖流行型；②冬暖春凉流行型；③冬冷春凉流行型；④冬冷轻病型；⑤春天高温干旱轻病型；⑥春冷流行型；⑦冬春干旱流行型。这 7 种气候型可为中期预提供依据。

5.2.2 物候与发病关系

各国学者有较为一致的意见，越冬早、彻底、抽叶整齐、叶片老化快，病情轻；越冬迟，不彻底，抽叶不齐，物候期长，病情较重。马来西亚研究院于 1975 年比较了分布在不同胶园的 PB5/51 品系抽叶物候过程与发病的关系，结果 A 胶园在 1 月底开始越冬，两周内落光叶，接着抽叶，到 2 月中旬末，适宜发病的天气出现之前叶片已经老化，病情很轻。而 B 胶园，1 月中旬开始越冬，落叶慢，持续了 5 周，2 月下旬到 3 月上旬末才抽叶，正遇到有利发病的天气，嫩叶受到严重侵染，大量落叶。

笔者（1973）的研究发现，在我国热带地区橡胶抽叶早的年份流行危险较大。因为抽叶早，气温偏低，遇到寒潮的机会较多。这与外国报道相反，原因是东南亚地区的病害发展，主要决定于嫩叶期是否遇到东南季风期的低温阴湿天气，而东南季风期一般在抽叶后期才出现，早抽可避过这一时期。

马来西亚（1976）研究了叶龄与侵染的关系，结果认为 1~21 天叶龄的叶片都能侵染，但最易感病为 7~9 天的叶片。这种叶片在接种后第 8 天落叶，而 10 日以上的叶片，虽有少量病斑，但不落叶。

5.2.3 菌源与病害流行的关系

国外研究甚少。我国华南热作院及云南热作所以前曾强调越冬菌量的作用。但后来在广东垦区观察到越冬菌量虽少，如果物候期长，天气适合发病，也能引起病害流行。在抽叶整齐的年份，越冬菌量的大小，则与病害的流行强度有较密切的关系。因为基础菌量大，流行要求的重复侵染次数少，所以即便抽叶过程短，也能引起流行，如南田 1965 年、东兴 1965 年的流行就是这样的情况。

中心病株（区）的数量和流行的关系，已为我国各场的观察结果所证实。病害在抽叶过程中始见期出现越早，病害可以发展的时间越长，最终病情就越重，这是白粉病流行的普遍规律。

5.3 流行区划分

白粉病的流行在区域间的差异，无论国内国外都已看出。如马来西亚的马六甲一带，锡兰 300m 以上的高海拔地区，爪哇的东部都比其他地区重病。我国四省胶区的发病，也有很大的差异。据广东垦区历年的病情、气候、物候情况，华南热作院把广东垦区划分为 3 个流行区：常发区，包括海南崖县、保亭、陵水、乐东等地。易发区，包括海南万宁、粤西化州等地。偶发区，包括海南、湛江除上述地区以外的其他地区。据几年的流行情况来看，云南河口、广西的陆川、钦州属易发区，而广西的其他地区及福建等垦区属偶发区。

产生这种病害流行区域性差异的原因，一是气候因素，东南亚国家认为很干旱和很潮湿的地区的病情都较轻，2—3 月雨量在 76.2~152.4mm 的地区较重。锡兰高海拔地区的温度较低，病情较重。我国海南南部，流行频率较高，是由于冬春温暖，落叶抽叶不整齐，越冬菌量较大之故，第二个原因是土壤肥力，马来西亚的马六甲土壤很贫瘠，锡兰高地以前种茶，地力消耗过多，抽叶缓慢，病害都较严重。

6 预测预报方法

国外研究很少，近年才有所重视。国外一向都是根据抽叶物候来指导喷药。马来西亚于 1969 年分析了 13 年的气象与发病关系后认为，此病是不可预测的病害。近年开展了生物学特性和大田观察，发现一天的最高温度不超过 32℃，相对湿度 ≥90% 的时间维持在 13h 或更久的时间，最有利于白粉菌的侵染，因此，把它作为一个"侵染日"。根据树冠内外的温湿度记录推断，第一个"侵染日"出现后 7~10 天便会出现落叶。1972 年在 B 胶园利用这个指标做了测报试验，与传统的方法（每隔 5~7 天喷一次，共喷 5 次）相比较，结果用上述预测方法喷粉 3 次的林段病情很轻，树冠浓密健康，处理后 24 个月中，比对照区增产 15.1%~30.9%，而用传统方法，由于喷药期不准，整个抽叶期都有发病，对照区的病情随着时间的推移病情迅速加剧。用测报方法指导防治，不但提高了防治效果，而且节省两次喷药。

我国垦区的预测预报研究，早在 1961 年就开始了，分为中期预报和短期预报两种。

中期预报：华南热作院于 1965 年前，主要根据越冬菌量与春季流行强度的回归公式，结合春季的气象预报和物候情况做预测。这个方法在 1963 年前是准确的。1964 年、1965 年出现一些偏差。1970 年后则主要以病害流行气候型为依据，准确度有所提高。1973 年提出了如下的白粉病严重流行的中期预报指标：

（1）1 月或从 1 月中、下旬开始，至 2 月中旬，平均温度在 17℃ 以上。

（2）抽芽初期（5% 左右）橡胶越冬落叶量 70% 以下，橡胶在 2 月中旬以前抽芽，抽芽参差不齐。

（3）越冬菌量总发病率 0.5% 以上。

（4）气象预报 2 月下旬至 3 月中旬平均温度 18~21℃（海南南部、东部）或 2 月下旬至 3 月中旬共有 12 天以上的寒潮，平均温度 12~20℃，极端低温 8℃ 以上（海南西部、东部、中部、北部及粤西地区）。

（5）海南西部、中部、北部及湛江地区，除参考上述指标以外，如果预报 2 月下旬至 4 月上旬共有 18 天以上的寒潮（温度指标同第 4），则不管是否出现（1）、（2）、（3）项指标，都可发出流行预报。

华南热作学院于 1972 年也提出了中期预报指标。其依据为：

大流行年	轻病年
1. 冬春气候温暖，1、2 月份平均气温在 18℃ 以上，寒潮强度不大（海南区）；1 月份平均气温在 15℃ 以上绝对最低温在 5℃ 以上，偏暖多雨（湛江区）	1. 冬春气候寒冷，1、2 月份平均气温在 14℃ 以下，有霜冻，个别年份虽然冬季较暖，但出现倒春寒（海南区）。1 月份旬平均气温在 11℃ 以上，最低温度 5~7℃ 持续 7 天以上（湛江区）
2. 胶树落叶极不彻底，老叶只落掉 80% 以下，抽叶又不整齐	2. 橡胶落叶极彻底，老叶落掉 98% 以上，抽叶不齐
3. 上年台风为害较严重，越冬菌量多（冬嫩梢多，嫩叶发病普遍）	3. 越冬菌量少（冬嫩梢和有病嫩叶几乎没有）
4. 病害发现早（即始见期早），抽叶 20% 左右或更早时，已发现中心病株	4. 病害发生晚（抽叶 70% 以后才发生病叶）
5. 2、3 月份天气预报平均温度 18~23℃，阴雨天又较多	5. 2、3 月份天气预报有持续高温出现，阴雨天气少，晴天多

云南热作所根据 1963—1976 年最冷月的温度与病害最终严重度的关系，用直线回

归分析，得出云南地区中期预报的经验公式：

$$y=1.38x-17.7 \quad (r=0.791 \text{ 非常显著})$$

式中，$y=$ 最终严重度，$x=$ 最冷月平均温度。

1975 年以后，湛江化州育种利用气象预报的方法预报橡胶白粉病。1976 年又用多元回归进行定性预测；建设农场利用相关回归公式预测始病期，高峰期及各物候期这些方法是值得参考的。

短期预测：1961 年以来，华南热作院与生产部门结合，开展了多种短期预测方法的试验。先后提出了总指数法、嫩叶病率法、混合病率法。这些方法主要是根据不同物候，不同的早期病害水平与田间防治效果的关系分析和总结出来的。它们都先后在生产上推广使用，在降低防治成本、提高防效、节省用工等方面起过积极的作用。但这些方法仍有缺点，调查用工太多，没有提前预测预期，不能起到病害预测应有的作用。1973 年华南热作研究院根据历年的测报实践和在各地区历年的系统观察资料，为了提高测报的准确度，节省调查用工，增强预见性，提出了一种新的改进方法——总发病率法。这个方法的依据和指标是：①病害在抽叶过程中出现越早、病情越重。流行始点期（总发病率 2%~3%）出现在抽叶 85% 以前，在正常的天气条件下，最终病情指数一般超过 25，需要进行全面防治。②古铜期病情总发病率 2%~3%，发展到总指数 1~3（古铜期最适宜喷药的指标）需要 3~5 天，淡绿期病情总发病率 2%~3% 发展到总指数 4~6（淡绿期最适宜的喷药指标）需要 5~7 天。因此，古铜期最适宜的喷药时机为病情达到总发病率 2%~3% 后 3~5 天，淡绿期为达到总发病率 2%~3% 的 5~7 天。各龄期物候的喷粉时间，即可根据总发病的出现日期加以推算，从而前提 3~8 天预测喷药的日期。③喷第一次粉后是否还要再喷粉，决定于病情是否还会严重。而病情严重与否，主要决定于第一次喷粉至 90% 叶片老化的时间长短及当时的气温。一般来说，第一次喷粉后，菌量是足够引起流行的，气温也是适合流行的，因此，是否需要再喷粉，主要决定于嫩叶的数量及维持时间的长短。据资料分析，从第一次喷粉至 60% 叶片老化的时间超过 9 天，如果不再喷药，病害还会严重，需要进行第二次喷粉。第二次喷粉后是否还要再喷，也可按此类推。因此，只要在喷后 9 天调查物候，看是否达到 60% 叶片老化，就可决定是否要第二、三次喷粉。在调查时就不必再查病情了。

这个方法 1974—1976 年在南茂、1977 年在南田、新中、南林农场做了试验，证明是准确的，能够提前预测。节省用工，效果比嫩叶法稍高。可以扩大试验推广。

7　防治方法

防治橡胶白粉病的方法，根据各国报道，有下述几个措施：化学防治、抗病选育种、施肥、脱叶等。

7.1　化学防治

自从 1936 年马来西亚肯定硫磺的防治效果以来，国内外一直都使用硫磺粉防治白粉病。由于各国白粉病轻重悬殊，有些国家怀疑喷硫磺粉的经济效益。锡兰、印度尼西亚都肯定喷硫磺是经济有效的。但马来西亚、印度、柬埔寨、越南等国则认为常年喷药不必要。我国从硫磺的防治效果，为害损失综合考虑，认为在病害中度以上发生的情况下，喷硫磺是有利的。因此，制定了防治的目标是 4~5 级病株率控制在 1%~2% 以下。

7.1.1　国外喷撒硫磺的时间

20 世纪 60 年代以前，主要根据抽叶物候来决定。1950 年锡兰 Young 提出从 10% 抽芽开始，每隔 5~7 天喷一次，直至 90% 叶片老化的防治规程。近年，马来西亚、印度尼西亚提出从 20% 抽叶，始见少量病斑开始喷药，每 5~7 喷一次，直至 80% 叶片达到二周的叶龄为止。一般喷药次数为 5~7 次。我国则用短期预测的防治指导喷药，大大减少防治次数，节省防治成本，增加经济效益，已如上述。

7.1.2　喷粉的剂量

锡兰、马来西亚早期用量较大，每亩 1kg 左右。60 年代，锡兰在不同感病性的品系和不同病情下进行了试验。1965 年的结果认为，每英亩用 6 磅（1 英亩 ≈ 4.05hm²，1 磅 ≈ 0.45kg）能大大减少 Tgiil 品系的白粉病的发生，而用 10 磅效果更好，但处理间的产量差距不大。1968 年的结果为，每英亩 5~6 磅，在严重发病时没有效果。1969 年大田试验结果则表明，每英亩 10 磅可大大减少 PB86（中抗品系）的落叶。但对 Tgiil（感病品系）则不成。目前锡兰推荐每英亩用 8 磅硫磺粉。华南热作院于 1963—1964 年的试验认为，每亩 0.6~0.8kg 能获得良好的防治效果。多年的实践经验证明，喷药的剂量必需根据病情、物候的情况来确定。重病、抽叶多的情况下，剂量应较大；轻病、抽叶少剂量可减少。

7.1.3　喷药的机具

国内外曾用过背负机、担架机、拖拉机牵引喷粉机、飞机等几种机具。背负机适于山区和小胶园、前期、后期的局部防治。拖拉机牵引机适于平地大胶园。但目前应用最广的仍是担架机。国外有 Mistrol Ⅱ AB、Ⅲ AB。最近有一种 Durtejecta。这些机具有效喷幅约 30m。我国自 1964 年仿造 Mistrol Ⅱ AB 后，出产有丰收-30、丰收-32 等担架机，近年又研制了红旗-3、3MF 多用机、东方红-18 等背负机。1927—1928 年瓜哇做过飞机防治试验，第一年每亩剂量达 0.8kg，第二年用 1.2kg，效果良好，有效期 20 天以上，1952 年、1954 年锡兰又做了飞机喷雾试验。但因成本过高，一直没有推广。我国海南农垦局、通什农垦局、湛江农垦局于 1960 年和 1977 年做了飞机防治试验。1960 年由于喷药过迟，防效不好。1977 年在海南南部、西部做了 10 万亩的试验，证明飞机防治是有前途的。飞机防治的最大优点是工效高，在病害大面积流行的情况下，能及时控制病害的发展。其次是节省劳力、降低劳动强度。但固定翼飞机防治也有缺点，主要是成本较高，在流行强度中等时不能选择重病林段防治，使轻病不需防治的林段也喷上粉。同时，受天气影响较大，有雾下雨能见度低，风速超过 3m/s 都不能作业。因此，飞机防治必须与地面防治相结合，实行两条腿走路的方法。

7.1.4　硫磺的防效

与硫磺的细度、纯度关系很大。通过多年的试验和实践，马来西亚提出了两个标准：①至少有 95% 的粉粒通过 325 筛目；②按重量计至少有 95% 的纯硫磺。

硫磺防治白粉病虽然很有效。但其黏着性较差，不耐雨水冲刷，成本较高，加工运输、供应、贮藏都有些困难，而且对人的眼睛皮肤有刺激，所以近年国内外都一直在寻找代替农药和适当的剂型。1954 年锡兰用可湿性硫做飞机喷雾，证明效果与硫磺粉相当或稍高，但因工效低、成本高、没有推广。1958 年选出一种 Karesane，效果等于硫磺粉，但成本较高，也未推广。近年马来西亚进行了新农药的筛选，1973 年选出 BAS2203F、RI8-513、HOO1744 3 种内吸剂，在开芽期用 0.02%喷雾一次，用足够的药量喷到开展的叶片，保护 7 天不感病。在病害流行期用 BAS2203F 低容量喷雾，与喷三次硫磺相比，防治一致，成本比硫磺低得多。1976 年筛选了 11 种农药，也肯定 BAS2203F 的效果最好。用不同油类载体做试验证明 A、B、O 三种环烃类喷雾油对叶片无害，其中以 O 种来源较易、成本最低。用 O 油作载体，在大田与硫磺做比较试验证明，它的效果较硫磺高，12 个月的平均产量比硫磺高，成本较硫磺低。我国垦区许多单位都进行了新农药的筛选、早期选出一些土农药。1960 年华南热作院曾使用硫烟剂，但因效果低未获成功。1965 年广西热作所试验硫烟剂成功，近年已在广西推广应用。1971 年在华南热作院与海南有关农场协作，做过内疗素、托布津等新农药试验。这些药剂虽然在室内有效，但应用到大田时因用粉剂黏着性差，效果不如硫磺粉。这些农药需要从剂型方面改进，才能提高防效。

马来西亚根据抽叶物候与病害流行的关系，认为有可能用人工脱叶的方法促使橡胶提早落叶抽叶，避过不良天气，从而避免病害流行。早期的脱叶剂试验选出了 2、4、5-T，但对枝条有害。后来发现两种有机砷剂（二甲砷酸、甲砷酸一钠）能脱叶，且无伤害，对人畜无害。在越冬前一个月用双翼飞机喷撒这两种药剂，每公顷用量分别 1.5kg 和 3kg，以 15L 水稀释，可使橡胶在 20 天内完全脱叶，再过半个月后完全抽叶，在有利于病害发生的天气来临时叶片已经老化，病情很轻，树冠健壮，在最后一次处理后 12 个月测产证明，增产 33%，而用常规的喷硫法，只增产 7%。因此，认为用人工脱叶防治叶片病害，较其他任何防治方法都更经济有效，后来发现用直升机喷药更为实用。因直升机雾滴对树冠的穿透性强，脱叶剂的剂量可减少 3/1，水量减到 35L。现在这种方法已在马来西亚大面积推广应用。1971—1973 年华南热作院植保所选出乙烯利脱叶剂。用 300 单位乙烯利喷雾，可在 20 天内全部脱叶，15 天后抽芽，对胶树无药害。用此法防治白粉病，可减少喷药一次，并提高防治效果。

7.2 抗病选育种

早期，爪哇发现 LCB870 具有避病性，因为它的叶片可在 12~14 天老化。但产量不高，没有推广应用。20 世纪 50 年代锡兰选育出 RRC52 产量中等，具有较高的抗病力，曾推荐在高海拔地区种植，但这一品系产量不够高没有推广应用。后来，锡兰又将它与高产品系 RRI07 有性杂交，在 268 个人工授粉的后代中选出两个品系：1103 和 1108，据说这两个品系很耐病，但产量未见报道。

马来西亚近年由于推广高度感病的品系，白粉病的为害程度日趋严重，因此，较为重视抗病性鉴定工作。他们使用了室内和苗圃鉴定两种方法，室内鉴定用脱叶培养法，把开芽后 8~10 天叶片取回室内，放在塑料容器的吸水纸上，以毛刷粘上孢子抖落叶上接种，用解剖镜观察，调整到每平方厘米有 50~60 个孢子。把容器放在 20~24℃的试验台上，安上一支 40W 荧光灯管提供连续光照。7 天后测定产孢强度。认为产孢强度与品系抗性有密切的关系。测定结果与苗圃结果非常一致。按产孢强度把品系分为 5 等：①最感病品系，每菌落孢子梗数 176~188 个，有 PB5/51，Tj1，PB253，RRIM628

等品系。②高度感病品系。每菌落孢子梗 150～171 个，有 RRIM106，RRIM703、RRIM709、RRIM607、RRIM712、Fx25 等品系。③中度感病品系：每菌落孢子梗 126～147 个。有 RRIM704、RRIM604、RRIM716、RRIM728、RRIM713、PR261、PR255、Nab17 等品系。④轻度感品系。每菌落孢子梗 101～124 个，如 PR107、RRIM36 等。⑤感病性极低品系，孢子梗 81～99 个，如 PB86、PB230、PB252、RRIM701、RRIM703、RRIM519 等。

参照这个方法，华南热作院（1978）进行了测试，发现品系间的菌丝生长速度与品系的抗系关系更为密切。苗圃测定法是在重病区建立系比苗圃，用自然感染来测定。为了使各品系产生同龄叶片，需要每隔几个月将植株修剪到 1m 高，并施肥促进抽芽，华南热作院于 1964—1967 年在东兴农场建立了系比苗圃，对 38 个品系做了鉴定，发现 RRIC52 比较抗病。近年在保亭所、大丰站也建立系比苗圃，正在进行测定。

7.3 农业防治

马来西亚（1973）做了营养元素对橡胶抽叶和病菌侵染产孢关系的试验，发现加倍施用氮肥能降低病菌的产孢强度，提早抽叶，增加叶量。在越冬末期和抽芽初期加倍施用氮肥，降低了病害落叶的数量，获得浓密健康的树冠。因此，推荐在那些不易使用喷粉和人工脱叶的胶园，使用加倍施用氮肥的方法来防治白粉病。

7.4 防治策略

我国垦区根据白粉病的流行过程，创造了以消灭越冬菌源、消灭中心病株（区）、流行期测报防治和后期局部防治等战役的防治策略。由于年度间、区域间的流行过程和发展方式不同，防治战役的重点也不相同。各地区要根据具体情况，在每年的防治过程中抓住关键的地区、关键时间，关键的防治战役，才能做到高防效低成本，不断提高防治水平，华南热作院于 1970—1972 年做了后抽植株局部防治试验，结果在叶片 60% 老化开始进行局部防治，于此时进行全面防治的效果一致，而成本都可节省 20%。说明防治白粉病的全面喷粉时间可以提前结束，而代之以局部防治，不但效果一致，而且可以降低防治成本。

本文为广东省农垦 1978 年植保会议论文

橡胶树白粉病预测预报及
防治措施国家标准草案

余卓桐　执笔

引　言

本标准适合在我国海南、广东、广西、云南等省（区）橡胶垦区防治橡胶白粉病应用。

所用的标准大部分系国内应用的先进标准，少部分引用国际植胶国应用的先进标准。

第一篇　预测预报

第一章　预测预报的基本标准

一、预测预报分类

橡胶白粉病预测预报按预测的时间长短，可分为 5 类。

（1）长期预报：发布 3 个月以外的病情预报，叫作长期预报。

（2）中期预报：发布半个月以外，3 个月以内的预报，叫作中期预报。

（3）短期预报：发布 5 日以外，半个月以内的预报，叫作短期预报。

（4）补充预报：发布预报后，由于天气特殊变化或者其他原因，使病害发生的时间或程度有改变时，需要立即另发预报予以纠正，这种预报叫作补充预报。

（5）警报：当病害出现大发生趋势，距离防治期又较近，需要发出紧急预报，叫做警报。

二、橡胶白粉病发生程度划分标准

（1）轻病年：最终病情指数≤20

（2）中病年：最终病情指数 21~40

（3）重病年：最终病情指数 41~60

（4）特重病年：最终病情指数≥61

三、橡胶白粉病流行区划分标准

（1）常发区：流行年的频率≥61%

（2）易发区：流行年的频率 31%~60%

（3）偶发区：流行年的频率≤30%。

四、预测预报准确率计算标准

（1）橡胶树白粉病预测预报计算标准详见表 1。

表1 预测预报计算标准

预报项目	预报种类	准确率（%）												
		100	95	90	85	80	70	60	50	40	30	20	10	0
发病程度（误差±病指）	短期	0	2.5	5.0	7.5	10.0	15.0	20.0	25.0	30.0	35.0	40.0	45.0	50.0
	中期	0	5.0	10.0	13.0	15.0	20.0	25.0	30.0	35.0	40.0	45.0	50.0	60.0
	长期	10.0	12.0	15.0	17.0	20.0	25.0	30.0	35.0	40.0	45.0	50.0	55.0	60.0
防治适期（误差天数）	短期	0		1		2		3		4		5		6
	中期	0	1		2		3		4		5		6	7
	长期	1		2		3		4		5		6	7	8
发生面积误差（%）	短期		<5	5~15		16~25	26~35	36~45	46~55	56~65	44~75	76~85	86~75	>95
	中期		<15		15~25	26~35	36~45	46~55	56~65	66~75	76~85	86~95	>95	
	长期		<25		25~35	36~45	46~55	56~65	66~75	76~85	86~95	>95		

（2）预测预报准确率的计算公式

1）发病程度（C）预测准确率计算公式：

$$C_{误} = C_y - C$$

$C_{误}$——预测误差病情指数；

C_y——预测发病指数；

C——实测发病指数。

2）施药适期（Q）预测准确率计算公式：

$$Q_{误} = Q_y - Q$$

$Q_{误}$——预测误差天数；

Q_y——预测施药适期；

Q——实际防治适期。

3）发生面积（M）预测准确率计算公式：

$$M_{误} = M_y - M$$

$M_{误}$——预测误差百分率；

M_y——预测发生面积百分率；

M——实测发生面积百分率。

根据上述公式计算结果，查对表1，即可决定预测准确率。

五、橡胶树白粉病预测预报质量要求

橡胶树白粉病预测预报的一切指标、模式、模型，都应在3个以上农场，试验3年以上，准确率符合下述要求者，方能在本地区推广应用。

1. 发病程度

（1）短期预测：3年平均准确率不低于85%。

（2）中期预测：3年平均准确率不低于80%。

（3）长期预测：3 年平均准确率不低于 70%。

2. 施药适期预测

（1）短期预测：3 年以上预报平均准确率不低于 80%。

（2）中期预测：3 年以上预报平均准确率不低于 70%。

（3）长期预测：3 年以上预报平均准确率不低于 60%。

3. 发生面积预报

（1）短期预报：3 年以上预报平均准确率不低于 90%。

（2）中期预报：3 年以上预报平均准确率不低于 85%。

（3）长期预报：3 年以上预报平均准确率不低于 80%。

第二章 预测预报内容

一、发病程度预报

要求在越冬末期抽叶初期发出中期预报，发病初期发出短期预报，对当年白粉病的最终病情指数及是否达到经济阈值做出估计。

二、施药适期预测

在发病程度预报的同时，发布施药适期的预报。

三、施药次数预报

预报时间同发病程度预报，预计当年的施药次数。

四、防治面积预报

预报时间同发病程度预报。预计当年的防治面积。

五、橡胶树抽叶过程预报

包括抽芽盛期、古铜盛期、淡绿盛期、95% 叶片老化期的预报，预报时间与发病程度预报相同。

第三章 预测预报组织

一、中心测报站

是代表某类生态区域的中心测报点，其任务是系统累积资料，研究本生态区域的白粉病流行规律，制定或修订测报指标，向服务区内各农场发布中、短期预报，报告上级有关部门。在本站范围内，选择 3～5 个在品系（包括实生树）生态条件上有代表性的林段作为病情系统观察点（不防治），定期观察橡胶树物候和病情。

二、农场测报点

是农场建立的，为本场测报服务的观察点。其任务是累积本场流行资料，分析当年流行趋势，向本场各生产队发布预报，并报告当地中心站。在本场范围内，选择 3～5 个在品系（包括实生树）、生态条件上有代表性的林段作病情观察点，定期观察橡胶树的病情和物候。

三、生产队观察点

每个生产队选择本队种植面积最广的品系（包括实生树）而在生态上又有代表性的林段 3～5 个，作为本队的病害观察点，定期观察本队橡胶白粉病的病情、物候，指导本队白粉病的普查和防治工作。

第四章　橡胶白粉病观察内容与方法

一、橡胶树物候期观察

1. 取样方法

每个观察点按隔行连株选择 50~100 株正常胶树为观察样株，顺序编号做定株观察。中心测报站从胶树越冬落叶开始；农场观察点从 5% 植株抽芽开始，生产队从 5% 抽叶开始，每 3 天观察一次胶树物候变化情况，直到新叶老化植株达 95% 时为止。落叶量调查到 5% 抽芽时为止，并以 5% 抽芽的落叶量代表当年的落叶量。

2. 橡胶树物候分级标准

（1）橡胶落叶分级标准：

0 级：老叶未落；

1 级：老叶变黄或脱落占树冠 1/4；

2 级：老叶变黄或脱落占树冠 1/2；

3 级：老叶变黄或脱落占树冠 3/4；

4 级：老叶全部变黄或脱落。

（2）抽叶物候期区分标准：

未抽：未抽芽或仅开始萌动；

抽芽期：抽芽 1cm 左右到开叶前；

古铜期：新叶张开呈古铜色至变色期前；

淡绿期：新叶变色期到淡绿期，叶质软下垂；

老化期：新叶变绿，叶质开始挺伸变硬，具光泽。

（3）越冬落量计算式：

越冬落叶量（%）=（各级落叶株数×该级级值/调查株数×4）×100

（4）抽叶率计算公式：

抽叶率（%）=（古铜株数+淡绿株数+老化株数/调查株数）×100

（5）落叶程度划分标准

落叶极彻底：落叶量 98% 或 98% 以上；

落叶彻底：落叶量 90%~97%；

落叶不彻底：落叶在 80%~89%；

落叶极不彻底：落叶量在 79% 以下。

（6）抽叶整齐度划分标准

极整齐：从抽芽 5% 到叶片老化 95% 在 29 天以下；

整齐：从抽芽 5% 到叶片老化 95% 共 30~45 天；

不整齐：从抽芽 5% 到叶片老化 95% 共 46~59 天；

极不整齐：从抽芽 5% 到叶片老化 95% 共 60 天以上。

二、病情观测方法

（一）越冬病原调查

1. 取样方法

越冬病原的调查，在胶树 5% 抽芽时进行。在观察点的范围内，随机采集越冬青色的老叶 20~40 蓬，冬梢（包括断倒树）若干蓬（视当时的冬梢量决定，最多不超过 20 蓬）。每蓬取中间小叶 5~10 片，使老叶达到 200 片，嫩叶 100 片，按下述病害分级标准分级，统计发病率，发病指数和发病总指数，并在调查落叶物候时，调查物候采样株中的抽冬梢株数和条数，计算抽冬梢率。

2. 冬梢率计算式

$$冬梢率（\%）=（冬梢总条数/正常树数×500+断倒树数×25）×100$$

3. 越冬菌量计算方式

$$老叶越冬病情分指数=（发病指数×胶树越冬存叶率\%）×0.0008$$

$$嫩叶越冬病情分指数=发病指数×抽冬梢率$$

$$越冬病原发病总指数=老叶发病分指数+嫩叶发病分指数$$

（二）流行期病害调查

1. 取样方法：从胶树 5% 抽叶开始，每 3 天调查一次，直到新叶 95% 以上老化，尽可能在固定植株上按叶龄比例取样，每株在不同方位取叶两蓬，每蓬取中间小叶 5 片。中心测报站每个测报点取样 40 株，400 片叶。农场和生产队观测点取样 20 株，200 片叶，分别古铜期、淡绿期、老化期 3 种叶，记录病害级别。计算各种叶的发病率、发病指数和总发病率和总指数。生产队的观察点调查，只需计算发病率和总发病率。最终病情观察在 95% 植株新叶老化后半个月内进行。以固定做物候观察的植株为取样株，整株观察病情，按下述标准分级，统计发病率和发病指数。

2. 白粉病病情分级标准

（1）白粉病叶片病情分级标准

0 级：无病

1 级：叶片病斑面积总和占叶片面积 1/16；

2 级：叶片病斑面积总和占叶片面积 1/8；

3 级：叶片病斑面积总和占叶片面积 1/4；

4 级：叶片病斑面积总和占叶片面积 1/2，或叶片中度皱缩；

5 级：叶片病斑面积总和占叶片面积 3/4，或叶片严重皱缩脱落。

（2）白粉病整株病情分级标准

0 级：肉眼观察基本没有发现病斑；

1 级：多数叶片有少量病斑；

2 级：多数叶片有较多病斑；

3 级：病斑累累，或叶片中度皱缩，或因病落叶 1/10；

4 级：病斑满布，或叶片严重皱缩，或因病落叶 1/3；

5 级：叶片因病落叶 1/2 以上；

$$4~5 级病株率（\%）=4~5 级病株数总和/调查总株数×100$$

3. 病情统计公式

（1）发病率：发病的叶（株）数占调查总数的百分率。

$$发病率（\%）=（有病叶（株）数/调查数（株）数）×100$$

$$总发病率（\%）=\sum（各种叶龄发病率×该叶龄的抽叶率）×100$$

第一部分 橡胶病害

（2）病情指数：表示病情严重程度的数值。

病情指数 = ［（各病级叶株数×该级叶株病级值）/调查叶（株）数×5］×100

病情总指数各类物候期叶片发病指数的加成平均值。

$$病情总指数 = \sum （各类叶片发病指数×该类叶片物候抽叶率）$$

$$= （古铜叶发病指数×古铜叶抽叶率）+ （淡绿叶发病指数×$$

$$淡绿叶抽叶率）+ （老化叶发病指数×老化叶抽叶率）$$

（3）流行速度：以病情日增（减）率或发病指数平均日增（减）值表示，前者可用普朗克（Van der Plank）公式来统计。

$$R（\%） = \frac{1}{t_2-t_1}log\frac{mx_2（1-x_1）}{x_1（1-x_2）}$$

$$发病指数平均日增长数 = \frac{x_2-x_1}{t_2-t_1}$$

R——病情日增长率（%）；

x_1——t_1 时的发病率或发病指数；

x_2——t_2 时的发病率或发病指数；

t_2-t_1——两次观察时间相差天数；

m——$t_2 \to t_1$ 期间叶面积增长倍数（可用抽叶率增加的倍数来表示）。

第五章 预测预报方法

一、短期预测法

以早期病害数量、病害出现迟早及流行速度为依据。

目前已推广的短期预测法，有总发病率预测法，病害始见期预测法，短期预测模型，孢子捕捉法等。所有这些方法，凡符合本标准"五"预测预报质量要求者，均可推广应用。

二、中期预测法

近年华南热带作物研究院植保所、湛江农垦局，海南农垦局，云南热作所都利用回归法建立了一些经验模型进行预测，凡符合本示准"五"预测预报质量要求者，均可推广应用。

第二篇 白粉病防治

第一章 橡胶树白粉病防治原则

一、防治原则

橡胶树白粉病的防治，要贯彻"预防为主综合防治"的方针，尽可能以协调的方式，科学地运用胶树抗病性，化学防治，农业防治等措施，将橡胶树白粉病的为害降低至经济为害水平以下。

二、防治总要求

采用的防治方法，要符合"安全、有效、经济、简易"的原则，既有效地控制病害，又保护生态环境，要求经过防治，胶树叶片不皱缩，不落叶，3 级病株不超过12%，4~5 级病株在2%以下，保证胶树按时开割。

第二章　橡胶树白粉防治方法

一、化学防治

（一）有效农药

1. 硫磺粉

（1）质量要求，含硫量不得低于 95%，细度 325 筛目，干燥，不结块，流动性能良好，用前要晒干，过筛，贮存在干燥处，并要注意防火。

（2）有效剂量，对具中等以上抗病性的品系和抽叶整齐的品系，如 RRIC52、RRIM600、RRIM623，海垦 1、RRIC100、RRIC103、PB86 等，每亩用 0.4~0.5kg，其他品系及实生树，每亩用 0.6~0.8kg。

（3）施药间隔期，硫磺粉的有效期 7~14 天，其施药间隔期以 10 天左右为宜。

（4）防治效果，一般要求在 70% 以上。防治效果计算公式如下：

$$防治效果（\%）= \frac{不施药的发病指数 - 施药的发病指数}{不施药的发病指数} \times 100$$

（5）防治成本，每亩次 1~1.5 元。

2. 粉锈宁

（1）质量要求，配制各种剂型的原药，要求有效成分含量在 70% 以上，油剂要求有效成分含量 15% 以上，乳剂要求有效成分 20% 以上。

（2）有效剂量，每亩 5~10g 纯药。

（3）施药间隔期，粉锈宁的有效期，油剂为 18 天，乳剂为 12 天，施药间隔期以 10~15 天为宜。

（4）防治效果，要求在 70% 以上。

（5）防治成本，每亩次 1~1.5 元。

（二）化学防治方法，一般分 4 个阶段进行

1. 越冬病原防治

要求在橡胶树抽芽 5% 以前完成，要修除断倒树抽出的多余新梢，每株保留 2~3 条，并喷硫磺粉保护。苗圃要用硫磺粉或 0.3 度石硫合剂喷撒，每隔 10 天施药一次，直至胶树抽芽 5% 为止，在落叶不彻底的地区和年份，可在越冬落叶初期，用脱叶剂脱叶，目前推荐的脱叶剂有乙烯利（每亩用 10~30g）。10% 脱叶亚磷油剂（每亩用 80~100g）等。

2. 中心病株（区）防治

胶树抽叶 30% 以前，对中心病株（区）进行单株或局部喷药防治。

3. 流行期全面防治

胶树抽叶 30% 以后，根据病情测报和防治指标进行施药防治。

4. 后抽植株防治

胶树叶片老化达 60% 以上，须对后抽芽而仍然处于嫩叶期的植株进行单株或局部小区防治。

（三）防治指标

防治指标是最适进行施药的时间，橡胶树白粉病的化学防治指标以病害水平为

标准。

抽叶 30% 以前，发病率 20% 以上，进行单株或局部小区防治。

抽叶 30%～60%，发病率达 10%～20%。抽叶 61% 至叶片老化 40%，发病率达 21%～30%，叶片老化 40%～60%，发病率 30%～35%，进行全面喷药防治。

叶片老化 60% 以后，日平均气温在 26℃ 以下，发病率超过 30%，应进行单株或局部施药防治。

（四）施药机具

1. 胶园施药对植保机具的要求

A. 扬程垂直高度在 18m 以上

B. 轻巧灵活，便于在山丘工作

C. 喷药均匀流畅

D. 发动机性能良好，结构简单，容易散热

E. 要有照明设备，以便夜间工作

F. 经济、耐用、安全、效率高

2. 几种植保机具主要性能参数

A. 担架式动力喷粉机（包括丰收-30、丰收-32）：扬程 18～20m，有效喷幅 30m 左右，每小时喷 50～70 亩，每台机可负担 1 500～1 800 亩，每班次配劳力 8～10 人。

B. 背负式动力植保机（东方红-18、红旗 3MF-3）：扬程 14～18m，喷幅 15～20m，每小时可喷 20～30 亩，每台机负担 500～800 亩，每班次配劳动力 3～4 人。

C. 农用运-5 型飞机：喷幅 80～100m，每天可喷 6 000～8 000 亩，每架机可负担 4 万～6 万亩，每班次配劳动力 7～8 人，其基本技术指标如下：有效喷幅 80m，施药剂量每亩 0.8～1kg，第一次施药指标在抽叶 40% 以后，发病率 20%～30%。地形复杂，风速大于 3m/s，能见度小于 5km 均不能作业。

D. 热雾机：大、中型热雾机，扬程 20～30m，每小时喷 150～180 亩，按每天工作 6h 计，每天可喷 800 亩左右，每台机可负责 6 000～7 000 亩，每班次配 3～4 人，其基本技术指标为：有效喷幅 60～100m，每亩喷药量 0.2～0.3kg。风速大于 3m/s，降雨、大雾等不能作业。小型烟雾机，扬程 20～30m，每小时喷 70～80 亩，每天可喷 500 亩左右。每台机可负责 4 000 亩，每班次配 3 人，有效喷幅 30～40m，每亩喷药量 0.2kg。

二、抗病性利用

橡胶树有两种抗病性可以利用，抗病性和避病性。

（一）抗病性

为橡胶本身对白粉病菌抗侵染、抗扩展和抗产孢的特性。经国内外长期的鉴定，RRIC52、RRIC100、RRIC103、红山 67-15 等品系具有抗病性，可在白粉病常发区，易发区推广使用。

（二）避病性

抽叶整齐的品系，由于群体叶片老化快，嫩叶感病期短，常常可以避过抽叶后期大量菌源侵染，因而白粉病较轻，胶树这种特性为避病性。大面积种植抽叶整齐的品系，

对于控制白粉病的流行，具有很大的作用，是一种经济、有效的防治方法。具有这种特性的品系有 RRIM600、海垦 1、PB86 等。可在海南、云南胶区推广应用。

第三章 防治质量要求

一、橡胶树白粉病的经济阈值

1. 经济阈值，即防治的花费等于或略低于防治挽回的经济效益时的病害数量。

2. 橡胶树白粉病的经济阈值，实生树为最终发病指数 22，4~5 级病株率 2%；芽接树为最终发病指数 24，4~5 级病株率 2%。

二、防治质量要求

要求经过防治，将白粉病控制在经济阈值以下。特重病的流行年，可放宽要求，最终病情指数在 25 以下，4~5 级病株率不超过 4%，若病情不到经济阈值，则不必进行全面防治，改用单株或局部防治，以节省防治成本。

三、防治成本

白粉病的防治成本与病情轻重，物候长短，及所用的农药有关，用硫磺粉防治白粉病的成本标准如附表 2。

表 2　橡胶树白粉病防治成本标准

物候	病情	平均每亩成本（元）
整齐	中偏轻	0.5 以下
整齐	中病	0.8
不整齐	中病	1.5
整齐	重病	1.5
不整齐	重病	2.0
极不整齐	重病	2.5
不整齐	特重病	2.5
极不整齐	特重病	3.0

本研究是农业部"关于制订橡胶白粉病测报防治标准"项目的征求意见稿，此稿已发各省胶区农垦局征求意见并上报农业部农垦司（1990 年）

1972—1998 年海南橡胶白粉病中期预报

笔者于 1972—1998 年每年都在橡胶越冬至抽芽初期，到海南各地区有代表性农场做橡胶白粉病越冬菌量调查。根据调查结果和当地的气象记录，应用当时研究白粉病流行规律，预测预报方法和防治措施的研究成果，对当年的白粉病的发生做出预报，提出防治建议，发到有关地区农垦局和农场，并报农业部农垦司，由农垦司转发全国各省橡胶垦区，指导他们白粉病防治。根据各有关农场试用验证统计结果，这 27 年预测的平均准确率为 86%，达到当时植物病害预报的国际先进水平，对有关地区橡胶农场及时做好防治工作，提高橡胶白粉病的防治效果，控制白粉病的为害，特别是 1978 年、1988 年、1990 年、1998 年等大流年的严重为害，减少用药和环境污染，节约防治费用，获得更多的经济、社会和生态效益，都起了重要作用。下面分年度报道各年当时的中期预报书和农业部转发 1988 年中期预报给各省胶区的原件。

1972 年海南橡胶白粉病中期预报

余卓桐　王绍春

1　趋势

1971 年冬季，海南各地气候偏暖，12 月至翌年 1 月平均温度 17℃以上，橡胶越冬落叶较不彻底。抽芽早，抽叶初期受寒潮影响而变不整齐。越冬菌源中等。根据最近笔者对海南各代表性农场白粉病越冬调查的结果，应用笔者近年提出的中期预测指标，预计今年海南橡胶白粉病除南部重病（发病指数 50~60）以外，其他地区中度发生，最终病情指数 25~40。

2　具体预报

2.1　海南南部（崖县、保亭）

今年气候温暖，1 月平均温度 19.7℃，橡胶落叶不彻底，落叶量 76%~82.3%，抽芽早而不齐，2 月上旬开始抽芽。去年受台风影响，冬梢多，越冬菌量大，总指数 0.0134。预计本区今年白粉病中度流行，最终发病指数 50~60。

2.2　海南东部（万宁、琼海南部）

今年气温偏暖，1 月平均温度 17.1℃，橡胶落叶较不彻底，落叶量 90%左右，抽芽偏早，2 月中旬开始抽芽。越冬菌量中等，总指数 0.0024。预计本区 1972 年白粉病中至重病，最终病情指数 30~40。

2.3　海南中北部（琼中、琼山）

今冬气温偏暖，1 月份平均气温 17.0℃，橡胶越冬落叶一般，落叶量 92%~95%，抽芽偏早，2 月中旬开始抽芽，越冬菌量中偏少，总指数 0.0007。预计本区今年白粉病中偏轻，最终发病指数 25~30。

2.4　海南西部（儋县、白沙）

今年气温偏暖，1 月平均温度 17℃，橡胶越冬落叶不彻底，落叶量 90.5%~93%，抽芽偏早，2 月中旬开始抽芽。越冬菌量中偏少，总指数 0.0009。预计本区 1972 年白粉病中偏重，最终病情指数 30~40。

3　防治建议

（1）做好防治准备工作，包括准备足够的硫磺粉和喷粉机具；培训测报和防治专业队伍；建立农场和生产队的测报点，并立即开展病情物候调查和短期测报工作。海南今年橡胶白粉病将会中至严重发生，建议各级领导重视并提前落实各项防治准备工作，以免病害严重时，再做准备，不但不能控制病情，而且还造成不必要的损失。

（2）以测报指导防治，提高防治效果，节约防治成本。据笔者的研究，橡胶抽叶85%以前，叶片发病率达到超过3%的林段，最终病害都会超过发病指数20。这些林段都应进行全面喷粉防治，第一次全面喷药的时间，以古铜期叶片发病率10%～20%，淡绿期叶片发病率20%～30%，40%老化以前叶片发病率20%～40%较适宜。第一次全面喷药后9天，橡胶叶片未达60%老化，还要在3天内做第二次全面喷药，以此类推，确定是否要做第三次全面喷粉。

（3）根据今年的病情预测，海南南部橡胶抽叶不整齐，病情较严重，预计流行期要做2～3次全面喷粉，叶片70%老化后还要做后抽植株的局部防治。海南东部病情中至严重，预计要做1～2次全面喷粉。海南其他地区病情中等，预计需做1次全面喷粉，若这些地区在嫩叶期出现长时间的低温阴雨天气，则病情加重，需增加1～2次喷药。

（1972年2月26日）

1973 年海南地区橡胶白粉病中期预报

余卓桐　　王绍春

1　总趋势

　　1972 年入冬以来，雨水偏多，气候温暖，橡胶越冬落叶迟而不彻底，抽芽早而不整齐，越冬菌量中等至多，据海南气象台预报，2 月下旬至 3 月中旬有 4 次中等的寒潮影响，如预报准确，本区可能没有使橡胶遭受严重寒害或限制病情发展的高温等天气出现，据此预计，1973 年是一个全岛性的橡胶白粉病中度流行年，最终指数 30～60。其中万宁、崖县、保亭、琼中等地是流行强度较大的地区，各地物候期差异不大，除琼文地区抽叶较早、较乱，万宁、崖县、保亭较其他县抽芽稍早几天以外，橡胶各龄物候期大致为：2 月中旬各地普遍抽芽，2 月下旬至 3 月上旬为古铜期，3 月中旬为淡绿期，3 月下旬各地橡胶叶片基本老化。2 月下旬开始，各地病情将先后到达喷粉指标，是各地全面喷粉防治时期。以上估计，因受气候条件变化的影响和调查范围广度的限制不可能十分准确，各地区仍应根据本区的具体情况做进一步的分析判断。

2　具体预报

2.1　海南南部（崖县、保亭）

　　今冬气候偏暖（平均温度 18℃以上），橡胶落叶不彻底（落叶量 75%～85%），抽芽早而不整齐，越冬菌量较多。据预计，2—3 月平均气温 22～24℃。这些条件均适合病害的流行，预计最终病情指数 40～60。

　　由于抽叶不齐，越冬菌量大，将在 2 月中旬出现中心病区，2 月下旬至 3 月中旬为全面喷粉期。

2.2　海南东部（万宁及琼海北部）

　　冬季气候温暖，1 月至 2 月上旬平均气温在 18℃以上。去年受到台风影响，断倒树较多，但因台风较晚，抽梢不多。橡胶落叶量 80%～90%，抽芽早而极不整齐，正常树抽冬梢率高（13.3%）。越冬菌量中等偏多。气象预报 2—3 月平均气温 18～22℃，上述条件均适合病害的流行，预计最终发病指数 40～60。该区由于抽叶极不整齐，2 月中下旬出现中心病株，3 月上中旬病情会较快地发展，为全面喷粉时期。

2.3　海南东北部（琼文地区）

　　去年受 20 号强台风严重侵害，断倒树特多，但因台风较晚，抽梢不多，感病较轻。多数胶树越冬老叶被吹落，越冬落叶较彻底（落叶量 90% 左右），抽叶极不整齐，越冬菌源不多。据气象预报，2 月中旬至 3 月中旬有 4 次短期的中等寒潮影响下，病情将于 2 月下旬至 3 月上旬有较快发展。此时应进行喷粉防治。

2.4 海南西部（儋县地区）

去冬雨水较多，1月中旬较暖，平均气温在18℃以上。胶树落叶迟而较不彻底（落叶量84%左右），抽芽早而不整齐，越冬菌源中等。气象预报2月下旬至3月中旬有3次中等的短期寒潮影响。预计最终病情指数30~45。由于抽芽不整齐，越冬菌量中等以及寒潮的影响，2月下旬将出现明显的中心病株。在2月下旬的寒潮影响下，病害将全面较快地上升，3月上旬至中旬为全面喷粉时期。本区的病情受嫩叶期的天气影响很大，如果天气出现与气象预报不符的偏差，则病情会有较大的改变。即如2月下旬至3月中旬出现持续8天以上的中等以下的寒潮，则最终病情指数45以上；如此时出现7天以上的平均温度26℃以上，最高温度32℃以上的持续高温天气，则最终病情较轻，指数在25以下。

2.5 海南中部（琼中）

去冬雨水多，1月中旬转暖，至2月上旬平均气温在18℃以上，橡胶落叶迟而不彻底（落叶量80%左右），抽芽早而不整齐，该区由于去年白粉病流行结束晚，夏梢感病普遍，越冬老叶带菌量较大。气象预报2月下旬至3月中旬有3次中等的短期寒潮影响。预计最终病情指数40~50。该区的病情也主要受嫩叶期的天气影响，如在2月下旬至3月中旬出现持续8天以上的中等寒潮影响，则最终病情指数50以上，病害发展过程同海南西部。

3 防治意见

（1）建议各级领导要充分认识今年白粉病流行的危险，提前做好一切防治准备工作。要充分发动群众，宣传群众，克服麻痹思想，做好防病保胶的战斗准备。要组织和健全防治专业队伍，及时培训机具手和测报员，做好药、械准备，目前主要问题是机具和零件不足。需要立即组织人员抢修和购置。并由师部事先要做好机具的调配和支援计划。

（2）认真做好病情测报工作，掌握防治的有利时机。各地应立即建立代表性测报点，固定测报员开始观察，以掌握防病的有利时机，短期测报要做到提前数天预测，以便安排喷粉计划，避免不良天气对喷粉的影响，病情观察要定期进行，善始善终。中心测报站的工作要正常开展，根据对服务区的代表性林段的普查材料和当地气象预报，发出中期预报。如果出现反常天气（强寒潮或高温）儋县、琼中、琼文等地应再发一报。第二次可在2月下旬或3月上旬发报。各中心测报站的不防治观察点应予坚持，以累计流行年材料，为准确地预报提供依据。各地喷粉时间，一般应根据短期测报指标决定。但遇到不良天气预报时（下雨、刮风）应适当提前喷粉。如果在需要喷粉的时间遇到寒潮下雨，无法喷粉，寒潮过后病情又较严重，则要及时用高剂量（每亩用硫磺粉1.2~1.5kg）进行控制。

（3）橡胶白粉病的防治应抓住关键地区、关键时间、关键防治战役进行。一个团内的关键地区为抽叶迟、不整齐、越冬菌量大、产量高等类林段和易感病的品系（如PB5/51、Tjir1等）。关键的时间为病害发生的初期，从中心病株形成到林段发病率10%~30%的阶段。关键的防治战役，因年度和地区的实际情况而有所不同，根据今年各地的情况，南部地区要抓紧中心病区和全面防治战役；东部、西部、中部地区应抓紧中心病株和全面喷粉战役；北部地区应抓紧迟抽叶林段或局部胶树的全面和局部防治。

以上预报和防治意见，供各师团参考，并请兵团生产部指示。

（1973 年 2 月 11 日）

1974年橡胶白粉病中期预报

余卓桐 王绍春

最近笔者对海南各地区代表性农场的橡胶越冬落叶抽叶及白粉病越冬情况做了调查（结果见附表）。根据调查结果和这些农场的气象记录，对今年海南橡胶白粉病的发生预报如下。

1 总趋势

1973年冬季，海南各地气候温暖，12月至翌年1月的平均温度均在17℃以上，橡胶越冬落叶不彻底，落叶量仅40%~50%，越冬菌量大，总指数0.01257~0.02516。橡胶抽芽较早而不齐，预计白粉病中度流行，最终病情指数为30~50。

2 具体预报

2.1 南部地区（崖县、保亭）

橡胶越冬落叶极不彻底，落叶量仅40%~50%。越冬菌量总指数0.01257~0.02516。橡胶抽芽较早而不齐。预计本区今年白粉病中度流行，最终病情指数30~50。

2.2 东部地区（万宁）

胶树越冬落叶不彻底，落叶量70%左右，橡胶抽叶较早。越冬菌量中等，总指数为0.00203~0.00314，预计白粉病中偏重，最终发病指数35~45。

2.3 中、北部地区（琼中、琼海）

橡胶越冬落叶较不彻底，落叶量80%~90%，抽芽期正常，越冬菌量中等偏少，总指数为0.00107~0.00061，预计本区今年白粉病中度发生，最终发病指数25~45。

2.4 西部地区（儋县、临高）

橡胶树落叶不彻底，落叶量70%~80%，去年受台风影响冬梢较多，越冬菌量中偏大，总指数0.00192~0.00235，橡胶抽芽偏早。预计本区白粉病中偏重，最终病情指数30~50。

3 防治建议

从上述白粉病预报情况来看，今年橡胶白粉病将会中至重病，各地应充分重视，做好防治准备工作。南部地区病情较重，估计需进行2~3次全面喷药。其他地区中至重病，需做1~2次全面喷药。因此，必须做好病情短期预测。预测最终病情指数22~39的林段，全面喷药1次即可；预测林段的最终病情指数40~50的林段，则需做2次全面喷药。此外，还应注意抓好后抽植株的防治工作，以获得全面的防效。

白粉病越冬调查统计表（1974 年）

农场	日期（月/日）	林段	落叶量（%）	老叶		嫩叶		总指数
				发病率（%）	发病指数	发病率（%）	发病指数	
东兴	2/6	6-3	68.8	15.3	3.1	24.2	4.8	0.00203
		4-1	71.1	18.5	3.7	25.5	5.9	0.00314
南田	2/8	146	40.3	29.4	6.9	38.4	8.5	0.02516
		03	50.2	25.3	5.6	32.1	6.9	0.02207
南茂	2/10	13-8	43.2	25.0	5.0	30.4	6.1	0.02134
		3-0	50.0	21.8	4.4	26.3	5.3	0.01257
东红	2/12	12	79.8	12.3	3.4	15.2	3.1	0.00607
		13	89.5	8.5	2.6	12.0	2.4	0.00061
两院试验场	2/14	农村	80.5	13.1	3.6	20.8	4.1	0.00197
		附中	71.6	10.2	3.0	27.8	5.8	0.00235

（1974 年 2 月 15 日）

1975年橡胶白粉病中期预报

余卓桐　王绍春

近日笔者在海南南田、南茂、东兴、南林、东红、加钗、两院试验场等农场做了橡胶白粉病越冬调查（结果见附表）。根据调查结果和这些农场的气象记录，对今年海南橡胶白粉病的发生趋势预报如下。

1　总趋势

1975年冬季，海南各地气候正常，除南部较暖以外，各地1月平均温度都是17℃左右。橡胶落叶较彻底，落叶量一般在90%左右，抽芽期正常，一般在1月底至2月中旬抽芽，越冬菌量中等。预计今年海南橡胶白粉病中度发病，最终发病指数20~40。

2　具体预报

2.1　海南南部

受去年台风影响，橡胶树落叶极彻底，落叶量97%左右。抽芽期偏早，1月下旬开始抽芽，抽芽稍不整齐。越冬菌源中偏多，总指数0.00415~0.00585。预计本区今年橡胶白粉病中至重病，最终发病指数35~45。

2.2　海南东部

橡胶越冬落叶不太彻底，落叶量86%~90%。抽芽期正常，2月中旬开始抽芽。越冬菌源中偏少，总指数0.00029~0.00048。预计本区今年橡胶白粉病中偏重，最终发病指数30~40。

2.3　海南西部

橡胶越冬落叶较彻底，落叶量86%~90%。抽芽期偏迟，2月下旬开始抽芽。越冬菌源中偏少，总指数0.0004~0.0008。预计本区今年白粉病中偏轻，最终发病指数20~30。

2.4　海南中、北部

橡胶越冬落叶彻底，落叶量96%左右，抽芽期偏迟，2月下旬开始抽芽。越冬菌源中偏少，总指数0.0016~0.0021，预计本区今年白粉病中偏轻，最终发病指数20~30。

3　防治建议

今年海南橡胶白粉病，从总的来说是中度发生，但都超过经济危害水平。南部、东部偏重，估计要做1~2次全面喷药防治。西部、中、北部偏轻，多数林段喷药一次已够。少数轻病林段可以不做全面喷药防治，只需对后抽植株做局部防治。这就要求加强病情调查测报工作，林段 90%抽叶以后，按物候比例混合叶取样，发病率不到 30%的林段，最终病情指数将会在 20 以下，这些林段就不必进行全面喷药防治。

1975 年白粉病越冬调查统计表

农场	日期 （月/日）	林段	落叶量 （%）	老叶		嫩叶		总指数
				发病率 （%）	发病指数	发病率 （%）	发病指数	
东兴	2/17	6-3	86.1	8.0	2.0			0.00029
		4-1	90.3	8.9	2.9			0.00048
南林	2/18	农村	88.5	8.2	2.5			0.00070
南田	2/19	146	96.8	15.9	3.2	38.8	8.6	0.00585
		03	97.2	14.1	2.8	35.1	7.2	0.00495
南茂	2/21	138	97.5	13.6	2.0	34.1	6.8	0.00433
		3-0	97.7	12.4	2.5	32.2	6.4	0.00415
加钗	2/22	18	95.9	11.2	2.2	25.5	5.1	0.005201
		33	96.1	10.1	2.0	20.0	4.0	0.00160
两院试验场	2/23	农村	86.0	10.1	2.0			0.00040
		附中	90.0	15.6	3.1			0.00086
东红	1/16	12	96.1	10.8	2.2	21.9	4.8	0.00181
		13	95.8	10.3	2.1	20.3	4.1	0.00162

1976年海南地区橡胶白粉病中期预报

余卓桐　王绍春

根据最近笔者对海南南田，南茂、南林、东兴、东红和两院试验场的橡胶越冬落叶抽芽及白粉病的越冬菌源调查和这些农场的气象记录（附表），按照笔者的中期预测指标，对今年海南橡胶白粉病的发生预报如下：

1 总趋势

1976年海南各地冬季气候差异很大，南部冬温偏暖，橡胶越冬落叶不彻底，抽芽早而不齐，越冬菌源较多，预计白粉病严重。东、西、北、中冬温偏低，橡胶落叶极彻底，抽芽迟而整齐，越冬菌源少，预计白粉病轻病。

2 具体预报

2.1 南部地区

冬温偏高，1月均温18.6℃，橡胶越冬落叶较不彻底，平均落叶量88%；抽芽早而不齐，1月下旬开始抽芽，去年受台风影响，冬梢多，感病重，越冬菌源较多，总指数0.05531~0.07501。预计今年白粉病严重发生，最终病情指数50~60。

2.2 东部地区

冬温偏低，1月气温16.2℃，橡胶越冬落叶彻底，落叶量98%，抽芽期偏迟，2月中旬开始抽芽，越冬菌源少，总指数0.00051~0.00062，预计本区今年的白粉病发生较轻，最终病情指数15~25。

2.3 西部地区

冬温，橡胶越冬落叶、抽芽、越冬菌源与东部地区相同，其具体数据依次是99%，2月中旬，0.0004，预计今年白粉病轻微，最终病情指数10~20。

2.4 中、北部地区

冬温，橡胶越冬落叶、抽芽、越冬菌量与东部相近。其具体数据依次是99%~100%，2月中旬，0.00001，预计今年白粉病轻微，最终病情指数10~20。

3 防治建议

今年的海南橡胶白粉病，从总的趋势看，除南部以外，都将是轻病年。南部病情严重，抽叶也不整齐，要做2~3次全面喷药。东、西、中、北部病病轻，估计大部分林段不需全面喷药，这些地区应以局部防治为主，对较重的林段进行全面防治，而对多数较轻病的林段采局部后抽植株防治。这种情况，要求这些地区的植保人员，特别要做好病情测报工作，克服盲目喷药思想。按时对观察点进行调查，不到指标的林段不喷药。

橡胶叶片70%老化仍来到达防治指标的林段，再不做全面喷药防治，只做后抽植株局部防治。

1976 年白粉病越冬调查统计表

| 农场 | 日期（月/日） | 林段 | 落叶量（%） | 老叶 | | 嫩叶 | | 总指数 |
				发病率（%）	发病率指数	总病率（%）	发病率（%）	
南茂	2/10	13-8	87.2					
		3-0	88.5					
南田		146	86.8	38.7	8.6	58.6	27.3	0.05603
	2/12	03	89.4	35.2	7.9	51.2	22.4	0.05531
东兴	2/13	6-3	98.2	47.2	10.2	69.3	35.8	0.07501
		4-1	98.1	42.3	9.3	62.4	32.1	0.06238
东红	2/15	12	99.0	2.5	0.5			0.0001
		13	100.0	0	0			0
加钗	2/17	18	99.3	1.0	0.2			0.00001
		33	100.0	0	0			0
两院试验场	2/18	农村	100.0	0	0			0.00001
								0
	2/18	附中	99.0	2.0	0.4			0
								0.0001

（1976 年 2 月 20 日）

1977年海南地区白粉病中期预报

余卓桐　王绍春

最近笔者对海南南田，南茂、南林、东兴、东红、加钗和两院试验场的橡胶越冬落叶抽芽及白粉病的越冬情况做了调查（结果见附表）。根据调查结果和上述农场的气象记录，按照笔者的预测指标，对今年海南橡胶白粉病发生预报如下：

1　总趋势

1977年海南各地冬天气温差异很大，南部气温偏高，橡胶落叶极不彻底，抽叶早而不整齐，越冬菌量中等，预计病害严重，最终病情指数达到60以上。东、西、中部气温偏低，抽芽较迟，越冬菌源较少，预计病情较轻，最终病情指数30以下。

2　具体预报

2.1　南部地区（崖县、保亭县）

冬温偏暖，1月均温21.3℃。橡胶越冬落叶极不彻底，平均落叶量仅有57%左右。抽芽早而不齐，1月下旬已开始抽芽。去年受台风影响，越冬菌量大，总指数0.01928~0.02354，预计本区白粉病严重流行，最终发病指数60~70。

2.2　东部地区（万宁县）

冬温偏低，1月平均温15.1℃橡胶越冬落叶彻底，落叶量93%~98%，抽芽较迟，2月下旬开始抽芽。越冬菌量偏少，总指数0.0005~0.0009，预计本区中偏轻，最终病情指数20~30。

2.3　西部地区（儋县）

冬温偏低，1月均温15℃。橡胶越冬落叶极彻底，落叶量99%~100%。抽芽较迟，3月上旬才开始抽芽。越冬菌源少，总指数0.00003左右。预计本区今年病害较轻，最终病情指数15~25。

2.4　中、北部（琼中、琼海）

冬温偏低，1月均温15℃。橡胶越冬落叶极彻底，落叶量99%以上，抽芽较迟，3月下旬才开始抽芽。越冬菌源少，总指数0.000011，预计今白粉病较轻，最终病情指数10~20。若嫩叶期出现长时间低温阴雨，最终病情可升至发病指数30左右。

3　防治建议

从上述预报来看，今年橡胶白粉病除海南南部以外其他地区中或轻病。南部地区病情严重，抽叶极不整齐，估计要喷药3~4次。东部病情中偏轻，抽叶较整齐，估计全面喷药1次即可。西、中、北部地区较轻病，一般喷药1次即可达到防治要求。这些地区会有部分轻病林段可以不进行防治或只做后抽植株局部防治，这就要求做好病情测报工作。橡胶 70% 老化之前未到防治指标的林段，都可以不做全面喷药防治。这些林段可根据当时的天气情况和嫩叶的病情，进行局部后抽植株防治。

1977 年白粉病越冬调查统计表

农场	日期（月/日）	林段	落叶量（%）	老叶		嫩叶		总指数
				发病率（%）	发病指数	发病率（%）	发病指数	
南茂	2/10	13-8	59.1	14.3	2.9	51.2	12.4	0.09928
		3-0	55.1	13.6	2.7	53.6	14.8	0.02165
南田	2/12	146	58.0	15.6	3.1	52.5	13.2	0.02011
		03	56.1	14.8	2.9	56.6	15.8	0.02354
东兴	2/14	4-1	93.0	8.6	2.2			0.00095
		6-3	98.0	7.8	2.6			0.00051
南林	2/14	农村	95.6	8.1	2.4			0.00072
东红	2/15	12	99.0	1.0	0.2			0.000011
		13	100.0	0	0			0
加钗	2/17	18	99.0	0.8	0.16			0.00001
		33	100.0	0	0			0
两院试验场	2/18	农村	100.0	0	0			0
		附中	99.0	1.0	0.2			0.00001

（1977 年 2 月 20 日）

1978年海南地区橡胶白粉病中期预报

余卓桐　王绍春　周春雪

根据最近笔者在海南各地橡胶白粉病越冬、橡胶越冬落叶、抽叶情况的调查（结果见附表），应用笔者最近建立的白粉病中期预测模式，对今年海南橡胶白粉病的发生预报如下。

1　总趋势

1977年冬季气候温暖，橡胶落叶不彻底，橡胶抽芽早而不整齐，越冬菌量大，预计海南今年橡胶白粉病将是一个较大的流行年。

2　具体预报

2.1　海南南部

崖县地区：橡胶越冬落叶只有40%左右，抽叶早而不齐，越冬菌量很大，总指数高达0.109~0.12，芽接树最终病情指数60~70，实生树70~80。第一次全面喷药时间为2月—6日，需做3~4次全面喷药。

保亭地区：橡胶越冬落叶、抽叶和越冬菌量与崖县相似，预计病情特重，芽接树最终病情指数55~65，实生树65~75。第一次全面喷药在2月5—10日，需做2~4次全面喷药。

乐东地区：橡胶越冬落叶、抽叶和越冬菌量与崖县相似，预计病情指数55~65。第一次全面喷药在2月8—13日，需做2~3次全面喷药。

2.2　海南东部（万宁县）

橡胶越冬落叶不彻底，落叶量60%左右，抽芽早而不齐，越冬菌量大，总指数0.0774~0.0750，预计实生树最终病指65~80，芽接树50~70。第一次全面喷药时间为2月8—15日，需做3~4次全面喷药。

2.3　海南中、北部（琼中县、琼海、琼山县）

预计病情重至特重，芽接树最终病情指数50~60，实生树60~70。第一次全面喷药时间为2月27日至3月8日。需做2~4次全面喷药。

3　防治建议

（1）今年的橡胶白粉病将发生中至严重的流行，必须引起各级领导的重视，迅速做好一切防治准备。

（2）加强病情测报工作，密切注意病害发展，到达防治指标立即喷药。由于今年越冬菌量大，病害发展会很快到达防治指标，稍一疏忽，病害就会发展到难以控制的程度，此时再防治已无济于事。据笔者的试验测定，按物候比例取叶，古铜期发病率达到 10%~20%，淡绿期 20%~30%，是第一次全面喷药的最佳防治指标。

（3）今年白粉病的防治，应着重抓好全面喷药和后抽植株的局部防治工作。

1978 年海南地区代表性农场橡胶白粉病调查及预测

农场	落叶量（%）	越冬菌量（总指数）	5%抽芽期	预测最终病指	预测第一次施药期
南田	38.8	0.12314	1 月 18—25 日	60.7~80.2	2 月 2—6 日
南茂	40.2	0.10931	1 月 10—27 日	54.3~73.8	2 月 5—10 日
东兴	61.3	0.00741	2 月 10—15 日	52.6~68.9	2 月 23 日—3 月 1 日
东红	68.5	0.00742	2 月 10—16 日	50.1~65.2	2 月 28 日—3 月 8 日
两院	75.0	0.00895	1 月 27 日—2 月 5 日	50.3~80.2	2 月 10—15 日
加钗	76.3	0.007486	2 月 1—10 日	53.1~64.3	2 月 27 日—3 月 7 日
龙江	64.8	0.01087	1 月 25 日—2 月 2 日	52.5~71.2	2 月 8—14 日
乐宁	48.5	0.09015	1 月 24 日—2 月 1 日	53.6~64.1	2 月 9—15 日

（1978 年 2 月 10 日）

1979年海南地区橡胶白粉病中期预报

余卓桐　王绍春　周春香

　　根据最近笔者在海南加钗、南茂、南田、东兴、东红、两院试验场等场站对橡胶白粉病的越冬调查（结果见附表），应用笔者的白粉病中期预测模式，对今年海南橡胶白粉病发生预报如下：

1　总趋势

　　1978年冬季气温偏暖，橡胶落叶不彻底，抽芽早而不整齐，但各地白粉病越冬菌量相差很大。南部地区菌量较大，其他地区较小。预计海南今年白粉病的发生，除南部重病以外，其他地区均为中度发病。

2　具体预报

2.1　海南南部（崖县、保亭县）

　　橡胶越冬落叶不彻底，落叶量80.3%~87%，抽芽很早，1月上旬已开始抽芽。白粉病越冬菌量较大，总指数0.0170~0.02647。用调查数据和有关农场的气象记录，输入海南南部中期预测模式统计，最终病情指数为53.6~58.9。预计海南南部今年橡胶白粉病重病，最终病情指数50~60。

2.2　海南东部（万宁县）

　　橡胶落叶极不彻底，落叶量72%~78%，抽芽早，1月下旬开始抽芽。越冬菌量较小，总指数为0.00029~0.00081。用海南东部中期预测模式统计，最终发病指数为30.2~35.6。预计本地区今年白粉病中等偏重，最终病情指数30~40。

2.3　海南西部（儋县、白沙县）

　　橡胶越冬落叶极不彻底，落叶量57.5%~70.0%，抽芽较早，1月底开始抽芽。越冬菌量中偏少，总指数为0.00196~0.00243。结合该地区的气象记录，用西部中期预测模式统计，最终病情指数为25.3~34.5。预计本区白粉病中度发生，最终病情指数25~35。

2.4　海南中、北部（琼中县、琼海县、琼山县）

　　橡胶越冬落叶不彻底，落叶量88%~90%，抽芽较早，1月底开始抽芽。越冬菌源少，总指数0.00011~0.0006。以本区中期预测模式统计，最终发病指数为20.5~30.5。预计本地区今年橡胶白粉病中等偏轻，最终发病指数20~30。

3　防治建议

　　今年的白粉病，除南部重病以外，其他地区都为中度发生。因此在防治上要注意抓好测报指导全面防治和后抽植株局部防治工作。估计南部地区需做 2~3 次全面喷药，其他地区 1~2 次已够。短期预测可用总发病率法，根据总发病 2%~3% 在抽叶过程出现的迟早预测林段最终病情。总发病率 2%~3% 出现在抽叶 85% 以前，最终病情指数都会超过 22，都需要进行全面防治。相反，橡胶抽叶已超过 85%，总发病率还未到 2%，则可不做全面喷药，而只需对局部后抽植株防治。第一次全面喷药的时间，古铜期在病害达到总发病率 2%~3% 后 3~5 天喷药；淡绿期病害达到 2%~3% 后 5~7 天喷药。第一次喷药后 9 天，橡胶叶片未达 60% 老化，即需在 3 天内做第二次全面喷药。若橡胶叶片已超过 60% 老化，则转入局部防治。

今年海南各地橡胶越冬落叶都不彻底，抽叶不整齐，因此，后抽植株防治也很重要。橡胶叶片 70% 老化后，要抓好后抽植株局部防治工作。

1979 年橡胶白粉病越冬调查

农场	日期 （月/日）	林段	落叶量 （%）	老叶		嫩叶		总指数
				发病率 （%）	发病 指数	发病率 （%）	发病 指数	
东兴	2/1	13-8	84.5	26.3	5.3	31.5	6.3	0.01983
		3-0	87.0	24.9	5.0	30.1	6.0	0.01761
南田	2/3	146	80.3	28.8	6.1	34.6	7.8	0.02156
		0.3	83.8	30.5	7.8	35.8	8.5	0.02647
南茂	2/5	6-3	78.1	5.5	1.1			0.00029
		4-1	72.0	10.4	2.1			0.00081
东红	2/7	12	88.0	4.8	1.0			0.00060
		13	90.0	8.9	2.0			0.00016
加钗	2/9	18	89.5	5.5	1.1			
		23	88.6	7.6	1.5			0.00047
两院试验场	2/11	农村	70.0	15.4	3.1	10.2	2.1	0.00196
		附中	57.5	18.5	4.6	13.7	2.1	0.00243

（1979 年 2 月 15 日）

1980 年海南地区橡胶白粉病中期预报

余卓桐　王绍春　周春香

我院植保所会同农垦总局生产处，派员于 1980 年 1 月 17—24 日，在海南东兴、新中、南林、三道、南茂、加钗、大丰等农场做了橡胶白粉病越冬调查。现据调查结果（附表）和笔者于 1978 年建立的中期预测模式和气象预报，对今年海南地区橡胶白粉病的发生趋势预报如下。

1　总趋势

1979 年入冬以来，气候异常温暖（12 月至翌年 1 日中旬平均温度 18℃以上），橡胶落叶极不彻底，抽芽早而不齐。各地落叶量 40%~90%，目前已抽芽 1%~70%，为历年所罕见的。去年基本上没有台风，冬梢甚少，越冬菌量中等或中偏少。从早抽叶地区的发病情况看，中心病株（区）多而较重。预计今年大区白粉病中度流行。最终病情指数 30~60。

2　具体预报

2.1　南部（崖县、保亭）

橡胶落叶不彻底，落叶量 50%~90%，抽芽较去年早 15 天左右，目前抽芽 10%~70%。三道、南茂落叶较彻底，抽芽较整齐，越冬菌量中等，南田、三道、南茂的橡胶存叶量（x_1）和越冬菌量（x_2）输入南路中期预测公式 $y = 25.5 + 1.24x_1 - 3.13x_2$，得流行强度值发病指数（$y$）为 29.24~68.74。预计病害中等至严重。南田病害特重，最终指数 60 左右，个别林段 60 以上；南茂、三道病害中等偏重，最终病指数 30~50。1 月底至 2 月中旬为古铜盛期，2 月中旬末至下旬为淡绿盛期，3 月上旬叶片基本老化。

2.2　东南部（万宁）

橡胶落叶极不彻底，落叶量 40%~65%。抽芽较去年早 15 天左右，目前抽芽 3%~10%。越冬菌量偏少。以东兴、新中、南林的橡胶存叶量（x_1）越冬菌量（x_2），输入海南东部中期预测公式 $y = 20 + 0.538x_1 + 6.64x_2$，流行强度（$y$）值为 38.6~55.4。预测病害中度流行，最终病情指数 40~60。2 月上、中旬为古铜盛期，2 月下旬至 3 月上旬淡绿盛期，3 月中旬叶片基本老化。

2.3　西部（儋县）

橡胶落叶极不彻底，落叶量 57%~87%。抽芽较去年早 10~15 天，目前抽芽 1%~13%。越冬菌量中等。据本院系统观察点的越冬菌量（x_4），5%抽芽期（x_3）、存叶量（x_2）、预测抽芽 20%~90%老化天数（x_1），输入中期预测模式 $y = 1.206x_1 + 0.0956x_2 - 0.365x_3 0.016x_4 - 36.53$。流行强度值为 37.73~43.84。预计病害中度流行，最终情指数

$35\sim45$。1 月下旬至 2 月上旬大量抽芽，2 月中旬至下旬为古铜盛期，3 月上旬为淡绿期，3 月中旬叶片基本老化。

2.4 中部（琼中）

橡胶落叶极不彻底，落叶量 $32\%\sim67\%$。抽芽较去年早 15 天左右。目前抽芽 $0\sim3\%$。越冬菌量中等偏少。据加钗、大丰 x_1-x_4 的材料，输入西路中期预测模式，流行强度值为 $33.67\sim40.42$ 预计病害中等偏重，最终病情指数 $30\sim40$。物候进程与西路基本相同。

2.5 海南北部与中部相似，可参考中部的预报

上述预报主要是对实生树的，芽接树的病情要比上述预报稍轻。如果 2 月有持续 8 天以上的寒潮，平均温度 18℃以下，则病情将比上述预报严重；但若出现平均 26℃以上的高温，则病情将变轻。

3 防治建议

（1）今年海南橡胶抽芽和发病都较历年早，各场对此特殊情况一般都缺乏足够的准备。许多农场硫磺粉贮备不足，有些农场喷粉机具尚未完全修复，植保员也未培训。必须立即行动起来，抓好防治准备，否则将会陷于被动局面。据今年的物候、病情估计，每亩地准备 $1.5\sim5$kg 硫磺粉为宜。

（2）今年各地白粉病以老叶越冬为主，没有或极少冬梢，不必开展越冬防治。中心病株（区）特别显著，应抓紧中心病株（区）的防治，这对控制病情，减少全面喷粉次数都将有较大的作用。除了个别早抽轻病的林段外，估计绝大多数地区都必须进行 $1\sim3$ 次全面喷粉。全面喷粉的时间，南路为 2 月上、中旬；其他地区在 2 月中、下旬。今年各地已普遍推广总发病率短期预测法指导防治，此法应特别注意划好测报区和抓紧早期调查，测报工作。根据测报安排好林段的喷粉计划，使喷粉工作有条不紊地进行，同时注意根据天气情况适当调整指标，以提高防效。各地的后抽植株防治，是一个艰巨任务。这一战役进行不好，将会造成较大的损失，千万不能大意。60% 叶片老化以后，总发病率超过 20 的林段。都应在 $2\sim4$ 天内进行局部防治。

1980 年白粉病越冬调查统计表

农场	调查日期 (月/日)	林段	正常树						断倒树							老叶落叶量 (%)	断倒率 (%)	每株断倒树梢数	总指数
			老叶			嫩叶			老叶			嫩叶							
			查数	发病率 (%)	指数	查数	发病率 (%)	指数	查数	发病率 (%)	指数	查数	发病率 (%)	指数					
三道	1/21	7-3	60	1.6	0.32	30	0	0	5	60.0	12.0	30	26.6	5.8	97	2	7	0.000765
		1	100	2.0	0.4										90			0.000029
		21-5	50	2.0	0.4	90	5.5	1.1							88	3	6	0.000028
南茂	1/22	13-8	100	19.0	3.8	20	90	27.0	10	50.0	14.0	10	100.0	38.0	89.2	1	4	0.000213
		5-0	100	15.0	3.0	30	3.3	0.66	20	40.0	9.0				91.25	2		0.000200
		3-0	120	4.17	0.83	10	0	0	35	51.4	18.3	10	70.0	16.0	89.25	2	3	0.000167
加钗	1/23	18	150	4.60	0.92										32.25			0.000237
		33	150	10.0	2.0										47.25			0.000750
		6	150	11.3	2.26										61.75			0.000690
		15	80	8.7	1.7										30.0			0.000950
大丰	1/24	8-3	130	1.5	0.3										48.0			0.0000125
		芽接树	120	4.16	0.83										49.45			0.0000336
东兴 140	1/17	4-1	160	3.10	0.6										45.0			0.000216
		6-3	140	1.44	0.3										48.75			0.000117
		13-6	160	2.50	0.5										34.5			0.000138

（1980 年 1 月 26 日）

1981 年海南地区橡胶白粉病中期预报

余卓桐 王绍春　周春香

最近笔者在海南东兴、南林、南田、南茂、加钗、东红等农场做了橡胶白粉病越冬调查（附表）。现据调查结果和上述农场的有关气象记录，应用笔者建立的白粉病中期预测模式，对今年海南各地区白粉病发生预报如下。

1　总趋势

1980 年冬季以来，除海南东北部外，气候温暖，12 月至翌年 1 月中旬平均温度 17℃以上，橡胶落叶不彻底，落叶量 70%~90%，抽芽期较早，白粉病越冬菌量中或中偏多，预计今年除中、北部较轻以外，其他地区为中至严重发生，最终发病指数 30~60。

2　具体预报

2.1　南部地区（崖县、保亭县）

橡胶落叶较不彻底，落叶量 80%~88%，越冬菌量大，总指数达 0.02042~0.03017。根据南田、南茂农场白粉病越冬调查的数据，用南部中期预测模式统计，最终发病指数为 55.6~68.7。预计本地区今年白粉病严重流行，最终指数 55~65。2 月中旬至 2 月下旬为古铜期，3 月中下旬叶片本老化。2 月 10—16 日为第一次全面喷药的时间。

2.2　东部地区（万宁县）

橡胶越冬落叶不彻底，落叶量 80%~90%，抽芽期正常，2 月中开始抽芽。越冬菌源中等，总指数 0.00276~0.00285。用东部中期预测模式统计，最终发病指数为 36.1~56.2。预计病情中度流行，最终发病指数 40~60。第一次全面喷药在 3 月上旬。

2.3　西部地区（儋县、白沙县）

橡胶越冬落叶不彻底，落叶量 70%~75%，抽芽期偏早，2 月 10 日左右已开始抽芽，越冬菌量中等，总指数 0.00242~0.00299。用西部中期预测模式统计，最终发病指数为 31.2~42.3。预计本区白粉病中偏重，最终指数 30~40。第一次全面喷药时间在 3 月上旬。

2.4　中、北部（琼中、琼海、琼山）

橡胶越冬落叶较彻底，落叶量 90%~95%，抽芽期正常，2 月中开始抽芽，越冬菌量中偏少，总指数为 0.00020~0.00031。用中、北部中期预测模式统计，发病指数为 20.5~23.8，预计本区白粉病中偏轻，最终发病指数 20~25。

3　防治建议

今年橡胶白粉病，除海南中、北部较轻以外其他地区病情都会较重。特别是南部地区病情严重，估计要做 3~4 次全面喷药；东部地区也达到重病的标准，要做 2~3 次全面喷药；西部地区病情中度，多数林段全面喷药 1 次，少数全面喷药 2 次；中、北部地区病害虽然较轻，但估计仍有相当多有林段会超过经济为害水平，需做 1 次全面喷药防治，其他林段需做局部防治。今年多数地区抽叶都较不整齐，还应注意做好后抽植株的防治工作，橡胶叶片 60% 老化以后，总发病率超过 20% 的林段，都应对后抽芽处于嫩叶期的植株进行局部防治。

1981 年白粉病越冬调查统计表

农场	日期 （月/日）	林段	落叶量 （%）	老叶		嫩叶		总指数
				发病率 （%）	发病 指数	发病率 （%）	发病 指数	
东兴	2/3	4-1	81.5	9.4	1.9			0.00276
		6-3	80.2	10.6	2.1			0.00295
		13-6	82.0	10.0	2.0			0.00280
南林	2/4	农村	81.3	12.5	2.5			0.00285
南田	2/5	146	84.6	38.0	18.4	66.0	28.0	0.02401
		03	86.0	24.0	12.8	58.7	23.5	0.02042
南茂	2/7	13-8	85.0	18.6	3.5	46.9	35.8	0.03016
		3-0	86.9	14.1	2.5	60.0	18.0	0.02917
加钗	2/9	18	95.0	2.9	1.6			0.00020
		33	90.3	9.5	1.9			0.000296
两院试验场	2/1	农村	76.3	8.5	2.8			0.00242
		附中	68.5	10.0	4.9			0.00299
东红	2/2	12	95.0	5.5	1.1			0.00017
		13	92.4	6.1	1.2			0.00019

（1981 年 2 月 10 日）

1982 年海南地区橡胶白粉病中期预报

王绍春　周春香

笔者于 2 月 1—8 日对海南地区的加钗、南林、大丰、南茂、三道、南田、东兴、西联 8 个农场做了橡胶白粉病越冬调查（结果见附表）。根据各地区的中期预报模式和气象情况，对今年海南地区白粉病发生趋势预报如下。

1　总趋势

1981 年冬季以来，海南各地区气候温暖（12 月至翌年 1 月份平均气温均在 17℃以上），橡胶越冬落叶晚而不整齐，各地区落叶量在 20%~80%。除南部地区因受台风影响外，其他地区基本没有冬梢，只有个别林段有数量极少的冬梢。越冬菌量中偏少，抽芽 0~5%。预计今年橡胶白粉病中度流行，最终指数 30~60。

2　具体预报

2.1　南部地区（崖县、保亭县）

由于去年台风影响，断倒树冬梢极为普遍，胶树落叶极不彻底，落叶量 1.70%~71.25%，越冬菌量特多。用南路白粉病中期预报模式 $y=25.5+1.24x_1-3.13x_2$ 统计发病指数为 61.14~76.0，预计病害特大流行，最终病情指数 60~70。2 月中旬、下旬为古铜期，3 月上旬为淡绿期，3 月中旬叶片基本老化。

2.2　东部地区（万宁县）

橡胶落叶不彻底，目前落叶量在 61.75%~93.75%，抽芽 1%~5%，越冬菌量中偏少，据东路白粉病中期预报模式统计 $y=20+0.538x_1+6.64x_2$，发病指数为 23.3~40.56。预计万宁地区白粉病中偏重，最终病情指数为 30~40，2 月底到 3 月上旬为古铜期，3 月中、下旬为淡绿期。3 月底至 4 月上旬叶片基本老化。

2.3　西部地区（儋县）

橡胶落叶不彻底，落叶量为 42%~99.25%，越冬菌量中等，抽芽 0~1%，按西部地区白粉病中期测试模式 $y=1.206x_1+0.0956x_2-0.365x_3+0.016x_4-36.53$ 统计，发病指数为 21.19~26.71。预计西部地区白粉病属中病年，最终指数 20~30。若 3 月嫩叶期（中、下旬）出现 7 天以上的老挝风，日平均气温 26℃以上，病害将会减轻。3 月上、中旬为古铜期，3 月中、下旬为淡绿期，4 月上旬叶片基本老化。

2.4　中部地区（琼中县）

胶树落叶与万宁地区相似，落叶量 51.75%~98.25%，基本没有冬梢，越冬菌量中等偏少。目前抽芽 0~2%，据大丰、加钗等场越冬调查的有关材料，输入西部地区中期预报模式统计，$y=1.206x_1+0.0956x_2-0.365x_3+0.016x_4-36.53$，发病指数为 21.7~

34.65。预计琼中地区今年病害流行属于中病年，最终指数 20~40。橡胶抽叶物候比东部地区晚 7~10 天，即 4 月上旬叶片基本老化。

以上各地区白粉病中期预报模式，只是适合于正常年份和实生树，芽接树的病情要比实生树梢为低些。若在 3 月嫩叶期出现持续 5 天以上的低温（12~18℃）阴雨天气，病害最终指数将要比预测值增加 10 左右。若此期出现大于日平均气温 26℃ 以上的高温过程，病害将会减轻。

3　防治建议

从上述各农场的调查资料及预报情况来看，今年海南各地区基本具备橡胶白粉病发生和流行的条件，各地区必须做好防治准备，落实各项防治措施。

由于各地区橡胶落叶、抽叶不同，各地区应根据本地区的实际情况安排好各个时期的防治工作。今年多数地区越冬菌量中等偏少，预计将不会出现较明显的中心病株（区）。南部地区由于台风袭击，冬梢较为普遍，菌量大，应在胶树抽叶 20% 以前局部喷药防治中心病株（区）。

做好预测预报，及时掌握病情发展情况是搞好防治工作的重要环节。各地区应按实际情况，将不同的橡胶物候，病情类型进行划区预报。从各地区的病害流行强度来看，今年一般林段都要进行 1~3 次的全面防治。具体开展防治时间为，南部地区在 2 月下旬至 3 月上旬，其他地区均在 3 月中、下旬。由于今年落叶不彻底，抽叶也将不会整齐，抓好后抽植株的防治工作，是整个防治工作中不可缺少的一个重要环节。这一战役已进行得如何，将决定 4~5 级病株率的高低，千万不可麻痹大意，掉以轻心。

1982 年橡胶白粉病越冬调查统计表

农场	调查日期(月/日)	林段	正常树 老叶 查数	发病率(%)	指数	正常树 嫩叶 查数	发病率(%)	指数	断倒树 老叶 查数	发病率(%)	指数	断倒树 嫩叶 查数	发病率(%)	指数	老叶落叶量(%)	有多精株(%)	断倒树 株树(%)	嫩梢总数	总指数
南田	2/3	146	50	0	0				100	61	17.4	100	31	7.0	19.25	2	70	267	0.11907
		03	40	0	0				100	38	14.8	100	47	9.4	1.75		92	395	0.79164
南茂	2/2	5-0	60	11.67	3				70	4.29	1.78	60	35	8.67	34.0	2	61	175	0.07392
		138	20	0					140	18.57	5.43	40	12.5	2.5	71.25	1	31	69	0.00171
		5-3	60	8.33	2				70	21.49	6.57	50	44	11.6	67.0	5	16	13	0.0053
三道	2/3	21	40	0	0				100	14	1.8	100	22	6.8	26.0		30	143	0.02464
		20	50	2	0.4				100	8	1.6	100	56	11.6	26.25	4	65	151	0.08929
		11	50	28	5.6							100	44	9.6	27	1	66	132	0.07143
西联	2/7	2-9	100	7	1.6				40	2.5	0.5				67.25	1	6	0	0.00034
		107	100	4	0.8				40	15	3				78		2		0.00084
		11-2	100	5	1										70.25				0.00024
两院	2/10	农村600	60	5	1										99.25		5		0.0006
		附中100	100	1	0.2				50	4	0.8				86		3		0.00016
		系比区100	100	31	6.4				40	40	8				81		3		0.00104
		120	120	4.17	0.84				80	30	7.5				42		6		0.00162
加钗	2/1	33	110	0.91	0.18										93.75		2		0.00001
		18	100	10	2										76.5		2		0.00038
		6	100	0	0										98.3				0
东兴	2/5	6	100	1	0.2										61.8				0.00006
		6-3	100	3	0.6										93.8		2		0.00003
大丰	2/7	4-6	100	10	2										77.0		1		0.00037
		供电所旁107	100	9	1.8										63.0				0.00053
		什种苗107	100	0	0										51.8		3		0
南林	2/5	乙线25	50	6	1.2				100	2	0.4				84.0	4	7		0.00009
		玄线26	100	21	4.2				100	35	12.4	20	15	3	69.25	4	9		0.00204

（1982 年 2 月 1 日）

1983年海南地区橡胶白粉病中期预报

余卓桐　王绍春　周春香

根据最近对南茂、南田、东兴、东红、加钗和两院试验场等农场橡胶白粉病越冬调查（附表），和上述农场的有关气象记录，应用笔者建立的白粉病中期预测模式，对今年海南各地区白粉病发生预报如下。

1　总趋势

1982年冬季至1983年春季气温偏低，12月至翌年1月平均温度除南部以外均在17℃以下，橡胶越冬落叶彻底，抽芽整齐，落叶量在90%以上。白粉病越冬菌源除南部较多以外，其他地区均少。预计今年海南橡胶白粉病，除南部重病以外，其他地区为中偏轻或轻病，最终病情指数10~30。

2　具体预报

2.1　南部地区（崖县、保亭县）

冬温偏高，1月平均温度达20.3℃，但较干旱，橡胶越冬落叶较不彻底，落叶量86%~90%，抽芽期偏早。去年受台风为害重，冬梢多，越冬菌量大，总指数达0.0215~0.0428。用南部中期预测模式统计，白粉病最终病情指数为35.5~46.7。预计本地今年白粉病中度流行，最终发病指数35~50。

2.2　东部地区（万宁县）

冬温正常，1月平均温度17.2℃，但较干旱。橡胶越冬落叶彻底，落叶量98%左右。越冬菌源中等，总指数0.0016~0.0018。用东部中期预测模式统计，白粉病最终病情指数为20.5~26.2。预计本地区白粉病中偏轻，最终发病指数20~30。

2.3　西部地区（儋县、白沙县）

冬温偏低，1月平均温度15.9℃，橡胶越冬落叶彻底，落叶量90%左右。越冬菌源少，总指数0.00064~0.00077。用西部中期预测模式统计，最终发病指数为15.9~20.6。预计村地区今年白粉病轻病，最终发病指数15~25。

2.4　中、北部地区（琼中、琼海、琼山）

冬温偏低，1月平均气温15.9℃。橡胶落叶极彻底，落叶量99%~100%。越冬菌量少，总指数0~0.0005。用中部和北部白粉病中期预测模式统计，最终发病指数为13.1~14.2，预计本地区白粉病轻病，最终发病指数10~20。

3　防治建议

从今年海南橡胶白粉病的预报结果来看，今年白粉病的发生，除南部重病，需要进行 1~2 次全面防治，东部中病，需要进行 1 次全面喷药防治以外，其他地区都以局部防治为主。这就要求各地区特别做好病情监测工作，及时发现林段的病情变化，根据不同林段的病情，采取不同的防治措施。用总发病率法预测病情指数>22 地区的林段，都需要进行全面喷药防治。预测最终发病≤21 林段，进行局部防治。全面防治后的林段，10 天内橡胶叶片已超过 60%老化，则不再进行全面喷药防治。局部防治主要对局部重病的林段，地区和后抽植株的防治。

1983 年橡胶白粉病越冬调查统计表

| 农场 | 日期（月/日） | 林段 | 老叶落叶量（%） | 正常树 | | | | 断倒树 | | | | 总指数 |
| | | | | 老叶 | | 嫩叶 | | 老叶 | | 嫩叶 | | |
				发病率（%）	指数	发病率（%）	指数	发病率（%）	指数	发病率（%）	指数	
南茂	2/2	5-3	90.1	24.3	5.8			18.5	3.6	52.5	13.6	0.0296
		13-6	85.5	22.8	4.7			16.2	3.2	43.1	11.5	0.0215
南田	2/3	146	88.5	36.7	15.2			56.5	19.2	75.5	26.3	0.0396
		03	86.8	42.3	18.6			65.3	22.4	84.3	28.6	0.0428
东兴	2/4	6-3	94.6	20.8	5.0			35.0	8.6	46.3	10.9	0.00180
		林9	95.8	26.5	6.8			24.7	5.8	32.5	8.6	0.00160
东红	2/6	12	99.0	1.0	0.2							0.00005
		13	90.0	3.0	0.6							0.00052
加钡	2/7	33	100									0
		18	100									0
		0	100									0
两院试验场	2/7	农村	90.5	10.2	2.0							0.0001
		600	86.5	12.5	3.6							0.00013
		附中	87.9	13.2	3.0							0.00012

（1983 年 2 月 20 日）

1984年海南地区橡胶白粉病中期预报

余卓桐 王绍春 郑服丛

1984年2月10—17日，笔者在海南南茂、三道、南田、南林、东兴、东红、加钗、本院试验场对橡胶及橡胶白粉病做了越冬调查。根据调查结果（附表）以及各场气象资料，应用笔者的预测模式，对海南各地今年林场橡胶白粉病的发生做如下的预报，以进一步验证这些模式的准确率，并供各场防治参考。

1 病情趋势

1983年入冬以来，气温比常年偏冷，寒潮早且持续期长，橡胶落叶较彻底，抽芽迟而较为整齐，越冬菌源较少。预计海南地区的橡胶白粉病的发生，除南部中等以外，是一个轻病年。

2 具体预报

2.1 海南南部

冬季温度正常，最低温度较常年偏低，雨量较少。橡胶落叶较彻底，落叶量87%~95%，抽芽整齐，目前已抽芽20%以上，抽叶3%~20%。越冬菌量中偏少，新叶病害始见期早。据去年12月平均温度（x_1），12月加1984年1月降水量（x_2）、落叶量（x_3）、输入本区病害严重度预测模式得实生树流行强度预测值38，芽接树为30。预计病害中度发生，实生树最终病指30~45；芽接树最终病指25~35。又根据5%抽芽至10%抽叶天数（x_1）、越冬菌量（x_2），代入预测模式y（10%抽叶至总指数1天数）得古铜期的施药日期为2月21—27日。预计2月下旬为第一次全面喷粉时间。

据目前的抽芽情况及落叶（z_1），输入物候预测模式（5%抽芽至90%叶比老化时间）得y预测值47天，预计3月16—24日橡胶叶片基本老化。2月下旬至3月上旬初为古铜期，3月上旬末至3月下旬初为淡绿期。

2.2 海南东部

冬季偏冷，橡胶落叶极彻底，落叶量90%~100%，目前橡胶开始萌动。越冬菌量极少。据橡胶存叶量（x_2）、越冬菌量（x_1）输入本区病害严重度预测模式得流行强度预测值13。预计橡胶白粉病发生中偏轻，实生树最终病指15~25；芽接树最终病指10以下。南林农场则病情中等，最终病指20~30。

根据目前抽芽情况及落叶量，从5%抽芽至90%叶子老化天数的预测值为42天。预计3月30日至4月3日叶片90%老化。2月下旬橡胶抽芽，3月上旬至中旬初为古铜期，3月中旬末下旬为淡绿期。

2.3 海南中、西、北部

冬季较冷，橡胶落叶极彻底，落叶量 99%~100%，越冬菌源极少，目前橡胶开始萌动，估计 2 月 21—28 日为 5%抽芽期。根据落叶量（x_1）和 5%抽芽期（x_3）输入本区病情严重度预测模式，得流行强度预测值为 10~14.6，预计病害发生轻微，实生树最终病指 20 以下；芽接树最终病指 15 以下。从 5%抽芽至 90%叶片老化。预测值为 40，预计 4 月上旬基本老化。2 月下旬橡胶开始抽芽，3 月上旬至中旬为古铜期，3 月下旬为淡绿期。

上述预测适合气候正常年份。如果在 3 月上中旬出现较长时间的低温阴雨，则病指增加 10~20。相反，此时出现 5 天以上的高温天气，平均温度 26℃ 以上，最高温度 32℃ 以上，则病指降低 10 左右。

3 防治建议

今年的防治，要特别注意做好病情测报工作，根据测报区（几个物候，病情一致的相邻林段划为一个测报区）的病情预测决定是否需要防治，以免造成浪费或损失。病情预测可应用下述预测模式：

海南南部 $y=68.3-0.51x$

海南东部 $y=66.77-0.49x$

海南西部 $y=89.8-0.796x$

海南中、北部 $y=75.6-0.613x$

y=最终病指预测值，x=总发病率 2%~3%出现时抽叶率。

如果预测值低于 22，则可不做全面防治，根据情况进行后抽局部防治。如果预测值 22 以上，根据今年抽叶情况，估计一次全面喷粉就是从把病情控制在 20 以下。

1984 年白粉病越冬调查统计表

调查日期（月/日）	林段	正常树						断倒树						老叶落叶量（%）	有嫩梢株（%）	断倒率（%）	每株断倒树梢数	总指数
		老叶			嫩叶			老叶			嫩叶							
		查数	发病率（%）	指数	查数	发病率（%）	指数	查数	发病率（%）	指数	查数	发病率（%）	指数					
2/12	南茂	310	2	0.4	30	26.7	5.3	25	28	5.6	80	25	5	94.3	3	2	5.5	0.0001118
2/13	南田	408	5.05	1.01	420	6.82	1.36	10	10	12	10	10	2	87.5	1.5		2.9	0.000221
2/14	南林	230	2.88	0.58				20	50	10	30	40	8	90				0.0000464
2/14	东兴	230	2.4	0.5										99.5				0.00002
2/15	东红	90	6.6	1.3				15	10	2	42	3.6	0.7	99.5			2	0.0000332
2/16	加钗													0.7	100			0
2/17	热作院	100		0.2										99				0.0000016

（1984 年 2 月 17 日）

1985 年海南地区橡胶白粉病中期预测

余卓桐　王绍春　郑服丛

笔者调查了南茂、南田、东兴、东红、加钗和两院试验农场等单位的橡胶白粉病越冬情况（结果见附表）。根据笔者的白粉病中期预测数理模式和气象情况，对今年海南各地区白粉病发生趋势预报如下。

1　总趋势

1984 年入冬以来，气温温暖（1984 年 12 月至翌年 1 月平均气温在 17℃以上），橡胶越冬落叶不彻底，抽芽不整齐，落叶量 61.5%~90%。目前橡胶物候除南部地区抽叶5%~10%外，其他地区处于萌芽盛期。由于 1984 年没有台风影响，没有冬梢，越冬菌量少。从橡胶物候及越冬菌量的情况来看，预计今年白粉病除海南南部重病以外，其他地区中病或中偏轻病。

2　具体预报

2.1　南部地区

由于 1984 年 12 月下旬至 1 月上旬气温偏高（17~18℃），橡胶越冬落叶不彻底，南茂的落叶量为 90%，南田的落叶量为 78%，越冬菌量较多，总指数 0.00257~0.07142，目前橡胶抽叶在 5%~10%，2 月 15 日后进入古铜期，3 月上旬淡绿期，3 月中旬基本老化，大面积喷药约在 2 月 20 日左右，据南田、南茂调查资料输入本区的病害严重度预测模式，得白粉病最终病指为 37.2~62.9，预计南田今年白粉病最终指数50~70，南茂为 30~50。

2.2　东部地区

万宁地区，由于受低温影响不大，橡胶落叶不够彻底，实生树落叶量 89%，芽接树 81%，越冬菌量少。目前橡胶处于萌芽期，预计 5%抽芽期将在 2 月 15—20 日。3 月上旬为古铜期，中旬为淡绿期，下旬基本老化。据东兴的调查资料输入东部地区的预报模式得 30.6~33.8，预计万宁地区白粉病中偏重，发病指数为 30~40。

2.3　中部地区

琼中地区，橡胶落叶极为彻底，加钗的落叶量为 100%，没有冬梢及越冬菌源。目前橡胶处于萌芽期，5%抽芽大约在 2 月 20 日左右，抽叶物候比东部地区稍晚 5~7 天，4 月上旬叶片基本老化。将加钗的资料输入中部白粉病中期预报模式，白粉病的最终发病指数为 15.8。预计本区今年白粉病中偏轻病，最终指数 15~25。

2.4　西部地区

儋县地区，橡胶落叶不彻底，据我院试验场调查资料，实生树落叶量为 82%~

99.5%，芽接树的落叶量为 75.5%，没有冬梢，老叶带病不多，越冬菌量偏少，抽芽比往年晚一个星期左右。按西部地区的白粉病中期预报模式统计，最终发病指数为 23.2~41.7，预计儋县地区白粉病中病年，最终指数在 20~40。如嫩叶期出现 7 天以上日平均温在 26℃以上的高温天气，病害将会减轻。橡胶 2 月 25 日以后 5%抽芽，3 月上、中旬为古铜期，中、下旬为淡绿期，4 月上旬基本老化。

2.5　北部地区

橡胶落叶极彻底，东红农场的落叶量为 100%，没有冬梢。将调查资料输入北部地区白粉病中期预报模式得白粉病发病指数为 26.3。预计今年北部地区白粉病中等偏轻，最终指数 20~30。橡胶物候进程与西部相似。

以上各地区的白粉病中期预报适合于实生树气候正常的年份。若在嫩叶期出现长期间的高温，日均温大于 26℃病害将减轻；若出现 12~18℃ 低温阴雨天气，病害将会加重。

3　防治建议

从各地区的调查资料及预测结果来看，白粉病发生都将超过经济为害水平发病指数 22，各地区应做好防病工作的准备，及早落实各项防治措施。由于各地区病情环境不同，应根据本地区的实际情况，安排好防治工作。南部病重，需做 2~3 次全面喷粉；东部病情中等，需做 1 次全面防治；其他地区多数林段进行一次的全面防治，部分轻病林段进行局部防治即可。除了南部地区在 2 月下旬至 3 月上旬开展大面积防治外，其他地区均在 3 月中下旬进行。对后抽植株的防治工作，也不可忽视，这些植株防治的好坏，是决定 4~5 级病株率的高低的关键，必须切实抓好。

1985 年橡胶白粉病越冬调查统计表

单位	调查日期(月/日)	林段	正常数 老叶 查数	老叶 发病率(%)	指数	嫩叶 发病率(%)	断倒树 老叶 查数	老叶 发病率(%)	指数	嫩叶 查数	嫩叶 发病率(%)	指数	老叶落叶量(%)	有嫩梢率(%)	有倒率(%)	每株断倒树梢数	总指数
两院		农村	60	0	0								99.5				0
	2/7	600	80	2.5	0.5								75.5				0.0014
		附中	90	2.22	0.4								82				0.0058
东兴	2/4	6-3	100	0	00								89				0
		林9	100	0	00								81.5				0
东红	2/6	12											100				0
		13											100				0
加鼗	2/7	33											100				0
		18											100				0
		6											100				0
南茂	2/2	5-3	60	1.67	0.3		20	0	0				90.0				0.000014
		13-8	100	4	0.8								90.25				0.000043
南田	2/3	146	100	2	0.4		30	0	0				78.5				0.000069
		03	100	4	0.8		30	36.67	12.67				61.5				0.000025

（1985 年 2 月 10 日）

1986 年海南地区橡胶白粉病中期预报

余卓桐　王绍春　符瑞益

笔者于 1 月 25 日至 2 月 1 日对海南各地区代表性农场的橡胶越冬落叶抽叶及白粉病越冬情况做了调查（结果详见附表）。根据笔者建立的橡胶白粉病中期预报模式，对今年海南各地区橡胶白粉病发生预报如下。

1　总趋势

1985 年入冬以来，海南各地区气候温暖（12 月至翌年 1 月平均气温均在 17℃ 以上），但由于上年台风影响，风害区橡胶越冬落叶早而彻底，胶树落叶量在 90% 以上。除南部地区断倒树普遍抽冬梢，越冬菌量大以外，其他地区基本没有冬梢，越冬菌量极少。今年橡胶抽叶比往年晚 5~7 天，但抽叶将会整齐。从目前橡胶物候情况看，3 月中、下旬为抽芽盛期。根据各地区白粉病中期预测模式统计，预计今年橡胶白粉病发生除南部地区病害偏重以外，其他地区均为中等偏轻。

2　具体预报

2.1　海南南部（保亭、崖县地区）

由于受 21 号强台风的袭击，断倒树冬梢多，越冬菌量较大，胶树落叶早而彻底，落叶量 90%~97%，抽芽比往年晚 5~7 天，预计抽叶将会整齐。大面积防治将在 2 月下旬。按南部地区白粉病中期预测模式统计，最终白粉病发病指数值为 35.6~39.2，预计中偏重病，南田最终指数为 40~50，南茂为 30~45。

2.2　海南东部（万宁地区）

因受上年台风的影响，胶树树落叶极彻底，落叶量为 95% 以上，个别林段有少量冬梢，越冬菌量少，橡胶抽叶物候将比往年稍早。按东部地区白粉病中期预报模式统计白粉病最终指数为 30.2，预计今年万宁地区白粉病中度发病，最终指数 20~40。

2.3　海南中部（琼中地区）

橡胶树落叶极为彻底，落叶量 100%，没有冬梢，目前橡胶处于大落叶后期，估计 2 月下旬开始抽芽，按中部地区橡胶白粉病中期预报模式统计，白粉病最终指数值为 15.8，预计今年琼中地区白粉病偏轻，最终指数 10~25。

2.4　海南中、北部（儋县地区）

由于受台风影响不大，胶树树落叶不够彻底，目前实生树落叶量为 79.25%，芽接树落叶量为 87%，没有冬梢，越冬菌量少。按西部地区白粉病中期预测模式统计，白粉病最终指数为 15.2。预计儋州地区白粉病偏轻，最终指数 15~25。如在嫩叶期出现连续高温（日平均温在 26℃ 以上），病情将会减轻。

北部地区，从东红农场的资料来看，橡胶树落叶极为彻底，落叶量为 100%，没有冬梢，橡胶物候与儋州地区相似，按海南北部地区白粉病中期预测模式统计，白粉病最终指数为 22.8，预计海南北部白粉病中偏轻，最终指数为 20~25。

3 防治建议

从上述各地区代表性农场的调查资料及预报情况来看，今年橡胶白粉病发生在地区间有差异，建议各地区在要根据本地区的病情、物候情况开展防治工作。南部地区病情中偏重，估计要做 1~2 次全面喷药。由于冬梢多，菌量大，宜在 2 月 10 日左右摘除冬梢及撒药进行越冬防治。东部地区中等发病，估计进行一次全面防治即可控制病情。其他地区中偏轻病，部分病情指数预测超过 22 的林段，需进行 1 次全面防治。预测病情指数不到 22 的林段，则视物候、天气情况进行局部防治。具体预测方法可参照总发病率法。南部地区大面积防治将在 2 月下旬开始，其他地区均在 3 月中旬进行。此外，还应注意抓好后抽植株的防治工作。

1986 年橡胶白粉病越冬调查统计表

| 单位 | 调查期（月/日） | 林段 | 老叶病情 | | 嫩叶病情 | | 落叶量（%） | 有嫩叶植株（%） | 断倒率（%） | 总指数 |
			查数	发病率（%）	指数	查数	发病率（%）	指数				
南茂	1/26	13-8	100	17	5.2	100	8	2	97.0	20	8	0.01096
		5-3	100	7	1.4	90	12.2	4.2	96.5	5		0.00257
南田	1/27	146	100	33	8	100	24	7.6	89.5	21	17	0.04091
		03	100	52	13.96	50	28	8.4	91.75	36	28	0.07142
东兴	1/30	09	30	16.7	3.3	45	2.2	0.4	95.75	2	8	0.00016
		6-3	35	8.6	1.7	0	0	0	98	4		0.00003
东红	1/31	10	0	0	0	0	0	0	100			0
		107	0	0	0	0	0	0	99.25			0
		600	0	0	0	0	0	0	99.25			0
加钗	2/1	18	0	0	0	0	0	0	100			0
		6	0	0	0	0	0	0	100			0
		33	0	0	0	0	0	0	100			0
两院	2/5	600	100	0	0	100	2.0	0.4	87.0	20	8	0.0001
		农村	100	0	0	50	1.5	0.3	79.3			0.0001

（1986 年 2 月 5 日）

1987 年海南地区橡胶白粉病发生预报

余卓桐　王绍春　林石明　符瑞益

1987 年 1 月 19—25 日，笔者到海南加钗、南茂、南田、南林、东兴、东红、文昌椰子站等场站，对橡胶白粉病的越冬情况做了调查（附表）。现据调查结果及笔者的中期预测模式，对今年的橡胶白粉病发生趋势预报如下。

1　发病总趋势

1986 年入冬以来，气候异常温暖。全岛各地 12 月的平均气温在 19℃以上，各地落叶迟而不彻底，落叶最多的南茂农场也只有 81%~82%。万宁地区落叶尤其不彻底，目前才落叶 11%~26%。除南茂农场有个别抽芽、抽叶和个别冬梢以外。其他各农场均未抽芽，没有冬梢，越冬菌量除南田中等以外，其余各场均较少。预计今年除南部白粉病严重发生外，其他地区中度发生。

2　具体预报

2.1　海南东部（万宁地区）

预计橡胶 5% 抽芽期为 2 月 10 日前后，落叶量 70%~80%。平均越冬菌量总指数 0.0004。输入海南东部预测模式得最终病情指数为 33.7~41.8，预计海南东部病情中等偏重。最终病情指数为 30~45。

2.2　海南南部

橡胶落叶量为 75%~85%，12 月与 1 月雨量共 6.8~19.3mm。输入海南南部的预测模式得最终病情 41.3~55.4。预计今年南部白粉病重病，保亭地区的最终病情指数 40~50，崖县为 45~60。

2.3　海南中部

预计橡胶 5% 抽芽期为 2 月 10 日前后。橡胶越冬落叶量 70%~80%，平均越冬菌量总指数为 0.0007（输入预测模式乘以 10 000）。输入预测模式得最终病情为 27.6~32.6。预计海南中部病情中等，最终病情指数 25~40。

2.4　海南北部（琼海、文昌地区）

预计橡胶 5% 抽芽期在 2 月 15 日前后。落叶量 70%~80%。平均越冬菌量总指数 0.001（计算时乘 10 000）。12 月雨量 98.8。1 月平均温度 18℃。输入本区预测模式得最终病情指数为 30.40。预计本区今年中度发病，最终病情指数 20~40。

2.5　海南西部

预计橡胶 5% 抽芽期在 2 月 10 日前后。落叶量 70%，平均越冬菌量总指数 0.00011（计算时乘 10 000）。12 月和 1 月雨量共 98.3mm。输入本地区预测模式得最终病指为

31.8~43.1。预计海南西部今年白粉病中至重病，最终病情指数为30~45。

上述预报适合在2—3月天气正常的年份。如果2—3月出现长时间的低温阴雨天气，则海南西部、中部、东部、北部的病情将会加重（预计可加重发病指数10~20）。但如果2—3月出现高温干旱天气，则病情指数减轻10左右。

3　防治意见

（1）做好防治准备：今年的橡胶白粉病发生将是一个中度流行的年份，各地必须充分重视，做好各项防治准备。特别是迅速组织培训测报防治队伍，保养、维修或添置必要机具，贮备足够的硫磺粉。

（2）在防治战役上：要注意抓好测报指导全面防治和后抽植株的防治工作。今年的白粉病发生，在林段间会差异很大，有些林段会较重，而另一些则会较轻。只有准确地测报，才能抓住重点，避免盲目施药，节约防治成本。为了方便各地预测林段的最终病情，各地可参考下面预测模式：

海南东部　$y=66.7-0.49x$

海南南部　$y=68.3-0.51x$

海南西部　$y=89.8-0.79x$

海南中部　$y=75.6-0.61x$

海南北部　$y=99.8-0.88x$

　　　　　$y=$最终病情指数；$x=$总发病率2%~3%时的抽叶率。

海南各地落叶都不彻底，估计抽叶不整齐。因此，后抽植株的防病工作特别重要。稍一疏忽，必将造成较多植株落叶，影响产量。

1987 年橡胶白粉病越冬调查统计表

调查日期（月/日）	林段	正常树 老叶 查数	正常树 老叶 发病率(%)	正常树 老叶 指数	正常树 嫩叶 查数	正常树 嫩叶 发病率(%)	正常树 嫩叶 指数	断倒树 嫩叶 查数	断倒树 嫩叶 发病率(%)	断倒树 嫩叶 指数	落叶量(%)	有嫩梢株(%)	断倒率(%)	每株断倒树梢数	总指数
1/21	南林农村	80	1.25	0.25							24				0.00015
1/23	东兴6-3	180	0.77	0.15							26				0.00009
	09	110	10	2							11				0.00142
	东红12	90	0	0							63				0
	13	135	0.74	0.15							55				0.00007
	10	70	4.29	0.86							89				0.00008
1/24	文昌600号	145	1.38	0.28							73				0.00022
	海垦1号	150	32	6.4							63				0.00189
	农村	130	0.37	0.15							51				0.00008
2/2	实生树	120	1.67	0.33							42				0.00015
	600号	110	1.82	0.36							57.5				0.00012
1/19	加叙33	70	0	0							28				0
	18	80	1.25	0.25							13				0.00003
	6	70	1.43	0.29							39				0.00014
1/20	南茂5-3	100	2	0.4	50	2	0.4				81		1		0.00005
	13-8	110	6.37	1.27				30	0	0	82		1	1	0.00078
1/21	南田59	130	10	2	10	10	40				16	2	1	3	0.00134
	03	100	12	2.4	10	0	0				48		1	2	0.0081
	18	110	10.91	2.55							47		1	1	0.00108
1/21	南林	110	3.64	0.91							21				0.00058
	36	200	2.73	0.55							16				0.00007

（1987 年 1 月 27 日）

1988 年海南地区橡胶白粉病中期预报

余卓桐　王绍春　林石明　符瑞益

根据本院橡胶白粉病中期预测模式和最近在海南地区橡胶白粉病越冬，橡胶落叶、抽叶的调查（附表），对今年橡胶白粉病的发生预报如下。

1　病害总趋势

1987 年入冬以来，气候温暖，橡胶落叶不彻底，橡胶抽叶早且较不整齐，越冬菌量中偏多，预计今年海南的橡胶白粉病发生，将是一个中到严重的流行年。

2　具体预报

2.1　海南南部

崖县地区：白粉病预计中度以上流行，芽接树最终病情指数 30~40，实生树 45~60，个别迟抽叶林段，最终病情指数 60~70。第一次全面喷粉时间为 2 月 12—28 日。

保亭地区：预计白粉病中至重病，芽接树最终病情指数 30~40，个别迟抽林段 50 以上，实生树最终病情指数 40~50。第一次全面喷粉时间为 2 月 12—20 日。

乐东地区：预计白粉病中偏重病，芽接树最终病情指数 30~40。施药日期为 2 月 15—28 日。

2.2　海南东部

万宁地区：预计白粉病中偏重病，芽接树最终病情指数 30~40，实生树最终病情指数 40~50。第一次全面喷粉时间为 2 月 21—27 日。

琼海地区：预计白粉病宁中偏轻，最终病情指数 20~30。此地的病情受天气影响变化较大，如果 2 月中、下旬出现平均温 10~11℃ 的强寒潮，打乱橡胶抽叶物候，或持续出现 11~18℃ 的低温阴雨天气则病害变重，最终病情指数可达 40 左右。

2.3　海南西部

儋县地区：预计白粉病中至重病，实生树最终病情指数 35~45，芽接树 20~40。第一次全面喷粉时间为 2 月 28 日至 3 月 7 日。如果在 2 月中旬至下旬出现平均温度 10~11℃ 的强寒潮，冻死部分嫩叶，则病情加重，实生树最终病情指数 50 以上，芽接树最终病情指数 40 以上。但如果 2 月下旬至 3 月中旬出现平均温度 26℃ 以上，最终温度 32℃ 以上的高温天气，则病情指数降低 10 左右。

白沙地区：预计白粉病中至重病，实生树最终病情指数 40~53，芽接树最终病情指数 20~30，第一次全面喷药时间为 2 月 27 日至 3 月 7 日。如出现特殊天气，则病情变化同儋县地区。

2.4 海南中部

琼中地区：预计病情中偏重，最终病情指数 30 ~ 40。第一次全面喷粉时间为 2 月 29 日至 3 月 7 日。

3 防治建议

（1）今年的橡胶白粉病将会发生中度以上的流行，必须迅速做好一切防治准备。由于越冬菌源偏少，前期病情发展会较慢，但后期会很快，要克服大意思想。

（2）加强病情测报，密切注意病害发展，到达防治指标应立即喷药。

（3）今年的白粉病防治，应着重抓好全面喷药和后抽植株防治工作。

1988 年海南地区代表性农场橡胶白粉病调查及预测

农场	落叶量（%）	越冬菌量（总指数）	5%抽芽期	预测最终病指	预测第一次施药期
南田	66.4	0.00369	1 月 18—29 日	35.1 ~ 70.1	2 月 9—18 日
南茂	76.3	0.00243	1 月 24 日—2 月 1 日	33.5 ~ 66.7	2 月 12—20 日
东兴	55.6	0.00008	1 月 28 日—2 月 4 日	32.9 ~ 62.4	2 月 21—27 日
东红	97.3	0.00001	1 月 28 日—2 月 5 日	20.3 ~ 28.3	2 月 25 日—3 月 3 日
两院	73.4	0.000141	2 月 5—15 日	27.8 ~ 45.6	2 月 28 日—3 月 7 日
加钗	76.7	0.000056	2 月 2—10 日	25.6 ~ 35.4	2 月 29 日—3 月 7 日
龙江	67.7	0.00042	1 月 30 日—2 月 11 日	28.8 ~ 53.0	2 月 27 日—3 月 7 日
乐东	73.1	0.0001	1 月 29 日—2 月 10 日	30.8 ~ 45.7	2 月 15—28 日

（1988 年 2 月 12 日）

1989年海南省橡胶白粉病病情预报

余卓桐　王绍春　林石明　符瑞益

据近日在海南省南田、南茂、保国、东兴、东红、加钗、两院试验场等代表性农场的橡胶白粉病越冬调查（见附表），利用本所的中期预测模式，对1989年海南省的橡胶白粉病发生趋势预报如下。

1　总趋势

1988年入冬以来，气候12月偏暖。1月以后大部分地区气温偏低，雨水偏多，橡胶落叶除南部地区落叶不彻底以外，其他地区落叶彻底，抽叶较常年早，越冬菌量偏少。预计今年橡胶白粉病属正常发生的年份，即南部病情严重，东部中等，其他地区偏轻。

2　具体预报

2.1　南部地区（崖县、保亭、乐东等地）

冬温较高，最冷月均温在17℃以上，雨水偏多。橡胶落叶不彻底或极不彻底，落叶量60%~80%。1月中旬开始抽芽，较常年早，越冬菌量中等或偏少。预计崖县橡胶白粉病严重，最终病情指数50~70，保亭、乐东35~50，1月下旬至2月上旬为大量抽芽期，2月上旬至中旬大量抽叶，第一次喷药时间为2月上旬末至2月中旬。

2.2　东部地区（万宁、琼海南部）

冬温正常，最冷月均温17℃左右，雨水较多。橡胶落叶不彻底，落叶量80%~90%，抽芽较常年早，越冬菌量少。预计病情中至重病，最终病情指数25~45。林段间的病情将差异较大，落叶彻底的林段，最终病指在25左右，落叶不彻底的林段在40以上。由于菌量少，前期病情发展较慢。2月上旬末至中旬大量抽芽，下旬大量抽叶。第一次全面喷药时间在2月下旬末至3月中旬。

2.3　中部地区（琼中、屯昌等县）

冬温前期（12月）较高，1月后偏低，最冷月均16℃以下，雨水多。橡胶落叶彻底，落叶量在90%以上，越冬菌量少。预计病情偏轻，最终病情指数10~30。此地区的病情受嫩叶期的气候影响较大。如果2月下旬至3月上旬出现长时间的低温阴雨天气，则最终病情指数加重至30~40；若此时的气温高、干旱，则最终病情指数20以下。

2.4　北部地区（琼海北部、琼山、文昌等县）

冬季气候与中部地区相近。橡胶落叶彻底，落叶量在90%以上，抽芽较常年早，越冬菌源极少。预计病情较轻，最终病情指数20以下。若嫩叶期出现长期低温阴雨，则最终病情加重至中度，最终病情指数20~40。

2.5 西部地区（儋县、临高、澄迈等县）

冬季气候与中部地区相似。橡胶落叶较彻底，落叶量在 90% 以上，越冬菌源较少。预计病情偏轻，最终病情指数 10~30。如果 2 月下旬至 3 月上旬嫩叶期出现长时间低雨天气，则最终指数可发展至 30~40；如此时出现长时间的老挝风干热天气，则病害变轻，最终病情指数 20 以下。白沙、石碌等西南部目前仍未大量落叶抽芽，估计比西部地区病情稍重，最终病情指数 20~40。

3 防治建议

（1）加强领导，做好防治准备工作。今年的病情虽属正常年份，但若天气变化，仍然存在着病害流行的危险。因此，各地必须提高警惕，加强领导，组织和培训植保队伍，维修、保养机具，采购和翻晒足够的硫磺粉，并从现在起，立即开始病情调查测报工作。

（2）今年的病害防治策略，从大区来看，仍应以南部、东部地区为重点，着重控制这些地区的病害流行。从防治战术来说，南部地区应以全面防治为主，在准确的短期测报指导下，争取个别林段局部防治，以节省防治费用。东部地区则全面防治和局部防治并重。对一些短期预测不到经济阈值的林段（芽接树最终病情指数 24 以下，实生树 22 以下），只做局部防治而不全面喷药。西部、中部、北部地区，则以局部防治为主，对短期预测超过经济阈值的林段，应进行全面防治。这些地区应密切注意天气的变化，如果嫩叶期出现长时间的低温阴雨，则应加强测报，对病情有发展的林段，应进行全面防治。短期的预测的方法，可参考本院各地的预测模式（见热带作物学报 1985 年 2 期）和总发病率预测法。为节省硫磺粉，对具有中等抗病性的品系（RRIM600、海垦1、PB86）在天气较好的情况下，每亩次施药量可减为 0.4kg。施药次数主要决定于物候期长短，预计今年一般施药 1~2 次，个别林段 3 次全面喷粉即可过关。70% 叶片老化以后，应抓紧后抽植株的局部防治，以获全胜。

1989 年海南地区代表性农场橡胶白粉病调查及预报

农场	落叶量（%）	越冬菌量（总指数）	5%抽芽期	预测量终病情	预测第一次施药日期
东红	98	0.000005		<20	
东兴	55.1	0.000041		30.4	
南田	68.5	0.000235	1 月 18—20 日	67.8	2 月 8—12 日
南茂	82.9	0.000084	1 月 20 日	49.5	2 月 10—15 日
保国	83.2	0.000947		42.0	
加钗	93.7	0		21.5	
两院	85	0.000102		18.6	

（1989 年 2 月 4 日）

1990 年海南省橡胶白粉病中期预报

余卓桐　王绍春　符瑞益

据近来在海南省南田、南茂、东兴、东红、加钗、乐中、大丰、龙江等农场的橡胶白粉病越冬调查（见附表），利用本院的白粉病预测模式，对 1990 年海南省橡胶白粉病发生趋势预报如下。

1 总趋势

1989 年年中，海南南部、东部地区遭受 3 次强台风袭击；入冬以来气温偏暖，橡胶越冬落叶不彻底，越冬菌量中至多。这些条件有利于发病。但去冬各地雨水较多，中部、西部、北部 1 月下旬后气温偏低，推迟橡胶抽芽，并有利于抽叶。预计海南各地的病情悬殊，南部重或特重，东部和西部中至重病，其他地区中病。

2 具体预报

2.1 海南南部

落叶极不彻底，落叶量 45.8%~76.8%，抽芽较早，已有部分林段抽芽 5%，去年强台风为害，断倒树多，断倒率 3%~18%，越冬菌量大，但去冬雨水稍多，12 月加 1 月雨量超过 30mm 以上，预计本区重病，最终病情 40~60，其中崖县芽接树 40~50，实生树 50~60，保亭、乐东等县芽接树 30~40，实生树 40~50。

2.2 海南东部

越冬落叶不彻底，落叶量 80%~90%，因去年受台风影响，断倒树多，断倒率 2%~10%，越冬菌量中至大，但去年冬雨水多，12 月和 1 月总雨量超过 100mm，预计本区中偏重病，最终病情芽接树 25~35，实生树 40~50。

2.3 海南西部

本地区 12 月至 1 月中旬温度偏暖，但 1 月下旬后温度偏低，冬季雨水较多，12 月加 1 月雨量超过 60mm，橡胶落叶较彻底，落叶量在 90% 以上，去年未受台风影响，越冬菌量较少，目前仍未抽芽，预计本区病情中偏轻，最终病情实生树 20 左右，芽接树 20 以下，如果 2 月下旬至 3 月中旬出现长时间的低温阴雨，则病情可发展至 30~40。

2.4 海南北部

橡胶越冬落叶彻底，落叶量在 90% 以上，去年未受风影响，越冬菌量少。雨水多，12 月加 1 月雨量超过 100mm，预计最终病情中偏轻，最终病情 20 左右，如果 2 月下旬至 3 月中旬出现长时间寒潮，则病情可发展至中病，最终病情 25~40。

2.5 海南中部

橡胶越冬落叶彻底，落叶量在 90% 以上，去年未受风影响，越冬菌较少，去冬雨水多，12 月加 1 月雨量超过 100mm。预计最终病情中偏轻，最终病情 15~30。如 2 月下旬至 3 月中旬出现长时间寒潮，则病情可发展到 30~40。

3 防治建议

（1）做好防治准备，今年海南各地的病害，预计多数地区都会超过经济为害水平，需要进行不同程度的防治，如果天气变化，则上述预计中偏轻的地区，也会发展至中病，必须引起有关部门的注意，做好防治准备。目前多数农场在积极进行防治准备工作，但仍有些农场准备不够充分，施药机具不足，测报员未落实，需要加强准备工作。

（2）及时开展预测预报，目前南部一些林段橡胶抽芽已超过 5%，但有些农场仍未开始调查测报。几年来有些农场防治失败的主要原因是未能及时开展预测预报和施药防治。应根据各地区物候情况及时开始预测预报工作，建议全面推广总发病率短期预测法，提前 3~8 天预测施药日期。

（3）防治策略，从大区来看，今年的防治仍以南部、东部地区为重点，着重控制这些地区的病害流行。从防治战术来说，南部、东部地区应以全面防治为主，在准确的短期预测指导下，争取个别林段局部防治或减少喷次，以节省防治费用。西部、中部、北部地区则需根据嫩叶期的天气变化，变换防治战术，如果天气正常，则以局部防治为主或全面局部并重的防治战术。预测最终病情不超过 20 的林段，可以不做全面防治，而仅做局部防治。若出现长时间的低温阴雨，则应以全面防治为主，只对少数轻病林段进行局部防治，因此，这些地区的病情测报尤为重要。近年有些农场防治时施药量不足，这是影响防治效果的重要原因，必须强调施药的剂量和均匀度。许多农场则对后抽局部防治未予重视，70% 植株老化后应抓紧后抽植株的局部防治以获全胜。

1990 年海南地区代表性农场橡胶白粉病越冬调查及病情预测

地区	农场	落叶量（%）	越冬菌量（总指数）	5%抽芽期	预计最终病情指数 实生树	预计最终病情指数 芽接树	预测药次数	预测施药日期
南部	南田	45.8~76.8	0.01054	1 月 25—30 日	50.4~56.9	37~46.5	1~2	
	南茂	72.5~90.5	0.01073	1 月 25—30 日	28.9~42.6	31~34	1~2	2 月 15—23 日
	乐中	48.5~90	0.00869	1 月 30—2 月 5 日		42.5~46.4	1~2	
东部	东兴	64~78.2	0.00387	2 月 5—10 日	36.8~48	35~37.6	1~2	3 月 5—10 日
	南林	63~70	0.04818	2 月 5—10 日	35~40	40~45	1~2	
北部	东红	88.5~100	0.0000258	2 月 10—15 日		20 左	0~1	3 月 10—15 日
西部	两院试验场	90~95	0.00005	2 月 13—18 日	18.8~25	12.7~18.5	0~1	3 月 13—20 日
	龙江	40~70	0.05671	2 月 15—17 日	36.4~41.2	41.3~52.8	1~2	
中部	大丰	85~95	0.000097	2 月 13—18 日	19.5~26.6	23.9~26.3	1~1.5	3 月 13—20 日
	加钗	90~98.5	0	2 月 15—20 日		14.5~16.7	0~1	

（1990 年 2 月 12 日）

1991年海南省橡胶白粉病中期预报

余卓桐　陈永强　符瑞益

据近日在海南省南田、南茂、东兴、东红、大丰、龙江、两院试验场和文昌椰子站的橡胶白粉病越冬调查（见附表），应用笔者的中期预测模式，对1991年海南省的橡胶白粉病发生趋势预测如下。

1　总趋势

1990年入冬以来，气温特别温暖，橡胶越冬落叶不彻底，抽芽早且不整齐，越冬菌量中至多，这些条件有利于病害流行，但去冬降水较多，有利于抽叶，在一定程度上降低病情，据此预计今年海南的橡胶白粉病中度流行。

2　具体预报

2.1　海南南部

橡胶越冬落叶不彻底，落叶量50%~80%，抽芽早而不整齐，1月下旬已有5%抽芽以上，越冬菌量较大，对病害流行有利。但去冬降雨较多，12月加1月雨量22~60mm，有利于橡胶抽叶。据用南部中期预测模式统计结果，预计本区病害中度流行，芽接树病情中偏重，最终病指30~45；实生树病情严重，最终病指41~58。

2.2　海南东部

橡胶越冬落叶不彻底，落叶量60~80。抽芽早而不整齐，1月下旬至2月上旬开始抽芽，越冬菌量中等，但去冬降雨多，12月加1月雨量达90mm。据用东部中期预测模式统计结果，预计本区病害中度流行，芽接树病情最终病指20~40；实生树病情严重，最终病指40~60。

2.3　海南西部

橡胶越冬落叶不彻底，落叶量60%~80%，抽芽早，1月下旬开始抽芽，越冬菌量中等。但去冬降雨较多，12月加1月雨量40mm，有利于抽叶。据用西部中期预测模式统计结果，预计本区病害中度流行，芽接树最终病情指数20~35；实生树40~55。此地的病情受嫩叶期的天气影响较大，如果2月中旬至3月上旬出现长时间的低温阴雨天气，则病情加重，芽接树的最终病情40以上，实生树病情55以上；如果此时出现持续高温天气，则病情变轻，芽接树病情指数20以下，实生树40以下。

2.4　海南中部

橡胶落叶不彻底，落叶量60%~80%，抽芽较早而不整齐，1月下旬开始抽芽，越冬菌量中等。据用西部中期预测模式统计结果，预计病害中度流行。芽接树最终病情指数20~40；实生树最终病情指数40~50，如果2月中旬至3月上旬出现异常天气，则病情变化如西部。

2.5　海南北部

橡胶落叶不彻底，落叶量 60%~80%，抽芽较早而不整齐，2 月上旬初开始抽芽，越冬菌量中偏少。据用西部中期预测模式统计结果，预计病情中度流行，芽接树最终病情指数 20~40；实生树最终病情指数 40~50。

3　防治建议

（1）今年海南各地病害都存在流行的危险，特别是今年抽芽较早，嫩叶期出现寒潮的可能性较大，病情还会进一步加重，应做好充分的防治准备，及时开展测报工作。

（2）今年各地的防治，应以全面防治为主要策略，做好预测预报，严格掌握防治指标，及时开展施药工作。对局部抽芽早而整齐的林段，可根据总发病率预测法，抽叶90% 以上，总发病率未达到 2%~3% 者不做全面防治；超过总发病 2%~3% 者才做全面喷粉。芽接树的施药剂量，每亩可减为 0.4~0.5kg，以节省防治成本。

（3）由于今年抽叶不整齐，抓紧后抽防治有重要的意义。在叶片 70% 老化以后，要及时进行局部后抽植株防治。

1991 年海南地区橡胶白粉病越冬病情与防治预测

地区	农场	落叶量（%）	越冬菌量（总指数）	5%抽芽期	预测最终病情 实生树	预测最终病情 芽接树	第一次施药期	施药次数
南部	南田	55.3~88.0	0.00175~0.0584	1 月 15—28 日	43.3~57.9	31.9~34.3	2 月上、中旬	1~3
	南茂	53.8~64.5	0.000116~0.0059	1 月 25 日—2 月 3 日	41.4~55.0	41.4~45.1	2 月上、中旬	1~3
东部	东兴	52.5~90	0.000032~0.0036	1 月 25 日—2 月 3 日	48.3~57.5	20~48.8	2 月下旬—3 月上旬	1~3
	南林	44.2~80	0.0003~0.0057	1 月 24 日—2 月 3 日	50~68.6	30~48	2 月下旬	1~3
北部	东红	68~78.0	0~0.000071	2 月 1—12 日		44.8~58.4	2 月下旬	1~2
	椰子站	76.5~86.7	0.00034~0.00073	2 月 3—5 日		50.3~54.7	2 月下旬—3 月上旬	1~2
西部	两院试验场	61.5~98.1	0.0000056~0.00654	1 月 23 日—2 月 4 日	45.2~60.69	20~31.6	2 月下旬—3 月上旬	1~2
	龙江	30.9~90.0	0.00023~0.0074	1 月 25 日—2 月 4 日	45~60.0	30~45.0	2 月下旬—3 月上旬	1~3

（1991 年 2 月 12 日）

1992年海南省橡胶白粉病中期预报

余卓桐　陈永强　符瑞益

据近日在海南省南田，南茂、东兴、南林、东红、加钗、两院试验场的橡胶白粉病越冬调查（附表），应用笔者的预测模式，对1992年白粉病发生趋势预报如下。

1　总趋势

1991年入冬以来，海南各地雨水偏多，气温偏低，橡胶落叶一般较彻底，越冬菌量中至少，预计除南部重病，东部中病以外，其他地区病情中偏轻或轻病。

2　具体预报

2.1　海南南部

橡胶落叶不彻底，落叶量60%~80%，抽芽较早，1月下旬开始抽芽。越冬菌量中等。但去冬雨水较多有利抽叶，预计病情中至重病。芽接树最终病情指数25~40，实生树35~50。第一次施药时间为2月中至下旬。

2.2　海南东部

橡胶落叶较不彻底，落叶量80%左右，抽芽较迟，2月下旬开始抽芽，越冬菌量偏少。去冬雨水偏多，温度偏低。预计最终病情中等。芽接树最终病指25~35，实生树30~40。第一次施药时间在3月中、下旬。

2.3　海南中、北部

去冬雨水较多，气温较低，橡胶落叶彻底，落叶量在95%以上，抽芽较迟，2月下旬开始抽芽，越冬菌量少。预计最终病情较轻。芽接树最终病指20以下，实生树最终病指25以下。3月若有长期低温阴雨，则病指可增加10~20，病情变为中度。

2.4　海南西部

去冬雨水较多，气温较低，橡胶落叶彻底，落叶量在95%以上。抽芽较迟，2月下旬开始抽芽。但去年受台风影响，风害林段断倒树多，越冬菌量少至中。预计最终病情中偏轻，芽接树最终病指25以下，实生树最终病指15~30。如果3月上中旬出现长时间的低温阴雨，则病情变为中偏重，最终病情指数20~40。

3　防治建议

（1）做好防治准备。目前各地已做了一些防治准备，但仍不够充分。特别是测报防治队伍的培训与提高，是值得注意的问题。很多农场测报员不固定，新手对测报不熟，影响测报质量，要及时解决。

（2）全面推广橡胶白粉病综合管理技术：橡胶白粉病综合管理技术，已在华南五省（区）做了开发研究，证明可以提高防治效果，降低防治成本，增加经济效益，可以全面推广应用。橡胶白粉病综合管理的基本技术如下。

①以经济阈值决定防治对策，以测报指导防治：应用总发病率法预测最终病情在24以下，不必喷药防治或只做局部防治；预测最终病指在24以上，则需全面防治。施药的时间可用预测模式、总发病率法预测。

②掌握防治指标适时喷药：按照预测的施药日期做一次病情物候调查，如到达施药指标，即古铜期发病率10%~20%，淡绿期20%~30%，则需立即喷药防治。未到指标可适当推迟施药时间。

③充分利用品系抗（避）病性减少防治：RRIM600，PB86、海垦1等品系，一般抽叶整齐，病情较轻，可减少施药次数和剂量（每亩减少为0.4~0.5kg）。

④利用不利发病天气减少防治：在防治期间，如出现最高温度35℃以上，平均温度28℃以上高温天气，则可暂时不喷药，推迟到降温后再喷。若推迟到70%老化后仍不降温，则不再全面防治，只做局部防治。

1992 年海南地区代表性农场橡胶白粉病越冬调查及病情预测

地区	农场	落叶量（%）	越冬菌量（总指数）	5%抽芽期	预测最终病情		施药次数	第一次施药期
					实生树	芽接树		
南部	南田	32~92	0.002287	1月17—29日	42.8~50.7	35.1~52.2	2~3	2月7—20日
	南茂	76~95	0.001905	1月28日—2月4日		26.6~35.2	1~2	2月16—23日
东部	东兴	25~66	0.007681	2月20日	35.9	26.5~32.8	1~2	3月20—30日
	南林	19.0	0.020309	2月17日	36.5		1~2	3月20—30日
北部	东红	98以上	0.004776	2月25—28日	20以下		0~1	3月底—4月上旬
西部	两院试验场	94.5~100	0.043251	2月20—28日	20左右	13.3~19.3	0~1	3月25日—4月5日
中部	加钗	98以上	0.000203	2月25日	20以下		0~1	3月底—4月5日

（1992年2月24日）

1993年海南省橡胶白粉病病情中期预报

余卓桐　陈永强　伍树明　符瑞益

1 病害总趋势

入冬以来，前期气温暖、1月中旬以后出现强低温。橡胶落叶不彻底，抽芽早而不齐，越冬菌量中等。根据笔者近来越冬调查材料（附表），用近年建立的白粉病系统管理模型统计结果，预计今年海南的橡胶白粉病发生，将是一个中度流行年。

2 各地区病情预报

2.1 南部地区（崖县、保亭、乐东）

本区去年8月遭受风害，使大部分老叶脱落，9月重新抽叶。目前这批叶片落叶甚少，落叶量仅5%~30%，为历年落叶量最少的一年。抽芽早而不齐，越冬菌量中偏多。根据系统管理模型统计结果，预计病情严重流行，实生树最终病指60以上；芽接树50~60，2月中旬为第一次喷药期。

2.2 东部地区（万宁、琼海）

本区由于越冬期低温期出现晚，橡胶树落叶极不彻底，落叶量仅10%~30%，抽芽早而不齐，越冬菌量中等。根据系统管理模型统计结果，预计病情严重，实生树最终病情指数40~60；芽接树40~50，2月下旬至3月上旬为第一次施药期。

2.3 西部地区（儋州、白沙、临高）

本区经1月中旬低温后，橡胶树早抽的嫩叶和越冬老叶受害，橡胶落叶量增加，抽芽推迟，越冬菌量减少。根据系统管理模型统计结果，预计病情中度，实生树最终病情指数20~40；芽接树20~30。3月中旬为第一次施药期。

2.4 中部、北部地区（琼中、琼山、文昌）

橡胶树越冬落叶和菌量与西部相似。但因1月中下旬温度偏低，落叶较彻底，抽芽较迟，越冬菌量少。根据系统管理模型统计结果，预计病情中度，实生树最终病指20~40；芽接树20~30。3月中旬为第一次施药期。

3 防治建议

（1）今年的橡胶白粉病，是具有全面流行趋势的年份，必须引起充分重视，做好一切防治准备工作。

（2）大力推广防治新技术。经多年研究与生产部门协作试验、示范，已提出一套防效高、成本低、效益好的防治新技术。包括综合管理技术、航空防治、热雾、烟雾、地面喷雾等施药技术。这些技术可因地制宜地推广应用。其中综合管理技术可以在全岛普遍使用；在平地大面积连片胶园的病害流行区，可采用航空防治或地面喷雾技术；山地胶园可用烟雾技术。由于今年农场间、地区间、林段间的橡胶物候和病情差异悬殊，做好测报异常重要。在防治策略上，南部、东部应全面防治为主，其他地区在抽叶30%以前，要进行中心病株（区）的局部防治，并密切注意病情的发展，及时开展全面防治工作。

1993 年海南地区代表性农场橡胶白粉病越冬调查及预测

农场	落叶量（%）	越冬菌量（总指数）	5%抽芽期	预测最终病情	预测第一次施药期
南田	15.7	0.03053	1月15日—2月5日	50~70	2月5—24日
南茂	18	0.00181	1月17日—2月5日	50.0~69	2月10—21日
东兴	40	0.002884	2月1—3日	40.0~60.0	2月22日—3月上旬
东红	74.2	0.002303	2月6—7日	20.0~50.8	3月中旬
两院	84.5	0.0008	2月10日前后	20~40	3月中旬
加钗	37.5	0.000188	2月10日前后	20~40	3月中旬

（1993 年 2 月 5 日）

1994年海南省橡胶白粉病中期预报

余卓桐　陈永强　伍树明　符瑞益

据近来对海南南田、南茂、东兴、南林、东红、加钗、两院试验场、龙江等农场的橡胶白粉病越冬调查和这些农场气象记录（附表），利用笔者建立的橡胶白粉病系统管理模型，对今年海南橡胶白粉病的发生预报如下。

1 总趋势

去冬以来，海南各地气温偏高，1月平均温度17~21℃，橡胶落叶不彻底，抽芽不整齐，白粉病越冬菌源较多，预计今年海南橡胶白粉病中度流行，最终发病指数30~60。

2 具体预报

2.1 海南南部

橡胶越冬落叶极不彻底，落叶量32%~55%，抽芽早而不齐。越冬菌量较大，总指数0.002105~0.002687。预计本区今年白粉病重病，芽接树最终病情指数35.0~55；实生树40~60。

2.2 海南东部

橡胶越冬落叶不彻底，落叶量65%~76%，抽芽较早而不齐。白粉病越冬菌量较大，总指数0.002309~0.007681。预计本区今年白粉病重病，芽接树最终病情指数35~52；实生树41~60。

2.3 海南西部

橡胶越冬落叶不彻底，落叶量72%~78%，抽芽期偏早。去年受台风为害，冬梢多，白粉病越冬菌量大，总指数0.02620。预计本区今年白粉病中至重病，芽接树最终病指30~40；实生树50~60。

2.4 海南中、北部

橡胶越冬落叶不彻底，落叶量70%~86%，抽芽期正常，2月下旬开始抽芽。白粉病越冬菌量中等，总指数0.001208。预计本区今年白粉病中至重病，最终病情指数30~50。

3 防治建议

（1）今年海南橡胶白粉病有流行的危险，各地区一定要保持高度警惕，及时做好一切防治准备，开展病情监测，到达防治指标，立即进行防治。

（2）在防治策略上，今年各地都应以全面喷药防治为主，同时应注意抓好后抽植株的局部防治。据用白粉病系统管理模型统计分析，海南南部，东部地区需做 2~3 次全面喷药，第一次全面喷药的时间，南部在 2 月中旬，东部在 2 月下旬，海南西部、中北部需做 1~3 次全面喷药，第一次全面喷药的时间，西部在 3 月 7—15 日，中北部在 3 月 15—29 日。每个地区、林段的具体施药次数和施药日期，可根据总发病率短期预测法来决定。

1994 年海南代表性农场橡胶白粉病越冬调查及病情预测

地区	农场	落叶量（%）	5% 抽芽期	越冬菌量	预测最终病情指数		预测施药日期	预测施药次数
					实生树	芽接树		
南部	南田	32~50	1 月中旬	0.002687	40.8~60.7	35.4~53.6	2 月 10—26 日	2~3
	南茂	46~55	1 月下旬	0.002105	—	36.0~45.2	2 月 18—28 日	2~3
东部	东兴	65~76	2 月上旬	0.007681	41.5~58.6	36.5~52.1	2 月 26 日—3 月 10 日	2~3
	南林	62~70	2 月上旬	0.002309	43.6~60.0	38.7~54.2	2 月 20 日—3 月 3 日	2~3
中北部	加钗	81~86	2 月下旬	0.001208		35.2~50.2	3 月 15—25 日	1~2
	东红	70~76	2 月下旬	0.001176	—	30.5~48.5	3 月 18—29 日	1~2
西部	两院	72.5~78.0	2 月中旬	0.0262	50.5~60.0	28.5~39.0	3 月 7—15 日	1~3

（1994 年 2 月 25 日）

1995年海南省橡胶白粉病病情中期预报

余卓桐　陈永强　伍树明　符瑞益

据近日在海南南田、南茂、东兴、东红、龙江、两院试验场等农场橡胶白粉病越冬调查（附表），应用我院建立的白粉病系统管理模型，对1996年海南省各地橡胶白粉病发生趋势预报如下。

1　总趋势

去冬以来，气温较常年偏高，降雨较多，橡胶落叶不彻底，抽芽较早，越冬菌量中偏少，预计今年橡胶白粉病是一个中度流行年。

2　具体预报

2.1　海南南部

橡胶落叶量89%~90%，抽芽较常年早，1月中旬已有少量抽芽，但是由于冬期降雨较多，估计抽叶不会太不整齐，越冬菌量中偏少，预计本区重病，芽接树最终病指35~50，实生树50~60。

2.2　海南东部

橡胶越冬落叶极不彻底，落叶量45%~78%。抽芽较早，目前已有零星抽芽。但去冬降雨较多，估计抽叶不会极不整齐。越冬菌量偏少。预计本区病情中至重病，实生树最终病指40~60，芽接树30~45。

2.3　海南西部、中部

橡胶越冬落叶较不彻底，落叶量20%~80%，抽芽较早，目前开始有零星抽芽，但去冬降雨较多，估计抽叶不会极不整齐，越冬菌量偏少，预计本区病情中至重病。实生树最终病指40~60；芽接树20~45。若嫩叶期遇到长期低温阴雨，则病指增加20，达到重病或特重的程度。相反，如嫩叶期高温干旱，则病指降低10左右。

2.4　海南北部

橡胶越冬落叶不彻底，落叶量60%~70%，目前开始有零星抽芽，抽芽期较常年稍早。但去冬降雨较多，估计抽叶不会极不整齐，越冬菌量少。预计本区中病，芽接树最终病指20~40。

3　防治建议

（1）今年橡胶白粉病是具备较多流行条件的年度，如在嫩叶期配合适宜条件，则将是一个较大的流行年，应充分做好防治准备，抓紧测报工作，及时开展防治，把病害控制在经济危害水平以下。

（2）各地的防治策略，都应以全面防治为主。要加强预测预报，近年有些农场测报组织松懈，测报工作开展不够正常。建议立即组织培训，按要求及时开展工作。今年各地将有较明显的中心病株（区），要注意调查发现，及时消灭，降低病害早期流行速度。全面防治成败的关键是掌握准确的防治指标。据今年的情况，应适当降低防治指标，在 30%抽叶以后古铜期到达发病率 10%~15%，淡绿期 20%~25%就要开始做第一次全面喷药。以后各次喷药主要决定于物候的发展速度。第一次喷药后 10 天未到 60%老化，即应做第二次全面喷药；第二次喷药后 10 天未到 60%老化应做第三次全面喷药。70%老化后转入局部防治。今年由于抽叶不整齐，后抽防治也是全面控制病情的重要措施，要充分重视。

1995 年橡胶白粉病越冬调查及病情预测

地区	农场	落叶率（%）	越冬菌量（总指数）	5%抽芽期	预测最终病指	
					芽接树	实生树
南部	南田	39~68	0.00012~0.00048	1 月 18—29 日	35~45	45~60
	南茂	61~80	0.00018~0.0025		35~50	50~60
东部	东兴	45~78	0.00014~0.0007	—	30~45	40~55
西部	龙江	16~52	0.00013~0.00155	—	35~45	45~60
	两院试验场	80~90	0.00001~0.0005	—	20~40	40~50
北部	东红	69~75	0.00013~0.00029	—	20~40	30~50

（1995 年 1 月 29 日）

1996年海南省橡胶白粉病中期预报

余卓桐　黄武仁　肖倩莼

1　总趋势

去冬以来，气候温暖，除海南中北部以外，其他地区1月份平均温度达17.6~20.2℃。橡胶越冬落叶不彻底，落叶量55.7%~42.0%，抽芽早而不齐。但西部、中北部在2月上旬橡胶抽芽初期出现强寒潮，推迟抽芽，使落叶变彻底，抽芽推迟。越冬菌源除中、北部较少外，其他地区中等或较多，总指数0.001~0.00503。根据白粉病系统管理模型统计结果（附表），预计今年海南橡胶白粉病南部、东部重病，其他地区中或中偏轻病。

2　具体预报

2.1　南部地区

橡胶越冬落叶不彻底，落叶量55.7%~58.6%，抽芽早而不齐，1月下旬开始抽芽。越冬菌量较大，总指数0.00901~0.01053。根据本区白粉病系统管理模型统计结果。预计白粉病中度流行，实生树最终病情指数50~60；芽接树35~45。

2.2　东部地区

橡胶越冬落叶不彻底，落叶量70%~72%。抽芽早而不齐，2月上旬开始抽芽，越冬菌量中等，总指数0.002884~0.002915。根据本区系统管理模型统计结果，预计本区今年白粉病中至重病。实生树最终发病指数40~50；芽接树30~40。

2.3　西部地区

本区经2月上旬低温影响后，橡胶早抽嫩叶受害，越冬老叶脱落，使落叶较彻底，由原来落叶量74%，变为90%以上，抽芽推迟，越冬菌量由中变小，根据本区系统管理模型统计结果，预计本区今年病情中偏轻，实生树最终发病指数25~35；芽接树15~25。

2.4　中部和北部地区

橡胶越冬落叶极彻底，落叶量98%~99%，抽芽迟且整齐，2月下旬才开始抽芽。越冬菌源少，总指数0.000183~0.0002903。根据本区系统管理模型统计结果，预计今年本区病情中偏轻，实生树最终病情指数20~30；芽接树15~25。

3　防治建议

今年的橡胶白粉病，地区间、同一地区林段间的病情都会有很大的差别。因此，必须做好病情测报和防治准备工作，根据地区和林段的病情和橡胶物候情况开展防治工作。在防治策略上，南部、东部以全面喷药防治为主；其他地区可以根据林段的短期预测，对芽接树预测最终病情指数低于 24、实生树低于 22 的林段进行局部防治。为了进行准确的定量预测和科学防治，可以应用笔者已推广多年的总发病率短期预测法或最近推广的防治决策系统模型。总发病率法是根据林段总发病率 2%~3% 在抽叶过程出现的抽叶率，代入本地区的预测模式，统计出该林段最终发病指数。防治决策模型则要求应用单位向两院植保所提供有关病害越冬，橡胶越冬落叶、抽叶、气象等多个因素的具体数据，输入电脑，便可输出本地区或林段最佳的防治方案，包括预计最终发病指数，是否需要全面喷药防治，喷药防治次数，第一次喷药的时间，防治成本，防治经济效益等等，以便指导单位防治。应用单位可与植保所联系。

1996 年海南地区代表性农场橡胶白粉病越冬调查及预测

农场	落叶量（%）	越冬菌量（总指数）	5% 抽芽期	预测最终病情	预测第一次施药期
南田	55.7	0.01053	1 月 25 日—2 月 3 日	38.0~60.0	2 月 10—20 日
南茂	58.6	0.00901	1 月 27 日—2 月 5 日	36.0~54.5	2 月 15—24 日
东兴	72.0	0.002884	2 月 1—3 日	30~50	2 月 25—28 日
东红	98.0	0.0002903	2 月 25—27 日	20.0~30.8	3 月中旬
两院	74.5	0.0043	2 月 15 日前后	20.6~31.5	3 月中旬
加钗	98.7	0.0001883	2 月 20 日后	20.1~29.2	3 月中旬

（1996 年 2 月 5 日）

1997年海南省橡胶白粉病中期预报

余卓桐　黄武仁　肖倩莼

根据近来对海南省南田、南茂、东兴、南林、东红、加钗、龙江、两院试验场等农场的白粉病越冬调查（结果见附表）和这些农场的气象记录，利用笔者研究建立的橡胶白粉病防治决策系统模拟模型，对今年海南省橡胶白粉病的发生预报如下。

1　总趋势

去冬以来，气温变化较大，1月偏暖，均温17.2~20.1℃，但1月上、中旬气温偏低，除南部橡胶越冬落叶不彻底，抽叶不整齐以外，其他地区落叶都变为较彻底，抽叶较整齐。去年各区均受台风不同程度的损害，冬梢较多，越冬菌量中至大，总指数0.002~0.012，预计海南各区今年白粉病病情悬殊，南部重病，东部中至重病，其他地区中或中偏轻病。

2　具体预报

2.1　南部地区

橡胶越冬落叶不彻底，落叶量80%~87%，抽芽较早而不整齐，1月下旬开始抽芽，去年受台风为害较重，冬梢多，越冬菌量大，总指数0.01112~0.01334。用本区防治决策电算模拟系统模型统计分析，实生树最终发病指数41.2~60.8；芽接树30.7~45.4。预计本区今年橡胶白粉病中度流行，实生树最终发病指数40~60，芽接树30~45。

2.2　东部地区

橡胶越冬落叶较彻底，落叶量88%~91%，抽芽较早，2月上旬开始抽芽。越冬菌量偏多，总指数0.00892~0.00921。用本区防治决策电算模拟系统模型统计分析，实生树白粉病最终病情指数32.6~44.5，芽接树29.1~36.2。预计本区今年橡胶白粉病中偏重，实生树最终病情指数30~45，芽接树30~40。

2.3　西部地区

橡胶越冬落叶极彻底，落叶量97%~99%，抽芽较迟，2月下旬开始抽芽。越冬菌源中等偏多，总指数0.00906~0.0095801。抽叶初期低温影响，抽叶较不整齐。用本区防治决策电算模拟系统模型统计分析，实生树白粉病最终病指31.2~41.6，芽接树20.1~31.4。预计本区今年橡胶白粉病中等发病，实生树最终病情指数30~40，芽接树20~30。

2.4　中部和北部地区

橡胶越冬落叶极彻底，落叶量98%~99%，抽芽较迟，2月底开始抽芽。越冬菌量中等，总指数0.0021~0.0022。用本区防治决策电算模拟系统模型统计分析，实生树白粉病最终病情指数为 25.1~33.2，芽接树 20~24。预计本区今年橡胶白粉病中偏轻病，实生树最终病情指数 25~35，芽接树 20~25。

3　防治建议

根据今年在海南各地橡胶白粉病越冬调查和收集的有关材料，应用防治决策电算模拟系统模型统计分析，选择今年海南各地的较佳防治方案，即防治成本低，经济、社会、生态效益高的防治方法，结果如下。

海南南部：实生树全面喷药 2~3 次，芽接树 1~2 次，第一次喷药在 2 月 8—18 日。

海南东部：实生树全面喷药 1~2 次，芽接树 1 次。第一次全面喷药在 2 月 20—28 日。

海南西部：实生树全面喷药 1~2 次，芽接树 0~1 次，第一次全面喷药在 3 月 10—16 日，本区要注意利用芽接树抽叶整齐，对预测病情指数低于 24 的林段不做全面喷药，改局部后抽植株防治；芽接树的每次全面喷药剂量，可减为 0.4~0.5kg/亩，以减少农药用量与环境污染，节省防治费用。

海南中北部：实生树全面喷药 1 次，芽接树 0~1 次，第一次全面喷药在 3 月 13—18 日。对芽接树的喷药可参照上述西部地区的方法。

1997 年海南地区代表性农场橡胶白粉病越冬调查及病情预测

地区	农场	落叶量（%）	越冬菌量（总指数）	5%抽芽期	预测最终病情		预测施药次数
					实生树	芽接树	
南部	南田	80.5~85.5	0.01324	1 月 27—30 日	50.4~60.8	35.6~45.5	2~3
	南茂	84.7~87.6	0.01112	2 月 1—5 日	41.2~48.9	30.2~40.9	2~3
东部	东兴	88.9~91.8	0.00892	2 月 9—12 日	32.6~43.2	29.1~35.6	1~2
	南林	88.0~90.2	0.00921	2 月 7—10 日	34.4~44.5	31.5~36.2	1~2
北部	东红	98.9~99.2	0.0022	2 月 26—28 日	25.1~32.3	20.1~23.6	0~1
西部	两院试验场	98.0~99.0	0.00905	2 月 23—27 日	31.2~40.2	20.1~30.4	0~1
	龙江	97.2~98.5	0.0095001	2 月 21—25 日	32.5~41.6	22.3~31.4	1~2
中部	加钗	99.1~99.5	0.0021	2 月 25—28 日	26.5~33.2	22~24.6	0~1

（1997 年 2 月 25 日）

1998年海南省橡胶白粉病中期预报

余卓桐　黄武仁　肖倩莼

根据近日在海南南田、南茂、东兴、东红、加钗、龙江、两院试验场等农场橡胶白粉病越冬调查（见附表）和上述农场的气象记录，应用笔者的中期预测模式和防治决策电算模拟系统模型，对今年海南橡胶白粉病发生趋势预报如下。

1　总趋势

去冬以来气候温暖，1月份平均温度17.5~21.3℃。橡胶越冬落叶较不彻底，抽芽早而不齐。抽叶初期遇到较强寒潮，部分嫩叶受害，打乱抽叶进程，使抽叶不整齐。越冬菌源中至多。预计海南今年橡胶白粉病发生，将是一个中至严重的流行年，最终病情指数40~70。

2　具体预报

2.1　海南南部

橡胶越冬落叶不彻底，落叶量66.7%~80.6%；抽芽早而不整齐，1月中旬已普遍抽芽抽叶。白粉病越冬菌源多，总指数0.007473~0.09634。用本区中期预测模式和防治决策模型统计分析，实生树最终病情指数48.8~68.2，芽接树40.4~50.3。预计今年本区白粉病中至严重流行，最终发病指数40~70。

2.2　海南东部

橡胶越冬落叶不彻底，落叶量78.7%~85.2%；抽芽早而不整齐，1月下旬开始普遍抽芽。白粉病越冬菌量中偏大，总指数0.00817~0.00954。用本区白粉病中期预测模式统计分析，实生树最终发病指数44.3~61.8，芽接树38.4~57.3。预计今年本区白粉病中度流行，最终发病指数40~60。

2.3　海南西部

橡胶越冬落叶不彻底，落叶量80%~90%，抽芽早而不整齐，1月底至2月上旬开始普遍抽芽。抽叶初期出现强寒潮，部分嫩叶受害，抽叶变得更不整齐。越冬菌量中偏大，总指数0.0014~0.0079。用本区中期预测模式统计分析，实生树最终发病指数45.1~60.4，芽接树39.3~56.6，预计本区今年白粉病中度流行，最终发病指数40~60。

2.4　海南中北部

橡胶越冬落叶不彻底，落叶量81.3%~90.0%；抽芽早而不齐，2月上旬普遍抽芽。抽叶初期遇到强寒潮，部分嫩叶受害，抽叶更不整齐。越冬菌源中等，总指数0.00013~0.00257。用本区中期预测模式统计分析，实生树白粉病最终发病指数47.9~

58.2，芽接树 38.6~57.3。预计本区今年白粉病中度流行，最终发病指数 40~60。

3 防治建议

（1）今年海南各地的橡胶白粉病都将严重发生，必须引起有关部门和单位的重视，充分做好各种防治准备，加强病情监测预报工作，按照总发病率预测法预测，安排好林段喷药计划，到达防治指标，立即组织喷药。过去有些单位防治失败，主要的原因是第一次喷药过迟，病情大大超过防治指标。根据笔者的研究，第一次喷药的最适宜防治指标为古铜期混合叶的发病率 10%~15%，淡绿期 15%~20%，老化初期 20%~25%。第一次全面喷药的指标，无论何种物候期一般都不要超过发病率 30%。否则降低防效。

（2）根据今年海南各地橡胶白粉病越冬调查和收集的有关材料，应用防治决策电算模拟系统模型统计分析选择较佳防治方案，结果如下。

海南南部：实生树全面喷药 3~4 次，芽接树 2~3 次，第一次全面喷药在 1 月 23 日至 2 月 5 日。芽接树的喷粉剂量可减为每亩 0.4~0.5kg。

海南东部：实生树全面喷药 2~3 次，芽接树 1~2 次。第一次全面喷药的时间为 2 月上旬。芽接树的喷粉量同海南南部。

海南西部：实生树全面喷药 2~3 次，芽接树 1~2 次。第一次全面喷药的时间为 2 月中旬。芽接树的喷粉剂量同海南南部。

海南中北部：实生树全面喷药 2~3 次，芽接树 1~2 次，第一次全面喷药的时间为 2 月中旬，喷粉剂量同海南南部。

1998 年海南地区代表性农场橡胶白粉病越冬调查及病情预测

地区	农场	落叶量（%）	越冬菌量（总指数）	5%抽芽期	预测最终病情	
					实生树	芽接树
南部	南田	66.7~73.2	0.09654	1 月 10—18 日	51.5~68.2	48.6~50.3
	南茂	70.3~80.6	0.07473	1 月 16—23 日	48.8~61.6	40.4~45.9
东部	东兴	81.3~85.2	0.00817	1 月 19—25 日	44.3~61.6	38.4~47.9
	南林	78.7~85.0	0.0954	1 月 17—23 日	49.5~61.8	41.2~57.3、
西部	两院试验场	84.6~90.5	0.00865	1 月 27—2 月 10 日	45.1~58.6	39.3~48.2
	龙江	80.1~85.9	0.01562	1 月 25—2 月 5 日	48.6~60.4	41.5~56.6
中部	东红	81.3~89.6	0.00257	2 月 2—5 日	47.9~58.2	38.6~47.8
	加钗	85.9~90.0	0.00013	2 月 3—8 日	—	43.6~57.3

（1998 年 2 月 25 日）

农牧渔业部局发文件
——关于转发华南热作研究院植保所
"1988 年海南橡胶白粉病预报"的通知

(1988) 农(垦热)字第 45 号

广东省农垦总局、云南省农垦总局、广西壮族自治区农垦局、通什农垦局、海南农垦局、福建省农业厅农垦局：

橡胶树白粉病是危害橡胶生产的重要病害，橡胶垦区历年都不同程度的发生。为了提前做好病害的防治工作，避免或减少损失，华南热作研究院植保所对海南岛 1988 年白粉病的发生、流行趋势作了测报并提出了防治建议（见附件）。从海南的情况看，去冬以来由于气候温暖，橡胶落叶不彻底，抽叶早又不整齐，预测今年将是一个中度白粉病流行年，部分地区中度偏重，为此，请各橡胶垦区高度重视白粉病的防治工作，加强病情测报，充分做好防治准备，密切注意病害发展情况及时组织防治，保证胶树按时开割投产。

附件：华南热作研究院植保所（1988 年海南橡胶白粉病预报）

附件：

1988 年海南橡胶白粉病预报

根据本院橡胶白粉病中期预报模式和最近在海南地区橡胶白粉病越冬、橡胶落叶、抽叶的调查，对今年橡胶白粉病的发生预报如下：

1 病害总趋势

由于入冬以来，气候温暖，橡胶落叶不彻底，橡胶抽叶早且较不整齐，预计今年海南的橡胶白粉病发生，将是一个中度流行年。

2 具体预报

2.1 海南南部

崖县地区：预计中度流行。芽接树最终病情指数 30~40，实生树 45~55，个别迟抽叶林段，最终病情指数可在 60 以上，第一次全面施药时间为 2 月 9—18 日。

保亭地区：预计中偏重。芽接树最终病情指数 30~40，个别迟抽林段 50 以上，实生树最终病情指数 40~50。第一次全面施药时间为 2 月 12—20 日。

乐东地区：预计中偏重，芽接树最终病情指数 30~45，施药日期为 2 月 15—28 日。

2.2　海南东部

万宁地区：预计中度流行。芽接树最终病情指数 30~40，实生树最终病情指数 40~50，第一次全面施药时间为 2 月 21—27 日。

琼海地区：预计病情中偏轻，最终病情指数 20 左右。此地的病情受天气影响变化较大。如果 2 月中、下旬出现平均温 10~11℃ 的强寒潮，打乱橡胶抽叶物候，或持续出现 11~18℃ 的低温阴雨天气，则病害变重，最终病情指数可达 40 左右。

2.3　海南西部

儋县地区：预计病害中偏重。实生树最终病情指数 35~45，芽接树 20~40。第一次全面施药时间为 2 月 28 日至 3 月 7 日。如果在 2 月中旬至下旬出现平均温度 10~11℃ 的强寒潮，冻死部分嫩叶，则病情加重，实生树最终指数 50 以上，芽接树最终病情指数 40 以上，但如果 2 月下旬至 3 月中旬出现平均温度 26℃ 以上，最高温度 32℃ 以上的高温天气，则病情指数降低 10~20。

白沙地区：预计病情中度流行，实生树最终病情指数 40~53，芽接树最终病情指数 20~30，第一次全面施药时间为 2 月 27 日至 3 月 7 日。如出现特殊天气，则病情变化同儋县地区。

2.4　海南中部

琼中地区：预计病情中偏重，最终病情指数 30~40，第一次全面施药时间为 2 月 29 日至 3 月 7 日。

3　防治建议

（1）今年的橡胶白粉病将会发生中度流行，必须迅速做好一切防治准备。由于越冬菌源少，前期病情发展会较慢，但后期会很快，要克服麻痹思想。

（2）加强病情测报。密切注意病害发展，到达防治指标应立即施药。

（3）今年的白粉病防治，应着重抓好全面施药和后抽植株防治工作。

华南热带作物研究植保所

1988 年 2 月 12 日

百菌清防治橡胶炭疽病试验初报

余卓桐　刘秀娟　陈舜长　刘清芬

　　橡胶炭疽病是我国橡胶垦区近年发展起来的一种严重叶片病害。1970 年以来，曾在广东（湛江）、海南、广西（龙州、东兴、合浦）等地区发生流行，造成橡胶落叶、枝条枯死，严重影响橡胶树的生长和产胶。近来，此病发生的面积和严重程度都在不断的增加，成为生产上急需解决的问题。但是，目前国内外对本病的防治，尚无有效的方法，以致不得不应用高毒农药赛力散。因此，筛选高效低毒新农药，实是发展我国橡胶生产的一个迫切的要求。在国内兄弟农药生产和研究单位的大力支持下，1975 年以来，我院与广东垦区湖光农场、红三月农场、徐闻育种站等单位协作开展了百菌清防治橡胶炭疽的试验。取得了初步的结果。

1　试验材料

　　供药单位及农药：
　　广州化工所：75%百菌清。
　　云南化工所：75%百菌清。
　　苏州农药中心试验室：50%百菌清。
　　西安化工所：75%百菌清。
　　山东张店农药厂：50%代森锌。
　　山东张店农药厂：赛力散。
　　山东张店农药厂：16.5%日本进口溃疡净。

2　试验方法及结果

2.1　室内试验

　　为了配合大田试验，笔者进行了室内的测定。室内测定用孢子萌芽法、抑制圈测定法、离体叶片接种测定等方法，菌种是用培养 7 天的纯菌制成的孢子悬浮液和培养 7 天的菌丝块。孢子萌芽法用 1%洋菜涂片测定，每种农药浓度处理 4 个涂片。抑制圈法是用钢圈测定法，每个培养皿放 4 个钢圈，中线 2 个钢圈放对照农药，其余 2 个钢圈放待测农药，中间放菌块。在 28℃下培养 7 天后，量度抑制圈大小。每种农药处理 3 个培养皿。离体叶片接种测定法，是从田间采集橡胶嫩叶叶蓬，喷撒各种农药后用孢子悬浮液接种，保湿 3 天后检查各处理的发病率，各种农药浓度处理 2~3 蓬叶。上述各种测量，均以不施药作对照，以溃疡净和代森锌作对照农药，重复 2~6 次。结果见表 1、表2、表3。

表 1 百菌清对橡胶炭疽病的孢子抑制效果

处理农药	浓度（mg/kg）	重复次数	检查孢子数	发芽率（%）	抑制效果（%）
百菌清	0.6	4	1 600	67.0	33.0
	1.25	5	2 000	64.4	35.6
	2.5	5	2 000	58.1	41.9
	5	5	2 000	48.7	51.3
	10.0	5	2 000	32.2	67.8
	50	2	800	40.4	69.6
	62.5	2	800	1.75	98.25
	125	2	800	0.3	99.7
	250	2	800	0.3	99.4
	500	2	800	0	100.0
溃疡净	0.15	4	1 600	60.6	39.4
	0.3	4	1 600	27.5	72.5
	0.6	5	2 000	6.5	93.5
	1.20	6	2 400	2.3	97.7
	2.5	6	2 400	1.2	98.8
	5.0	6	2 400	1.5	98.5
	10.0	2	800	2.5	97.5
	62.5	2	800	3.3	96.7
	125	2	800	3.5	96.5
	250	2	800	2.1	97.9
	500	2	800	0	100
代森锌	2 500	2	800	41.9	58.1
对照	—	7	2 800	100	

结果表明：百菌清对橡胶炭疽病的孢子发芽有显著的抑制效果，其致死中量约为 5mg/kg，其抑制效果仅次于有机汞农药溃疡净，致死中量为 0.15～0.3mg/kg，而优于有机硫农药代森锌。

表 2 百菌清对橡胶炭疽菌菌丝生长的抑制效果

处理农药	浓度（mg/kg）	重复次数	抑制圈（cm）	与标准农药相比抑制效果（%）
百菌清	312.5	4	1.10	60.0
	625	4	1.10	56.2
	1 250	4	1.23	60.0
	2 500	4	1.22	58.3
	5 000	4	1.22	57.1

（续表）

处理农药	浓度（mg/kg）	重复次数	抑制圈（cm）	与标准农药相比抑制效果（%）
	312.5	4	1.84	100
	625	4	1.96	100
溃疡净	1 250	4	2.05	100
	2 500	4	2.09	100
	5 000	4	2.13	100
代森锌	5 000	4	1.42	66.6

表 2 结果表明，百菌清对炭疽病菌丝生长有一定的抑制效果，但不如溃疡净，接近代森锌。

表 3　百菌清对离体叶片接种侵染的防治效果

处理农药	浓度（mg/kg）	重复次数	处理叶片表	发病叶数	发病率（%）	防治效果（%）
对照	—	2	102	102	100	—
代森锌	10%	2	66	9	13.7	86.3
赛力散	10%	2	81	15	18.5	81.5
	5%	2	63	6	9.5	90.5
百菌清	7.5%	2	101	11	10.9	89.1
	10%	2	79	10	7.9	92.1

表 3 结果表明，百菌清对预防炭疽病的侵染有优异的效果，5%百菌清的预防效果比 10%赛力散和 10%代森锌稍好。

2.2　大田试验

1976 年大田试验在广东胶区中炭疽病历年重病的湖光农场进行。每个小区面积 15~20 亩，重复 3 次。农药的试验浓度，百菌清为 3.1%（按有效成分计算），代森锌 10%，赛力散为 10%，以不施药为对照。试验区于 3 月 18 日、3 月 28 日（橡胶嫩叶期）各喷一次药，喷药剂量 0.8kg/亩。4 月 10 日做防效观察，初步结果见表 4（试验仍在进行，年度结果有待最终鉴定）。

表 4　百菌清防治橡胶炭疽病的效果

处理农药	重复次数	喷药前发病率（%）	施药前指数	施药后病情发病率（%）	施药后指数	防治效果（%）	与赛力散相比防治效果（%）
百菌清	1	64	14.2	99	40.1	29.1	61.0
赛力散	1	82	28.4	100	47.5	47.4	100.0

（续表）

处理农药	重复次数	喷药前发病率（%）	施药前指数	施药后病情发病率（%）	施药后指数	防治效果（%）	与赛力散相比防治效果（%）
代森锌	1	73	17.4	98.5	38.1	43.3	90.8
对照	1	100	35.6	100	72.1	—	
百菌清	2	74	29.2	100	52.5	43.9	100.9
百菌清	2	37	12.4	99.5	38.4	37.5	86.2
赛力散	2	58	18.4	100	41.9	43.5	100.0
代森锌	2	75	22.8	99.5	61.6	6.7	15.4
对照	2	69	21.4	100	63.0	—	

表 4 结果表明：百菌清的平均防效为 36.8%，比赛力散的平均防效（46.2%）低，比代森锌平均防效（27.2%）高。

3 讨论

（1）百菌清对橡胶炭疽病有明显的预防效果，是一种有希望的高效低毒的有机汞代用农药。

（2）室内外试验结果表明，百菌清防治炭疽病是一种保护剂，它对抑制孢子发芽，预防离体叶片接种侵染有较好的效果，而对抑制菌丝的生长和在大田发病较重的情况下，施药效果较差。

（3）今年度橡胶炭疽病特大流行，加以喷药较迟，喷后遇雨冲洗，一般农药效果都不很理想，防效仅有 40%~50%。加上百菌清的大田试验浓度偏低，又是使用粉剂，因而大田防治效果不如赛力散，而比代森锌强，今后对其防治效果和作用机制仍需进一步深入研究。希望有关农药单位大力支持。

本文为化工部 1976 年百菌清研制鉴定会论文

橡胶主要品系对炭疽病抗病性鉴定研究

肖倩莼 余卓桐

[摘要] 1984—1989年橡胶树抗炭疽病特性鉴定研究结果表明：我国34个主要橡胶品系中，热研44-9、热研11-9、热研88-13、热研7-31-89、保亭933、南强1-97具有对炭疽病的抗病性；B143、南华1、PB86、热研10-14-38为高度感病品系；其余的参试品系，有17个为中度感病品系，7个为感病品系。

深入研究不同抗病等级品系炭疽病的侵染过程发现，抗病品系人工接种的潜育期较长，产孢较迟，产孢量较小，病害严重度也较小；而感病品系则潜育期很短，产孢早且产孢量大，病害严重度大。室内人工接种离体叶蓬的病害潜育期、病情指数与品系的抗病力高度相关，可以用于橡胶品系抗病力的早期鉴定。根据它们之间的回归关系，提出利用室内人工接种离体叶蓬鉴定品系抗病力的回归模式，经8年验证，准确率为90%。

[关键词] 橡胶树；炭疽病；抗病性

1 引言

橡胶炭疽病（*Coll etotrichum gloeosporioides* Penz.）是橡胶树的一种重要的叶片病害。近年来，无论国内或国外，由于推广一些高产但不抗病的品系，炭疽病对一些胶园的为害极为严重。1972年马来西亚中度发病胶园面积达48万亩，其中重病引起落叶的有6万亩。1975年在西爪哇，此病造成橡胶减产7%～45%。国内此病在某些植胶区发生也相当严重。1970年湛江地区胶园大面积流行此病，橡胶大量落叶，以后徐闻、海康、阳江及湛江市附近每年都程度不同地发生，有些年份甚至引起多次落叶，严重影响干胶产量。在海南，此病在一些地区如临高、琼中、琼山、琼海、文昌等地为害也比较严重。1985年和1989年，琼山、琼海县的橡胶农场因炭疽病严重发生，大面积胶树推迟到7—8月才开割，损失惨重。由此可见，炭疽病为害是橡胶生产中一个不可忽视的问题。

国外，由于推广热雾机，对橡胶炭疽病主要依靠化学防治，问题已得到部分解决。在国内，由于缺乏施药的机具，至今未能开展防治。根据华南热带作物科学研究院植保所历年的调查研究，不同橡胶品系在田间的感病性差异是很大的。因此，种植和利用抗病品系是防治此病的一个重要措施。

利用品系的抗病性，首先要对品系进行抗病性鉴定。马来西亚、印尼都曾在苗圃中作过鉴定。国内则只有少数人有过这方面的报道。

本研究一方面通过苗圃鉴定和大田调查，测定我国目前已经推广和将要推广的橡胶品系数对炭疽病的抗性，为利用品系抗病性防治橡胶炭疽病提供依据；另一方面利用室内方法测定炭疽病在不同抗性品系上的侵染过程，找出鉴定因子，为早期鉴别橡胶品系对炭疽病的抗性，提供方法和模式。本文报道 1984—1989 年的研究结果。

2 材料与方法

2.1 无性系苗圃抗病性测定和大田抗病性鉴定

选择国内已经推广和准备推广的品系共 34 个，芽接于苗圃中，按自然诱发法任其发病。每年在炭疽病流行季节调查 1~2 次病情，确定各品系的感病程度，以南华 1 号为感病对照品系，发病指数接近或超过此品系的品系，均作为感病品系。

每小区 20 株（1 行，一个品系），3 次重复，按随机区组设计。

苗圃按一般方法进行施肥管理。每年 10 月截干一次，使芽接干保持适当的高度，以便于观察。

病情观察：每个重复中的每个品系调查 10 株，每株查 10 片中间小叶，共查 100 片。计算发病率和发病指数。病害分级标准、发病率、发病指数计算方法按原农牧渔业部农垦局《橡胶植保规程》规定。

抗病类型分级标准：

高度抗病：平均病情指数在 5 以下，或最高病情指数<10 以下；

抗病：平均病情指数 5.1~20；或最高病情指数<25 以下；

中度感病：平均病情指数 20.1~30，或最高病情指数<35 以下；

感病：平均病情指数 30.1~40；或最高病情指数<50 以下；

高度感病：平均病情指数在≥40.1 以上，或最高病情指数>50。

大田品系抗病性鉴定，在炭疽病流行期到历年重病农场（湛江徐闻育种站、海鸥农场、勇士农场、湖光农场、南光农场等）做调查。上述农场缺少的某些品系，则在本院试验场补充。有些品系还参考了华南热带作物科学研究院植保所和湛江、海南农垦部门的历年调查材料。大田调查按《橡胶植保规程》所规定的方法进行。

此外，近年还对其他一些品系进行了大田调查。

2.2 早期鉴定方法研究

在苗圃中选在抗病性上有代表性的品系进行测定。每个品系取三蓬古铜叶，一蓬叶为 1 个重复（每蓬叶有叶片 25 片以上），共 3 个重复，以南华 1 号为感病对照品系。在室内经人工接种后保湿培养，定期观察各参试品系的病害潜育期、产孢始期、产孢量和发病指数，用电子计算机分析统计病害侵染过程主要环节与大田发病的相关回归关系，找出早期鉴定的因子，提出鉴定模式。

接种用的菌种，取自预先接种在感病品系南华 1 号叶片上所产生的新鲜孢子；接种后各品系分别放于保湿罩内保湿培养。

接种后第二天开始观察记录，共观察 5 天。每天观察 3 次（上午、下午、晚上各一次），观察项目有潜育期、产孢始期、产孢量、病害级别。从接种至产生水渍状暗绿色小点为止所经历的时间为潜育期，一般观察到 50%叶片感病为止。接种后开始产孢的时间为产孢始期，用放大镜观察有无粉红色孢子堆出现。产孢量的计算，从每个品系的 3 个重复中，用打孔器取 10 个直径 0.5cm 的病斑小圆片，放入烧杯中磨碎，加入 20mL

无菌水搅匀，用血球计计数，每个品系观察16个视野，取平均值为产孢量。病情观察和分级标准同苗圃抗病性鉴定方法。

3 试验结果

3.1 系比苗圃和大田抗病性鉴定

1984—1989年六次系比苗圃鉴定和3次大田调查结果见表1。从表1可见，我国巴西橡胶树主要品系多数是中等感病或感病品系，比较抗病和中抗的较少，尚未发现高度抗病的品系。其中，热研7-31-89、热研44-9、热研11-9、南强1-97和保亭933为抗病品系。

此外，根据最近3年的大田调查，Hevea Nitida（光亮橡胶）是高抗橡胶种，其发病指数只有3.5；色宝橡胶和多倍体橡胶PG1是抗病种，发病指数分别为12.6和14.0。

表1 主要橡胶品系抗病力鉴定

品系	苗圃鉴定			大田鉴定			抗病等级
	重复次数	平均病指	最高病指	重复次数	平均病指	最高病指	
热研44-9	4	14.1	25.0	3	18.0	24.5	抗病
保亭933	4	15.5	24.1	3	18.0	24.0	抗病
热研88-13	4	17.2	25.0	4	15.1	22.0	抗病
南强1-97	4	17.3	23.0	3	15.0	23.4	抗病
热研7-31-8	4	19.6	23.2	3	18.7	23.5	抗病
热研11-9	4	20.0	25.0	3	20.0	24.7	抗病
热研7-20-59	4	20.5	24.9	3	21.0	26.0	中感
热研7	4	20.5	27.7	3	27.0	29.3	中感
五星 I_3	4	21.1	32.4	3	21.0	28.0	中感
海垦2	4	22.0	23.0	3	26.0	29.5	中感
RRIC100	4	22.9	24.6	3	25.0	27.0	中感
文昌10-78	4	23.2	28.9	3	26.5	28.0	中感
RRIC52	4	23.9	32.5	3	24.0	28.0	中感
热研4	4	23.9	34.4	3	26.0	29.3	中感
GT1	4	24.0	33.3	6	22.0	27.3	中感
IAN873	4	25.0	33.0	3	25.0	30.0	中感
湛试93-114	4	25.0	31.3	3	28.0	31.5	中感
热研7-33-97	4	25.0	29.6	3	27.0	29.2	中感
保亭3406	4	25.3	30.7	3	28.0	32.0	中感
RRIM712	4	25.7	29.5	3	22.5	28.5	中感
海垦4	4	26.9	28.7	3	27.0	30.0	中感
八一38-3	4	27.6	35.5	3	29.9	35.0	中感

（续表）

品系	苗圃鉴定			大田鉴定			抗病等级
	重复次数	平均病指	最高病指	重复次数	平均病指	最高病指	
热研 14-20	4	28.0	32.8	3	30.0	35.0	中感
大岭 17-155	4	28.0	36.0	3	32.0	37.0	感病
湛试 8-67-3	4	28.0	35.8	3	35.0	40.5	感病
热研 6-18	4	28.1	34.4	3	32.0	37.5	感病
海垦 1	4	28.1	35.4	6	40.0	49.5	感病
RRIM6G0	4	30.0	35.0	6	35.0	39.0	感病
PR107	4	31.0	36.5	6	40.0	43.0	感病
文昌 193	4	31.3	41.2	3	32.0	40.0	感病
热研 I0-14-38	4	35.0	66.0	3	40.5	60.0	高感
B143	4	40.3	46.7	3	45.6	48.6	高感
PB86	4	40.5	48.0	6	44.0	84.8	高感
南华 1	4	43.4	56.0	6	66.0	74.6	高感

从表 1 还可以看出，苗圃鉴定与大田鉴定的结果基本上是一致的，两者的相关系数为 0.8832（$P>P_{0.01}$，极显著）。因此，利用苗圃自然诱发法可以较早地鉴定橡胶品系对炭疽病的抗病性。

3.2 抗病性室内鉴定方法研究

为了寻找快速鉴定品系抗病性的方法，于 1984—1988 年，以大田病情作对比，研究不同抗病等级的品系与病菌侵染过程各个环节的关系。

3.2.1 潜育期与品系抗病力的关系

病害潜育期测定结果（表2）的相关性统计分析表明，潜育期长短与品系田间病情呈高度负相关，相关系数 $r=-0.8562$（显著性测验 $P>P_{0.01}$，极显著）。可见，利用室内人工接种离体叶蓬测定待测品系，潜育期越长的抗病力越强（大田病情越轻），潜育期越短的抗病力越弱（大田病情越重）。因此，根据室内人工接种离体叶蓬的潜育期，可以鉴别品系在大田抗炭疽病的能力。

用潜育期作自变量，田间病情指数为因变量，用电子计算机统计，潜育期与田间病情的回归模式为：

$$y=55.5-0.57x_1$$

其中 x_1 为人工接种离体叶蓬的病害潜育期；y 为品系田间病情指数。

经回报，准确率达 95%，显著性测验达到极显著的水平（$F>F_{0.01}$）。

3.2.2 产孢速度与品系抗病性关系

产孢速度的测定结果见表3。经统计分析，人工接种离体叶蓬的产孢速度与品系在田间抗病性呈中等负相关，相关系数 $r=-0.5493$（$P>P_{0.01}$，极显著）。说明人工接种离体叶蓬后产孢较早的品系，将来田间病情表现较重；产孢较迟的品系，将来田间病情表现较轻。但其相关关系不如潜育期大，故其鉴定的可靠性较潜育期低，可作为参考数据。

表2 病害潜育期与品系抗病力关系

品系	潜育期（h）	大田发病指数
热研44-9	81	18.0
热研88-13	75	15.0
五星 I_3	60	21.0
GT1	59	22.0
RRIC102	56	23.5
RRIM712	54	22.5
IAN873	52	25.0
PB5/51	50	24.0
RRIC52	49	24.0
RRIC100	48	25.0
热研4	44	26.0
文昌10-78	43	26.5
保亭3406	43	28.0
八一36-3	43	29.9
湛试93-114	42	28.0
RRIM600	41	35.0
文昌193	39	32.0
热研6-18	35	32.0
热研14-20	34	30.0
大岭17-155	34	32.0
湛试8-67-3	33	35.0
PR107	33	40.0
热研10-14-38	31	40.5
海垦1	25	40.0
南华1	23	60.0

表3 产孢速度与品系抗病力的关系

品系	产孢始期（h）	大田发病指数
热研88-13	87	15.0
热研44-9	86	18.0
五星 I_3	84	21.0
IAN873	84	25.0

（续表）

品系	产孢始期（h）	大田发病指数
GT1	80	22.0
RRIC102	80	23.5
热研 6-18	79	32.0
PR107	68	40.0
RRIM712	63	22.5
PB5/51	61	24.0
RRIC52	59	24.0
湛试 93-114	58	28.0
PRIC100	57	25.0
热研 4	57	26.0
大岭 17-155	57	32.0
RRIM600	54	35.0
热研 14-20	54	30.0
八一 36-3	53	29.9
保亭 3406	53	28.0
文昌 10-78	52	26.5
文昌 193	50	32.0
湛试 8-87-3	50	35.0
海垦 1	49	40.0
热研 10-14-33	44	40.5
南华 1	37	60.0

每品系重复测定 4 次。表 3，表 4，表 5 同。

3.2.3 产孢量与品系抗病力的关系

产孢量的统计结果见表 4。经统计分析，人工接种离体叶蓬的产孢量与品系在田间的病情呈中度相关，其相关系数为 $r = 0.5746$（$P > P_{0.01}$，极显著）。利用产孢量鉴定品系抗病力，也只能作为参考数值。

3.2.4 室内离体接种病情与田间病情关系

室内人工接种离体叶蓬病情测定结果见表 5。用电子计算机统计室内人工接种离体叶蓬病情与田间病情之间的关系可以看出，它们之间存在高度相关，相关系数 $r = 0.9061$（$P > P_{0.01}$，极显著）。说明根据室内人工接种法测定的病情，可以鉴定品系将来在大田中对炭疽病的抗病力。

室内接种病情与大田病情的回归模式为

$$y = 10.9 + 0.58x_2$$

其中，x_2 为室内接种病情指数；y 为品系田间病情指数。

经回报此模式准确率为 95%，显著性测验达极显著（$F>F_{0.01}$）。

表 4　产孢量与品系抗病力关系

品系	产孢量 （万个/mL）	大田发病指数
五星 I_3	12.0	21.0
GT1	16.6	22.0
PR107	20.3	40.0
IAN873	20.6	25.0
保亭 3406	20.9	28.0
RRIM600	22.8	35.0
RRIC102	26.6	23.5
RRIC52	31.9	24.0
热研 6-18	35.0	32.0
RRIM712	35.7	22.5
文昌 10-78	40.7	26.5
文昌 193	41.3	32.0
热研 44-9	41.3	18.0
PB5/51	43.8	24.0
热研 88-13	47.5	15.0
热研 4	50.8	26.0
热研 10-14-38	53.2	40.0
RRIC100	54.4	25.0
八一 36-3	70.0	29.9
湛试 8-67-3	105.0	35.0
湛试 93-114	169.4	28.0
热研 14-20	180.6	30.0
大岭 17-155	183.8	32.0
海垦 1	211.2	40.0
南华 1	258.8	60.0

表 5　室内接种病情与大田自然病情比较

品系	室内发病指数	大田发病指数
热研 88-13	12.7	15.0
RRIM712	14.0	22.5
热研 44-9	14.6	18.0
五星 I_3	19.6	21.0

（续表）

品系	室内发病指数	大田发病指数
GT1	21.4	22.0
RRIC52	22.2	24.0
PB5/51	22.8	24.0
湛试 93-114	22.9	28.0
文昌 10-78	23.3	26.5
IAN873	23.5	25.0
RRIC102	26.4	23.5
RRIC100	27.9	25.0
大岭 17-155	28.9	32.0
八一 36-3	29.3	29.9
热研 14-20	34.6	33.0
湛试 8-67-3	35.9	35.0
文昌 193	36.5	32.0
海垦 1	42.8	40.0
保亭 3406	43.3	28.0
热研 4	45.4	26.0
热研 10-14-38	45.7	40.5
RRIM600	45.9	35.0
PR107	56.3	40.0
南华 1	74.9	60.0

上述试验结果表明，离体人工接种的潜育期、发病指数与品系田间抗病力高度相关，可以作为品系抗病力早期鉴定因子。应用二元回归法统计，建立品系田间抗病力早期鉴定模式如下：

$$y = 24.88 - 0.206x_1 + 0.426x_2$$

其中，y 为品系田间发病指数；x_1 为人工接种潜育期（h）；x_2 为人工接种发病指数。

应用上述模式，经 1985—1998 年的验证，准确率达 90%，显著性测验达极显著水平（$F > F_{0.01}$）。

4 结论和讨论

（1）经过 1984—1989 年 6 年抗病性鉴定研究，基本摸清了我国橡胶主要品系抗炭疽病的特性。这些品系，中度感病和感病的占 70% 左右，只有少数品系高度感病。热研 7-31-89、热研 11-9、热研 44-9、热研 88-13、保亭 933、南强 1-97 为抗病品系，这 6 个品系，除南强 1-97 外，其抗性尚无人作过报道。这些品系的选出，为生产上利用品系抗病性防治炭疽病提供了可能。在病重区，如湛江地区的徐闻、海康、阳江，海南省的琼山、琼中、临高、文昌等地，推广上述抗病品系，可以减轻因炭疽病造成的损失。

从大田调查和室内接种试验都可以看出，我国主要橡胶品系对炭疽病的抗性属于水平抗病性，尚未发现垂直抗病。水平抗病性易受环境条件影响，使病情有所波动。因此，上述各品系的抗病性类属，有时会有变化。这也可解释国内外学者在炭疽病抗病性研究上的各种有矛盾报道产生的原因。

（2）橡胶炭疽病抗病性早期鉴定方法研究结果表明，室内人工接种离体叶蓬的潜育期和病害严重度与品系田间抗病力高度相关，可以用来在早期鉴定品系的抗病力。这种方法简单易行、准确快捷，能大大缩短常规鉴定品系的时间，是橡胶育种早期鉴定抗病性的一种新方法。

（3）本研究只测定 34 个主要品系。国内外种质资源极为丰富，橡胶栽培品种不断增加。因此，橡胶品系对炭疽病抗性的鉴定，必须持久地进行下去。

参考文献（略）

原载于 *热带作物学报*，1990，Vol. 11 No. 1：107-113

橡胶炭疽病防治技术措施*

余卓桐执笔（1977 年）

近年，橡胶炭疽病的发生面积和为害程度都在不断增长。认真做好炭疽病的防治，确保第一蓬叶，是夺取橡胶高产稳产，完成和超额完成干胶任务的重要环节。

橡胶炭疽病的流行，主要受冬春的温湿度条件所制约。在橡胶受到寒害的地区或年份，嫩叶期碰上多雨高湿的天气，本病容易发生流行。品系的抗性和林段的土质、施肥水平与病情轻重有一定的关系。炭疽病流行期的病情升降，主要受降雨湿度条件所影响。在多雨高湿的条件下，病害可在短期内暴发流行，造成落叶。因此，炭疽病的防治，必须贯彻"预防为主、综合防治"的方针，实行农业防治和化学防治相结合的方法，重点保护历年重病和易感病品系的地区和林段。

1 农业防治措施

农业防治，主要是搞好水肥管理和注意品种的合理布局。对历年重病的林段和易感病品系如 PB86、联昌 6-21、天任 31-45、南华 1 号，应在橡胶越冬落叶后至抽芽初期，施用速效氮钾肥。每株施硫酸铵 0.5kg，硫酸钾（或氯化钾）0.5kg，促进橡胶抽叶迅速齐整，提高抗病能力，减少病菌侵染机会。在病害流行期末，施用速效氮钾肥，促进病株迅速恢复生势，挽回病害损失。对幼苗和幼龄胶树，亦应加强水肥管理，增施肥料，排除积水，如发现炭疽病，可切除病部，切口用波尔多浆保护，或喷 1% 波尔多液预防。在流行频率较高的地区如两阳、徐海地区应避免连片种植高度感病的品系，推广较抗病的品系。

2 化学防治措施

化学防治以早期和局部防治为主，一般可分 3 个阶段进行：

（1）早期防治：历年重病区和易感病品系（同上述）的林段，在 30% 植株抽叶前，应对其早抽植株进行 1~2 次普查，发现病株（区），要做出标记，及时喷药防治。或林段的发病率达到 5%~10% 时，对所有嫩叶植株进行局部防治。

（2）流行期防治：试用测报指导防治，各割胶连队要根据品系配置、物候迟早、立地环境、坡向等选择 3~5 个测报点，从 20% 抽叶起做病情、物候观察，每 3~5 天调查一次，并随时掌握气象预报材料，到达下述指标，即应对历年重病林段和易感病品系进行全面喷药防治：30% 抽叶开始，根据气象预报有连续阴雨天气，相对湿度 90% 左右，需要在低温阴雨天来临前喷药防治。喷药后第三天开始，根据气象预报，未来 10

---

* 本文是广东省农垦局委托植保所撰写作为生产上推广应用的文件

天内又出现上述天气条件，并预计 3~5 天内橡胶物候仍为嫩叶期，则应在第一次喷药后 7~10 天喷第二次药。其余类推，未到指标，可暂时不喷。

一般林段，达到上述指标，近期调查又发现有急性型扩展斑出现，亦应进行全面防治。

全面喷药的剂量，视叶量的多寡和病情轻重而定。粉剂一般可用 1~1.5kg/亩（稀释后的农药），水剂每亩 50~100kg。

（3）后抽植株防治：70%植株老化后，根据天气和病情，对迟抽植株做局部或单株防治。

施药的方法：一般用喷粉，如条件具备（地势平坦、水源较足，有喷雾机具）可采用喷雾和弥雾。喷粉要掌握条件、静风、叶片潮湿时喷用最为有利。施药后二天内遇雨应补喷。

防治农药：1:9 代森锌滑石粉粉剂，0.3%代森锌水剂，1:19 硫酸铜石灰粉剂，1%波尔多液，3.1%（按有效成分计算）百菌清。

如库存有赛力散和福美砷，按 1:9 以滑石粉稀释亦可使用。但要做好劳动保护和防止环境污染。保障人畜安全。

其他农药，如氯氧化铜、退菌特、福美锌、百菌清、多菌灵等农药。如有药源，亦可试用。

本文为广东省农垦 1997 年植保会议文件

橡胶炭疽病预测预报方案[*]

余卓桐执笔（1977 年）

橡胶炭疽病是我国橡胶生产新出现的一种严重叶片病害。由于其病害为害程度和发生面积日增，已成为生产上迫切需要解决的问题。

目前炭疽病的防治，仍以化学防治为主。多年实践经验证明：只有用准确的预测预报指导化学防治，才能达到经济有效地控制病害的目的。几年来，我国垦区开展了规模较大的测报防治运动，取得了可喜的成绩，为认识炭疽病的发生发展规律，制订预测预报方案，经济有效地防治奠定了基础，但是，对其发生发展规律，仍未有清楚的认识，尚未提出预测预报方案，为此，必须根据几年的测报防治实践，制订初步的测报方案，一方面指导当前生产防治，另一方面通过多年的测报实践，逐步形成较为完善的测报方案。

1 流行规律

炭疽病的流行过程，大致分为 4 个阶段，越冬阶段，始发阶段，普发阶段，消退阶段。炭疽菌的越冬，主要在寒害枝上，病叶、病果也能带菌越冬，越冬菌量的大小，主要决定于枝条受寒害的程度。如果越冬菌量较大，嫩叶期阴雨天多，病害的发生一开始就较普遍。普发期的病情升降，主要受湿度条件所影响。嫩叶期间有 2 天以上阴雨天，雨量在 3mm 以上，相对湿度 90% 左右，温度在 21℃ 以下，一个星期后病情即迅速上升。若持续 3~4 天高温晴朗干燥天气，病情即会迅速下降，因此，病害的发展一般不是平稳的上升，而是多次的升降，形成一个以上的高峰。

炭疽病流行年的诱因，包括嫩叶期特别是古铜期高湿多雨，倒春寒寒潮频繁，橡胶越冬期遭受寒害，越冬菌量大，古铜期长，常风大等因素。

炭疽病的发生，在地区间、农场间，甚至同一个农场内的不同地段都有着很大的差异，这种差异，主要是品系的抗病性，嫩叶期所遇到的天气情况，立地环境、土地肥力，施肥管理的水平等因素所影响。

2 测报指标

目前尚不能提出准确可靠的指标，下面提出一种参考指标，供各地试验证验。

2.1 易发区易感病品系中期预报指标

（1）橡胶开始抽叶头 20 天，低温阴雨天多，雨日 4 天以上，雨量 20mm 以上，平均相对湿度 90% 左右，平均温度 21℃ 以下，最大风力大过 7m/s。

---

[*] 本文是广东省农垦局委托植保所撰写作为生产上推广应用的文件

（2）越冬期橡胶遭受寒害，枯枝多，越冬菌量较大。

达到上述指标①即可预报病害流行。若配合指标②则病害严重流行。中期预报可在抽叶始期或在抽芽初期进行，根据气象预报和当年越冬期的寒害情况，估计病害流行趋势。

2.2　易发区易感病品系短期预报指标

橡胶抽叶 20% 左右时，据气象预报，10 天内若有连续 4 天以上的低温阴雨高温（RH390%）天气，需要在低温阴雨天来临前喷药防治。喷药后第 3 天开始，据气象预报，未来 10 天内又出现上述天气条件，并预计 4~6 天内橡胶物候仍为嫩叶期，则应在第一次喷药后 7~10 天喷第二次药。其余类推。

3　测报站的建立

炭疽病的预测预报站由中心测报站，各场系统观察点和生产队的一般观察点所组成。

3.1　中心测报站

（1）中心测报站的任务，积累本地区炭疽病病情气候、物候资料，及时发出中短期预测预报，提出防治建议，指导本地区各农场的防治工作。

（2）中心测报站的设置，总局共设立 12 个中心测报站，设在徐闻育种站、湖光农场、和平农场、红五月农场、文昌育种站、南俸育种站、新中农场、保亭育种站、乐中农场、大丰育种站、西培农场、红华农场。

每个中心测报站，根据本地区的品系配置，历年发病情况，立地环境，选择 3~5 个代表性林段作为中心观察点，中心观察点不加防治。

（3）观察方法

①物候观察：采用隔行（或隔数行）连株或梅花点（分东、南、西、北、中 5 个点，每点 20 株）固定编号正常树 100 株，从 1 月 5 日开始，每 5 天观察一次落叶和抽叶物候情况，落叶量观察至 5% 抽芽为止；抽叶物候观察则至 90% 以上叶片老化时为止，计算落叶量、各类物候的比例和抽叶率。

落叶分级标准（叶片枯黄算落叶）

0 级：老叶未落；

1 级：老叶脱落 1/4；

2 级：老叶脱落 1/2；

3 级：老叶脱落 3/4；

4 级：老叶全落。

抽叶分级标准

未抽；

萌动：枝芽萌发绿点至芽端张开前；

抽芽：芽长 1cm 至小叶张开前；

古铜：小叶张开呈古铜色；

淡绿：叶片变色至淡绿软垂；

老化：叶片开始挺伸硬化、有光泽。

$$落叶量（\%）=\frac{（各级落叶株数\times该级级值）之和}{调查株数\times4}\times100$$

$$抽叶率（\%）=\frac{古铜株数+淡绿株数+老化株数}{调查株数}\times100$$

②越冬病原观察：在橡胶抽芽 5% 时，每个中心观察点随机采集枯枝或半枯枝 30~50 条，将其保湿 2~3 天，以看到粉红色孢子堆或镜检到炭疽病孢子为准，计算带菌率并据枯枝上的孢子堆数量，区分为极多、中、少等几级，表示带菌量，同时采集未落老叶 20~40 蓬，每株两蓬，每蓬取中间小叶 5 片，按叶片分级标准计算带病率和指数，在橡胶全部抽叶后，调查一次枯枝量（枯枝量的分级可参考落叶的分级方法）。

$$枯枝总带菌率（\%）=（枯枝量\times带菌率）\times100$$

$$老叶带菌量=\frac{存叶量（\%）\times老叶发病指数}{100}$$

③初发期病情调查：橡胶抽叶 5%~20% 期间做 1~2 次调查，每个观察点随机取 20 株，每株两蓬，观察全部叶片，单株登记病情，统计出病株率和全林段的发病率，发病指数。

④普发期病情调查：抽叶 20% 开始，每 3 天一次，直至胶树 90% 叶片老化为止，尽可能在固定的物候样株上按物候比例采样。每株两蓬，每蓬 5 片中间小叶。50% 抽叶前采叶 20 株，200 片，50% 抽叶后采叶 40 株，400 片，分别叶龄，分病级计算各种叶龄的发病率、发病指数，及总病率、总指数，并按下述病斑分类标准，计算各类病斑的比率，注意区分风寒害与病害所引起的症状。

炭疽病叶片分级标准：

0 级：无病；

1 级：少量病斑分布在叶身上，病斑面积占叶面积 1/16，叶形正常；

2 级：较多病斑分布在叶身上，病斑面积占叶面积 1/8，叶形正常；

3 级：病斑面积占叶面积 1/4，或病斑在主脉上，叶片中度皱缩；

4 级：病斑面积占叶面积 1/2，或病斑在叶片主脉基部，叶片严重皱缩；

5 级：病斑面积占叶面积 3/4 以上或落叶。

$$发病率（\%）=\frac{有病叶片数}{调查叶片数}\times100$$

$$发病指数=\frac{\sum（各级叶片数\times该级级值）}{调查叶片数\times5}\times100$$

$$总发病率（\%）=（老嫩叶混合发病率\times抽叶率）\times100$$

$$总指数=老嫩叶混合发病指数\times抽叶率$$

病斑分类标准：

急性扩展型病斑：水渍状、暗绿色、边界不明显。

慢性型病斑：病斑较大，圆形或不规则形，边界明显，边缘深褐色，中间淡褐或灰褐色。

斑点型病斑：有时表现为小红点，在老叶多为圆锥形突起小圆斑。

⑤最终病情调查：叶片95%老化后，对固定的物候观察样株，做一次整株病情分级调查，以比较不同年度、不同地区、不同林段的发病强度，并可与防治区比较，计算防治效果。

整株病情分级标准：

0级：无病；

1级：少数叶片有少量病斑；

2级：多数叶片有少量病斑；

3级：多数叶片有较多病斑或落叶1/10；

4级：叶片严重皱缩或落叶1/3；

5级：落叶1/2以上。

⑥第二、三蓬叶病情、物候调查：

在第二、三蓬叶抽出时，每五天观察一次病情，物候情况，采样、分级、计算方法同上。

⑦小气候观察：各中心测报站，炭疽病严重的农场均应在一个代表性的林段内设立小气候观察点，以分析病害流行条件。观察项目包括最高温度、最低温度、平均温度、相对湿度、雨量、日照、风力、雾露等，观察方法同一般气象观察方法。

3.2　各场系统观察点

各割胶农场，要按照炭疽病历年的病情、地势、品系配置情况建立3~5个系统观察点，其中一个中病林段不防治，以积累本场炭疽病的病情，物候资料，指导本场的防治。观察的内容、方法同中心观察点。

3.3　生产队一般观察点

每个割胶连队，在白粉病的代表性观察点内，在观察白粉病的同时，观察炭疽病，以指导本队的防治工作。

4　汇报制度

中心测报站每周应将各期病情、物候及小气候资料向总局、各地区局及热作研究院报一次，流行期结束时，将所有观察结果全面报一次。各场系统观察点只在流行结束时，将各期物候、病情、气象材料向上述单位报一次。

5　记录表

参看《植保手册》132-139页。

本文为广东省农垦1977年植保会议文件

橡胶树白根病病原菌的鉴定

张运强　余卓桐　周世强　蔡炳堂　张辉强

[摘要] 大田橡胶树白根病病原菌的子实体檐生，无柄，大小为（8.2~8.6）cm×（5.3~5.3）cm，具担子、担孢子；菌肉白色，管孔橙黄色；培养菌丝宽度2.64~4.29μm。根据病原菌的形态特征，以及室内橡胶小苗、盆栽大苗接种和子实体培养的结果，确定海南东太农场发生的橡胶白根病与国外报道的是相同的。

[关键词] 橡胶树；白根病；病原菌；鉴定

橡胶树白根病是世界性橡胶树严重病害，曾在东南亚胶园造成过重大的损失。邓淑群和Lloyd曾报道我国有 *Fomes lignosus* 病原菌，但尚未见有关该病为害我国橡胶树的报道。1983年11月，东太农场和海南农垦局的技术人员在东太农场红河作业区两个橡胶林段中发现类似国外报道的橡胶白根病。病树基部经盖草保湿后，产生大量的子实体。这种"白根病"是否为国外报道的橡胶树白根病，根据农业部的要求，笔者对这种病害的病原菌做了鉴定。

1　材料与方法

1.1　病原菌的观察

从东太农场大田采集发病橡胶树上新鲜的子实体进行解剖，在显微镜下观察和测量担子、担孢子、管孔、菌丝。每种病原组织样本测量30个以上。将测量的结果与参考文献描述的橡胶树白根病病原菌的形态进行比较。

1.2　病原菌的侵染性及致病力的测定

1.2.1　室内接种测定

将从大田病根上分离的病菌，接种在置于500mL三角瓶内经高压灭菌的橡胶枝条木块上，培养20~30天，然后取2~3个月龄的橡胶小苗（直经为0.5~0.8cm）洗净，再插入装有培养木块的三角瓶中，加少许无菌水培养，观察小苗被侵染和被杀死的时间和日数。以插入装有棉花加少许水的三角瓶中的小苗为对照。

1.2.2　盆栽接种测定

把大田约2年生的橡胶大苗（直径2~3cm）挖回实验室，用水冲洗干净根部，并用酒精冲洗接种根，再用清水冲洗，然后把接种根插入装有以白根病接种培养20~30天的橡胶枝条木块的三角瓶中，最后把橡胶苗木连同接种的三角瓶一起埋入直径45cm的瓦盆中。以后每2天淋水一次，观察橡胶大苗被侵染和杀死的时间及数目。以插入装有棉花和清水的三角瓶中的同龄带根苗为对照。

1.3　室内子实体的培养观察

把大田感染白根病菌而死亡的树桩连根拔起，种在高 70cm，直径 50cm 的铁桶内保温培养。培养工作在分离室内进行，以避免担孢子向外传播。观察担子的形成、成熟、产孢的时间及观察室内形成的担子的形态、产孢条件；担子形成后 5 天观察一次，并在下面挂载玻片和把载玻片放在子实体下面，用手指弹打采集担孢子。

2　结果与分析

2.1　病原菌的形态

2.1.1　子实体

（1）外形檐生、无柄，单生或复生，革质，长径 8.2～8.6cm，短径 5.1～5.3cm，上表面橙黄色或黄褐色，具轮纹，并有放射性沟纹，有黄白色边缘，下表面橙黄色（图 1）。

（2）横切面，上层菌肉白色，厚 2～3mm；下层管孔橙色，厚 1～2mm（图 1）。

（3）担子，棒状，无色，大小平均 4.04μm×17.66μm（3.96～6.27μm×9.9～23.1μm）。

（4）担孢子，无色，圆形或椭圆形，顶端较尖，有一油点，担孢子大小平均 4.66μm×5.15μm（3.3×7.26μm）（图 2）。

（5）管孔，圆形，直径平均 79μm（53.12～91.3μm），每毫米 6～8 个（图 3）。

（6）菌丝，无色透明，平均宽 4.12μm（3.3～5.16μm）（图 4）。

图 1　大田病树基部的子实体
右下角为子实体的横切面

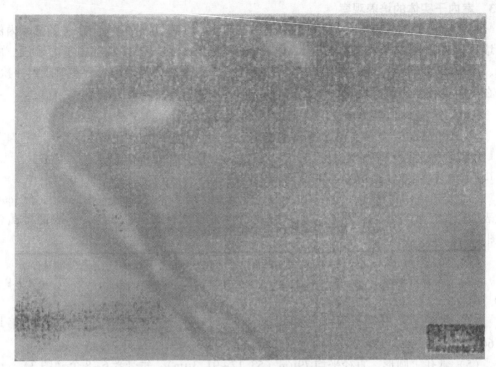

图 2　大田子实体的担子及担孢子

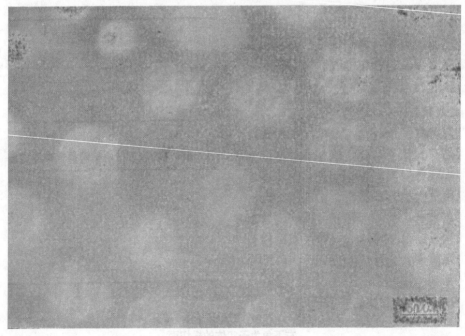

图 3　大田子实体的管孔

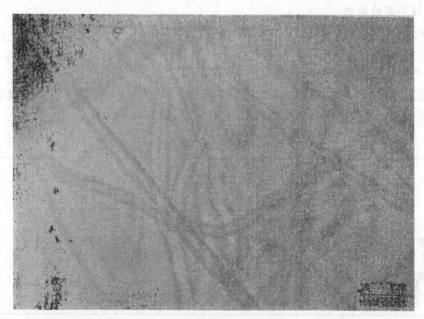

图4　大田病原菌的天然菌丝

2.1.2　菌索

病根上生长有网状菌索，菌索先端扁平，白色，后端呈圆形，黄褐色。菌索直径0.6cm，组成菌索的菌丝平均宽2.31μm（1.98~3.96μm）（图5）。

图5　大田病原菌菌索
上为菌索的前端，中、下为菌索的后端

2.1.3　培养菌的菌丝

组织分离培养的菌丝白色，在培养基上生长的具轮纹，特别是先端更明显，菌丝宽度平均 3.05μm（2.64~4.29μm）。

2.1.4　与国外橡胶树白根病病原菌形态的对比

东太农场橡胶白根病病原菌的形态与 Bose 等描述的对比情况见表1。从表1中可以看出，东太农场橡胶白根病病原菌的形态与国外报道的基本一致。

表1　国内外橡胶树白根病病原菌形态的比较

子实体外形大小（cm）	子实体横切面			担子大小（μm）	担孢子大小（μm）	子实层管孔		培养菌丝宽（μm）
	菌网厚	管孔层厚（mm）	颜色			大小（μm）	密度（个/mm）	
东大农场橡胶白根病 8.2~8.6×5.1~5.3	2.0~3.5	1~2	菌肉白色，管孔橙黄色	3.96~6.27×9.90~23.10	4.66×5.15（3.37×7.26）	Ø53.12~91.32	6~8	2.64~4.29
国外橡胶白根病 *Rigidoporus lignosus* 3.08~12.70×2.54~7.62	0.5~3.5	1~2.5	菌肉白色，管孔橙黄色	7.3~11.6×12.4~20.4	3.6×4.6（2.8×8.0）	Ø45~80	7~9	2.9~7.3

2.2　病原菌的侵染性和致病力

2.2.1　室内接种测定

两批小苗室内接种测定结果，接种株全部死亡（表2），病株根部有典型的病征（图6）。

图6　白根病菌室内小苗接种试验

左边为正常树根，右边为感树根；左边瓶苗为正常苗，右边瓶苗为感病苗。

2.2.2　盆栽接种测定

　　两批大苗盆栽接种测定结果，接种株死亡率均很高（表3）。染病植株地上部分枯死，根部出现典型的白根病病征（图7）。病原菌室内小苗和盆栽大苗的接种测定结果表明，在东太农场发现的橡胶白根病病原菌的侵染性和毒性很强，这与国外报道的橡胶白根病病原菌 *Rigidoporus lignosus* 也是一致的。

表2　室内白根病菌接种测定结果

时间	处理	株数	死亡株数	死亡率（%）
1984 年 11 月 19 日—	接种	25	25	100
1985 年 2 月 28 日	CK	10	0	0
1985 年 7 月 10 日—	接种	24	24	100
1985 年 10 月 12 日	CK	12	0	0

表3　盆栽大苗白根病菌接种测定结果

时间	处理	株数	死亡株数	死亡率（%）
1984 年 11 月 1 日—1985 年 5 月 24 日	接种	22	20	90.91
	CK	10	0	0
1985 年 8 月 2 日—1986 年 2 月 10 日	接种	25	21	84
	CK	12	0	0

图7　白根病菌盆栽接种试验
左边盆栽苗为正常苗，中间为盆栽感病苗，右边为大苗根部病征。

2.3 室内白根病子实体的培养和观察

1984 年 9 月从东太农场挖回有白根病的树桩并放在分离室内保湿培养，1985 年 4 月开始产生子实体，7 月子实体基本成熟。室内培养的子实体檐生、无柄、单生或复生，上表面橙黄色，具轮纹，并有放射性沟纹，边缘黄白色，下表面橙色。这与大田产生的子实体基本一致（图 8）。但室内培养的子实体较小，其大小为 4.14～4.92cm×5.20～6.20cm（3.9～8.9cm）。菌肉和管孔层均比大田子实体的薄，子实体厚度为 1.2～2.9mm。室内培养的子实体产生的担孢子极少，几乎很难找到。

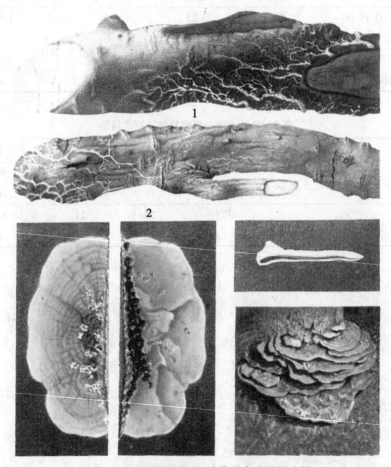

图 8　大田病树桩在室内培养后产生的子实体

3 结论与讨论

（1）根据病原菌形态的观察结果，可以看出，东太农场橡胶树白根病病原菌在分类特征上与 Bose 等报道 *Rigidoporus lignosus*（Klotzsch）Imazski 是一致的；经室内小苗接种和盆栽大苗接种，该病原菌的侵染性和致病力都很强，这与国外报道的 *Rigidoporus ligrosus* 的侵染性和致病力也是一致的。因此认为，东太农场橡胶树白根病的病病原菌与国外报道 *Rigidoporus lignosus*（Klotzsch）Imazski 是相同的，它们所引起的橡胶树白根病也是相同的。

（2）室内培养的子实体与大田的子实体在形态上基本一致，但是室内培养的很少产生担孢子，这可能是营养条件不同所造成的。其产孢条件有待进一步研究。

致谢 东太农场对研究工作给以大力支持，特此致谢。

参考文献（略）

原载于*热带作物学报*，1992，Vol. 13 No. 2：63~70

报 "关于海南东太农场橡胶白根病病原菌鉴定结果的报告"

农牧渔业部农垦局：

　　根据广东省农垦总局东太农场橡胶树白根病处理小组关于"东太农场白根病诊断处理意见的报告"，要求我院对白根病菌进行分类鉴定，作出准确的鉴定意见，笔者 8 月 1—4 日到东太农场对病原菌做了初步鉴定，并采集了该病原菌的子实体、病根等试验材料在实验室做了较深入的鉴定。鉴定结果表明，海南东太农场最近发生的橡胶白根病，确是东南亚传播很广、危害很大的白根病。

　　鉴于此病传播快，为害严重，应迅速采取检疫、封锁和防治措施，控制和消灭病区，否则对我国橡胶生产将会带来严重的影响。详见附件一、附件二。

　　以上意见当否，望指示。

华南热带作物科学研究院

一九八四年八月十一日

附件一

白根病病原菌鉴定结果

根据广东省农垦总局东太农场橡胶树白根病处理小组"关于东太农场橡胶树白根病诊断处理意见的报告"要求，我院植保所余卓桐、张运强、蔡炳堂等同志于 8 月 1—4 日到东太农场对此种橡胶树病害的病原菌做了深入的鉴定。现将鉴定结果报告如下。

1 当前的发病情况

本病自 1983 年 11 月 15 日在东太农场发现以来，病区在发展。林段内林间传染的现象明显易见，除了"处理小组"报告的病区以外，最近，东太农场陈晓同志又在红河六队朱兰英林段发现一个新的病区。此病区 12 株死亡，9 株感病，病害明显地沿着环山进行传播。

东太农场的普查工作正在开展，估计仍可能发现新的病区。

2 病原菌形态

2.1 子实体

（1）外形：檐状、无柄，单生或复生。革质，长径 8.2~8.6cm，短径 5.1~5.3cm。上表面橙黄色至黄褐色，具轮纹，并有放射状沟纹，边缘黄白色，下表面橙色。

（2）横断面：上层菌肉白色，2~3.5mm，下层管孔层橙色，1~2mm。

（3）担子：棒状、无色，大小 17.66μm×4.04μm。

（4）担孢子：圆形、薄壁，近球形，顶端较尖。有一油点，大小 5.15μm×4.66μm。

（5）管孔：直径 79μm，每平方毫米 28 个、圆形。

（6）菌丝：无色透明，宽 4.21μm。

2.2 菌索

病根上长有网状的菌索。菌索先端扁平，后面圆形，粗者达 0.4cm，白色或带黄色或红色。菌索的菌丝宽度 2.81μm。

2.3 培养菌丝

经分离、培养的纯系菌丝白色，培养皿上的菌丝生长略具纹状，先端纹轮更明显，菌丝宽度 3.05μm。

3 分类鉴定

根据国外对橡胶树白根病病原菌的标准描述，对比国内新发生的根病病原菌的形态，在一些基本分类特征上是完全一致的。如子实体横切面分两层，上层菌肉白色，下层孔管层橙色；国外报道的担子大小为（12.4~20.4）μm×（7.8~11.6）μm，我国的为 17.66μm×4.04μm。

担孢子国外报道为 4.6μm×3.6μm。我国的为 5.15μm×4.66μm，在形态上只有产孢管孔的大小与密度与国外报道的差异较大。因此，笔者初步确定，东太农场新发生的橡胶树根病是与国外一致的白根病。至于这种根病菌是否和国外报道的是同一个生物型，其致病力也是否和国外报道的一样强，则仍需进一步研究。国内的病菌与国外的病菌形态详细比较见表 1。其学名为 *Rigidoporus lignosus*。

表 1 国内外胶白根病病原菌形态此较

项目 \ 病菌	中国白根病菌	国外白根病菌 (*Rigdoporug lignosus*)
子实体横切面	8.2~8.6cm×5.1~5.3cm	3.08~12.7cm×2.54~7.62cm
子实体横切面	2.0~3.5mm	2.15~3.5mm
菌肉管孔层	1~2mm	1~2.5mm
担子	4.04μm×17.66μm	7.3~11.6μm×12.4~20.4μm
担孢子	4.66μm×5.15μm	3.6×4.6μm (2.8~8μm)
子实层管孔大小	79μm	45~80μm
子实层管孔密度	28.8 个/mm²	7~9 个/mm²
培养菌丝	3.05μm	2.9~7.3μm

4 处理意见

4.1 立即开展全面深入的普查，划定疫区

从最近东太又发现一个病区的情况来看，估计在东太不只一个病区。其他农场是否存在有同样的根病，亦需进一步普查。目前的普查工作中，存在对白根病树诊断识别问题，需要进一步培训。

4.2 封锁病区，进行对内检疫

对于病区，应发现一个，封锁一个。对疫区输出的橡胶、苗木及其他寄主植物，进行严格的检疫和处理。目前应禁止从疫区输出橡胶、椰子、油棕、咖啡、荔枝、菠萝蜜等苗木及土壤。据反映，海南农垦局生产处某些技术员委托南俸农场从病区用拖拉机运出病土和很多病根到南俸农场做试验，有些农场的植保干部在参观白根病区时私自采集子实体回场。

这些做法是很错误的，后果是严重的。此病病菌除在病根生长外，还可以在病根附近的土壤伸延生长一段距离。在病区土壤中，夹有病死的残根片段。因此病区土壤是带菌的，是可能传病的。子实体中有大量成熟的孢子，孢子传病在国外已经肯定。可见从病区运出病土，子实体会起到传播白根病，扩大病区的作用，这是很危险的做法，应当立即制止。

4.3 疫区病株的处理

从现有的调查材料来看，本病的侵染来源是来自本地上代胶树的带病树桩或其他寄主植物。因此估计还可能发现有新的病区。如果仅在个别农场的个别地区发病，可采取消灭病区的所有寄主植物，多次翻犁土壤清毒，并对病区周围的健康树用 10% 十三吗

啉根颈保护剂保护等措施。如果病区较多，则没有必要消灭病区的寄主植物，可用10%十三吗啉根颈保护剂控制病区的扩展。

4.4 开办白根病诊断、处理学习班，普及白根病的知识

为了做好上述普查、封锁、检疫、病区处理等工作，必须尽快开办学习班，使垦区植保干部和植保员掌握白根病的诊断、发生、防治知识。建议部农垦局拨款给两院于10月开班。

橡胶树南美叶疫病在我国发生的可能分析

余卓桐

南美叶疫病是一种毁灭性的橡胶树病害，曾摧毁过南美洲许多胶林，是这些地方发展橡胶的限制因素。此病自发现以来，已蔓延遍及整个热带美洲。最近一次记载此病发生的是 1960 年在巴西的圣保罗州，该州是本病传播的最南极限（南纬 24°）。而墨西哥则是最北极限（北纬 18°）。

由于现代化交通的发展，国际交往频繁，大大地增加了南美叶疫病从美洲传到亚洲或其他洲的危险，马来西亚对此病一旦传入能否发生流行做了分析。如果南美叶疫病不幸传入我国胶区，它的发展将会怎样？本文根据国外有关南美叶疫病发生流行规律的报道，结合我国胶区的条件，对此问题做一个分析。

1 南美叶疫病的发生和流行条件

南美叶疫病的发生和流行，必须具有下述 3 个条件：①菌源；②大面积种植感病寄主；③适合的气候条件。

目前亚洲国家主要由于没有菌源，所以没有南美叶疫病的发生与流行。

南美叶疫病菌的孢子，有相当长的寿命。据 Chee 的测定，分生孢子在正常的实验室条件下存活 2 周。把病叶放于干燥器中，其孢子可以存活 15 星期。把孢子冰冻 2 周或在 40℃下放置几天，仍有 50% 的孢子萌芽。孢子在高湿下寿命缩短，但相对湿度 85%~95% 仍可存活 3 周。其子囊孢子亦可存活 3 周。南美叶疫菌这些特性，使它适于远距离传播；它有可能通过染病材料的转移或沾在航空旅游者身上或其物品上而传入新区。

根据 Chee 的测定，所有东南亚的橡胶高产品系都是对南美叶疫病高度感病的。大面积种植东南亚的高产品系，就为南美叶疫病流行提供了良好的寄主条件。

据 Chee 的分析，南美叶疫病的流行条件为：每日 22℃ 以下的温度有 13h 以上，95% 以上的相对湿度超过 10h，每天降雨 1mm 以上，连续 7 天。

在影响南美叶疫病发生流行的气候条件中，降雨是最重要的因素，一般认为降水量在 2 000mm 以上，全年降雨均匀的地区最适合南美叶疫病的流行。Lim 根据总降水量和季节性的雨量分布将南美叶疫病的发生分为三类地区。

（1）雨量中等并有 3~4 个月干旱季节的地区，最少发病。

（2）雨量中等，但没有一个长期干旱季节的地区，发病中等。

（3）雨量分布均匀而又没有干旱季节的地区，发病率高。

南美叶疫病的发生和流行，要求较低的温度。一般认为，此病发生的适温为 20~26℃。

相对湿度与病害的发生、流行也有密切的关系。低湿利于孢子存活，而高湿对孢子萌芽和侵染有利。相对湿度大于95%，每天连续有10h以上，最适于病害侵染。每月有7天出现这种天气者，会发生轻度侵染；有12天连续出现这种天气，病害便会严重流行。

2　我国胶区条件对南美叶疫病流行适合程度分析

（1）菌源传入的可能如上所述，南美叶疫病的分生孢子或子囊孢子一般能存活2周左右。在现代化的交通条件下，从巴西到我国只需几天；到我国胶区最多不过一周。特别是携带橡胶苗或芽条，即使长期运输，病菌也不致死亡。我国近年与巴西等南美洲国家交往增多，大大增加了带菌的机会。因此，我国存在着传入南美叶疫菌的危险。

（2）品系感病性。目前我国种植的品系，主要的有 RRIM600、PR107、GT1、PB86、海垦1等品系。这些品系，全部是从东南亚引种的高产品系或其后代。他们对南美叶疫病是十分感病的，因此，从品系条件来看，我国胶区是非常适合南美叶疫病的发生和流行的。

（3）气候条件：为了便于分析，现将我国主要产胶地区的气候要素列见表1。

表1　我国胶区气候要素概况

地点	年均温 （℃）	绝对最低温 （℃）	最冷月均温 （℃）	年降水量 （mm）	月雨量<50mm 的月数
海南文昌	23.9	4.7	17.6	1 751.8	2（1-2）
海南儋县	23.1	0.4	16.7	1 826.1	4（12-3）
海南琼中	22.3	4.2	16.2	2 459.4	3（1-3）
海南万宁	24.3	9.3	18.4	2 151.0	2（1-2）
海南保亭	24.1	6.9	19.5	1 914.6	4（12-3）
粤西徐闻	23.0	-1.8	15.2	1 478.0	2（12-1）
广西龙州	22.2	-3.0	14.5	1 520.6	2（1-2）
云南河口	22.5	2.1	15.8	1 762.2	2（12-2）
云南景洪	21.4	4.2	15.2	1 789.0	3（12-2）

从表1各胶区的气候，对比南美叶疫病流行要求的气候条件可以看出：

从气候要素来看，温度是在适合病害发生的范围内，各地的最低温度未到达病菌的最低致死温度；病菌能忍耐40℃的高温，我国胶区最高温度在40℃以下，对病菌亦无致死作用。从降雨来说，存在有非常适合、基本适合和不太适合等3种地区。第一种如海南琼中、万宁、琼海等地；第二种地区如海南文昌、儋县、保亭、云南河口、景洪等地；第三种如粤西的徐闻、广西的龙州等地。

从地区来看，特别适合南美叶疫病发生流行的地区有万宁（包括琼海）、琼中地区，其他地区都在不同程度适合此病的发生。地区的气候是经常变化的。某些胶区，特别是海南胶区，常常出现降雨多而均匀的年份。因此，如果一旦引入南美叶疫病，就可能在一些地区的某些年份流行，形成偶发的情况。

3　结论

我国胶区，除了菌源以外，具有南美叶疫病发生流行的条件。如果不幸引进南美叶疫病原菌，势必在某些地区暴发流行，造成灾难性的后果。因此，加强植物检疫工作，严防引进南美叶疫病的病原菌，对于保证我国橡胶安全生产，具有重大的意义。

本文收入中国植物保护学会 1985 年第二届植物检疫学术讨论会论文集

橡胶树主要病害动态经济为害水平研究*

余卓桐　陈慕容　张运强　冯淑芳　罗大全　谢艺贤　黄武仁

[摘要] 经过 1996—2000 年的产量损失测定建立了橡胶主要病害为害损失估计模型，结合目前橡胶产量、胶价、防治效果、防治成本等等有关参数，用系统分析方法，统计出白粉病的动态经济为害水平为病指 18.24~25.44；炭疽病为 17.8~24.0；褐皮病为 3.25~6.22；根病为发病率 0.077%~0.4%。

[关键词] 橡胶树主要病害；动态经济为害水平

经济为害水平（*Economic Injury* Level，简称 EIL）是防治成本等于或稍低于防治经济效益时的病虫密度，决定是否需要进行病虫防治的主要标准，防治经济的一个核心问题。

国外迄今还没有对橡胶病害经济为害水平做过测定。国内余卓桐等根据白粉病不同病害严重度造成产量损失的测定结果，平均干胶产量、胶价、防治成本等统计，提出最终病情指数 21~23 为白粉病的经济为害水平。邵志忠在云南测定白粉病的为害损失，认为中等（病指 27~47）病情不但不会造成橡胶减产，反而可以增产，因此提出白粉病的防治指标为最终病指 48。这些研究，都在一定范围内反映了白粉病在某些情况下的经济为害水平。但是，由于决定经济为害水平的因素很多，而这些因素也是不断变化的，因此经济为害水平应该是动态的经济为害水平。过去国内对橡胶病害经济为害水平的研究，除了上述的研究以外，对其他主要橡胶病害，如炭疽病、褐皮病和根病则完全没有做过研究，因此，过去的橡胶病害防治，除了白粉病有初步经验标准以外，都带有相当的盲目性。不少单位为图保险，不管病情轻重盲目多次打保险药；另一些单位则麻痹大意，没有认真进行病害监测、预测，到病情严重时才频繁喷药。因而常常出现用药多，成本高，防效差，环境污染严重，经济、社会、生态效益都偏低等状况。为了改进橡胶病害防治技术，必须首先确定防治标准。为此，1996 年开始，笔者对橡胶主要病害的动态经济为害水平进行了研究。

1　试验材料与方法

试验材料为国内种植的主要橡胶品系 RRIM600，PR107 中龄开割树，根据 EIL 的定义，首先要测定病害为害损失，防治挽回损失，建立病害为害损失估计模型（y_1）和防治后残留损失估计模型（y_2），以 $y_1-y_2/100×$亩产量（kg）×每千克干胶纯收入-防治成本（y_3）（元/亩）= 经济效益（元/亩）。输入不同的最终病情 y_0，可得出不同的 y_1、

---

* 本文为"橡胶病害综合治理研究"课题一部分，该课题于 2006 年获海南省科技进步二等奖。

y_2，反复统计，直至 $y_4-y_3=0$ 时，所输入的 y_0 即为 EIL。这是在一定产量水平、一定干胶纯收入和一定的成本下统计出来的 EIL。当亩产量、每千克干胶纯收入和防治成本改变时，EIL 随之改变。为使测定的 ETL 尽量符合目前的实际，笔者根据当前的情况，把防效、产量、防治成本分为 4~5 个水平计算，以简化统计过程，并获得目前可以应用 EIL，即决定是否需要进行防治的标准。如防效分为 60%、70%、80%、90% 4 个等级；产量分为 60~69kg/亩，70~79 kg/亩，80~89kg/ 亩，90~99kg/亩，100~110kg/亩 5 个等级，防治成本基本上按目前 1~3 次施药的成本计算。

根据不同防治效果，不同产量水平，不同防治成本统计出来的 EIL，基本上能反映目前的 EIL 的动态水平。

病害损失测定方法，为害损失模型和防治后残留损失模型的组建等，可参考有关文献，本文不再赘述。

2 结果与分析

2.1 白粉病动态经济为害水平研究

据余卓桐等测定，白粉病严重度与产量损失呈直线正相关关系，故用关键点模型统计病害不同严重度所造成的产量损失。不同品系白粉病损失估计模型见表 1。

表 1 不同品系白粉病为害损失估计模型

品系	未防治损失估计模型（y_1）	防治后残留损失估计模型（y_2）
RRIM600	$y_1 - 02177x_1 - 3.09 \pm 1.0$	$y_2 = 0.1455x_2 - 1.0034 \pm 0.5$
PR107	$y_1 = 0.1002x_1 - 1.42 \pm 0.4$	$y_2 = 0.0669x_2 - 0.4610 \pm 0.2$

注：x_1=未防治最终病情指数；x_2=防治后最终病情指数。

$$防治经济效益（元/亩）= y_1 - y_2 \lceil y_2/100 \times 亩产量（kg）\times$$
$$干胶纯收入（元/kg）-防治成本（元/亩）$$

根据上述损失估计模型；按目前每千克干胶纯收入 5 元，生产防治上获得不同防治效果必要的投入（防治成本（元/亩）和不同的产量水平，用防治经济效益计算模型统计，获得白粉病动态 经济为害水平见表 2。

表 2 橡胶白粉病动态经济为害水平（EIL）

防治效果（%）	品系	防治成本（元/亩）	不同产量水平（kg/亩）的 EIL				
			60~69	70~79	80~89	90~99	100~110
60	RRIM600	2.5	20.76	19.85	19.17	18.63	18.24
	PR107	2.5	34.00	31.50	29.10	27.40	26.10
	RRIM 600	3.0	23.32	22.04	21.07	20.33	19.74
	PR107	3.0	38.00	35.50	33.10	31.40	30.10
70	RRIM 600	3.5	22.04	20.94	20.12	19.48	18.94
	PR107	3.5	39.00	35.50	32.50	30.50	28.50
	RRIM 600	4.0	23.14	21.88	20.93	20.19	19.60
	PR107	4.0	41.50	38.00	35.00	33.00	30.50

（续表）

防治效果（%）	品系	防治成本（元/亩）	不同产量水平（kg/亩）的 EIL				
			60~69	70~79	80~89	90~99	100~110
80	RRIM 600	4.5	22.99	21.76	20.84	20.12	19.54
	PR107	4.5	41.50	38.65	35.50	33.50	31.50
	RRIM 600	5.5	24.90	23.51	22.28	21.38	20.68
	PR107	5.5	45.50	42.65	39.50	37.50	35.50
90	RRIM 600	5.5	23.74	22.40	21.40	20.62	20.09
	PR107	5.5	48.00	44.25	40.50	37.75	35.00
	RRIM 600	6.5	25.44	23.86	22.68	27.76	21.03
	PR107	6.5	52.00	47.25	42.50	39.75	37.00

从表2可以看出：白粉病的 EIL 确实是一个动态的数值，它随品系、产量、防效、胶价、防治成本等许多因素的改变而改变。就代表性的品系 RRIM600 来说，其经济为害水平从最终病指 18.24~25.44。其变化的基本规律是：随产量和胶价的提高而降低，如亩产 60~69kg，EIL 为 20.76，而亩产 100~110kg，EIL 降为 18.24；随防治效果和防治成本的升高而提高。如防效为 60%，防治成本为 2.5 元/亩时，EIL 为 20.76。防效增至 90%，防治成本增至 6.5 元/亩时，EIL 增至 25.44。说明对高产地区，胶价升高时，增加防治强度可以获得较大的经济效益；对低产的地区，则应严格掌握病情，不到 EIL 不要进行防治，否则就会得不偿失，使用防治效果较低的防治方法，在较低的 EIL 就要安排防治；投入成本多，应在较高的 EIL 进行防治经济上才会合算。一般生产防治的效果为 70% 左右，防治成本 3.0~4.0 元/亩，高产地区平均亩产在 100kg 以上，其 EIL 为病指 20 左右；一般地区平均亩产 80kg 左右，其 EIL 为病指 21 左右；低产地区平均亩产在 70kg 左右，其 EIL 为病指 23 左右；可见橡胶白粉病的经验经济为害水平为病指为 20~23。

品系也是改变 EIL 的重要因素。上述 RRIM600 的 EIL，在我国橡胶生产上是有代表性的。因此，生产上一般品系的白粉病防治，可以以 RRIM600 的 EIL 为标准。我国橡胶生产另一个代表性的品系 PR107，据余卓桐等测定，发现它对白粉病的有耐病性。在白粉病严重为害时（病级5级），其产量只损失 12%，而同时测定的 RRIM600，此时的产量损失达 34%，各病级白粉病的平均为害损失比 RRIM600 减少 64%。故它的 EIL 比 RRIM600 高得多，其最低 EIL 为最终病指 26.1，最高达 52。因此，对 PR107 品系的白粉病防治，可以大大放宽防治指标。一般中等偏轻的年份（预计最终病指在 25 以下）都可以免作防治，或只做后抽植株的局部防治。其经验 EIL 为 28.5~38.0，故在病害中等偏重的年份才有必要进行防治，这是白粉病防治研究的一个新发现，对减少白粉病化学防治和环境污染，降低防治成本，增加经济效益都有较大的意义。

2.2　炭疽病的动态经济为害水平

按照白粉病测定和统计 EIL 的方法、产量水平干胶纯收入等参数，用笔者对炭疽病为害损失测定的材料进行统计，炭疽病的为害损失估计模型为 $y_1 = 0.02921x_1 - 3.74 \pm$

1. 3，$y_2 = 0.2152x_2 - 1.7 \pm 0.6$。

其动态经济为害水平见表 3。

表 3　橡胶炭疽病动态经济为害水平（EIL）

防治效果（%）	防治成本（元/亩）	不同产量水平（kg/亩）的 EIL				
		60~69	70~79	80~89	90~99	100~110
60	7.0	21.93	20.32	19.27	18.46	17.80
	9.0	24.94	22.71	21.37	20.31	19.48
70	9.0	22.72	21.19	20.02	19.12	18.40
	10.0	23.92	22.21	20.92	19.92	19.12
80	10.0	22.42	20.92	19.80	18.92	18.22
	12.0	24.52	22.72	21.38	20.32	19.84
90	12.0	23.12	21.52	20.32	19.39	18.64
	14.0	24.00	23.12	21.72	20.63	19.76

表 3 的统计结果表明：橡胶炭疽病的动态经济为害水平变化规律与白粉病相似，其变动范围为最终病指 17.8~24.0。以防治效果为 70%，每亩防治成本 10 元作为常量统计，高产地区的经济为害水平为病指 19 左右；一般地区为病指 21 左右；低产地区为病指 23 左右。因此橡胶炭疽病的经验经济为害水平为最终病指 19~23。

2.3　褐皮病动态经济为害水平研究

（1）褐皮病的为害损失和损失估计模型：据我们对 RRIM600 的测定，褐皮病不同病害严重度造成的产量损失率见表 4。

表 4　褐皮病不同严重度与产量损失关系

病情指数	未防治的损失（%）	防治后残留损失（%）
3.2	1.69	1.28
5.1	3.66	2.54
10.2	7.32	5.68
20.1	18.42	11.96
31.0	28.26	18.25
40.2	38.10	24.53
51.1	47.94	30.80
60.2	57.78	37.10

表 4 的测定结果表明：褐皮病严重度与产量损失率呈高度相关，未防治的损失率与病情指数的相关系数达 0.9983（$P < P_{0.001}$），防治后的残留损失率与病情指数的相关系数达 0.9730（$P < P_{0.001}$），因此，褐皮病可用关键点模型统计不同病害严重度造成的产

量损失。

褐皮病未防治损失估计模型（y_1）和防治后残留损失估计模型（y_2）为：

$y_1 = 0.984x_1 - 1.26 \pm 1.5$ （$F > F_{0.01}$）

$y_2 = 0.628x_2 - 0.62 \pm 0.7$ （$F > F_{0.01}$）

（2）褐皮病动态经济为害水平：按照白粉病统计 EIL 的方法和有关参数，用上述损失估计模型和目前褐皮病的防治成本等基本资料统计，褐皮病的动态经济为害水平见表 5。

表 5　橡胶褐皮病动态经济为害水平（EIL）

防治效果（%）	防治成本（元/亩）	不同产量水平（kg/亩）的 EIL				
		60~69	70~79	80~89	90~99	100~110
60	8.75	6.22	5.51	4.99	4.57	4.24
70	8.75	5.51	4.91	4.46	4.10	3.82
80	8.75	4.99	4.46	4.06	3.75	3.50
90	8.75	4.57	4.10	3.75	3.47	3.25

表 5 说明，褐皮病的动态经济为害水平为病情指数 3.25~6.22。按防治效果 70%，每亩防治成本 8.75 元统计，高产地区的经济为害水平为发病指数 3.82；中产地区为发病指数 4.46；低产地区为发病指数 5.51。可见，褐皮病的经验经济为害水平为 3.82~5.51。

2.4　根病动态经济为害水平研究

（1）根病为害损失估计模型：根病为害结果是胶树整株死亡，因此，它的发生会造成整个橡胶产胶期（一般按 20 年）的产量损失。故其产量损失估计模型为：

$$y_1 = 20x_1 \times 亩年产量（kg），\quad y_2 = 20x_2 \times 亩年产量（kg）$$

x_1 = 未防治的发病率；x_2 = 防治后的发病率；y_1，y_2 的表示与褐皮病相同。

（2）动态经济为害水平：据上述产量损失估计模型和白粉病统计 EIL 有关产量、胶价、每千克干胶纯收入等参数统计，橡胶根病的 EIL 见表 6。

表 6　橡胶根病动态经济为害水平（EIL）

防治效果（%）	防治方法	防治成本（元/亩）	不同产量水平（kg/亩）的 EIL（发病率%）				
			60~69	70~79	80~89	90~99	100~110
70	淋灌	6.5	0.149	0.132	0.116	0.102	0.094
	根颈保护	16.8	0.400	0.355	0.300	0.265	0.236
75	淋灌	6.5	0.139	0.128	0.108	0.096	0.087
	根颈保护	16.8	0.376	0.321	0.280	0.250	0.224
80	淋灌	6.5	0.133	0.116	0.102	0.090	0.082
	根颈保护	16.8	0.350	0.300	0.265	0.233	0.210

（续表）

防治效果（%）	防治方法	防治成本（元/亩）	不同产量水平（kg/亩）的 EIL（发病率%）				
			60~69	70~79	80~89	90~99	100~110
85	淋灌	6.5	0.128	0.109	0.096	0.085	0.077
	根颈保护	16.8	0.330	0.285	0.246	0.220	0.198

表 6 说明：橡胶根病的经济为害水平是很低的，用淋灌法为发病率 0.077%~0.149%；用根颈保护法为 0.198%~0.400%。以防治效果 80% 为常量，高产地区淋灌法的经济为害水平为发病率 0.082%，根颈保护法为 0.210%；中产地区分别为发病率0.110% 和 0.3%，低产地区分别为发病率 0.133% 和 0.3%。可见，根病的经验经济为害水平淋灌法为 0.082%~0.13%，根颈保护法为 0.21%~0.35%。实际上，在一个 1 000株橡胶树的林段里，只要发现 1 株根病就要进行防治。

3 讨论

（1）经 1996—2000 年统计测定，试验和推广应用，确定了我国橡胶树白粉病、炭疽病、褐皮病、根病等 4 种主要病害的动态经济为害水平，并在实际应用中证明其准确可靠，为经济有效地防治这些病害，和对整个橡胶病害系统进行综合治理提供了根本的标准和科学依据。过去国内外对这些病害的防治研究除了余卓桐等提出过白粉病经验经济为害水平外，尚无前人报道，本研究属首次报道。

（2）植物病害的经济为害水平是动态值，它随品系、产量、地区、年份、胶价、药价、防治方法等等许多因素的改变而改变。本研究的动态经济为害水平，只是根据目前各种有关参数来统计，而且这些参数主要来源于海南省。本研究提出的动态经济为害水平，较适合在海南、广东等省应用。其他省（区）需按照本研究统计方法，对有关参数做适当调整，才能取得良好的应用效果。

参考文献（略）

橡胶主要病害预测预报研究[*]

余卓桐 张运强 冯淑芬 陈慕容 罗大全 谢艺贤 黄武仁

中国热带农业科学院环境与植物保护研究所

[摘要] 根据笔者和海南、粤西代表性农场病害系统观察材料，用逐步回归法建立了几种主要橡胶病害预测模式。5年测报验证的结果表明：炭疽病的中短期预测模式平均准确率达 88.5%，误差病指<6；褐皮病预测模式平均预测准确率99.1%，误差病指<0.55；根病预测模式平均准确率98%；预测 4 年后的病株数误差 <4 株，证明这些模式准确可靠。通过近年的研究，已建立预测白粉病流行全过程的模式，预测值与实际值相关系数高达 0.9138~0.9986（$P<P_{0.001}$），平均准确率93.2%。

[关键词] 橡胶树；主要病害；预测模式

橡胶病害的预测预报，国外研究甚少，1972 年马来西亚 Lim 提出用"侵染日"短期预测白粉病。Chadaeclf（1993）提出根病的预测模式。我国于 1960 年就开始进行白粉病的预测预报研究。1974 年建立了总发病率短期预测法。1980 年后笔者建立了白粉病的中期预测模式，平均准确率85%以上，对指导生产防治起了重要作用。随后，广东粤西、福建等省胶区也分别建立了本地的预测模式。而对炭疽病、褐皮病，在国内外都还没有预测模式和方法。因此，有些单位不管病情轻重盲目打保险药，另一些单位没有认真进行病害监测和预测，到病情严重时才频繁喷药，因而常常出现用药多，成本高，防效差，效益低，环境污染严重，社会、经济、生态效益都偏低等情况。为了充分发挥预测预报在我国橡胶病害防治的作用，获得较大的防治经济、社会、生态效益，1996 年后笔者进行橡胶主要病害预测预报研究。

1 试验材料与方法

本试验的材料为 RRIM600、PR107 和少量的 PB86、海垦 1 号的中龄开割树。试验区分别安排在海南南茂农场、龙江农场、新中农场、南方农场、龙江农场、红光农场和东红农场。

预测因子筛选：根据历年橡胶主要病害系统观察材料和流行规律的研究，选出若干个与病害发生有关的自变量，经散点图分析，计算相关系数，然后进行预测因子的筛选。预测因子入选的条件是：①在生物学上、流行学上与预测内容（最终病情、防治指标等）有密切关系；②相关系数高（$P<P_{0.001}$）；③在预测期之前出现；④容易测定。

预测模式优选：用SAS统计软件以逐步回归法统计出由不同因子组成的多个预测模式。经回报从中选择 1~2 个准确率较高的预测模式。

---

* 本文为"橡胶病害综合治理研究"课题一部分，该课题于 2006 年获海南省科技进步二等奖。

预测模式验证和确定：将优选出来的预测模式，在不同生态区实测验证。如连续 2~3 年验证最低准确率在 85% 以上，才确定入选，作为预测模式在生产上预报应用。

预测模式的准确率，按照华尧楠评定预测预报准确率的标准来确定。

2　试验结果

2.1　炭疽病预测预报研究

（1）中期预测模式筛选：据海南长征、红明、南方、红光等农场和文昌橡胶研究所 1991—1997 年的炭疽病系统观察资料分析，橡胶抽叶开始后 10 日内的雨日、RH>90% 天数，均温<15℃天数，或由这 3 个因素组合的天数与最终病指高度相关，相关系数达 0.8035~0.8329；最大风速、均温>15℃、>17℃、>18℃天数等中度相关，相关系数为 -0.5129~0.7349。因此，1997 年用上述预测因子作多元逐步回归分析，选出其中回报最准，预测因子又较少的 Y_1 模式：$y_1 = 43.4+2.05x_1 + 5.93x_3 - 5.83x_{16} \pm 14.7$。

2000 年后对模式修正，重新建立新模式 y_2：$y_2 = 7.41 + 5.83x_1 + 0.2x_4 - 3.43x_{13} \pm 11.0$。

（2）中期预测模式验证：y_1、y_2 两模式的验证结果综合见表 1。

表 1　炭疽病中期预测模式测报验证

预测模式	地区/农场	年份	预测病指	实际病指	准确率（%）	平均准确率（%）
y_1	海南中部南方	1997—1999	10~49.4	15~48.0	84.2~89	86.9
	海南西部龙江	1997—1999	0~22.6	0~15.8	87.5~89	88.3
	海南西北部红光	1997—1999	7.3~49.4	3.0~35.0	75~87.5	83.5
y_2	海南中部南方	2001—2005	10~42.0	10~39.0	97~100	98.5
	海南中部阳江	2004—2005	32~43.0	19.2~32.8	87.0~90.0	88.5
	海南西部龙江	2001—2005	1.0~15.0	0.8~10.0	95~100	97.5
	海南西北部红光	2001—2005	28.0~40.0	25.0~32.8	93.0~97.0	95.0
	海南东北部东红	2004—2005	32.0~46.0	30.0~40.0	94.0~98.0	96.0

表 1 的测报验证结果表明：用 y_1 模式预测对海南中部、西部的准确率在 84.2% 以上，平均 86.9%~88.3%，误差病指<10，属基本准确；但对北部的红光农场的预测，平均准确率只有 83.5%，说明 y_1 模式不够准确可靠。2000 年后修正的模式 y_2，经多点多年验证，预测准确率在 88.5% 以上，9 个不同生态区预测平均准确率达 94%，比 y_1 平均准确率（85.9%）高 8.1%，误差病指<6，说明此模式准确可靠，已在综合治理中应用。

（3）炭疽病短期预测模式：利用粤西红五月、徐闻育种站，湖光农场等 1970—1977 年的炭疽病系统观察材料，对不同降雨天数和降雨前不同的发病率，与雨后 5 天的病情指数之间的关系分析结果表明：雨日与雨后 5 天的病情指数相关系数 $r = 0.5427$（$P<P_{0.01}$）为中度相关；雨前发病率与雨后 5 天的病指的相关系数 $r = 0.8144$，达高度

相关。因此，可用这两个因子，以二元回归法建立炭疽病的短期预测模式。

$$y = 7.64x_1 + 0.506x_2 - 15.06 \pm 2.5 \quad (F > F_{0.01})$$

（4）炭疽病短期预测模式验证：2005年在海南4个不同生态区农场做了预测验证，结果如表2。

表2的预测验证结果表明，应用本短期预测模式，在海南4个不同生态区（西部、中部、北部、西南部）预测炭疽病近期的病情，准确率均在86.0%以上，平均准确率达94.5%，平均偏差病指<6。预测病指与实际病指相关系数0.6909（$P < P_{0.01}$），说明此模式准确可靠，可以应用。

表2　橡胶炭疽病短期预测指标预测验证

地区	时间	预测10天后阴雨天数	雨前发病率（%）	预测雨后病指	雨后实际病指	准确率（%）
两院试验场	2.20	4	0.5	15.7	3.8	88.1
	3.10	0	15.0	1.7	7.0	94.7
	3.10	2	35.0	17.9	12.0	94.1
阳江农场	2.10	1	10.0	5.2	7.0	98.2
	2.20	1	15.0	7.8	10.0	97.8
	3.10	2	18.0	9.3	15.0	94.3
	3.10	0	25.0	12.9	19.1	93.8
红光农场	2.10	3	20.0	12.9	12.0	99.1
	2.20	4	20.0	25.6	25.0	99.4
龙江农场	2.21	5	0	15.5	5.0	89.5
	3.10	2	15.0	7.8	7.0	99.2

2.2　褐皮病的预测研究

根据龙江农场褐皮病的多年定点系统观察材料分析，上年年底褐皮病的病情与下年年底的病情高度相关，直线相关系数高达0.9623（$P < P_{0.001}$），因此，褐皮病的年底病情，可以根据上年年底的病指（x）来预测。其预测模式为：

$$y = 1.15 + 0.941x$$

1999—2004年做回报性预测，结果如表3。

表3　褐皮病预测模式验证

地点	年份	上年病指	预测下年病指	实际病指	±误差病指	准确率（%）
龙江农场	2000	1.3	1.68	1.70	-0.02	99.9
	2001	1.7	2.75	3.30	-0.55	99.4
	2002	3.3	4.26	4.60	-0.24	99.7
	2003	4.6	5.48	5.50	-0.02	99.9
	2004	5.5	6.23	6.10	+0.22	99.7

从表3验证结果可以看出，褐皮病的预测模式预测相当准确，预测值与实际值的相

关系数高达 0.9892（$P<P_{0.001}$），平均误差病指 0.23；平均准确率达 99.1%。因此认为此模式准确可靠，可以应用。

2.3 白粉病预测研究新进展

过去的预测方法，没有预测病害流行过程，不能适应生产上随时掌握病害的进展，以及时调整防治策略、防治方案的需要。因此，1993 年后笔者进行了白粉病流行过程的预测研究。

根据海南南茂、龙江等农场历年白粉病系统观察和气象记录，18 个变量与白粉病指数增长期流行速率（R_1）和对数增长期流行速率（R_2）的相关分析（表4），越冬菌量（x_1）、5%抽芽至10%抽叶天数（x_3）、5%抽芽至20%抽叶天数（x_4）、在 x_4 期间平均温度<11℃天数（x_8）、在 x_4 期间平均温度<15℃天数（x_n）、在 x_4 期间平均温度 18~21℃，RH>90%天数（x_{13}）、等 6 个自变量与 R_1、R_2 有中度至高度相关，相关系数 0.5156~0.7201（$P<P_{0.01}$），是橡胶抽叶早期影响病害流行速率的主要因素，因此选作建立预测模型如表4。

表4 白粉病流行速度和最终病情预测模式

地区	预测模式	复相关系数	显著性水平
海南东、南部	$R_1=6.14+0.0212x_1+0.57x_4\pm2.8$	0.9175	$F>F_{0.01}$
	$R_2=4.92+0.0059x_1+0.518x_4\pm1.2$	0.8462	$F>F_{0.01}$
海南中、西部	$R_1=21.82+0.0197x_1+0.681x_4\pm2.8$	0.7840	$F>F_{0.01}$
	$R_2=8.07+0.00386x_1+0.355x_{11}\pm1.3$	0.7870	$F>F_{0.01}$

1996—1999 年在海南不同地区对 R_1、R_2 和 y 预测模式做了验证，验证结果如表5。

表5 橡胶白粉病预测模式验证

地区农场	年份	预测 R_1	实际 R_2	预测 R_2	实际 R_2
海南	1997	0.0.24~0.32	0.23~0.30	0.11~0.12	0.10~0.11
西部	1998	0.27~0.36	0.29~0.40	0.13~0.14	0.14~0.16
龙江	1999	0.25~0.34	0.26~0.36	0.12~0.13	0.14~0.16
海南	1997	0.21~0.30	0.20~0.32	0.09~0.11	0.09~0.12
中部	1998	0.25~0.40	0.27~0.40	0.12~0.13	0.13~0.15
南方	1999	0.23~0.35	0.24~0.37	0.10~0.11	0.09~0.10
海南	1997	0.20~0.30	0.20~0.28	0.08~0.10	0.08~0.10
北部	1998	0.28~0.40	0.28~0.41	0.13~0.15	0.14~0.16
红光	1999	0.21~0.29	0.20~0.27	0.09~0.11	0.09~0.10
海南	1997	0.24~0.38	0.26~0.39	0.10~0.12	0.11~0.12
南部	1998	0.28~0.41	0.27~0.39	0.13~0.14	0.14~0.16
南茂	1999	0.24~0.36	0.24~0.35	0.11~0.12	0.10~0.12

表5 验证结果表明：流行速度 R_1 预测值与实际值平均相差仅 0.014，相关系数达 0.9683（$P<P_{0.001}$）；R_2 的预测值与实际值平均相差仅 0.009，相关系数达 0.9259（$P<$

$P_{0.001}$）；R_1、R_2 模式的平均准确率依次为 94.7% 和 96.3%，说明这些预测模式准确可靠。

根据 R_1、R_2 预测值，代入 Van der Plank R_1、R_2 流行速率统计公式就可以预测白粉病整个流行过程及其中任何一段时间（t_1 至 t_2）发展（x_1 至 x_2）的病情。为明确其预测准确度，笔者利用海南南部南茂农场、西部龙江农场 1993—1995 年的系统观测点（不防治的对照区）做回顾性的验证，结果见图 1。图 1 验证试测的结果表明：白粉病在抽叶过程不同时间病害严重度的预测值与实际值相当一致，它们的相关系数 r = 0.9138~0.9986（$P<P_{0.001}$），说明预测准确。这是白粉病预测的一个新进展。

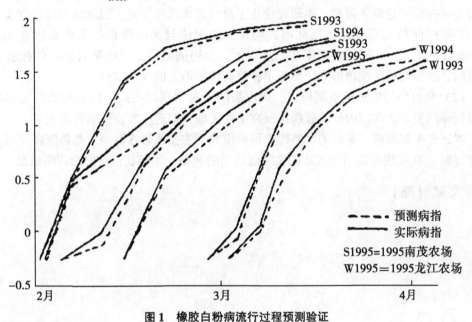

图 1　橡胶白粉病流行过程预测验证

2.4　根病预测研究

橡胶定植后，橡胶根病主要靠接触传播增加病株数量。因此病情预测应以病害的传播速度为主要预测因子。根据根病传播速度的多年观察材料和不同地势植株株行距离，建立了平缓地和山地的根病预测模式，并于 1996—2000 年分别在平地胶园龙江、红光农场和山地胶园南方、新中农场验证预测，结果如表 6。

表 6　橡胶根病预测模式验证的预测

地区		预测模式	预测病株数	实际病株数	准确率（%）	平均准确率（%）
平地胶区	红光农场	$Dm=$（$1.83/L+1.83/B$）	6.5	6	97	98.3
	龙江农场	$\times 2$（$1+2+3+\cdots+m$）$+1$	135	131	99	
山地胶区	南方农场	$Dm=1.83/B\times 2m+1$	17.5	17	98	99
	新中农场		29.1	29	100	

表 6 验证预测结果表明，根病不同生态区的预测模式都很准确，平均准确率在 98% 以上，已在综合治理中应用。

3　结果与讨论

（1）经过 1996—2005 年十年的建模、验证、修正、再验证、预测应用等长过程的试验研究，建立了炭疽病中、短期预测模式，准确率在 86% 以上；褐皮病中长期预测模式，准确率在 99% 以上；根病预测模式，准确率 98% 以上。白粉病的预测，过去虽然已有准确的中、短期预测模式和方法，但都只是预测某一时间的病情，不能满足用户随时要掌握病情进展的需要。本研究建立了流行速率预测模式，预测出流行过程及其中任何一段时间的病情发展。用此模式验证，预测值与实际值相关系数高达 0.9138~0.9986（$P<P_{0.001}$），平均准确率 93.2% 以上。上述的研究，说明笔者建立的橡胶几种主要病害的预测模式准确可靠，填补了橡胶病害防治上的这些空白。

（2）炭疽病的中短期预测模式、褐皮病的中长期预测模式、白粉病流行速率和流行过程预测模式，在国内外橡胶病害研究中尚无前人报道，本研究属首次报道。

本研究根据海南、粤西的材料建立预测模式，主要适合在海南及粤西胶区应用。其他省（区）在应用时需结合本地的实际做适当的调整，才能获得良好的预测结果。

参考文献（略）

橡胶树主要病害防治决策模型研究

余卓桐　冯淑芬　陈慕容　王绍春　罗大全　谢艺贤　黄武仁　张运强

橡胶树主要病害的防治，过去国内外一直以化学防治为主。近年发展综合治理方法，除化学防治以外，还注意利用品种抗病性和农业防治法，以预测预报指导防治。这些方法虽然有效，但都是一些简单的防治决策指令，没有进行防治决策优化设计，因而常常不能准确开展防治工作，获取最大的社会、经济和生态效益。1996 年开始，笔者进行了橡胶主要病害防治决策模型的研究，近年建立了橡胶病害综合治理体系，为快速准确地开展以作物为单元的橡胶病害综合治理工作，进行防治方案优化设计，并为远程服务提供基础技术。

1　材料与方法

试验材料为国内外大量种植的主要橡胶无性系 RRIM600、PR107 和 PB86 等品系。防治决策优选的标准是经济、社会、生态效益，即以最少的化学防治获得最大的经济效益为目标函数。模型的建立，首先根据笔者过去对橡胶主要病害流行和防治的研究资料，对病害综合治理系统做系统分析，摸清与目标函数有关的组分及其相互关系，划出方框图并建立有关子模型。然后把有关子模型拿到生产实际中反复验证、修订。再按子模型之间的相互关系把它们有机联系起来，编计算程序，组成橡胶主要病害的防治决策模型。调查并输人有关参数，即可输出几种橡胶主要病害的病害预测和经济为害水平，何种橡胶病害需要防治及防治方法、防治指标、防治次数、防治挽回的损失、防治成本、防治经济效益等。输入不同防治方案，可输出防治经济效益和用药量。根据各种方案的经济效益和用药量，可选出当年最佳防治方案。

模型的应用试验在海南 3 个不同生态区的代表性农场进行。试验采用随机区组设计，设 3 个处理：决策模型、常规防治、不施药对照。以作业区为试验小区，即一个作业区做一个处理，邻近条件相似的作业区做另一种处理。为减少病害造成的损失，对照区仅以林段单位做试验小区。每个农场重复 4~6 次。决策模型处理用其优选的防治方案指导防治；常规防治按农业部农垦司《橡胶植保规程》和当年海南农垦总局的具体安排进行；对照区不做任何防治。比较各处理的防治效果、防治成本、用药量和防治经济效益。

2　试验结果

2.1　橡胶主要病害防治决策模型

2.1.1　有关子模型

经 1996—1998 年验证修正，橡胶主要病害防治决策模型有关子模型如表 1。

表 1 橡胶病害防治决策系统模型有关子模型

子模型类型	病害		子模型
(y_1)	白粉病		$y_{1-1}=44.25-3.91x_6+1.27r_2\pm3.5$
	炭疽病		$y_{1-2}=7.41+5.83x_1+0.2x_4+3.4x_{13}\pm11$
	根病	平地	$y_{1-3}=(1.83/L+1.83/B)\times2(1+2+3+\cdots+m)\pm1$
		山地	$y_{1-3}=(1.83/B)\times2m+1$
	褐皮病		$y_{1-4}=1.15+0.943x_2\pm1.0$
(y_2)	白粉病		$y_2=(2.30259/r_1)Log(x_0/x)$
	炭疽病		$y_{2-2}=$嫩叶期间发病率 10%，降雨 3 天以上
	根病		$y_{2-3}=$发病率 0.05%
	褐皮病		$y_{2-4}=$上年年底病指 2.2
(y_3)	各病		$Y_3=y_4\times$每次防治费用
(y_4)	白粉病		$y_{4-1}=0.185+0.009y_1+0.0717x_{61}\pm0.28$
	炭疽病		$y_{4-2}=0.15+0.009y_1+0.05x_{62}\pm0.15$
	根病		$y_{4-3}=1/$年
	褐皮病		$y_{4-4}=4/$年
(y_5)	各病		$y_5\%=(y_1-y_{10}/y_1)\times100$
(y_6)	白粉病		$y_{6-1}=0.2177y_{1-1}-3.09\pm10$
	炭疽病		$y_{6-2}=0.2971y_{1-2}-3.74\pm1.3$
	根病		$y_{6-3}=y_{1-3}\times$年产量$\times20$
	褐皮病		$y_{6-4}=0.984y_{1-1}-0.62\pm0.7$
(y_7)	白粉病		$y_{7-1}=0.1455y_{10-1}-1.0034\pm0.5$
	炭疽病		$y_{7-2}=0.2152y_{10-2}-1.7\pm0.6$
	根病		$y_{7-3}=y_{10-3}\times(0.1)\times$年产量
	褐皮病		$y_{7-4}=0.628y_{10-4}-0.62\pm0.7$
(y_8)	各病		$y_{8-4}=(y_6-y_7/100)\times$单产（kg）
(y_9)	各病		$y_9=y_8\times$干胶现价$-$防治成本$-$生产制胶成本
(EIL)	各病		EIL 为 $y_9=y_4$ 时的 y_1，用 y_7、y_8、y_9 模型输入不同的 y_1 反复统计，直到 $y_9-y_4=0$，此时输入的 y_1 即为 EIL

注：$y_1=$病害预测，$y_2=$防治指标，$y_3=$防治成本，$y_4=$防治次数，$y_5=$防治效果，$y_6=$产量损失（%），$y_7=$防治后产量损失（%），$y_8=$防治挽回损失（kg），$y_9=$防治经济效益，（EIL）＝经济为害水平。$x_6=5$%抽芽至 20%抽叶期间的抽叶速率；$r_2=$白粉病 5%发病后的流行速率；x_1 橡胶 1%抽叶后 10 天内的雨日；$x_4=$橡胶 1%抽叶后 10 天内 RH>90%天数；$x_{13}=$橡胶 1%抽叶后 10 天内<15℃天数；$L=$橡胶树行距；$B=$橡胶树株距；$m=$年数；$x_2=$上年年底褐皮病发病指数；r_1 白粉病 5%发病前后的流行速率；$t=$从病害 x_0 发展至 x 的天数；$x_{61}=$第一次喷药至橡胶 70%叶片老化天数；$x_{62}=$第一次喷药至 80%叶片淡绿期天数；$y_{10}=$防治后最终病指。

各子模型之间的相互关系及防治决策过程如图 1。

2.1.2 防治决策主要子模型的验证

1996—1998 年，在海南 3 个不同生态区对主要子模型做了验证，结果如表 2。从表 2 的验证结果看出：

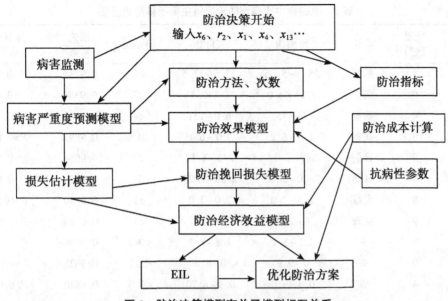

图1　防治决策模型有关子模型相互关系

（1）橡胶4种主要病害的预测模式（y_r）的预测值与实际值相当一致，其相关系数为0.9138~0.9892（$P<P_{0.01}$），平均偏差病指4.7，最大偏差病指<7，说明病害预测子模型相当准确。

（2）4种主要病害的防治指标模型的预测值与实际值平均偏差1天，最大偏差<3天，其相关系数达0.9054~0.9720（$P<P_{0.01}$），准确率88.3%~95.0%，说明防治指标子模型准确可靠。

（3）防治次数模型的预测值与实际值相关系数达0.9338~0.9540，最大偏差<1，平均相差0.3次，亦相当准确。防治成本决定于防治次数，故防治成本估计模型也相当准确。

（4）产量损失估计模型（y_6）、（y_7），防治挽回损失估计模型（y_8），防治经济效益模型（y_9）等4种子模型是密切关联的，它们的估计值与实际值相当一致，相关系数0.9026~0.9934，最大误差<1.2%，平均误差0.34%，说明它们也相当准确可靠。

2.2　防治决策模型应用效果与效益

1998—2000年，利用防治决策模型，在海南省3个不同生态区的代表性农场，优化防治方案指导生产防治，与常规防治做比较，做了生产防治试验示范推广，面积3 430hm²。

2.2.1　防治决策模型应用效果

1998—2000年，防治决策模型试验、示范、推广应用的结果（表3）表明：应用防治决策模型指导防治，无论对哪种主要橡胶病害，防治效果都较常规防治高，提高幅度为7.8%~24.8%。从整体控制橡胶病害的效果来看，应用防治决策模型，几种主要病害总防治效果达到75.4%，比常规防治（64.0%）高11.4%，说明应用防治决策模型指导橡胶病害防治，可比常规防治明显提高防治效果（$t>t_{0.01}$，极显著差异）。

表 2　橡胶树主要病害防治决策主要子模型的验证

子模型	重复次数	单位	预测值	实际值	偏差值	相关系数	显著性水平
y_{1-1}	8	病指	25.5~51.6	22.5~52.5	<7	0.9138	$P>0.01$
y_{1-2}	9	病指	1.0~46.0	0~40.3	<7	0.9354	$P>0.01$
y_{1-3}	4	病株	7~135	6.0~131	<4	0.9820	$P>0.01$
y_{1-4}	5	病指	1.7~6.2	1.7~6.1	<0.6	0.9892	$P>0.01$
y_{2-1}	8	日期	2/7~3/15	2/6~3/17	<2	0.9054	$P>0.01$
y_{2-2}	9	日期	2/20~2/22	2/20~2/23	1	0.9720	$P>0.01$
y_{4-1}	8	次数	1.3~2.0	2.0~3.0	<1	0.9540	$P>0.01$
y_{4-2}	9	次数	0~2.0	0~2.2	<1	0.9338	$P>0.01$
y_{6-1}	8	%	2.5~8.1	1.8~8.3	<0.7	0.9046	$P>0.01$
y_{6-2}	9	%	0~9.9	0~8.2	<1.7	0.8025	$P>0.01$
y_{6-3}	4	%	0.4~9.0	0.4~8.70	<0.3	0.9820	$P>0.01$
y_{6-4}	5	%	0.4~4.8	0.4~4.7	<0.1	0.9915	$P>0.01$
y_{7-1}	8	%	0~1.3	0~2.0	<0.7	0.8856	$P>0.01$
y_{7-2}	9	%	0~1.7	0~2.1	<0.4	0.9560	$P>0.01$
y_{7-3}	4	%	0.01~0.88	0.04~0.86	<0.02	0.9934	$P>0.01$
y_{7-4}	5	%	0.29~0.55	0.29~0.54	<0.1	0.9910	$P>0.01$
y_{8-1}	8	%	1.5~5.1	1.2~5.0	<0.3	0.9280	$P>0.01$
y_{8-2}	9	%	0~7.2	0~6.0	<1.2	0.8018	$P>0.01$
y_{8-3}	4	%	0.3~7.2	0.3~7.0	<0.2	0.9765	$P>0.01$
y_{8-4}	5	%	0.3~3.4	0.3~3.3	<0.1	0.9901	$P>0.01$
y_{9-1}	8	元/hm^2	105~485	88~474	<17	0.8214	$P>0.01$
y_{9-2}	9	元/hm^2	0~577	0~558	<19	0.8026	$P>0.05$
y_{9-3}	4	元/hm^2	95~8 043	95~8 010	<33	0.9086	$P>0.01$
y_{9-4}	5	元/hm^2	0~227	0~216	<11	0.9890	$P>0.01$

表 3　决策模型（A）与常规防治（B）的防治效果比较

病害	处理	平均病指	平均防效	比较±（%）
白粉病	A	15.03	70.5	+13.1
	B	18.40	63.8	
	CK	50.93		
炭疽病	A	5.45	85.6	+10.2
	B	9.30	75.4	
	CK	37.75		

（续表）

病害	处理	平均病指	平均防效	比较±（%）
褐皮病	A	6.43	67.8	+7.8
	B	7.97	60.0	
	CK	19.95		
根病	A	0.02	84.8	+124.8
	B	0.35	60.0	
	CK	0.88		
总计	A	6.73	75.4	+11.4
	B	9.86	64.0	
	CK	27.38		

表 4　决策模型与常规防治的防治成本和经济效益比较

处理	面积（hm²）	防治成本（元/hm²）	用药量（kg/hm²）	产量（kg/hm²）	挽回干胶损失（kg/hm²）	经济效益		
						总·计（万元）	（kg/hm²）	比较（%）
决策模型	3 430	266.4	22.0	1 314.2	128.6	394.44	1 399.5	118.0
常规防治	3 484	331.4	27.5	1 206.0	100.0	388.20	1 185.6	100.0

2.2.2　应用防治决策模型指导防治的防治成本与经济效益

1998—2000 年，在海南 3 个不同生态区农场，应用防治决策模型指导生产防治的防治成本、用药量、干胶产量、防治挽回的干胶损失、防治纯经济效益等结果综合如表 4。

从表 4 的结果可以看出：①应用防治决策模型指导橡胶病害生产防治，平均每公顷防治成本 266.4 元，比常规防治（331.4 元/hm²）降低 19.6%，每公顷节省防治费用 65 元，节省农药 9kg，共节省农药 30.9t。可见，推广应用防治决策模型防治橡胶病害，可以降低防治成本，节省农药，对减少农场的防治支出和环境污染都有较大作用，具有明显的社会、生态效益。②应用防治决策模型指导生产防治，平均干胶产量 1 314.2kg/hm²，比常规防治（1 206kg/hm²）增产 9.8%；用防治决策模型防治橡胶主要病害，平均每公顷挽回干胶损失 128.6kg；比常规防治（101.6kg/hm²）增加 26.6%。防治决策模型平均纯收入（扣除防治成本及产品生产和加工费用）925.4 元/hm²，比常规防治（726.8 元/hm²）提高 18.0%。

3　讨论

（1）本研究根据橡胶病害综合治理系统的分析，用电算模拟技术，在建立各种有关子模型的基础上，组建成橡胶主要病害防治决策模型。1996—1998 年验证的结果表明：所有建立与防治有关的子模型，包括病害预测模型、防治指标、防治次数、损失估计、防治成本、经济效益等子模型都准确可靠，预测值与实际值相关系数达 0.8026～0.9934。这是保证防治决策模型在实际应用中取得成功的前提。1998—2000 年试验、示范、推广应用防治决策模型的结果表明，应用防治决策模型进行防治方案优化设计，指导橡胶主要病害防治，与常规防治相比，能够显著地提高防治效果，降低防治成本，节省农药，增加经济收入，具有明显的社会、经济和生态效益。验证和推广应用决策模型的结果证明，本决策模型结构合理，功能良好，较易在实际应用中获得成效。本成果为橡胶病害防治决策提供了新的途径。

（2）过去一般生产者认为，应用决策模型的一个主要问题是计算程序复杂，不易实施。笔者已将防治决策模型做成计算机软件，使用时只需要输入有关参数和不同的防治方案，即可在短时间内选出最佳防治方案。应用本模型，可为橡胶病害防治决策提供简易、迅速、准确可靠的方法。

（3）建立本模型的基本数据，主要来自海南、广东两省，较适合在这两省植胶区应用，其他省区需结合本省实际，对有关子模型做适当调整，才能获得良好的应用效果。

参考文献 （略）

原载于 *中国热带农业*，2006（3）：26-29

橡胶树病害综合治理体系研究

余卓桐　冯淑芬　陈慕容　张运强　罗大全　谢艺贤　黄武仁

橡胶树病害是橡胶生产中的一个突出问题。据联合国粮农组织统计，橡胶树因病虫害造成的损失约占总产量的 25%。因此，橡胶树病害的研究和防治向来受到植胶国的重视，且在一些橡胶树主要病害的防治研究和开发推广上取得过较大的进展。但是过去的生产防治没有从整体上对橡胶病害进行综合治理，多数病害没有预测预报的方法和防治指标，防治带有盲目性，因而常常出现用药多、成本高、防效差、效益低、环境污染严重，经济、社会、生态效益都偏低等情况。为了改进橡胶病害防治技术，提高我国橡胶病害防治水平，笔者自 1996 年起进行了以作物为单元的橡胶病害综合治理体系的研究。现报道如下。

1　试验材料与方法

1.1　组建橡胶病害综合治理体系的程序

①调查不同生态区的橡胶病害种类和主要病种，确定主要治理对象；②研究主要病害病原生物学、流行学，制定病害监测和预测方法，经验证修正后使用；③测定病害为害损失，建立损失估计模型，确定主要病害的动态经济为害水平；④试验测定主要病害的防治指标和多病害的复合防治指标；⑤针对病害逐个研究综合防治措施，组建单个病害的综合治理体系；⑥在上述研究的基础上，利用系统模拟技术和各个环节研究出来的防治措施，按作物生长发育阶段安排，组装成以作物为单元的综合治理体系。

1.2　大田试验方法

试验材料为国内种植的主要橡胶品系 RRIM600、PR107 和少量海垦 1 号、P886 的幼龄树和中龄开割树。试验和示范推广安排在海南 6 个不同类型生态区的代表性农场。试验采用随机区组设计，有 3 个处理：综合治理、常规防治、不防治对照区。前两个处理以一个生产队为一个小区，重复 5 次。两种处理选择的生产队用配对法，即选一个生产队做综合治理，同时在附近选另一个品系、病情、物候相应一致的生产队做常规防治。不防治的对照区，在本场参试的生产队附近，选择 2~3 个代表性林段。2001 年后全场绝大部分生产队用综合治理体系，留少量生产队保持常规防治做对比。

综合治理的生产队，用笔者组装的综合治理体系指导防治；常规防治的生产队，则按农业部农垦局《橡胶植保规程》和当年海南农垦总局对橡胶病害防治的具体安排进行。

2 试验结果

2.1 橡胶病害综合治理体系的组建

2.1.1 橡胶病害综合治理策略与基本措施

我国橡胶病害系统的主要病害，按其发生发展规律可分为两类：一类为高速多循环流行病，如白粉病、炭疽病、条溃疡病等。对于这类病害，主要的控制策略是降低流行速率和缩短感病期。降低流行速率的主要方法是选用抗病品种和化学防治、生物防治等；缩短感病期的主要方法是应用抽叶整齐、老化迅速的橡胶品系，在抽叶初期加倍施用速效氮肥和化学脱叶等。另一类为慢性单循环流行病，如褐皮病、根病等。对于这类病害，主要的控制策略是消除初侵染源和早期降低基础菌量。消除侵染源的主要方法，根病可用毒杀树桩或用机械清除树头。褐皮病则要清除苗圃的丛枝病苗，早期注意降低基础菌量，加强幼树期间的病害监测，发现病株及时挖除，或用有效农药及时控制。这类慢性病的发生与耕作制度和农业措施有密切关系，调节割胶制度防治割面病害（褐皮病、条溃疡病）、改变耕作方式防治根病是有效的农业防治方法。此外，还要严格做好植物检疫工作，防止其他植胶国的危险性病害传入我国。因此，橡胶综合治理体系应以植物检疫、抗（避）病品系利用、农业防治、化学防治、生物防治等为主要防治措施。在橡胶综合治理系统中，为了充分发挥各种防治措施的作用，减少化学防治，获取最大的社会、经济和生态效益，必须应用经济为害水平、防治决策模型、病害监测和预测、防治指标等现代植物病害管理技术指导综合治理措施的实施。把上述各种综合防治措施和管理技术作为主要组分，按照橡胶生长阶段的顺序有机地组装起来，就构成橡胶病害综合治理体系。

2.1.2 不同生长阶段的橡胶病害综合治理体系

2.1.2.1 定植前的病害综合治理

①加强植物检疫，严防南美叶疫病和其他危险性有害生物的传入；②彻底消灭侵染源。在山区、丘陵区植胶，要用 2,4-D 丁酯毒杀树桩或用机垦清除树桩，定植后立即种植豆科覆盖作物；③选用无丛枝病和根病的苗木作定植材料，清除苗圃中的丛枝病和根病苗木，防止病苗传入大田；④橡胶林段应按规定建立防风林带，减轻定植后因风害引起的炭疽病为害；⑤根据各区域的主要病害种类选用抗病品系。炭疽病易发区宜选 GT1 和热研 7-33-97 等抗炭疽病的品系；褐皮病易发区宜种 PR107 等抗病品系；白粉病常发区宜种 RRIM600、热研 7-33-97、PB86 等抗、避病品系。

2.1.2.2 幼树病害的综合治理

①加强病害监测，及时清除病株。橡胶定植后每年都要对幼树林段做一次根病、丛枝病的普查。1~3 年内发现的病树，要立即连根挖净，集中烧毁。植穴要挖开泥土曝晒 2~3 个月后用大苗补植。②定植后 4 年至开割前的根病树，可用 0.75% 十三吗啉或 0.75% 粉锈宁淋灌或用 10 % 根颈保护剂保护。

2.1.2.3 开割树病害的综合治理

橡胶树开割后要利用现代植物病害管理技术指导综合防治。即首先做好病害监测和预测，对超过经济为害水平的地段，按照适当的防治指标采取有效的综合防治措施进行防治。未达到经济为害水平的地区，需继续进行监测预测，始终不到经济为害水平的地段免于防治。

（1）病害监测和预测。橡胶开始开割后，要以生产队为单位，选择代表性林段对橡胶病害系统进行监测和预测。经多年验证修正和推广应用，橡胶主要病害的中、短期预测模式及验证结果见表1。

（2）经济为害水平。根据笔者对橡胶主要病害为害损失的测定结果，结合目前我国的橡胶产量、防治成本、防治效果、胶价等情况统计分析，橡胶主要病害的经济为害水平为：白粉病最终病指 20~25；炭疽病 18~24；褐皮病 3~4；根病发病率 0.1%~0.3%。具体的经济为害水平需根据当年的情况优选确定。一般来讲，产量高、防治成本低、防效差的经济为害水平较低，产量低、成本高、防效好的经济为害水平较高。

表1　橡胶主要病害预测模式及预测验证

病害	预测种类	预测模式	预测值与实际值的相关系数	显著性水平	误差病指	准确率（%）
白粉病	中期最终病指	$y = 18.27 - 1.273x_{19} + 2.54r_2 \pm 8$	0.8201	$P > P_{0.01}$	<7	93.2
		$r_2 = 8.07 + 0.00386x_5 + 0.355x_{11} \pm 1.3$	0.9259	$P > P_{0.01}$	<0.01	96.3
	短期最终病指	$y = 67.9 + 5.41x_3 \pm 7$	0.8526	$P > P_{0.01}$	<7	92.7
	短期防治指标	$t = (2.30259/r_1) \log x_0/x_1 \pm 3$	0.8754	$P > P_{0.01}$	<3 天	88.3
		$r_1 = 21.82 + 0.00197x_5 + 0.681x_7 \pm 3.9$	0.9683	$P > P_{0.01}$	<0.015	94.7
炭疽病	中期最终病指	$y = 7.41 + 5.83x_1 + 0.2x_4 + 3.43x_{13} \pm 11$	0.9354	$P > P_{0.01}$	<7	94.0
	短期最终病指	$y = 7.64x_8 + 0.506x_9 - 15.06 \pm 2.5$	0.8909	0.01	<6	94.5
根病	中期发病率	平地 $y = (1.83/L + 1.83/B) \times (1+2+3+\cdots+m) \pm 1$	0.9820	$P > P_{0.01}$	<4	98
		山地 $y = (1.83/B) \times 2m + 1$	0.9820	$P > P_{0.01}$	<4	98
褐皮病	中期预测病指	$y = 1.15 + 0.943x_2 \pm 1.0$	0.9820	$P > P_{0.01}$	<0.6	98

注：x_{10} = 5%抽芽至20%抽叶期间的抽叶速率；r_2 = 白粉病5%发病后的流行速率；x_5 = 越冬菌量（×10 000），x_{11} = 5%发病率抽叶至20%抽叶期间<15℃天数。x_3 = 总发病率2~3%时的抽叶%；r_1 = 白粉病5%发病前的流行速率；x_0 = 预测时的发病%；x = 防治指标（发病%）；t = 从x_0发展至x的天数；x_7 = 5%抽芽至20%抽叶的时间（日数）；x_1 = 1%抽叶后10天内的雨日；x_4 = 1%抽叶后10天RH>90%天数；x_{13} = 1%抽叶后10天内<15℃天数；x_8 = 天气预报10天内降雨天数；x_9 = 预报降雨前的发病%；L = 橡胶树行距；B = 橡胶树株距；m = 年数；x_2 上年年底褐皮病的病指。

（3）防治指标和复合防治指标。据笔者测定，橡胶主要病害的防治指标为：白粉病在橡胶抽叶30%以前发病率10%以上时做局部防治；抽叶30%以后至古铜期，发病率达10%~15%，淡绿期至老化60%以前发病率达20%~30%，开始第一次全面喷药。喷药后7天橡胶物候期未达到60%老化的，应在3天内第二次喷药。依此类推。炭疽病重点防治易发病地区的易感品系和历年重病林段。对这些地区的林段，在橡胶嫩叶期间，气象预报10天内有持续3天以上的阴雨高湿天气，雨前发病率在10%以上时，应在雨前 2~3 天开始喷药。喷药后 7 天，橡胶物候期未达到 80% 淡绿的林段，应在雨前 2~3 天喷第二次药。依次类推。若橡胶在越冬期遭受过寒害，则只要出现上述气象预报条件，就要在雨前 2~3 天开始喷药，而不需考虑发病率是否达到 10%。橡胶主要病害的复合防治指标为：如果预测白粉病、炭疽病的最终病指均超过经济为害水平，两种病害用一种农药同时防治，可用下述复合防治指标，即橡胶 30% 抽叶至 80% 淡绿期间，两病混合发病率 15% 左右，需在 3~5 天内喷药，如此时有阴雨预报，应提前在雨前喷药；春季橡胶新叶老化后，以林段为单位调查统计，红根病、褐根病发病率达 0.06%~0.1% 时，应立即进行防治；上年 10 月调查褐皮病，发病指数在 2.2 以上的林段，当年即需采取有效的综合措施进行防治。

（4）利用品系抗（避）病性。一些品系如 RRIM600、GT1、热研 7-33-97、PB86，抽叶较整齐，一般品系白粉病中度发生的年份，其病情都在经济为害水平以下，可免化学防治；发病严重的年份，它们也只是中度发生，可以减少喷药次数和剂量。有些品系如 PR107 对褐皮病、风害有抗性，对白粉病、炭疽病有耐病性，充分利用这些品系的抗（耐）病性，结合农业防治，辅之以少量化学防治，就可以把这些品系的病害降低至经济为害水平以下。对白粉病、炭疽病，其经济为害水平可提高到最终病指 26~32。

（5）农业防治。橡胶综合治理体系应以农业防治为基础。开割后的主要农业防治措施有：①调节割胶制度，控制割面病害。冬季实行"一浅四不割"，特别注意避免在雨天割胶和连刀割胶。使用乙烯利刺激剂对防治条溃疡有良好的效果，但要注意调节割胶强度并增施肥料，否则容易诱发褐皮病。目前采用（S/4+S/4↑）d/4+ET 不单能控制割面条溃疡，而且能防治褐皮病，是较理想的割制。对重病胶树要休割，及时刮除病皮，加强施肥管理，增加施药次数使其尽快恢复产胶；②加强林段施肥管理，减轻叶片病害。海南南部地区和其他地区的暖冬年份，在橡胶抽芽初期加倍施用速效氮肥，可促进橡胶抽叶整齐，减少化学防治次数，并减轻叶片病害。在叶片病害严重落叶的林段，及时补施速效复合肥，可补偿病害引起的损失；③挖隔离沟，限制根病的扩展传播。

（6）化学防治。化学防治能迅速有效地控制病害发展，是橡胶病害综合治理体系应急的重要措施。多年的筛选、大田试验和生产应用表明，防治白粉病用硫磺粉或粉锈宁，防治褐皮病用保 01，防治炭疽病用多菌灵、百菌清、拌种灵、Trifuncit，防治根病用十三吗啉、粉锈灵，防治条溃疡病用乙磷铝、瑞毒霉、敌菌丹等，是目前国内较经济、有效和安全的农药。为进一步节省农药，减轻劳动强度，解决多种病害同时发生时喷药的矛盾，可用广谱兼治农药或混配农药。如粉锈灵对白粉病、炭疽病有良好的效果，且成本不高；用保 01 混配乙烯利，对褐皮病和条溃疡病有良好的效果；十三吗啉、粉锈灵是广谱农药，对红根病、褐根病、紫根病、白粉病都有效。

在橡胶病害综合治理体系中应用化学防治，要注意下述问题：①要根据病情预测、经济为害水平、防治指标进行化学防治，避免盲目施药和打保险药；②化学防治应结合农业防治，利用品系抗病性和自然限制因素，这样既能减少用药和环境污染，降低防治费用，又能提高防治效果和经济效益。如结合降低割胶和刺激剂的强度，可明显提高保 01 的防治效果；结合利用品系的抗病性可减少防治白粉病的喷药次数和剂量。在化学防治白粉病、炭疽病期间，如橡胶嫩叶期出现高温（平均温度>28℃，最高温度>35℃）

干旱天气可暂不喷药，待高温过后才喷。若此时橡胶叶片 60% 以上已老化，则可以不再全面喷药，根据实际情况采用局部或单株防治，这样可以减少喷药次数。③加强病原物抗药性的监测，发现有抗药性产生，可用混配农药、改用农药或交替用药等方法解决。④加强农药对环境污染和有益生物影响的监测，及时解决有关问题。

（7）生物防治。除用保 01 防治褐皮病外，用内疗素防治条溃疡病、白粉病，2316 防治条溃疡病、季风性落叶病，低聚糖素防治白粉病，都与常规农药的防治效果接近，且无毒、无污染、无公害，可考虑推广应用。橡胶幼龄期和开割初期种植豆科覆盖作物，能促进抗生菌如木霉菌（*Trichoderma* spp.）的生长和树桩腐烂，减少根病发生。在橡胶植穴内施用硫磺粉也能促进木霉菌生长而预防根病。

（8）橡胶综合治理防治决策系统模型。为了更准确、有效地应用橡胶病害综合治理体系，并为网络远程服务提供基础技术，很有必要应用橡胶病害综合治理防治决策系统模型（具体模型可参阅《橡胶主要病害防治决策模型研究》）。应用此模型输入当年调查的有关参数，即可输出病情预测、经济为害水平和防治方案。根据防治方案的经济效益、用药量、防治成本等可优选出适合当年的最佳防治方案。

2.1.3　橡胶病害区域性综合治理体系

根据橡胶主要病害的发生和为害规律，我国可建立下述 4 个橡胶病害区域性综合治理体系：①海南南部、东南、西南部综合防治体系。本区主要橡胶病害有白粉病、褐皮病、根病；②海南中部、西部综合防治体系。本区除了一区的主要病害外，还有炭疽病为害；③海南北部、广东湛江地区、汕头地区、广西东兴、龙州地区、福建漳州地区综合防治体系。本区主要橡胶病害为白粉病、炭疽病；④云南地区综合防治体系。本地区主要病害有条溃疡病、褐皮病、根病、白粉病。各区的综合治理，可根据该区的主要病害，参照上述"不同生长阶段综合治理体系"具体实施。

2.2　橡胶综合治理体系示范推广应用的防治效果和防治效益

2.2.1　大面积推广应用综合治理体系的防治效果

1998—2005 年在海南龙江、南方、阳江、新中、东红、红光 6 个不同生态区农场推广应用综合治理体系，累计推广面积 13.51 万 hm^2。推广应用结果（表 2）表明，综合治理整体控制橡胶病害系统的总效果为 76.6%，比常规防治（平均防效 66.1%）高 10.5%（$t = 9.3 > t_{0.01} = 3.75$，极显著），说明推广应用综合治理体系能明显提高病害系统控制的效果。

2.2.2　大面积示范推广应用综合治理体系的社会、经济、生态效益

1998—2005 年在海南 6 个农场大面积推广综合治理体系的防治成本、用药量、干胶产量、挽回的干胶损失、防治经济效益等结果见表 3。从表 3 的结果可以看出：应用综合治理体系指导橡胶病害生产防治，平均每公顷防治成本 114 元，比常规防治（144 元/hm^2）降低 20.5%，节省防治费用 578.9 万元；减少农药 1 453t；干胶产量 1 314.2 kg/hm^2，比常规防治（1 206.0kg/hm^2），增产 9.8%；挽回干胶损失共 1.88 万 t，比常规防治增产 26.6%。综合治理示范推广地区平均每公顷纯收入 925.4 元，比常规防治（762.8 元/hm^2）提高 21.3%，共获纯经济效益 1.25 亿元。

3 结论和讨论

（1）1996—2005 年在海南不同生态区 6 个代表性农场 13.51 万 hm² 大面积试验示范、推广应用橡胶病害综合治理体系的结果表明，利用本综合治理体系指导生产防治，与目前国内外生产上的常规防治相比，不单能够节省大量农药和防治费用，减少农药对环境的污染，具有良好的社会生态效益，而且还可提高防治效果，增加干胶产量，获得更大的经济效益。本体系的确立，为开展以作物为单元的橡胶病害综合治理提供了新的技术。

（2）本橡胶病害治理体系以及其中一些关键的技术，如炭疽病、根病、褐皮病的病情预测模式、动态经济为害水平、防治指标，以及同时防治几种病害的化学农药和生物农药，过去国内外橡胶病害研究都未做过类似的报道，本研究属首次报道。

（3）本体系主要根据笔者过去在海南、广东的研究和生产部门的实际经验组建而成。由于橡胶病害发生为害既有共同规律，也有地区特点，所以本体系在原则上适合全国植胶区应用，但各地植胶区在应用时要结合本地实际适当调整，才能获得良好的应用效果和经济效益。

表 2 综合治理（A）与常规防治（B）的防治效果比较差

病害	处理	平均病指	平均防效（%）	比较±%
白粉病	A	10.00	79.9	13.1
	B	16.50	66.8	—
	CK	49.80	—	
炭疽病	A	2.80	87.0	4.7
	B	3.80	82.3	
	CK	21.50	—	
褐皮病	A	6.27	61.1	6.8
	B	7.36	54.3	
	CK	10.10	—	
根病*	A	0.56%	78.2	17.2
	B	1.00%	61.0	
	CK	2.57%	—	
总计	A	4.9	76.6	10.5
	B	7.2	66.1	—
	CK	22.5	—	—

注：* 根病为平均发病率；不是病指保留%。

表3　综合治理（A）与常规防治（B）防治成本和经济效益比较

处理	防治成本		用药量		产量		挽回胶损失		经济效益	
	元/hm²	比较（%）	kg/hm²	比较（%）	kg/hm²	比较（%）	kg/hm²	比较（%）	元/hm²	比较（%）
A	114	79.5	22	80	1 314.2	109.8	128.6	126.6	925.4	121.3
B	144	100	31	100	1 206.0	100.0	101.6	100.0	762.8	100

原载于 *中国热带农业*，2006（1）：27-30

橡胶树病虫害防治问答（病害部分）*
（1985）

余卓桐

1. 目前世界上和我国植胶区有多少种橡胶病害？哪些比较重要？

答：目前在世界植胶区发现的橡胶病害有 62 种，其中重要病害有 12 种：南美叶疫病、白根病、白粉病、季风性落叶病、麻点病、炭疽病、割面条溃疡病、绯腐病、红根病、褐根病和黑纹根病。

我国植胶区发现的橡胶病害（除 14 种生理性病害外）有 48 种，其中重要病害有白粉病、割面条溃疡、红根病、褐根病、紫根病、炭疽病、季风性落叶病、麻点病 8 种。重要的生理性病害有死皮病、烂脚病、黄叶病等。近年研究发现褐皮病由类立克次氏体引起，是侵染性病害。

2. 白粉病对橡胶树有什么危害？

答：白粉病主要为害橡胶树的嫩叶、嫩芽和花序，引起落叶、落花，从而推迟开割时间，使胶乳减产，种子失收，重复多次落叶，甚至造成枝条回枯。据测定，2 级白粉病造成干胶损失 3.43%，3 级损失 8.43%，4 级损失 15%，5 级损失 37.2%。此外，白粉病还影响胶树的茎围和树皮生长的速度。

3. 如何计算橡胶白粉病造成的产量损失？

答：计算白粉病的产量损失，可根据下面的经验公式估计：

白粉病为害损失率（%）= $\sum$（各级病株率×该级损失率理论值）×100 =（2 级病株率×0.0193+3 级病株率×0.139+4 级病株率×0.2587+5 级病株率×0.3784）×100。利用各生产队或各农场每年最终病情整株鉴定的各级病株率代入上面的公式，即可估计出各生产队或各农场的损失率。再根据本地当年亩产统计数和胶价，就可以算出当年橡胶白粉病为害损失产量和金额。

例如：调查某农场的橡胶白粉病最终病情，结果为：0 级 15%（= 0.15），1 级 15%（= 0.15），2 级 20%（= 0.2），3 级 20%（= 0.2），4 级 15%（= 0.15），5 级 15%（= 0.15）。用这些数据代入上面的公式得：

（0.2 × 0.0193+0.2 × 0.139+0.15×0.2587+0.15×0.3784）×100 = 12.7225%

设该农场平均亩产为 60kg，共 25 000 亩，则该农场白粉病损失干胶量为：

（60×0.127225）×25 000 = 190 837.5kg = 190.8t。

---

* 林正谋负责撰写虫害部分。

按每 kg 纯利 3 元计，则损失

3×190 837.5 = 572 512.5 元 = 57.25 万元。

上述公式适合计算海南地区的实生树的产量损失。其他地区最好是各地进行白粉病的损失测定试验后，利用适合本地的公式进行计算。

4. 怎样识别橡胶白粉病？

答：橡胶白粉病侵害嫩叶、嫩芽、嫩梢和花序。嫩叶感病初期，叶面或叶背上出现辐射状的白色透明的菌丝，蜘蛛网状。此时必须将叶片对光细看才能发现。以后在病斑上出现一层白粉，形成大小不一的白粉病斑。发病严重时，病叶满布白粉，皱缩畸形，最后脱落。在发病初期遇到高温（平均温度 26℃ 以上），病菌不长菌丝，不产孢子，此时病斑变为红色病斑。发病中期遇到高温天气（平均温度 28℃）连续 3 天，病斑则消退为黄斑。有些没有消退完全的病斑，在气温降低后又恢复生长、产孢。在老叶上的老菌斑，在高温或低温条件下变成灰白色较厚的病斑，称为藓状斑。总之，白粉病的病斑有多种，必须仔细鉴别。

5. 白粉病是什么病原菌引起的？

答：白粉病是粉孢属真菌引起的病害。其菌丝体生于寄主表面，无色透明，呈丝网状。菌丝上生有许多棍棒状的小梗称为分生孢子梗。分生孢子梗顶端膨大，长出分生孢子。分生孢子无色透明，卵形或椭圆形。每个分生孢子梗可产生数个分生孢子。分生孢子是白粉菌无性繁殖和传播形成新病斑的器官。孢子成熟后借风传播到橡胶嫩叶上，在几个小时内就可以发芽，侵入嫩叶中，3~6 天后就看到病斑，再过 1~2 天就可再产孢子，重新侵染。这样重复侵染，林段的病情就会越来越严重。

6. 白粉菌有什么主要特性？

答：（1）专性寄生。它只能寄生在活的叶片、嫩芽和花序上，不能在人工培养基上生长。它随寄生的寄主组织死亡而死亡。

（2）只能侵染嫩叶、嫩芽等幼嫩寄主组织。叶片角质层成熟后（即叶片老化发光时）病菌即不能侵染。

（3）喜欢冷凉高湿的天气。白粉病生长、发育最适宜的温度为 18~23℃，相对湿度 80% 以上。平均温度 28℃ 以上，最高温度 35℃ 以上，白粉病不能生长、产孢，几天内即会死亡。

7. 什么条件下白粉病会发生流行？

答：白粉病的流行与橡胶树物候、菌量、气候条件有密切关系。冬季暖和，即 1 月中旬至 2 月中旬的平均温度在 17℃ 以上，而橡胶树的落叶又不彻底（落叶量在 70% 以下），抽芽早且不整齐，越冬菌量大，病害出现早，就为病害流行打下了基础。如果 2 月下旬至 3 月中旬有长时期的寒潮天气，平均温度 11~18℃，则病害就会迅速流行起来。有些地区，如海南南部虽无寒潮影响，但温度不高，平均温度 15~22℃，病害也能顺利发展，引起病害流行。在海南中部、西部、北部以及湛江、汕头、福建地区，有些年份虽然冬天不暖和，但春天橡胶树嫩叶期出现长时期的寒潮天气（18 天以上），病害也会发生中度流行。

8. 为什么橡胶树落叶不彻底、抽叶不整齐则白粉病会严重发生?

答：橡胶树落叶不彻底，一般抽叶也不整齐，越冬菌量较多。抽叶不整齐，则嫩叶感病期延长，病害可以发展的时间也较长。因此，落叶不彻底、抽叶不整齐，不单有较多的菌源，而且病害的发展有更多的时间，白粉病的发生也就比较严重。

9. 什么样的天气条件下白粉病会发生流行?

答：橡胶白粉病的流行，要求冬春有适宜的气候条件。下述情况下白粉病会发生流行：

（1）冬暖春凉：1 月至 2 月中旬平均温度在 17℃以上，2 月下旬至 3 月中旬有持续长时期的寒潮，平均温度 11~18℃。

（2）冬春温暖：1 月平均温度在 17℃以上，2—3 月平均温度在 17~21℃。

（3）春冷：橡胶树嫩叶期出现 18 天以上的寒潮，平均温度 11~18℃。

10. 越冬菌量与春季白粉病流行有无关系?

答：越冬菌量与春季白粉病流行有关。越冬菌量大，则发生较早，最终发病较重。有些年份抽叶物候被寒潮打乱，物候期延长，虽然越冬菌量少，病害也会流行，这种情况下越冬菌量作用不大。可见，在抽叶整齐、越冬菌量大的情况下，消灭越冬菌源，对于防治橡胶白粉病将有明显的效果。

11. 为什么白粉病出现越早发病就越严重?

答：白粉菌只能侵染橡胶树嫩叶，叶片一旦老化，白粉病就停止发展。在抽叶过程中病害出现越早，白粉病顺利发展的时间也就越长，这样白粉菌的重复侵染次数就会较多，发病就会比较严重。据测定，白粉病总发病率 2%~3% 出现在抽叶 20% 以下时，最后病害会特大流行；出现在抽叶 20%~50%，最后病害中度流行；出现在抽叶 50%~85%，病害中度发生，最终病情指数 20~40；出现在抽叶 85% 以后，则病情轻微，最终指数 25 以下。

12. 白粉病的发生过程是怎样的?

答：白粉病在一年中发病循环可以分为越冬、中心病株或中心病区、病害流行、病害消退及越夏等 5 个阶段。冬天白粉菌在胶树的冬梢、未落的老叶或苗圃叶片上越冬。春天，橡胶树抽叶后，病菌孢子从越冬的地方借风传到嫩叶上，最初侵染个别早抽叶的胶树，形成发病较早的中心病株。中心病株向四周传播，形成局部发病较早的小区即中心病区，这就是中心病株或中心病区阶段。随着病害不断传播蔓延，病害发生越来越普遍，于是病害进入流行阶段，并逐渐发展至当年流行的高峰。橡胶树叶片老化、气温升高以后，病害渐渐消退，即进入病害消退阶段。病菌以藓状斑存活于阴凉处的寄主上越夏，直至冬季，这就是越夏阶段。

13. 哪些橡胶树林段会比较严重地发生白粉病？

答：橡胶树林段白粉病发病的严重程度，决定于该林段胶树抽叶过程的迟早与长短，越冬菌量的大小和品系的抗病力。一个农场或一个生产队里，胶树抽叶迟而不整齐的林段，或越冬菌量大的林段，或感病品系的林段，或多品系混种的林段，发病的程度总是比抽叶早、抽叶整齐、越冬菌量小或抗病品系的林段较重。了解林段间这种发病差异的规律，对于掌握防治重点有重要的意义。

14. 防治橡胶白粉病有哪几种方法？

答：防治橡胶白粉病，必须贯彻"预防为主、综合防治"的方针。目前国内外防治橡胶白粉病主要有三种方法。

（1）选用抗病高产或抽叶整齐的品系。据测定，RRIC52、RRIC100、RRIC102、RRIC103、红山67-15等品系对白粉病有较强的抗病性，可在白粉病严重发生的地区种植。有些品系，如RRIM600、PB86等，抽叶比较整齐，常年发病较轻，也可以种植。利用抗病或抽叶整齐的品系，不需额外的防治花费，节约农药费用，是最经济有效的方法。

（2）化学防治。硫磺粉是防治橡胶白粉病有效的传统农药，目前世界上各植胶国家防治白粉病仍然以应以硫磺粉为主。1973年马来西亚选出了十三吗啉。据称，用此药做低容量喷雾3次与喷硫磺粉5次的防效一致，成本比硫磺粉低。近年笔者选出了粉锈宁，效果比硫磺粉好，残效期也较长。

化学防治的另一个方法是利用化学剂脱叶，促使橡胶落叶抽叶整齐，以达到避病的目的。笔者用乙烯利300IU，在橡胶越冬初期喷雾，有良好的脱叶效果，并无药害。

（3）农业防治。在越冬末期或抽芽初期加倍施用速效氮肥，能促进抽芽，抑制白粉菌产孢，对防治白粉病有一定的效果，国外已推荐应用。在白粉病严重为害以后，亦应补施氮肥，以恢复胶树生势、减少损失。

15. 为什么说搞好预测预报是防治橡胶白粉病必不可少的措施？

答：目前橡胶白粉病的防治，主要用化学防治方法。但是，白粉病不是年年流行，也不是每个地区、每个林段都一样严重。如果每年每个林段都施药，就会造成浪费。同时，对于发病较重需要施药的林段，还有一个施药适期问题。施药过早，会造成浪费，施药过迟，防治效果又不高。为了确定林段是否需要施药和施药的适宜时间，必需进行病害严重程度和施药指标的预测。多年的研究结果和生产防治的经验说明，搞好橡胶白粉病的预测预报，不但可以为防治准备工作提供参考，而且可以节省防治成本，提高防效，是防治橡胶白粉病必不可少的措施。

16. 什么叫做中期预报和短期预报？

答：目前橡胶白粉病的预报有两种，一种是中期预报，一种是短期预报。中期预报主要是根据橡胶树的越冬落叶情况、越冬菌量及越冬期的气象条件及春天的气象预报来预测病害的严重程度。短期预报是在发病初期预测病害的发生及施药日期，预测的时间较短，一般在一个星期左右。

17. 什么情况下可以预计病害流行？如何用预测模式进行中短期预报？

答：经过橡胶越冬落叶、抽芽、越冬菌量的调查，并收集了当时的气象资料和气象预报，所得的资料符合下述指标，即可发出中期病害流行的预报：

（1）冬暖，1 月至 2 月中旬平均气温在 17℃以上；

（2）抽芽初期（5%左右）橡胶树越冬落叶量在 70%以下，胶树在 2 月中旬之前抽芽，抽芽不整齐；

（3）越冬菌大，冬梢多，感病普遍，或越冬未落老叶带病率 20%以上；

（4）天气预报 2 月下旬至 3 月中旬共有 12 天以上的冷空气影响，平均温度 11~18℃，极端低温 8℃以上。在海南南部则要求此时的平均温度在 23℃以下；

（5）除海南南部以外，如果气象预报 2 月下旬至 4 月上旬共有 18 天以上的冷空气影响（温度指标同（4），海南西路无老挝风高温影响），则虽无（1）、（2）、（3）、（4）项指标，都可发出病害流行的中期预报。

近年笔者已应用预测模式进行中短期预报，获得了较好的预报效果。这里举些例子说明预测模式使用方法。

海南南部的中期预测模式为

$$y（最终病情指数预测值）= 114.3+0.024x_5-0.79x_1-0.33x_4$$

x_1=落叶量，x_5= 12 月平均温度，x_4= 12+1 月雨量。

1984 年 12 月南田农场的平增温度为 19℃，雨量 10mm，1985 年 1 月降雨 8mm。5%抽芽时调查的落叶量为 70%。用这些数据代入上述模式化得：

$$y = 114.3+0.024×19-0.79-0.33×18 = 53.4$$

根据统计结果就可以预测南田农场 1985 年的病情为重病年份。这种方法异常简单易行，只要知道 12 月至翌年 1 月的雨量、温度和抽芽初期的落叶量就可以发出预报。

18. 白粉病短期预报有几种方法？

答：目前在生产上应用的短期预测方法有下面几种：

（1）总发病率法：根据胶树老嫩叶的总发病率 2%~3%在抽叶过程出现的迟早预测病害严重程度，并根据总发病率的发展速度预测施药适期。

（2）嫩叶病率法：根据胶树嫩叶的发病率到达一定数值决定喷粉日期。实际上嫩叶病率法就是施药的指标。

（3）总指数法：根据胶树老嫩叶发病的总指数来指导防治。此法亦为施药的病情指标，与嫩叶法一样，只不过是用发病总指数作指标而已。

（4）预测模式测报法：利用多元回归模式进行预报。1978 年以后，笔者根据海南代表性胶区的历年白粉病系统观察和气象材料，用电脑计算获得各地的预测模式，经 1978—1984 年验证，证明准确率较高，可以在生产上试用。兹举例说明其使用方法。

例如海南南部的预测模式为：

$$y = 18.1 - 0.67x_{10} - 0.05x_2$$

$x_2 =$ 越冬菌量（$x100$），$x_{10} = 5\%$抽芽至 10%抽叶天数，y 为从 10%抽叶至总指数 1 的天数。

南田场 144 林段 1985 年 5%抽芽期为 1 月 27 日，10%抽叶日期为 2 月 7 日，共 11 天。越冬菌量 0.0069×400 代入上式得：

$$y = 18.1 - 0.6711 - 0.05 \times 0.69 = 10.7 = 11（天）$$

即从 10%抽叶到总指数 1 约需 11 天。今 10%抽叶的日期为 2 月 7 日，所以总指数 1 的日期为 2 月 18 日。总指数 1 是古铜期施药适期，也就是施药期的预测。故可预测这个林段的施药期为 2 月 18 日。

（5）孢子捕捉法：利用孢子捕捉器在越冬期和抽叶初期在林段中捕捉孢子，根据孢子量预测病害严重度和施药日期。这个方法目前仍是试验阶段，还没有找出准确可靠的指标，并且还有一些问题尚未解决，例如如何区分橡胶白粉菌孢子和其他白粉菌孢子；孢子捕捉效率不够高，捕到孢子时，病害已到施药指标，不起预测作用等。这些问题解决以后，这种方法才可能作为一个预测因子预测橡胶白粉病的发生。因此，这里不做详细介绍。

19. 什么是总发病率短期预测法？

答：总发病率法是用叶片总发病率作为预测指标的一种短期预测方法。它有预测病害严重度，预测第一次全面喷粉和再次全面喷粉以及后抽植株局部喷粉等项指标，并运用测报点指导普查，以普查指导防治等测报过程，因此是一种较全面的测报制度。

以前使用的短期预测方法，包括总指数法和嫩叶病率法，都没有病害严重度的预测指标，也没提前预测，不能起到病害预测的作用。总发病率根据病害在抽叶过程出现的迟早与最终病害严重的关系，准确地预测橡胶林段的病情，决定该林段是否需要防治，从而大大提高了准确率，避免不看病害轻重盲目施药的浪费的做法，同时根据总发病率的发展速度，提前 3~8 天预测第一次全面喷粉的日期，增强了预见性。总发病率法将过去以林段为单位的林段岗哨法改为划区分区测报法，以测报点指导普查，以普查指导防治，大大节省了调查用工。因此，总发病率法是一种改进的测报方法。

20. 总发病率法怎样预测病害严重程度？

答：总发病率法是根据病害在抽叶过程中出现的迟早预测病害的严重程度的。笔者经过多年的研究发现，总发病率2%~3%在抽叶过程出现越早，最终病情越严重；出现越迟，最终病情越轻。总发病率2%~3%出现在抽叶20%以前，最终病害特重，病情指数在 60 以上；总发病率2%~3%出现在抽叶20%~50%，最终病情严重，病情指数40%~60%；总发病率2%~3%出现在抽叶51%~85%，最终病情中等，发病指数 26~

40；总发病率 2%～3% 出现在抽叶 85% 以后，最终病情轻微，病情指数在 25 以下。总发病率法就是根据上述的关系预测病害是否严重，决定是否需要全面喷粉。总发病率法的第一个指标规定：总发病率 2%～3% 若出现在抽叶 85% 以前，需要进行全面喷粉防治；若出现在抽叶 85% 以后，则不需全面喷粉防治，应根据具体情况对后抽植株进行局防治。

橡胶白粉病的发展受天气影响很大，在应用总发病率预测病害严重度时，要注意下述几种特殊情况：

（1）预测后若出现高温（日平均温度 26℃ 以上，最高温度 32℃ 以上）。病害会下降。遇到这种情况，要在高温期过后再按上述指标重新测报。

（2）预测后出现长时间的寒潮（日平均温度 11～18℃），病害严重程度会增加，因此，即使总发病率出现在 85% 以后，如果林段中的嫩叶植株较多，还需考虑全面喷粉防治。

21. 总发病率怎样预测第一次全面喷粉时间？

答：第一次喷粉的最适宜时机是古铜期发病总指数 1～3，淡绿期 4～6。总发病率法根据总发病率 2%～3% 发展到总指数 1～3，多数需要 3～5 天，发展到总指数 4～6，多数需要 6～8 天来预测第一次全面喷粉的时间。总发病率法规定，在正常天气条件下，林段叶片总发病率达到 2%～3% 时，如林段的抽叶率在 20% 以前，3 天内需进行局部防治；抽叶率达 20%～50% 的林段，3～5 天内需进行第一次全面喷粉。抽叶率 51%～85% 的林段，5～7 天内，需进行第一次全面喷粉。

22. 总发病率法怎样预测再次喷粉？

答：第一次喷粉以后，是否需要再次喷粉，决定于第一次喷后，病情是否还会严重和当时的嫩叶植株的数量。据试验证明，全面喷粉后到 60% 植株叶片老化的时间若超过 9 天，如果不再防治，则病害还会严重，需要再次全面喷粉。橡胶树叶片从淡绿期至老化期一般为 6～7 天，因此喷粉后 3 天调查林段的物候（不查病情），如果淡绿加老化总株率不到 60%，就需要在一个星期内再次全面喷粉。

23. 怎样用总发病率法进行白粉病预测预报？

答：总发病率法的预测过程，分为划区、调查、测报等 3 个阶段。

（1）划区：在橡胶树抽芽初期，以生产队为单位，按物候期迟早，落叶彻底程度、越冬菌量多少以及林段的位置等条件将全队林段分为 3～6 个测报区。测报区内林段的条件要比较一致。每个测报区选一个物候较早，越冬菌量较大的林段作为测报点。每个测报区内，再按上述条件，把更为一致的 2～4 个林段作为普查点。

（2）调查：从胶树抽叶 10% 左右开始，进行测报点的调查，每 3 天查 1 次。任何一个测报点的病情，达到总发病率 2%～3% 时，应立即对它所代表的测报区内所有的普查点进行普查。调查的内容包括病情和物候两方面。

①病情调查按当时物候比例取样，每个测报点查 20 株树，每株查两蓬叶，每蓬查

5 片中间小叶，共 200 片。不分叶龄，不分病级，统计有病叶片数和无病叶片数，算出发病率和总发病率。

②物候调查采取定株取样法，50 亩以上的林段固定 100 株，50 亩以下的固定 50 株作为物候观察株。物候分级标准如下：

未抽：胶树未萌动。

抽芽：胶树抽芽 1cm 左右至开叶之前。

古铜：叶片张开呈古铜色。

淡绿：叶片变色至淡绿软垂。

老化：叶片变硬，有光泽，开始挺伸。

调查后计算各类物候百分率和抽叶率。

$$发病率（\%）= \frac{有病叶片数}{调查叶片数} \times 100$$

$$抽叶率（\%）= \frac{古铜株数+淡绿株数+老化株数}{调查株数} \times 100$$

$$总发病率（\%）=（发病率×抽叶率）×100$$

（3）测报：经过调查，任何一个普查点的总发病率到达 2%~3%，而当时普查点胶树的抽叶率在 85% 以前，则预测病害中度以上，需要对该普查区进行全面喷粉防治。如抽叶率在 20%~50%，总发病率已达 2%~3%，则安排在 3~5 天内对该普查点及其所代表的林段进行全面喷粉。如抽叶率为 51%~85%，总发病率已达 2%~3%，则安排在 5~7 天内全面喷粉。如抽叶 20% 以前总发病率已达到或超过 2%~3%，则应进行局部防治。每个普查点的具体施药日期，在一般天气情况下可按上述指标进行喷粉。若预测后天气发生明显的的变化，施药日期应适当提早或推迟。例如天气出现高温（平均温度26℃以上），可推迟到温度降低后喷粉。反之，若此时有阴雨预报，则应在阴雨天来临前 2~3 天喷粉，以避过不良天气对防治效果的影响。调查时普查点的总发病率如已超过 2%~3%，则按总发病率每天递增 2% 而递减一天计算，提前一定的天数进行喷粉。

每次全面喷粉后 3 天，对原普查点再做一次物候调查（不查病情），如淡绿加老化植株率未到 60%，则应在一个星期内安排再次全面喷粉。60% 植株老化后，则对原测报点做一次病情调查，总发病率达 20% 以上的测报区，需在 2~4 天内进行局部防治。

24. 应用总发病率法要注意哪些事项？

答：（1）应特别注意掌握划区的条件。在物候、病情、地形较复杂的地区，每个测报区内的普查点可多设一些，以免普查点代表性不强。物候、病情、地形条件较一致的地区，可少设普查点，以减少调查用工。

（2）前面所阐述的测报指标，主要根据一般气候情况下的病情、物候相互关系提出来的。若遇特殊的天气情况，对具体的测报指标要进行适当的调整。如嫩叶期遇到杀伤性寒潮使部分嫩叶受害脱落，或预测后遇到长时期的低温阴雨，按原测报不需全面喷粉的林段，因物候进程被寒潮打乱或延长，寒潮过后，应根据寒潮后的物候、病情，按上述指标重新测报。相反，如预测期出现高温天气，可适当推迟喷粉。如气温下降后，抽叶率已超过 85%，病情总发病率又在 2% 以下，可以不做全面喷粉防治。

（3）病害的调查，应特别注意按当时物候的比例采样，观察病害也要特别仔细，力图发现初期的侵染病斑，以免过低估计病情。对于在高温天气时或在胶树抗病力强时表现出来的红色无白粉之病斑，亦应算入有病范围之内。

（4）总发病率的指标只考虑把病害控制在总指数 25 以下。若需控制在 20 以下，要特别注意后抽植株的局部防治。

25. 什么叫作防治指标？橡胶白粉病防治指标是怎样的？

答：决定防治最适时间的指标，叫做防治指标。防治指标可用病情、天气、物候等因子的数量来表示。橡胶白粉病的防治指标以病害数量来表示。目前，通常使用按比例混合叶病率指标和嫩叶病率指标。

26. 什么叫作嫩叶病率法？嫩叶病率指标是怎样的？

答：嫩叶病率法是以嫩叶的发病率作指标指导喷粉的一种方法。它实质上是一种化学防治的指标，橡胶抽叶后何时防治较适宜，看嫩叶的发病率是否达到规定的指标。

嫩叶病率指标是根据施药适期来制订的。多年的防治试验及生产防治经验证明：第一次全面喷粉适期的总指数是古铜期 1~3 和淡绿期 4~6。经嫩叶病率与这个施药适期的总指数关系的分析，将总指数改为相应的嫩叶病率，以简化调查和计算方法，得出嫩叶病率的施药指标。具体指标如下表：

嫩叶病率法喷粉指标查对表

物候期	嫩叶发病率（%）	喷粉方法
抽叶 30% 以前	20 左右	单株或局部喷粉
抽叶 30%~50%	15~20	全面喷粉
抽叶 50% 以后至老化 40%	25~30	全面喷粉
老化 40%~70%	50~60	全面喷粉
老化 70% 以后		单株或局部喷粉

27. 怎样利用嫩叶病率法指导喷粉？

答：应用嫩叶病率法首先要以林段为单位建立林段岗哨。从橡胶树抽叶开始对每个岗哨进行病情、物候调查，每隔 3 天查一次，直至叶片 70% 老化。喷粉后则停止调查一次，喷后第七天又恢复每隔 3 天查一次，物候的调查同总发病率法。病情调查只查嫩叶病情，即每个林段调查 20 株古铜期和淡绿期的植株，每株两蓬叶，每蓬查 5 片中间小叶，统计有病叶数和无病叶数，计算嫩叶发病率。当任何一个林段的嫩叶发病率到达指标，立即进行喷粉防治。第一次喷粉后 7 天又按上述方法进行调查，到达指标又立即第二次全面喷粉。是否要喷第三、四次粉，何时喷，亦按上述方法，看是否到达指标来决定。

28. 使用嫩叶病率法要注意什么问题？

答：（1）嫩叶病率法指标是施药指标，没有提前预测期，到达指标时要立即施药，不能拖延。如果拖延，则病情上升，到达指标时，只要能喷，都应争取时间喷粉。喷后遇雨要补喷。

（2）嫩叶病率法的取样，亦应按当时的嫩叶物候的比例采样。如当时古铜株占30%，淡绿株占10%，古铜与淡绿的比例为3∶1，应采15株古铜，5株淡绿，比例不对，调查出现的发病率就不准。应用嫩叶病率法同样也要注意仔细观察病害，尽可能发现早期侵染的病斑。

29. 目前防治橡胶白粉病有哪些有效农药？

答：防治橡胶白粉病有效农药很多，如硫磺粉、粉锈宁、十三吗啉、甲菌定、乙菌定、内疗素等。但是，由于供应、施用、成本和药害等问题，目前仍以硫磺粉为主。在有条件的农场，亦可用粉锈宁。

30. 怎样使用硫磺粉防治橡胶白粉病？对硫磺粉的质量有什么要求？

答：应用硫磺粉防治橡胶白粉病，首先要晒干过筛，存放在干燥的地方，保持有良好的流动性，才能喷得高，出粉均匀。硫磺的每亩施用量视叶量和病情来决定，一般每亩0.5~0.7kg。抽叶多，病情较重可适当增加。如果总发病率超过40%，则每亩需用1kg以上才有效果。喷硫磺粉要掌握时机，按照施药指标喷药。喷粉过早，会造成浪费，喷粉过迟会降低效果。用硫磺粉防治白粉病的有效期为7~14天，故应每隔7~14天喷一次。喷药的次数决定于病情和物候期的长短，一般1~3次。最好选在静风、有露水的时间喷粉，一般宜在半夜至8:00以前进行。喷粉要隔4行胶树喷一行，行走方向要与风向垂直，在风向的下方开始喷粉。

用硫磺粉防治橡胶白粉病的效果，决定于硫磺的纯度、细度和流动性。质量好的硫磺粉要求含硫磺95%以上，有90%的硫磺粒子能通过320筛目的筛，粉粒干燥不结块，流动性良好。

31. 为什么有些年份要喷几次硫磺粉才有防治效果？

答：在防治白粉病的实践中，常常遇到有些年份喷一次就有效，有些年份要喷2次、3次才有效。喷药的次数决定于嫩叶期长短、当时的天气及硫磺粉的有效期。硫磺粉的有效期一般为10天左右，如果嫩叶期短，在两周内叶片基本老化，就不必喷第二次药；如果嫩叶期长，例如有些年份抽叶后40~50天还未到叶片60%老化，就必须喷2~3次药才能保护嫩叶过关。有时，喷药后不到2天就下大雨，硫磺粉大部分被冲失，有效期缩短，也要增加施药次数。

32. 怎样利用品系抗病性或避病性防治白粉病？

答：橡胶树对白粉菌的抗病性，主要是水平抗病性。有些品系表面看来抗病，实际为避病，如 LCB870，叶片老化快，能避免白粉病的大量侵染。有些品系常年抽叶都较整齐，嫩叶期短，白粉病未发展，叶片就已老化，亦属避病性能。橡胶树的抗病性和避病性都可利用来防治白粉病。

利用抗病品系防治白粉病，要注意避免大面积种植单一品系。因为品系的单一化容易产生新的病原菌生理小种，从而导致品系抗病性丧失。最好在一个农场或一个生产队内种植多种抗病品系。一般说在重病区种植抗病品系经济效益较大。避病性的表现是有条件的，一个避病品系不是在所有地区、所有年份都能避病。橡胶树的避病品系宜种在海拔及纬度都较低的地区。高海拔、高纬度地区温度较低，叶片老化缓慢，就不能表现其避病性能。即使在低海拔、低纬度的地区，在冬春寒冷的年份，也不避病，应加强观察，如果病情发展，应进行化学防治。

33. 为什么人工脱叶能防治白粉病？

答：人工脱叶是在橡胶树自然落叶初期，使用化学脱叶剂促使橡胶树提早彻底落叶。人工脱叶对橡胶树有两个作用，一是促使落叶彻底，抽叶整齐，大大缩短嫩叶感病期，二是落叶后，可以大大减少越冬菌源，推迟病害的发生。由于人工脱叶能缩短感病期和减少菌源，因而可以降低流行程度，达到防治的目的。但是，在一些冷冬，自然落叶彻底或有倒春寒的年份，脱叶剂则会失去作用，防效不明显。

34. 目前有哪些有效的脱叶剂？

答：马来西亚试验确定，有机砷剂及其钠盐和甲基砷酸—钠能脱叶，对胶树无药害，对人畜较安全。在越冬前一个月用飞机洒有机砷剂及其钠盐 $1.5kg/hm^2$ 或甲基砷酸一钠 $3kg/hm^2$，都以 45L 水稀释，可使橡胶树在 20 天内完全脱叶，再过半个月可完全抽叶。1976 年他们又试验出另一种更有效的脱叶剂–脱叶亚磷。笔者也试用了脱叶亚磷，用 10% 的脱叶亚磷油剂，每亩施用 0.8~1kg，效果良好，没有药害。1972 年笔者测定了乙烯利的脱叶效果。使用乙烯利要注意浓度不宜过高，用量也不宜过多，否则容易产生药害。1978 年后笔者配制了 0.5% 乙烯利油剂，解决了乙烯利的药害问题。用乙烯利脱叶，可在橡胶树越冬初期，用超低容量喷雾机喷洒 0.5% 乙烯利油剂，每亩 1kg，或用飞机喷洒乙烯利水剂，每亩用 50g 原药。

35. 目前防治橡胶白粉病有那些施药机具？

答：目前防治橡胶白粉病主要有三种类型的施药机具：

（1）担架式喷粉机：如丰收–30，丰收–32 等。这种机具性能较好，发动机稳定，耐用，喷粉高度、幅度都较理想，一般可达树顶（15~22m），喷幅 30~40m。可以连续数小时作业而无故障。每小时可喷 50~70 亩。但此机较重（机体 60kg），需 4 人抬喷，在高山陡坡胶区作业较困难。

（2）背负式多用机：如 3MF–3 型植保多用机。此种机具体积小，重量轻，一机多用，垂直射程 17~20m，喷幅 30~35m，适合山区和其他地区局部防治时使用。但此种机具工效较低，常常不能满足大面积病害流行的需要。

（3）航空喷粉：用双翼飞机喷粉，已在我国海南局部地区应用几年。航空施药是农业上一项先进技术，具有速度快、工效高、喷粉均匀、防效好等优点，特别适合控制白粉病的大面积流行。一架飞机每天可喷 5 000～8 000亩，防效在 70% 以上，与地面防治相当。但航空防治受天气、地形限制较大，防治成本比地面防治高。

36. 使用喷粉机时要注意哪些问题？

答：（1）所使用的喷粉机要处于良好的工作状态，如有故障或损坏，应预先修理，才付使用。

（2）喷粉机起动或停车或中途加粉都必须关闭粉门，不要吸烟。

（3）中途加油时要停车几分钟，加粉时要用粉箱盖挡住发动机，以免失火。

（4）喷粉机喷撒的药物要经加工过筛才能使用，以免杂物损坏机具。

（5）喷粉后要立刻保养机具。每年用后要检修保养，进仓保管。

37. 航空防治白粉病有哪些主要技术指标？

答：搞好航空防治，要注意掌握下述技术指标：

（1）航空防治的有效喷幅为 80～100m，规划航线时不宜过宽。

（2）有效剂量为每亩 0.8～1kg。

（3）第一次喷粉指标为 40% 抽叶以后，发病率 20%～40%，不宜过早或过迟。早发病的年份，可先用地面机具做一次局部防治。

（4）飞机飞行高度不宜超过树顶 5m。

38. 航空防治要注意哪些问题？

答：除了掌握航空防治的技术指标外，还应注意下述问题：

（1）要规划好航线。航线最好南北向，不宜东西向，每条航线以 5～10km 为宜。航线上每隔 1km 应选一个点在飞机喷粉时挂旗作标志。喷粉后降旗移到下一条航线，避免重喷漏喷。

（2）要做好后勤工作，使飞机喷完一个架次后立即装药再喷，提高工效。

（3）要随时掌握天气预报。航空防治要求风速在 3m/s 以下，能见度 5km 以上。大雾、下雨等天气不宜进行航空作业。

（4）航空防治适合在地形平坦的大面积连片胶园应用。山区、地势复杂或零星种植的胶园不宜采用航空防治。

（5）航空防治要随时与机场联系，解决各种问题，要注意做好通信联络工作。

（6）在有条件的地方，最好在胶园内开辟临时机场，以减少空飞时间，提高效率、降低成本。

39. 防治白粉病要做好哪些准备工作？

答：防治白粉病，首先要做好准备工作，一方面是由于病害发展快，要求及时控制；另一方面，防治季节集中，要求短期内完成多个防治战役。没有充分的准备，就会陷于被动的局面。防治的准备，包括人力的组织、药物的准备、施药机具的准备，等等。

（1）建立和健全防治组织，农场各级领导要充分重视春季的白粉病防治工作，把它列为做好橡胶生产的一项重要工作来抓好。要在防治之前组织起防治指挥机构，负责做好各项防治准备和指挥防治工作的开展，及时解决各种存在的问题。要组织和培训两个队伍，即测报队伍和防治队伍。每个生产队至少要有 2 名测报员，负责本队测报点和普查点的病情观察。大的生产队还要配备一些测报辅助工，帮助测报员完成测报工作。测报员要培训，掌握测报技术。防治队伍主要是机具手，每生产队亦应有 2 名。在防治时要临时派工抬机，每台丰收-30 喷粉机配备 8 名工人。机具手要经过培训，掌握使用和保养、维修喷粉机的技术。建立和健全防治组织是防治白粉病成败的关键因素，必须充分重视。

（2）药物的准备，主要是及时购置足够的硫磺粉，以及搞好硫磺粉翻晒、过筛、贮存等工作。预计流行的年份，每亩应准备 2kg 硫磺粉，中等发病的年份，每亩准备 1.5kg，轻病年份亦应准备 1kg，以防病情变化时应急或防治后抽植株使用。硫磺粉必须在防治之前晒干、过筛、贮存于干燥的地方备用。

（3）喷药机具的准备，包括喷粉机的购置、维修、保养等工作。每台丰收-30 喷粉机大约可以负责 2 000 亩的喷粉任务，每台拖拉机喷粉机可负责 5 000 亩左右，农场可按此指标购置，不足者应添足。防治前要全面检修、保养喷粉机具，保持良好的状态。要购置足够的机具零件，以备工作过程中维修使用。

（4）及时开展病情预测预报，也是防治准备的一个重要方面。防治的准备要以病情预报为依据。中心测报站要及时根据橡胶的越冬物候、病源和天气预报发出病情中期预报，提供各场做防治准备的参考。各场亦应根据本场的情况估计本场的病情趋势。为此，各场要在越冬期建立起测报点，开始调查工作；抽叶以后根据测报点的材料，做好短期预测。

40. 条溃疡病对橡胶树有什么危害？

答：条溃疡病是橡胶树的一种严重病害。它能引起胶树割面树皮不同程度的溃烂。轻病树病部虽能愈合，但再生皮生长不平滑，容易长出木龟木瘤，防碍以后的割胶。重病树割面大块溃烂，甚至割面上下未割过胶的原生皮也大块溃烂，木材腐朽，多年不能恢复割胶，严重影响胶树生长和产胶。如 1970 年，海南地区条溃疡病大流行，因病溃烂的胶树占当年开割树的 12%，损失极大。1971 年云南垦区某队胶树因病割面大块溃烂而无法在原割线割胶的重病树占开割树的 43.3%，病情特别严重的树位，停割株数高达 93%。

条溃疡病的病灶部位常常招引小蠹虫的蛀害，使胶树易遭台风折断。如海南儋县某农场 1973 年的风断树中，有 85.1%是从病灶处吹断的，不仅造成胶树损失，而且破坏林相的整齐度，增加胶园的风害。

41. 怎样判断是条溃疡病？

答：条溃疡病发生在割线上下。开始发病时在割面近割线的地方出现与割线垂直的黑色条纹。黑线多时，排列成栅栏状。黑纹可以扩大或融合成条状病斑。在低温阴雨的天气下，呈水渍状，边界不清楚，称为扩展型病斑，它能迅速向上下左右扩展，形成大块的斑块。此时病部可见泪状流胶，在老割面或原生皮上的皮层与木质部间夹有凝胶块。有时，割面上也会出现类似条溃疡的黑线，容易误认为条溃疡病。但如果用小刀轻轻刮去黑线上的表皮，就可以看出这类黑线并不深入树皮内部。相反，条溃疡的黑纹，在树皮内部仍可看到黑线。这是区分真假条溃疡病的简易方法。

42. 条溃疡病是什么病原引起的？

答：条溃疡病是一种叫做疫霉菌的真菌引起的。疫霉菌的菌丝丝状、无色透明。菌丝生长几天后可产生无性孢子囊。孢子囊梨形或近圆形，顶端多有乳头状突起，平均大小为 $33.8\mu m \times 29.0\mu m$。孢子囊在低温和有水膜时，能产生十几个或几十个游动孢子。游动孢子肾形，有两根鞭毛，能在水中游动。

条溃疡病的病原菌主要存在于土壤中。在有季风性落叶病发生的林段，病源也来自季风性落叶病的病叶，病菌被雨水带到割面上。病菌靠风雨传播到割面后，如果割面上有水膜，孢子囊或游动孢子就可以发芽，长出芽管，通过新割的割口或其他伤口侵入树皮，并在树皮内扩展、蔓延，发生条溃疡病。从病菌侵入至表现症状，一般 2~3 天。在高湿条件下，病斑能不断扩大，并且表面产生白色霉状物，这是新产生的菌丝和孢子囊。孢子囊又借风、雨再次传播，使病害越来越严重。

43. 条溃疡病原菌有什么主要特性？

答：条溃疡病原菌有以下主要的特性：

（1）好水性强，喜冷凉气温：此菌只有在雨天或相对湿度 90% 以上的条件下孢子囊才能形成、萌发、传播和侵染。病菌生长最适宜的温度是 20~25℃，孢子囊在 25℃ 左右直接发芽，在 20℃ 左右可产生大量的游动孢子，大大增加菌源数量。

（2）寄主范围广：本菌除侵害橡胶树外，还能侵染其他多种热带作物，如可可、椰子、胡椒、槟榔、剑麻、木瓜、柑橘等。

（3）从伤口侵入：割胶所形成的伤口，是本菌侵入胶树的主要部位。

44. 什么条件下条溃疡病会流行？

答：条溃疡病的流行是在气候条件、农业措施、品系感病性等多种条件综合相互作用下产生的。如果当年秋雨多、寒潮早、冬季低温阴雨天多，在此期间又进行加刀强割（刀数多、深割、割伤树），加上防治不及时，病害就会流行起来。尤其易感病的品系，如 PB85、RRIM600, PR107 等，烂树更为严重。

气候条件中最重要的是降雨或高湿度，这是病菌萌发、侵染、繁殖的主要条件。在割胶期间，连续出现 3 天以上的阴雨天气，相对湿度在 90% 以上，则病菌就可以侵染而使新割面出现黑线。连续阴雨天数越长病情越重。温度与条溃疡病流行也有密切关系，低温是病斑扩大的主要条件。

45. 条溃疡病的发生流行过程是怎样的？

答：条溃疡病在胶树割胶期间均可发生，但因天气、胶树的抗病力和病原的致病力的相互关系，病害的发生发展有季节性。全年的发展过程一般可以分为 4 个阶段，并有两个发病高峰。

（1）侵染阶段：从开割至 8 月。这个阶段的特征是病菌能侵染但病斑不扩展，在胶树上出现少量的黑线，能自然愈合。

（2）侵染扩展阶段：实生树从 9—10 月，芽接树 8—10 月。此时雨日较多，湿度较高，气温开始下降有利于病菌侵染。在降温期病斑还可以局部扩展。因此，在林段中同时存在有黑线、条斑和小块病斑，此时感病树逐渐增多，发病率和发病指数迅速上升，出现第一次发病高峰。云南西双版纳此高峰则在七八月间出现。

（3）扩展流行阶段：从 11 月至停割。此时寒潮频繁，阴雨天多，胶树抵抗力弱，病菌活动最活跃，病斑迅速扩展，溃烂，出现第二个发病高峰。这个阶段的特点是黑线少，大块病斑迅速增多。

（4）病情下降阶段：春天气温逐渐回升，阴雨减少，病菌活动受到抑制，胶树抵抗力增强，病情下降。病斑边缘长出愈合组织，病菌转入潜伏状态，以渡过不良环境。

46. 在什么样的情况下条溃疡病会严重发生？

答：条溃疡的发生，不仅与大气候关系很大，而且与林段的小环境也有密切的关系。在大气候适合流行的条件下，地区间、林段间、地块间的条溃疡发生亦有很大的差异。林段间发病轻重主要决定于林段所处的小环境和树位的割胶情况、割线的高度、品系抗病性等因素。一般说，低洼湿度大、不通风的地块，割胶过深，特别是在阴雨天深割的树位，低割线多的树位，发病都比较严重，高坡通风良好，浅割和高割线多的树位，则发病较轻。林相亦与发病有关。特别密蔽、通风不良的林段发病较重。在同一个小环境下，感病的品系发病总是比较严重。

47. 为什么雨天割胶容易发生条溃疡病？

答：雨天割胶容易发生条溃疡病的主要原因，是雨天割胶创造了最适合病原菌大量侵染的条件。首先，降雨期间湿度较高，适合病菌的大量繁殖，病原菌较多。其次，雨水是病菌传播的必要条件。因此，降雨时就会有大量的病菌传到割面上。此时割胶，就为病菌侵入打开了门户。特别是低温阴雨时割胶，胶树愈伤缓慢，抵抗力降低，就容易发生条溃疡病。

48. 防治条溃疡病的基本原则是什么？

答：条溃疡病的菌源有来自土壤的，有来自季风性落叶病的病斑，或其他感病的寄主，或老病灶的复发等。因此，条溃疡病的病原是较普遍存在的，很难彻底消灭。在防治上用消灭侵染来源的方法是难以奏效的。防治橡胶条溃疡病的基本原则是预防侵染和降低发病速度。条溃疡病的侵染和流行是多种因素所决定的，因此，在防治措施上要注意贯彻预防为主综合防治的措施，正确处理好管、养、割的关系，在管好、养好胶树的基础上进行科学割胶，并根椐气候情况和病情的发展进行化学防治，这是防治条溃疡病行之有效的经验。

49. 防治条溃疡病有哪些主要措施？

答：目前防治条溃疡病主要有四项措施：

（1）加强林段抚育管理，砍除林段内和防风林带杂草，修除下垂枝，合理施肥。

（2）冬季要贯彻安全割胶措施，避免强割，坚持"一浅四不割"，提高割胶技术少伤树，病害流行期转高线割胶，或在割线装上防雨帽。

（3）化学防治，过去使用2%赛力散或0.5%溃疡净，由于对人畜有剧毒，目前已禁用。据试验，1%或2%敌菌丹水剂、1%～2%敌克松水剂防治效果与溃疡净相当，200IU 23～16抗菌素也有一定的防效，近年试验5%疫霉净和0.4%瑞毒霉有良好的效果，可以选用。

（4）及时处理病灶。扩展型病斑要及时处理，最好在1cm宽时就要处理。停割后发现病斑亦应及时处理。

50. 什么叫做"一浅四不割"？

答："一浅"就是适当浅割，留皮0.15cm，"四不割"就是8:00时，气温在15℃以下，当天不割；毛雨天气和割面未干时不割；易感病芽接树位前垂线离地面50cm以下，中至重病实生树位前垂线离地面30cm以下的低割线树不割，病树出现1cm以上的病斑，在未刮治好以前不割。"一浅四不割"是提高胶树抗病力，预防病菌侵染的有效措施。

51. 为什么转线割胶能防治条溃疡病？

答：条溃疡病的病原菌主要来自带菌的土壤。病原菌靠雨水把病原菌从土壤中溅到割面上。割线越低，越容易受到病菌传播。同时，低割线接近地面，湿度较高，亦有利于病菌的侵染。因此，一般低割线的胶树发病较多较重。转高线割胶可以减少病菌传播，降低割面湿度，不利病菌侵染，从而预防条溃疡病的发生。一般地区，要在9月初预先开好高线，易感病的芽接树，要在9月中、下旬转高线割胶，其他重病树位，亦应在10月初转高线。云南垦区发病较早，更要提前一些。

52. 利用防雨帽能预防条溃疡病吗？

答：近年华南热作研究植保所与云南垦区有关单位协作，利用防雨帽预防条溃疡病的发生，取得明显的效果。防雨帽之所以能预防条溃疡病的发生，是与病菌的传播、侵染的特性有关。条溃疡病的侵染来源之一是树上季风性落叶病的病菌，它们借助雨水从叶片上沿树干流到割面，从割面新割口侵入，雨水提供了侵染的适合条件。如果在割线上装上防雨帽，带菌的雨水就被阻拦不能流到割面上，其他雨滴也不淋湿割面，这样，割面就避免接触病原菌，同时由于雨水不到割面，割面也较干燥，不利于病菌的侵染，因此，利用防雨帽就能预防条溃疡病的发生。据 1982 年华南热作研究院在云南勐腊农场测定，用 8cm 大的防雨帽的防病效果高达 93.9%~100%.

53. 如何使用农药防治条溃疡病？

答：一般在雨季来临之后，即应开始单株或全面施药防治。对易感病的品系和历年重病的树位，要特别注意及时施药。10 月前，每割 2~3 刀施药一次，10 月后，每割 1~2 刀施药一次。如有低温阴雨预报，则应提前一、二天全面施药，以预防侵染，雨后还要全面施药一次。

施药可用刷子将药涂在割线之上 2~3cm 的割面上，每株用药 2mL 左右，药物一般用水稀释至所需浓度，现配现用。胶工可在割胶当天下午带药上山涂抹。

54. 施用乙烯利能防治条溃疡病吗？

答：近年华南热作研究院植保所和橡胶所合作研究发现施用乙烯利有防治橡胶条溃疡病的效果。经解剖和接种测定发现，施用乙烯利能提高胶树对条溃疡病菌的抗性。另一个原因是施用乙烯利后可减少割胶刀次，提早停割。据华南热作研究院植保所同志 1982 年在云南勐腊农场试验，施用乙烯利防治效果为 62.4%~79%，接近霉疫净的防效。

55. 如何处理条溃疡病斑？

答：1cm 以上的条溃疡扩展型病斑，都应及时处理。实践证明，处理比不处理好，早处理比晚处理好。处理后可以防止病斑继续扩大，避免虫害。处理的方法：选晴天用利刀先把病皮铲干净，使好皮与病木分开，力求修成梭形，边缘斜切平滑，斜面向外，伤口用 1% 敌菌丹或 0.5% 瑞毒霉涂抹消毒，胶水干后撕去凝胶，再以凡士林或 1：1 松香棕油涂封伤口。割线下的病斑，待继续割胶露出后再处理。凡士林只涂切出的斜面割口，病斑木质部可喷 1% 马拉硫磷或敌敌畏，或涂 6% 可湿性六六六粉浆，以防虫蛀。半个月后，待木质部充分干燥时，再涂封低酸煤焦油或沥青柴油（1：1）合剂。

56. 如何检查观察条溃疡病？

答：检查观察条溃疡，一般从秋天开始。每个生产队按品系、地势、历年发病情况选择 3~5 个观察点，每隔 3 天观察一次，直至停割。每个观察点视林段大小，编号固定 50~100 株胶树作为观察株。每次观察均应记录有病树、无病树株数，计算发病率，同时对有病树进行分级，计算发病指数。

病害分级标准：

0 级：无病；

一级：病斑总宽度小于 2cm；

二级：病斑总宽度占割线长度 <1/4；

三级：病斑总宽度占割线长度 <1/2；

四级：病斑总宽度占割线长度 <3/4；

五级：病斑总宽度占割线长度 3/4 直至全线溃烂。

$$发病率（\%）=\frac{有病株数}{调查株数}×100$$

$$发病指数=\frac{\sum（各病级株数×该级级值）}{调查株数×5}×100$$

57. 橡胶树根病对胶树有什么危害？

答：橡胶树根病是胶树的一类重要病害，它是仅次于南美叶疫病的一类严重病害。根病不仅影响胶树的生长，引起死皮，降低胶乳产量，而且能导致整株胶树死亡。幼龄胶树死亡后，造成缺株；老龄胶树死亡后，破坏林相，加重风害，给橡胶生产带来巨大的损失。据海南调查，根病平均发生率 0.6% 左右。个别农场重病林段，竟因根病就死去 73.4%。我国橡胶垦区有 6 种根病，其中为害较大的有红根病、褐根病和紫根病。

58. 怎样检查发现根病树？

答：根病树在林段中的分布，往往是分散的、不规则的，发病初期数量极少，因此不容易发现。为了找出根病树，可采取"远看近查"的方法。所谓远看，就是从高处或从林段的对面山上，或从林段一端仔细观察，是否发现有叶片变黄、树冠稀疏的植株、如果发现这种植株，这个林段就可能存在有根病；所谓近查，就是对远看发现可疑根病的胶树进行检查。如果这株胶树树头有条沟或烂洞，挖开条沟下面的根发现根上有猪肝色、褐色的菌膜，就可断定这株胶树有了根病。沿着根病的方向追查周围的胶树，即可发现周围的根病树。有些根病树是从防风林的根病树传来的。如果发现某株防风林植株死亡，可查此防风林周围的胶树，亦可发现根病树。

59. 我国已发现有多少种橡胶树根病？

答：目前我国植胶区已发现有 6 种根病，即红根病、褐根病、紫根病、黑纹根病、臭根病和黑根病。其中红根病、褐根病为害较大，紫根病发生较普遍。根病主要分布在广东、海南及云南垦区，广西、福建及广东的湛江、汕头部分地区亦有根病的发生。

60. 如何区分 6 种橡胶树根病？

答：我国 6 种橡胶树根病从胶树树冠的症状很难区分。一般要从病根表面的症状、病根木材结构、病根的气味来区分。

红根病：病根表面平粘一层泥沙，用水较易洗脱，洗后常见枣红色革质菌膜。病根木材湿腐、松软呈海绵状，皮木间有一层白色到深黄色腐竹状菌膜，有浓烈的蘑菇味。

褐根病：病根表面粘泥多，凹凸不平，不易洗掉，有铁锈色、疏松绒毛状菌丝和薄而脆的黑褐色菌膜。病根木材干腐，质硬而脆，用刀切开木材，可见有蜂窝状褐纹。皮木间有白色或黄色绒毛状菌丝体。根颈处有时烂成空洞。

紫根病：病根不粘泥沙，有线状的深紫色菌索和紫黑色小颗粒，病木干腐、质脆、易粉碎，木材与树皮容易分离，无蘑菇味。

黑纹根病：病根不粘泥沙，无菌膜，树头或暴露的病根常有灰色或黑色炭质子实体。病木上有黑纹。

臭根病：病根不粘泥沙，无菌膜，有时有粉红色的孢梗束，毛状。病木坚硬，木材易与根皮分离，表面有扁而粗的白色至深褐色羽毛状菌索，有粪便臭味。

黑根病：病根粘泥沙，水洗后可见网状菌索，其前端白色，中段红色，后段黑色，并露出白色小点。病木湿腐，松软，无条纹，有时呈白色，有蘑菇味。

61. 红根病是什么病原菌引起的？

答：红根病是担子菌灵芝属的一种真菌引起的。此菌有时在病死树上长出子实体。子实体菌盖檐生，有短柄，半圆形，木质，上表面红褐色，有轮纹；下表面光滑，灰白色，边缘厚钝。担孢子椭圆形，单细胞，大小为 $(8.7\sim9.1)$ μm×$(3.3\sim5.4)$ μm。

62. 褐根病是什么病原菌引起的？

答：褐根病是由担子菌木层孔属的真菌所引起的。它的子实体木质、无柄，半圆形，边缘略向上，呈锈褐色，上表面褐色，下表面黑色，不平滑，有密布小孔，是产生孢子的多孔层。担孢子卵圆形、单孢、深褐色，壁厚，孢子大小为 $(3.25\sim4.12)$ μm×$(2.6\sim3.25)$ μm。

63. 紫根病是什么病原菌引起的？

答：紫根病是担子菌的卷担子菌属的真菌引起的。此菌容易在树头上长出松软的海绵状紫色子实体。子实体平伏生长。菌丝长在根表面，形成紫色绒毛状菌膜或网状菌丝束，菌丝上长有扁球形菌核。菌核表层紫色，内层黄褐色，中央白色。担子自螺旋状菌丝的顶端产生，无色，圆筒形，弯曲成弓状，有 3 个横隔，向上侧生圆锥形小梗，顶端生担子孢子。担子孢子单细胞，无色，卵圆形或镰刀形，顶端圆，基部略尖，表面光滑。

64. 哪些植物可以传染根病？

答：几种橡胶树根病病菌，不单侵害胶树，而且可以侵害多种植物。它们侵染其他植物后，还可以传给橡胶树，成为橡胶树根病发生的侵染来源。但是，根病的种类不同，侵染的植物也不同。红根病菌的寄主有橡胶树、三角枫、厚皮树、苦楝树、台湾相思、山枇杷、柑橘、荔枝、咖啡、可可、茶树、红心刀把木、鸡血藤等多种植物。褐根病的寄主有橡胶树、三角枫、台湾相思、非洲楝、桃花心木、苦楝、木麻黄、麻栎、厚皮树、倒吊笔、柑橘、咖啡、胡椒等。紫根病菌的寄主有飞机草、木薯、葛藤、红心刀把木、野牡丹、大青叶、杧果、萝芙木等。这些植物感染根病后，如果附近种有橡胶树，就可以通过根病接触，将根病传给胶树。

65. 橡胶树根病是怎样传播蔓延的?

答:橡胶树根病菌的传播,主要有两种方法:一是通过病根与健根接触,另一是孢子借风雨和昆虫传播。根病的最初侵染来源,是垦前森林中已感病的树桩和各种寄主植物。如果开垦时没有把它们彻底清除,当胶树定植后,根系与带病树桩的病根接触,病根上的菌索就会蔓延到胶树根上,使胶树发病。根病病原菌产生的孢子,可以借风和昆虫传播到新砍伐的树桩截面上,在适宜的气候条件下,孢子可以发芽侵染截面,使树桩感病。再以上述的方法传染给胶树,使胶树发病。胶树感病后,又以同样的方法将病害传给附近的胶树。这样林段中的病株逐渐增多,形成明显的病区。病区小者几株、几十株,大者至几百株。

66. 什么情况下根病发生较多?

答:根病的发生与垦前林地植被类型、土壤环境条件、开垦方式、栽培措施有关,一般在下述情况下根病发生较多。

①垦前为森林地或混生杂木林地的胶园;②入垦林地,清除不彻底,残留杂树桩的胶园;③土壤黏重、易板结、通气不良的胶园;④使用寄主植物作为防风林的胶园。

67. 防治根病的基本原则是什么?

答:根病的防治原则是预防为主,综合治理。

根病是植物地下部分的病害,难于早期发现,发现后亦较难治理,必须强调预防为主综合治理的方针。预防根病的基本原理是种植橡胶树前彻底铲除侵染来源和防止侵染源的传播。这就要求在垦前彻底清除杂树桩;种植无病苗;定植后加强林管,种植覆盖作物,定期检查。根病发生后要施用根颈保护剂,积极进行根病树的治疗处理,防止进一步蔓延。

68. 怎样消除根病的侵染来源?

答:根病的主要侵染来源是垦植时留下的树桩。因此,清除根病的侵染来源,就是要彻底清除树桩。能够机垦的林段,要用拖拉机或拔树机将树桩清除。对无法拔起的大树头,可用炸药爆破或用5% 2,4,5-T正丁酯、毒莠定、百草枯或次氯酸钠等药液毒杀。对于活树寄主植物,可用5% 2,4,5-涕丁酯毒死。毒杀树桩或活树的防病原理,是用毒树剂加速树头死亡和腐烂,使各种腐生菌迅速侵入树头。根病菌与腐生菌相比,对侵入死亡的树桩能力较弱,因而不能侵入已被腐生菌占领的树桩,从而减少林地中的菌源。毒树的方法,先将树头砍掉一圈树皮,暴露木质部,然后将药涂在环状剥皮的部位。树头的截面要涂上黑油,以防孢子传染。

69. 如何使用根颈保护剂防治根病?

答:根颈保护剂是涂于根颈部位以防止根病菌扩展蔓延的药剂。目前有效的根颈保护剂有10%十三吗啉,能抑制红根病、褐根病菌丝的扩展,有效期达2年之久。10%十二吗啉亦有一定的效果，但不如十三吗啉。使用时将十三吗啉与乳化沥青混合，配成 10%浓度。涂药前先把病树第一轮根挖出，然后把药涂在胶树根颈和大侧枝近主根 30cm 的部位。涂药前要注意刮干净根上的泥沙和菌膜，涂药时要均匀周到，特别要注意涂根的背面。

70. 如何处理根病树？

答：根病树的处理，有 6 个基本工序，即挖、追、砍、刮、晒、管。

（1）挖：先把病树周围 1m 以内的杂草除净，然后在树上有枯枝，树干有条沟、凹陷、烂洞的方向下锄挖土，露出第一轮侧根。如侧根大部分死亡或主根发病时，应先砍去部分树冠，再用三条木头撑住树身，防止倾倒，然后在胶树重病一边离主根 50~70cm 处，挖一个直径 50cm 左右的操作坑，用小铲挖出第一轮侧根下面的泥土，将病根全部暴露出来。

（2）追：沿着暴露出来的侧根，继续追踪病源，有时还可以发现一些轻病树。

（3）砍：将已病死的根砍掉，砍时在离病死部分 3~5cm 的健根处下刀，刀口斜切，不要劈裂，伤口涂上黑油。

（4）刮：用小刀刮去未死病根表面的菌膜。刮菌膜要特别注意刮干净，否则容易复发。

（5）晒：病根经上述处理后，不要回土，让阳光曝晒半个月左右。中病树可适当晒久一些，重病树不宜久晒，以免晒死。

（6）管：病根晒后用表土回土，回土时要把病根捡干净并烧毁，结合施有机肥。回土后要加强管理，休割一段时间。雨后如侧根外露要培土。半年后要修枝整形。一年后检查树头，如旧病复发要重新处理。

对烂洞类的褐根病，应把洞内的菌膜、病木彻底挖除干净，晒后涂上黑油，并用水泥将烂洞填补。

病树较多又不能及时处理时，可沿病区边开隔离沟以防止病区扩大蔓延。沟宽 40cm，深 60~80cm。挖沟后要定期清除积泥，砍除从健区或病区长出的根。

对于连片发生的紫根病，可采取中耕松土，增施肥料，消灭荒芜及排水等措施，以提高胶树的抗病能力。

黑纹根病多侵害风、寒害后的胶树，应做好风、寒害树的涂封防腐处理。涂封剂用黑油。

71. 炭疽病对橡胶生产有什么危害？

答：炭疽病是一种局部地区严重危害的病害。此病为害幼苗、幼树和老树的嫩芽、嫩叶、枝条，使幼苗枯死，幼树和成龄树嫩芽凋萎，嫩叶脱落，枝条枯死，对橡胶生长和产胶影响很大。20 世纪 70 年代以后，炭疽病在我国橡胶垦区有逐年扩展的趋势，值得注意。

72. 橡胶炭疽病有哪些主要症状？

答：橡胶炭疽病可以侵害嫩叶、嫩芽、幼苗的枝干。为害部位和龄期不同，症状亦有不同。在低温阴雨时期，古铜叶的病斑为不规则形，暗绿色，像开水烫过一样，病斑边缘常有坏死线，称为急性型病斑。淡绿叶的病斑圆形或不规则形，暗绿色或深褐色，叶片皱缩畸形。到叶片老化时，病斑中央变灰褐色，穿孔。老化叶的病斑凸凹起成圆锥形小点。幼苗感病后，在倒数第二蓬叶以上的嫩梢发生回枯。无论何处发生炭疽病，在高湿的条件下，病部都会产生粉红色黏稠的小点（病菌的分生孢子堆）。

73. 炭疽病与风害、寒害有什么不同？

答：风害、寒害常常诱发炭疽病的发生，因此，人们常常把风害、寒害与炭疽病混淆起来，甚至把受风害、寒害的胶树也施药防治，造成浪费。受风害、寒害的叶片上也有斑点，但风害的伤痕多成条状，黑绿色，干后纸状，寒害的斑点较小，不下陷。炭疽病的病斑呈暗绿色或暗褐色，较大、下陷，常常在斑点上有粉红色小点。有时风、寒害后炭疽病随之发生，但是，如果天气不利于炭疽病的继续发展，一般不会形成危害。在这种情况下，要分析发病前的气候条件，如果有过大风，或12℃以下连续多天的寒潮，就可判断为风害或寒害，而不是炭疽病为害。

74. 炭疽病的病原菌是怎样的？

答：炭疽病是一种叫做盘圆孢的真菌所引起的。这种真菌在叶片散生粉红色的分生孢子盘，圆形或卵圆形。盘内密生分生孢子梗，梗上长有分生孢子。分生孢子无色、圆筒形，大小为（50~100）μm×（4~7）μm。

75. 橡胶炭疽病菌有什么主要特性？

答：橡胶炭疽病病菌有如下主要特性：

（1）为害寄主广：除橡胶树以外，还可以侵害胡椒、油梨、香蕉、腰果、柑橘、番石榴、杧果、咖啡、可可等多种作物。

（2）侵染来源多：上述寄主上的炭疽病菌，都可以侵染胶树，成为橡胶炭疽病发生的侵染来源。就胶树本身来说，侵染来源也多，越冬的病枝、病叶、病果都是次春橡胶炭疽病的侵染来源，其中半寒害枝条带菌最多，是主要的侵染来源。

（3）侵染胶树幼嫩组织：炭疽病病菌不能侵染老叶，主要侵染嫩芽、嫩枝、嫩叶。

（4）喜水喜湿：炭疽病病菌的传播、发芽、侵染都要求高湿或雨水。炭疽病菌的孢子堆有胶质，要有雨水才能软化，释放出孢子，并借助风雨传播。孢子传到嫩叶、嫩芽后，要有水膜或95%以上湿度才能发芽和侵入。因此，炭疽病只在阴雨天气时流行。

76. 什么情况下炭疽病会发生流行？

答：炭疽病发生流行与橡胶品系的感病性，嫩叶时期的气候条件，以及胶园的立地环境有密切的关系。炭疽病的流行，一般发生在易感病的品系上。最易感病的品系有联昌 6-21、联昌 6-23、联昌 10-25、华南 1、天任 31-45、PB86 等。如果这些品系在越冬期遭受寒害，树体抗病力降低，冬梢带菌率高，加上嫩芽、嫩叶期遇到长期阴雨天气，炭疽病就要可以在短期内流行起来。有些年份，冬天虽无明显寒害，但嫩芽、嫩叶期有长期低温阴雨，病害亦会流行。胶园中地势低洼、冷空气容易沉积，或近水面湿度大的地方，病害发生较严重。幼树林段，在肥料不足、容易积水的地方亦易发生炭疽病。

77. 防治炭疽病的策略是什么？

答：炭疽病的菌源多，消灭菌源效果不大。防治炭疽病的策略是降低病害的流行速度，其主要方法是选用抗病品系，及时开展化学防治和农业防治。农业防治和化学防治相结合，重点防治历年重病区和易感病品系，这是防治炭疽病的基本原则。

78. 怎样利用品系抗性防治橡胶炭疽病？

答：利用抗病品系防治橡胶炭疽病，是解决炭疽病问题的根本途径。目前有些地区炭疽病严重，主要原因是大量种植了感病品系。在春季湿度大、降雨多的地区，淘汰感病品系，改种抗病高产品系，或在扩种时，选择种抗病高产品系，可以根本上解决炭疽病问题。据多年调查，南强 1-97、五星 1 品系较抗病，但产量不高。而目前大量推广的品系如 RRIM600、PR107 都较感病，在重病区都不宜推广种植。GT1 产量较高，中等感病，可以考虑选用。

79. 防治炭疽病有哪些农业措施？

答：防治炭疽病的农业措施主要是施肥和排除积水。对历年重病的林段和易感病品系，在抽芽初期施用速效氮肥，能促进胶树抽叶，缩短感病期；在流行期末，施用速效肥，能使病树恢复生势。幼苗、幼树积水缺肥易发生炭疽病回枯，施肥排水可增强抗病力，减少炭疽病的发生。此外，在选择苗圃地时，注意不要选低洼积水的地方。

80. 怎样进行炭疽病的化学防治？

答：利用农药防治炭疽病是一种迅速有效的方法，特别在炭疽病大面积流行时，只有应用农药才能控制病情，减少病害的危害。

目前筛选出的有效农药种类不少，但是由于毒性、成本、施用等问题，能够推广应用的不多，其中可使用的有 1∶9 的代森锌滑石粉剂、0.3% 代森锌水剂、1∶9 硫酸铜石灰粉剂、1% 波尔多液、0.5% 百菌清+0.5% 多菌灵乳剂、0.5%T-F 水剂、5% 拌种灵-福美双胶悬剂等。施药剂量，粉剂一般每亩 1.5kg，水剂每亩用 80~100kg 配好的药物。施药间隔期 7~10 天。施药的时间由测报来决定。对于历年重病林段和易感病品系，从 30% 抽叶开始，如果气象预报未来 10 天内，有连续 3 天以上的阴雨天气，要在阴雨来临前喷药防治；喷药后从第五天开始，若预报还有上述天气，并预计橡胶物候仍为嫩叶期，则应在第一次喷药后 7~10 天喷第二次药。一般林段如近期调查发现有急性型病斑，又有上述天气预报，则亦应全面施药防治。

81. 如何防治圃期幼苗炭疽病？

答：苗圃中幼苗的炭疽病整年均有发生，是否需要防治和何时防治，主要看病情、物候和天气情况。在幼苗抽叶古铜期间，如果发现有少量发病，此时降雨又多，应选择无雨天及时施药防治。农药可用 0.5%~1% 波尔多液、0.5% 百菌清乳剂、0.5% 多菌灵水剂或 5% 拌种灵-福美双胶悬剂等。一般喷 1~2 次即可保护上蓬叶达到老化。叶片老化后不必再施药。下蓬叶抽出后，再按上述方法施药保护。苗圃幼苗炭疽病的防治，还要结合施肥、排水等农业措施，以增强幼苗抗病力。

82. 根据什么症状可以判断是季风性落叶病？

答：季风性落叶病在叶片上、枝条上、青果上都有症状，但是以叶柄上的症状为最典型。叶柄感病后出现黑色条斑，斑上附着有 1~2 滴凝胶。有时，某种伤害也能引起叶柄有黑色条斑，但如果刮去黑斑表面，内无黑纹。叶柄感染季风性落叶病后很快脱落，落下的叶片青色。脱落的叶柄与枝条连接处没有凝胶。而风吹落的叶片则有凝胶。季风性落叶病还能引起枝枯、果腐、叶斑等症状。

83. 季风性落叶病的发病过程是怎样的？

答：季风性落叶病主要发生在季风雨期间。季风雨来临时，树上带菌的僵果、枝条等就产生大量的孢子囊和游动孢子，并借助风雨传到嫩枝、嫩果和叶片上，侵入这些部位引起发病，几天后，新病斑又可产生新的孢子囊和游动孢子，再次传播和引起新的侵染，如此重复侵染，使病害越来越普遍和严重，终于导致病害的流行。季风雨季过后，病害停止发展，病菌在僵果、枝条、割面、土壤等处度过不良环境，成为下季发病的侵染来源。

84. 什么条件下会发生季风性落叶病？

答：季风性落叶病在我国垦区，并不是处处皆有，发生的地区也不是年年严重。主要的原因是季风性落叶病的发生，对降雨、湿度条件有较严格的要求。季风性落叶病流行要求的气象条件是连续大雨。据印度的记录，5 月、6 月、7 月中，任何一个月的雨量超过 381mm，病害即会发生流行，雨量增加，病情随而加剧。我国云南和海南季风性落叶病主要发生在 7 月、8 月、9 月 3 个雨量集中的月份。这 3 个月的总雨量为 400~700mm，每月降雨 100mm 以上。小气候环境对病害发生的程度也有影响。一般在山谷、低洼、郁闭度大的高湿林段发病较重。

85. 怎样防治季风性落叶病？

答：防治季风性落叶病，主要使用化学农药。据国外资料报道，在季风来临前，用含铜（氯氧化铜）油剂，以直升飞机或动力弥雾机喷撒，取得良好的防治效果。每亩次用 1.13~1.5kg 氯氧化铜溶解于 13.5~18kg 农用喷雾油中。苗圃和幼树林段，可用 1% 波尔多液喷雾，每隔 7~10 天一次，共喷 2~3 次。在开割林段喷撒铜剂，铜离子容易污染胶乳，影响胶乳质量，应避免在加工厂或收胶站附近喷药，对其他林段也不要在当天割胶的林段喷撒，喷药前要将林段内的胶杯倒放。

86. 为什么季风性落病叶病重的林段条溃疡病也较严重？

答：季风性落叶病与条溃疡病的病原菌相同。季风性落叶病一般发生较早。如果季风性落叶病发生严重，就为条溃疡病的发生准备了大量的病源。季风性落叶病发生在树冠，大量的病原菌很容易通过沿树干流下的雨水传至割面。季风性落叶病严重的林段，一般湿度较大，适合条溃疡病的发生。可见，严重发生季风性落叶病的林段，在菌源、发生条件等方面都极适合条溃疡病的严重发生。这就是一般季风性落叶病严重的林段，条溃疡病发生也较严重的主要原因。

87. 麻点病的症状与炭疽病有什么不同？

答：麻点病的病斑多为圆形或近圆形，中央灰白色，略透明，边缘褐色，外围有黄晕。在潮湿条件下，病斑背面长出灰褐色霉状物。炭疽病的大病斑多为不规则形，常有黑色坏死线，呈暗绿色或褐色，有红色孢子堆，容易与麻点病斑区别。炭疽病小点状病斑则类似麻点病斑，其区别是在于麻点病的病斑较大，数量较少，病斑背面有灰褐色霉状物。

88. 麻点病病原菌有何特征？

答：麻点病病原菌属半知菌类，长蠕孢属真菌。在叶背长出的灰褐霉状物，是其分生孢子梗与分生孢子。分生孢子梗褐色，弯曲膝状。分生孢子船形，稍弯，两端较钝，深褐色，孢子壁厚，有 7~8 个隔膜，有些孢子隔膜则多达 13 个。

89. 麻点病的发生有些什么条件？

答：麻点病的发生与苗圃情况、栽培措施、气象条件有密切的关系。老苗圃或近老苗圃的新开苗圃，设在山谷地、低洼地、近河边和四周高草、灌木丛生，通风程度很差的苗圃，发病都较严重。主要原因是这些苗圃菌源较多，或湿度较大，有利于病菌的生长、繁殖、传播和侵染。偏施氮肥、淋水过多、株行距较密都有利于麻点病的发生。在气象因素中，以湿度、温度最为重要。平均温度 25~32℃ 最有利于发病。平均温度在 20℃ 以下、32℃ 以上，很少发生麻点病。降雨有利于病害发展。但连续大雨（100mm 以上的暴雨或台风雨），则病情下降。原因是大雨冲掉大量孢子，减少田间菌量，但大雨过后，病害又会上升。

90. 怎样防治麻点病？

答：（1）选择通风透光、排水良好的地区育苗。避免在靠近老苗圃，或在老苗圃和幼树行间育苗。

（2）合理施用氮、磷、钾肥、避免偏施氮肥和淋水过多。

（3）流行季节来临之前，用 0.3% 代森锰或 0.15% 代森锌或 4% 茶麸水喷雾，每隔

5 天喷一次，共喷 5~6 次。

91. 橡胶块溃疡病有什么主要症状？与条溃疡病有何区别？

答：橡胶块溃疡病是发生在胶树枝干部位的一种病害。胶树感病后，在树皮表面出现淡紫红色水渍状的不规则斑块，病部有裂纹，流出黑褐色汁液或胶乳，刮开病皮，可见紫红色云彩状斑纹，有酒味。有时，皮层和木质部之间有凝胶块，使病皮隆起，用手触之有弹性。病害严重时，病部大块腐烂，与条溃疡病相像。但块溃疡病没有黑色条纹，其病部内层为紫红色，易与条溃疡病区别。

92. 如何防治块溃疡病？

答：块溃疡病是一种腐霉属的真菌所引起的。病菌的繁殖、传播、侵染均需要高湿条件。它从伤口侵入胶树。胶树遭受机械伤或雷害后在高湿条件下容易发病。因此防治块溃疡病要注意降低林段湿度，雨季高湿期间避免碰伤树身，发现有病时要及时喷撒药物和处理病斑。所用的药物及病斑处理方法，均与防治条溃疡病相同。

93. 绯腐病有些什么特征？

答：绯腐病是橡胶树的一种枝干病害，通常发生在胶树树干的第二、第三分叉处。发病初期，病皮表面有蜘蛛网状银白色菌索；随后病皮下陷，暴裂流胶，并出现粉红色泥层状菌膜，这是此病最明显的特征。过一段时间后，粉红色菌膜变为灰白色，病害严重时，树皮腐烂，露出木质部，病部以上的枝条枯死，下部抽出新芽。

94. 绯腐病的病原菌有什么特性？

答：绯腐病是一种担子菌引起的病害。病菌喜高温高湿气候，故病害多在 7—9 月雨季发生；低洼积水，郁闭度大、通风不良的林段发病较多。病菌主要侵害 3~10 龄幼树。旱季时病菌停止活动，潜伏在病组织或在野生寄主上度过不良环境。雨季来临又恢复侵染能力。此菌能侵害 200 多种植物，如橡胶、咖啡、柑橘、茶树、杧果、木菠萝等等，故侵染来源较多。

95. 如何防治绯腐病？

答：（1）避免在潮湿地区种植感病品系，如 RRIM501、RRIM618 等。
（2）加强林管，消灭杂草、灌木、降低林段湿度。
（3）胶树发病时，可喷射 0.5%~1% 波尔多液，或用 5% 十三吗啉浓缩胶乳剂喷雾。

96. 什么叫回枯病？

答：回枯病是橡胶树枝干顶部枯死的一种病害。一般的症状先是顶部枝条死亡，逐渐扩展至主干，最后整株死亡。有时，枝梢枯死后，不继续往下发展，下面健康部位长出不定芽。也有一些大枝条，病部在一边扩展较快，另一边较慢，健康部位可长出不定芽。

97. 为什么会发生回枯？

答：橡胶树发生回枯的原因是多方面的，有寄生性的原因和非寄生性原因。寄生性的病因是由几种真菌侵染所引起的。常见的真菌有：毛盘孢属真菌、疫霉属真菌、叶点属真菌、拟茎点属真菌、丛壳霉属真菌。非寄生性的病因，如积水、干旱、缺肥、风害、雷害、寒害等削弱了胶树生势，然后为次生菌侵入，继续向健康部位扩展而造成回枯。

98. 怎样处理回枯病？

答：（1）区别原因，对症处理。对于寄生性回枯，可根据病原参照有关病害的防治方法进行防治；对非寄生性回枯，要纠正引起发病的条件，如积水应注意排水，缺肥要注意施肥，风、雷、寒害要注意及时处理受害部分。

（2）一般的处理方法是在距病部 2~3cm 的健康组织处下用刀切除病死枝梢，切口用煤焦油涂封保护。

99. 橡胶树枝条为什么会变扁或丛生？

答：在橡胶树苗圃或林段里，常常见到一些幼苗或成龄株的枝条变扁、缩节丛生。造成这种病害的原因，以前认识是遗传缺陷。近年华南热作研究院植保所郑冠标等同志，用电子显微镜观察，发现这种枝条内有球形、椭圆形的类原核生物，认为此病可能是类原核生物所引起的。

100. 如何防治橡胶丛枝病？

答：橡胶实生苗及增殖苗圃芽接苗发现此病后，不可用作繁殖材料，应将病苗迅速挖除，集中烧毁。开割胶树发现丛枝病后，要把病枝砍掉烧毁，并注意预防褐皮病的发生。

101. 橡胶树桑寄生是怎样发生的？

答：桑寄生是一种桑寄生科的植物寄生在橡胶树干上引起的。这种植物的种子被小鸟吞食后，并未死亡，通过小鸟飞到另一胶树排粪时传播，种子在胶树树枝或树干上萌发后，长出胚根和胚芽，胚根形成吸盘，吸盘长出吸根，穿入寄生的树皮及木质部，胚芽长成枝叶。这样就在胶树枝干上长出寄生植物。寄生的茎部长出匍匐茎，再从匍匐茎长出新吸根和新枝叶，于是桑寄生越长越大。对胶树的产胶造成严重影响。

102. 怎样防治桑寄生？

答：每年橡胶树落叶后最容易发现桑寄生，处理的方法是把桑寄生的橡胶枝条，连同桑寄生一起砍掉，并集中烧毁，处理的时间最好是在 1 月、2 月。

103. 橡胶死皮病有几种类型？

答：有褐皮病和非褐皮病两大类。

褐皮病类有 3 种：外褐型、内褐型、稳定型。

非褐皮病病类有 5 种：轻度营养亏缺型死皮，运输障碍型局部死皮，雨冲胶引起的死皮，根病引起的死皮，伤害引起的死皮。

104. 几种主要橡胶死皮病的症状是怎样的？

答：外褐型的特征是砂皮至黄皮有褐斑，水囊皮正常。

内褐型发病初期排胶快，水囊皮变暗褐色、水渍状，继而乳管由内往外枯死，水囊皮与黄皮均有褐斑。

稳定型褐皮病是指有些褐皮病树到后期褐斑不再发展，褐皮病灶稳定，界线清楚，干枯脱落。新生的黄皮没有褐斑，恢复产胶能力。这种类型常生木龟。

轻度营养亏缺型死皮，主要是由于强度割胶，排胶过度引起的。发病初期排胶不正常，出现长流胶，水胶分离或胶乳反常变稠，以后割线局部不排胶（多数发生在割线的中段或下段），树皮变成暗褐色。

运输障碍型局部死皮常发生在吊颈皮或芽接树接穗与砧木结合处，其特征是排胶线从外往内缩，深割时水囊皮有胶。粗看树皮色泽正常，但细看在近水囊皮外有一条暗红线。病情严重时也会往下扩展。

105. 死皮病的原因是什么？

答：造成橡胶树死皮的原因很多，目前国内外仍无统一的意见。死皮类型不同，病因也不相同。根据目前研究的结果，死皮有两类病因：病理性原因和生理性原因。

病理性原因的死皮主要是一种叫做类立克次氏体所引起的。华南热作研究院植保所郑冠标等同志经电子显微镜检查发现，在有典型褐斑的树皮中，有大量的类立克次氏体存在，同时经过四年用青霉素、盐酸四环素注射病树，能使病树增产，显示明显的治疗作用，由此初步证明褐皮病类死皮是类立克次氏体所引起的。此外，严重感染根病的树，如果继续割胶，经一定时间也会引起死皮。

生理性的原因，是由于强度割胶，风寒害使树皮受伤引起，吊颈皮，芽接的砧木与接穗接合处容易发生死皮。雨冲胶、木龟、木瘤、割面暴裂亦可能引起死皮。

106. 怎样防治橡胶死皮病？

答：预防橡胶死皮病的根本措施是处理好管、养、割的关系，实行科学割胶；对已发生死皮的病树，要对症施治：

（1）对中、轻褐皮病类死皮，可用 1 000mg/kg 四环素或青霉素，每株注射 2L，或用保 01 涂割线。

（2）要降低割胶强度，增施氮、磷、钾肥。

（3）对运输障碍型局部死皮，要适当浅割和割厚皮，迅速将吊颈皮割去，就可以恢复正常排胶。

（4）对严重褐皮病类死皮，一般应采用手术处理。手术处理有三种方法：刨去法、剥皮法和开隔离沟法。刨皮法是在晴天用弯刀刨去病部粗皮，然后再刨至砂皮内层，最后用 0.5% 的硼酸涂抹伤口，使未刮净的病斑自行脱落。处理后几天要拔除凝胶以防积水。剥皮法是用胶刀在病灶范围开水线，隔 5~7cm 开一条，深度到水囊皮，然后用尖刀将病皮从形成层以外剥离。处理宜在 4—7 月间选晴天进行，操作时不要碰伤形成层。当长出新皮后，病树就可恢复割胶。开隔离沟法是在病健交界处的健康部位，用利刀开一条沟，以防止病部扩大。

（5）注意适当的割胶强度，避免强割和雨冲胶，及时处理根病树、木龟、木瘤，预防风寒害和增施肥料。

107. 为什么橡胶树会长木龟木瘤？

答：（1）胶树感染割面病害后没有及时防治和处理。

（2）胶树遭受各种机械伤，特别是割伤或碰上了休眠芽的部位，刺激分生组织异常生长。

（3）胶树在不良的条件，特别是不良的土壤湿度条件下，刺激分生组织过度生长木质部。

108. 怎样处理木龟木瘤？

答：主要用手术处理法。小的木瘤可用刀尖剔除或用刀打掉。大的木龟、木瘤，需用刀切除。切口用沥青涂封。

109. 什么是烂脚病？

答：烂脚病是指橡胶树茎干基部 30cm 范围内的树皮溃烂的一种寒害性生理病害。受害部位初期内皮变色，内部往往夹有凝胶块，树皮隆起，暴裂流胶，溃烂，最后烂皮干缩下陷，形成烂脚。

110. 为什么橡胶树会发生烂脚病？

答：橡胶树烂脚病是低温寒害引起的一种生理性病害。胶树在冬季受到三天以上日平均温度 13℃ 以下，最低温度 8℃ 以下的降温过程，胶树茎干基部容易受低温伤害而发生烂脚。烂脚病的轻重与林段的地形、坡向、林段阴蔽度、林管、品系抗寒性等有关。一般北坡向阳坡度小的林段烂脚重，坡度大烂脚轻。阴坡与阳坡相反，坡度大者烂脚重，坡度超过 20° 的烂脚最严重。荫蔽度大的林段通风透光性差，冬季白天温度上升慢，胶树受害较重。林段失管，杂草丛生的林段烂脚亦较严重。据调查，PR107、GT1 等品系对烂脚病抗性较强，烂脚病严重的品系是 PB86、RRIM600。

111. 怎样预防烂脚病？

答：（1）选好宜林地是预防烂脚病的关键措施。冷空气的长时间沉积的低洼地、低平地、马蹄形台地、"V"形峡地，坡度在 18°以上的阴坡地都不宜种胶。

（2）在烂脚病发生的地区种胶，要加大株行距，一般行距 9~11m，株距 2.5~3m，以利增加热量，降低湿度。

（3）选中抗烂脚病品系，如 PR107、GT1、爪哇 228。

（4）加强林管，冬前铲除植胶带上的杂草，对种植较密的林段，可在冬前进行适当修剪，为了预防烂脚病，可用油脂或沥青除封剂（沥青 1 份+柴油 1~1.5 份）离地 30cm 以内的颈基部涂封。

112. 橡胶树遭受寒害后有些什么症状？

答：橡胶树遭受寒害后，枝、干、叶部都表现不同的症状。绿叶受害后，出现黑点，严重者变黑、凋萎、脱落。老叶受寒害后叶片变黄，有灰白斑块，很快脱落。枝条受害后变褐、水渍状，出现黑斑，暴皮流胶，最后枯萎。树干受害后，树皮变褐，暴皮流胶，最后枯死。割面受害后暴皮流胶或干枯。茎基部受害后表现（烂脚），即茎基 30cm 以下的部分溃烂。有些受到轻度寒害的绿枝，在寒害间不表现明显的症状。温度回升后新抽的绿枝凋萎，叶现褐斑。

113. 什么情况下橡胶树会发生寒害？

答：橡胶树是热带树种，要求高温度才能正常生长。温度过低，就会发生寒害。平均温度 10℃以下，连续多天，橡胶树就会发生不同程度的寒害。温度越低，寒害越重，寒害的轻重，还受许多条件的影响。品系的抗寒力、越冬前的气候条件、越冬期的降温过程、寒潮的类型、寒潮温差的大小及持续时间，苗木的生长情况、割胶与管理措施及所处的小气候环境等都与寒害的程度有密切关系。

114. 怎样避免或减轻橡胶树寒害？

答：要避免或减轻橡胶树寒害，必须注意选择种胶环境，选用抗寒品系、贯彻抗寒农业措施，在重寒害地区的南坡、西坡，要种中等以上的耐寒品系；其余坡向要种高度抗寒品系，北坡、东北坡则种植耐寒力强的品系，据调查，GT1、南华 1、红山 126、93-114、五星 I 等品系具有中等或较强的抗寒性。在中、重寒害区，采用宽行密株（2.5m×9m 或 2.5m×10m）对减轻烂脚和割面、树皮的寒害有一定的作用。在郁闭度大林段，不宜间种其他植物。利用尼龙袋苗定植，有利幼苗抗寒越冬。胶苗冬前培土，对预防辐射寒害有较好效果。冬前树头周围盖草（宽 2~3m，厚约 30cm），可减轻茎基受害。低温期晚上熏烟，对预防寒害有一定的作用，采用乙烯利、电石刺激减刀割胶，有减轻寒害的效果。冬季浅割，不伤树，用胶籽油（或油棕油）、松香、石蜡、凡士林等涂封割面，能预防或减轻寒害的发生。增施钾肥（每株增施 1~4 两）能提高胶树的抗寒能力。

115. 怎样处理橡胶寒害树？

答：橡胶寒害树的处理方法，应该因树制宜，树干粒状暴胶、树皮外死内活的可以不处理，让其自然脱落外皮。暴皮流胶为主的寒害树，处理时先拔去凝胶及向四周延伸的胶膜，然后除去翘起的树皮，修好边，并在伤口下方开一个小的排水口，受害面积较大的，应在活组织边缘先涂医用凡士林，坏死部分再涂 6% 敌敌畏或 1% 六六六粉浆（六六六粉 1 份加水 1~2 份）。半个月后，待木质部干燥时，用沥青涂封，寒害树处理一般应在第一蓬叶老化后选晴天时进行。

对于树皮枯死的寒害树，应在症状出现时，用 1% 马拉硫磷或 1% 敌敌畏加敌百虫或 5% 六六六喷射受害部位以防虫害，待死皮界线分明后将死皮清除，刮净木质部表面的坏死组织，拔除胶线，先用医用凡士林涂抹活皮边缘，后用六六六粉涂封坏死部分，半月后待木质部干燥时，用沥青涂封防腐，寒害树处理应在胶树第一蓬叶老化后进行。

116. 橡胶树为什么会发生黄叶病？

答：橡胶树黄叶病主要是由于缺乏营养元素如氮、钾、镁等而引起的一种生理性病害。变黄的叶片，含氮量大部分在 3.0% 以下，含镁量 0.2%~0.29%，都比正常值低，当胶树的钾素降低到一定的程度时，便会发生黄叶。此时，偏施氮肥会加剧营养不足，使黄叶病更加严重。氮、钾、镁都是形成叶绿素的重要元素，这些元素不足，或比例失调，都会影响叶绿素的形成，因而产生黄叶病。

117. 缺氮、钾、镁黄叶病的症状各有什么不同？

答：缺氮的黄叶病叶片呈黄色，颜色比较均匀一致。幼树缺钾的黄叶病颜色不一致，叶缘有黄色斑驳，往往叶尖焦枯；已分枝的树叶片表现不规则变黄，黄色与绿色组织之间无明显界线，通常叶缘变黄较明显。幼树缺镁的黄叶病叶片颜色也不一致，通常叶脉间叶肉先变黄色，由叶缘向内发展，叶脉保持绿色或黄绿色；已分枝的树，通常叶片褪绿，但颜色不均匀，叶脉间变黄，并伸到叶缘，叶脉绿色。

118. 怎样治疗橡胶树黄叶病？

答：胶树黄叶病必须对症施治。缺氮的要施用氮肥；缺钾的施用钾肥。当施用氮肥水平提高时，胶树对钾的需要相应提高。一般每年每株施用硫酸钾或氯化钾 0.5kg。缺镁的胶树，每年每株可施用相当于 0.1~0.15kg 的硫酸镁。

119. 橡胶树缺锌有什么症状？

答：橡胶树缺锌后，叶片在有黄绿相间的斑驳，绿色部分特别绿；叶片畸形，有些变为长形，细小；节间缩短，变形。有时，这种症状只表现在某蓬叶，新抽的叶蓬正常。

120. 怎样防治缺锌症？

答：可用硫酸锌万分之一浓度喷洒病株，每星期一次，连续 2~3 次，嫩叶即可恢复正常。

121. 什么是叶缘枯萎病？

答：叶缘枯萎病顾名思义是叶边枯萎的病害。开始叶尖或叶缘少数几处枯死，变成褐色或白色。以后病斑沿叶边扩展，使整个叶边枯死 1~2cm。枯死部分变干、纸状，最后破烂脱落。

122. 为什么橡胶树会发生叶缘枯萎病？

答：主要原因是胶树缺乏营养元素供给或积水中毒，使树体抵抗力降低，某些次生菌乘虚侵入，从而引起叶缘枯萎。常见的次生菌有叶点属、壳二孢属、黑腐菌属（子囊菌）等。

123. 怎样预防叶缘枯萎病？

答：叶缘枯萎病一般不会传染，为害也不严重，不必进行防治。在苗圃或幼树林段，注意排水和增施肥料可预防叶缘枯萎病的发生。

124. 怎样判断橡胶树是遭受了雷害？

答：在生产上经常见到一些橡胶树突然枯萎、落叶、不知因何引起。橡胶树枯死、落叶，一般是由根病和雷害引起的。根病树有根部的症状（见橡胶根病部分）。如果根部没有发现什么症状，而看到下列症状，就可判断是受了雷害：

（1）发生在雷雨季节，受害树集中，而且突然，青叶带叶柄脱落，树干可能被劈裂，流出胶乳。

（2）没有劈裂的树，主要症状是水囊皮层（即形成层）变为咖啡色，很快变为紫色，最后变黑色，并向外发展，使树皮死亡，表皮破裂脱落。

125. 橡胶树遭受雷害后怎么办？

答：要及时处理。如果处理太迟许多病菌就会乘虚侵入树干，并向上下发展，最后导致整株死亡。处理的方法是锯掉受害部分，切口涂上沥青，并加强施肥管理，促进胶树恢复。

126. 哪些国家有南美叶疫病？为什么要把南美叶疫病作为检疫对象？

答：目前南美叶疫病只在一些拉丁美洲国家发生，如巴西、玻利维亚、委内瑞拉、哥伦比亚、厄瓜多尔、秘鲁、特立尼达、圭亚那、洪都拉斯、尼加拉瓜、哥斯达黎加、巴拿马、危地马拉和墨西哥等。

南美叶疫病是一种极严重的橡胶病害，它能引起胶树多次落叶，最后使胶树死亡。我国橡胶垦区，无论在气候条件方面，或是橡胶品系感病性方面都适合南美叶疫病的发展。因此，一旦引入南美叶疫病，就会对我国橡胶事业构成严重的威协，必须把它作为检疫对象，加强检疫、杜绝此病引进。

127. 怎样判断是南美叶疫病？

答：判断南美叶疫病可从检查症状和病原菌的两个方面着手。南美叶疫病侵害嫩叶后，出现暗淡的橄榄色或青灰色病斑，斑点上有绒毛状物。病叶叶缘或叶尖向上卷曲，畸形。病斑多时，叶片卷缩变黑脱落，或挂在枝条上呈火烧状。后期病斑多穿孔，在病斑四周发黑部位产生许多黑色的圆形子实体。12~20 天叶龄的叶片感病后，出现橄榄色或灰绿色的病斑，病斑上密生绒毛状（分生孢子堆），叶片畸形破碎。在树上不落的老叶，在病斑边缘产生黑褐色圆形的分生孢子器。叶龄达 2~3 个月时，则出现群生子囊壳。南美叶疫病原菌属于子囊菌，分生孢子顶生，椭圆形或长梨形，弯曲，双胞型的大小为（23~62）μm×（5~10）μm；单胞型（15~34）μm×（5~6）μm。分生孢子器黑色炭质，圆形或椭圆形，直径 120~160μm。器孢子哑铃状，大小为（12~20）μm×（2~3）μm。子座聚生，黑色，0.3~3μm。子囊器直径 200~400μm，子囊卵圆形，大小为（56~80）μm×（12~16）μm，内含子囊孢子 8 个，呈侧双行排列。子囊孢子无色，一个分隔，似长椭圆形，大小为（12~20）μm×（2~5）μm。将病害症状和病原菌对照上述情况，如果符合则可判断为南美叶疫病。

128. 怎样进行南美叶疫病的检疫和处理？

答：要严禁从南美进口三叶橡胶属的各种种植材料以及非橡胶植物的种植材料。如果科研单位等特别需要，必须将引种材料用托布津消毒，先经中间站试种，观察一年以上，确定无病，才准引入我国植胶区种植。凡从南美地区来我国胶区的人员或旅客，需取道北美或欧洲或其他地区停留一段时间，才许进入，并禁止携带活的种植材料，否则一律没收和焚毁。

如果万一在我国垦区发现南美叶疫病，应立即报告、尽快用 5% 2，4，5-涕丁酯将病区及其附近胶树全部脱叶，并就地烧毁，以控制南美叶疫病的蔓延扩展。

129. 哪些国家有橡胶白根病？

答：目前发现有白根病的国家有：新加坡、马来西亚、印度尼西亚、斯里兰卡、印度、柬埔寨、扎伊尔等。白根病菌虽在我国多次发现，但是否与国外的菌系相同，致病力是否一致，目前尚不完全清楚。且至今尚未发现我国的白根病菌造成大面积的危害，因此，笔者仍需将国外的白根病作为检疫对象，严防此病引进。

130. 白根病有些什么主要症状？

答：白根病为害橡胶树根部，病菌沿根生长，其菌索分枝成网状。典型的菌索先端白色，扁平，老时呈圆形，带黄色或黄褐色。刚被杀死的根木质部呈褐色，坚硬；正在腐烂的根白色或淡黄色，通常也较坚硬，但在湿土中的烂根呈果酱状。子实体常在病根的根颈部位或露出的腐根或树桩上长出。子实体檐状，无柄，基部较宽，常为单生，革质或木质。上表面橙黄色，略有轮纹，如轮纹不太明显则上表面颜色较深，常有放射状的纤维外现；下表面橙色、红色或淡褐色。子实体边缘鲜黄色，横切面上层白色、下层红褐色。子实体一般长径 5~13cm，短径 2.5~7.7cm。

131. 如何预防白根病？

答：白根病是检疫对象，应严格执行检疫措施，禁止从有病国家带入种植材料，特别是带根、带土的材料。如果科研上特别需要，亦须经严格检疫，消毒处理，并在中间站试种一年以上方可引进。

若不慎引进白根病，或由于其他原因个别地区发生了白根病，应该立即采取措施封锁疫区，严禁从疫区运出苗木、土壤等材料，并尽快铲除病区所有的胶树，病区内的土壤严格消毒，改种非白根病寄主的植物。病区附近的胶树，亦应用 10%十三吗啉沥青乳剂涂封根颈和第一轮侧根以防传染。

《橡胶树病虫害防治问答》由华南热带作物研究院情报所编（1985 年）

橡胶树病害综合治理研究[*]

余卓桐　陈慕容　张运强　冯淑芬　罗大全　谢艺贤

黄武仁　王绍春　符瑞益　张辉强　叶莎冰

（中国热带农业科学院环境与植物保护研究所）

李学忠[1]　黄宏才[1]　刘旭斌[2]　邱学俊[3]　李世池[4]　陈祖敬[5]　宁海绪[6]

吴大波[7]　易展辉[6]　文德良[3]　刘旭业[6]　谭伯泉[4]　庞启洪[5]　罗传儒[7]

（1. 海南省农垦总局农林处，2. 海南省龙江农场，3. 海南省新中农场，

4. 海南省阳江农场，5. 海南省南方农场，

6. 海南省东红农场，7. 海南省红光农场）

[摘要] 经过 1996—2000 年的试验，1998—2005 年 8 年 200 多万亩大面积示范、推广应用橡胶病害综合治理技术，对橡胶病害测报与防治，取得以下创新成果。

（1）在国内外橡胶炭疽病、褐皮病的研究中，首次建立预测模式，5 年预测平均准确率在 88% 以上；经改进白粉病、根病的预测模式，5 年平均预测准确率高达 93%～98%，在国内外处于领先水平。

（2）首次确立橡胶白粉病、炭疽病、褐皮病、根病的动态经济为害水平，为橡胶主要病害的防治决策提供了基本的标准，8 年应用证明其准确可靠。

（3）首次确立橡胶炭疽病、根病、褐皮病的防治指标，同时改进了白粉病的防治指标，对保证橡胶病害的防治效果起了关键作用，5 年应用证明其准确合适。

（4）筛选出兼治橡胶白粉病、炭疽病的高效农药粉疽灵，无公害农药低聚糖素；兼治割面褐皮病、条溃疡病的"保 01 乙烯利"混剂；兼治 3 种根病和白粉病的有效农药粉锈宁。这些农药的防效与常规农药相当或较高，成本较低，防治效益较高；在国内外橡胶病害研究中尚无前人报道。

（5）在研究和确立准确可靠的预测模式、经济为害水平、防治指标和复合防治指标、防治决策系统模型等先进植病管理技术，和综合协调有效的防治措施的基础上，在国内外橡胶病害研究中首次组建橡胶病害综合治理体系，并于 1998—2005 年在海南 6 个代表性农场大面积示范推广，用此综合治理体系指导生产防治，累计推广面积达 202 万亩。示范推广结果表明：应用综合治理体系平均防治效果达 76.7%，比常规防治效果（平均 66.1%）高 10.5%，8 年共节约农药 1 453t，每亩平均防治成本 7.63 元，比常规防治（9.6 元/亩）降低 20.5%，共节省防治费用 578.87 万元，既节约了防治开支，又减少了环境污染；挽回干胶损失 1.8 万 t，除成本外纯经济效益 1.25 亿元，比常规防治增加 21.3%，纯增 4 505.03 万元。增收节支合计 1.308 亿元。

---

* 本研究于 2006 年获海南省科技进步奖二等奖。

[关键词]　橡胶病害；预测模式；经济为害水平；防治指标；综合治理体系；防治决策系统模型

橡胶病害是橡胶生产中的一个突出问题，据联合国粮农组织统计，橡胶因病虫害损失总产 25%。按此损失水平计算，我国橡胶病害的为害损失，每年在 10 万 t 以上。与橡胶病害相比，虫害的为害较轻微。因此，橡胶病害的研究和防治，向来受到国内外生产部门和研究部门的重视，在一些主要橡胶病害防治研究和开发推广上取得过较大的进展，如橡胶白粉病、炭疽病、根病、褐皮病的农药筛选、抗病选育种、农业防治等。但是过去的生产防治只是逐个病害采用化学防治。从总体来说，没有从整个橡胶病害系统出发，对橡胶病害进行系统协调的管理；从防治手段来说，基本上只采用化学防治方法，没有进行综合治理；多数病害没有预测预报的方法和防治指标，未测定经济为害水平，一直采用固定的喷药历程来开展病害的防治。不少单位为图保险，不管病情轻重盲目多次打保险药；另一些单位没有认真进行病害监测和预测，到病情严重时才频繁喷药。因而常常出现用药多、成本高、防效差、效益低、环境污染严重，经济、社会、生态效益都偏低等情况。为了改进橡胶病害防治技术，提高我国橡胶病害防治水平。1990年开始，笔者首先逐个橡胶主要病害进行综合治理研究。1996 年后进行以作物为单元的橡胶病害综合防治研究。

1　试验材料与方法

1.1　组建橡胶病害综合治理体系的程序

组建以作物为单元的橡胶病害综合治理体系，是一项复杂的系统工程研究项目，需要大量的应用基础研究资料和逐个主要病害综合治理研究的成果为基础。因此，本项目的研究按下述程序进行：

（1）调查不同生态区的橡胶病害，弄清各生态区的橡胶病害种类和主要病种，确定主要治理对象。

（2）研究主要病害病原生物学、流行学，确定影响主要病害发生为害的关键因子和关键时期，制定病害监测和预测方法，经验证修正后使用。

（3）测定病害为害损失，建立损失估计模型，确定主要病害的动态经济为害水平。

（4）研究橡胶树不同部位生长发育特点，及其与本部位主要病害的抗病性关系。根据防治效果，确定防治指标。测定多病害综合为害损失，制订复合防治指标。

（5）逐个病害研究综合防治措施，包括选育、利用抗病品种，检疫、检验方法，消灭侵染来源措施，农业防治方法，农药筛选，生物防治，保护利用有益生物，组建单个病害的综合治理体系。

（6）在上述研究的基础上，将各个环节研究出来的防治措施，按作物生长发育阶段安排，组装成以作物为单元的综合治理体系。同时根据各生态区的特点，组建不同生态区域的综合治理体系。

病原生物学、病害流行学的研究，病害单项防治措施和综合防治试验等的试验材料和方法，可参考本项目的附件有关部分。本文着重介绍整个橡胶病害综合治理试验的方法。

1.2　综合治理试验的材料与方法

试验材料为国内种植的主要橡胶品系 RRIM600、PR107 和少量海垦 1 号、PB86 的幼龄树和中龄开割树。试验和示范推广分别安排在 6 个不同类型生态区的代表性农场。海南中部在南方农场；西南部在龙江农场；北部在红光农场，东部在新中农场和东红农场。每个农场根据调查确定主要防治对象，采取不同的综合治理方法。

试验采用随机区组设计，有 3 个处理：综合治理、常规防治、不防治对照区。前两个处理，以一个生产队为一个小区，重复 5 次。即每个农场选 5 个生产队作为综合治理，5 个生产队作为常规防治。两种处理选择的生产队用配对法，即选一个生产队做综合治理，同时在附近选另一个品系、病情、物候相应一致的生产队做常规防治，以便比较。不防治的对照区，选在本场参试的生产队附近，按其主要品系选择 2~3 个代表性林段。2001 年后则全场绝大部分生产队用综合治理体系，留少量生产队做常规防治做对比。

综合治理处理的生产队，用笔者组装的综合治理体系和防治决策模型指导防治：常规防治的生产队，则按农业部农垦司《橡胶植保规程》和当年农垦总局对橡胶病害防治的具体安排进行。

橡胶病害综合治理的每年的防治，用病害防治决策系统模型指导，其基本运作程序是首先做病害监测和预测，根据预测结果，对超过经济为害水平的地段，按照适当的防治指标采取有效的综合防治措施进行防治。按此程序实施，首先要建立准确监测和预测方法，确定经济为害水平和防治指标试验或选定适合不同生态区域的综合防治措施，组建防治决策系统模型。具体方法可参考下述有关部分。

病害的监测方法，按农业部农垦司《橡胶植保规程》所规定的方法进行。病害预测模式研究，根据病害历年记录材料，用逐步回归法建立预测模式，经大田预测验证修订定型。经济为害水平，根据病害为害损失、防治效果、防治成本、产量水平、橡胶价格等多个因素做系统分析，确定动态经济为害水平。防治指标则主要根据过去的防治研究和生产防治经验制订。

病害防治结束后，分别调查统计比较各处理的防治效果，防治成本，用药量和防治经济效益，对综合治理体系做出评价。

$$防治效果（\%）=\frac{对照区最终病指-防治区最终病指}{对照区最终病指}×100$$

$$防治经济效益 = \left[（防治挽回损失量×胶价）-防治成本-生产制胶成本）\right]×防治面积$$
$$防治挽回损失量 = 对照区损失量-防治后残留损失量$$

2　研究试验结果

2.1　中国橡胶树病害系统及主要病害流行区域

2.1.1　中国橡胶树病害系统

经笔者多年的病原鉴定、病害调查和华南五省（区）科研部门与生产部门联合 3 次病虫普查，我国橡胶病害系统有 90 多种病害。其中以真菌病害为最多，有 47 种占 52.2%。其次为风寒、缺素、雷击、高温等引起的生理性病害，有 18 种占 20%。寄生性植物 14 占 156%。其他还有 2 种类细菌，1 种线虫，1 种藻斑，1 种地衣苔藓病害，和6种病因未明的病害，占12.2%。主要的侵染性病害有白粉病、炭疽病、褐皮病、红根病、褐根病、紫根病、条溃疡病、季风性落叶病、黑团孢叶斑病、麻点病、桑寄生等。这些主要病害在不同地区发生及严重程度有明显不同，因而形成区域性的橡胶主要病害流行区域。

2.1.2　中国橡胶树主要病害流行区域

根据我国各地橡胶主要病害的种类和严重度，中国橡胶树主要病害可分下述4个流行区域。

（1）海南南部、东部、西南部病害流行区：主要为害的病害有白粉病、褐皮病、红根病、褐根病。

（2）海南中部、西部病害流行区：主要为害病害有白粉病、红根病、褐根病、炭疽病、褐皮病。20世纪60—70年代条溃疡病曾一度严重流行，80年代后很少发生为害。

（3）海南北部、广东胶区、广西胶区、福建胶区病害流行区主要为害病害有白粉病、炭疽病。

（4）云南胶区病害流行区：主要病害有白粉病、条溃疡病、褐皮病、红根病、褐根病、季风性落叶病。近年发现炭疽病发生较严重。

从上述的研究可以看出，我国胶区发生较普遍和严重的病害有白粉病、炭疽病、红根病、褐根病、褐皮病5种。上述研究为笔者确定橡胶综合治理体系的治理对象提供了依据。

2.2　主要橡胶病害病原生物学和流行学研究

2.2.1　侵染来源

几种橡胶主要病害侵染来源的研究表明，它们的侵染来源主要来自上季发病残留的病组织或其他寄主的病株（表1）。

表1　几种橡胶主要病害的主要侵染来源

病害	主要侵染来源
白粉病	正常树冬梢、越冬老叶、断倒树新梢、苗圃幼苗等的病叶、野生寄主病株
炭疽病	寒害病梢、病果、越冬老叶、苗圃幼苗的病组织、其他寄主病株
根病	新垦林地或更新林地残留病桩、病组织、其他寄主病株
褐皮病	丛枝病苗、上年病株残留病组织
条溃疡病、季风性落叶病	上年残留病组织，带菌土壤、其他寄主病株

2.2.2　病害传播

为控制病害扩大蔓延，笔者对橡胶几种主要病害的传播做了深入的研究。

用孢子捕捉器连续3年研究白粉菌传播规律发现，此菌孢子的传播有昼夜周期性，以中午最多，随后逐渐减少，夜间很少捕到孢子。传播量与风速、病情有密切关系。风速越高，捕到孢子越多。田间发病率5%以前，很少捕到孢子。

室内鼓风吹动病叶和田间挂玻片捕捉孢子等方法研究炭疽菌孢子的传播发现，刮风下雨时捕到孢子最多，有风无雨捕到孢子极少，说明风雨是炭疽菌传播的主要途径。

用血清学方法和电镜形态观察发现，橡胶丛枝病与褐皮病的病原物有密切的亲缘关系；以丛枝病的芽片嫁接幼苗，定植大田后开割时就发现有褐皮病，说明褐皮病可以通过丛枝病的病苗传播。

根病主要通过病根与健根接触传播。但对其传播的速度前人很少研究。定期观察测量根病的蔓延速度，获得了一株根病每年向周围传播 2~3 株的数据，为建立根病预测模式提供了依据。

条溃疡和季风落叶病的病原疫霉菌，主要存活在土壤和病组织中。在适宜条件时产生孢子囊通过雨水、雨溅、从树冠沿树干流下的水流等传至割面；割面或土壤的病菌通过风雨传至树冠。根据这些传播方式，研究利用防雨帽和转高线割胶等方法减少传播，降低田间病害已取得一定的成效。

2.2.3 橡胶主要病害病原物寄主范围研究

通过人工交互接种，橡胶主要病害病原物的寄主范围如下：

白粉菌：橡胶树、刺头婆（*Urema lobata* sp.）、山麻杆（*Aichornen elavidii* Franeh）、飞扬草（*Euphorbia hirtah*）。交互接种侵染率在 50% 以上。

炭疽菌：刺伤后用炭疽菌接种杧果、咖啡、胡椒、油棕、腰果、油梨、柑橘、木瓜、槟榔、香蕉、荔枝、金星果、番石榴、剑麻、香子兰、白玉兰、苦楝、木薯、生姜、南椰、竹薯、芥细、铁木、象草、瓜哇葛藤、卵叶山蚂蝗、巴西苜蓿、猪屎豆、蝴蝶豆、禾本科牧草、芋头等植物，侵染均达 100%，说明此菌寄主范围广，侵染来源多。

红根病病菌 [*Gamloderma pseudoferreum*（Wakef）v. Orer. et Steinm]：据调查有 31 种寄主植物，其中主要有橡胶树、三角枫、厚皮树、苦楝树、台湾相思、山枇杷、柑橘、荔枝、咖啡、可可、茶树、鸡血藤等，说明其寄主范围较广，侵染来源较多。

褐根病病原菌（*Phellinus noxins* Corner）：有 33 种寄主，其中主要有橡胶树、三角枫、台湾相思、非洲楝、桃花心木、苦楝、木麻黄、麻栎、厚皮树、倒吊笔、柑橘、咖啡、胡椒等。

疫菌霉：据研究鉴定，侵染橡胶树的几个疫霉菌菌种的寄主范围很广，除侵染橡胶树外，还能侵染可可、胡椒、槟榔、剑麻、柑橘、菠萝、木菠萝、番木瓜、肉桂、椰子等数十种植物。

2.2.4 病原物侵染条件研究

用人工气候箱调节不同温湿度，或在自然条件下人工接种观察侵染过程与当时气候、寄主物候期关系等方法，研究橡胶主要病害病原菌的侵染条件，结果综合如表 2。表 2 的测定结果表明：白粉菌侵染发病的适宜条件是橡胶嫩叶期较低的温度（15~25℃），较高的湿度（>80% 以上），伴有小雨；炭疽菌侵染适宜条件是在橡胶抽芽至古铜期连续降雨 3 天以上，湿度高（RH>90%），温度较低（15~25℃）；疫霉菌侵染发病适宜条件是在割胶后连续降雨 3 天以上，湿度高（RH>90%），温度偏低（12~20℃）。根病菌在土中生长，其发展速度与土质、土壤温湿度，通气程度有关。黏质土通气差，土壤温湿度高较适宜病害的扩展蔓延。其产生子实体要求高温（>25℃）、高湿（RH>90%）和连续 3 天以上降雨。褐皮病病原物（BL0）生长、发育和侵染过程与上述几种真菌病害不同。它侵染发病主要与温度、降雨、特别是割胶强度相关。在高温（最冷月

表 2　橡胶主要病害病原菌侵染条件

病原	条件	孢子萌发			侵染			产孢			扩展		
		最适	最高	最低	最适	最高	最低	最适	最高	最低	最适	最高	最低
白粉病菌	温度(℃)	16~32	>38	<10	15~25	>28	<11	15~25	>32	<10	18~25	>32	<10
	相对湿度(%)	>88	—	0	>88	—	0	>80	—	0	>88	—	0
	降雨(mm)	<5	—	—	<5	—	—	<5	—	—	—	>30	—
	叶物候期	—	—	—	芽、古铜	淡绿	淡绿	—	—	—	芽、古铜	老化	—
炭疽病菌	温度(℃)	20~30	35	12	15~30	>35	<12	15~30	>35	<15	20~30	>35	<12
	相对湿度(%)	>90	—	<60	>90	—	<80	>90	—	<80	>90	—	<80
	雨日	>5	—	3	>5	—	>3	>5	—	<3	>5	—	>3
	叶物候期	—	—	—	芽、古铜	淡绿	—	芽、古铜	—	—	芽、古铜	—	—
疫霉菌	温度(℃)	15~28	>30	<12	15~25	>28	<12	15~25	>28	<12	15~25	>28	<12
	相对湿度(%)	>90	—	90	>90	—	90	>90	—	90	>90	—	90
	雨日	>3	—	1	>3	—	3	>3	—	3	>3	—	3
	割胶后天数	—	—	—	<2	—	3	<2	—	3	<2	—	3
根病灵芝菌	温度(℃)	25~30	>35	<20	—	—	—	25~30	>35	<20	25~30	>35	<20
	土壤湿度	高	—	—	高	—	—	高	—	—	高	—	—
	土壤类型	壤土	—	—	壤土	—	—	壤土	—	—	壤土	—	—
	降雨	多雨	—	—	多雨	—	—	多雨	—	—	多雨	—	—
褐皮病类细菌	温度(℃)	20~30	—	—	20~30	—	>15	—	—	—	>20	—	—
	相对湿度(%)	>90	—	—	>90	—	—	—	—	—	>90	—	—
	年降雨(mm)	>1600	—	—	>1600	—	—	—	—	—	>1600	—	—
	割胶(n/年)	>130	—	—	>130	—	—	—	—	—	>130	—	—

均温>15℃），多雨（年雨量>1 600mm）的地区强度割胶（刺激加天天割或隔天割），则会引起严重发病。橡胶主要病害病原生物学的研究，为掌握其发生流行规律，预测预报和综合治理提供了基本依据。

2.2.5 橡胶树主要病害流行学研究

病害流行规律是建立预测预报方法，制订综合治理方案的基本理论依据，因此，笔者在过去 40 多年中，先后对几种主要橡胶树病害的流行规律进行了深入的研究，在流行条件、流行成因、流行过程、流行区划分等方面取得了重大的进展，为建立橡胶病害综合治理体系提供了可靠的依据。

白粉病：通过长期的病害定点系统观察、华南各省（区）胶区的深入调查，结合在室内用人工气候箱做生物学特性的研究，发现白粉病发生发展与基础菌量，橡胶树越冬落叶、抽叶整齐度，气候条件有密切关系，其中温度与白粉病的发生流行关系最密切。平均温度 15~23℃病害发展最快：<15℃或>26℃病害发展缓慢；平均温度 28℃以上，最高温度 32℃以上持续 3 天，病害即停止发展并迅速下降消退。温度是决定白粉病流行的主导因素；白粉病的流行强度主要决定于冬春的温度条件。冬暖（最冷月均温在 17℃以上）则橡胶落叶不彻底（越冬落叶量在 70%以下），抽芽早而不整齐，越冬菌量大，病害始见期早（20%抽叶前已发现有病），若配合嫩叶期气候温和（平均温在 15~21℃），或出现长时间（12 天以上）的低温（11~18℃）阴雨，则病害流行。相反，冬冷（月均温在 15℃以下），则橡胶落叶彻底（越冬落叶量>95%），抽芽迟而整齐，越冬菌源少，病害始见迟（抽叶 85%以后才发现有病），若配合春天嫩叶期出现持续 5 天以上高温（平均温度>28℃，最高温>32℃），则病害轻微。经全国多个代表性橡胶农场 30 多年流行观察材料的系统分析，发现我国橡胶白粉病有 5 种流行气候型：冬暖春凉流行型、冬春温暖流行型、春凉流行型、冬冷春热轻病型，冬春寒冷轻病型。根据各胶区历年病害流行频率，把全国胶区划分为 3 种流行区，即常发区：海南南部地区，流行频率 80%以上；易发区：海南东部、西南部、广东高化、电白等地流行频率在 50%左右；偶发区：除上述地区以外的其他胶区，流行频率 40%以下。流行过程的观察发现，白粉病流行过程有明显的 3 个阶段：指数增长期（相当于中心病株期），此期病害按指数增长，流行速度最快，是防治的关键时期，这时防治可获得良好效果；对数增长期（相当于病害流行期），病害按对数增长；消退期，病害逐渐下降。上述的研究为白粉病的预测和综合治理，提供了依据。

炭疽病：此病流行主要决定于嫩叶期的降雨和温度。抽芽至古铜期出现长时间低温阴雨高湿天气（降水量 3mm 以上，相对湿度大于 90%以上，温度 11~17℃），持续 3 天以上，则病害发展；若配合冬冷造成大量枝条寒害，越冬菌量大；或在嫩叶期出现强寒潮，叶片部分遭受寒害，则病害流行。多年观察材料分析发现，炭疽病的流行过程有两种方式：一种是暴发式，病害一开始就普遍而严重。这种方式出现在冬天橡胶枝条遭受寒害，越冬菌量很大，加上嫩叶期持续出现上述有利发病的低温阴雨高湿天气的年份，其流行发展过程缺少指数增长期。另一种是渐进式，这种方式病情不一定能达到严重程度，病害逐渐发展。但不论哪一种形式，其发展过程都有 1 次或 1 次以上的升降。我国各地胶区历年流行频率的分析发现，炭疽病与白粉病一样有明显的流行区域，但其流行频率较低，还未发现有流行频率在80%以上的常发区。易发区在海南琼中、琼山、文昌，广东徐闻、海康、阳春、阳江和广西东兴等地。其他胶区都是偶发区。炭疽病流行学的这些研究，为病害预测及防治提供了依据。

褐皮病的发生规律调查表明：褐皮病主要在纬度较低的海南、云南胶区严重发生，在高纬度的粤西、广西、福建胶区发病较少，认为高温多湿是褐皮病发生的重要条件。割胶强度越大，割次越多，割胶越深，发病越严重。乙烯利刺激剂使用浓度过大，刺激频率高，而又不减刀、不浅割会诱至褐皮病暴发性的发生。品系的抗病力有明显差异，PR107、GT1较抗病，而RRIM600，PB86则较感病。

多年根病调查研究结果表明：根病的发病率主要决定于基础菌量。其基础菌源主要来自植胶前林地或更新林地残留下来的病树树桩。因此，橡胶定植后根病的发生数量与垦前林地的植被类型、开垦方式有密切关系。垦前为森林地或林木与灌木混生的杂木林地，长有大量的其他寄主植物，开垦时用人工开垦方式没有把树桩、树根清除，则橡胶定植后很快发病，形成很大的病区。相反垦前为小灌木或草地，没有其他寄主植物，定植后一般无病。所以根病的发生也有明显的地区差异。一般在山区、丘陵地区，如海南的中部、南部、东部、西部胶区，云南胶区等发病较严重。海南北部、粤西、广西、福建胶区根病极少。

条溃疡病在20世纪70年代前曾在海南、云南胶区发生过几次的大流行。现在发生很少。据过去的调查研究，此病的流行与气候和割胶密切相关，秋冬低温阴雨天多，在低温阴雨期间强度（天天或隔天）割胶是诱发条溃疡大流行的主要原因。

2.3　橡胶主要病害预测预报研究

植物病害综合治理，要求有准确的预测方法，预测病害最终病情，确定病害是否超过经济为害水平，是否需要防治，防治方法、防治强度，避免盲目防治，节省防治成本；预测病害何时达到防治指标，做好防治准备，及时控制病情发展，提高防治效果。因此，笔者早在1960年就开始对一些主要病害的预测预报研究。经过对几种橡胶病害的中短期预测的研究，已取得了很大的进展，为整个橡胶病害综合治理打下良好基础。

2.3.1　白粉病预测研究

（1）20世纪60年代初，由于对白粉病流行规律没有充分的认识，全国胶区均是参照国外白粉病的防治指标进行防治，即从橡胶树抽叶10%开始喷第一次药，每隔5~7天喷1次，直至橡胶叶片90%老化为止，每年喷药4~6次，折合现价每亩防治成本6~9元。为了降低防治成本，减少用药，1961年后试验推广以病害发生水平为基础的几种短期预测法：总指数法、混合病率法、嫩叶病率法。这3种方法都是按在不同物候期，叶片病情到达一定数量就开始喷药，没有提前预测期，也没有最终病情的预测，实际上是防治指标。因此，1970年后，根据笔者10多年在海南系统观察发现病害的最终严重度与病害在抽叶出现迟早呈负相关（$r=-0.9202$，$P<P_{0.001}$）。根据这一发现，利用广东代表性农场定点系统观察和全国胶区白粉病调查的大量材料进行相关回归分析，从而建立了总发病率短期预测法。此法的预测指标如下。

①病害严重度预测：按照病害总发病率2%~3%在抽叶过程出现时的抽叶百分率（x），预测林段的最终严重程度（y）。海南广东粤西的预测模式为：

海南中、西部： $y = 67.9 - 0.541x$

海南南部： $y = 68.28 - 0.5071x$

海南东部、北部： $y = 65.77 - 0.4933x$

广东粤西： $y = 73.57 - 0.6336x$

按照上述预测模式计算，橡胶抽叶 85% 以前，总发病率达到或超过 2%~3% 的林段，最终病情指数会超过经济病害水平，需要进行全面喷药防治。

②第一喷粉时间的预测：国内外的经验证明，这时进行第一次喷药，是获得高防效的关键。据笔者多年的防治试验结果，第一次喷药的最适时机是古铜期发病总指数 1，淡绿期 3~6。根据各地多年材料统计分析，总发病 2%~3% 发展到总指数 1~3，多数需要 3~5 天；发展到总指数 3~6，多数需要 5~8 天。因此，橡胶叶片古铜期总发病率到达 2%~3% 后 3~5 天，淡绿期总发病率达到 2%~3% 后 5~8 天，为开始第一次喷药的最适时间。

③再次喷药的预测：全面喷药后 9 天，植株叶片未达到 60% 老化，则病害发展还会超过经济为害水平，需要在 2~4 天内进行再次全面喷药。

1970—1978 年在海南不同生态区用总发病率预测法指导生产防治与用嫩叶病率法指导防治做比较试验，结果如表 3、表 4。

表 3　总发病率法与嫩叶病方法测报及防效比较

农场	时间	测报方法	重复林段数	喷药时病指	预测准确率（%）	最终病指	平均防效（%）	比较（%）
两院试验坊	1970	总发病率法	12	3.4~6.6	100	21.9	56.8	102.2
		嫩叶病率法	12	3.2~7.6	90	22.5	55.6	100.0
		CK	3			50.7		
南茂	1974	总发病率法	12	2.1~6.8	89.7	14.4	69.2	104.7
		嫩叶病率法	12	0.8~7.3	73.5	16.0	66.1	100.0
		CK	3			45.7		
南田	1977	总发病率法	12	1.2~5.4	87.0	16.0	81.2	102.1
		嫩叶病率法	12	1.8~7.5	76.0	17.4	79.6	100.0
		CK	3			63.4		
西培	1978	总发病率法	12	2.8~5.9	96.0	11.9	86.9	109.3
		嫩叶病率法	12	3.0~7.7	91.0	17.1	79.5	100.0
		CK	3			69.3		
总计或平均		总发病率法	48	1.2~6.8	93.2	16.1	73.5	104.5
		嫩叶病率法	48	0.8~7.7	82.6	17.0	70.2	100.0
		CK	12			57.3		

注：显著性测验：总发病率与嫩叶病率预测比较，准确率差异极显著（$t = 5.12 > t_{0.01} = 2.92$），平均防效差异不显著（$t = 1.26 < t_{0.05} = 2.06$）。

表4　总发病率法（A）与嫩叶率法（B）防治成本、防治效益的比较

农场	时间	测报方法	平均喷药次数	平均调查次数	用工数个/亩	防治成本（元/亩）	成本比较（%）	挽回干胶		经济效益	
								kg/亩	比数（%）	元/亩	比较（%）
两院试验场	1970	A	1.0	2.8	0.9	1.68	55.1	4.39	102.3	54.5	105.0
		B	1.7	7.8	2.7	3.09	100.0	4.29	100.0	51.9	100.0
南茂	1974	A	0.9	2.5	0.8	1.26	60.7	4.89	105.2	64.0	111.3
		B	1.1	7.3	2.4	2.07	100.0	4.65	100.0	57.5	100.0
南田	1977	A	2.0	3.8	1.9	2.87	95.7	7.23	102.3	89.6	103.3
		B	2.2	6.0	2.0	3.00	100.0	7.01	100.0	86.7	100.0
西培	1978	A	2.1	3.1	0.66	3.11	88.9	7.69	110.0	95.3	110.7
		B	2.5	4.8	1.75	3.50	100.0	7.00	100.0	86.1	100.0
总计（平均）		A	1.5	3.1	1.07	2.23	76.4	6.10	104.9	74.9	107.6
		B	1.9	6.5	2.20	2.92	100.0	5.73	100.0	70.1	100.0

注：显著性测验：总发病率与嫩叶病率法比较：用工数 $t=6.77>t_{0.01}=2.92$，极显著；防治成本 $t=5.46>t_{0.01}=2.92$，极显著；经济效益 $t=2.08>t_{0.05}=2.01$ 显著。

从表3、表4的试验比较结果可以看出：总发病率的预测准确率比嫩叶病率法高 5%~16.2%（$t>t_{0.01}$，极显著）；平均防治效果高 3.3%（$t<t_{0.05}$，不显著）。但均能有效地控制病情，达到生产防治要求。由于总发病率预测准确，减少一些轻病的林段的防治，平均喷药次数比嫩叶病率减少 21%，每亩节省用药 0.3kg。加上总发病率法以林段做观察点进行测报指导防治；调查，防治用工比嫩叶病率法节省用工 51.4%（$t>t_{0.01}$，极显著），因此，用总发病率预测法指导生产防治的防治成本，比嫩叶病率法降低 23.6%，每亩节省防治费用 0.69 元（$t>t_{0.01}$，极显著），防治经济效益提高 7.6%，平均每亩增加 4.8 元（$t>t_{0.01}$，极显著）。利用总发病率法预测，可提前 3~8 天预测施药期，有充分时间做好防治准备，并可在接到不利喷药天气（如寒潮风雨）预报时提前喷药，保证防治效果。可见，利用总发病率进行白粉病短期测报，具有准确度高，预见性强，防治效果好，省工省药，节省防治成本，增加经济效益等优点，是良好的白粉病预测方法。

1980 年开始在全国胶区推广用总发病率短期预测法指导橡胶白粉病防治，至今已 25 年，每年推广至少 50%的防治面积，即 200 万亩以上。按上述试验测定的防治成本，用药量和经济效益等基本数据做统计，用总发病率法指导白粉病防治，比常规只用嫩叶病率法或混合病率法防治指标指导防治共计节省农药 1.5 万 t，增收干胶 1.85 万 t，节约防治费用 3 450万元，增加经济效益 2.4 亿元。充分说明推广应用总发病率法指导白粉病生产防治，有重大的社会、经济和生态效益。

防治指标出现期的短期预测，主要是根据病害早期（指数增长期）的流行速度来预测。据 Van der Plank（1963）指数增长期的流行速度（r_1）统计模式，$r_1=$（2.30259/t）log（x_0/x_1），$t=x_0$ 到 x_1 的时间，r_1 为流行速率。笔者以总发病率 1.5%为

起点 x_0，以最适宜的第一次喷药时间总发病率 5%（古铜期）或 10%（淡绿期）为 x_1。只要知道当年病害早期的流行速率，就可以统计出从 x_0 到 x_1 的时间，预测防治指标出现期。据笔者对海南各地 1980—1995 年的白粉病观察材料分析统计，白粉病早期流行速率 r_1 与越冬菌量（x_2）和从 5% 抽芽至 10% 抽叶（x_4）或至 20% 抽叶的时间（x_5）高度相关（$r=0.9054$），故可用 x_2 和 x_4x_5 预测 r_1。其预测模式如下：

海南中、西部　$r_1 = 21.82 + 0.0197x_2 + 0.681\ x_5 \pm 3.9$

海南南部　$r_1 = 6.15 + 0.0212x_2 + 1.576x_4 \pm 2.8$

海南东、北部　$r_1 = 15.71 + 0.024\ x_2 + 0.715\ x_5 \pm 3.2$

注：南部 $x_2 =$ 越冬菌量总指 $\times 1\ 000$，其他地区 $\times 10\ 000$；$x_4 = 5\%$ 抽芽至 10% 抽叶天数。1996—1998 年用上述模式验证和试测，结果如表 5。

表 5　白粉病防治指标出现期预测模式验证

地区	农场	年份	预测 r_1	实际 r_1	准确率（%）	预测防治指标出现日期（月/日）	实际防治指标出现日期（月/日）	准确率（%）
海南南部	南茂	1996	23~28	22~28	94.5	1/7~2/20	2/6~2/21	91.5
		1997	25~30	24~29	92.4	2/18~2/25	2/16~2/25	93.2
		1998	32~41	32~40	96.5	2/16~2/23	2/15~2/22	94.8
海南西部	龙江	1996	20~30	20~33	97.0	3/8~3/15	3/8~3/17	88.9
		1997	24~32	23~30	92.8	3/10~3/17	3/12~3/17	93.4
		1998	27~36	29~40	90.5	3/15~3/23	3/14~3/20	88.3
海南东部	东兴	1996	21~31	20~32	97.0	2/24~3/5	2/26~3/7	95.0
		1997	23~33	24~33	98.0	2/26~3/8	2/26~3/5	92.3
		1998	26~34	28~36	93.8	2/20~3/1	2/22~3/2	95.5

表 5 验证的结果表明：防治指标出现日期预测和白粉病早期流行速率 r_1 的预测模式都相当准确，准确率在 88.3% 以上，预测的防治指标日期与实际日期相差 0~3 天，平均相差 1.3 天。这些模式的建立，为橡胶病害综合治理掌握准确的防治指标进行防治提供了可靠的方法。

（2）中期预测：短期预测在指导近期化学防治有重大的作用，但是，其预测期不长，未能为防治提供充分的时间准备，同时要求多次钩叶查病，工作繁重，花工多，工效低，因此，1979 年后笔者开始用电算模拟技术，利用笔者与海南和广东不同生态区代表性农场 1959—1979 年的白粉病系统观察资料，对白粉病发生严重度与菌源、气候、橡胶物候等共 32 个因子进行相关和逐步回归分析，筛选和建立了海南、广东代表性地区的中期预测模式，1979 年后分别在不同生态区反复验证、修正和实际预测，优选出的预测模式及其预测结果如表 6。

表6　橡胶白粉病中期预测模式及其预测验证

地区	预测模式	预测时间	预测病指	实际病指	准确率（%）	平均准确率（%）
海南东部	$y=87.6-0.42x_3\pm11$	1980—1985年	15.0~64.0	12~72.8	86~92	87.5
海南南部	$y=114.3-0.325x_1\pm10$	1979—1985年	36.5~74	41.9~74	92~100	94.3
海南西部	$y=27.6-0.33x_4+1.15x_{20}\pm12$	1979—1985年	10.0~50.3	10.0~53	80~95	89.3
海南中部	$y=65.8+0.26x_2-0.5x_1\pm10$	1979—1985年	10.0~34.0	14.8~41.2	91~99	96.3
广东粤西	$y=71.2-0.88x_3+4.72x_2$ $-0.72x_1+2.2x_{19}\pm11$	1981—1985年	45.0~65.0	37.6~70.1	90~95	91.7
海南各地	$y=18.27-1.273x_6+2.54r_2\pm7$	1996—1998年	13.0~89.0	16.0~95	84.5~96.3	92.5
	$r_2=8.07+0.004x_2+0.355x_{18}$	1996—1998年	8.0~17.0	8.0~21.0	89~99.0	92.5

注：$y=$最终病指，$x_1=$橡胶越冬落叶量，$x_2=$越冬菌量（×10 000），$x_4=5\%$抽芽期（以1月20日为0推算），$x_4=12$月$+1$月雨量，$x_{19}=5\%$抽芽至30%抽叶天数，$x_{20}=$橡胶越冬存叶量，$x_c=5\%$抽芽至20%抽叶期间抽叶速率（%），$r_2=$流行速率（%），$x_{18}=5\%$抽芽至20%抽叶期间$<15℃$天数。

　　表6验证和实际预测结果表明：本研究建立的白粉病中期预测模式预测都准确，平均准确率87.5%以上，这些模式1986年后，在生产防治上推广应用，每年橡胶抽叶初期为生产部门发布病情预报，提出防治意见，对指导生产防治起重大作用。1988年、1990年、1998年笔者根据上述预测模式统计，发现白粉病有流行的趋势，及时发出白粉病流行的预报。农业部将预报转发全国胶区，使生产部门提前做好准备，及时进行防治，避免了3次白粉病严重为害，获得重大的社会经济效益。

　　（3）白粉病流行过程预测：过去的预测方法，没有预测病害流行过程，不能适应生产上随时掌握病害的进展，以及时调整防治策略，防治方案的需要，1993年后笔者进行了白粉病流行过程的预测研究。

　　根据海南南茂、龙江等农场历年白粉病系统观察和气象记录，18个自变量与白粉病指数增长期流行速率（R_1）和对数增长期速率（R_2）的相关分析（表4），越冬菌量（x_1）、5%抽芽至10%抽叶天数（x_3）、5%抽芽至20%抽叶天数（x_4）、在x_4期间平均温度$<11℃$天数（x_8）、在x_4期间平均温度$<15℃$天数（x_{11}）、在x_4期间平均温度$18~21℃$，RH$>90\%$天数（x_{12}）、等6个自变量与R_1、R_2有中度至高度相关，相关系数$0.5156~0.7201$（$P<P_{0.01}$）是橡胶抽叶早期影响病害流行速率的主要因素，因此选做建立预测模型如表7。

表7　白粉病流行速度预测模式

地区	预测模式	复相关系数	显著性水平
海南东、南部	$R_1=6.15+0.0212x_1+1.57x_4\pm2.8$	0.9175	$F>F_{0.01}$
	$R_2=4.92+0.0059x_1+0.518x_4\pm1.2$	0.8462	$F>F_{0.01}$

（续表）

地区	预测模式	复相关系数	显著性水平
海南中、西部	$R_1 = 21.82 + 0.0197x_1 + 0.681x_4 \pm 2.8$	0.7840	$F > F_{0.01}$
	$R_2 = 8.07 + 0.00386x_1 + 0.355x_{11} \pm 1.3$	0.7870	$F > F_{0.01}$

1996—1999 年在海南不同地区对 R_1、R_2 预测模式做了验证，验证结果如表 8。

表 8　橡胶白粉病预测模式验证和试测

地区农场	年份	预测 R_1	实际 R_1	预测 R_2	实际 R_2
海南	1997	0.24~0.32	0.23~0.30	0.11~0.12	0.10~0.11
西部	1998	0.27~0.36	0.29~0.40	0.13~0.14	0.14~0.16
龙江	1999	0.25~0.34	0.26~0.36	0.12~0.13	0.14~0.16
海南	1997	0.21~0.30	0.20~0.32	0.09~0.11	0.09~0.12
中部	1998	0.25~0.40	0.27~0.40	0.11~0.13	0.13~0.15
南方	1999	0.23~0.35	0.24~0.37	0.10~0.11	0.09~0.10
海南	1997	0.20~0.30	0.20~0.28	0.08~0.10	0.08~0.10
北部	1998	0.28~0.40	0.28~0.41	0.13~0.15	0.14~0.16
红光	1999	0.21~0.29	0.20~0.27	0.09~0.11	0.09~0.10
海南	1997	0.24~0.38	0.26~0.39	0.10~0.12	0.11~0.12
南部	1998	0.28~0.41	0.27~0.39	0.13~0.14	0.14~0.16
南茂	1999	0.24~0.36	0.24~0.35	0.11~0.12	0.10~0.12

表 8 验证结果表明：流行速度 R_1 预测值与实际值平均相差仅 0.014，相关系数达 0.9683（$P < P_{0.001}$）；R_2 的预测值与实际值平均相差仅 0.009，相关系数达 0.9259（$P < P_{0.001}$）；R_1、R_2 模式的平均准确率依次为 94.7% 和 96.3%，说明这些预测模式准确可靠。

根据 R_1、R_2 预测值，代入 Van der Plank R_1、R_2 流行速率统计公式就可以预测白粉病整个流行过程及其中任何一段时间（t_1 至 t_2）发展（x_1 至 x_2）的病情。为明确其预测准确度，笔者利用海南南部南茂农场、西部龙江 1993—1995 年的系统观测点（不防治的对照区）做回顾性的验证，结果如图 1。图 1 验证试测的结果表明：白粉病在抽叶过程不同时间病害严重度的预测值与实际值相当一致，它们的相关系数 $r = 0.9137 \sim 0.9986$（$P < P_{0.001}$），说明预测准确。这是白粉病预测的一个新进展。

2.3.2　根病预测研究

橡胶定植后，橡胶根病主要靠接触传播增加病株数量。因此病情预测应以病害的传播速度为主要预测因子。根据根病传播速度的多年观察材料和不同地势植株株行距离，

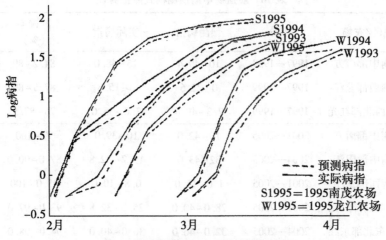

图1 橡胶白粉病流行过程预测验证

建立了平缓地和山地的根病预测模式，并于1996—2000年分别在平地胶园龙江、红光农场和山地胶园南方、新中农场验证预测，结果如表9。

表9 橡胶根病预测模式验证的预测

地区		预测模式	预测病株数	实际病株数	准确率（%）	平均准确率（%）
平地胶区	红光农场	$D_m = (1.83l + 1.83/\beta)$	6.5	6	97	98.3
	龙江农场	$\times 2\ (1+2+3+\cdots+m)+1$	135.0	131	99	
山地胶区	南方农场	$D_m = (1.83/\beta) \times 2m+1$	17.5	17	98	99.0
	新中农场		29.1	29	100	

表9验证预测结果表明，根病不同生态区的预测模式都很准确，平均准确率在98%以上，已在综合治理中应用。

2.3.3 炭疽病预测预报研究

（1）中期预测模式：据海南长征、红明、南方、红光等农场和文昌橡胶研究所1991—1997年的炭疽病系统观察资料分析，橡胶抽叶开始后10日内的雨日、RH≥90%天数，均温≤15℃天数，或这3个因素组合的天数与最终病指高度相关，相关系数达0.8035~0.8329；最大风速、均温>15℃、>17℃、>18℃天数等中度相关，相关系数为−0.5129~0.7349。因此，1997年用上述预测因子做多元逐步回归分析，选出其中回报最准，预测因子又较少的y_1模式：$y_1 = 43.4 + 2.05x_1 + 5.93x_3 - 5.83x_{16} \pm 14.7$。2000年后对模式修正，重新建立新模式$y_2$：$y_2 = 7.41 + 5.83x_1 + 0.2x_4 - 3.43x_{13} \pm 11.0$。1997—1999年、2001—2005年分别对y_1、y_2两模式进行验证，结果综合如表10。

表 10　炭疽病中期预测模式测报验证

预测模式	地区/农场	年份	预测病指	实际病指	准确率（%）	平均准确率（%）
y_1	海南中部南方	1997—1999	10~49.4	15~48.0	84.2~89	86.9
	海南西部龙江	1997—1999	0~22.6	0~15.8	87.5~89	88.3
	海南西北部红光	1997—1999	7.3~49.4	3.0~35.0	75~87.5	83.5
y_2	海南中部南方	2001—2005	10~42.0	10~39.0	97~100	98.5
	海南中部阳江	2004—2005	32~43.0	19.2~32.8	87.0~90.0	88.5
	海南西部龙江	2001—2005	1.0~15.0	0~10.0	95.0~100	97.5
	海南西北部红光	2001—2005	28.0~40.0	25.0~32.8	93.0~97.0	95.0
	海南东北部东红	2004—2005	32.0~46.0	30.0~40.0	94.0~98.0	95.5

表 10 的预测报验证结果表明：用 Y_1 模式预测对海南中部、西部的准确率在 84.2%以上，平均 86.9%~88.3%，误差病指<10，属基本准确；但对北部的红光农场的预测，平均准确率只有 83.5%，说明 y_1 模式不够准确可靠。2000 年后修正的模式 y_2，经多点多年验证，预测准确率在 88.5%以上，9 个不同生态区预测平均准确率达 94%，比 y_1 平均准确率（85.9%）高 8.1%，误差病指<6，说明此模式准确可靠，已在综合治理中应用。

（2）炭疽病短期预测模式：利用粤西红五月、徐闻育种站、湖光农场等 1970—1977 年的炭疽病系统观察材料，对不同降雨天数和降雨前不同的发病率，与雨后 5 天的病情指数之间的关系分析结果表明：雨日与雨后 5 天的病情指数相关系数 $r = 0.5427$（$P<P_{0.01}$）为中度相关；雨前发病率与雨后 5 天的病指的相关系数 $r = 0.8144$，达高度相关。因此，可用这两个因子，以二元回归法建立如下炭疽病的短期预测模式。

$$y = 7.64x_1 + 0.506x_2 - 15.06 \pm 2.5 \quad (F = 309.2 > F_{0.01} = 5.49)$$

2005 年在海南 4 个不同生态区农场对上述短期预测模式做了预测验证，结果如表 11。

表 11 的预测验证结果表明，应用本短期预测模式，在海南 4 个不同生态区（西部、中部、北部、西南部）预测炭疽病近期的病情，准确率均在 86.0%以上，平均准确率达 94.5%，平均偏差病指<6。预测病指与实际病指相关系数 0.5909（$P<P_{0.01}$），说明此模式准确可靠，可以应用。

表 11　橡胶炭疽病短期预测模式预测验证

地区	时间	预测 10 天内阴雨天数	雨前发病率（%）	预测雨后病指	雨后实际病指	准确率（%）
两院试验场	2.20	4	0.5	15.7	3.8	88.1
	3.10	0	15.0	1.7	7.0	94.7
	3.10	2	35.0	17.9	12.0	94.1

（续表）

地区	时间	预测 10 天内阴雨天数	雨前发病率（%）	预测雨后病指	雨后实际病指	准确率（%）
阳江农场	2.10	1	10.0	5.2	7.0	98.2
	2.20	1	15.0	7.8	10.0	97.8
	3.10	2	18.0	9.3	15.0	94.3
	3.10	0	25.0	12.9	19.1	93.8
红光农场	2.10	3	10.0	12.9	12.0	99.1
	2.20	4	20.0	25.6	25.0	99.4
龙江农场	2.21	5	0	15.5	5.0	89.5
	3.10	2	15.0	7.8	7.0	99.2

2.3.4　褐皮病的预测研究

根据龙江农场褐皮病的多年定点系统观察材料分析，上年年底褐皮病的病情与下年年底的病情高度相关，直线相关系数高达 0.9623（$P<P_{0.001}$），因此，当年褐皮病的年底病情，可以根据上年年底的病指（x）来预测。其预测模式为：

$$y=1.15+0.941x$$

1999—2004 年做回报性预测，结果如表 12。

表 12　褐皮病预测模式验证

地点	年份	上年病指	预测下年病指	实际病指	±误差病指	准确率（%）
龙江农场	2000	1.3	1.68	1.70	−0.02	99.9
	2001	1.7	2.75	3.30	−0.55	99.4
	2002	3.3	4.26	4.60	−0.24	99.7
	2003	4.6	5.48	5.50	−0.02	99.9
	2004	5.5	6.23	6.10	+0.22	99.7

从表 12 验证结果可以看出，褐皮病的预测模式预测相当准确，预测值与实际值的相关系数高达 0.9892（$P>P_{0.001}$），平均误差病指 0.23。平均准确率达 99.1%。因此认为此模式准确可靠，可以应用。

2.4　动态经济为害水平研究

经济为害水平（Economic Injury Level，简称 EIL）是防治成本等于防治经济效益时的病虫密度，是决定是否需要进行病虫防治的主要标准，防治经济的一个核心问题。

国外对白粉病的为害损失做过一些研究，但迄今还没有对橡胶病害经济为害水平做过测定。国内余卓桐等根据白粉病不同病害严重度造成产量损失的测定结果，平均干胶产量、胶价、防治成本等统计，提出最终病情指数 21~23 为白粉病的经济为害水平。邵志忠在云南测定白粉病的为害损失，认为中等病情（病指 26~54）不但不会造成橡胶减产，反而可以增产，因此提出白粉病的防治指标为最终病指 52。这些研究，都在一定范围内反映了白粉病在某些情况下的经济为害水平。但是，由于决定经济为害水平的因素很多，而这些因素也是不断变化的，因此经济为害水平应该是动态的经济为害水平。过去国内对橡胶病害经济为害水平的研究，除了上述的研究以外，对其他主要橡胶病害，如炭疽病、褐皮病和根病，则完全没有做过研究，因此，过去的橡胶病害防治，除了白粉病有初步经验标准以外，都带有相当的盲目性。因而常常出现用药多，成本高，防效差，环境污染严重，经济、社会、生态效益都偏低等状况。为了改进橡胶病害防治技术，必须首先确定防治标准。为此，1996 年开始，笔者对橡胶主要病害的动态经济为害水平进行了研究。

试验材料为国内种植的主要橡胶品系 RRIM600，PR107 中龄开割树。病害为害损失的测定方法和损失估计模型的建模方法，参照白粉病的有关测定方法。根据 EIL 的定义，首先要测定病害（x_1）的为害损失，防治挽回损失，建立病害为害损失估计模型（y_2）和防治后残留病害（x_2）损失估计模型（y_2），防治成本模型（y_3）、经济效益模型（y_4）（元/亩）。用这些模型输入不同的最终病情 x_1、x_2，可得出不同的 y_1、y_2、y_3、y_4，输入不同 x_1、x_2，反复统计，直至 $y_4 - y_3 = 0$ 时，所输入的 x_1 即为 EIL。这是在一定产量水平、一定干胶纯收入和一定的成本下统计出来的 EIL。当亩产量、每千克干胶纯收入和防治成本改变时，EIL 随之改变。为使测定的 EIL 尽量符合目前的实际，笔者根据当前的情况，把防效、产量、防治效果分为 4~5 个水平计算，以简化统计过程，并获得目前可以应用的经验 EIL，即决定是否需要进行防治的标准。如防治效果分为60%、70%、80%、90% 4 个等级；产量分为 60~68kg/亩，70~79kg/亩，80~89kg/亩，90~99kg/亩，100~110kg/亩 5 个等级，防治成本基本上按目前 1~3 次施药的成本计算。根据不同防治效果，不同产量水平，不同防治成本统计出来的 EIL，基本上能反映目前的 EIL 动态水平。

2.4.1 白粉病为害损失和动态经济为害水平研究

（1）白粉病为害损失和损失估计模型：据余卓桐等测定，橡胶白粉病不同病害严重度所造成的平均产量损失如表 13。

表 13 白粉病产量损失与病害严重度关系

病情指数	未防治产量损失（%）	防治后产量损失（%）
15.2	0.22	0.10
19.6	1.18	0.65
25.0	2.48	2.01
34.8	4.48	4.06
46.8	7.10	5.80
60.3	10.04	7.77
70.9	16.21	—
80.5	20.50	—

表 13 的测定结果表明：白粉病严重发病（病指 80 左右）可造成 20%左右的产量损失，其为害损失与病害严重呈高度直线相关，损失率与病情指数相关系数达 0.9586（$P<P_{0.01}$）防治后残留损失与病情指数相关系数达 0.9657（$P<P_{0.01}$），故白粉病为害损失可用关键点模型估计。经统计和多年应用验证、修正，不同橡胶品系白粉病估计模型如表 14。

表 14　不同品系白粉病为害损失估计模型

品系	未防治损失估计模型（y_1）	防治后残留损失估计模型（y_2）
RRIM600	$y_1 = 0.2177x_1 - 3.09 \pm 1.0$	$y_2 = 0.1455x_2 - 1.0034 \pm 0.5$
PR107	$y_1 = 0.1002x_1 - 1.42 \pm 0.1$	$y_2 = 0.0669x_2 - 0.461 \pm 0.2$

注：x_1=未防治最终病指；x_2=防治后最终病情指数。

（2）白粉病动态经济为害水平：根据上述损失估计模型，按目前每千克干胶纯收 5 元，生产防治上获得不同防治效果必要的防治成本（元/亩）和不同的产量水平，用防治经济效益计算模型统计，获得白粉病动态经济为害水平如表 15。

表 15　橡胶白粉病动态经济为害水平（EIL）

防治效果（%）	品系	防治成本（元/亩）	不同产量水平（kg/亩）的 EIL				
			60~69	70~79	80~89	90~99	100~110
60	RRIM600	2.5	20.76	19.85	19.17	18.63	18.24
	PR107	2.5	34.00	31.50	29.10	27.40	26.10
	RRIM600	3.0	23.32	22.04	21.07	20.33	19.74
	PR107	3.0	38.00	35.50	33.10	31.40	30.10
70	RRIM600	3.5	22.04	20.94	20.12	19.48	18.94
	PR107	3.5	39.00	35.50	32.50	30.50	28.50
	RRIM600	4.0	23.14	21.88	20.93	20.19	19.60
	PR107	4.0	41.50	38.00	35.00	33.00	30.50
80	RRIM600	4.5	22.99	21.76	20.84	20.12	19.54
	PR107	4.5	41.50	38.65	35.50	33.50	31.50
	RRIM600	5.5	24.90	23.51	22.28	21.38	20.68
	PR107	5.5	45.50	42.65	39.50	37.50	35.50
90	RRIM600	5.5	23.74	22.40	21.40	20.62	20.09
	PR107	5.5	48.00	44.25	40.50	37.75	35.00
	RRIM600	6.5	25.44	23.86	22.68	21.76	21.03
	PR107	6.5	52.00	47.25	42.50	39.75	37.00

从表 15 可以看出：白粉病的 EIL 确实是一个动态的数值，它随品系、产量、防效、胶价、防治成本等等许多因素的改变而改变。就代表性品系 RRIM600 来说，其经济为

害水平从最终病指 18.24~25.44。其变化的基本规律是：随产量和胶价的提高而降低，如亩产 60~69kg，EIL 为 20.76，而亩产 100~110kg，EIL 降为 18.24；随防治效果和防治成本的升高而提高，如防效为 60%，防治成本为 2.5 元/亩时，EIL 为 20.76，防效为 90%，防治成本 5.5 元/亩时，EIL 为 23.74。可见对低产的地区，则应严格掌握病情，不到 EIL 不要进行防治，否则就会得不偿失。其次使用防治效果较低的防治方法，在较低的 EIL 就要安排防治；投入成本多，应在较高的 EIL 进行防治经济上才会合算。一般生产防治的效果为 70%左右，防治成本 3.0~4.0 元/亩，高产地区平均亩产在 100kg 以上，其 EIL 为病指 20 左右；一般地区平均亩产 80kg 左右，其 EIL 为病指 21 左右；低产地区平均亩产在 70kg 左右，其 EIL 为病指 23 左右；可见橡胶白粉病的经验经济为害水平为病指 20~23。

品系也是改变 EIL 的重要因素。上述 RRIM600 的 EIL，在我国橡胶生产上是有代表性的。因此，生产上一般品系的白粉病防治，可以以 RRIM600 的 EIL 为标准。但对 PR107 品系在白粉病严重为害时（病级 5 级），其产量只损失 12%，而同时测定的 RRIM600，此时的产量损失达 34%。PR107 的最低 EIL 为最终病指 26.1，最高达 52。因此，对 PR107 品系的白粉病防治，可以大大放宽防治指标。一般中等偏轻的年份（预计最终病指在 25 以下）都可以免做防治，或只做后抽植株的局部防治。其经验 EIL 为 28.5~38.0，故在病害中等偏重的年份才有必要进行防治。这是白粉病防治研究的一个新发现，对减少白粉病化学防治和环境污染，降低防治成本，增加经济效益都有较大的意义。

2.4.2 炭疽病为害损失和动态经济为害水平

（1）炭疽病的严重度与产量损失关系：测定结果（表 16）表明，炭疽病的严重发生（病指 80）可使产量损失 22.5%。其未防治的损失率与病情指数关系数达 0.9850（$P<P_{0.01}$），因此可用关键点模型建立炭疽病损失估计模型。炭疽病未防治损失估计模型（y_1）和防治后残留损失估计模型（y_2）为：

$$y_1 = 0.2921x_1 - 3.74 \pm 1.3 \quad y_2 = 0.2152x_2 - 2.7 \pm 0.6$$

表 16　炭疽病为害产量损失与病害严重度的关系

病情指数	未防治产量损失（%）	防治后产量损失（%）
14.8	0.58	0.40
20.3	2.19	1.58
31.1	5.34	3.81
40.6	8.10	5.94
52.3	11.54	8.55
61.8	14.31	10.60
70.5	18.85	12.47
80.2	22.50	16.66

（2）炭疽病的动态经济为害水平：按照白粉病测定和统计 EIL 的方法、产量水平和每千克干胶纯收入等参数，用炭疽病为害损失测定的材料进行统计，炭疽病的动态经济为害水平如表 17。

表 17 橡胶炭疽病动态经济为害水平（EIL）

防治效果（%）	防治成本（元/亩）	不同产量水平（kg/亩）的 EIL				
		60~69	70~79	80~89	90~99	100~110
60	7.0	21.93	20.32	19.27	18.46	17.80
	9.0	24.94	22.41	21.37	20.31	19.48
70	9.0	22.72	21.19	20.02	19.12	18.40
	10.0	23.92	22.21	20.92	19.92	19.12
80	10.0	22.42	20.92	19.80	18.92	18.22
	12.0	24.52	22.72	21.38	20.32	19.84
90	12.0	23.12	21.52	20.32	19.39	18.64
	14.0	24.00	23.12	21.72	20.63	19.76

表 17 的统计结果表明：橡胶炭疽病的动态经济为害水平变化规律与白粉病相似，其变动范围为最终病指 17.8~24.0。以防治效果为 70%，每亩防治成本 10 元作为常量统计，高产地区的经济为害水平为病指 19 左右；一般地区为病指 21 左右；低产地区为病指 23 左右。因此橡胶炭疽病的经济为害水平为最终病指 19~23。

2.4.3 褐皮病为害损失及动态经济为害水平

（1）褐皮病的为害损失和损失估计模型：据笔者对 RRIM600 的测定，褐皮病不同病害严重度造成的产量损失率如表 18。

表 18 褐皮病不同严重度与产量损失关系

病情指数	未防治的损失（%）	防治后残留损失（%）
3.2	1.69	1.28
5.1	3.66	2.54
10.2	7.32	5.68
20.1	18.42	11.96
31.0	28.26	18.25
40.2	38.10	24.53
51.1	47.94	30.80
60.2	57.78	37.10
81.1	78.54	50.3

表 18 的测定结果表明：褐皮病严重度与产量损失率呈高度相关，未防治的损失率

与病情指数的相关系数达 0.9983（$P<P_{0.001}$），防治后的残留损失率与病情指数的相关系数达 0.9730（$P<P_{0.001}$）。因此，褐皮病可用关键点模型统计不同病害严重度造成的产量损失。褐皮病未防治损失估计模型（y_1）和防治后残留损失估计模型（y_2）为：

$$y_1 = 0.984x_1 - 1.26 \pm 1.5 \quad (F>F_{0.01}) ; \quad y_2 = 0.628x_2 - 0.62 \pm 0.7 \quad (F>F_{0.01})$$

（2）褐皮病动态经济为害水平：按照白粉病统计 EIL 的方法和有关参数，用上述损失估计模型和目前褐皮病的防治成本等基本资料统计，褐皮病的动态经济为害水平如表 19。

表 19 统计结果说明，褐皮病的动态经济为害水平为病情指数 3.25~6.22。按防治效果 70%，每亩防治成本 8.75 元统计，高产地区的经济为害水平为发病指数 3.82；中产地区为发病指数 4.46；低产地区发病指数 5.51。可见，褐皮病的经验经济为害水平为 3.82~5.51。

表 19 橡胶褐皮病动态经济为害水平（EIL）

防治效果（%）	防治成本（元/亩）	不同产量水平（kg/亩）的 EIL				
		60~69	70~79	80~89	90~99	100~110
60	8.75	6.22	5.51	4.99	4.57	4.24
70	8.75	5.51	4.91	4.46	4.10	3.82
80	8.75	4.99	4.46	4.06	3.75	3.50
90	8.75	4.57	4.10	3.75	3.47	3.25

2.4.4 根病动态经济为害水平研究

（1）根病为害损失估计模型：根病为害的结果是胶树整株死亡，因此，它的发生会造成整个橡胶产胶期（一般按 20 年）的产量损失。故其产量损失估计模型为：

$$y_1 = 20x_1x_2 ; \quad y_2 = x_1x_2 \quad [x_1 = \text{发病率}, \ x_2 = \text{年产量（kg）}]$$

（2）动态经济为害水平：据上述产量损失估计模型和白粉病统计 EIL 有关产量、胶价、每千克干胶纯收入等参数和统计，橡胶根病的 EIL 如表 20。

表 20 橡胶根病动态经济为害水平（EIL）

防治效果（%）	防治方法	防治成本（元/亩）	不同产量水平（kg/亩）的 EIL（发病率%）				
			60~69	70~79	80~89	90~99	100~110
70	淋灌	6.5	0.149	0.132	0.116	0.102	0.094
	根颈保护	16.8	0.400	0.355	0.300	0.265	0.236
75	淋灌	6.5	0.139	0.128	0.108	0.096	0.087
	根颈保护	16.8	0.376	0.321	0.280	0.250	0.224
80	淋灌	6.5	0.133	0.116	0.102	0.090	0.082
	根颈保护	16.8	0.350	0.300	0.265	0.233	0.210
85	淋灌	6.5	0.128	0.109	0.096	0.085	0.077
	根颈保护	16.8	0.330	0.285	0.246	0.220	0.198

表20说明：橡胶根病的经济为害水平是很低的，用淋灌法为发病率0.077%~0.149%；用根颈保护法为0.198%~0.400%。以防治效果80%为常量，高产地区淋灌法的经济为害水平为发病率0.082%，根颈保护法为0.210%；中产地区分别为发病率0.110%和0.300%；低产地区分别发病率0.133%和0.350%。可见，根病的经验经济为害水平淋灌法为0.082%~0.133%，根颈保护法为0.210%~0.350%。实际上，在一个1000株橡胶树的林段里，只要发现1株根病就要防治。

2.5 防治指标研究

防治指标是采取防治措施以控制病虫上升到经济为害水平时的病虫密度，即开始防治的病虫密度。笔者多年的研究发现，防治指标的高低、往往是决定防效的关键。因此，笔者早在20世纪60年代就开始白粉病防治指标的研究，随后又逐步开展对其他橡胶主要病害的防治指标研究。

2.5.1 白粉病防治指标研究

20世纪60年代初期，我国橡胶白粉病的防治，基本上参照东南亚橡胶白粉病的防治规程；即从橡胶30%抽叶开始喷药，每隔7~10天喷1次，直至橡胶叶片90%以上老化。每年喷药4~5次。1962年后，笔者设计了3种防治指标与上述国外常规指标做比较试验：①总指数法：病害到达一定的总指数（混合叶病指×抽叶率）开始第一次喷药。根据总指数的高低，又分为低指标（总指数1~5）、中指标（总指数7~12）、高指标（总指数32~38）。隔7~10天喷药1次，直至叶片90%老化。②嫩叶病率法指标：按照嫩叶的病情到达一定发病率立即喷药。具体指标为橡胶抽叶30%~50%，嫩叶发病率15%~20%；抽叶50%至叶片老化40%，嫩叶发病率25%~30%；叶片老化40%~70%，嫩叶发病率50%~60%，应立即喷药。喷药后7天恢复调查，到达上述指标的林段进行第二次或第三次喷药，直至叶片90%老化为止。③混合病率法：按各叶龄叶片的物候期比例取样调查，发病率到一定水平即做第一次喷药。具体指标为：橡胶抽叶30%~50%，混合发病率10%~20%，橡胶抽叶50%至叶片老化30%前，混合发病率20%~30%；叶片老化30%至叶片老化60%混合发病率30%~40%开始第一次喷药，第一次喷药后7天，橡胶叶片未达60%老化，立即第二次喷药，第二次喷药后7天，橡胶叶片未达60老化。立即做第三次喷药，以此类推。1962—1978年几种防治指标比较试验的结果综合如表21。

表21 白粉病不同防治指标防治效果、成本效果比较

农场	年份	防治指标	重复次数	平均喷药次数	最终病指	防治效果%	防治成本		防治效益	
							（元/亩）	比数（%）	（元/亩）	比数（%）
南田	1962	常规指标	4	5	26.4	82.7	10.0	10.0	401.6	100.0
		总指数低指标	11	2	27.4	78.6	4.0	40	109.2	104.4
		总指数中指标	4	2	43.6	46.6	4.0	40	85.8	82.03
		总指数高指标	4	2	63.8	21.4	4.0	40	43.0	41.1
		CK	10	0	73.5					

（续表）

农场	年份	防治指标	重复次数	平均喷药次数	最终病指	防治效果%	防治成本（元/亩）	防治成本比数（%）	防治效益（元/亩）	防治效益比数（%）
南田	1963	常规指标	2	6	21.6	60.0	12.0	100	94.89	100.0
		总指数低指标	4	2	29.5	58.0	4.0		93.50	98.5
		部指数中指标	3	2	43.0	37.0	4.0		22.01	75.9
		总指数高指标	5	2	62.0	31.0	4.0		44.60	47.0
		CK	4	0	73.0	0	0			
南田	1964	常规指标	2	6	12.0	72.0	12.0	100	43.4	100.0
		总指数低指标	2	2	15.4	68.5	4.0		43.4	100
		部指数中指标	2	2	23.9	58.1	4.0		29.1	67.0
		CK	7	0	42.6	0	0			
南田	1972	常规指标	2	5.0	17.0	70.2	10.0		72.72	100
		总指数低指标	4	2.0	18.2	68.5	4.0	40.0	77.0	105.9
		部指数中指标	4	2.5	23.0	63.5	5.0	50.0	69.0	94.8
		总指数高指标	2	2.0	19.0	66.9	4.0	40.0	75.8	104.2
		CK	3	0	57.0	0	0			
南茂	1976	常规指标	2	5.0	19.0	57.8	10.0		41.9	100.0
		总指数低指标	12	2.0	21.9	51.3	4.0		42.8	102.1
		部指数中指标	5	2.4	23.7	47.3	4.8		38.8	192.6
		总指数高指标	5	2.0	21.8	51.4	40		42.0	100.2
		CK	3	0	45.0	0	0			
东兴	1978	常规指标	2	5.0	13.0	85.0	10.0		123.7	100.0
		总指数低指标	8	23.0	14.5	83.2	4.0	40	126.7	102.4
		部指数中指标	11	2.5	23.5	78.0	5.0	50	108.2	87.5
		总指数高指标	4	2.0	15.6	81.6	4.0	40	124.6	100.7
		CK	2	0	69.3	0	0			

从表 21 的防治比较试验可以看出，用总指数低指标喷药 2 次，防治效果都接近喷药 5~6 次的常规指标。说明白粉病的防治，必须在较低的病害水平开始喷药，才能获得低成本，高防效、高效益的效果，中指标、高指标的效果、效益都很差。这是白粉病防治上的一个重要发现，总指数低指标就成为当时的标准指标推广。总指数低指标在生产上推广应用，很快就发现其计算复杂，植保工人不易掌握使用的问题，因此，1966年后设计用混合叶发病率作防治指标，与总指数和嫩叶病率指标、外国的系统防治规格指标做防治比较试验。结果表明用混合病率指标，防治效果（67.8%）接近国外常规指标（66.6%）；而防治成本却比国外常规防治指标低 60%，比嫩叶病率指标（4.93 元/亩）降低 18.2%，与总指数指标一致；经济效益（平均 82.2 元/亩）比国外常规指标（平均 79.4 元/亩）高 3.5%，每亩增加 2.8 元；比嫩叶病率法（平均 72 元/亩）高 14.17%，比总指数法（80.0 元/亩）高 1.7%，每亩增加 1.4 元，可见，应用混合病率指标指导防治，不仅能提高防治效益，把病性控制在经济为害水平病指（20~

23) 以下，而且比国外的常规指标和嫩叶病率指标减少防治次数和农药用量，节省防治成本，提高社会，经济生态效益。因此，1981 年后逐步在全国胶区推广混合病率作防治指标。为了找出准确的防治指标，确保应用混合率指标能够把病情控制在经济为害水平以下，1983 年在白粉病历率发病最严重的海南南部南田农场做了精细的防治指标测定。测定结果表明（表 22）防治指标与防治效果负相关（$r=-0.9876$），即防治时的发病率越低，防治效果和防治经济效益越高。考虑到必要的扩大喷药保护面，又要有一定保险期，保证将最终病情控制在经济为害水平以下，白粉病最适的防治指标，即第一次喷药最适宜时机为发病率 10%～20%；第一次喷药时的发病率超过 25%，在重病的情况下不能将最终病情控制在经济为害水平以下。这一研究结果，为笔者在病害综合治理中用较少的农药和防治成本，获得较高的防效和经济效益提供了依据。

表 22　混合病率防治指标测定

防治指标	重复次数	喷药次数	最终病指	防治效果（%）	防治成本（元/亩）	防治效益（元/亩）
混合病率 5%～7%	4	2.0	12.4	80.3	4.0	111.1
混合病率 9%～11%	4	2.0	13.6	78.0	4.0	107.7
混合病率 14%～16%	4	2.0	16.1	74.1	4.0	102.8
混合病率 18%～20%	4	2.0	18.6	70.0	4.0	98.0
混合病率 24%～25%	4	2.0	23.0	62.8	4.0	89.6
混合病率 28%～30%	4	2.0	26.0	58.0	4.0	83.6
混合病率 39%～43%	4	2.0	29.6	52.2	4.0	763.6
混合病率 48%～51%	4	2.0	33.4	46.1	4.0	69.2
CK	4	0	62.1	0	0	0

1981 年后推广混合病率和嫩叶病率两种防治指标，而 1985 年后生产部门应用混合病率防治指标为主，每年在全国胶区推广面积占防治面积 50% 以上，即 350 万亩以上。根据表 20 的测定结果，应用混合病率指标与国外常规指标相比，每年减少喷药 3 次（1.8kg/亩），可节省农药 6 300t，至今 25 年，共节省农药 15.75 万 t，价值 3.9375 亿元；每亩经济效益增加 2.8 元，25 年共增加 2.45 亿元。混合病率防治指标与嫩叶病率指标相比，每年减少喷药 0.5 次（0.3kg/亩）节省农药 1 050t，25 年共节省农药 2.625 万 t，节省防治费用 6 562.5 万元；每亩经济效益增加 10.2 元，共计增加 8.925 亿元。所以，在本综合治理试验中，完全采用混合病率的指标。

嫩叶病率指标是我国 1970 年后防治白粉病应用的主要防治指标，至今仍有许多单位在应用。以平均推广面积占防治面积 50% 计，每年应用面积在 250 万亩以上。据表 13 的测定结果，与国外常规指标相比，防治效果虽然稍低，但仍能将最终病情控制在经济为害水平以下，而其所用的农药却比国外常规防治减少了 10%，而每亩可节省 1.5kg，推广 35 年，共节省农药 13.125 万 t，节省防治费用 3.28 亿元。可见，我国橡胶白粉防治推广应用混合病率和嫩叶病率防治指标，已获得重大的社会、经济生态效益。

2.5.2 炭疽病的防治指标研究

1977 年笔者根据 1970—1977 年的炭疽病流行学研究，提出了对重病地区和易感病品系的林段，在橡胶抽叶 20% 以后，气象预报 10 天内有 3 天以上连续阴雨天气，或发现有急性型病斑，即需在低温阴雨来临前 3~5 天喷药防治。喷药后 7 天，又要同样的天气预报，并预计橡胶叶片仍为嫩叶期，应在 2~3 天内喷第二次药的防治指标。此指标 1978 年后在广东、海南一直应用至今。这是目前炭疽病防治的常规防治指标。这个指标特别在寒害严重的年份，对提高炭疽病的防治效果，降低防治成本，增加经济效益发挥了作用。但是，正如表 8 的分析结果所表明，炭疽病的病情发展，不仅与降雨天数密切相关，与降雨前的菌源数量即病情基数也有密切关系。雨天多，例如降雨 4 天，但如果雨前的病发病率 <10%，不防治雨后 5 天的病情也不会超过经济为害水平（病指 <20）。因此，炭疽病的防治，必须同时应用降雨天数和雨前的病害水平作为防治指标。根据表 8 的分析结果，本研究提出如下的橡胶炭疽病的防治指标：对易感病品系和历年重病林段，在橡胶嫩叶期间气象预报 10 天内有持续 3 天以上的阴雨高湿天气，雨前的发病率在 10% 以上，应在阴雨天来临 3 天前开始喷药防治。这个指标 2005 年在生产防治上做了验证，并与原常规指标做防治比较试验，结果如表 23。

表 23 的比较试验结果表明：用新防治指标指导防治，全部准确，即不到指标不喷药，病情指数不超过经济为害水平；到指标喷药，如红光农场 2 月 20 日，可将病情控制在经济为害水平以下，获得较大的经济效益。但用原常规指标，准确率只有 50%。不准的主要是对那些雨前病情不重、不喷药不会超过经济为害水平的林段也喷了药。因此，炭疽病在一般年份应用雨天加雨前病情，作为防治指标，才能准确地开展防治，节约用药和防治成本，获得较大的社会、经济与生态效益。但在寒害严重的年份，由于越冬菌量很大，其病情基数和菌源数量实际上在抽芽开始时就超过上述发病率 10% 的病情指标，只要有 3 天以上的降雨，病害就可以暴发流行。在这种情况下按原定的常规防治指标指导防治比较稳妥。这些研究结果，是本研究对炭疽病防治的一个新进展，为准确、有效地进行炭疽病综合治理提供了新的指标。

表 23　炭疽病新防治指标（A）与常规防治指标（B）防治效果、效益比较

地区	时间	防治指标	预测雨天	雨前发病率（%）	喷药次数	雨后病指	防效（%）	准确度	防治成本（元/亩）	防治效益（元/亩）
两院试验场	2 月 10 日	A	4	0	0	0.3	0	准确	0	0
		B	4	0	1	0	100	不准	7.0	−7.0
		CK	4	0	0	0.2	—	—	—	—
	2 月 20 日	A	4	0.5	0	1.3	0	准确	0	0
		B	4	0.5	1	0	100	不准	7.0	−7.0
		CK	4	0.5	0	1.2	—	—	—	—

（续表）

地区	时间	防治指标	预测雨天	雨前发病率（%）	喷药次数	雨后病指	防效（%）	准确度	防治成本（元/亩）	防治效益（元/亩）
		A	6	0.5	0	0.3	0	准确	0	0
	2月1日	B	6	0	1	0	100	不准	7.0	-7.0
		CK	6	0	0	0.2	—	—	—	—
阳江农场		A	2	18	0	1.0	0	准确	0	0
	3月1日	B	2	18	0	0	0	准确	0	0
		CK	2	18	0	1.2	—	—	—	—
		A	3	10	0	0.3	0	准确	0	0
	2月10日	B	3	10	0	0	0	准确	0	0
		CK	3	10	0	0.2	0	—	—	—
红光农场		A	4	20	1	1.3	60.0	准确	7.0	26.8
	2月20日	B	4	20	1	10.0	60.0	准确	7.0	26.8
		CK	4	20	0	25.0	—	—	—	—
		A	3	0	0	0.5	0	准确	0	0
	2月10日	B	3	0	0	0	0	准确	0	0
		CK	3	0	0	0.5	—	—	—	—
龙江农场		A	5	0	0	5.0	0	准确	0	0
	2月21日	B	5	0	1	0.5	100	不准	7.0	-7.0
		CK	5	0	0	5.0	—	—	—	—

2.5.3　褐皮病防治指标研究

前述褐皮病预测研究表明：上年年底的褐皮病病情与下年年底的病情高度相关（$r=0.9623$，$P<P_{0.001}$），因此，可以应用上年年底的褐皮病指数作为防治指标，指导褐皮病综合治理。褐皮病的经济为害水平为 3.82~4.46，按其预测模式统计，上年年底的病情指数达到 2.8（高产地区）或 3.4（中产地区），下年年底的病情指数将会达到或超过经济为害水平。因此，根据上年年底调查，如褐皮病的病情指数达到 2.8，下年一开始就要采取综合治理措施，才能把年底的病情控制在经济为害水平以下。上年年底病指 2.8 可定为褐皮病的防治指标。

2.5.4　根病的防治指标

根据春季橡胶叶片老化后的病害的水平来确定。根病的传播速度的研究结果表明，一株中心根病树每年平均传播 2.2~2.74 株树，相当于 1 个 1 000 株的林段（约 30 亩）发病率 0.22%~0.27%；1 600 株的林段（约 50 亩）的发病率 0.14%~0.17%。根病的经济为害水平为 0.11%~0.3%，因此，根病的防治指标为发病率 0.063%~0.1%，即到此指标应立即进行防治，以将根病的发生控制在经济为害水平以下。几年的验证证明，以此指标指导防治，准确率在 95% 以上，已在根病综合治理中应用。

2.5.5 橡胶主要病害复合防治指标

橡胶为多年生高大乔木，不能像一年生矮小作物那样，用一种混合农药或换种多抗性品种就可以同时防治多种病虫害；而且几种病虫的为害也经常有相互作用，增加或减少作物总损失，所以，它们可以制定综合度较高的复合防治指标。橡胶病害只能按其发生部位分别叶片病害（白粉病、炭疽病为主）、割面病害（褐皮病、条溃疡病为主）、根部病害（红根病、褐皮病为主）制订复合防治指标。

（1）叶片病害复合防治指标：据测定，叶片病害的为害损失，主要为白粉病与炭疽病为害损失的总和，两者基本没有互作，其为害损失率与最终病情指数的关系都较相近，故其损失率可用两病混合调查的总指数，输入当年主要病害的为害损失估计模式来统计；其经济为害水平也可按当年发生的主要病害来决定。因此，叶片病害的复合防治指标，实际上可根据当年发生的主要病害来决定。防治农药则可用对这两种病害均有效的农药兼治。具体指标见前述白粉病、炭疽病的防治指标研究。

（2）割面病害复合防治指标：目前我国橡胶割面病害主要为褐皮病。云南胶区条溃疡病也有一定的为害。因此，我国胶区割面的复合防治指标，主要参照褐皮病的防治指标。如有条溃疡病发生，可与褐皮病混合调查，按照褐皮病的防治指标，用保01+乙烯利同时防治。

（3）根病复合防治指标：根病主要为红根病、褐根病。其防治指标原来就是针对几种根病的复合防治指标。

2.6 综合治理主要防治措施研究

橡胶病害的综合治理，不单要有有效、经济、简易的先进病害管理技术，如上述的经济为害水平、预测模式、防治指标等做出防治决策，同样重要的是要研究出有效而协调的综合防治措施，及时把橡胶病害控制在经济为害水平以下。因此笔者对橡胶主要病害的化学防治、品系种质抗病性的利用、农业防治、生物防治等进行了广泛深入的研究。

2.6.1 化学防治研究

（1）白粉病化学防治研究。

①新农药筛选：1970—1977 年和 1980—1981 年在室内用孢子发芽法，苗圃幼苗人工接种法测定了内疗素、托布津、苯莱特、甲菌定、十三吗啉、7130、7012、多菌灵、百菌清、灭菌丹、乙菌定、棉隆、砷 37、放线菌酮、氯硝铵、三苯锡、三酚酮、退菌特、四氯对醌、菲醌、灭瘟素、苏化 911、三硝散、粉锈宁、甲基托布津、粉疽灵、低聚糖素、高脂膜等 40 多种农药，其中 0.03%内疗素、0.2%甲基托布津、0.1%甲菌定、0.5%十三吗啉、0.05%粉疽灵、0.01%低聚糖素，抑制孢子发芽的效果在 90%以上，预防侵染的效果 95%以上。接近或相当于标准农药，但试验过程发现，甲菌定、乙菌定、十三吗啉有不同程度的药害。

②新农药大田试验：1972—1975 年、1983—1997 选择室内测定效果较好的内疗素、甲基托布津、粉锈宁、低聚糖素等农药与标准农药硫磺粉进行大田防治比较试验。试验采用随机区组设计，重复 2~17 次试验。结果综合如表 24。

表 24　新农药防治白粉病大田防治比较试验

年份	农场	处理 农药	处理 浓度	重复	喷药次数	每一次喷药时总指数	最终病情指数	防治效果 %	防治效果 比较(%)	防治成本 元/亩	防治成本 比较(%)	防治效益 元/亩	防治效益 比较(%)
1972	南茂	内疗素	200单位	3	2	6.0	22.0	61.7	89.6	4.5	125	37.4	86.9
		福美铁	25%	3	2	7.3	42.5	26.6	49.5	4.0	111	24.4	50.2
		醋酸脲	11%	3	2	7.3	36.4	36.7	68.5	4.0	111	26.3	54.1
		硫磺粉		3	2	4.8	18.2	68.7	100	3.6	100	48.6	100
		CK		3			57.2						
1974	南茂	内疗素	400单位	4	2	0.9~4.2	16.6	67.1	97.1	8.0		26.5	81.5
		甲基托布津	0.3%	2	2	1.46	15.2	61.1	98.1	3.1		35.5	109.2
		甲基托布津	0.5%	2	2	1~7.4	18.8	66.7	92.3	4.84		31.0	95.4
		苯来特	2%	2	2	1~4.0	15.2	60.5	97.1	0.60		35.5	91.5
		苯来特	4%	2	2	0.7~1.2	15.2	72.2	98.7	1.20		34.3	94.7
		硫磺		2	2	1~3.5	15.2	74.7	100	3.6		32.5	100
		CK		2	0		45.6						
1983—1986	两院南田南林	粉锈宁	2%油剂	17	1	1.9~6.6	17.7	64.1	142.4	0.84	84	32.2	131.4
		硫磺粉		17	1	2~6.2	24.3	45.0	100	1.00	100	24.5	100
		CK		10	0	2~5.0	44.0						
1997—1999	两院	低聚糖素	20mg/kg	12	2	3.5~6.5	22.4	61.0		1.0	100	40.9	80.0
		硫磺粉		12	1	3.0~7.0	16.7	70.0		1.0	100	51.2	100.0
		CK		6	0	3.1~6.4	57.1						

显著性测验：粉锈宁与硫磺防效相比 $t=7.56>t_{0.01}$（极显著）其他农药与硫磺相比无显著差异。

表 24 大田试验结果表明：白粉病的历年大田农药试验中，只有粉锈宁油剂的防治效果比硫磺高 42%，防治经济效益比硫磺粉高 31.4%，而防治成本却比硫磺低 16%。几十年来国内外学者一直在筛选一种比硫磺更经济有效的农药，但始终未获成功。筛选出比硫磺更经济有效的粉锈宁农药，这是笔者在国内外白粉病农药筛选研究中首获成功并做首次报道。1988 年后国内逐步推广应用烟雾机喷撒粉锈宁烟剂防治橡胶白粉病，取得了较好的防治效果和效益。

防治效果和防治效益接近硫磺的农药有内疗素、甲基托布津、苯莱特和低聚糖素（$t>t_{0.05}$，差异不显著）。其中低聚糖素、内疗素是生物农药，对人畜无害，对环境无污染，可考虑应用，甲基托布津、苯莱特为广谱内吸杀菌剂，对炭疽病也有效果，可兼治几种病害；成本稍高，亦可考虑应用。

③喷药机具改进，橡胶树为高大乔木，高达 20m，白粉病的防治机具，向来都是化学防治中的一个突出的问题，为解决这个问题，1963 年华南热作研究院从斯里兰卡进口 2 台 Mistrol Ⅱ AB 动力喷粉机，与北京农机厂、上海农机厂合作，仿制出丰收-30、丰收-32 两种喷粉机。1965 年大田喷药测定结果表明，用丰收-30 喷粉机喷粉，扬程高度 20m 以上，有效喷幅 30m 左右，粉粒分布均匀，每天喷药 250~300 亩，均达到生产防治要求。其机重 40kg，4 人抬喷劳动强度不大，不但适合在平地胶园应用，而且可在山丘胶园使用。发动机性能良好，连续作业故障很少，因此，1966 年后在全国胶区推广应用，至今仍是防治橡胶白粉病的主要防治机具，获得了重大的社会和经济效益。

丰收-30 为地面喷药机具，每天喷药面积有限，遇到病害大流行，如果机具不足，往往造成顾此失彼，不能按时控制病情，导致产量损失。因此，1977—1978 年华南热作两院与海南农垦总局、广州民航协作，进行了航空防治试验。试验结果表明：航空防治橡胶白粉病具有明显的防治效果，平均防效 66.5%~100%，与地面防治效果（71.1%~100%）基本一致。其工效较高，每天可喷 6 000~7 000 亩，适合在平原胶园白粉病大面积流行时应用。

用地面机具或航空喷粉防治橡胶白粉病，在正常天气情况下是有效可行的方法，但在多雨的年份效果效率都较低，为了进一步改进，1981 年，华南热作研究院植保所从美国引进 Tifar 热雾机，并于 1983—1989 年做了利用热雾机喷撒粉锈宁油剂，与用地面喷硫磺粉防治橡胶白粉病的大田防治比较试验，试验结果表明：用热雾机喷粉锈宁油剂，平均防治效果（61.7%）比地面喷硫磺粉（平均 51.6%）高 10.1%；其有效喷幅 80~90m，比丰收-30 喷粉机宽 3 倍；每天可喷 600~800 亩，比丰收-30 提高 2~3 倍。粉锈宁油剂有效期 12~18 天，比喷硫磺粉（7~14 天）长 4~5 天，故可减少 1 次喷药，因此防治成本比喷硫磺粉降低（36.3%），相当于节省 1.6 元/亩。防治经济效益高 36.6%（相当于增加 6.66 元/亩）。热雾机是一种良好的喷药机具，但此机价格昂贵，机身笨重（80kg/台），一直没能推广应用。如能国产仿制轻型热雾机，必将受胶农欢迎。

（2）炭疽病化学防治研究

①农药筛选试验：1972年后，在室内用抑制孢子萌芽法、菌丝生长抑制圈法、生长速率法、离体叶片接种法，先后测式了50多种农药，从中选择出多菌灵、百菌清、赛力散、克菌丹、福美双、拌种灵、Trifucit、代森锌、炭疽福美、退菌特、代森锰锌、菌特灵1号、菌特灵2号、炭特灵、福美锌、福美铁等农药，在广东湛江红五月、迖设、金星、湖光、海鸥等农场，海南省红明、长征、和岭、红华、新盈农场和文昌橡胶研究所进行大田小区防治比较试验，试验结果综合如表25、表26、表27、表28。结果表明：

a. 粉剂农药（表25）。平均防效64.7%。在参试的18种农药中，与赛力散（标准对照农药）效果（防效75%）最高，其次有退菌特、代森锰锌干胶粉、多菌灵+百菌清混合粉、拌种灵+福美双混合粉，防效为73%~74.4%。

b. 胶悬剂农药（表26）。平均防效71.2%，其中以30%拌种灵-福美双胶悬剂和28%复方多菌灵胶悬剂为最佳，防效为75%~80%。

c. 烟剂农药（表27）。平均防效75.6%，多菌灵烟剂和百菌清烟剂平均分别为74.3%~78.5%、71.7%。

d. 油剂农药（表28）。平均防效75.6%。其中10%百菌清有效成分20g/亩·次，防效高达91%。

可见，在参试的农药中，多菌灵、百菌清是防效较高的农药，1995年后已在生产中推广应用，从剂型来看，以油剂最佳，烟剂、胶悬剂次之，粉剂较差。

表25　粉剂农药大田小区防效测定

农药	用药量 （g/亩·次）	平均防效 （%）	相对防效 （%）	备注
25%赛力散	100.0	75.0	100.0	
70%代森锌	100.0	62.0	82.7	
70%代森锰锌粉	100.0	65.2	86.9	
70%代森锰锌干胶粉	100.0	74.4	99.9	
80%炭疽福美	100.0	64.0	85.3	
40%拌种灵	100.0	65.0	86.7	
40%福美双	100.0	67.0	89.3	
拌种灵+福美双	100.0	73.0	97.3	
8%T-F	100.0	68.0	90.7	表中数字为10
50%多菌灵	100.0	70.0	93.3	个农场16年平
75%百菌清	100.0	67.0	89.3	均值
多菌灵+百菌清	100.0	73.0	97.3	
10%海特灵1号	100.0	52.0	69.3	
10%海特灵2号	100.0	50.1	66.8	
25%炭特灵	100.0	45.0	60.0	
65%福美铁	100.0	57.2	76.3	
76%福美锌	100.0	62.2	82.9	
65%退菌特	100.0	74.0	99.4	
平均		64.7		

表 26　胶悬剂农药大田小区防效测定

农药	用药量/亩次（g）	平均防效（%）	相对防效（%）	备注
25%赛力散	12.5	75.0	100.0	
4%S-258-福美双胶悬剂	30.0	70.0	93.3	
30%T-F 胶悬剂	30.0	65.0	86.7	
30%拌种灵-福美双胶悬剂	30.0	80.0	106.7	
28%复方多菌灵胶悬剂	28.0	68.0	90.7	
28%复方多菌灵胶悬剂	42.0	75.0	100.0	表中数字为
28%复方多菌灵胶悬剂	56.0	73.0	97.3	8 个农场 5
28%复方多菌灵胶悬剂	70.0	74.0	96.7	年产均值
25%炭特灵胶悬剂	25.0	65.0	86.7	
30%代森锰锌悬剂	60.0	65.0	83.7	
20%多菌灵胶悬剂	30.0	70.0	93.3	
平均		71.2		

表 27　烟剂农药大田小区防效测定

农药	用药量（aig/亩·次）	平均防效（%）	备注
3%多菌灵烟剂	12.0	74.3	
3%多菌灵烟剂	18.0	76.8	
3%多菌灵烟剂	24.0	78.5	表中数字为 7 个农场 5
3%多菌灵烟剂	30.0	76.6	年平均值
3%百菌清烟剂	30.0	71.7	
平均		75.6	

表 28　油剂农药大田小区防效测定

农药	用药量（aig/亩·次）	平均防效（%）	备注
10%百菌清油剂	5.0	45.2	
10%百菌清油剂	10.0	91.0	
10%百菌清油剂	20.0	89.2	表中数字为 7 个农场 4
10%百病休油剂	15.0	78.6	年平均值
10%克百病油剂	10.0	74.4	
平均		75.6	

②新农药大田示范推广试验：1991—1995 年在海南红明、长征、和岭、新盈、红华、文昌橡胶研究所，广东迳设、红五月、金星、湖光等农场做大田示范、推广，多菌灵和百菌清烟剂总面积 63 万～37 万亩。红明、和岭、金星和文昌橡胶研究所还试验推广复方多菌灵胶悬剂，新盈、长征试验推广百菌清油剂，试验、示范、推广的结果依次综合如表 29、表 30、表 31。

表 29 大面积多年多点示范，推广农药的试验结果表明：应用上述研究所选择出来

的农药（多菌灵烟剂、百菌清烟剂等）防治橡胶炭疽病，防治效果达 65.4%～83.1%，平均 74.6%。防效良好，防治经济效益显著。按 3 级病株干胶损失 15%，4～5 级病株干胶损失 25% 计算，本试验 63.37 万亩，挽回干胶损失 0.5984 万 t，平均每亩 9.4kg。按每吨干胶售价 1.4 万元计算，新增产值 8 379.6 万元，减去防治成本 918.86 万元（14.5 元/亩×633 700 亩）和生产制胶成本 2 992 万元（5 000 元/t×5 984 t）纯经济效益 4 466.74 万元。

表 30 复方多菌灵胶悬剂 5 年 4 地的大面积生产防治试验结果表明：应用复方多菌灵胶悬剂有效成分 42mL/亩次，加水 5L 喷雾，防效达 77.5%～82.2%，平均达 79.3%（$F=260.69>F_{0.01}=7.35$，极显著），且 5 年 4 地试验效果很显著。复方多菌灵胶悬剂有良好的流动性和黏附性，不及被雨水冲失，也便于机械喷雾作业，所以效果良好。利用这种剂型的多菌灵防治橡胶炭疽病获得成功，在国内外尚未见有报道。

表 31 百菌清油剂 5 年多地的大面积生产性防治试验结果表明：应用 10% 百菌清油剂（有效成分 10mL/亩次）喷烟，防治效果达 71.7%～82.1%，平均达 77.3%（$F=1\,007.97>F_{0.01}=9.33$）百菌清剂具有雾化性能好，颗粒细，覆盖面大，黏着性好，渗透性强，不易被雨水冲刷等优点。不仅晴天可以使用，而且在间断性的毛毛雨天气期间也可作业。百菌清油剂的使用成功，是我国橡胶区炭疽病化学防治的又一新进展。

表 29　炭疽病大田扩大防治试验效果测定

农场	1991年		1992年		1993年		1994年		1995年		平均防效（%）	防治总面积（万亩）
	防效（%）	防治面积（万亩）	防效（%）	防治面积（万亩）	防效（%）	防治面积（万亩）	防效（%）	防治面积（万亩）	防效（%）	防治面积（万亩）		
红明	65.0	0.65	80.9	7.56	88.8	2.9	89.5	3.20	91.3	0.70	83.1	15.01
长征	82.0	0.93	87.0	1.51	80.0	1.23	82.0	1.89	81.0	0.70	82.4	6.26
和岭	61.5	0.05	72.0	0.14	90.0	0.47	92.2	0.42	80.0	0.43	79.1	1.51
新盈	65.4	0.14	70.0	0.40			60.0	0.03	62.6	0.75	64.4	1.32
红华	61.3	0.05	67.5	0.05	82.2	0.05	80.0	0.30	80.0	0.07	74.2	0.52
文昌橡胶所	63.0	0.06	67.5	0.07	64.4	0.05	73.5	0.06	71.8	0.17	68.0	0.41
建设	76.0	3.68	80.0	7.00	62.0	3.89	86.0	3.71	90.0	3.55	79.9	21.83
红五月	66.0	2.56	68.7	2.49	72.1	2.08	86.2	2.44	85.6	2.20	76.5	11.77
金星	72.8	0.43	70.0	0.60	73.3	0.60	73.6	0.60	74.3	0.65	72.8	2.88
湖光	72.8	0.47	62.6	0.88	60.2	0.35	70.0	0.32	65.0	0.34	65.4	1.86
平均	68.6	0.02	72.6	20.2	75.2	11.62	79.3	12.97	78.2	9.56	74.5	63.37

表 30　28%复方多菌灵胶悬剂防治橡胶炭疽病效果比较

场所	1991 年			1992 年			1993 年			1994 年			1995 年			平均防效(%)	施药机具
	对照指数	处理指数	防效(%)	对照指数	处理指数	防效(%)	对照指数	处理指数	防效(%)	对照指数	处理指数	防效(%)	对照指数	处理指数	防效(%)		
红明	21.5	3.3	84.7	62.9	8.6	86.4	48.7	5.5	88.8	51.3	5.4	89.5	38.6	3.4	91.3	88.1A	拖拉机
和岑	17.3	2.5	85.3	34.0	4.4	87.1	36.7	3.7	90.0	38.4	3.1	92.2	24.4	4.8	80.0	86.9A	悬挂式喷雾机
金星	19.5	5.3	72.8	39.8	11.9	70.0	31.9	8.5	73.3	36.8	9.7	73.6	43.6	11.2	74.3	72.8B	丰收
文昌所	20.5	7.2	67.2	56.5	17.6	69.5	30.1	16.7	64.4	40.3	10.5	73.5	25.7	7.2	71.8	69.3B	-30型喷雾机
平均防效			77.5A			78.3A			79.1A			82.2A			79.4A		

注：1. 防效经角度值换算后再作统计分析；2. 大写字母不同表示差异显著。

表 31　10%百菌清油剂防治炭疽病效果比较

场所	1991 年			1992 年			1993 年			1994 年			1995 年			平均防效(%)	施药机具
	对照指数	处理指数	防效(%)	对照指数	处理指数	防效(%)	对照指数	处理指数	防效(%)	对照指数	处理指数	防效(%)	对照指数	处理指数	防效(%)		
红明	26.0	4.7	81.9	39.4	7.1	81.9	43.3	8.7	79.9	39.8	7.2	81.9	33.4	6.4	80.8	81.3A	
和岑										32.0	12.8	60.0	23.5	8.9	62.6	61.3B	
平均防效			81.9A			82.1A			79.9A			71.0A			71.7A		

注：1. 防治经角度值换算后再作统计分析；2. 大写字母不同表示差异及显著。

③喷药机具防效比较：1991—1995 年布置了应用不同喷药机具喷用复方多菌灵胶悬剂防治炭疽病的比较试验，结果表明（表 26）：使用拖拉机挂式喷雾机农场（红明、和岭）的平均防治效果达 86.9%~88.1%，比用丰收-30 型喷雾机农场（金明和文昌所防效 69.3%~72.8%）的防效高 15.3%~16.7%（t>$t_{0.01}$）。主要原因是拖拉机悬挂式喷机喷雾扬程（16~18m）较高，而丰收-30 喷雾扬程为 14~16m。说明用喷雾法防治橡胶炭疽病，必须使用高扬程（≥18m）才能获得较好的防治效果。

（3）褐皮病农药防治研究。1979—1986 年用保 01、青霉素、四环素、乙烯利等注射或刮皮涂药方法进行农药筛选试验。

①注射法的结果（表 32、表 33）：用青霉素、四环素、保 01 对褐皮病都有治病和增产作用，但以保 01 为最佳。保 01 注射一次后，药效维持一年以上，其干胶增产效果在一年内较为显著（$P<P_{0.05}$）。

表 32　褐皮病注射后病情比较

处理	发病率			发病指数		
	1983 年	1984 年	1985 年	1983 年	1984 年	1985 年
保 01	100	20	0	64	20	0
青霉素	100	20	20	76	20	8.0
四环素	100	0	80	72	0	64
对照	100	0	60	80	0	44

每处理均为 5 株树，1983 年 9 月注射，原割面均为 10% 发病。1984 年 4 月转割面割胶。故病情明显下降，1985 年病情回升。

②环状刮皮涂药法的药剂筛选：

小区试验：1984—1986 年连续 3 年，田间设计采用复因子随机区组设计，施药浓度是：保 01 为 500μg/mL，四环素、青霉素及乙烯利均为 1 000μg/mL，对照涂清水，每株涂药 4~5mL，每季度涂药 3 个试验；每月涂药 2 个试验。试验结果表明（表 34），保 01 及四环素极显著优于青霉素及对照（$P>P_{0.05}$），而青霉素又显著优于对照；环状刮皮涂药对病情的控制效果是明显的（表 35），试验 1 对照组的 8 株病树，到 1985 年底已有 7 株全线死皮（约占对照总株数的 90%），而保 01、青霉素及四环素处理的，则占 20% 以下。

中间试验：1984—1987 年连续 4 年，使用"保 01"对不同品系胶树药效比较。施用的药剂，浓度与小区试验相同。田间设计采用成对法对比试验。试验结果（表 36、表 37）表明保 01 对 RRIM600、广西 6-68、GT_1、PB86 的防病增产效果好，而 PR107 在前 3 年的产量反应较差，防病效果不显著。

表 33　褐皮病抗菌素处理前后产量比较

试验	处理及浓度（μg/g）	试验株数	处理前 采次	处理前 干胶含量（%）	处理前 单株干株总产（g）	处理前 干胶单产（g）	处理后 采次	处理后 干胶含量（%）	处理后 单株干株总产（g）	处理后 干胶单产（g）	处理后/处理前	处理后与空白对照比（%）	处理后与清水对照比（%）
I（1979—1980年） I₁	青霉素（1 000）	4	3	40.10	50.64	16.88	8	41.12	434.24	54.28	321.56		154.14
	四环素（1 000）	4	3	40.10	24.27	8.09	8	39.28	330.32	41.29	510.38		245.13
	清水	4	3	40.10	49.32	16.44	8	36.63	273.84	34.23	208.21		
I₂	青霉素（1 000）	12	10	39.76	175.80	17.58	10	36.83	216.90	21.69	123.38	127.21	114.26
	四环素（1 000）	12	10	40.95	191.80	19.18	10	34.32	336.50	33.65	175.44	180.88	162.47
	空白	12	10	39.98	172.50	17.25	10	36.80	167.30	16.73	96.99		89.82
	清水	12	10	41.18	164.20	16.42	10	38.05	177.30	17.73	107.98	111.33	
II（1980年）	青霉素（1 000）	10	17	35.08	259.76	15.28	62	33.26	1 069.5	17.25	112.89	122.55	110.3
	四环素（1 000）	11	17	38.38	355.05	20.89	62	33.03	1 404.92	22.66	108.48	117.75	106
	清水	10	17	37.51	336.09	19.77	62	35.79	1 254.26	20.23	102.33	111.08	
	空白	9	17	35.73	419.73	24.69	62	33.8	1 410.13	22.74	92.12		
III（1982年）	青霉素（1 000）	5	10	40.94	139.70	13.97	25	35.73	573.25	22.93	164.14	136.31	111.36
	四环素（1 000）	5	10	41.88	233.80	23.38	25	35.28	1 044.50	41.78	178.70	148.40	121.23
	空白	5	10	37.03	242.40	24.24	25	34.01	729.75	29.19	120.42		81.70
	清水	5	10	42.8	232.70	23.27	25	37.18	1 275.27	34.30	147.40	122.40	
IV（1983年）	保01（1 000）	5					72		1 515.60	21.05			180.22
	青霉素（1 000）	5					72		947.52	13.16			112.67
	四环素（1 000）	5					72		1 487.52	20.66			176.88
	清水	5					72		840.96	11.68			

注：试验 IV 于 1983 年 6 月注射药物，1984 年 4 月转换割面，处理后的 72 采次产量，是 1984 年转换割面后的产量；$P > P_{0.05}$，$P > P_{0.01}$。

表34 橡胶褐皮病树对环状刮皮涂药前后产量比较

试验序列	品系/地点	处理	株数	处理前产量(g/株·次)	处理后(1984年) 采次	单株总产(g)	单株次产(g)	与对照比(%)	处理后(1985年) 采次	单株总产(g)	单株次产(g)	与对照比(%)	处理后(1986年) 采次	单株总产(g)	单株次产(g)	与对照比(%)
I	GT1 试验场/农场五队	保01	5			7 449.96	74.50	287.76		6 330.43	68.07	693.88		6 918.84	76.03	764.12
		青霉素	5			4 628.73	45.29	174.93		4 160.68	44.74	456.05		3 312.57	36.40	365.83
		四环素	5			6 953.74	69.54	268.60		6 564.24	70.58	719.47		5 711.60	62.76	630.75
		对照	8			2 579.45	25.89			912.52	9.81			905.07	9.95	
II	GT1 试验场/农场五队	保01	10	18.17		5 143.77	60.15	91.56		5 377.60	57.82	93.28		4 061.82		81.03
		对照	10	14.65		4 522.87	52.97			4 648.40	49.98			4 041.39		
III	RRIM623 试验场/农场五队	保01	8	14.1		2 024.40	43.41	173.80		2 243.35	23.87	188.34		1 165.98	12.67	191.26
		对照		27.91		2 344.64	49.36			2 344.32	24.94			1 199.85	13.04	

表 35 环状刮皮涂药对控制褐皮病的效果比较*

试验序列	品系	地点	处理	株数	发病率				发病指数			
					阴刀(1983)年处理前	阴刀(1984)年处理后	阴刀(1985)年处理后	阴刀(1985)年处理后	阴刀(1983)年处理前	阴刀(1984)年处理后	阴刀(1985)年处理后	阴刀(1985)年处理后
I	GT1	试验场	保01	5	80.0	20.0	20.0	20.0	68.0	20.0	20.0	20.0
			菁霉素	5	100.0	40.0	20.0	20.0	88.0	28.0	12.0	20.0
			四环素	5	100.0	0	0	0	92.0	0	0	0
		农场五队	对照	8	100.0	87.5	87.5	87.5	100.0	62.5	87.5	87.5
II	GT1	试验场	保01	10	80.0	0	0	10.0	42.0	0	0	2.0
		农场五队	对照	10	100.0	10.0	10.0	20.0	78.0	2.0	8.0	16.0
III	GT1	试验场	保01	8	100.0	25.0	62.5	62.5	100.0	17.5	62.5	62.5
		农场五队	对照	8	100.0	0	62.5	62.5	100.0	0	62.5	62.5

注：* 试验 I 保 01 于 1984 年有一株树大侧枝遭台风刮断后死皮；试验 I 对照 8 株树于 1985 年年底已有 7 株全线死皮。各处理在处理前阴刀，因病停割，转割阴刀，用 s/2、d/2 割制，每季度获环状刮皮涂药一次。

表36　保01对不同品系橡胶树褐皮病防治效果比较

地点	品系	处理	调查株树	发病率（%）			病情指数		
				处理前	处理后	差值	处理前	处理后	差值
兴隆农场—区四队	PB86	保01	502	26.89	10.16	-16.73**	13.57	6.43	-7.14
		对照	459	6.99	17.86	0.87	13.18	14.47	1.29
	RRIM600	保01	455	16.48	6.37	-10.11**	7.78	3.47	-4.31
		对照	368	9.51	9.51	0	4.73	6.41	1.68
	PR107	保01	433	5.08	4.62	-0.46	2.01	3.03	1.02
		对照	462	3.68	3.46	-0.22	2.9	2.12	-0.78
	GT1	保01	204	30.88	9.31	-21.57	14.26	5.98	-8.28
		对照	241	34.02	18.67	-15.35	19.13	14.85	-4.28
热院试验农场三队	RRIM600	保01	476	11.15	23.36	12.21	7.5	16.55	9.05
		对照	263	11.11	37.5	26.39	7.33	26.94	19.61
	GT1	保01	310	4.17	14.52	+10.35**	4	7.73	3.73
		对照	267	13.64	53.68	40.04	10	35.37	25.37
	PR107	保01	256	2.04	12.87	10.83	2	8.9	6.9
		对照	290	0	13.98	13.98	0	12.26	12.26
	广西6-68	保01	298	19.05	20.62	+1.57**	14	15.67	1067
		对照	311	8.7	19	10.3	6.8	17.52	10.72

注：* 防治效果差异显著，** 防治效果差异极显著。

表 37　"保 01" 处理不同品系干胶产量的增效比较（两院试验农场三队）

品系	处理	树位数	处理前(kg/次树位)	1984 年(处理后 10—12 月)			1985 年(处理后 10—12 月)			1986 年(处理后 10—12 月)			1987 年(处理后 10—12 月)		
				割次	单一树位次产(kg)	为对照(%)	割次	单一树位次产(kg)	为对照(%)	割次	单一树位次产(kg)	为对照(%)	割次	单一树位次产(kg)	为对照(%)
RRIM600	保 01	5	8.74	28	12.11	106.64*	80	9.6	115.2**	132	9.24	104.4	130	7.79	109.33*
	对照	2	7.09	28	9.27		80	6.76		132	7.17		130	5.78	
GT1	保 01	3	6.33	28	8.31	109.06*	80	5.65	90.3	132	6.17	88.17	130	8.61	144.70**
	对照	1	10.17	28	12.24		80	10.05		132	11.26		130	9.56	
PR107	保 01	3	7.12	28	8.63	89.35	80	7.85	94.55	132	7.58	88.6	130	12.84	157.91**
	对照	3	5.42	28	7.35		80	6.32		132	6.3		130	6.19	
广西 6-68	保 01	1	5.7	28	11.04	164.37**	80	10.19	135.83**	132	8.81	137.47**	130	7.69	126.44**
	对照	1	7.56	28	8.91		80	9.95		132	8.5		130	8.07	

注：本中间试验参试株 7 000 株 19 个林段 28 树位，采用刮皮涂药法，每个树位为一次重复。1985 年 7 月 26 日因全面误涂乙烯利水剂，该年度缺 8、9 两个月的试验数据。9 月 27 日涂施 "保 01" 后再继续观察记录。

注射法或环状刮皮涂药的小区和中间试验结果表明，抗菌素处理树比对照树干胶增产明显，病情得到一定程度的控制。其中"保01"防治较为显著，药效稳定，优于青霉素和四环素。

③"保01"的配制与防病机理："保01"是由四环素族（chloram phenicol）为主的抗菌素加入甲基纤维素、黄元胶等配制而成的白色药粉。

取施药前和环状刮皮涂施"保01"后的褐皮病树韧皮部组织，固定处理切片后，在电子显微镜下观察，在涂药后每隔24h按上法切取病皮观察，用同样方法切取未刮皮涂药的病树做对照。涂药前及对照的样品在显微镜下观察可见各种形态完整的类细菌体（BLO），菌体内核酸样纤维清晰可见；涂药24h后，病树韧皮部筛管细胞切片样品中，BLO聚集成团和出现崩解现象，崩解后的菌体显现空壳状；涂药48h后，在样品中未发现BLO。结果表明病树在涂施"保01"24h后，药物即在病树体内抑制和破坏病菌，48h后可完全破坏胶树涂药带和割面组织内的菌体，从而使胶树病部未坏死的组织逐步恢复其正常的生理活动和产胶、排胶功能。

④"保01"对生产性开割树褐皮病的防治效果：从1984—1990年进行了大面积的防治试验，6年来在33个农场22万株上使用。通过对海南、云南、广东不同地区的药效试验：与不施药方法的病情，产量比较；不同品系，不同树龄开割树的防病增产试验结果表明：施浓度为500μg/mL的"保01"药剂，间隔期1.5个月1次的割线涂药法有良好的防治效果，在新开割幼树上施用"保01"，对褐皮病有更显著的预防效果。此药对中，轻病树有明显的控制和治疗作用。对因病停割树可在不同程度上恢复产胶能力。品系反应和中间试验结果基本相同，RRIM600、PB86、GT1等反应较好。PR107反应有地区性差异（表38至表41）。

表38 保01对不同地区农场胶树的防病增产效果

试验品系	处理	涂药前				涂药后						
		产量		病情		产量			病情			
		割次	干胶(g/株·次)	发病率(%)	发病指数	割次	干胶(g/株·次)	为对照(%)	发病率(%)	差值	发病指数	差值
新中番	保01	63.5	25.00	0	0	68	28.00	85.65	0.82	+0.82**	0.34	0.34
根4队	对照	74.5	26.00	0	0	73.5	34.00		8.07	+2.07	0.97	0.97
新中	保01	79.00	32.00	0	0	75.00	25.00	107.42	0.94	+0.94**	0.57	+0.57
38队	对照	79.00	3300	0	0	750.00	24.00		2.10	+2.1	1.59	+1.59
乐中	保01	115.7	61.77	9.33	5.60	106.5	72.68	112.77	5.67	-3.66**	3.60	-2.00
	对照	116.3	55.06	18.67	3.07	115.50	57.45		21.33	+2.66	6.00	2.93
广东	保01		41.60	16.00	6.87		36.08	100.39	3	-13.00**	1.87	-5.00
火星	对照		40.55	13.67	6.20		35.03		9	-4.67	4.93	-1.27

注：番根4队涂保01处理受1989年台风严重影响，产量情况反常，**差异极显著（百分率的显著性测验）。处理品系均为RRIM600。

表 39   兴隆农场不同涂药方法的产量比较

处理	树位数	涂药次数/年	处理前 (g/株·次)	处理后（1987 年 5—12 月）			处理后（1988 年 5 月）		
				采次	单株次产 (g)	与对照比 (%)	采次	单株次产 (g)	与对照比 (%)
环状刮皮涂保 01	15	3	40.86	108	26.89	99.44	80	26.55	103.44
保 01 涂割线+刮涂半树围	5	6	41.19	108	27.82	100.08	80	28.66	110.75 **
保 01 涂割线	5	6	40.40	108	27.38	102.40	80	29.18	114.97 **
对照	5	0	46.93	108	31.06		80	29.18	

注：（1）** 方差分析极显著；（2）1988 年因台风影响严重，试验至 10 月下旬终止；（3）品系：以 PR107 为主的品系。

表 40   不同涂药方法对 RRIM600 褐皮病的防治增产效果比较

处理	观察株数	涂药前				涂药后						
		产量		病情		产量			病情			
		平均干含 (%)	干胶 (g/株·次)	发病率 (%)	发病指数	平均干含 (%)	干胶对照比 (%)	干胶对照比 (%)	发病率 (%)	差值	发病指数	差值
环状刮皮涂药	121	31.8	42.84	12.3	5.6	36.1	48.63	12.59	14.8	+2.5	8.3	+2.7
对照	171	32.4	37.9	15.0	7.9	36.1	38.21		21.6	+6.6	13	+2.1
涂割线	135	29.1	23.71	8.1	3.3	35.0	33.44	8.13	11.1	+3.0	4.1	+0.8
对照	124	29.4	28.69	12.9	5.9	35.7	37.42		19.3	+6.4	8.7	2.8

注：试验地点：云南东风场全割年。

表 41   保 01 对 RRIM600 开割幼树的防病增产处理比较

处理	观察株数	产量		病情		产量			病情			
		干胶含量 (%)	干胶 (g/株·次)	发病率 (%)	发病指数	干胶含量 (%)	干胶 (g/株·次)	干胶与对照比 (%)	发病率 (%)	差值	发病指数	差值
保 01	2 535	26.98	13.7	0	0	26.33	22.9	22.28 **	10.78	10.78 **	5.42	5.42
对照	2 407	26.82	16.9	0	0	26.00	23.1		19.77	19.77	11.21	11.20

注：试验地点：龙江农场四十一队，1990 年全割年；

产量：* $|t| = 3.040 > t_{0.05} = 2.262$ 差异显著；

病情：** $|u| > 2.58$ 差异极显著（百分率的差异显著性测验）。

⑤ "保 01" 与乙烯利混合使用：室内测定混合液中乙烯利对 "保 01" 药效的影响测定结果（表 42）说明如下。

a. 1%、5%、10% 三种浓度乙烯利分别与 "保 01" 混合后的抑制圈平均值仅相差 0.1~0.14cm，3 种浓度混合液药效影响基本一致，没有差别。

b. 混合液 3 种浓度处理抑制圈平均值是 3.90cm，相差 0.21cm，结果说明混合液中的乙烯利对"保01"药效有微小影响，但差异不明显。

c. 10%乙烯利（对照2）在所有重复中抑制圈均为0，结果说明混合液中乙烯利仅起增产作用。

室外测定"保01"与乙烯利混合的增产与防病效果。

a. 增产效果：在昆仑、黄岭、中建农场施用"保01"与乙烯利混用液14 684株，对照11 938株，"保01"与乙烯利混用比对照净增产干胶17.95%~52.02%，平均净增产干胶28.92%，干胶含量比对照增加0.92%，结果反映了"保01"与1%乙烯利混用，不影响乙烯利的增产作用。

b. 防病效果（表42）：黄岭农场在"保01"与乙烯利混合使用后，观察株防病效果为61.7%，而单用"保01"的观察株防病效果为61.1%，两者差异不明显。说明混用后的乙烯利不影响"保01"的防病作用。

室内与室外测定结果都说明："保01"与乙烯利混合使用后，两种药效不会互相干扰。大面积的试验结果（表43）说明，生产上应用"保01"与乙烯利混合液不仅可以防治橡胶褐皮病，还同时达到增产干胶的作用。

表42　"保01"和乙烯利混合液的抑菌效果测定

处理	抑菌圈大小（cm）			平均值（cm）	总平均
	I	II	III		
保01（对照1）	3.7	4.0	4.0	3.9	
保01+1%乙烯利	3.6	3.7	3.7	3.67	
保01+5%乙烯利	4.0	3.7	3.6	3.77	3.69
保01+10%乙烯利	3.5	3.5	3.0	3.65	
10%乙烯利（对照2）	0	0	0	0	

表43　"保01"与乙烯利混用及单用的防病效果比较

处理	处理前病情					处理和对照比较				防治效果（%）
	调查株数	发病株数	发病率（%）	4级以上发病率（%）	病情指数	发病株数	发病率（%）	4级以上发病率（%）	病情指数	
保01	100	3	3	1	1.4	−5	−5	1	−2.2	61.1
对照	100	8	8	2	3.6					
混用*	100	5	5	3	3.6	−7	−7	2	−5.8	61.7
对照	100	12	12	5	9.4					

注：*混用即"保01"与乙烯利混合使用的处理。

（4）根病化学防治研究：1976年开始进行室内和大培养皿木块筛选法和大试管木块筛选法，筛选了十三吗啉、十二吗啉、溃疡净、土壤乳剂、放线菌酮130、硫代磷、敌克松、炭疽福美2号、多菌灵、敌菌灵、砷37、萎莠灵、2316（6号）等17种药剂对橡胶红根病的抑制作用，选出10%十三吗啉、10%十二吗啉、0.15%杀壤乳剂、1%

溃疡净及 2316 对红根病有显著的抑制效果；3% 以上的十三吗啉、5% 以上的十二吗啉、1% 杀壤乳剂、2% 棉隆、2316 对褐根病有显著抑制作用。从中选择 10% 十三吗啉做大田防治试验。

①进口 10% 十三吗啉大田根颈保护及治疗效果。

保护作用效果：1979 年，在上述农场，扩大应用 10% 十三吗啉保护病区周围健康树。一年后检查南林农场，龙江农场 4 个病区，70 株健康树，没有一株病树的病菌能通过保护带，保护率 100%，而对应病区由原来 19 株病树增加至 24 株。1981 年抽查 11 个农场与红根病相邻的健康树处理 315 株，病菌菌丝传到涂药带的 62 株，能通过药带的仅 6 株，保护率 90%。抽查褐根病处理树 6 株，仅一株病菌通过涂药带，保护率 83.4%。

治疗效果：1979 年在南林等 3 个农场，使用进口十三吗啉根颈保护剂治疗处理，红根病树 22 株，其中 16 株为菌丝菌膜已包围树头的中后期病树。两年检查，18 株已治愈，治愈率达 81.82%，2 株重病树死亡。这 2 株病树处理后长出新根，但又重新被侵染。其他都长出新根恢复生长。而对发病株 7 株，2 年后检查已全部死亡。

1981 年抽查 1979 年用 10% 十三吗啉根颈保护处理试验的 11 个农场，处理病树 516 株，治愈 410 株，治愈率 79.6%，复发病树 106 株，死亡 79 株，复发率 2.5%，死亡率 15.3%。

②国产与进口十三吗啉室内抑菌作用比较。

为节省外汇，降低防治成本，满足生产需要，笔者先后辽宁省化工所、沈阳化工院研制出国产十二吗啉。1990 年开始对国产十二吗啉进行室内测定，小区试验和大田大面积推广应用，同时与进口的十三吗啉对比。试验材料方法同进口十三吗啉的测定方法。

材料和方法：

a. 室内药效测定。室内测定药效，采用大试管橡胶树枝条木块法，做法同进口十三吗啉大试管木块法。室内测定的农药有 50% 国产十三吗啉乳剂（标准品），70% 固态十三吗啉（粗制品）、对照农药西德进口 75% 十三吗啉乳剂及不涂药的对照。均采用有效成分 10%、5%、1%，0.5% 和 0.1% 5 个浓度，每个浓度处理木块 3 块，重复 3 次。

b. 大田小区试验。测定农药为辽宁化工院提供的 10% 十三吗啉根颈保护剂和 50% 十三吗啉乳剂（标准品）；对照农药为西德进口的 10% 十三吗啉根颈保护剂和 75% 十三吗啉乳剂，另设不施药的对照。实验选用新进农场五队的大田橡胶林段中自然感病的橡胶树及与病区相邻的健康树。

大田施药的方法：根颈保护处理；十三吗啉水剂淋灌，做法同进口十三吗啉。

c. 大面积推广应用。由辽宁省化工提供 50% 十三吗啉乳剂 20t，海南、云南各 10t。推广面积约 25 万 hm²。施药方法采用 10% 十三吗啉软沥青载体的根颈保护剂和 0.75% 有效成分的水剂淋灌。操作同进口十三吗啉。以西德进口的 75% 十三吗啉乳剂作对照及另设不施药的对照。

试验结果：

a. 室内药效试验。室内对橡胶树白根病菌的抑制作用测定，结果表明 10%、5%、1%有效成分的国产十三吗啉和相同浓度的进口十三吗啉对白根病菌的抑制作用没有显著性差异，但 0.5%和 0.1%的进口十三吗啉显著地优于同浓度的国产十三吗啉。除了 0.1%国产十三吗啉与对照比较没有显著性差异之外，其余浓度的进口和国产十三吗啉均显著优于对照（表44）。

表 44　国产和进口十三吗啉对白根病菌抑制作用室内测定结果

十三吗啉种类		进口	国产（标准品）	国产（粗制品）	对照
原药浓度		75%	50%	70%	
不同用药浓度下菌丝和菌膜生长长度（cm）	10%	5.03b*	5.40b	6.20b	14a
	5%	6.37b	6.47b	7.70b	14a
	1%	7.77b	9.17b	10.10b	14a
	0.5%	9.37c	1.50b	11.37b	14a
	0.1%	17b	3.33b	13.27a	14a

注：重复 3 次，处理木块均为 45 块，＊按邓肯多变数检验，5%显著水平。

室内测定对红根病菌的抑制作用，结果表明 10%，5%，1%，0.5%，0.1%有效成分的进口十三吗啉与同浓度的国产十三吗啉对红根病菌的抑制作用均没有显著性差异；但进口和国产十三吗啉的所有浓度对红根病菌的抑制作用均显著地优于对照（表45）。

表 45　国产和进口十三吗啉对红根病菌抑制作用室内测定结果

十三吗啉种类		进口	国产（标准品）	国产（粗制品）	对照
原药浓度		75%	50%	70%	
不同用药浓度下菌丝和菌膜生长长度（cm）	10%	4.47b*	5.60b	5.67b	14a
	5%	5.07b	5.90b	6.17b	14a
	1%	6.47b	6.90b	7.20b	14a
	0.5%	8.03b	8.16b	8.30b	14a
	0.1%	10.47b	11.20b	11.50b	14a

注：重复 3 次，处理木块均为 45 块，按邓肯多变数检验，5%显著水平。

b. 大田小区试验结果。

根颈保护剂处理效果：进口和国产 10%十三吗啉根颈保护剂治疗红根病树及保护与病区相邻的健康树比较试验，1992 年 6 月检查 1990 年 6 月处理的病树和健康树，结果表明进口和国产的 10%十三吗啉根颈保护剂治疗大田自然感染红根病的病树的疗效均为 100%，而对照病树 8 株已全部死亡；进口和国产十三吗啉根颈保护剂对健康树的保护率分别为 95.25% 和 100%，两者之间没有显著性差异，但均极显著地优于对照（33.33%）（表 46、表 47）。

表 46　国产和进口 10% 十三吗啉根颈保护剂治疗红根病的疗效比较

（小区试验，1990 年 6 月至 1992 年 6 月）

处理		进口的 10% 十三吗啉根颈保护剂	国产 10% 十三吗啉根颈保护剂	对照
治疗红根病的株数	轻病	3	6	2
	中病	11	7	3
	重病	3	1	3
	合计	17	14	8
治愈株数		17	14	0
治愈率（%）		100	100	0
治愈比较（u 值）		5.0[**]	4.69[**]	

表 47　国产和进口 10% 十三吗啉根颈保护剂对与病区相邻的健康树的保护效果比较

（小区试验，1990 年 6 月至 1992 年 6 月）

处理	进口的 10% 十三吗啉根颈保护剂	国产 10% 十三吗啉根颈保护剂	对照
处理后病情　健株（株）	20	0	2
病株（株）	1	0	1
死亡（株）	0	0	2
保护率（%）	95.5	100	0
进口与国产十三吗啉保护率比较 u 值	0.25		
进口、国产十三吗啉保护率与对照比较 u 值	3.44[**]	2.86[**]	

注：* 差异显著，** 极显著。

淋灌施药小区试验效果：1992 年 6 月检查 1990 年 6 月淋灌处理红根病病树及保护与病区相邻的健康树，结果表明，进口和国产 10% 十三吗啉对天然感病的红根树的疗效分别为 45.45% 和 42.11%。两者之间没有显著性差异，但均显著地优于对照；进口和国产 10% 十三吗啉对与病区相邻的健康树的保护率分别为 88% 和 69.57%，两者之间没有显著性差异，但均显著地优于对照（表 48）。

表 48　进口和国产十三吗啉水剂淋灌的药效比较

（小区试验，1990 年 6 月至 1992 年 6 月）

处理	处理株数	淋灌前病情		淋灌 4 次后病情（株）			防效（%）	进口和国产治疗和保护效果比较 u[*]	进口国产与对照比较 u
		病情	株数	株数	病株	死株			
进口 75% 十三吗啉乳剂	36	健株	25	22	3	1	88	1.57	2.88[*]
		病株	11	5	6	4	45.45	0.18	2.27[*]

（续表）

处理	处理株数	淋灌前病情		淋灌4次后病情（株）			防效（%）	进口和国产治疗和保护效果比较 u*	进口国产与对照比较 u
		病情	株数	株数	病株	死株			
国产 50% 十三吗啉乳剂	42	健株	23	16	7	6	69.57		2.09*
		病株	19	8	11	11	42.11		2.19*
（对照清水）	14	健株	6	2	4	3	33.33		
		病株	8	0	8	8	0		

两种乳剂淋灌浓度均为 0.75%，淋灌量为 2kg/株，每处理 2 年淋灌 4 次，|u|>1.96 显著，|u|>2.58 差异极显著。

c. 大面积推广应用效果。海南垦区 1989 年大面积推广应用有效成分为 0.75%的国产十三吗啉水剂淋灌防治橡胶树红根病，1991 年调查统计，中建、黄岭、昆仑、中坤、晨星、东平等 40 个农场推广面积达 14.42hm²，其中处理根病树 13.1 万株，约占海南农垦胶园现有根病树 40.4%，施用国产十三吗啉 13t（包括部分进口十三吗啉），综合效达 78.3%。

大田国产和进口十三吗啉水剂淋灌防治根病效果比较。1991 年调查 1989 年用国产十三吗啉水剂淋灌处理的根病分别为 339 株和 540 株、不施药的对照树 128 株，结果表明，国产和进口十三吗啉淋灌处理对各级病树的防效均极显著优于对照（表 49）。

表 49　大田国产和十三吗啉水剂淋灌防治根病的效果比较

处理	调查株数	淋灌前病情		淋灌4次后病情					国产和进口十三吗啉防效比较	进口和国产与对照防效比较
		病级	株数	无病株数	有病株数	死亡株数	死亡（%）	防效（%）		
进口 75%水剂淋灌	515	0	136	136	0	0	0	100	u₀=1.08	u₀=10.78**
		Ⅰ								
		Ⅱ	102	77	25	2	1 096	75.49	u₂=1.03	u₂=6.58**
		Ⅲ	67	17	52	26	38.81	22.69	u₃=1.59	u₃=73.0
国产 50%十三吗啉水剂淋灌	339	0	90	90	0	0	0	100		u₀=5.18**
	139	Ⅰ	99	40				71.22		u₁=4.22**
		Ⅱ	72	49	23	3	4.17	68.06		u₂=5.90**
		Ⅲ	38	14	24	11	28.95	36.84		u₃=3.84**
对照	128	0	59	19	40	30	50.84	32.2	自然发病率	
		Ⅰ	12	1	11	4	33.33	8.33	自然康复率	
		Ⅱ	25	1	24	15	60	4	自然康复率	
		Ⅲ	32	0	32	31	96.88	0		

注：|u|>1.96 差异显著，|u|>72.5 差异极显著。

（5）兼治 2 种以上橡胶病害的农药筛选：目前橡胶病害化学防治，都是单个病害逐一喷药防治。这种方法，在两种相同部位的病害同时发生时，防治工作安排十分困难与紧张，常致某种病害得不到及时控制而造成损失。为解决此问题，笔者进行了兼治农药的筛选试验。

①叶片病害兼治农药筛选和大田试验。1995年开始，笔者首先进行兼治白粉病、炭疽病的农药筛选。经室内抑制孢子萌发和苗圃人工接种预防侵染的测定，在参试的10多种农药中，发现粉疽灵混合剂、甲基托布津与889混合剂、低聚糖素等农药，在预防白粉菌和炭疽菌的侵染有良好的效果，防治效果在80%以上。其中粉疽灵尤其突出，多次平均防治效果达95%，超过对照农药硫磺的平均防治效果8%。1999年笔者用粉疽灵在海南琼中南方农场布置了兼治白粉病、炭疽病的大田防治试验。试验按随机区组设计，有4个处理：A. 在同一个林段中用粉疽灵15%+硫磺粉85%喷药两次，同时防治白粉病和炭疽病；B. 用10%粉疽灵+90%硫磺同时防治白粉病、炭疽病；C. 在同一林段中用硫磺粉防治白粉病，用烟剂防治炭疽病，分别喷药两次；D. 对照，不施药。试验重复3次。处理用综合防治指标指导喷药，即在嫩叶期两种病的发病率在15%以下，天气预报未来10天有3天以上的低温阴雨，即在阴雨来临3天前喷药。处理按常规指标喷药，试验结果（表50）表明：用粉疽灵+硫磺同时防治白粉病、炭疽病均有良好的防治效果（平均防效91.1%~100%），比目前生产上应用的防治白粉病、炭疽病的多菌灵两种剂型（粉剂和烟剂）平均防效高10%~46.8%；防治成本比多菌灵+硫磺降低17.8%，比烟剂低21.0%；防治经济效益比两种剂型高17.4%~33.6%。说明粉疽灵是同时防治白粉病和炭疽病的经济高效农药。

表50 兼治白粉病、炭疽病农药大田防治试验

农药	防治对象	最终病指	防治效果		防治成本		经济效益	
			%	比较（%）	元/亩	比较（%）	元/亩	比较（%）
粉疽灵+硫磺	白粉病	3.7	91.1	100	4.56	100	45.92	100
	炭疽病	0	100	100				
多菌灵+硫磺	白粉病	21.6	48.5	53.2	3.75	82.2	37.95	82.6
	炭疽病	3.1	80.8	88.7				
硫磺、烟剂	白粉病	20.1	51.9	57.0	14.15	310.3	30.48	66.4
	炭疽病	2.8	90.0	90.0				
CK	白粉病	41.8						
	炭疽病	28.0						

②兼治割面病害的农药筛选试验。经室内用八叠球菌做抑制圈法测定保01与乙烯利混合剂对褐皮病病原菌BLO抑制作用发现，混合剂对这种病原菌有抑制效果（表51）。

1995年后用500μg/mL保01+1%乙烯利做大田防治试验，测定混合剂对增产和防病效果的作用，结果表明："保01"与乙烯利混合使用后，不影响乙烯利的增产效果（表51）；与单用"保01"比较，混合防治褐皮病的防治效果为61.7%，单用的防病效果为61.1%，两者无显著差异（表52）。由于田间没有发现条溃疡病，故未能确定"保01"与乙烯利混合剂的实际防治效果。但据室内测定和大田应用乙烯利对条溃疡病都有良好的效果，而两药混合后又没有拮抗减效的作用，可以推测此混合剂可以兼治这两种割面的主要病害。

表 51 "保01"和乙烯利混合液的抑菌效果测定

处理	抑菌圈大小（cm）			平均值（cm）
	Ⅰ	Ⅱ	Ⅲ	
保01（对照1）	3.7	4.0	4.0	3.90
保01+4%乙烯利	3.6	3.7	3.7	3.67
保01+5%乙烯利	4.0	3.7	3.6	3.77
保01+10%乙烯利	3.5	3.5	3.0	3.65
10%乙烯利（对照2）	0	0	0	0

（平均值 3.69）

表 52 "保01"与乙烯利混合及单用的防病效果比较

处理	调查株数	发病株数	发病率（%）	4级以上发病率（%）	病情指数	处理和对照比较				防治效果（%）
						发病株数	发病率（%）	4级以上发病率（%）	病情指数	
保01	100	3	3	1	1.4	−5	−5	1	−2.2	61.1
对照	100	8	8	2	3.6					
混用*	100	5	5	3	3.6	−7	−7	2	−5.8	61.7
对照	100	12	12	5	9.4					

注：* 混用即"保01"与乙烯利混合使用的处理。

表 53 大田"保01"与乙烯利混合后的产量与褐皮病防治效果

品系	处理	应用株数	病株率（%）	1~3级病株（%）	4~5级病株（%）	病情指数	防治效果（%）	平均株产（%）	挽回干胶损失（t）	干胶增产（t）	新增产值（万元）	新增利税（万）
RRIM600	混用*	1 639 074	4.02	3.48	0.56	1.71	68.3	2.98	123.299	176.115		
	对照	5 264	11.02	8.88	2.14	5.28		2.87				
	±		−7.00	−5.41	−1.58	−3.57		+0.11				
PR107	混用	332 295	1.49	1.17	0.32	0.70	66.3	3.57	11.809	42.219		
	对照	4 417	4.28	3.39	0.90	2.07		3.44				
	±		−2.79	−2.22	−0.58	−1.37		+0.13				
合计									353.433		323.3668	95.0446

注：* 混用即"保01"与乙烯利混合使用的处理。

③兼治根病的农药筛选试验。经室内用木块接种法测定粉锈宁与十三吗啉一样，对

两种主要根病（红根病、褐根病）均有良好的防治效果（表53）。1996 年后在新进农场用根颈保护法做大田防治试验的结果也表明（表54），粉锈宁对红根病，褐根病防治效果达 83.5%～84.8%，说明粉锈宁是兼治两种根病的有效农药。

表54 粉锈宁兼治两种根病的大田防治试验

病害	处理	平均发病率（%）	防治效果（%）
红根病	粉锈宁	15.2	84.8
褐根病	粉锈宁	16.5	83.5
	CK	100.0	

2.6.2 橡胶抗病品系和抗病种质筛选与利用

（1）橡胶主要品系抗病种质筛选与利用：根据多年调查鉴定，目前生产上大规模种植的主要品系对几种主要橡胶病害的抗病力如表55。从表55 可以看出，热研 7-33-97 对两种叶片主要病害具有中度抗性；PR107 具有对褐皮病中度抗性，对白粉病有耐病性（其最严重病情 5 级只损失产量 12%，而 RRIM600 损失 32%）。这是本研究发现的多抗品系。其他品系还未发现有对两种以上橡胶主要病害的抗病性。但其抗病谱却有明显差异。如对白粉病，只有 RRIM600、红山 67-15、PB86、热研 7-33-97、RRIC52 具有抗病性，其他品系为中感至高感；而对炭疽病，只有南强 1-97、热研 11-9、海垦 3、热研 7-33-97 具有中等抗性，其他品系均较感病；对褐皮病，则只有 PR107 和 RRIM513 具有中等抗性，其他均较感病。因此，各地区在利用品系抗病性防治橡胶病害时，必须根据当地主要为害的病害种类来确定。例如海南南部主要病害为白粉病，应选用 RRIM600、PR107、热研 7-33-67 等品系；海南西部，主要病害为白粉病、褐皮病，应选用热研 7-33-97、PR107 等品系：海南中部、北部，则以白粉病、炭疽病为主，应选用热研 7-33-97、RRIM600、GT1、热研 88-13 等品系。利用抗病品系，由于常年病害较轻，可以减少喷药次数和剂量，节约防治成本，减少农药对环境污染，是经济、有效、安全的防治方法。

表55 橡胶主要品系的抗病性

品系	白粉病	炭疽病	褐皮病	条溃疡病
RRIM600	中抗	中感	高感	感病
PR107	耐病	中感	中抗	中感
GT1	中感	中抗	高感	中感
PB86	中抗	高感	中感	高感
热研 7-33-97	中抗	中抗	中感	中感
海垦 1	中感	感病	中感	中感
南华 1	中感	高感	中感	中感
RRIM501	中感	中感	高感	中感
RRIM513	中感	中感	中抗	中感
RRIC52	高抗	中感	中感	中感
PR5/51	高感	感病	中感	中感

（续表）

品系	白粉病	炭疽病	褐皮病	条溃疡病
热研 88-13	中感	中抗	中感	中感
南强 1-97	中感	中抗	中感	—
热研 11-9	中感	中抗	中感	—
海垦 3	中感	中抗	中感	—
红山 67-15	高抗	中感	中感	—

（2）抗病种质筛选：1995—1997 年应用大田病情鉴定做初筛，人工接种测定种质病原物侵染过程各环节的抗性做复筛的鉴定方法，筛选了从巴西亚马孙流域引进的橡胶新种质 500 个；筛选出统一编号为 2608、2610、2647、2637、2630、2927、2561、2620、2761、2739、2768、2811 12 个对白粉病高度抗病的新种质（表56）。据热带植物生物技术国家重点实验室用 RADP 技术测定，这些抗病种质中，全部分离出一个和抗白粉病基因紧密连锁的 RAPD 标记（DNA 片段），而感病种质则没有。这个 RAPD 标记有可能利用作抗病种质筛选的标志物。这些研究成果为橡胶白粉病抗病选育种提供了新的抗原和先进的抗病种质筛选方法。

表 56　橡胶新种质对白粉病抗病性鉴定结果

种质统一编号	人工接种发病率（%）	平均芽管菌丝长度（μm）	潜育期（天）	孢梗数（条/100μm）	平均病斑大小（mm）	田间病情		抗病等级评定
						平均病指	最高病指	
2508	2.3	28.4	8~10	1.0	15.0	12.2	20.0	高抗
2610	6.4	19.1	4~5	4.0	11	8.8	25.0	高抗
2630	5.8	30.4	5~10	5.6	2.7	15.0	20.0	高抗
2637	4.5	29.0	3~5	3.0	10	14.8	25.0	高抗
2647	0.9	31.0	4~6	0	130	15	20.0	高抗
2927	1.4	30.0	4~6	0	11	15	20.0	高抗
2561	3.5	31.0	8~9	0.2	4	14.8	23.0	高抗
2620	11.8	30.4	8~9	2.13	17.1	12.5	20.0	高抗
2761	10.4	30.0	8~9	0.8	8.1	15	25.0	高抗
2739	3.1	31.4	8~9	0.3	3.5	14.9	22.0	高抗
2768	18.8	30.0	6~7	1.5	11	15.0	23.5	高抗
2811	3.6	31.0	8~9	0.2	3	15.0	30.0	高抗
RRIC52	48.4	30.1	6~8	1.28	18.0	15.0	30.0	高抗对照
PR5/51	85.0	48.0	5~6	2.3	115.0	72.1	95.4	高感对照

橡胶是多年生高大乔木，推广换种抗病品系、抗病种质，只有在开始定植时应用，预防本地区主要病害的为害。橡胶定植后，则主要是充分利用品系的抗病性，防治每年发生的病害。1980—1998 年在两院试验场连续 19 年的白粉病系统观察发现，

RRIM6000、623、PB86、7-33-97 等品系抽叶整齐，白粉病较轻，具有一定的抗（避）病性。这些品系从 5%抽芽到 95%叶片老化平均 41 天，最终病指平均为 24.8，而感病的实生树则分别为 56 天和 41.6。前者物候期比后者短 15 天，病指低 13.8。相当于应用抗（避）病品系后有 40.4%的防效。在这 19 年中这些品系有 7 年最终病指在经济为害水平以下（24）可以不防治。1995—1997 年在南田农场布置的利用品系抗（避）病性减少化学防治次数、剂量的试验，结果表明（表 57）对具有一定抗（避）病性品系施药 2 次，每次 0.4kg，就可获得相当于感病的实生树施药 3 次，每次 0.6kg 的效果（71.9%）。即利用品系抗（避）病性可减少 1 次喷药，药量减少 1kg。每亩节省防治费用 41.7%（2.5 元/亩）。可见，利用品系的抗（避）病性，不单可以减少化学防治次数，剂量，而且，在有些年份，通过准确的病情预报，还可以免除化学防治，是橡胶病害综合治理的一个有力的措施。

表 57　白粉病抗病品系与感病实生树化学防治比较试验

品系	施药量（kg/亩·次）	施药次数	重复次数	施药时病指	平均最终病指	4~5 级病株（%）	平均防治效果（%）
PB86（中抗品系）	0.4	2	8	2.0	14.6	0.37	73.2
	0.6	2	8	2.5	12.0	0.25	77.2
	0.9	2	8	2.6	11.4	0.25	78.1
实生树（感病树）	0.4	3	8	3.3	22.5	4.11	64.8
	0.6	3	8	3.1	18.3	1.44	71.9
	0.9	3	8	3.0	13.4	0.87	78.3

2.6.3　农业防治

农业防治是预防和控制橡胶主要病害发生的有效方法，这一结论已被生产实践所证明。如用一浅四不割、转高线割胶、使用乙烯利刺激、减少割胶次提早停割等割胶改革的方法，已全面控制了过去一度为害异常严重的割面条溃疡病，现在条溃疡病已在海南垦区得到了控制。这是用农业防治方法成功而持久控制一种严重病害的典型事例。本项目再测定一些农业措施防治褐皮病、根病和白粉病、炭疽病的效果。

表 58　不同开垦方式防治根病效果比较

地点	立地与开垦方式	调查株数	病株数	发病率（%）	比较（%）	防效（%）	防效成本（元/亩）	经济效益（元/亩）
东太农场	熟耕地机垦	1 174	0	0	0	100.0	140	0
	深翻地人工挖根	3 445	1	0.029	3.19	96.81	—	—
	苗圃地人工挖根	10 324	21	0.20	22.31	77.69	—	—
	更新地人垦	6 480	40	0.62	68.13	31.87	—	—
	胶茶间作人垦	2 860	7	0.24	26.37	73.63	—	—
	杂木地人垦（CK）	6 480	59	0.91	100.0	—	—	—

（续表）

地点	立地与开垦方式	调查株数	病株数	发病率（%）	比较（%）	防效（%）	防效成本（元/亩）	经济效益（元/亩）
龙江农场	熟耕地机垦	600 000	0	0	0	100.0	140.0	0
	毒杀树桩	22 400	89	0.4	11.5	88.5	36.0	48.0
	更机地人垦（CK）	25 500	703	3.48	100.0	—	—	—
南方农场	毒杀树桩	171 690	2 317	1.35	36	64	36.0	360.9
	更新地人垦（CK）	4 740	178	3.75	100.0	—	—	—
西联农场	毒杀树桩	420 000	2 184	0.5	32.7	67.3	36.0	31.0
	更新地人垦（CK）	17 500	268	1.53	100.0	—	—	—
新中农场	毒杀树桩	84 000	0	0	0	100.0	36.0	104.0
	更新地人垦（CK）	15 000	230	1.53	100	—	—	—

（1）利用开垦方式防治根病：据笔者的调查和试验测定，各种立地以不同开垦方式开垦，对种胶后的林段根病发病率有明显的影响（表58），其中防治根病最有效的开垦方式是熟耕平地用机垦。但机垦只能在平地胶园应用，而且成本很高，防治经济效益少。平地、山地（包括新垦或更新地）用毒杀树桩后开垦的方法，2~3年林地保持无病；15年以上平均发病率才达到0~1.35%，平均0.56%，平均每亩经济效益136元；而杂木地人垦（对照）发病率已达0.91%，山地人垦（山地对照）更高达6.0%。其他用人工开垦挖根地开垦方式，虽有一定的防治效果（31.87%~96.81%），但都不能彻底，2~3年后发病率已达0.20%~0.62%，这些开垦方式与对照相比只是推迟发病，不能从根本上控制病害的发生。因此，利用开垦方式防治根病，平地可以用机垦或毒杀树桩，山地则需用毒杀树桩才能获得良好的防治效果和效益。

（2）控制采胶强度防治褐皮病：据笔者在中建农场对不同割胶强度褐皮病的病情调查比较，试验表明，年割胶刀数超过130刀，尽管涂施"保01"，也无法控制褐皮病的扩展（表59）。中建农场7队"保01"处理的年割刀数116.5刀，发病率仅增加1.8%，而同场37队"保01"处理年割刀数高达136刀，发病率增加9.7%，后者比前者发病率增加5.4倍。前者防治效果达极显著水平，而后者则不显著。由于割胶强度过度，排胶量过高，极大地降低橡胶树的抗病力，必然导致大量感染。因此，在使用"保01"防治褐皮病的同时，必须配合控制割胶强度，才能最大限度地发挥"保01"的药效。

此外，橡胶褐皮病的发生与采胶强度关系调查表明：褐皮病的发生与采胶强度密切相关。采胶强度越大，即割胶刀数越多，割胶越深，采用刺激剂的浓度越高，或频率越大，褐皮病发生越严重（表60，表61）。

从表60说明，以（S/2）（d/2）的割制为对照，（S/2）（d/3）才能减少发病，提高防治效果。用（S/4+S/4）d/3+ET有57.6%的防效，可在一定程度控制褐皮病的病情。因此认为这种割胶制度是防治褐皮病的较好割胶，但也必须注意严格控制乙烯利的使用浓度和割胶深度，才能充分发挥此割制的优势。

表 59　不同割胶刀次对褐皮病防治效果影响

试验地点	处理		调查株数	年割刀数	发病株数	发病率（%）	病情指数	处理后和处理前比较				显著性测定
								发病株	发病率（%）	4级以上发病率（%）	病情指数	
七队	保01	处理前	500	127	211	42.2	21.96					
		处理后	500	116.5	220	44.0	24.04	+9	+1.8	5.2	+2.08	极显著
	对照	处理前	398	128	136	34.2	17.34					
		处理后	398	121	172	43.2	25.59	+36	+9.0	+10.1	+8.25	
三十七队	保01	处理前	500	131	45	9.0	4.60					
		处理后	500	136	91	18.7	18.88	+46	+7.4	+7.4	+14.28	不显著
	对照	处理前	398	131	52	10.4	6.00					
		处理后	398	136	115	23.0	17.88	+63	+11.6	+11.6	+11.8	

表 60　不同割胶制度对褐皮病的防治效果

割胶制度	发病率（%）	发病指数	比较（%）	防效（%）
S/2d/2（CK）	4.5	2.03	100	0
S/2d/3+ET	4.8	2.10	103.45	0
S/2d/2（CK）	5.8	4.08	100	0
(S/4+S/4↑) d/3+ET	3.3	1.73	42.4	57.6

表 61　不同割胶深度的病情

调查地点	割胶深度 *（cm）	发病率（%）	指数
南茂农场	0.14	29.0	25.9
	0.11	41.8	31.8
红光农场	0.18	2.8	1.2
	0.11	28.1	13.3

注：* 割胶深度即留皮厚度。

（3）适时施肥防治叶片病害：1995—1996 年在两院试验场栽培队 PB86 林段布置在橡胶抽叶初期倍量（0.4kg/株）施用速效氮肥防治叶片病害试验，结果表明（表62），橡胶抽叶初期施用速效氮肥，在冬春温暖（月均温>17℃）的年份，可使芽接树从抽芽至叶片老化的时间缩短 7 天，减少 1 次化学防治，也可获得接近不施肥，但施药2 次的防治效果，最终病指可以控制在经济危害水平以下；只施肥、不施药，则只能把病情降低不到 1 个病级（病指<20），不能把病害控制在经济危害水平以下，说明依靠施用速效氮肥还不足以控制病害的为害，必须配合施药。可见，化学防治配合施肥等农业防治措施，可以减少化学防治同时保持相当的效果；这也说明综合防治在植物病虫害

防治上的重要作用。

表 62　施用速效氮肥防治橡胶叶片病害的作用

处理	重复次数	5%抽芽至95%叶片老化（%）	喷药时抽叶率（%）	喷药次数	最终病指	4~5级病株率（%）	防治效果（%）
施肥+施药	3	36	80	1	18.1	0.6	61.5
不施肥+施药	3	43	61	2	14.0	1.0	70.1
施肥+不施药	3	37	—		31.0	3.6	34.0
不施肥+不施药	3	44	—		47.0	9.8	—

2.6.4　生物防治研究

橡胶病害生物防治，主要应用生物农药。早在 20 世纪 70 年代笔者就选出了内疗素（属放线酮类抗菌素）。经室内和大田试验，证明它对条溃疡病、白粉病有一定效果，但不如化学农药，且药效不稳定，后被淘汰。80 年代选出 2316，经室内外试验对条溃疡病有较好的防效。但因 80 年代后条溃疡病很少发生，没有推广应用。实际上保 01 就是一种生物农药，这是橡胶病害应用生物防治的范例。

近年笔者从广东原沣生物工程公司引进一种无公害生物农药——低聚糖素。此药与上述抗菌素不同，它是用植物材料经用现代生物技术提取出来的寡糖类物质。经笔者测定，它的主要作用机制是诱导植物产生抗病性（诱抗剂）。与某些植保素相似，当它进入植物细胞后作为激发子，激活植物的防卫系统，提高某些与抗病性有关酶如苯丙氨酸解氨酶、多酚氧化酶等的活性，促进苯丙氨酸等物转化成异类黄酮等植保素，抑制病菌的生长繁殖，从而减轻病害。1999—2000 年笔者用低聚糖素对白粉病、炭疽病做了室内外的药效测定，结果见表 63、表 64。

表 63　低聚糖素抑制白粉病、炭疽病孢子萌发和预防侵染的效果

病害	处理农药	孢子发芽率（%）	相对抑制率（%）	人工接种发病率（%）	防治效果（%）
白粉病	20mg/kg 低聚糖素	37.5	52.8	5.7	86.3
	50mg/kg 低聚糖素	33.4	56.2	0	100
	100mg/kg 低聚糖素	30.3	58.8	0	100
	多菌灵	14.7	72.0	0	100
	CK	84.4	—	41.7	
炭疽病	50mg/kg 低聚糖素	25.8	71.1	17.8	74.8
	100mg/kg 低聚糖素	20.5	77.0	10.5	85.1
	多菌灵	25.0	72.0	13.6	80.8
	CK	89.3	—	70.7	—

表 64　低聚糖素大田防治白粉病、炭疽病的防治效果

病害	处理农药	重复次数	喷药时病指	平均病指	平均防治效果（%）
白粉病	20mg/kg 低聚糖素	4	1.7	29.6	44.5
	50mg/kg 低聚糖素	4	1.4	21.2	60.2
	100mg/kg 低聚糖素	4	1.7	16.7	68.7
	硫磺粉	4	1.5	13.3	75.0
	CK	4	1.6	53.3	–
炭疽病	20mg/kg 低聚糖素	4	0	15.6	58.7
	50mg/kg 低聚糖素	4	0	11.6	69.3
	100mg/kg 低聚糖素	4	0	9.1	75.9
	硫磺粉	4	0	7.3	80.7
	CK	4	0	37.8	

　　表 63、表 64 的试验结果表明：低聚糖素对白粉病、炭疽病具有接近标准农药的效果。低聚糖素是生物农药，其 $LD_{50} > 7\,000mg/kg$，对人无毒，对环境无污染，而且它的抗菌谱很广，几乎对所有的真菌病害都有效，是可以发展的无公害农药。其主要的问题是水剂，用一般机具不能喷到树冠起作用，需设法研制粉剂，才能大面积推广。

　　根病的生物防治早有研究，但未获成功。用生物或化学的方法辅助生物防治则已取得成功。如前述用 2,4-D 丁酯毒杀树桩，就是让腐生菌迅速侵入，抑制和杀灭残存在树桩上的病菌，起到消灭初侵染源的作用。在定植初期种植豆科覆盖作物，已证明能促进木霉等抗生菌和其他的腐生菌生长，消灭残存在林地的根病病原菌。

2.7　橡胶树病害综合治理体系

2.7.1　橡胶树病害综合治理系统

　　橡胶树病害综合治理系统包括橡胶病害系统，综合治理系统、环境条件（气候、土壤、耕作制度、栽培措施）等 3 个子系统。这些子系统之间，或每个子系统内部各组分之间都以一定的形式相互联系，相互制约，形成区别于其他作物病害的橡胶树病害综合治理系统（图 2）。

2.7.2　橡胶病害综合治理体系

　　图 2 中橡胶病害综合治理系统的 3 个子系统中，主体是综合治理子系统。它是根据橡胶病害系统的发生发展规律和环境条件的影响，设计和采取适当的综合防治和管理的措施，从整体上把橡胶病害系统控制在经济为害水平以下。我国的橡胶病害系统的主要病害，按其发生发展规律，可分为两类：一类为高速多循环单年流行病，如白粉病、炭疽病、条溃疡病等。对于这类病害，主要的控制策略是降低流行速率和缩短感病期。降低流行速率的主要方法是选用抗病品种，注意品种种植的合理布局和化学防治、生物防治等；缩短感病期主要是应用抽叶整齐、老化迅速的橡胶品系和在抽叶初期加倍施用速效氮肥和人工化学脱叶，降低割胶强度提早停割等方法。另一类为慢性单循环积年流行病，如褐皮病、根病等。对于这类病害，主要的控制策略是消除初侵染源和早期降低基

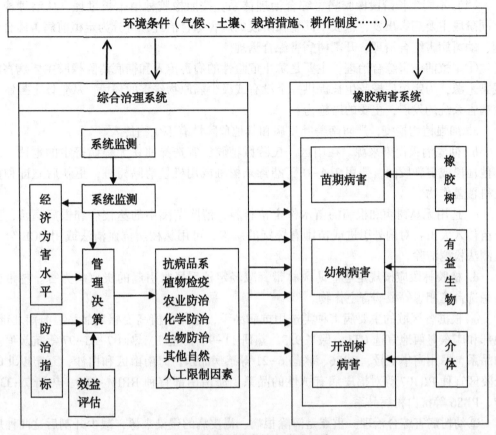

图 2　橡胶树病害综合治理系统

础菌量。消除侵染源的主要方法，根病可用毒杀树桩或用机械清除树头，褐皮病则要清除苗圃的丛枝病苗；早期降低基础菌量，要加强幼树期间的病害监测，发现病株及时挖除，或用有效农药及时控制。这类慢性病的发生与耕作制度和农业措施有密切关系，调节割胶制度防治割面病害（褐皮病等）；改变耕作方式防治根病是有效的农业防治方法。除上述两类病害以外，我国橡胶病害系统还受国外尚未引进的危险性病虫害威胁。严格做好植物检疫，对保证我国橡胶事业的可持续发展至关重要。因此，橡胶综合治理体系应以植物检疫、抗（避）病品系利用、农业防治、化学防治、生物防治等为主要防治措施。在橡胶综合治理系统中，为了获取最大的社会，经济和生态效益，必须应用经济为害水平、病害监测预测、防治指标、防治决策支持系统等现代植物病害管理技术指导综合治理措施的实施。把上述各种综合防治措施和管理技术作为主要组分，组装起来就构成橡胶病害综合治理体系。

　　橡胶病害系统是一个多变的系统。在橡胶不同生长发育阶段和不同地区都可能有不同的组分，橡胶病害综合治理，必须分区域按生长阶段进行。因此，橡胶病害综合治理体系是由区域性的综合治理体系（区系）和阶段性的综合治理体系（阶段性体系）组成。

（1）不同生长阶段橡胶病害综合治理体系：按照橡胶种植生长过程，从治理橡胶不同阶段主要病害出发，橡胶不同生长阶段的病害综合治理，可分为定植前病害综合治理、幼树病害综合治理、开割树病害综合治理。

①定植前病害综合治理：主要是防止危险性的病害传入和彻底清除橡胶主要病害的侵染来源，为定植后橡胶生长提供一个没有或极少病原物侵害的环境，从整体上控制橡胶病害系统的发展，主要的措施为：

a. 加强植物检疫，严防南美叶疫病和其他危险性有害生物传入。

b. 彻底消灭侵染来源。在山区、丘陵区植胶，宜选择前作无根病寄主的地段。对其他地段或更新胶园，要用 2,4-D 丁酯毒杀树桩或用机垦清除树桩，更新后立即种植豆科覆盖作物。

c. 选用无丛树病和根病的苗木作定植材料，清除苗圃中的丛枝病和根病病苗，防止苗传入大田；对国外引进或苗圃有怀疑的病害，可用丛枝病抗血清法或用 PCR 分子检测法检测清除。

d. 橡胶林段应按规定建立防风林带，减轻定植后风害引起的炭疽病为害。林带树种忌选台湾相思等根病寄主作物。

e. 根据各区域的主要病害种类选用抗病品系，避免种植高度感病品系。海南北部、中部和广东粤西地宜选 GT1、保亭 933、热研 11-9、海垦 3、热研 7-33-97 等抗炭疽病的品系，忌用南华 1 号、PB86、联昌 6-21 等感病品系。海南山区和白沙、万宁以北的丘陵区宜种 PR107 等对褐皮病有抗性的品系。海南南部宜种 RRIM-600、热研 7-33-97、PB86 等抗白粉病品系。

②幼树病害综合治理：重点是清除根病、褐皮病的侵染来源，减少开割后这两种病害的发生。主要的措施为：

a. 加强病害监测及时消除病株。橡胶定植后每年都要对幼树林段做一次根病、丛枝病的普查。1~3 年内发现的病树，要立即连根挖净，集中烧毁。植穴要挖开泥土暴晒 2~3 个月后用大苗补植。

b. 定植 4 年后至开割前调查发现的根病树，可用 0.75% 十三吗啉或 0.75% 粉锈宁淋灌或用 10% 十三吗啉根颈保护剂。

③开割树病害综合治理：橡胶树开割后的每年防治，利用现代植物病害管理的程序，即首先做好病害监测和预测，根据预测的结果，对超过经济为害水平的地段，按照适当的防治指标采取有效的综合防治措施进行防治。预测未到经济为害水平的地区，需继续监测预测，始终不到经济为害水平的地段才免防治。

a. 病害监测和预测。橡胶开始开割后，要以生产队为单位，选择代表性林段对橡胶病害系统进行监测和预测。白粉病、炭疽病的监测、取样、分级、统计方法按农业部农垦司《橡胶植保规程》的规定进行。白粉病用系统管理模型和防治决策模型进行病害、物候预测和防治方法优化设计。短期预测用白粉病总发病率短期预测法预测。炭疽病可用下述模式进行中期预测：

$$y = 7.41 + 5.83x_1 + 0.2x_{13} \pm 11.0$$

y = 最终病指，x_1 = 抽叶开始后 10 天内雨日，x_4 = 抽叶开始后 10 内 RH>90% 天数，

x_{13} =抽叶开始后 10 天内≤15℃天数。

橡胶炭疽病短期预测可按表 65 的指标进行预测，预测超过经济为害水平（>20）即需在雨前 3 天喷药。根病的监测在橡胶新叶老化和 11 月进行 2 次全面林段普查。发现病树可根据下述模式统计，预测一株发病中心经过不同年度后向四周蔓延的病株总数，并以林段总株数为单位，统计出发病率。

平地、缓坡地区 D_m =（1.83/r+0.73/B）×2（1+2+3+…+m）+1

山地坡度大地区 D_m =（1.83/B）×2m+1

D_m 病害经过 m 年后发展的病株总数，r=行距，B=株距。

褐皮病的监测在 10 月进行 1 次。以这次监测的发病指数（x），代入下述模式可推算出下年年底的病情指数。

$$y = 1.15 + 0.943x \pm 1.0$$

褐皮病的病因复杂，且受割胶制度影响很大，上述模式只适用于正常贯彻农业部农垦司《橡胶割胶技术规程》规定割制的林区。其他地区的褐皮病预测，可参照上年本地区（或农场）褐度病的发展速率，结合本年度的割制，适当调整后做出估计和预测。

表 65　橡胶炭疽病短期预测指标

橡胶嫩叶期天气预测阴雨天数	雨前 3 天发病率（%）	预测雨后 5 天病情指数
<2	<50	<20
<3	<10	<15
<3	<15	<20
3	≥16	>20
<4	<10	<15
<4	<12	<20
4	≥13	>20
<5	<0.1	<15
<5	<0.4	<20
<5	≥0.5	>20
≥5	≥5.0	>30
≥5	≥10.0	>40
≥5	≥15.0	>50
≥5	≥20.0	>60

b. 经济为害水平。根据本研究对橡胶主要病害动态经济为害水平的系统分析和优化设计，橡胶几种主要病害的经济为害水平如下：白粉病最终病情指数 20~25；炭疽病 20~24；褐皮病 3~4；根病发病率 0.1%~0.3%。

c. 防治指标和复合防治指标。根据本研究对橡胶主要病害防治指标的研究结果，橡胶几种主要病害的防治指标如下。

白粉病：中期预测超过经济为害水平的地区，橡胶 30% 抽叶以上，古铜期发病率

10%～15%，淡绿期发病率 20%～25%，30%～60%叶片老化期发病率 25%～35%，做第一次全面喷药。第一次喷药后 9 天，橡胶叶片未达 60%老化，要在 2～3 天内喷第二次药；第二次喷药后是否需要再喷药，以此类推。

炭疽病：历年重病区和易感病品系，橡胶 30%抽叶至 80%淡绿期间，天气预报 10 天内有 3 天以上的阴雨天气，叶片发病率 10%左右，应在阴雨来临 3 天前喷药。喷药后 7 天，又有上述天气预报，而橡胶叶片物候期预计在 80%淡绿期以前，则应在阴雨来临 3 天前喷第二次药，以下类推。在冬季橡胶树寒害严重的年份，则只要有 3 天以上的阴雨天气预报，就应在阴雨来临 3 天前喷药，不需考虑叶片发病率是否达到 10%。

白粉病、炭疽病复合防治指标：如果病害预测白粉病、炭疽病的最终病指均超过经济为害水平，两种病害用同一种农药同时防治，可用下述复合防治指标：橡胶 30%抽叶至 80%淡绿期间，两病复合发病率 15%左右，需在 3～5 天内喷药；如此时有阴雨预报，则应提前在雨前喷药。

红根病、褐根病复合防治指标：春季橡胶新叶老化后调查，以林段为单位统计，根病发病率达到 0.06%～0.1%，应立即进行防治，一般 30～50 亩的林段，1 000～1 600 株胶树，实际上只发现一株病树，就要进行防治，才能把根病控制在经济为害水平以下。

褐皮病：上年 10 月调查褐皮病，发病指数在 2.2 以上的林段，当年即需采取有效的综合措施进行防治，防止病害在年末超过经济为害水平。为了避免中龄以上的胶树累计病树超过经济为害水平，对幼龄新开割的胶树，可采用"0"指标指导综合防治，即不管这类胶树是否有褐皮病，都应进行综合防治。

d. 利用品系抗（避）病性。橡胶树为多年生作物，不像一年生作物可以根据病原物种群变化动态每年换种抗病品种，改变品种布局控制作物病害的为害。只能充分利用品系抗（避）病性防治橡胶病害。一些品系，如 RRIM600、GT1、热研 7-33-97，越冬落叶彻底，病害中度发生的年份，其病情都在经济为害水平以下，可以免除化学防治；发病严重的年份，它们也只是中度发生，可以减少喷药次数和剂量。有些品系，如 PR107、热研 7-33-97，树皮坚韧耐割，越冬落叶较少，新叶抽出老化后才逐渐脱落。据笔者测定，它们不仅具有对褐皮病风害的抗性，而且对白粉病、炭疽病具有耐病性。在叶片病害严重流行的情况下，其产量只减产 12%，比其他品系（减产 25%～35%），少损失 100%～200%，充分利用这些品系的抗病，耐病性，结合农业防治，辅之以少量化学防治，就可以把这些品系的橡胶病害系统降低至经济允许的为害水平以下。

e. 农业防治。农业防治是橡胶综合治理基础措施。橡胶几种严重病害的暴发，都是由于农业措施不当所引起的，如 1970 年的条溃疡病大流行，是由于采用天天割胶的制度；褐皮病的大量发生，是由于强度刺激加强度割胶而引起；海南、云南山区一些胶园根病严重为害，是由于开垦时没有彻底清除树桩，病害初侵染来源过多所致。笔者的试验和生产部门的防治经验都一再证明：应用适当的农业措施是控制橡胶病害系统的有效、经济、简易、安全、无公害的良好方法。

20 世纪 80 年代以后，海南省用调节割胶制度加乙烯利刺激剂持久地控制了条溃疡病的为害就是最好的例证。因此，橡胶综合治理体系，应以农业防治为基础。其主要的措施，除上述定植前和幼树阶段所采取的措施以外，开割后主要的农业措施有：

ⓐ调节割胶制度，控制割面病害。割胶强度、次数、深浅、割胶天气、施刺激剂等与割面病害有密切关系。要协调防病与增产的关系，才能保持稳定高产，又预防割面病害发生。在适合条溃疡病发生的地区或年份，每年9月以后要转高线割胶，实行"一浅四不割"，特别注意避免在雨天割胶和连刀割胶。使用乙烯利刺激剂对防治条溃疡有良好的效果，但要注意刺激加适当的割胶强度和配合增施肥料，否则容易诱发褐皮病的发展。目前采用（5/4+5/4↑）d/4+ET不单能控制割面条溃疡病，而且能防治褐皮病，是较理想的割制。对褐皮病病情指数超过40的重病林段，应停止施用刺激剂并降低割胶强度，休割重病胶树，及时刮除病皮，加强施肥管理，提高抗病力和病皮愈合能力。同时增加施药次数控制病情发展，直至病情降低至经济为害水平才恢复正常割胶和施药。

ⓑ加强林段施肥管理，减轻叶片病害。海南南部地区和其他地区的冬暖年份，在橡胶抽芽初期加倍施用速效氮肥，可促进橡胶抽叶整齐，缩短感病期，减少化学防治次数，并减轻叶片病害。在叶片病害严重落叶的林段，或高山难以化学防治而病害严重的胶园，及时补施速效复合肥，可补偿病害引起的损失，维持较稳定的产量。

ⓒ挖隔离沟，限制根病的扩展。根病监测发现病树，除用药物处理以外，要挖隔离沟防止病树向四周传播。

f. 化学防治。化学防治能迅速有效地控制病害发展，是橡胶病害综合治理体系应急的重要措施。为了既能发挥化学防治的作用，获得良好的防治效果，又尽量减少化学防治对环境污染和对有益生物群体的伤害，获得较大的社会、生态效益；既保证良好的防治效果，又减少用药和防治成本，提高防治经济效益，在橡胶病害综合治理体系中应用化学防治，要注意掌握和调节下述的问题：

ⓐ农药的种类：经多年的筛选、大田试验和生产应用，防治白粉病用硫磺粉或粉锈宁；防治褐皮病用保01；防治炭疽病用多菌灵、百菌清、拌种灵；防治根病用十三吗啉、粉锈灵；防治条溃疡病用乙磷铝、瑞毒霉、敌菌丹等，是目前国内较经济、有效和安全的农药。为进一步节省农药、减轻劳动强度，解决多种病害同时发生时喷药的矛盾，并提高综合治理的综合度，选用广谱兼治农药或混配农药是可行的。笔者已选出粉疽灵对白粉病、炭疽病都有良好的效果，且成本不高；用保01混配乙烯利，对褐皮病和条溃疡病都有良好的效果。十三吗啉、粉锈灵是广谱的农药，它们对红根病、褐根病、紫根病、白粉病都有效。

ⓑ化学防治：必须根据病情预测、经济为害水平做出防治决策，按照防治指标进行喷药作业。何地何时是否需要喷药、喷药的次数、剂量，都要根据病害的预测是否超过经济为害水平，超过多少来决定。第一次喷药的时间是决定一种有效农药能否将病情降至经济为害水平的主要因素。要加强病情监测，到达防治指标立即喷药。按喷药历喷药，如国外防治白粉病按10%抽叶每5~7天喷药1次，或不管病情轻重，抽叶后即开始喷药，连续喷药4~5次的盲目喷药方法都是不可取的。这些方法既花农药、劳力和防治费用，又不能保证获得良好的防治效果和较大的经济效益。反而增加了社会的负担，造成严重的环境污染，影响农业可持续发展，应当尽量避免。

ⓒ化学防治：必须结合农业防治、利用品系抗病性和自然限制因素才能达到既减少

用药防治费用和环境污染，又提高防治效果和效益。这在白粉病、褐皮病、根病上的化学试验都已有充分的证明。例如结合降低割胶和刺激剂的强度，保 01 防治效果会明显的提高：用硫磺粉、粉锈宁防治白粉病，结合利用品系的抗病性即使减少喷药次数和剂量，也能获得相当的防治效果。在化学防治白粉病、炭疽病期间，还可充分利用不利发病天气减少喷药。如橡胶嫩叶期出现高温（平均温度>28℃，最高温度>35℃）干旱天气可暂不喷药。高温过后橡胶叶片已到 60% 老化以上，就可以不再全面喷药，这样可以减少喷药次数，节约用药与防治成本，提高社会、经济、生态效益。

ⓓ加强病原物抗药性的监测，及时解决抗药性问题。近来发现白粉菌对粉锈宁、炭疽菌对百菌清、多菌灵有抗药性。应注意用农药混配、改用农药或交替用药等方法解决。

ⓔ加强农药对环境污染、对有益生物的影响的监测，及时解决有关问题。近年橡胶六点始叶螨在海南，介壳虫和炭疽病在云南有明显的发展。是否与使用农药杀死某些有益生物有关，有待查明。

g. 生物防治：生物防治既环保又治病，受到国内外重视，逐渐成为综合治理的主要措施。橡胶病害综合治理，早在 20 世纪 70 年代就已开展生物防治的研究。由于过去对生物防治的意义认识不足，除保 01 防治褐皮病外，没有大面积推广应用。实际上，用内疗素防治条溃疡病、白粉病；2316 防治条溃疡病、季风性落叶病；低聚糖素防治白粉病、炭疽病都有接近防治这些病害的常规农药的防治效果，且对人畜无毒，对环境无污染、无公害，可考虑推广应用。橡胶病害生物防治的另一个方法是用生物或化学的方法促进抗生菌的生长，抑制病原物的生长繁殖，从而防治病害。橡胶幼龄和开割初期，种植豆科覆盖作物，能促进抗生菌如木霉菌（*Trichoderma* spp.）的生长和树桩腐烂，减少根病发生。在橡胶植穴内施用硫磺粉也能促进木霉菌生长，预防根病。

h. 橡胶综合治理防治决策系统模型：为了更准确、有效地应用橡胶病害综合治理体系，选出最佳防治方案并为网络远程提供技术服务，很有必要应用橡胶病害综合治理防治决策系统模型（以下简称决策模型）见图 3 和表 66。防治决策优化的标准是社会效益、经济效益和生态效益，即以最少的农药和防治费用获得最大的经济效益为目标函数。模型的建立，首先根据笔者过去对橡胶病害流行和防治研究累积的资料，对该病的综合治理系统做系统分析，摸清与目标函数有关的组分及其相互关系，并建立有关子模型。然后把子模型拿到生产实际中重复验证、修订。再按子模型之间的相互关系，把它们有机联系起来，划出方框图（图 3），编成计算机程序就构成该病的防治决策系统模拟模型（图 4）。输入不同的防治参数（防治指标、品种抗病参数、化学防治次数等），即可输出包括防治方法、防治时间、防治次数、防治经济效益、防治成本、用药量等防治要素在内的防治方案。根据防治方案的经济效益、用药量、防治成本等可优选出最佳防治方案，指导生产防治。

（2）橡胶病害区域性综合治理体系：根据前述笔者对橡胶病害系统及橡胶病害流行区的研究，我国橡胶树造成为害的病害主要类群有明显的区域性特点。因此橡胶病害的防治，应建立区域性的综合防治体系。以经济为害水平为标准，我国橡胶病害可建立下述 4 个区域性综合治理体系。

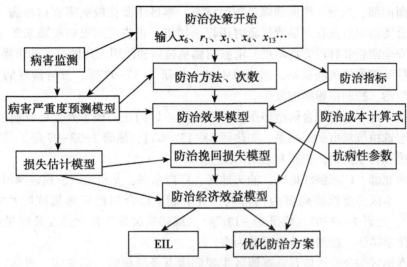

图 3　橡胶病害防治决策系统模型

表 66　橡胶病害防治决策系统模型

子模型类型	病害		子模型
病害预测（y_1）	白粉病		$y_{1-1}=44.25-3.91x_6+1.27r_1\pm3.5$
	炭疽病		$y_{1-2}=7.41+5.83x_4+0.2x_4\pm3.4x_{13}\pm11$
	根病	平地	$y_{1-3}=(1.83/L+1.83/B)\times2(1+2+3+\cdots+m)\pm1$
		山地	$y_{1-3}=(1.83/B)\times2m+1$
	褐皮病		$y_{1-4}=1.15+0.943x_2\pm1.0$
防治指标（y_2）	白粉病		$y_{2-1}=(2.30259/r_1)\ log\ (x_a/a)$
	炭疽病		$y_{2-2}=$ 抽叶后发病率 10%，降雨 3 天以上
	根病		$y_{2-3}=$ 发病率 0.05%
	褐皮病		$y_{2-4}=$ 上年年底病指 2.2
防治成本（y_3）	各病		$y_3=y_4\times$ 每次防治费用
防治次数（y_4）	白粉病		$y_{4-1}=0.185+0.009y_1+0.0717x_{61}\pm0.28$
	炭疽病		$y_{4-2}=0.15+0.009y_1+0.05x_{62}\pm0.15$
	根病		$y_{4-3}=1/$ 年
	褐皮病		$y_{4-4}=4/$ 年
防治效果（y_5）	各病		$y_5\%=(y_1-y_{10}/y_1)\times100$
产量损失%（y_6）	白粉病		$y_{6-1}=0.2177x_1-1-0.09\pm1.0$
	炭疽病		$y_{6-2}=0.2971y_{1-2}-3.74\pm1.3$
	根病		$y_{6-3}=y_{1.3}\times$ 年产量 $\times20$
	褐皮病		$y_{6-4}=0.984y_{1-4}-0.62\pm0.7$
防治后产量损失（y_7）	白粉病		$y_{7-1}=0.1455y_{10-1}-1.0034\pm0.5$
	炭疽病		$y_{7-2}=0.2152y_{10-2}-1.7\pm0.6$
	根病		$y_{7-3}=y_{10-3}\times(0.1)\times$ 年产量
	褐皮病		$y_{7-4}=0.628y_{10-4}-0.62\pm0.7$
防治挽回损失 y_8	各病		$y_{7-1-4}=(y_4-y_7/100)\pm$ 单产
防治经济效益（y_7）	各病		$y_9=y_8\times$ 干胶现价$-$防治成本$-$生产制胶成本
经济为害水平（EIL）	各病		EIL 为 y_9-y_2 时的 y_1，用 y_7、y_8、y_9 模型输入不同的 y_1 反复绞计，且到 $y_9-y_4=0$，此时输入的 y_1 即为 EIL

注：模式中的 x、y 的含义，可参阅本文前面研究的有关部分。

①海南南部、东南、西南部综合防治体系：本区主要橡胶病害有白粉病、褐皮病、根病。综合防治应着重在开垦或更新时用毒杀树桩、机耕清除根病侵染来源预防根病；严格执行安全割胶和林段管理制度，清除苗圃丛枝病和使用无病种苗，预防褐皮病的发生；选植抽叶整齐的抗病品系，如 RRIM600、热研 7-33-97 等，及时做好病害预测预报和化学防治，控制白粉病的发生。

②海南中部、西部综合防治体系：本区除了一区的主要病害外，还有炭疽病为害，因此，还应选植抗炭疽病的品系，如热研 88-13、GT1、热研 7-33-97 等，及时做好病害预测预报和化学防治，控制炭疽病的发生。

③海南北部、广东湛江地区、汕头地区、广西东兴、龙州地区、福建漳州地区综合防治体系：本区主要橡胶病害为白粉病、炭疽病。综合防治应选植抗叶片病害品系（RRIM600、热研 7-33-97、热研 88-13 等），减轻病害发生特别是要及时做好病害预测预报和化学防治，控制叶片病害的为害。

④云南地区综合防治体系：本地区主要病害有条溃疡病、褐皮病、根病、白粉病，是橡胶病害种类较多的地区。综合防治除按上述一、二、三区的有关措施外，还应严格贯彻冬季安全割胶制度，预防割面条溃疡病的发生，并及时做好预测预报，化学防治控制条溃疡病的为害。各区域病害防治的具体措施可参照"不同生长阶段综合治理体系有关部分"。

2.8 综合治理体系的防治试验效果与效益

1998—2000 年利用本橡胶病害综合治理体系，指导海南 3 个不同生态区域代表性农场 14 个生产队的生产防治，与附近常规防治 14 个生产队对比，做综合治理大田防治比较试验，总面积 5 万亩。试验结果（表 67）表明：应用综合治理指导防治，无论对那种橡胶病害，其防治效果都较常规防治为高，提高的幅度为 4.7%~27.8%。以各种病害防治后的平均病情计算，综合治理从整体控制橡胶病害的效果达 76.7%，比常规防治（65.1%）高 11.6%。说明应用本综合治理体系可比常规防治明显地提高防治效果（$t = 10.06 > t_{0.01} = 3.75$，达极显著水平）。

表 67　综合治理与常规防治的防治效果比较

地点	处理	病害	平均病情	平均防效（%）	比较（%）
		白粉病	3.7	91.6	111.7
	综防	炭疽病	—	—	—
		褐皮病	2.3	83.1	127.8
		白粉病	8.4	82.0	100.0
龙江农场	常规	炭疽病	—	—	—
		褐皮病	3.4	65.0	100.0
		白粉病	43.6		
	CK	炭疽病			
		褐皮病	5.9		

（续表）

地点	处理	病害	平均病情	平均防效（%）	比较（%）
南方农场	综防	白粉病	22.7	66.0	106.6
		炭疽病	6.4	89.0	104.7
		褐皮病	17	52.6	116.9
		根病	0.019	84.8	121.1
	常规	白粉病	24.1	61.9	100.0
		炭疽病	10.3	85.0	100.0
		褐皮病	18.7	45.0	100.0
		根病	0.35	60.0	100.0
	CK	白粉病	64.5		
		炭疽病	44.6		
		褐皮病	34.0		
		根病	0.88		
红光农场	综防	白粉病	18.7	66.2	114.7
		炭疽病	4.5	89.2	104.4
	常规	白粉病	22.8	57.7	100.0
		炭疽病	8.3	85.4	100.0
	CK	白粉病	44.7		
		炭疽病	30.9		
总计	综防		9.4	76.7	117.8
	常规		12.7	65.1	100.0
	CK		33.6		

比较综合治理试验区与常规防治的防治成本，实际产量和纯经济效益的试验结果（表67）看出，应用综合治理指导橡胶病害防治，平均每亩防治成本17.6元，比常规防治（2 209元/亩）降低19%，即每亩可节约4元，本试验共节省防治成本22.8万元，节省农药30 87t。综合治理平均每株次干胶产量52g，扣除1997年试验前产量基数，综合治理比常规防治（50g/株次）实际增产90%。综合治理试验区平均每亩纯收入（扣除防治成本和产品加工费）93元，比常规防治（79.4元/亩）提高18%。综合治理投入产出比（17.76：93）为1：5.5，而常规防治（22.09：79.4）为1：3.8，即应用综合治理指导防治，每投入1元成本，要比常规防治多收1.7元。以本试验总面积5.45万亩计算，综合治理比常规防治增收73.6万元。总计增收节支合计共95.5万元。可见应用综合治理体系指导橡胶病害防治，不单能节省防治成本与农药，有利于环保，而且可以提高防治效果，增加干胶产量和纯经济效益。

2.9 橡胶综合治理体系示范推广应用的防治效果和防治效益

笔者除了进行上述综合治理体系与常规防治比较试验以外，同时逐步在海南不同生态区代表性农场大面积推广应用。1998—2005年先后在海南西部的龙江农场、中部南方农场、阳江农场，东部新中农场，北部的东红农场、红光农场6个农场推广应用综合治理体系。每个农场保留 1 个生产队用常规方法防治做对比。累计推广面积 202 万亩。推广应用结果（表 67）表明，所有应用综合治理体系指导防治的农场，其防治橡胶主要病害的效果，均比常规防治显著提高，提高幅度 1.4%～29.4%。综合治理整体控制橡胶病害系统的总效果为 76.6%，比常规防治（平均防效 66.1%）高 10.5%（$t=9.3>t_{0.01}=3.75$，极显著）。综合治理的农场，除个别农场如新中农场的根病，南方农场的褐皮病，由于试验推广综合治理体系之前病害已超过经济为害水平以外，其他病害的防治，均能将最终病指控制在经济为害水平以下。而常规防治，除炭疽病和部分白粉病、褐皮病以外，大都未能将最终病指控制在经济为害水平以下。说明推广应用综合治理体系能明显的提高病害系统控制的效果。

1998—2005 年在龙江、新中、阳江、南方、东红、红光等农场大面积推广综合治理体系的防治成本、用药量、干胶产量、防治挽回的干胶损失、防治纯经济效益等结果综合见表 68。从表 68 的结果可以看出：应用综合治理体系指导橡胶病害生产防治，平均每亩防治成本 7.4 元，比常规防治（9 6 元/亩）降低 22 9%，每亩节省 2 2 元，示范推广 202.7 万亩，共节省防治费用 532.9 万元；每亩节省农药 0.6kg，共节省农药 1 453t。可见，推广综合治理体系防治橡胶病害，可以降低防治成本，节省农药，对减少农场的防治支出和环境污染都有较大作用，具有明显的社会、生态效益。

表 68　综合治理与常规防治的防治成本和经济效益比较

农场	处理	面积（万亩）	防治成本		干胶产量					经济效益		
			元/亩	比较（%）	97 年基础产量		比较（%）	试验期均产		除基产后比较（%）	总计（万元）	元/亩	比较（%）
					g/株次	kg/亩		g/株次	kg/亩				
龙江	综防	2.286	12.59	96.7	51.8	90.65	102.9	58.6	102.5	110.6	166.50	72.84	123.0
	常规	1.860	13.02	100.0	50.3	88.03	100.0	51.7	90.5	100.0	110.10	59.20	100.0
南方	综防	1.080	24.70	66.7	59.1	68.26	91.4	64.4	74.38	109.9	166.68	154.34	116.2
	常规	1.440	37.16	100.0	64.4	74.28	100.0	63.4	73.22	100.0	191.22	132.81	100.0
红光	综防	1.779	16.00	99.4	37.71	91.86	87.8	34.5	84.55	107.8	61.26	52.74	116.9
	常规	1.836	16.10	100.0	42.91	104.67	100.0	36.3	88.55	100.0	86.88	45.12	100.0
总计	综防	5.145	17.76	80.4	49.53	83.59	93.8	52.5	87.2	109.9	394.44	93.30	118.0
	常规	5.226	22.09	100.0	52.54	89.03	100.0	50.4	84.1	100.0	388.20	79.04	100.0

应用综合治理体系指导生产防治，平均亩产干胶 88.28kg，比常规防治（80.4kg/亩扣除推广前产量基数）实际增产 9.8%；用综合治理体系防治橡胶主要病害，挽回干胶损失共 1.88 万 t，平均每亩 8.57kg，比常规防治（6.77kg/亩）增加 26.6%。综合治理示范推广地区平均每亩纯收入（扣除防治成本和产品生产和加工费用）61.69 元，比常规防治（50.85 元/亩）提高 21.3%，共获纯经济效益 1.25 亿元。综合治理投入产出比（7 6∶61.7）为 1∶7.5，而常规防治（9.6∶50 85）为 1∶5.0，即应用综合治理比常规防治每投入 1 元增收 2.50 元。综合治理示范推广总投入 1 547 元，比常规防治增收共计 3 868.88 万元，总计增收节支合计 1.308 亿元。

大面积多点多年示范综合治理体系防治橡胶病害的生产实践证明：应用本综合治理体系指导橡胶病害防治，不单能减少用药与环境污染，节省防治费用，具有良好的社会和生态效益，而且还可以提高防治效果，增加干胶产量，挽回更多的干胶损失，获得重大的经济效益（表69和表70）。

表69　综合治理（A）与常规防治（B）效果比较

农场	病害	处理	平均病指	平均防效（%）	比较（%）
龙江	白粉病	A	3.7	93.6	+18.2
		B	9.1	79.2	
		CK	43.6		
	炭疽病	A	0.8	—	+26.9
		B	1.5	—	
		CK	10.0		
	褐皮病	A	1.7	86.55	+12.9
		B	2.8	68.18	
		CK	5.5		
	根病	A	0.4	88.5	
		B	0.75	78.9	
		CK	3.48		
红光	白粉病	A	11.2	76.0	+15.0
		B	15.8	66.1	
		CK	46.6		
	炭疽病	A	3.4	89.6	+8.1
		B	5.6	82.9	
		CK	32.8		
	根病	A	—	—	
		B	—	—	
		CK	—		
南方	白粉病	A	6.4	83.8	+7.4
		B	8.4	78.0	
		CK	39.6		
	炭疽病	A	7.1	81.4	+6.2
		B	8.9	76.6	
		CK	38.0		
	褐皮病	A	12.3	58.0	+11.8
		B	14.1	51.9	
		CK	29.3		
	根病	A	1.35	64	
		B	—		
		CK	3.75		

（续表）

农场	病害	处理	平均病指	平均防效（%）	比较（%）
新中	白粉病	A	7.5	77.8	+15.1
		B	18.3	67.6	
		CK	38.5		
	炭疽病	A	1.6	—	
		B	1.6	—	
		CK	1.6		
	褐皮病	A	4.8	64.2	+4.9
		B	5.2	61.2	
		CK	13.4		
	根病	A	0	100	+40.5
		B	0.02	59.5	
		CK	1.53		
阳江	白粉病	A	3.2	94.2	+5.8
		B	4.6	91.0	
		CK	52.7		
	炭疽病	A	0.0	71.4	+270
		B	0.8	56.2	
		CK	19.2		
东红	白粉病	A	14.7	71.4	
		B	28.8	56.2	
		CK	64.4		+27.0
	炭疽病	A	1.4	95.3	+1.4
		B	1.8	94.0	
		CK	30.0		
总计	白粉病	A	10.0	79.9	+19.6
		B	16.5	66.8	
		CK	49.8		
	炭疽病	A	2.8	87.0	+5.7
		B	3.8	82.3	
		CK	21.5		
	褐皮病	A	6.27	61.1	+12.5
		B	7.36	54.3	
		CK	16.10		
	根病	A	0.56	78.2	+28.2
		B	1.00	61.0	
		CK	2.57		

第一部分　橡胶病害

表70　综合治理体系示范推广防治效益

农场	年份	处理	面积(万亩)	防治成本 总计(元)	防治成本 元/亩	防治成本 比较(%)	用药量 总计(T)	用药量 kg/亩	用药量 比较(%)	产量 总计(T)	产量 kg/亩	产量 比较(%)	挽回干胶损失 总计(T)	挽回干胶损失 kg/亩	挽回干胶损失 总计(万元)	经济效益 元/亩	经济效益 比较(%)	经济效益 比常规防治增加(万元)	投入产出比
龙江农场	1998—	综防	52.30	505.7	9.67	-15.2	697.6	1.85	-17.4	5 0445.4	96.45	+12	5 942.38	11.36	4 129.35	52.3	+21.9	491.62	1:5.4
	2005	常规	3.01	34.4	11.4		26.88	2.24		1 033.56	86.13		110.16	9.18	51.5	42.9			1:3.8
阳江农场	1998—	综防	40.53	284.2	6.86	-33.3	778.1	1.8	-18.2	42 664	103.78	+14.3	4 490.724	11.08	3 220.27	79.45	+19.3	521.62	1:11.58
	2005	常规	1.03	10.6	10.29		22.44	2.2		936.55	90.83		116.14	9.856	68.583	66.58			1:6.47
新中农场	1998—	综防	54.70	226.82	4.17	-42.5	666.35	0.85	-63	33 044	88.1	+6.9	2 482.67	4.53	1 727.88	31.6	+49.7	573.8	1:7.59
	2005	常规	6.735	48.5	7.2		155.0	2.3		4 100	82.4		244.4	3.63	142.19	21.11			1:3.0
红光农场	1998—	综防	4.7561	77.52	15.3	-4.6	88	1.22	-3.2	4 209.15	88.5	+7.9	475.5	10.9	329.97	69.37	+19.0	54.07	1:4.26
	2005	常规	5.25	86.63	16.5		66	1.26		4 310.25	82.1		449.6	8.56	304.5	58.0			1:3.52
南方农场	1998—	综防	22.29	329.47	14.87	-24.5	527	2.36	-25	56 249	72.9	+9.8	3 038.4	13.52	2 040.5	91.54	+38.5	567.06	1:6.16
	2005	常规	1.44	28.37	19.70		45.4	3.15		956.16	66.4		158.0	10.97	95.18	66.10			1:3.35
东红农场	1998—	综防	28.88	160.67	5.59	-22.1	450	1.56	-25	22 150	76.7	+9.5	1 562.7	5.39	1 056.92	36.9	+28.7	235.66	1:6.55
	2005	常规	3.45	25.65	7.18		72	2.08		2 462	71.4		158.68	4.68	78.12	28.44			1:4.0
总计	1998—	综防	202.7	1 547.6	7.63	-20.5	3 979.0	1.64	-20	20 4315.6	88.28	+9.8	1 7991.65	8.57	1 2504.853	61.69	+21.3	3 311.63	1:6.92
	2005	常规	20.3	195.29	9.6		4 157	2.05		1 474.82	80.4		1 470.36	6.77	971.25	50.85			1:5.01

3 结论和讨论

（1）经过 1996—2005 年在海南不同生态区 6 个代表性农场 200 多万亩大面积生产防治试验示范推广应用一致证明，利用本综合治理体系指导生产防治，比目前国内外生产上的常规防治，不单能够节省大量农药和防治费用（大于 20%），减少农药对环境污染有利环保，具有良好的社会生态效益，而且还可以提高防治效果（大于 10%），增加干胶产量，挽回更多的产量损失，获得更大的经济效益（大于 20%），平均每亩增收 61.7 元，增收节支总计 1.308 亿元。若在全国每年推广 1 000 万亩，可获经济效益 617 亿元。本体系的确立，为建立以作物为单元的橡胶病害综合治理提供了新的技术。

（2）经过 1998—2000 年的试验、验证、修正和 2001—2005 年大面积生产防治的应用，证明本橡胶综合治理体系中的一些重要组分准确、可靠。用经济为害水平作为防治决策的标准，达到标准的才进行防治并获得经济效益；不到标准的不防治也没有出现产量损失问题，反而节省了农药和防治成本，说明本体系制定的动态经济为害水平符合实际。经过多年的反复试测验证和修改，橡胶病害的预测模式准确率均在 88.5% 以上，平均高达 92%，病级偏差在 0.5 以内。2000 年试验阶段时炭疽病、褐皮病的预测模式还不够完善。经过几年的修正验证，近年预测平均准确率已提高到 89% 以上。说明橡胶主要病害的预测模式准确可靠；本研究已解决橡胶主要病害的预测问题，这是橡胶病害研究的一个重要进展。无论试验阶段，或是推广阶段，所有橡胶主要病害的防治，都获得了良好的防治效果，都能把病害控制在经济为害水平以下，充分说明本体系建立的防治指标是准确可靠的指标。十年的试验和推广应用，获得良好的效果与效益，并降低了防治成本，节约了农药，充分说明本体系的具体防治措施包括农业防治、品系抗病性利用、新农药、生物防治、植物检疫等综合协调、互补增效的措施，是高效、经济、安全，易为生产单位接受的防治措施，具有良好的推广应用前景。

橡胶病害综合治理试验区

对照区

（3）本橡胶病害综合治理体系与防治决策系统模型，以及其中一些关键的技术，如炭疽病、根病、褐皮病的病情预测模式，为害损失估计模型，动态经济为害水平，防治指标，复合防治指标，筛选或鉴定的抗病品系和新种质，同时防治叶片病害、割面病害、根部病害的化学农药和生物农药，过去国内外橡胶病害研究的学者和生产部门都未做过类似的报道，本研究属创新性的首次报道。

（4）本体系主要根据笔者过去在海南的研究和生产部门的实际经验组建而成。由于橡胶病害发生为害既有共同规律，也有地区特点，所以本体系在原则上适合全国植胶区应用，但各地胶区在应用时要结合本地实际灵活应用，才能获得良好的应用效果和效益。

主要参考文献（略）

本文为"橡胶树病害综合治理"课题的报奖论文

热雾法——一种防治橡胶叶病的
有希望的新方法

T. M. Lim 等

（马来西亚橡胶研究院）

在马来西亚，对成龄胶树生长和产量有不利影响而具有经济重要性的叶病，主要有白粉病、炭疽病、季风性落叶病和果腐病。植胶者除了要对付上述病害以外，还面临可能传进南美叶疫病的威胁。南美叶疫病是最具毁灭性的一种橡胶叶片病害，幸好这种病害仍只局限于中南美洲的一些国家。

1977 年在西马来西亚做的一次最近的病害调查表明，白粉病、季风性落叶病和果腐病的严重度和分布区域都有了增加。白粉病以前只在沿海马六甲和森美兰的部分地区最严重，现在在柔佛州北部、彭享州的中部和霹雳州的沿海地区也严重发生。季风性落叶病和果腐病是一种年度间强度有变化的流行性落叶病。以前只限于玻璃市、吉打等北部的州和霹雳和吉兰丹等州北部地区，现在霹雳和吉兰丹的 RRIM600、PB86、PR107 等易感病品系受害相当严重。炭疽病只停留在柔佛州南部和霹雳州中部等老病区，这些地区在越冬后多雨的几个月中，引起易感病品系胶树嫩叶连续脱落，因而给防治带来了很大的困难。

目前防治白粉病和炭疽病采用两种方法。在白粉病流行期间，每星期喷一次硫磺粉，共喷 3~4 次，仍然是具有良好防治效果的广泛采用的措施，特别是按照以天气指标为基础的预测当年病害流行而安排年度喷粉计划的效果更好。用拖拉机或担架式机动喷粉机喷射保护性粉剂，每天每台机最多喷 20~30hm^2。由于没有一种药粉能与微粒硫磺防治白粉病相似的效果，因此不能用喷粉方法来防治炭疽病。为了处理高大的胶树，用水配制的有效杀菌剂，要用拖拉机牵引的一种高容量的喷雾机喷射，才能保证有适当的喷幅。这种喷雾机成本高，马来西亚胶园太多在丘陵地区也不能使用。因此，1974 年开始，试验用化学脱叶处理间接保护的方法，作为控制第二次落叶的一种经济实用的措施。在 1 月初用甲脒酸一钠进行飞机喷雾，促进胶树的越冬和抽叶，从而产生了避病作用。每年有 25~30 个大胶园参加地方的农业航空公司的合同，取得了良好的防治效果。但是，航空公司进行喷雾工作的主要问题是完成每年的喷雾计划很紧张；同时，当地天气条件的变化常常干扰喷雾作业，并使胶树越冬时间产生很大的差异，因而植胶业难以普遍利用这种方法。

在南印度普遍用油溶铜素杀菌剂防治季风性落叶病和果腐病。自 1971 年以来，马来西亚在季风雨前做这种保护性喷雾处理，在改善树冠叶片保持量方面也收到了良好的效果。在防治水平接近南印的马来西亚任何地方，处理胶树在产量上没有明显的反应，但能弥补空中或地面喷雾的费用。为了不断防止南美叶疫病传入热带美洲以外的植胶区，如果此病偶然传入无病植区，马来西亚已拟订了一项迅速铲除此病的方案。这个方案是及早发现病害，随即用飞机每公顷喷 5% 2,4,5-涕柴油剂 35L 摧毁所有叶片和嫩梢，使在发病胶树周围 500m 宽的地带保持 6 个月无叶。为此，必须利用有喷雾装置的直升飞机，但这样喷雾的成本是很高的。

因此，另寻找一种在地面上处理成龄树叶病的方法，其效果和效率与航空喷药相等，而成本又最低，就显得很必要了。本文讨论关于热喷雾试验，即采用一种新的专利动力热雾机喷射特种载体油配制的农药铲除白粉病、季风性落叶和南美叶疫病试验的近况。

1　试验方法和结果

1.1　油基杀菌剂的配制

采用常规法喷硫磺粉或水悬液杀菌剂，常常不能有效地控制成龄胶树的叶病，因为当前能在胶园使用的喷粉和喷雾机射程有限，杀菌剂覆盖度太小。而用飞机喷射化学药剂虽能获得良好的覆盖度，但常常在处理时和处理后被雨冲刷，从而又产生另一个大难题。油基杀菌剂，特别是那些内吸剂，以低容量或超低容量施用，除了能抗不良天气外，还能提供好得多的覆盖度。这种制剂的另一个优点是，它可以用能喷到高大成龄树的手提地面机具作低容量喷雾或热雾施用。在南印度，用手提动力弥雾机施用油溶铜素杀菌剂防治季风性落叶病，获得了良好的效果。筛选试验了一系列有效杀菌剂做热雾应用的效果，首先研究了用无害于橡胶嫩叶的本地油作载体，配制这些杀菌剂的适宜配方。

在几种用做杀菌剂载体的本地矿物油中，发现一家石油公司出售的一种专用的精制烃矿物油在胶树上使用经济安全。和几种早期发现对白粉病、季风性落叶病和果腐病有效的杀菌剂一起，并加入适当的乳化剂，已成功地配成了制剂。这些制剂适于做地面低容量喷雾和热雾使用。

1.2　热雾防治

白粉病、季风性落叶病、果腐病和南美叶疫病最初用 Swing-fog、Kel-fog 或 Dyna-fog 等本地常用的热雾机施用油基农药制剂的热雾。由于动力小，处理前校正看出，这些机具用于成龄胶树，喷幅和高度都达不到令人满意的要求。1977 年将 1976 年巴西首先引进用来防治南美叶疫病的一种新的热雾机，引用到马来西亚橡胶研究院做试验。此机是美国斯特林蒂法有限公司的产品，用两种型号机具做地面施放热雾试验，一种为拖拉机牵引的热雾机，一种是小型手拉轮式热雾机。

在用这些机具施放热雾防治橡胶叶病之前，先用较大那种热雾机在 16 龄的 RRIM701 成龄林段做校正试验（表 1）。施放热雾时，在离地 13.7m、19.8m、27.4m 高处的树冠内和距离热雾机第 1、第 5、第 10、第 15、第 20 和第 25 行，挂上涂有氧化镁的玻片。检查记录的玻片雾滴平均数列于表 1。热雾机的行进速度为每小时 2~3km，每公顷施 5.6L 农药制剂。油基杀菌剂的热雾有效地笼罩到 25~30m 高，150~200m 宽的树冠上。按平均每小时喷 15~20hm^2 计，每台机一天可处理 100~160hm^2，而常用的地面动力喷粉机或喷雾机，每天只喷 10~30hm^2。

1977 年 2 月下旬到 4 月白粉病流行期间，在马六甲中部一个地势平坦的大胶园 18 龄的 PB5/63 林段内，进行了用热雾防治白粉病的试验。试验区为一块 24hm² 的胶林，以本地出产的喷雾用油配制的 3.5% 的十三吗啉（德国巴登苯胺烧碱工厂出产），每隔 12~15 天喷雾一次，共 3 次。用拖拉机牵引的 Tifa Tart 热雾机施放热雾。另选一块胶林，每星期喷一次硫磺粉，共喷 3 次，做标准处理进行比较。以目测分级法定期测定新抽树冠密度测定处理的效果。图 1 表明，油溶杀菌剂的热雾防治橡胶白粉病的效果，与常规的喷硫磺粉是一致的。

表 1　Tifa Tart 热雾机喷药在树冠内玻片上的沉降雾滴

离地高度（m）	距离（m）				
	3	33.5	67	100.6	134.1
13.7	23.0	21.0	11.0	8.2	0
19.8	21.2	18.4	9.1	6.9	0
27.4	17.5	14.8	9.5	3.1	0

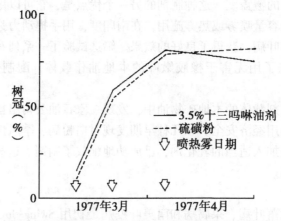

图 1　用热雾法施十三吗啉油剂防治橡胶白粉病的效果

在 11 月与季风性落叶病流行期相一致的东北季风雨期间，在东海岸吉兰丹一个大胶园里，进行了防治季风性落叶病和果腐病的热雾试验。选取一块位于平地至缓坡地的 13 龄 RRIM600 林段进行此项试验。用同一种载体油配成 21.8% 铜剂，15.0% 敌菌丹和一种 5% 的新杀菌剂 LS74-783 做测定。用 Tifa Tiga 热雾机在两个树位的地块上进行处理。以每公顷 11.2L 9.3% 铜素油溶剂杀菌剂为标准处理做比较。1977 年 11 月 20 日发病前进行处理，每个处理区的行间放 5 个 3.5m² 的铁丝网框，定期统计落下的病叶数，以估计防治效果。

图 2 表明，用热雾法在季风雨前施用 21.8% 铜溶油剂或 15% 敌菌丹油剂防治季风性落叶病，较用低容量法施用标准铜素油溶杀菌剂更有效，新杀菌剂 LS74-783 防治季风性落叶病无效或效果很低。

为了评定标准脱叶剂 2,4,5-涕柴油剂的热雾诱发健康胶树的脱叶作用，在马来西

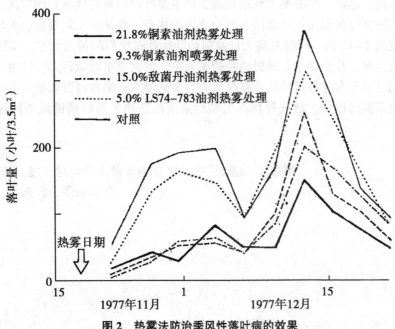

图 2　热雾法防治季风性落叶病的效果

亚橡胶研究院双溪毛糯试验站选择了 21 龄的 RRIM603 做试验。脱叶剂用柴油配成 8%
和 16% 浓度，以 Tifa Tart 热雾机喷雾。每处理区 2.5hm²，以相同面积未处理区做对照。
在每个处理区的行间放 4 个 3.5m² 的铁丝网框，每星期统计一次变色落下的小叶数，以
测定处理的效果。图 3 表明，16% 2,4,5-涕柴油剂的热雾，从第 4 天开始引起叶片褪
色，随之迅速落叶，14 天内落叶达到高峰。4 个星期完全落叶。像飞机喷洒此种脱叶剂
一样，顶端的绿色枝条大量枯死。

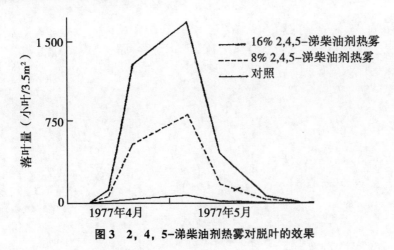

图 3　2，4，5-涕柴油剂热雾对脱叶的效果

2　结论

根据热雾试验初步结果，第一次有希望提出一种应用最近改进的地面热雾机具和油

基保护性农药，迅速、经济地大规模处理 3 种主要叶病的新的地面处理方法。与目前应用的喷粉或喷雾方法相比，热雾法有几个突出的优点。热雾法工效很高，为现在地面机具喷药工效的 8～10 倍，同时对高大橡胶树的叶片具有更高的覆盖效率。实际上，热雾法的田间覆盖率，几乎等于直升机的喷药覆盖率，而其成本却低得多。针对马来西亚植胶者在不利的地形和这种新机具价格昂贵等方面的要求，笔者将对较便宜的担架式热雾机的田间效果做出评价。对这种热雾机喷洒杀菌剂防治各种叶病的经济问题正在研究之中。

原载于 *马来西亚 1978 年地区植保会议论文集*，1978：72-80

余卓桐译，丘燕高、张开明校

利用流行学的方法防治橡胶白粉病

T. M. Lim　B. Sripathi Rao

（马来西亚橡胶研究院）

橡胶白粉病是马来西亚具有经济重要性的两种叶病之一。由于广泛种植主要根据高产性状选育的新无性系，白粉病就显得更重要了。一些高度感病的品系，如 PR5/51、PB28/59、Tjir1、RRIM628 和 RRIC6 等的新叶严重脱落，导致越冬后几个月树冠无叶，结果植株的生长和产量都受到影响。

一般的观察结果表明，地区和年度间病害严重度的变异与品系的越冬方式和抽叶期的气候条件有关。早越冬的品系，或由于长期干旱、因而越冬早和迅速的地区，抽叶早的胶树通常都能免于严重的第二次落叶。在抽叶初期，如果偶尔下短时阵雨，而且白天晴热，夜间湿冷，早晨有浓雾，那么，一般都会暴发病害。

在斯里兰卡和爪哇白粉病严重的地区，一向采用定期喷撒硫磺粉的措施来防治白粉病。在马来西亚，也发现喷硫磺粉有效。但是，在整个抽叶期喷药次数多，成本很高，需要选择适当的喷粉时机或减少喷粉次数以改进喷粉计划。同时由于树高和大多数胶园都在丘陵地带，喷药也很困难。所以最近研究了以栽培措施为主的间接防治白粉病的方法。

本文讨论的是寄主越冬方式、病菌接种体水平和适合侵染的天气条件，以及保护性杀菌剂处理的时机和避病技术。

1 影响侵染的寄主因素

1.1 叶龄

在室内研究了叶龄对白粉病侵染的影响。取感病品系 PB5/51 发芽后 1~21 天的离体叶片，按标准的孢子量在叶面接种，然后在光照和 29℃下培养 12 天。在培养后 48h、96h 和 12 天分别测定侵染率、菌斑生长和菌落产孢强度。结果（图 1）表明，虽然 1 日龄和老至 21 日龄的叶片都能受侵染，但以 7~9 日龄期的叶片最易感病。

另一个试验是在绿色枝条上的不同龄期的叶片进行接种，以观察落叶与叶片侵染的关系。将枝条切端竖立在锥形瓶的水中。按标准孢子量接种叶片，放入钟罩内在光照下培养。两周的观察结果表明，3~5 日龄期的小叶，在接种后第 7 天凋落，这时，约有 50% 的叶面积布满了病斑。5~9 日龄期的叶片，到第 9 天凋落。10 日以上的叶片虽有少量的病斑，但未凋落。

1.2 越冬和抽叶的形式

一个品系的越冬有其特有的开始时间和持续时期，这种特征以及由此造成的抽叶形式，又反过来影响二次落叶的严重程度。

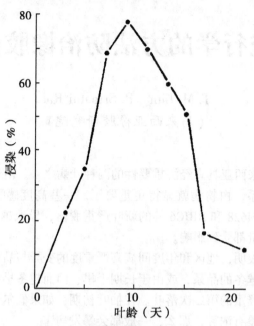

图 1　叶龄对白粉菌侵染的影响

在马来西亚半岛北部和中部西海岸的两个胶园（A 和 B），对极易感病品系 PB5/51 的越冬和抽叶形式的差异，以及它们对白粉病严重程度的影响做了调查。在行间随机放置铁丝网框，从 1 月初起，每周统计落叶量和病叶数，并评定新抽叶片的侵染强度，测定抽叶的开始和速度以及白粉病的发病强度。同时在附近开旷地设置温湿度计，记录每小时的气温和相对湿度，并记录这个时期的日降水量。

图 2 表明越冬和抽叶形式与白粉病发展和严重度的关系。在 A 胶园，越冬于 1 月底开始，很快达到高峰，于两周内完成。紧接着开始抽叶，到 2 月份第 3 周抽完。至白粉病暴发时，大部分叶片都已抽出和老化，因而免于受侵染。在 B 胶园，1 月中开始越冬，但进展缓慢，持续了 5 周，主要在 2 月底到 3 月第 2 周之间抽叶。这时，敏感的嫩叶受到白粉病的严重侵染，大量凋落以致树冠光秃。

1.3　胶树的营养状况

不管叶片生势如何，专性的橡胶白粉病菌能够侵染所有感病阶段的叶片。但用盆栽诱致缺锌的感病阶段的叶片，更易受侵染。因此，布置了一个 2.4 的因子试验来进行相似的沙培研究，以测定氮、磷、钾、镁等主要元素的不同施用量对 PB5/51 和 PB86 的感病性的影响。4 种元素均用两种用量，每月施 1 次。到 18 个月出现营养缺乏症状时，把植株修剪至 1m 高，促使产生叶龄一致的叶片，以供室内侵染试验之用。取 7~9 日龄期的叶片，用标准孢子量接种叶面，然后放在 29℃相对湿度在 90% 以上和有光照的条件下培养。在培养后 48h 和 12 日，分别测定侵染率和产孢强度。3 个月后在新叶上重复这个试验。结果表明：营养元素对侵染没有明显的影响。然而，施高氮量植株的叶片上，病菌的产孢率却降低了。

为了探明上述现象，在马来西亚南部 C 胶园的 9 龄 PB 5/51 林段布置了一个田间试

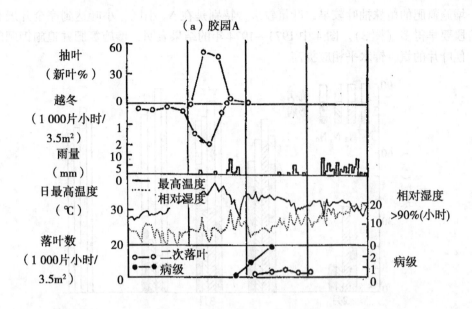

（a）胶园A

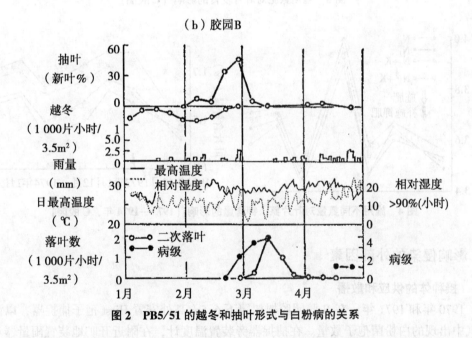

（b）胶园B

图2 PB5/51的越冬和抽叶形式与白粉病的关系

验，测定了4种不同施氮量（N_0、N_1、N_2、$N_2^{\frac{1}{2}}$）对白粉病第二次落叶的影响。每项处理重复3次。N_0是胶园的标准施肥量，即在2月中旬抽叶期每株施氮88g。增施的氮肥用硫酸铵。6月在高氮肥处理区，每株施钾104g，以保持氨、钾平衡。每周对每小区中心选择的25株记录树分别估计其新叶数量，以测定抽叶的开始和进展情况。根据龄期和发育情况，将新叶分为抗病和感病两个阶段。用Lim和Natayanan的公式，每周测定N_0、N_1、N_2、$N_2^{\frac{1}{2}}$小区准确的叶面积增长量。以海恩斯反映镜测定树冠厚度。

增施氮肥的植株抽叶较早，叶量较多，特别是在 N_2 小区，小叶达到完全开展和抗病阶段要早得多（图 3）。图 4 中 1973—1974 年的结果表明，增施氮肥并追施钾肥的作用，使叶片的氨、钾水平相应提高。

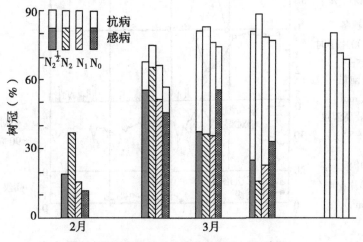

图 3　施用氮肥对叶片发育的影响（C 胶图）

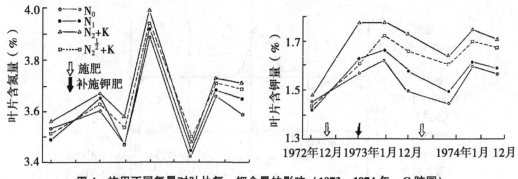

图 4　施用不同氮量对叶片氮、钾含量的影响（1973—1974 年，C 胶园）

2　影响侵染的外部因素

2.1　接种体的供应和散播

1970 年和 1971 年，在 B 胶园胶树树冠下 6.5m 高处安置 Hirst 孢子捕捉器，以测定空气中出现的白粉菌孢子数量。在捕捉器旁装置温度计，在附近开旷地装置雨量器和风速表。结果表明，整年部分有孢子，但以 2 月下旬至 3 月底为最多（图 5），在 3 周内，每小时每立方米空气的孢子量从 30 个迅速增加到 17 000 个。在这个时期内，定时观察病害严重度的结果表明，空气中日益增高的孢子浓度是与叶片侵染水平相应较高相联系的。孢子量的变化也有昼夜周期性，在下午 15:00 时前后达到高峰。这在干燥的白天正是风速较高的时期。傍晚、夜间或早晨孢子散播较少。连续降水量能降低空气中的孢子量，雨后 1h 内捕捉不到孢子。

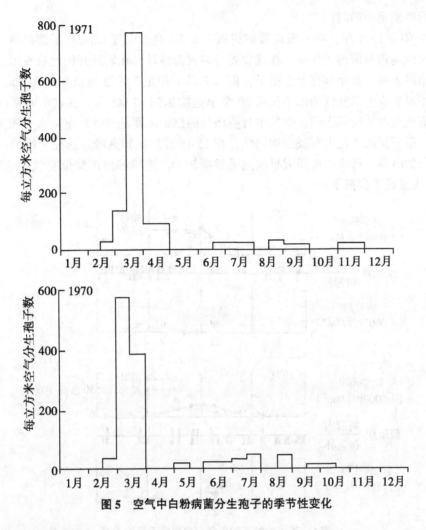

图 5 空气中白粉病菌分生孢子的季节性变化

2.2 天气和病害预测

室内研究表明，温度和湿度是影响病菌发展的最主要的因素。温度超过 32℃ 和相对湿度低于 90%，对孢子的生活力都有不良的影响。最适宜孢子发芽、侵染、产孢的温度为 23~25℃，相对湿度 90% 以上。为了弄清楚这两个因素能否作为预测白粉病流行的可靠的指标，对感病品系年龄树林段内外的温度变化与病害的发展和严重度的关系进行了调查。

1970—1972 年 3 年间，在中马来西亚半岛的 B 和 D 胶园的两个 PB5/51 林段进行了详细的观察。发现成龄树的树冠内具有显著的小气候，与林段外面的气候比较，其白天的最高温度较低，相对湿度较高，而温、湿度的日较差较小。树冠内这种典型的小气候的几个特征，在年初 4 个月中表现很清楚（图 6、图 7）。在完整树冠内的环境较凉、较湿，越冬前降雨较多。在 1 月底至 2 月初，白天较热、较干燥，同时，树冠因越冬而迅速变得稀疏，这时，树冠内的气候，由于林地裸露而暂时变得较热和较干燥。从 2 月底开始，新叶迅速抽出，又恢复较湿和较凉的环境。在恢复原来小气候的过渡时期，是白粉病流行特别重要的时期。

1970 年和 1971 年，在 B 胶园胶树树冠下 6.5m 高处安置 Hirst 孢子捕捉器，以测定空气中出现的白粉菌孢子数量。在捕捉器旁装置温湿计，在附近开阔地装置雨量器和风速表。结果表明，整年都有分生孢子，但以 2 月下旬至 3 月底为最多（图 5），在 3 周内，每小时每立方米空气的孢子量从 30 个迅速增加到 17 000 个。在这个时期内，定时观察病害严重度的结果表明，空气中日益增高的孢子浓度是与叶片侵染水平相应较高相联系的。孢子量的变化也有昼夜周期性，在 15:00 前后达到高峰。这在干燥的白天正是风速较高的时期。傍晚、夜间或早晨孢子散播较少。连续降雨能降低空气中的孢子量，雨后 1h 内捕捉不到孢子。

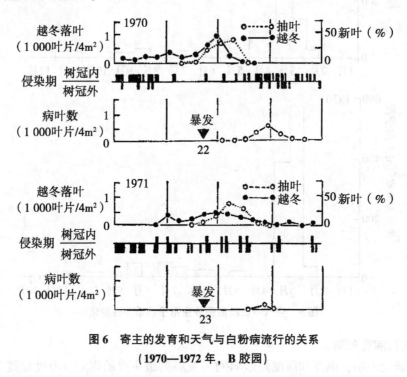

图 6　寄主的发育和天气与白粉病流行的关系
（1970—1972 年，B 胶园）

3　化学防治

防治白粉病的传统方法，是每隔 5~7 天用机动喷粉机喷硫磺粉 1 次，每次每公顷喷 9kg，共 5~6 次。根据抽叶阶段和大田白粉病的发生情况来决定开始喷粉，并不考虑先前的天气记录资料。实际上，在这个阶段可能已抽出约 15% 的新叶和出现少量的白粉病病斑。连续进行处理，直到 80% 的叶蓬的叶龄达到 2 周为止。

现在发展了以温、湿度指标为依据的白粉病短期预测方法，1972 年在 B 胶园的一个喷粉试验中，测定了这种方法的效果。抽叶后，在最先出现"侵染日"后 4 天，开始每周的喷粉，与隔 5~7 天喷 1 次，共喷 5 次的传统方法相比较，第 1 次喷粉正是田间出现病害的时候。结果表明（图 8），根据预测，准确及时地喷粉时，在第 1 次喷粉后 1 周，早抽的新叶几乎没有受到侵染。每隔 7 天和 5 天分别喷 3 次和 5 次的植株，在

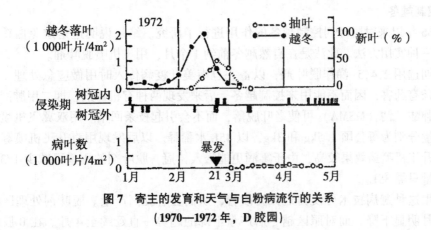

图7　寄主的发育和天气与白粉病流行的关系
（1970—1972 年，D 胶园）

整个流行期都未受侵染，因而树冠较浓密和健康。在处理后 24 个月中，分别比对照增产 30.9% 和 15.1%。但传统方法的喷粉区和对照区，在整个抽叶期都发生侵染，对照区的病情则随时间的推移而迅速加重。

最近用内吸剂进行的试验表明，有一些药剂比硫磺更为有效。将这些药剂用矿物油作载体进行低容量喷雾的初步结果表明，处理的次数可以减少至 2 次。但是，为了获得最好的防治效果，第 1 次喷雾应在"侵染日"后 2~3 天开始。

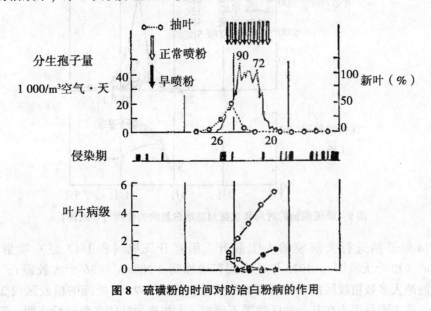

图8　硫磺粉的时间对防治白粉病的作用

4　避病技术

从上述越冬和抽叶形式与白粉病的关系看（图2），用人工方法控制越冬过程，把抽叶期调节在不利于病害发生的期间，看来是一种有前途的防治方法。此外，用适当的栽培措施，如在越冬末期、开始抽叶时增施肥料，以促进胶树的生势，也可加速抽叶的进程。

4.1 控制越冬

1966 年以来对脱叶剂控制越冬的作用进行了研究。结果说明这是避免白粉病和炭疽病的一种实用方法。此法是在自然越冬前约 1 个月，用飞机喷脱叶剂。

早期选用 2,4,5-涕作脱叶剂，以备一旦南美叶疫病传入时用做应急处理。但它对芽和枝条有药害，因而不能用来控制越冬。后来发现两种有机砷剂，即二甲胂酸及其钠盐和甲胂酸一钠（MSMA）可使老叶脱落，而不会引起枝条回枯。用双翼飞机喷这两种药，用量分别为每公顷 1.5kg 和 3kg，以 45L 水稀释。以后发现用直升飞机喷雾更为实用。直升飞机喷药效果较高，由于雾滴更能透入树冠，脱叶剂的用量可减少 1/3，每公顷用水量只需 35L。

应用这种避病技术可使树冠大为改善，从而显著提高产量。脱叶剂处理区的产量仅在 2 月明显下降，而对照区越冬后产量下降的趋势一直延续至 4 月。在 B 胶园连续处理 4 年（1970—1973 年），一直保持良好树冠的累积效应，使最后一次处理后 12 个月的产量提高 33%。而传统的硫磺喷粉处理，仅比对照增产 7%。这个胶园在 1973 年的越冬落叶，抽叶和白粉病落叶形式以及在处理后 12 个月中的树冠密度和产量趋势见图 9。

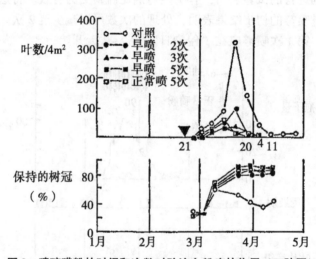

图 9　喷硫磺粉的时间和次数对防治白粉病的作用（B 胶园）

1974 年开始进行大规模的人工脱叶，用直升飞机（Bell 47 型）喷射了大约 1 200hm²（12 个大胶园）。1975 年处理面积增加到 3 200hm²（36 个大胶园）。在 1974 年处理的绝大多数植胶区都获得了预期的效益，但在 1975 年处理的植胶区仅 2/3 有良好效果，这主要是因为在其余地区喷雾不理想。大规模脱叶的实践经验表明，需要有良好的喷雾设施。同时看到发生 2 次落叶较晚，而在 1975 年 11—12 月抽叶的树，对脱叶剂有抗性，这是因为刚老化的叶片还旺盛的缘故。像这样的林段通常不必处理。

脱叶剂需要用飞机喷雾，限制了这种技术的广泛应用，特别是不能在小而分散的植区应用。因此，目前考虑利用地面机具施药，但只有用能溶于轻矿物油的脱叶剂才有成功的可能，因为用低容量喷雾可将它们喷得较高。用油剂的另一个优点是较能抗雨，喷后遇雨也不必重喷。当前推荐的脱叶剂和其他经过测定的许多脱叶剂是不溶于油的。有一种试验材料 DF-1 能符合这个要求，用 Diesolene（一种柴油）将它稀释成 20% 的喷液，以担架式机动低容量喷雾器喷射 20~25m 的胶树，处理后仅在高约 15m 以下的树冠落叶，超过这个高度的大部分树冠都未受影响。显然，大部分的雾滴都被下层叶片截留了。因而需要用动力更大的喷雾机，才能使雾滴通过树冠下层。但是，这种喷雾机太重，只有安装在拖拉机上才能运转。这仅能在拖拉机可以开进的平地或缓坡地上使用。

也曾试用喷烟的方法施用脱叶剂。将 20% 2,4,5-涕的 Diesolene 溶液，按每公顷 2.5L 用量在早晨空气静止时喷烟，获得良好的效果。烟雾随上升气流带到树顶。但这种药剂能使枝条严重受害和大量回枯。这种技术要求采用不会渗入枝条的油溶脱叶剂。

有机砷脱叶剂对人的毒性低，甲胂酸一钠和二甲胂酸的白鼠急性口服致死中量分别为每千克 1 800mg 和 1 350mg，没有慢性毒性。美国在侵越战争中大量使用二甲胂酸的结果表明，在大量喷洒后不久种植的花生、水稻等敏感作物发生药害。在胶园喷脱叶剂 7 个月后取 0~8cm 表土分析的结果表明，没有砷的残留。

4.2　控制抽叶

橡胶树在每年抽叶期需要大量的氮素，因重复落叶而招致生长及生势不良，养分贮备枯竭时尤其如此。为了恢复树冠，必须大量施肥，特别是氮肥。

前面已讨论了增施氮肥有促进大量新叶形成的有利作用（图 3），随后对白粉病的发生、树冠密度和产量的影响见图 10。在抽叶期增施氮肥能减少白粉病落叶的数量，因而保持了较浓密和较健康的树冠。但是氮肥超过推荐用量 1 倍以上时，效益反而不高。增施氮肥的小区的产量都增加了。

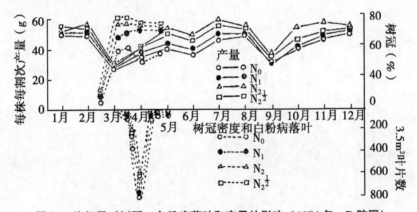

图 10　施氮量对树冠、白粉病落叶和产量的影响（1974 年，B 胶园）

5　结论

通过对作物内小气候主要因素的精确测定，已建立了一种以"侵染日"为指标的短期预测方法。根据"侵染日"出现后要经过 7~10 天的潜育期才发生落叶的情况，就可以掌握喷药的准确时间和最适宜的喷药次数。

最近发展的两种间接防治白粉病的方法，都利用了越冬和抽叶方式与白粉病发生之间的密切的物候学关系。用飞机喷洒脱叶剂进行人工落叶以加速越冬和抽叶，可使易感病的叶片在病害流行前即在比较干旱的时期大量抽出了。在越冬末期增施氮肥能促进抽叶的开始和完成，从而产生相似的避病机制。

根据对病害、寄主和环境条件之间的流行学关系进行深入研究的结果，已提出 3 种防治白粉病的实用方法，分别适用于面积大小和管理水平不同的胶园。根据预测预报进行合理及时的喷药，已使每公顷喷硫磺粉的成本减少了 50~70 马元，这种方法适用于小面积的林段。在大面积胶林用机喷甲胂酸一钠的这种简单的脱叶技术最合适和最经济，每公顷成本为 45 马元。在这两种方法都不容易使用的地方，如许多小胶园和偏僻孤立的林段，则在每年正常施肥时间增施氮肥，也能收到间接的防病效果，但成本稍高。

原文载于 *In Proceeding of the RRIM Planters Conference*，1972：167-179

余卓桐译，李良政校

译文载于 *热作译丛*，1974，1：15-17

橡胶季风性落叶病

V. Agnihothrudu（印度）

1910 年在喀拉拉邦普杜科区一些大胶园首次报道橡胶季风性落叶病的发生。大约与这同时，在斯里兰卡和缅甸的部分地区也有此病的发生。南印度，斯里兰卡，缅甸，中、南美洲的热带地区和马来西亚等地经常发生此病。此病也许是印度当前最严重的橡胶病害。同一种病原菌（*Phytophthota palmivora* Butler）在不同的国家能引起胶树嫩枝腐烂、回枯、果腐、皮腐、条溃疡、斑块溃疡和异常落叶等。

麦克雷在印度最早（1918 年）研究本病。他将本病的病原菌命名为蜜色疫霉菌（*Phytophthora meadii* McRae）。

佩奇（1912—1913 年）在斯里兰卡报道 *Phytophthora fabri* 是引起橡胶果腐病的病原菌。但是，早在 1908 年斯里兰卡就认为此菌是引起绿枝回枯、紫红溃疡和皮腐病的病原菌。佩奇（1921 年）提出，虽然 *P. meadii* 比 *P. faberi* 的破坏力强，但在印度、缅甸和斯里兰卡，上述两种疫霉菌的菌种，都是引起落叶的病原菌。

1　发病过程

在南印度，病害随季风雨的增加而加剧。历年记录到最早落叶的时间是 5 月 12 日。通常 6 月份可看到此病，7 月中旬落叶达到高峰，除非再出现连续降雨，迟到 10 月份还会出现第二次落叶高峰，否则，从 9 月第一周开始逐渐消失。在病害严重的胶园，可见到厚厚的腐叶层。

叶片感病后一般都脱落，叶柄上有带有凝胶滴的褐色斑点。

2　病原菌

在文献中，与橡胶季风性落叶病有关的病原菌有 *P. faberi*，*P. meadii* 和 *P. palmivora*。最近，马来西亚研究院齐氏报道 *P. botryasa* 是引起季风性落叶病的又一个菌种。

在印度，最初将病原菌鉴定为 *Phytophthora meadii* McRae，以后鉴定为 *P. palmivora*（Butler）Butler。但在斯里兰卡鉴定为 *P. faberi* Maubl，后来鉴定为 *P. palmivora*，但最近再鉴定为 *P. meadii*。根据塞思坎马（Thankallia）等人的意见，很可能斯里兰卡的菌种包括了印度的 *P. meadii* 和 *P. palmivora* 两个种。齐氏研究了疫霉属的 260 个分离菌的形态学和生理学的特征，并试图将它们分为菌系。在橡胶和可可上有一种典型的疫霉菌菌系，菌系之间变异较大。新种 *P. botryosa* 的孢子囊比 *P. palmivora* 的小得多，通过培养能产生大量的孢子囊。

在印度，对 89 个分离菌进行了研究，33 个属于 *Pmeadii*，50 个属于 *Palmivora*。在植胶区，这两个菌种的比率为 1∶2。从配对的情况来看，它们有生理分化。在同一地区，从橡胶树上分离的有亲合力的棕榈疫霉菌的菌株配对培养能产生卵孢子的事实表明，通过配对繁殖能增加生理专化性。

齐氏和哈希姆（Hashim）用橡胶树上的 *P. palmivora* 和 *P. botryosa* 接种了 98 种栽培植物。30 种栽培植物的果、叶、荚果对一种或两种病原菌是感病的，68 种完全抗病。在疫霉菌菌株对寄生适应性的研究中，齐氏观察到可可树很适于可可菌株的生长。某些橡胶菌株在可可荚果上只引起轻度的腐烂。

橡胶叶和果的分离菌能侵染胶树的叶、嫩枝、割面和嫩皮。在叶片上，病菌能在叶的两面均侵入。潜育期 2~4 天。在叶柄，则通过破损的皮层细胞侵入。果皮也很容易被侵染。多数病果脱落，有些则保留在树上。橡胶树的分离菌容易侵染麻疯树和面包树而引起果腐，并易侵染蓖麻和芋头的叶片。

3 影响季风性落叶病发生的因素

降雨看来是影响此病发生的最主要的因素。4—8 月间哪个月的降水量达 360mm，哪个月病害就严重。在印度，最感病的无性系是 BD5、Tjir1、Tjir16、PB86 和 AV49。在马来西亚，PR107、PB86 严重感病；Tjir1、RRIM501、LcB1320 中度感病；BD10 和 G11 比较抗病。

皮利等在 10 个无性系（RRIM701、Tjir1、RRIM628、GT1、RRIM600、RRIM623 和 G11 等）上测定了 5 个疫霉菌菌系。虽然无性系间的感病性差异是明显的，但未看到菌系间致病力的差异。RRIM701 最感病，G11 最不感病。

斯里兰卡的研究表明，棕榈疫霉菌能在土壤中长期生存，它靠土壤中可利用的有机物生存。按照佩里斯等的意见，叶柄是最感病的部位。叶片对疫霉菌侵染有过敏性，侵染后产生坏死反应。侵染叶片和果实要求潮湿的平均时间为 2~6h，依周围的温度而定。36℃不产生病斑。佩里斯等提出，在试验室条件下，果实在 2~6h 即被侵染。接种体液滴至少要在感病组织上保留 1h。根据他们的意见，叶柄要几小时到 28h 后才发生侵染。果实只要接种一次，而叶柄则要求重复接种。

佩里斯曾提出预测病害的天气指标。即在橡胶树上有病果存在的时期，连续 4 天的白天温度在 29℃以下，相对湿度一直在 80%以上，每天至少下雨 2.5mm，每天日照少于 8h，则会出现严重落叶。病果数与侵染严重度有极密切的关系。

作者发现，年总雨量和病害之间没有相关，但每年总雨日数和落叶的百分率之间则有正相关。在大田，叶片极少受侵染。90%病害样本有叶柄病斑。叶柄所以发病较多，是由于雨水积聚和保留在叶柄上，并带有大量的开始侵染的孢子囊和游动孢子。

瓦斯提（Was tie）报道 1966 年第一次在马来西亚发生的由 *P. botryosa* 引起的落叶，最初 4 年只在极少数高雨量地区发生。但在 1970 年，病害在一个较少雨量的地区发生。落叶的程度与叶片潮湿的持续时间和前 7 天的 100%相对湿度密切相关。一旦病害开始发生，雨量、温度、太阳辐射似乎不直接影响落叶，然而这些因素在阻止病害开始发生上则是重要的。

4 防治

以前曾做过清除枯枝，除去果实和花等防治试验，效果均不理想，而且费钱费时。后来选用波尔多液防治此病。20世纪50年代肯定1%波尔多液的效果，并发现加入0.2%硫酸锌能提高波尔多液的效果。以6%、12%、24%、25%含铜粉剂与波尔多液相比，效果不如1%波尔多液。使用波尔多液的缺点是工效慢，一天只能喷100~150株。要在季风雨来前把整个胶园喷完是个问题。

4.1 低容量喷雾

1957年用鼓风弥雾机喷射油溶杀菌剂。测定了几种等级的矿物油和铜制剂。试用的机器以Minimicroh420型弥雾机为最适用。1958年的试验证明是有希望的。1959—1960年和1961年布置了大规模的试验，结果表明用Minimicron420喷射氯氧化铜油剂，防效与波尔多液一样。每英亩（1英亩为6.07亩）用4磅，在4月喷一次，5月再喷一次，保护效果最好。喷两次较喷一次的效果高。这种弥雾机的喷雾高度可达9.3m。每天每台机能喷10~15英亩。在坡地胶园，使用弥雾机不方便，为了方便地面喷雾，有些胶园筑了等高便道。1964年初，从英国引进一种Minimicron77型弥雾机，每天能喷60~90亩，喷雾高度16.76m。

4.2 航空喷雾

防治季风性落叶病的有效时间只有40天左右，即使用弥雾机也不能适应需要。1960年后，就打算用航空喷雾防治橡胶树的叶病。胶体铜剂如Fycol和Oleocop能附着在橡胶叶片上。推荐的用量是每英亩2.5L 40%的杀菌剂，溶于15L 72%USR值的矿物油中，每英亩用1 800~2 540g的金属铜。以后发现35%氯氧化铜油制剂同样有效。由于航空喷雾和铜不断涨价；开始寻找一种能与水混合在橡胶上可以利用的氯氧化铜剂。早在1965年就用过Fycol8E（Tata Fison），它是一种能与水或油混合的胶体铜油剂，但效果较以矿物油为载体的喷雾剂差。然而，近来可湿性粉剂日益普及。Fycol（Rallis India）和Chlorocop（ICI）是两种能与油混合和用飞机喷雾的常用制剂。由于铜和油一样，其价格不断上涨，正在做减少铜剂用量的研究。

作者在喀拉拉邦两个胶园测定了喷纯矿油的效果，结果不理想。由于铜剂的保护作用主要靠杀菌剂的再分布，作者做了多次试验，以确定早在抽叶期间喷药是否有效。在多雨区布置的两年试验结果表明，早喷与尽可能接近季风雨期喷雾的效果一样好。作者推测早喷由于杀菌剂的再分布对叶柄的保护作用更好。

印度橡胶研究所试验证明，氢氧化铜剂是有希望的药剂。敌菌丹油剂，用飞机喷雾和地面喷雾均未证明它是有效果的，虽然在马来西亚已发现它在防治霉腐病和割面条溃疡病是有效的。

原文载于 *Advances in Mycology and plant Pathology*，1975：223-230

余卓桐译，尤承霖校

译文载于 *热作译丛*，1979，3：19-21

马来西亚巴西橡胶病害的演变

B. S. 腊沃（B. Sripathi Rao）

1871 年首次引入东南亚的巴西橡胶苗，是在英国邱植物园用经过检疫的无病种子培育而成的。因此，原产地亚马孙流域的橡胶病害没有传到东南亚。马来西亚和其他东南亚植胶区的橡胶病害，虽然有些与原产地相同，但大多数是本地的。

第一次世界大战前，马来西亚主要是在新垦的丛林地植胶。最早的病害是根病。它是丛林树原来就有的，很快传染了橡胶树。此后，其他栽培作物和野生植物发生的一些病害也侵染了橡胶树。

现在橡胶病害比过去严重，主要是由于广泛种植选育的高产无性系芽接树。无性系因遗传性一致，比实生树易感病。有些推广种植的高产无性系，对某些病害、特别是叶病非常敏感。

1 根病

开垦丛林地时，树桩和木材一般留在原地。它们被各种腐生真菌（其中有些能在胶树上寄生）所侵染，由此形成发病中心。通过根系的接触和地上部分子实体产生的孢子，病菌就能从发病中心传遍胶园。

根病是唯一能直接使胶树死亡的病害。1904 年里德利首次报道了白根病，这是早期的主要根病。1936 年沙普耳兹报道了黑纹根病、红根病和褐根病。

橡胶根病病原菌一般是由染病的树根或地面木材与健康树根接触发生侵染的。但是，由风传或虫传孢子侵染垂死的树桩和地上木材，也能形成新的发病中心。最近发现褐根病病菌可侵染树枝的伤口或裂痕，使胶树地上部分发病，然后向下发展，引起根病。因此，易遭风折的无性系可能发生严重的根病。黑纹根病发展很慢，并且只能由伤口或垂死的根端进行侵染，因而传播的范围有限。

在更新区，根病的发生主要取决于开垦方法。习惯用的垦地法是在伐木后用2,4,5-涕正丁酯或亚砷酸钠毒杀树桩，用煤焦油保护切面，并让病材留在地内。树桩很快被毒死，并为一些能加速其腐烂的腐生菌所定殖，因而不再适于根病病菌定殖。在植行间种上蔓生豆科覆盖作物，更能加速树桩腐烂。

机械清理时，把树桩全部清出烧毁，就铲除了绝大部分的根病侵染源。零星的残根很快腐烂，在良好的覆盖植物下，腐烂更快。但此法的缺点是：由于从土中移去了大量有机物，新植胶树在初期生长较慢。

多年来沿用的根病防治方法是：种植前铲除根病的侵染源，在更新区定期逐株检查根颈，及早发现根病，并把重病株铲除和烧毁。对可以处理的病株，做进一步检查，把病根在靠近菌索前端的地方切除，然后追查侵染源并把它清除。回土前，用杀菌剂液涂抹暴露的根系。至1958年，基本上都是用这种方法。后来发现，翻动土壤和弄伤根部会使根病加剧，就不再推荐检查根颈，而采用定期观察病株叶色变化的查病方法了。发现杀菌剂处理没有什么效果，而且切除实际感病部分以外的侧根也没有必要，因为向前附生的部分菌索不会继续引起发病。

最近推荐的根病防治法，是为了防止侵染的确立及其在幼树间逐株蔓延。定植头年病死的树可以补植，在此后至开割为止的期间，由于胶园一般须随树龄增长而进行疏伐，零星胶树病死，是可以容许的。但应在达到最后种植密度之前，把病害铲除。观察叶片症状而发现的病树，如尚能挽救，须同邻株一齐处理。病根的追踪和清除要追查到植行边缘为止。行间的残余病根和侵染源让其就地腐性，良好的覆盖层能加速其腐烂。

1962年发现五氯硝基苯能防治白根病，根病的处理有了一个重大的突破。施用沥青或凡士林作载体的20%浓度的五氯硝基苯，至少可在两年内防止白根病的发展越过侧根涂药部位的末端。一般推荐用这种根颈保护剂处理白根病株和邻株。应用此药以来，根病发生率已大为降低，中心病区附近的植株也较少病死。

遗憾的是，五氯硝基苯只能防治白根病。最近发现 drazoxolon 这种新杀菌剂能防治红根病，用凡士林作载体的10%浓度的这种制剂，涂根颈和侧根基部，可使胶树在约两年内不染红根病。最近市场已有这种制剂出售。混合使用这种制剂和五氯硝基苯以防治两种根病，在经济上并不合算。

2　割面病害

每次割胶的割口易受多种病菌侵害，其中有些是伤口寄生菌，能侵染形成层和侵入木质部而致再生皮受害。据1916年报道，最早的割面病害是 *Ceratocystis fimbriata* 引起的霉腐病和棕榈疫霉菌引起的条溃疡病。这些病害的发生与天气潮湿有关，可引起长期高湿的因素（如地势低洼和荫蔽，植株过密或林下植物丛生等），都利于病菌的繁殖。

长期以来，霉腐病是最普遍的割面病害，在第二次世界大战后的恢复期，由于胶园多年失管，此病尤其普遍和严重。然而，除荫蔽和低洼的谷地外，在适当疏伐植株和控制林下植物的林段，病害并不严重。

相反，至最近为止，马来西亚很少发生条溃疡病。西马来西亚的许多胶区，虽然整年中多半是午后下雨，但由于上午已完成割胶，所以很少发生条溃疡病。不过近年此病已渐增多，这是广泛种 PB86、PR107、RRIM600、RRIM605、RRIM607，RRIM623 等易感病无性系的结果。另一种病原菌 *Phytophthora botryosa* Cbee 的出现，使病害更趋严重。这种病菌不但侵害割面，而且引起异常的落叶。在季风雨最多的马来亚西北部和东北部，条溃疡病最严重，也发生季风性落叶病。

另一种新的割面病害是树皮坏死病。此病在开割头几年的某些无性系中更为流行。开模时开的浅槽，可能最先受侵染。早期症状是在浅槽表面出现变色的、稍微下陷的小斑块。坏死的斑块扩大，并向内扩展而使形成层坏死和剖面病部干枯。病害严重时可使剖面大面积坏死，并沿树干向下发展。过去认为病原是细菌，但最近的研究表明，病原是两种真菌，即 *Botryodiplodia theobromae* Pat 和 *Fusarium solani*（Mart）Appel *et* Wr。

上述剖面病害都可用下述方法处理，即在天气潮湿期间，每次割胶后用敌菌丹或醋酸苯汞等保护性杀菌剂喷射或涂抹割线部位。现在正探索一种施用间隔期较长而能奏效的杀菌剂。

3 茎干病害

马来西亚唯一重要茎干病害是 *Corticium salmonicolor* 引起的绯腐病，这种病原菌分布很广，并有多种寄主植物。此病侵害 3~9 龄幼树茎干上部和枝条的树皮，使主干和主枝受到损害，以致树冠生长缓慢，开割推迟。

近 20 年来，由于广泛更新，幼龄胶树增多，绯腐病日趋严重。其所以如此，是由于一些无性系对绯腐病敏感。易感病的无性系有 RRIM501、Tjir1、RRIM603 和 RRIM701 等，其中尤以 RRIM501 最易感病。此病仅在雨季盛行，因而只须在此时进行处理。每两周对病枝喷一次 1% 波尔多液，可获得良好的效果。但是割胶的胶树不能喷铜剂，因为胶乳有被铜污染的危险。病害严重时，非铜制剂处理无效，现在正进行新农药的筛选。

另一种茎干病害是回枯病。它使小枝、大枝或整株从顶部向下逐渐枯死。此病可能是由寄生性或非寄生性的病原引起的。寄生菌通过衰弱或垂死的组织侵入寄主，然后侵害健康组织。有些病原菌，如橡胶炭疽病菌和橡胶条溃疡病菌能侵染显然健康的绿枝或茎干。非寄生性回枯病，一般是由于水分和养分的供应失调所引起的。某些品系如 RRIM701，在越冬后特别容易发生这类回枯病，这可能是由于供水失调而又发生白粉病、炭疽病等叶病所致。

4 叶病

最主要的两种叶病是白粉病和炭疽病。它们侵害正在开展的嫩叶，引起所谓第二次落叶。白粉病在越冬后抽叶期间流行，它的严重程度主要取决于抽叶期间的气候条件。干旱期中偶尔下短时间的阵雨，利于病害发展而致嫩叶凋落。与白粉病不同，炭疽病流行于雨量分布很均匀的地区，并使嫩叶一再凋落。

虽然气候条件在某种程度上决定第二次落叶的强度，但是大规模种植极易感病的无性系也是病害加剧的第二个诱因。目前这类叶病的危害很大，特别是在抽叶期间条件利于发病的地区。

二次落叶病很难防治，因为它发生在高达 10~30m 的树上。在易感病阶段重复施用保护性杀菌剂，既费事，又费钱。用喷粉机喷 4~5 次硫磺粉，可防治白粉病，这种措施是经济可行的。防治炭疽病的杀菌剂一定要喷雾才有效。可惜目前还没有一种适用于不平坦的胶园的喷雾机。飞机喷雾要进行多次才有效，因此不经济。防治第二次落叶的一种间接方法，是在越冬前约一个月进行人工落叶，使胶树提前落叶，以便能在较干旱时期抽出新叶。这样，到条件利于病菌发展时，叶片已能抗病了。最近进行化学剂落叶试验的结果表明，此法效果良好。

麻点病经常在实生苗圃发生。病原菌 *Helminthosporium heveae* Petch 破坏叶组织，留下一些分散的、中央白色和边缘褐色的病斑。此病很少造成胶树死亡，但引起落叶和削弱生势。病苗达到芽接标准较迟，因而宜用绿色芽片芽接。防治此病，须每周喷一次福美铁，至新芽无病为止。

最近发生的重要橡胶病害是季风性落叶病和果腐病。病原菌是 *P. palmivora* 和 *P. botryosa*，而以后者更为重要。病原菌侵染果荚和老叶叶柄，致绿叶脱落。此病在 20 世纪 20 年代在马来亚西北角凌家卫岛发生，但并不严重，至 1966 年 7 月才造成严重落叶。东北部一些地区在 12 月至翌年 1 月的季风雨期间发生落叶病，但发病面积不到 400hm²，受害的无性系主要是 PB86、RRIM600、PR107 和 Tjir1 等。此病现仍限于上述两个地区。

此病仅在南印度等雨季长的地区造成严重的损害。在这些地区，要保持树冠完整，须在雨季开始之前对叶簇进行预防处理。在马来西亚，此病仅在局部地区不时发生，因而不能采取预防措施。

5　讨论

在马来西亚，根病为害最严重，防治稍一疏忽，就会损失大量胶树。最近由于施用根颈保护剂，病害的损失以及处理的费用和难度都大为减少了。

割面病害使树皮再生不整齐，致剖面长疣和凹凸不平，难以或无法再割胶。防治割面病须处理多次，才有效果，因而花费往往很大。防治严重的绯腐病，花费也很大。在雨季用现行的方法防治这种传播很快而又顽强的病害，不但困难，而且不很有效。幸好 7~8 龄以上的胶树不易感病，开割林段一般没有这个问题。

马来西亚橡胶研究院正在探讨对付潜在的叶病威胁的措施。过去，马来西亚不必考虑成龄胶树的防治问题，因为即使在抽叶期发生第二次落叶，一般还能保持一个适当的树冠。现在，由于种植不抗病的高产无性系，情况不同了。炭疽病已很普遍，特别在南部地区，有些无性系在一年内的大部分时间都没有叶子。

无性系的感病性随地区不同而异。一个无性系在一个地区对某种病害很敏感，而在另一个地区则可能抗病。因此，现在强调因地制宜，选用无性系。

高产育种与抗病性的探索有密切的关系，因此，要求育种工作者与植物病理工作者协作。现在已对选作初级系比试验的种植材料进行白粉病，炭疽病和绯腐病抗性的鉴定。此外，马来西亚橡胶研究院在特立尼达保持一个南美叶疫病防治试验站，在这里对马来西亚选育的优良品系进行南美叶疫病抗性的甄别鉴定。

原文载于 *Plant Protection Bulletin*，1972，20（1）

余卓桐摘译，蜀来校

译文载于 *热作译丛*，1974，1：12-14

论热带作物的稳定抗病性育种：
现代农业保持植物/病害系统平衡的策略

N. A. Van Der Graaff

现代农作物生产应以生物系统的管理为其特征。即使应该承认病害是不能消灭的，也应当通过使所出现的寄生物只能造成微小损害的方式来保持寄主/寄生物（包括害虫）系统的平衡。如果笔者将野生植物/病原体系统（包括害虫）和原始作物系统与现代农业系统相比较，就可以得到有关寄主与寄生物的关系的一些有用的见识。在现代农业中，可以利用这些见识来管理寄主/寄生物系统。

1 野生植物/病原体系统

野生植物是在与其寄生物保持平衡的一种状态下生存的。总的来说，野生植物的抗性保持在足以把寄生物（病虫）限制在不致危害到寄主生存能力的水平。在自然系统中，有两种主要类型的抗病性能使病害保持在低水平，即水平抗病性和垂直抗病性。

水平抗病性是数量性的。水平抗病性不同的寄主基因型，受一特定的病原分离菌侵害的程度也不同。虽然在病原体群体中其致病力可能有别，但是，在寄主不同基因型中，病原菌侵袭力的差异，仍然保持相同的等级。水平抗病性可以减慢病害的流行。典型的反应是防止病原菌侵入，减慢病原体的生长，限制孢子的产生。许多过程与寄主/病原体之间的关系有关。病原体对这些过程的适应，会扰乱基因组的许多座位，因此，这是不太可能的。笔者假定，在一个平衡的寄主/病原体系统内，水平抗性起着主要的作用，其他的选择压力平衡了抗病性和致病力的进一步选择，而病原体的致病力则接近它的最高水平。

垂直抗病性是质量性的。它表现为对部分病原群体（小种）的免疫性或高度抗病性以及对其他小种的完全易感病性。垂直抗病以基因对基因的关系为特征。寄主中有一个专化性的抗病基因，相应的病原体中就有一个致病性基因。在自然系统中，垂直抗病性基因存在于镶嵌模式（mosaic pattern）（即自然多系模式）之中。在这个系统中，垂直抗病性通过"稀释"接种体起作用，并对预防侵染十分重要。使野生植物/病原体系统，即寄主/寄生物系统——起作用的先决条件是病原体和寄主的垂直基因的积累有负的残存值。

2 原始作物系统

原始作物系统（粮食作物和原始商品作物）与原始野生植物系统很接近，虽然原始作物系统的多系要比原始野生植物系统的少。有许多作物是在埃塞俄比亚驯化的；如东非画眉草（一种近亲繁殖的禾谷类作物）、御佐子和阿拉伯咖啡等。所有这些作物，直至最近都很少发生病虫害问题。但是，如果把它种到它原来分布地区以外的地方，问题就发生了。

如果把东非画眉草种到雨量比它原来分布地区多的地方，就会严重感染煤污病（*Helminthosporium miyakei*）。虽然从病害的观点来看，在这些地方种东非画眉草是有些勉强的，但是，因为这种作物是很受人欢迎的作物，在这些地方还是有人种植的。

另一个例子是阿拉伯咖啡。这种作物的抗病力往往太弱，以致不能抗病，必须培育有充分抗病力的作物新品系。

在肯尼亚，阿拉伯咖啡遇到过咖啡毛盘孢的一个变种。它大概是一些近亲的咖啡种上为害不大的病原菌。但在肯尼亚的阿拉伯咖啡对这种病原菌的抗病力很弱，因此，咖啡刺盘孢引起的咖啡果苦腐病达到了流行的程度。

3　对寄主/寄生物平衡的变化的适应

一种作物如何能够适应寄主/寄生物平衡的变化，主要决定于：①遗传变异性的存在；②是近亲繁殖还是远亲繁殖；③作物生活周期的长短。

上面引用的例子表明，非洲的玉米有如此强大的适应性，以致农民进行的选种就足以适应已发生变化的平衡关系。但咖啡育种者必须做更大的努力才能育出适应本地的抗锈咖啡品种。

植物育种者的目标必须是培育出一些高度抗病虫害的高产优质品种。必要时，可以通过一个多系品系中的垂直抗性来补充水平抗性。例如，埃塞俄比亚的咖啡果苦腐病抗病育种规划，就是以此为目标的一个比较单纯的育种规划。

4　埃塞俄比亚抗咖啡果苦腐病的育种方法

在埃塞俄比亚种植的咖啡大多是"森林咖啡"。在这种情况下，在咖啡果苦腐病传入该地以前（1971年第一次报道发生此病），病害问题一直都不大。目前，由于此病的为害，咖啡的总损失量可能接近25%，个别农场损失70%~80%的亦非罕见。

埃塞俄比亚是阿拉伯咖啡起源中心，而且，由于古老的农业制度，甚至在一个农场中，咖啡树之间都存在着广泛的遗传性变异。病原菌一旦传入，就观察到在咖啡群体中有各种不同程度的抗病性，从十分易感病直到少数几株免疫不等。

根据这些观察结果，开始进行选种。从1973—1975年在重病区进行调查，标出一些果实感病率在1%以下的咖啡树。从调查的100万~200万株树中，选出了650株。由于阿拉伯咖啡是近亲繁殖的，所以用种子进行繁殖。实生苗在苗圃培育18个月，以便有充分的时间进行田间观察、田间接种和室内测定，从而确定这些选出的植株的抗病水平。试验结果充分表明，这种抗病性是水平抗病性。经过测验的咖啡苗种在一个试验站的一块咖啡果苦腐病十分严重的地段。每个后代品系试验小区的株数多达1 000株。对母树则继续观察病虫害、产量和饮用质量等性状，直至子代第一次结果（4年）为止。在收获后代第一次果实的时候，鉴定其对苦腐病的一般抗性和抗病一致性。通过离体浆果的测验和田间观察鉴定一般抗病性。田间观察也可用来确定后代的抗病一致性。

曾用两种方法获得对其他病原菌的抗性的资料。为了鉴定对叶片病害的感病性，把一些后代种植在发病率高于平均水平的地区。虽然垂直抗病性会影响对叶锈病感病性的鉴定，但可以假定，在埃塞俄比亚密植的阿拉伯咖啡中，垂直抗病性大都不起作用。此外，还观察到对褐斑病、叶斑病和咖啡小扇卷蛾的不同抗性。

对导管病的抗性必须用另一种方法测定。由于此病的潜育期可能很长而传播慢，不能期望从几年的田间观察会得到可靠的数据。通过调查多年收集的材料，有可能获得病害的田间记录。已设计了实验室的测试方法，结果表明它与田间观察有非常高度的相关。这些测试方法用于确定所有后代对这种病害的抗性。试验结果有力地表明，对这种病害的抗性是一种水平抗病性。

在埃塞俄比亚，对于那些不同试验地区表现出对其他病虫害只有轻微感病性的后代，那些对导管病的抗性高于平均水平的后代和那些来自 4 年高产的母树的后代，都采集种子进行了紧急的分发。在这种紧急分发种子的情况下，从选种到分配仅仅花了 4 年的时间。1978 年分发了 20 万颗单品系种子，而 1979 年已有 4 个品系的 60 万颗种子分发给农民。

现正对所有后代进行长期试验，以鉴定出那些既高产优质而又高度抗病虫害的品系。正在推广的所有品系，对导管病的抗性都高于平均水平，因此，它们都要比未改良过的咖啡更能适应埃塞俄比亚的现代农业措施。预计这些新咖啡品系将在比以前更良好的栽培措施下进行栽培，投资少而产量低的栽培制度将改为现代农业制度。通过培育数量庞大的品系，就有可能保持部分的遗传变异性。这个规划之所以能较快地取得成功，是由于下述 4 个原因：①一种新的病原菌咖啡刺盘孢侵入一个较少受到干扰的作物基因中心。②阿拉伯咖啡是一种近亲繁殖作物，因而可用种子繁殖。③只涉及一种主要病害。对于其他病害，仅需保持寄主/病原的平衡，或在导管病的情况下，仅需稍为改良。④埃塞俄比亚农业制度的水平及由此造成的咖啡生产水平都很低。因此，即使不立即培育出高产咖啡品系，也能得到很大的改良。

5 其他作物的抗病育种水平抗病性

一般是多基因控制的。只有用育种的方法发展数量特性，才可期望累积这种抗病性。在上述咖啡果苦腐病抗病育种规划中，在一小部分具有遗传异质性的阿拉伯咖啡群体中，已累积了这种抗病性。对于其他作物，则必须创造这种异质性。

为了培育一些适应当地病虫害情况的品种，在许多地区都必须发展变异性。对于远亲繁殖的作物，通过重组创造这种变异性和累积基因是没有困难的。对于近亲繁殖作物，必须进行远亲繁殖多代，直至累积了抗所有病虫害的最高水平抗性。能掩盖水平抗病性的垂直抗病性应予排除。只有在获得最高的水平抗性时，才能在一个多系品系中利用垂直抗病基因。但是，必须考虑到有一定的限制。首先，低水平病害在农业上仍然是不能接受的。某些质量标准，例如从审美观点出发要求苹果没有斑点则是不可能达到的。

其次，要把水平抗病性累积到能在病害的一些极端有利条件下种植一种专一的作物，这是不可能的。最后，有几种近代才从野生状态转为栽培状态的植物（例如橡胶），寄主与病原菌之间的平衡是非常不稳定的。在这种情况下，不能预言寄主植物抗病性的效果。但是，上述情况下，培育高度水平抗病性的品系，仍然是有利的，因为这样可能限制农药的使用。

6　结论

对抗病育种不必丧失信心。在抗病育种中，对质量性抗病性的研究令人感到农业是注定要不断进行抗病育种的。然而，水平抗病性的利用，必要时，与垂直抗病性的适当运用相结合，可使主要病害变成为没有特别重要性的次要病害。

原文载于 *FAO Plant Protection Bulletin*，1978，27（1）：1-6

余卓桐译，杨炳安校

译文载于 *热作译丛*，1980（5）：21-24

橡胶裂皮病病原学

O. S. Peries

（斯里兰卡橡胶研究所）

斯里兰卡橡胶研究所所长 O. S. Peries 于 1930 年，首次报道伴随流胶而产生的橡胶裂皮病。Peries 等描述了此病的外部症状和组织学。在斯里兰卡种植的无性系中，只有 PB86、PB5/63 和 PR107 受侵害，而且只在幼龄阶段（约到 5 龄）表现感病。以后病状会消失，这些树成龄时看来很健康。但是，它们是否是带病体尚不清楚。

Peries 等报道，此病大概是由一种病毒所引起的，但对此问题还未做过系统的研究。裂皮病影响未成龄胶树的生长，推迟 12~18 个月投产，因而研究其病因和控制或防治该病的方法是重要的。本文报道鉴定裂皮病病原的研究结果。

1 材料和方法

从 2~5 龄的无性系 PB86 和 PB5/63 的植株上采集有病状的主干、大枝、绿色顶枝的芽条。在上述两个无性系的未有过病状的树上（健康树）和在幼龄时曾有过此病，但以后外表已恢复的树上相似部位采集样本，将这些样本的芽片分别接到 18 个月的 Tjir1 的实生苗砧木上和幼龄时有过此病的 PB86 和 PB5/63 健康成龄树的修剪过的枝条上（图 1）。用健康的材料和用做对照的无性系做相似的芽接试验。每类材料芽接 20

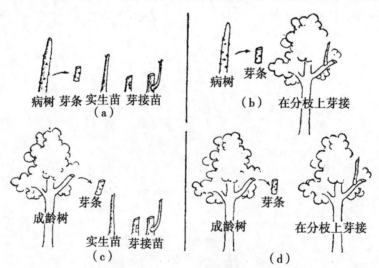

图 1 带病体接种到健康体的途径

（a）用病树的芽接到实生苗上；（b）用病树的芽嫁接到健树分枝上；
（c）用带病体的芽接到实生苗上；（d）用带病体的芽接到健树分枝条上。

株。因为树龄高的树一般不表现症状，故只定期观察 5 年。

按照 Moreira 描述的实验室检查病毒感染的方法，用间苯三酚—盐酸试剂处理病皮和健康皮的皮片。

2　结果

在实生苗砧木上，接有病幼树的芽，两年后 50% 以上有病状，到第三年年底时有 90% 受感染。其中有两株（10%）直到第五年无任何病状。在幼龄曾出现过病状，成龄时外表健康的树上取下的芽芽接的苗，仅有 4 株发病（20%）。用健康芽或用其他无性系的芽芽接的对照苗没有一株发病。试验结果（表 1）表明，本病是由一种可由嫁接传染的病原所引起的，这证实了笔者以前的意见。

表 1　不同类型芽接树的裂皮症状百分率

处理（按图 1）	芽片来源	砧木	表现症状（%）（20 个芽接苗）	症状出现时的树龄（年）
a	已感病的 2 龄树	18 个月 Tjir1 实生苗	90	8
b	已感病的 2 龄树	成年树修剪的枝条	0	—
c	成龄的"带病体"	15 个月的 Tjir1 实生苗	20	4~5
d	成龄的"带病体"	成龄健康树修剪的枝条	0	—
对照（健康树或其他品系的芽）		所有砧木	0	到 5 龄均无病

用间苯三酚—盐酸试剂处理树皮片的室内试验，没有得到肯定的结果。显然，这种方法是专门用来测定柑橘的 exocontis 病的。

3　讨论和结论

本试验结果表明，裂皮病是一种通过嫁接传染的病原所引起的。幼龄时曾感病，成龄时外观是健康的树能作病害的带病体。用这种树的芽进行芽接的苗有 20% 表现典型的病状。很显然，病害是隐症的，成龄树不像幼树那样表现病状。

病原是否也可以通过昆虫或其他传染媒介传播仍不清楚。如果本病是以传播媒介传播，提出任何防治方法都必须考虑成龄树的带病体问题。至今已有的资料表明传播媒介在传病上不起作用，在靠近有病幼树或带病成龄树的幼龄更新区尚无传病记录。成龄树隐症的能力看来像是有生理基础的，因为当嫁接到成龄树的枝条上时，病芽生长出来的枝条并不表现病状。

病害对隐症成龄树产量的影响尚不清楚，但可能是显著的。

因为橡胶主要靠芽接繁殖，铲除病害看来似乎是有可能的。最重要的防治方法是保证不从有裂皮病的地区取芽条。了解橡胶芽条苗圃的记录也是重要的。从采集芽条地区的记录证实，裂皮病是使用有病的芽条传播的。因此，有必要对有过裂皮病的苗圃的所有芽条连根挖出烧毁。

原文载于 *PIant Disease Repotrter*，1977，61（11）

余卓桐译，尤承霖校

译文载于 *热作译丛*，1979（6）：28-29

第二部分
其他热带作物病害

杜果病害种类及其病原物鉴定

肖倩莼　余卓桐　郑建华　符瑞益　陈永强

[摘要] 我国杜果病害有 25 种，病原物 31 种。包括真菌病害 23 种，细菌病害 1 种，藻类病害 1 种。其中危害性较大的有炭疽病、白粉病、流胶病、幼苗立枯病、蒂腐病等 10 种。有 8 种病原物为国内首次报道；有 1 种病原物为国际首次报道。

[关键词] 杜果病害；病原物

过去，由于我国杜果种植面积小，对杜果病害的研究不多，对我国杜果病害的情况了解甚少。1976—1979 年华南热作两院与华南四省农垦局协作，对海南、广东、广西、云南、福建等省的杜果病害做过普查，发现有杜果病害 19 种，病原物 20 种，但没有做进一步的鉴定工作。刘秀娟（1987）对炭疽病的寄主植物（包括杜果）及菌种，果实潜伏侵染的菌种做了研究，戚佩坤对广州地区的杜果疱痂病做了鉴定，刘朝祯等对广东的杜果病害做过调查，确定广东地区有 14 种杜果病害。为了更全面掌握华南主要杜果产区的杜果病害和病原物的种类，为杜果病害的研究、防治和植物检疫提供依据，笔者从 1986 年开始设题，对华南地区的杜果病害及其病原物做了调查、鉴定。

1 材料与方法

利用田间调查与室内鉴定相结合的方法。大田调查的材料，主要是从国外引种的良种芒，如留香、青皮、象牙、吕宋、白玉、鸡蛋、秋芒和粤西一号等；也有少量本地芒。树龄有 1~3 龄的幼树，也有 3 龄以上的结果树。苗圃的调查包括实生苗和芽接苗。大田调查在杜果开花结果期和 7—8 月雨季期间分别调查 1~2 次。调查发现病害，立即取样回室内鉴定。室内鉴定时先从病部采样镜检，对于已报道确认的病害和病原物，如果笔者镜检的病原物及其症状都与报道的一致，则不做进一步的接种鉴定工作，而仅记录观察结果，并与已报道的结果比较，以确定病原物的菌种是否与前人报道的相同。对于未报道或虽有报道，但仍未确定的病害或病原物，则按 Koch 法则进行鉴定。病原物的鉴定，主要根据其形态、致病力和病害的症状，与国内外有关文献对比，确定其种类。

2 试验结果

2.1 杜果病害及病原物种类

由表 1 可知，我国杜果产区有 25 种病害，31 种病原物。其中真菌病害有 23 种，占 92%，细菌病害和藻类病害各有 1 种，各占 4%。这 25 种病害中，比较严重的病害有炭疽病、白粉病、流胶病、回枯病、蒂腐病、细菌性叶斑病、灰斑病、煤烟病、幼苗立枯病、果腐病 10 种。根据国内文献报道。上述病原物中，*Trisposperman acerinum*（Syd）Speg, *Scorias* sp.，*Chactochyrium* sp.，*Seolecoxyphium* sp.，*Nigrospora* sp.，*Rhizoctonia solani* Kiihn，*Rhizopus arrhizus* Fischer 7 种是国内尚无报道的病原物。笔者在 1988 年首先报道 *Ascochita* sp.，以后刘朝祯也发现此菌。据国外文献报道，*Nigrospora* sp. 是国际上尚无报道的病原物。还有 2 种病原物即 *Leptosphaeria* sp. 和 *Coniothyrium* sp. 过去国内普查有发现，但外国文献尚无报道。

表 1 杧果病害种类及其病原物鉴定（1986—1992 年）

序号	病害	病原物	发生部位	分布及严重度*
1	炭疽病	*Colletotrichum gloeosporioides* Penz	叶、枝、花、果	海南+++ 广东+++ 广西+++ 云南+++ 福建+++
2	白粉病	*Oidium mangiferae* Berther	叶、花、小果	海南++ 广东+ 广西++ 云南++
3	流胶病	*Diplodia natalensis* Pole（Evens）	枝、干	海南+++ 广东++ 广西++
4	回枯病	*Diplodia natalensis* Pole（Evens）	幼树、枝、叶	海南++
5	立枯病	*Rhizoctonia* sp.	根颈	海南++
6	煤烟病	1. *Trisposperman acerinum*（syd）speg. 2. *Capnodium mangiferae* P. Henning 3. *Scorias* sp. 4. *Chactochyrium* sp. 5. *Meliola mangiferae* Earle. 6. *Scolecoxyphium* sp.	叶、果 叶、果 叶、果 叶、果 叶、果 叶、果 叶、果	海南++ 广东++ 广西++ 云南++ 海南++ 广东++ 广西++ 云南++ 海南++ 广东++ 广西++ 云南++ 海南++ 广东++ 广西++ 云南++ 海南++ 云南++ 广东++ 广西++ 海南++ 云南++ 广东++ 广西++ 海南++ 云南++ 广东++ 广西++
7	多毛孢霉灰斑病	*Pestalotia mangiferae* P. Henning	叶、果	海南++ 广东++ 广西++ 云南++
8	细菌性角斑病	*Xandomonas mangiferaeindica*（Patel et al）Robbs. Riberiro & kimato	叶、果	海南++ 广东++
9	绯腐病	*Corticium salmonicolar* B. et Br	枝、干	海南+ 云南+
10	交链孢霉叶斑病	*Alternaria tenuissma*（Fr.）Wiltshire	叶、果	海南++ 广东+
11	弯孢霉叶斑病	*Curvularia lunata*（*C. lunata* Nel. & He）var. *aeria*	叶	海南+ 广东+
12	尾孢霉叶斑病	*Cereospora mangiferae indicae* Munjal	叶	海南+ 广东+
13	叶点霉叶斑病	*Phyllosticra* sp.	叶	海南+ 广东+ 广西+
14	大茎点霉叶斑病	*Macrophoma mangiferae* Hingorani & Sharma	叶	海南+ 广西+

（续表）

序号	病害	病原物	发生部位	分布及严重度*
15	拟茎点霉叶斑病	*Phomopsis* sp.	叶、枝	海南⁺广东⁺
16	褐色膏药病	*Septobasidium* Pilosum Boedijn & stein	枝、干	海南⁺云南⁺
17	线疫病	*Ceratobasidium stevensii*（Burt）Ven	杆、叶	海南⁺
18	球二胞枝枯病	*Botryodiplodia theobromae* Pat.	枝、条	海南⁺
19	壳二胞叶斑病	*Ascochyta* sp.	叶	广东⁺
20	盾壳霉叶斑病	*Coniothyrium* sp.	叶	海南⁺广东⁺福建⁺
21	黑孢霉叶斑病	*Nigrospora* sp.	叶、果	海南⁺广东⁺
22	黑腐病	1. *Colletotrichum gloeosporioides* Penz. 2. *Altermaria tenuillima*（Fr.）Wiltshire 3. *Aspergillus miger* V. Figh 4. *Rhizopus arrhizus* Fis. 5. *Xanthomonas* sp.	果 果 果 果 果	海南⁺⁺⁺ 广东⁺⁺⁺ 广西⁺⁺⁺ 云南⁺⁺⁺ 海南⁺⁺广东⁺⁺ 海南⁺⁺广东⁺⁺ 海南⁺ 海南⁺
23	蒂腐病	*Diplodia natalensis* Pole（Evens）	果蒂、果面	海南⁺⁺⁺广东⁺⁺
24	小球腔霉叶斑病	*Leptosphaeris sacchari* Breda	叶	海南⁺福建⁺
25	藻斑病	*Cephaleuros Virescens* Keenze	叶	海南⁺⁺广东⁺⁺广西⁺⁺

注：*严重度分3级：+轻微；++中度；+++严重

2.2 国外或国外尚无报道的病害、病原物

（1）*Trisposperman acerinum*（Syd）Speg. 主要在叶上发生，引起煤烟病。菌丝黑褐色，有分隔，具长细胞，分生孢子星状，有2~4个分叉，无色或黑褐色，一个分叉到另一分叉的长度为71~83μm，分叉本身宽度3~7μm。Lim 等（1985）报道在马来西亚有此菌，国内尚无报道。

（2）*Scorias* sp. 主要发生在叶上，引起煤烟病。菌丝淡褐色，壁平，形成海绵状菌丝层。子囊壳球形，有柄，大小为280~430μm。子囊棍棒状，内有4~8个子囊孢子。子囊孢子长倒圆形，有3个分隔，淡橄榄色，大小为（20~43）μm×（7~12）μm。分生孢子器聚生，有长柄，长度308~1 148μm。分生孢子圆形，无色、单胞，直径3~5μm。Lim 报道马来西亚有此菌，国内尚无报道。

（3）*Chactochyrium* sp. 此菌亦为煤烟菌，主要在叶片上引起煤烟病。菌丝体由串珠状的菌丝组成，有刚毛。子囊梭形，无色，大小为（38~53）μm×（13~17）μm。子

囊孢子椭圆形，3 个分隔，无色，大小为（17~23）μm×（5~7）μm。Lim 等（1985）报道马来西亚有此菌。国内尚无报道。

（4）*Scolecoxyphium* sp. 为煤烟病，主要在叶片上引起煤烟病。菌丝体黑色，有分隔和分枝，分生孢子器烧瓶状，有长喙，黑色，大小 76μm 左右。长喙顶端有孔口，散出大量发生孢子。分生孢子无色，透明，圆形或椭圆形，大小为 3~7μm。据其形态，本菌为 *Scolecoxyphium* sp. Lim（1985）报道马来西亚有此菌。国内尚无报道。

以上 4 种煤烟菌，连同国内已报道的 2 种（*Capnodtium* sp. 和 *Meliola* sp.），目前已在国内发现 6 种煤烟菌。据笔者 1988—1991 年在海南取样 200 片病叶鉴定的结果，这 6 种煤烟菌在煤烟病的发生中所占的比例是不同的。*T.* sp. 占 33%，*S.* sp. 占 10%，*C.* sp. 占 18%，*M.* sp. 占 16%，*Scolecoxyphium* sp. 占 8%，*Chactothyrium* sp. 占 7%。可见，海南的煤烟病以 *Trisposperman acerinum*（Syd）Speg 为主。国内过去的报道，认为煤烟菌只有 *Meliola mangiferae* 和 *Capnodium mangiferae* 2 种，实际上有 6 种，且这 2 种均不是优势种。

（5）*Rhizoctonia solani* Kiihn 在海南探贡、大岭等农场的杧果实生苗上发现此病，发病率达 10%~30%，造成大批杧果苗死亡。这是国内尚无报道的病害。此病发生在幼苗茎基部或根颈处，发病初期病部出现褐色水渍状病斑。病斑扩大后茎基部变黑褐色，溃烂。此时叶片开始凋萎，全株自上而下青枯，最后死亡。病部长出乳白色菌丝体，后期有黑褐色菌核。从病部分离出来的病原菌，菌丝初期无色，后变黄褐色，有隔膜，宽度 7~14μm，呈直角分枝，分枝基部稍细，离细处不远处有一隔膜。菌核黑褐色或黑色，大小 1~8mm。据病原菌的形态和病害症状，本菌为 *Rhizoctonia solani*。笔者用此菌的菌丝块接种盆栽实生苗，半年后出现立枯症状，证明此菌的致病力。此外，笔者还从病部分离出 *Sclerotium* sp. 这是国内外已报道的病原物。

（6）*Nigrospora* sp. 在广东湛江、海南文昌、三亚海螺、琼山等地发现此菌，引起叶枯病。此病零星发生，未见造成严重为害。国内外都未报道过此病。

病害发生在叶片、果实上。在叶片上主要在叶尖和叶缘，病斑初期褐色，后期灰白色，造成叶尖和叶缘枯死。从病部可分离到病原菌。菌丝无色或淡褐色，有分隔，宽度 2.3~4.6μm，分生孢子梗单生，有分隔，产孢细胞膨大，淡褐色，顶生分生孢子。分生孢子球形，9~13.5μm。据其形态，本菌为 *Nigrospora* sp. 查阅 *Nigrospora* 有关种的描述，本菌与 *N. oryxae*（Beru. et Br.）Petch 相近，但需进一步鉴定。用此菌的分离菌菌丝块（含孢子）接种刺伤的老叶和嫩叶，每种叶片接种 20 片，保湿一个星期，侵染率分别为 40% 和 60%，证明此菌有侵染力，是笔者新发现的一种杧果病害。

（7）*Ascochyta* sp. 笔者先在广东阳江找到此病。属零星发生。此病在叶片上产生细小圆形或不规则形病斑，灰白色，后期病部有小黑点。镜检小黑点为分生孢子器，近球形，黑褐色，直径 91~122μm。分生孢子双胞，无色、梭形、大小为（8.4~10.6）μm×（3.2~4.1）μm。据本菌的形态，此菌为 *Ascochyta* sp. 刘朝祯 1989 年也在广东广州找到此菌，并认为是一个新种。国外报道此菌为 *A. mangiferae* Betista。

（8）*Coniothyrium* sp. 笔者在海南儋州、广东湛江找到此菌，过去普查在广东海康、福建厦门找到此菌。是零星发生的病害。病害在叶上先形成褐色病斑，后期变灰褐色，不规则形，上有小黑点。镜检小黑点为分生孢子器，球形，直径 125~216μm。分生孢子椭圆形，单胞，褐色，大小为（10.5~12）μm×（4~6）μm。据其形态，本菌为 *Coniothyrium* sp.，此菌国外尚无报道；国内只在普查时报道有此菌，但未做鉴定，笔者由于标本太少，分离菌未产孢，未能做致病力测定。

（9）*Leptosphaeria* sp. 在海南儋州找到此病。过去普查在福建漳州、厦门找到此病，属零星发生。病害发生在叶片上，形成近圆形或不规则形病斑，灰白色，后期有小黑点，为本菌的子囊座。镜检为近球形，内有 2 个子囊壳。子囊圆筒形或棍棒形，内有 8 个子囊孢子。子囊孢子 3 分隔，无色，纺锤形，大小为（25~31）μm×（6~8）μm。国外未见有此菌的报道。据其形态，此菌为 *Leptosphaeria* sp. 查阅 *Leptosphaeria* 有关种的文献，此菌与 *L. sacchari* Berda 相近，此菌为子囊菌，其无性世代为 *Phyllosticta*。故认为此菌是叶点霉叶斑病形成的有性阶段。

2.3　杧果病害、病原物名录

根据笔者的调查、鉴定结果，并参考 1976—1977 年对华南四省（区）热作病虫普查材料和刘朝祯等对广东杧果病害的调查，现将我国杧果病害、病原物名录拟订如表 2。

表 2　中国杧果病害病原物名录

分类	名称
	真菌
接合菌亚门	
1. 果腐菌	*Rhizopus arrhizus* Fischer
子囊菌亚门	
2. 煤烟病	*Trisposperman acerinum*（Syd）speg.
3. 煤烟病	*Capnodium mangiferae* P. Henning
4. 煤烟病	*Scorias* sp.
5. 煤烟病	*Chactchyrium* sp.
6. 煤烟病	*Scolecoxyphium* sp.
7. 煤烟病	*Miliola mangiferae* Earle
8. 小球腔霉叶斑病	*Leptosphaeria* sp.
9. 疮痂病	*Elsinoe mangiferae* Bitance & Jankins
担子菌亚门	
10. 褐色膏药病	*Septobasidium Pilosum* Boed & Steinm
11. 线疫病	*Ceratobasidium stevensii*（Burt）Venkat
12. 绯腐病	*Cortieium salmonicolar* Bert & Br.

（续表）

分类	名称
半知菌亚门	
13. 炭疽病	*Colletotrichum gloeosporioides* Penz
14. 白粉病	*Oidium mangiferae* Bethet
15. 回枯病	*Diplodlia matalensis* Pole（Evens）
16. 流胶病	*Diplodlia matalensis* Pole（Evens）
17. 蒂腐病	*Diplodlia matalensis* Pole（Evens）
18. 立枯病	*Rhizoctonia solani* Kiihn 和 *Sclerotium roltsii* sacc.
19. 灰斑病	*Pestalotia mangiferae* P. Henning
20. 交链孢叶斑病	*Alternaria tenuissima*（Fr）Wilt.
21. 弯孢霉叶斑病	*Curvularia Lunata*（Nel & Ha）Veraeria
22. 尾孢霉叶斑病	*Cercospora mangiferae* Koorders
23. 盾壳霉叶斑病	*Coniothyrium* sp.
24. 叶点霉叶斑病	*Phyllosticta* sp.
25. 大茎点霉叶斑病	*Macrophoma nangiferae* Hing & Shar.
26. 壳二孢叶斑病	*Ascochyta* sp.
27. 球二孢枝枯病	*Botryodiplodia theobronae* Pat Bullsac.
28. 果腐病	*Aspergillus niger* V. Tigh
29. 煤污病	*Glieodes pomigena*（Schw.）Colby
30. 拟茎点霉叶斑病	*Phomopsis* sp.
31. 黑孢霉叶斑病	*Nigrospora* sp.
	细菌
32. 细菌性角斑病	*Xanthomonas mangiferae indica*（Patel，Momiz & Kulkami）Rob. Ribeiro & Kimnto
	藻类
33. 藻斑病	*Cephaleuros Virescens* Kunze

3 讨论

（1）结果表明，我国有 25 种杧果病害，31 种病原物，加上刘朝祯等报道而笔者没有发现的 2 种病害和病原物，共有 27 种病害，33 种病原物。其中 *Trisposperman acerinum*（Syd）Speg，*Scorias* sp.，*Chactochyrium* sp.，*Scolecoxyphium* sp.，*Nigrospora* sp.，*Rhizoctonia solani* Kiihn，*Ascochyta* sp.，*Rhizopus arrhizus* Fischer 8 种病原物是国内

首次报道的杧果病原物。

国外报道的杧果病原物有 84 种。本研究中的杧果病原物 *Nigrospora* sp. 在国际上属首次报道。*Leptosphaeria* sp.，*Coniothyrium* sp. 在国外无报道，但笔者过去普查有发现。

（2）国外报道的 84 种病原物中，有 39 种笔者尚未发现。其中 *Pythium vexans* de Bary（苗枯病）、*Phytophlthora palmivora*（枝干腐烂病）、*Rigidoporus lignosus* Zonalis（白根病）、*Dreschslera hawaii* M. B. Ellis（叶枯病）等病害有些国家报道较严重，值得注意。印度报道丛枝病很严重，笔者在海南大岭农场也发现有此病。

（3）笔者找到的杧果病害的病原物，大部分是国内外已有报道的病害的病原物，均已证明具有致病力，故未做进一步的鉴定。有小部分病害和病原物，如 *Leptosphaeria* sp.，*Coniothyrium* sp. 由于标本少，分离后不产孢，未能接种测定致病力。今后仍需进一步研究。目前我国杧果种植业正在迅速发展，新的病害不断出现，有些新区仍未调查，本研究尚待继续。

致谢　王绍春于 1987 年参加部分工作。

参考文献（略）

原载于*热带作物学报*，1995，Vol. 16，No. 1：77-83

杧果主要病害防治

余卓桐　肖倩蒗

1　杧果病害概况

　　杧果病害是杧果生产的一个严重问题。从幼苗至结果，都有病害为害。据国外报道，杧果病害有 80 多种。其中大多数为真菌病害，还有细菌病害以及与病毒症状相类似的丛枝病和瘤肿病、藻斑病等。迄今为止，我国杧果病害已发现有 49 种，其中以炭疽病发生最普遍，为害也比较严重。此外，比较重要的病害还有白粉病、细菌性黑斑病、流胶病、枝枯病、蒂腐病、幼苗立枯病、灰斑病、煤烟病、绯腐病等。

2　杧果炭疽病

2.1　分布及为害

　　本病分布很广，我国海南、广东、广西、云南、福建等省（区）杧果植区均有发生，其中尤以海南发生最重。在国外，美国佛罗里达州在 1893 年就报道有此病的发生，以后在印度、巴西、菲律宾、泰国、秘鲁、圭亚那、波多黎各、古巴、特立尼达、印度尼西亚、刚果、西非、马来西亚均有报道此病之发生。

　　此病主要为害嫩叶、花序、果实和枝梢。病害严重时引起落叶、落花、落果、果腐、枝枯，严重影响杧果生长和产果。果实采收后，在贮运期间，常常由于此病之为害，而致大批果实腐烂。

2.2　症状

　　本病发生在叶片、果实、枝条和花序上。在叶上，初期出现褐色小点，四周有黄晕。病斑扩大后成圆形或不规则形，黑褐色，数个病斑融合后可成大斑，致大部叶身枯死。老叶受害后病斑突起，最后穿孔。花序感病后产生黑褐色小点，圆形或条形，多发生在花梗上。严重时整个花序变黑干枯，花蕾脱落，使杧果全部或部分不开花。寒害也可以使花序产生黑色斑点、干枯等症状。如果这种症状出现在低温冷害之后，这是寒害所致；如果发病前温度在 15℃ 以上，则属炭疽病症状。其次，炭疽病的症状，一般病斑较大，分布不均匀，寒害斑较小，整个花序受害。未熟的果实感病后，产生黑褐色小斑点。若在果柄、果蒂部分感病，则果实很快脱落。接近成熟或成熟的果感病后，初期形成黑褐色圆形病斑，扩大后或圆形或不规则形，黑色，中间凹陷。有时几个病斑联合成为大斑，使大部分果面变黑。病部果肉初期变硬，后期变软腐烂。在潮湿的天气下，病部产生淡黄色孢子堆。在嫩枝上，产生黑色病斑。病斑向上下扩展，环绕全枝后形成回枯症状，病部以上枯死，病部产生许多小黑点。

2.3　病原菌

为半知菌亚门、毛盘孢属真菌，学名是 *Colletotrichum gloeosporiodes* Penz。菌丝幼龄时无色，后期变为褐色，圆筒形，有隔膜和分枝，直径 2~8μm，在培养基上产生黑色素。分生孢子盘散生或排列成不规则的同心圆，浅褐色，圆形或卵圆形，直径 100~250μm。孢盘内密生短小的分生孢子梗。分生孢子梗单胞，无色，直立，长度约 20μm。分生孢子梗上着生分生孢子。孢盘上有时有刚毛，刚毛 1~2 个隔膜，大小为（50~100）μm×（4~7）μm。分生孢子单胞，无色，椭圆形或圆筒形，有时有油点，大小为（7~20）μm×（2.4~5）μm。此菌有时产生有性世代。其有性世代为子囊菌、小丛壳属，学名是 *Glomerella cingulata*（Stonem）Spauld et Schrenk。

病菌生长最适温度为 25℃。温度高至 35℃ 时，虽能生长，但菌丝变形；40℃ 停止生长。孢子萌发的最适温度为 25~30℃，低于 15℃ 或高于 40℃ 时，孢子萌芽率很低或不萌芽。孢子萌芽要求高的相对湿度，相对湿度低于 98%，孢子萌芽率下降，低于 85%，不能发芽。在适温下，孢子在小水滴中萌芽率最高，6~8h 达 100%。

2.4　侵染循环

2.4.1　侵染来源

病菌以菌丝或孢子堆在病叶、病枝或落叶、病枝或落叶、落枝上越冬。据调查，越冬老叶带菌率 51.4%，枝条 18.5%，落叶 21.9%，枯枝 31.4%。它们是主要的侵染来源。

此外，本菌的寄主范围很广，除杧果外，还可以侵染橡胶、胡椒、油梨、香蕉、腰果、柑橘、番石榴、咖啡、可可等多种作物。在杧果园附近种植这些作物，也可以提供杧果花、果、叶、枝侵染的来源。

2.4.2　侵染过程

炭疽菌孢子可通过杧果叶片、嫩梢、果实的自然孔口、伤口侵入寄主组织，也有通过角质层侵入。孢子只能侵染嫩叶，叶片老化后不能侵染。侵染要求有水膜或 98% 以上的相对湿度，最适温度为 25~30℃。相对湿度低于 90%，或平均气温在 15℃ 以下，侵染减少或不能侵染。在适宜的温湿度条件下，杧果炭疽病的潜育期为 2~4 天。

病害出现症状后即可以产孢。产孢的最适宜的条件是相对湿度 98% 以上，温度 20~30℃。相对湿度低于 95%，气温低于 10℃ 或高于 35℃，不产孢或极少产孢。

孢子的传播主要靠雨水和雨溅，干燥的气流不能传播孢子，因为炭疽病孢子堆黏结，不为干燥气流吹散。只有经过雨湿软化，孢子进入水滴中，才为雨水、雨溅或风雨传播。

2.5　发生和流行条件

杧果炭疽病的生发、流行与品种的抗病性、物候期、菌源数量、气候条件有密切的关系。

2.5.1　品种抗病性

经调查，目前海南种植的品种，没有高度抗病的品种，只有高农、陵水芒的果实表现病情较轻。

2.5.2　物候期

杧果对炭疽病有明显的感病期。叶片的最感病时期是抽芽、开叶、古铜、淡绿期；

开花结果期一般都较感病；枝条则以嫩梢期最感病。如果感病期遇上适宜发病的天气，则病害严重。在非感病期间，即使出现适宜发病的天气，病害也不会发生。

2.5.3 菌源数量

从上述"侵染来源"描述中可以看出，杧果炭疽病的菌源数量一般都是较大的，这就保证了流行所必须的基本条件。幼龄的新园，由于菌源累积较小，一般发病较轻。

2.5.4 气候条件

炭疽病的流行，与感病期间的湿度、降雨、温度有密切的关系。病害流行要求平均温度在 16.5℃以上，低于 14.5℃病害下降。最适宜病害流行的相对湿度是 90%以上，低于 86%，病害下降。降雨与病害发展关系研究表明，雨日与病害流行高度相关。每周降雨 2 天以下，则病害停止发展或下降；每周降雨 3~5 天，则病害上升；每周降雨 6 天以上，则病害迅速发展，造成流行。

综上所述，杧果炭疽病的流行条件为：在杧果开花、结果和嫩叶的感病期间，连续出现降雨和高湿天气，平均温度在 16℃以上，旬降雨 7 天以上，相对湿度在 90%以上。

2.6 防治方法

杧果炭疽病的防治，要贯彻预防为主、综合防治的方针，采取选育抗病品种、化学防治和田间卫生相结合的方法，把病害控制在经济为害水平以下。

2.6.1 抗病品种利用

据调查目前较抗病的品种有高农（吕宋芒）、粤西 1 号、陵水芒等。但这些品种抗病力还不算高，必须在产前、产后结合进行化学防治，才能获得满意的防治效果。

2.6.2 田间卫生

喷药前要剪除病枝、病叶，连同落地的枯叶、枯枝一起集中烧毁，减少侵染来源。

2.6.3 化学防治

要抓紧在杧果感病期间施药，防治杧果炭疽病的有效农药很多，如 40%多菌灵 200 倍液，70%苯莱特 350 倍液，75%百菌清 500 倍液，50%代森锰 250 倍液，50%福美铁 500 倍液，25%代森锌 400 倍液，1%波尔多液等。近年笔者试验用复方 Trifucit 和果病灵效果优于上述各农药，平均增产 13.6%，增加收益 19.7%。具体方法如下：

（1）保花保果：花蕾抽出后每 10 天喷一次，连续喷 2~3 次，小果期每月喷一次，直至成熟前。

（2）保护嫩叶：开叶后每 7~10 天喷药一次，直至叶片老化。一般秋梢抽发较多，是主要的结果母枝，应予施药保护。

2.6.4 防腐保鲜

采果后经防腐保鲜处理，可以延长贮藏期，减少腐烂，增加好果率。目前的防腐保鲜方法，主要有两种：

（1）热水浸泡法：用 51℃温水浸果 15min，或用 51℃温水浸果 5min。

（2）热药液浸泡法：用 500mg/kg 苯莱特、1 000mg/kg 多菌灵、500mg/kg 敌克多的热药液（52℃）浸泡 5~10min。

防腐保鲜工作应从田间做起。采收前应施药预防潜伏侵染，采收运输过程要注意尽量减少伤果，这样才会获得较好的保鲜效果。一般保鲜期 3~4 周。

3 杧果白粉病

3.1 分布及为害

杧果白粉病是分布较广的一种杧果病害，我国海南、广东、广西、云南等省（区）均有分布。海南省以南部、西南部发病较为普遍，在国外，南非、津巴布韦、斯里兰卡、印度、巴西以及澳大利亚等都有报道此病的发生。本病主要为害花序和幼果，造成大量落花、落果，降低产量。据国外报道，每年因此病为害，估计损失总产量 20% 左右。

3.2 症状

本病主要发生在花序、幼果、嫩叶、嫩枝上。发病初期出现少量分散的白粉状病斑。病斑扩大互相联合，形成一层白色粉状物。花序受害后，花朵停止开放，花梗枯死，不久花蕾即脱落。即使有些花能开花结果，但也很快脱落。嫩叶受害后常常皱缩，最后脱落。

3.3 病原菌

为半知菌亚门、粉孢属真菌，学名为 *Oidium mangiferae* Bethet。菌丝表生，无色，有分隔，以吸胞伸入寄主表皮组织吸取营养，直径 4.1~8.2μm，上生许多分生孢子梗。分生孢子梗直立、单生，长 63~163μm，顶端可连续产生分生孢子。分生孢子串生，卵圆形，无色透明，大小为（29.9~49.8）μm×（18.3~24.9）μm。

分生孢子萌芽的温度范围为 9~32℃，最适 23℃。其对湿度适应范围很广，0~100% 相对湿度都能发芽，但以高湿较为有利。

3.4 侵染循环

本菌是专性寄生菌，不能在死亡的组织存活。在寄主未抽出感病组织前，或在不利病菌侵染的季节里，病菌潜伏在个别迟抽枝梢的老叶上。当气候条件适宜发病，并有感病组织时，即产生分生孢子，借风传到嫩叶、花序上为害。分生孢子萌芽时长出芽管和附着胞，由附着胞产生侵入丝，侵入寄主表皮细胞，在表皮细胞内形成吸胞，吸取寄主营养。同时在菌丝上产生分生孢子梗和分生孢子，再借风传播，开始新的侵染循环。在适宜的气候条件下，潜育期 3~5 天。

3.5 发病条件

本病在海南常在 2—4 月流行，适合流行的气候条件是高湿、平均温度 15~23℃。在寄主抽花期间，遇到连续阴雨、大雾天气、夜间冷凉，则此病很快流行。本病对湿度有较大的适应性，在潮湿的地区和干旱的地区都可以发生流行。高海拔地区（620~1 240m）由于温度较低，为害持续时间较长。

3.6 防治方法

本病的防治，以化学防治为主。有效的农药有硫磺粉、甲基托布津、粉锈宁、硝螨普等。

用 320 筛目硫磺粉喷撒，需在抽蕾期、开花期和稔实期各喷一次，每亩剂量 0.5~1kg。高温天气不宜喷撒，否则容易引起药害。

甲基托布津的施用时期同硫磺粉，用 70% 甲基托布津 300~500 倍液喷洒，可收到较好效果。

粉锈宁对白粉病有良好的防治效果，且有效期长，用 20%粉锈宁 50~100 倍液喷雾，每 20 天左右喷一次，效果很好。

硝螨普也可防治白粉病，使用浓度为 0.025%~0.125%。

4　杧果流胶枝枯及蒂腐病

4.1　分布及为害

杧果茎干流胶、枝条甚至整株幼树枯死，果蒂腐烂，都是同一病原菌引起，故把它们归为一类病害。这是我国杧果植区普遍发生的病害，在海南、广东、广西、云南都有发生。为害枝茎，造成流胶和枝枯，影响杧果生长和产量。为害 1~2 年生幼树，可引起整株死亡。1988 年大岭农场一块秋芒（100 多亩）幼树，死亡率竟达 20%。杧果收获后为害果实，可导致 30%左右的腐烂，造成严重的经济损失。

4.2　症状

此病发生在茎干、枝条、果实和叶片上。在茎干上，首先出现褐色病斑，后变黑色，流出胶液，故称流胶病。病斑扩大，环绕枝条后，病部以上部分枯死。病斑向下扩展，不断扩大，如果是幼树，最后可致整株枯死，这就是幼树回枯病。有些幼树回枯病的发生，首先在叶片上感病。病斑先出现在叶尖上、叶缘褐色，后变灰色，有许多小黑点。然后向叶身、叶脉扩展。到达叶脉后沿叶脉向叶柄和茎干扩展，再沿茎干往上、下发展，造成回枯或整株死亡。此病在果上的症状，主要发生于果蒂部分，先出现褐色斑点，不断扩大后使整个果蒂部分的果皮变褐、腐烂、渗出黏液，称为蒂腐病。

4.3　病原菌

为半知菌亚门，色二胞属真菌，其学名是 *Diplodia mangiferae*。分生孢子器埋生于寄主组织内，近炭质，黑色，有孔口，圆形，直径为 90~160μm。分生孢子椭圆形或卵圆形，背上有 4~5 条脊纹。未成熟时无色、单胞，成熟后黑褐色，双胞，大小为（16~24）μm×（7~18）μm。其有性世代为子囊菌 *Physalospora rhoclina* Berk et Curt。

此菌生长温度范围为 4~40℃，最适温度 28~32℃，pH 范围 4~7。在人工培养基上，培养一个月后才形成分生孢子器。

此菌除为害杧果外，还能为害橡胶、咖啡、可可、椰子、菠萝、番木瓜、苜蓿、香草兰等多种经济作物。

4.4　发病循环

病菌以菌丝或有性、无性子实体在病组织内度过不良环境。一旦环境适宜时则产生分生孢子，经风雨传播，由伤口侵入寄主，引起本病。

4.5　防治方法

（1）流胶枝枯病防治：剪除病枝、病叶、集中烧毁。用刀挖除病部，涂上 10%波尔多液保护。

（2）幼树回枯病防治：拔除病株，剪除病叶，集中烧毁，然后用 1%波尔多液、40%多菌灵 200 倍液、75%百菌清 500 倍液喷雾保护，每隔 10 天喷 1 次，连喷 2~3 次，可收到良好的防治效果。

（3）蒂腐病防治在果实收获前喷洒1%波尔多液，或采果后用600～1 000mg/kg苯莱特热药液（52℃）浸5～10min，或用6%硼酸热药液（43℃）浸3min。

5　细菌性黑斑病

5.1　分布及为害

我国海南、湛江、福建地区有此病发生。在国外，1915年南非首先报道此病发生。此后，印度、巴西、巴基斯坦也相继报道发生。此病在国外为一种严重病害，常常引起大量落叶和果腐。我国某些地区，也报道在台风雨后流行，造成减产。

5.2　症状

主要发生在叶片、枝条和幼果上，叶片感病后出现黑色、多角形的病斑，开始呈水渍状，后变黑褐色、黑色，周围有明显的黄晕。病斑1～3mm，受叶脉限制，故呈多角形。嫩梢感病后明显失色，开裂、流胶，形成黑色病斑。果实感病后出现不规则暗绿色水渍状病斑，直径为1～1.5mm，变色范围8～1.5mm。在不利发病天气下，病斑停止发展，成为黑色、圆形病斑，稍凸起，病斑中间有裂纹。病害严重时引起落叶、落果。气候潮湿时，在病部有细菌溢脓。

5.3　病原菌

据国外报道，有两种细菌引起杧果黑斑病，一种是假单胞杆菌，学名是 *Pseudomonas mangifera-indicae* Patel，Hulkarmi & Motlz。另一种是黄单胞杆菌，学名是 *Xanthomonas mangiferae-indicae*（Patel，Hulkarmi & Moriz）。本处暂用前一种。此菌用革兰氏染色属阴性，短杆状，有1～5条极生鞭毛，大小为（0.3～0.5）μm×（1～1.5）μm。在含氮培养基上培养，菌落灰白色，光滑、边缘不规则，无荚膜。生长最高温度36℃，最低7℃。最适pH为6.6～7.4。

5.4　侵染循环

病菌在病叶、病枝上度过不利发病天气。遇到适宜发病天气，借风雨或昆虫传播到感病组织，从伤口或自然孔口侵入，产生细菌性黑斑病。潜育期7～10天。

5.5　发病条件

台风或暴风雨是本病流行的主要条件。夏天连续数天阴雨大风后病害就会发生。我国和南非都报道在每次暴风雨后，病害出现流行。干旱季节很少发病。

印度的多数品种如 Peter Alphenes，Mulgea Nangalora，Neclum Baneshan，非洲的多数品种都较感病。

5.6　防治方法

（1）搞好田园卫生，清除枯枝落叶，集中烧毁，以减少菌源。

（2）化学防治，每次台风或暴雨后立即喷药保护，这是防治本病的有效方法。目前防治细菌黑斑病的有效农药不多。一般用1%波尔多液效果较好，或用农用链霉素0.005%喷撒防治。

6　杧果幼苗立枯病

6.1　分布和为害

此病是杧果幼苗期重要病害，海南、广东、广西、云南均有发生。海南近年发展杧果，大量育苗，常常发生此病，引起成片幼苗死亡。有些苗圃，死亡度高达 20%～30%，损失巨大。

6.2 症状

病害主要发生在根颈或茎基部。发病初期在茎基部出现褐色水渍状病斑，以后病斑逐渐扩大，使整个茎基部变褐色、缢缩、腐烂。此时顶端叶片凋萎，全株自上而下青枯、死亡。病部长出乳白色菌丝体，形成网状菌索，后期长出菜籽大小的菌核。菌核颜色由灰白色到黑褐色。解剖病茎，可见木质部有褐色条纹。

6.3 病原菌

有两种菌，均属半知菌亚门，一种是丝核菌真菌，学名是 *Rhizoctonia solani* Kiihn。其有性世代属担子菌亚门，瓜亡革菌。学名是 *Thanatephonus cucumeris* Donk。此菌的菌丝形状像蜘蛛网，有横隔，开始无色，后变为黄褐色，宽度 7～14μm。菌丝呈直角分枝，分枝处稍细，离稍细处不远的地方有一隔膜。这是识别丝核菌的主要特征。此菌主要靠菌丝体繁殖。菌核产生担子和担子孢子。

另一种是罗氏小核菌，学名是 *Scterotium ratgsii* Sacc。其菌丝白色，2～8μm，分枝不成直角。菌核初期乳白色，后变茶褐色，球形，直径 1～2mm，表面光滑、有光泽。此菌主要侵害根颈部。

6.4 侵染循环

此菌的侵染来源主要是存活在土壤中的菌核。本菌是一种土壤习居菌，其菌核可在土中存活 2 年，并可在地面枯死的植物残体上大量繁殖菌丝体。此菌的寄主范围十分广泛，它能侵害多种作物。因此，种植其他寄主植物或杧果苗留在土中的菌核便成为主要侵染来源。在适宜的条件下，菌丝体或菌核借水流和土壤传播，侵入寄主引起病害。植株发病死亡后，菌核脱落回到土中，又重新开始新的侵染循环。

6.5 发病条件

在下述情况下发病较多：

①连续种植杧果苗或其他寄主植物；②天气高温多湿；③地势低洼，排水不良；④苗木种植过密，苗床过分荫蔽，苗木拥挤；相反与非寄主植物轮栽，地势高旷，排水良好，苗木种植密度适当，通风透光等很少发病。

6.6 防治方法

（1）选择新荒地育苗，避免连作。最好采用高畦育苗，以利排水。

（2）播种不宜过密，淋水不宜过多。苗圃要注意排水。

（3）连作地播种覆土后，可用 70%甲基托布津 500 倍液、40%多菌灵 200 倍液或 70%萎锈灵 800～1 000倍液喷洒畦面，进行土壤消毒。

（4）幼苗期及时拔除病株烧毁，并喷洒或淋灌 70%甲基托布津 500 倍液、40%多菌灵 200 倍液或 1%波尔多液，可收到良好的防治效果。

7 杧果灰斑病

7.1 分布及为害

此病为广泛分布的病害，海南、广东、广西、云南均有发生。本病一般为零星发生，造成叶片枯死、脱落，影响生长。

7.2　症状

本病主要发生在叶片上，多在叶缘首先发生，也有在叶肉发生。在叶缘为不规则形，叶身为圆形或不规则形病斑，灰褐色，病健交界处深褐色，有黄晕，直径 1cm 以上，上有小黑粒。

7.3　病原菌

为半知菌亚门，多毛孢属真菌，学名为 *Pestalotia mangiferae* P. Henn. 分生孢子盘圆形，上有许多分生孢子梗。分生孢子梗上产生分生孢子。分生孢子橄榄形，有 4 个分隔，5 个细胞。中间 3 个细胞色深，两端细胞无色，顶端细胞有 3 条刺毛。孢子大小为 （22~26）μm×（8~10）μm。

7.4　侵染循环

病菌在病叶上越冬，在适宜气候条件下产生分生孢子。分生孢子借风雨传播，从叶片气孔或伤口侵入，潜育期 5~7 天。在潮湿的条件下可不断产孢，侵染叶片组织。

7.5　发病条件

本菌为弱寄生菌，在寄主变弱时侵染发病。故幼苗失管、缺肥、缺水或土壤瘦瘠的情况下发病较重。

7.6　防治方法

（1）加强管理、增施肥料，提高抗病力。

（2）在病害发生时用 70%百菌清 500~1 000 倍液、1%波尔多液，有一定的防治效果。

8　杧果煤烟病

8.1　分布及为害

杧果煤烟病是广泛分布的一种病害，我国海南、广东、广西、云南、福建凡种杧果地区都有此病发生。此病发生在叶片和果实表面，影响杧果树光合作用和果实外观，降低产量和品质。

8.2　症状

本病主要发生在叶片和果实上。在叶片和果实表面覆盖一层黑色绒毛状物，形似煤烟，故称煤烟病。严重时整个叶片和果实均被菌丝体（煤烟）所覆盖。

8.3　病原菌

据笔者研究，海南地区的煤烟病是由子囊菌亚门、烟炱目中的 5 个属的真菌所引起，即三星胞属（*Trisposperman*）、煤炱属（*Capnodendron*）、小煤炱属（*Meliola*）、胶光炱属（*Scorias*）、刺盾炱属（*Chaetothyrium*），其中以三星胞属、煤炱属为主。前者分生孢子星状；后者分生孢子蠕虫状，有 3 个分隔，褐色，串生。

8.4　发病条件

本菌主要靠蚜虫、叶蝉分泌的蜜露为生，蚜虫、叶蝉发生多，煤烟病也较严重。病菌生长好湿，故杧果种植过密，荫蔽容易发病。

8.5 防治方法

（1）防治蚜虫和叶蝉是预防本病发生的有效方法。

（2）发病后可喷 0.3 波美度石硫合剂、二硫代氨基甲酸盐有一定的效果。

9 杧果绯腐病

9.1 分布及为害

绯腐病是一种广泛分布的病害，我国杧果植区都有零星发生。此病为害枝干，使枝条枯死，树干溃烂，影响杧果生长和产量。

9.2 症状

本病通常发生在树干分叉处。感病初期，病部树皮表面出现蜘蛛网状银白色菌索，随后病部逐渐萎缩、下陷、灰黑色、爆裂流胶。最后出现粉红色泥层状菌膜，皮层腐烂，这是本病最显著的特征。经过一段时间后，粉红色菌膜变为灰白色。在干燥条件下，菌膜呈不规则龟裂。重病枝干，病皮腐烂，露出木质部，病部上面枝条枯死，叶片变褐萎枯，下面健部抽出新梢。

9.3 病原菌

为担子菌亚门，伏革属真菌，学名为 *Corticium salmonicolor* B. et Br。菌丝有分隔，初为白色，后变为粉红色菌丝聚合物。无性孢子为分生孢子，圆形，直径 $12\mu m$，直接产生于菌丝层上，密集成堆，呈橘红色。有性孢子为担孢子，椭圆形，大小为 $5.8\mu m \times 4.7\mu m$，成堆时呈粉红色。

本菌寄主范围很广，据资料介绍，可为害 200 多作物。如杧果、橡胶、可可、咖啡、木菠萝、柑橘、茶树等。

9.4 侵染循环

病菌在旱季潜伏在病组织内度过不良条件。雨季来临，病菌恢复活动产孢。以孢子和菌丝碎片借风雨传播，侵入树干组织为害。不久又可再产孢传播，开始新的侵染循环。

9.5 发病条件

此病在 7—9 月发病严重，高温多雨是病害发生的主要条件。低温干旱，病害停止发展。在杧果园中，低洼积水，郁蔽度大，失管荒芜，通风不良的地方发病较多。

9.6 防治方法

（1）加强林管，雨季前砍除灌木、高草，疏通林园，降低园内湿度。

（2）雨季及时进行化学防治，发现园内有此病发生时，可用 1% 波尔多液，5% 十三吗啉浓缩胶乳剂喷雾，可收到良好的效果。

（3）病部可用利刀切除，然后涂封沥青柴油（1：1）合剂，促进伤口愈合。病死枝条应从健部切除，集中烧毁，伤口涂刷上述涂封剂。

本文为中国植物病理学会中南分会水果病害学术交流会论文

海南省杧果病虫害防治培训班 1989 年教材

杧果炭疽病流行过程、流行成因分析
及施药指标预报研究

肖倩莼 余卓桐 陈永强 符瑞益

[摘要] 研究结果表明，杧果炭疽病在流行过程中，流行速度有多次升降；流行曲线属多峰曲线。每次流行速度上升过程主要是按照逻辑斯蒂生长模型的规律发展，其指数增长期不明显。当前推广的品种都较感病，感病期长，菌源多，这些都已满足病害流行之需要。病害流行强度主要决定于杧果感病期间的气候条件。温暖高湿，连续降雨，则病害迅速发展造成流行。据此建立了施药预测指标，经3年应用，可减少2次喷药，并获得较好的防治效果。

[关键词] 炭疽病；流行；预测

海南自1988年大面积种植杧果以来，炭疽病已多次发生流行，给生产造成了严重的损失，是发展杧果生产急需解决的问题。

过去国内外对该病流行学的研究，以病原生物学、侵染来源、传播方法、潜伏侵染、寄主范围等方面为主，对该病的流行过程、流行成因及施药指标预报则尚无报道，也未见提出有效的综合治理技术和预测预报的方法。笔者从1993年开始对该病的流行过程、流行成因及施药指标预报做了研究，结果报道如下。

1 材料与方法

试验材料，主要为目前生产上大量种植的杧果品种，如象牙、青皮、留香、鸡蛋芒等。

病害侵染来源的研究，是在12月杧果抽花穗前检查、分离、镜检老叶、枯枝、落叶的带菌率。

病害流行成因研究，采取定点系统观察与普查相结合的方法。以两院、南茂、大岭、福报、三亚等不同生态区作为定点观察点，系统观察病害流行速度、年度升降与品种、菌源、气候的关系。每年1—4月进行普查。每次普查5个代表不同生态区的农场。

系统观察从每年12月至翌年6月。每隔5~7天调查1次花、果、叶的病情和物候期。病情分级按病斑面积占花、果、叶面积的比例分为0~5级。叶片物候期分为未抽叶、抽芽、古铜、淡绿、老化5个时期；花果分为未抽穗、蕾期、开花期、小果期、中果期、成熟期6个时期。物候观察按隔行连株法固定50株树为观察样株。病情观察在物候观察样株中取200个样本。

病害流行过程的研究主要根据系统观察的结果分析。病害流行成因，则主要根据多年大田病情与菌量、品种感病性、感病期及感病期的气候条件之间的关系分析确定。预测预报根据流行因子分析，选择与流行速率相关性最高的因子确定施药指标。流行速率用Van der Plank的逻辑斯蒂模型统计。其模型为：

$$r = \frac{1}{t_2 - t_1}(\ln \frac{x_2}{1-x_2} - \ln \frac{1}{1-x_1})$$

式中：r=流行速率，x_1为t_1时病情，x_2为t_2时病情。

分析用的气象资料取自本院和有关农场气象站。

2 试验结果

2.1 流行过程

分析1995年杧果炭疽病特大流行年的流行过程可以看出（图1），此病在流行过程中发病指数有多次升降过程，其流行曲线是多峰曲线。就1次病指升降过程来看，可分3个阶段。

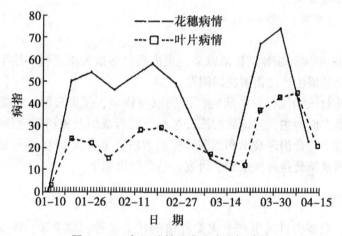

图1 1995年两院杧果炭疽病流行过程

初发期：从每年新抽的花、叶开始发病至发病指数5左右。此时病害流行速率特高，平均流行速率r值达0.35~0.966。在大流行年这段时间很短，只有1~2天。Van der Plank把这个时期称为指数增长期。一般病害这个时期达10天以上。可见该病指数增长期不明显。杧果炭疽病菌源特多，如果气候条件适宜发病，感病组织一抽出就会普遍发病。这是该病流行过程与其他病害显著不同之处。

盛发期：是从病指5至病害高峰期的一段时间。此时病害发展速度逐渐下降。如流行曲线，第1周流行速率r值为0.109，第2~3周为0.08，第4周后降至0.05以下，到达高峰后病害不再发展。这一过程符合Van der Plank的逻辑斯蒂期自我抑制的发展规律，可用逻辑斯蒂模型来描述和预测。

衰退期：病害到达高峰期后，由于感病组织已普遍感病，病死组织脱落，加上不适宜发病天气的影响，病害迅速下降。据统计，其下降速度r值为0.2~0.45。

表1　主要杧果品种对炭疽病的抗病性

品种	发病指数	抗侵染过程环节数	抗病等级	品种	病指	抗侵染过程环节数	抗病等级
鸡蛋芒	40.7	1	中感	留香	48.0	0	中感
高农	42.0	0	中感	粤西1号	33.6	0	中感
黄象牙	20.0	0	避病	紫花	28.4	0	中感
白象牙	43.0	0	中感	白玉	28.0	0	中感
吕宋	50.0	0	中感	桂香	55.0	0	中感
红象牙	41.0	0	中感	黄玉	61.0	0	高感
秋芒	43.0	0	中感	小青	61.0	0	高感

2.2　流行因子及流行成因

2.2.1　品种抗病性

据笔者1995—1997年杧果品种抗病性鉴定结果（表1），目前在生产上大量种植的品种，都是比较感病的品种，这是杧果炭疽病经常流行的基本原因。

表2　杧果炭疽病菌源数量测定

检查器官	检查数	带菌数	带菌率（%）
老叶	400	228	57.0
枝条	200	57	28.5
落叶	100	25	25.0
枯枝	70	26	37.4

2.2.2　菌源数量

1995年2月调查、分离、镜检越冬叶片、枝条、落叶、枯枝的带菌率，结果见表2。从表2可见，在杧果开花结果和抽出嫩叶之前，杧果园中已存在大量的菌源。据1988—1990年植保所与笔者共同调查，越冬植株带菌率为18.5%~51.4%。

2.2.3　感病期及其长度

据接种测定，不同龄期的叶片，感病性有明显不同。最易感病的叶龄是古铜到变色期，人工接种发病率达96%；淡绿期感病性降低，发病率为50.4%，叶片老化后具有抗病性。花穗各龄都感病；小果期、熟果期也较易感病，中果期有一定的抗性。

杧果抽花抽叶极不整齐，而且每年抽发多次。据1996—1997年观察，从2%抽芽至70%叶片老化经历72天；从5%抽蕾至50%开花，经历48天。而同时病害从轻至重，仅需14天。1994年病情较轻，病害从轻至重也不过49天。因此，在抽叶和开花结果期间，病害都有足够的时间发展至严重的程度。可见，感病期长短对该病流行不起限制性作用。

2.2.4　气候条件分析

据1991—1998年海南主要杧果产区12月至翌年1月（抽花至小果期）的气候条件与病害流行强度的关系统计分析可以看出（表3），温度、雨量、雨日、相对湿度与病害流行有密切关系，相关系数依次为-0.6271，0.9225，0.8723，0.7479，均达到较高相关的水平（$P<P_{0.01}=0.5541$，极显著）。这几个因素，除温度为负相关外，其余均为正相关。海南的杧果炭疽病在 1991—1998 年的 8 年中，有 4 个全面流行年（1992 年，1995 年，1996 年，1998 年，病指>40），2 个全面轻病年（1991 年，1994 年，病指<30）（表3）。比较重病年和轻病年的气象材料可以看出：流行年感病期的平均温度比轻病年低 1~3℃；降水量（平均 53mm）比轻病年高 40.8mm；降雨日（平均 14 天）多 9 天；相对湿度（平均 86%）高 8%。可见，较低的温度，连续大量降雨和高湿天气是杧果炭疽病流行的气候条件。

表3　海南杧果感病期气象要素与炭疽病流行强度的关系

地区	年份	平均温度（℃）	雨量（mm）	雨日（天）	相对湿度（%）	病情指数
保亭	1991	21.4	22.0	4	82.0	28.6
	1992	19.5	43.9	12	84.3	53.6
	1993	21.5	0.0	0	75.0	25.8
	1994	21.1	1.6	1	77.0	23.6
	1995	20.8	31.3	9	86.0	42.5
	1996	19.0	74.0	15	84.0	53.0
	1997	21.4	2.2	2	70.0	27.5
	1998	20.7	36.0	3	83.0	47.5
三亚	1991	21.4	24.0	5	83.2	28.8
	1992	19.7	42.0	13	82.8	41.9
	1993	21.7	0.0	0	74.5	25.8
	1994	21.5	1.6	1	70.0	23.0
	1995	21.3	70.2	10	80.6	50.6
	1996	19.5	48.0	14	74.0	50.5
乐东	1991	21.1	14.5	4	80.0	18.4
	1992	19.1	37.5	12	84.0	45.6
	1993	21.2	0.0	0	73.5	20.0
	1994	20.7	1.0	1	70.0	21.2
	1995	21.0	30.5	9	84.0	40.1
	1996	19.0	38.0	10	84.0	46.0
	1997	21.1	2.5	2	70.0	23.1
	1998	20.6	29.5	12	83.0	41.3
儋州	1991	19.7	3.9	9	82.0	14.5
	1992	17.5	67.6	16	86.0	49.7
	1993	17.4	61.0	20	88.0	53.4
	1994	17.7	29.0	18	84.0	38.9
	1995	18.9	100.3	26	88.0	75.8
	1996	18.2	97.0	17	85.5	60.0
	1997	18.6	8.4	10	82.6	37.4
	1998	19.1	49.0	21	87.4	52.4
与病指相关系数		-0.6271	0.9225	0.8723	0.7479	

（1）温度与病害流行速率的关系：选1995—1997年两院抽花时14次高湿期，每次1周，分析病害流行速率（r值）与当时的温度关系，结果表明（表4），温度与炭疽病的流行速率中度相关，相关系数为0.6958（$P<P_{0.01}=0.6411$，极显著）。在高湿条件下，平均温度14.8℃以上，流行速度随温度的上升而加快。14.0℃以下，病害流行速度明显减慢或下降。

（2）降雨与流行速率的关系：选10次平均温度在15℃以上的病害系统观察材料，分析病害流行速率与1周内的雨量、雨日的关系（表5），结果表明，雨量与病害发展及流行速率中度相关，相关系数0.6191（$P<P_{0.01}=0.5760$，极显著）。雨日则与病害流行速率高度相关，相关系数为0.8624（$P<P_{0.01}=0.6835$）。每周降雨3天以上，病害发展；每周降雨6天以上，病害急剧发展，造成流行。如果天气干旱，每周降雨在2天以下，则病害停止发展或减轻。

表4　温度与炭疽病流行速率的关系

温度（℃）	r 值	温度（℃）	r 值
21.0	0.408	13.6	-0.014
20.0	0.193	13.4	-0.009
18.6	0.150	12.8	-0.031
16.5	0.089	12.7	-0.021
14.8	0.025	12.6	-0.031
14.4	0.016	12.5	-0.100

（3）相对湿度与流行速率的关系：选10次平均温度在15℃以上的病害系统观察材料，分析各次病害发展速度与当时的相对湿度关系，结果看出（表6），相对湿度与病害发展和流行速率高度相关，相关系数为0.7147（$P<P_{0.01}=0.6835$，极显著）。相对湿度在88.4%以上，病害发展加快；相对湿度86.4%以下，则病害减轻。说明病害发展要求较高的相对湿度；低湿是病害发展的一个限制因素。

表5　降雨与病害流行速率的关系

雨日（天）	雨量（mm）	病指升降（天）	r 值
6	73.8	6.80	0.482
5	9.2	1.4	0.156
4	20.7	2.3	0.109
4	3.6	1.5	0.082
3	3.4	2.0	0.081
2	66.2	-0.4	-0.044
2	0.7	-0.8	-0.031
2	1.3	-0.7	-0.022
2	2.0	-0.8	-0.101
1	0.1	-0.5	-0.101

表 6 相对湿度与炭疽病流行速率的关系

相对湿度（%）	病指升降（天）	r 值
96.8	5.1	0.182
94.8	4.3	0.171
91.5	4.9	0.128
90.4	2.3	0.081
88.4	2.1	0.109
86.4	−1.2	−0.044
83.1	−0.9	−0.020
79.0	−1.5	−0.046
76.8	−4.7	−0.028

2.3 预测预报

根据上述流行成因的研究，该病的年度流行强度决定于气候条件。由于目前很难获得准确且足够长时间的气象预报，因而还不能进行该病的中、长期预测。从该病的化学防治来看，当前最急需的是建立施药短期预测指标。根据上述温度、湿度、雨日、雨量等因子与病害流行速度关系的定量研究和综合比较分析，并考虑到可行性，选定温度和降雨为预测因子，确立如下施药短期预测指标：在杧果抽花、结果和嫩叶期间，平均温度 14℃ 以上，气象预报未来 7 天后有连续 3 天以上降雨，即应在雨前喷药。

1995—1997 年用上述指标在海南 3 个不同地区指导化学防治该病，结果表明（表7），与常规方法（每 10 天喷药 1 次）相比，用此指标指导化学防治，可明显减少喷药次数（$t < t_{0.01}$）。据本试验测定可减少 2 次喷药，节省 30% 的农药，而两种方法的防治效果没有明显差异（$t < t_{0.01}$）。

表 7 应用施药预测（A）与常规喷药（B）效果比较

试验地点	方法	施药次数	最终病指	平均防效（%）
三亚田独	A	4	14.2	74.4
	B	6	13.3	76.0
	对照		55.5	
南茂农场	A	4	17.1	64.8
	B	6	16.8	65.4
	对照		48.6	
南达农场	A	4	12.5	70.7
	B	6	11.7	72.2
	对照		42.1	

说明：显著性测验，施药次数 A、B 比较 $|t| = 3.874 > t_{0.01} = 3.169$（极显著）；平均防效 A、B 比较 $|t| = 0.3455 < t_{0.05} = 2.279$（不显著）

3 结论和讨论

（1）研究结果表明，杧果炭疽病的流行过程变化很大，常有多次升降过程。其年度流行曲线，是一条多峰曲线。病害每次升降，指数增长期很短，病害主要按照逻辑斯蒂生长模型的规律发展。这是该病的发展过程和一般流行病不同之处。一般流行病，如白粉病，病害初发期病情增加较慢，而增长速度很快，常以指数增长的速度发展，具有明显的指数增长期。因此，该病的发展全过程都可用逻辑斯蒂模型来描述和预测。本研究为杧果炭疽病的预测提供了理论依据。

（2）流行成因的研究结果表明，我国在生产上种植的品种，绝大多数都较感病，菌源数量也多，杧果炭疽病的流行主要决定于杧果感病期的气候条件。温度、降水量、雨日、相对湿度是影响病害发展的主要气候条件。在杧果开花结果和嫩叶期间，温度在15℃以上，1周内降雨3天以上，相对湿度超过90%，病害即会迅速发展，在短期内暴发流行。可见，该病每年流行，是由于感病期持续出现适宜发病的气候条件而引起的。杧果炭疽病流行年的频率很高，各地均在50%以上，这在植物病害中也属罕见，其主要原因是引进和推广了感病品种。我国大面积推广感病品种，为该病的经常流行提供了基本的条件。

（3）根据流行过程和流行成因的研究，提出了该病的施药短期预测指标。经3年应用，证明有较高的可靠性，可在生产上推广应用。应用短期预测施药指标指导生产防治，可大量减少喷药和环境污染，具有较大的社会和经济效益。

（4）该病流行过程、流行成因、施药短期预测指标等研究，在国内外同类研究中未见报道。杧果炭疽病的流行学和预测预报，过去国内外研究不多，许多问题，如流行的空间状态，中、长期预测等研究，还需进一步开展研究。

参考文献（略）

原载于 *热带作物学报*，1999，Vol. 20，No. 3：25-30

杧果炭疽病化学防治研究

肖倩莼　余卓桐　陈绵香　黄宏才　陈永强　符瑞益

[摘要] 利用农药防治杧果炭疽病室内测定，结果表明：复方 T.F 和 D.L.B. 对孢子萌发、菌丝生长均有良好的抑制效果；T.F、百菌清、波尔多液抑制孢子萌发效果较好，但对菌丝生长抑制作用较差；多菌灵抑制菌丝生长效果较好，而对抑制孢子萌发效果较差。1991—1993 年在海南不同地区多点大田防治试验结果表明：复方 T.F 是防治杧果炭疽病较好农药，平均防效 67.5%～78.8%，增产 136.9%. 经济效益增加 196.8%。其次为多菌灵，其防效、增产率、经济效益增长率依次为 52.7%～67.6%、80.3%、125.9%。波尔多液则较差，依次为 46.4%～53.5%、32.3%、65.3%。

杧果炭疽病为害杧果叶片、花序、果实，造成落花、落果、落叶、枝枯，严重影响杧果的生长和产量。为解决这个问题，笔者于 1988 年开始进行农药筛选。1991—1993 年两院与海南农垦总局协作，在南茂、福报、南田、大岭和两院试验场进行大田化学防治试验，以筛选出高效、低毒的新农药供生产防治应用。现将试验结果报道如下。

1　材料与方法

1.1　室内药效测定

测定几种农药对炭疽菌孢子萌发和菌丝生长的抑制效果。供试农药有 Trifuncit（简称 T.F，从荷兰进口 70% 制剂）、复方 T.F（两院复配）、D.L.B.（两院配制）、25% 多菌灵（湖北甘新农药厂出产）、75% 百菌清（日本进口）、889（广州市化工所配制）、50% 苯莱特（美国杜邦化工公司出产）、28% 复方多菌灵（多井灵，广东丰顺县农药厂出产）、1% 波尔多液（自配）。

抑制孢子萌发试验，铺上一层琼脂的玻片，滴上每毫升含 40 万个孢子的悬浮液，铺平晾干后喷上各种待测农药，晾干后保湿培养 8h，用棉兰液染色固定，检查孢子发芽率。每种农药配制成 25μg/mL、50μg/mL、100μg/mL、200μg/mL、500μg/mL 浓度做测定。每种农药浓度重复 3 次，每重复检查 100 个孢子，统计发芽率和校正抑制率。

抑制菌丝生长试验，用抑制圈测定法，将预先培养 4 天的炭疽菌，以直径 0.5cm 的打孔器，取菌种生长外缘的菌丝块，放到 10cm 培养皿平板培养基的中央，培养 2 天后每皿按对角等距放入 4 个钢圈，每个钢圈滴入 0.2mL 待测药液。农药浓度和处理重复与抑制孢子萌发试验相同。培养 4 天后测定抑制圈直径，以无菌水作对照，1% 波尔多液为标准农药，比较各参试农药的抑制效果。

1.2　大田小区药效试验

在两院杧果园进行。试验材料为 8～10 龄秋杧果树。试验按随机区组设计，有 6 种处理：0.1%复方 T. F、0.1%D. L. B.、0.1% 889、0.1%苯莱特、0.1%复方多菌灵和不施药的空白对照。每种处理重复 3 次。每个重复 20 株杧果树，总面积 18 亩，在杧果古铜色嫩叶期开始喷药，15 天后再喷一次，共喷药 2 次。喷药前调查叶片病情基数，叶片老化后做最终病情调查，统计防治效果。

1.3　大田防治试验

试验材料为国内推广的良种杧果结果树，如青皮、象牙、留香、秋芒等。供试农药有复方 T. F、多菌灵、波尔多液 3 种。试验采用随机区组设计，有 4 种处理：0.2%复方 T. F、0.2%多菌灵、1%波尔多液和不施药的空白对照，各重复 4 次。4 个参试农场试验面积共 572hm²，连续试验 2~3 年。

杧果抽蕾期开始喷药，开花前、小果期、中果期再各喷一次，共喷 3~4 次。

喷药前调查病情基数，以后每半月查一次。收果前做最终病情调查。病情分级按病斑占叶片、果实、花序的面积、枯死、脱落数量分为 0~5 级。调查后统计发病率、发病指数，以最终病情指数计算防治效果。

$$防治效果（\%）=\frac{（对照最终病指-基数病指）-（处理最终病指-基数病指）}{对照最终病指}×100$$

产果量的统计以小区为单位，分别统计处理小区的挂果率、每株果数、小区总产和亩产。

$$经济效益（亩）=亩产值-亩防治成本-其他生产开支$$

在实际统计时，每斤果价钱和其他生产开支按实际数计算。施药的纯收益等于药区的收益减去不施药对照区的收益。

2　试验结果

2.1　室内农药效果测定

2.1.1　抑制孢子萌发效果

比较各参试农药对孢子萌发的抑制效果表明（表 1 和表 2）：D. L. B.、T. F、百菌清的效果最好，25μg/mL 的抑制率达 74.9%~99.8%，其次为复方 T. F，25μg/mL，抑制率为 51.3%。多菌灵、复方多菌灵、苯莱特、889、休菌灵对孢子萌发的抑制效果都很差，25μg/mL 的抑率均在 23.9% 以下。1%波尔多液的抑制效果也较好。但较 D. L. B.、T. F、百菌清防效差（差异极显著，显著性水平 0.01）。

2.1.2　抑制菌丝生长的效果

比较各参试农药对炭疽菌菌丝生长的抑制效果表明（表 3）：D. L. B.、复方 T. F、多菌灵的效果较好，25μg/mL 比 1%波尔多液的抑制效果高 6.04~6.20 倍（显著性测验差异极显著，$t>t_{0.01}$）。T. F，百菌清的抑制效果则较差，相当或比 1%波尔多液略好。显著性测验不显著，均为抑制菌丝效果较差的农药。从上述室内农药测定结果可看出：D. L. B.、复方 T. F 是药效全面的农药，不但具有较好的抑制孢子发芽，预防侵染的效果，而且具有良好的抑制菌丝生长，控制菌扩展的效果。T. F、百菌清对抑制孢子发芽，预防侵染有优异的效果，但对菌丝生长，控制病斑扩展的效果较差，是保护性的农药；波尔多则属保护性农药，效果中等。

2.2 小区药效试验

两年的新农药防治杧果炭疽病小区药效试验结果表明 (表2)：5 种参试农药，以复方 T. F 和 D. L. B. 效果最佳，平均防效 68.6%~77.8%；次为 889、苯莱特，平均防效 61.7%~62.2%，复方多菌灵较差，平均防效只有 53.5%。

表 1 新农药对孢子萌发抑制效果

农药	浓度（μg/mL）	重复数	萌发率（%）	校正抑制率（%）
复方 D. L. B.	25	3	1.0	98.8
	50	3	0	100.0
	100	3	0	100.0
	200	3	0	100.0
	500	3	0	100.0
T. F	25	3	17.7	78.7
	50	3	7.1	91.4
	100	3	1.6	98.0
	200	3	0.8	99.0
	500	3	0.16	99.8
复方 T. F	25	3	40.4	51.3
	50	3	32.2	61.3
	100	3	16.5	80.1
	200	3	0.9	98.9
	500	3	0.8	99.0
多菌灵	25	3	63.2	23.9
	50	3	53.5	35.6
	100	3	52.0	37.4
	200	3	50.0	39.8
	500	3	48.0	42.2
百菌清	25	3	19.0	77.7
	50	3	5.0	94.0
	100	3	2.7	97.5
	200	3	1.0	98.8
	500	3	0.3	99.3
复方多菌灵	25	3	86.5	0
	50	3	84.5	0
	100	3	80.3	3.3
	200	3	75.5	9.1
	500	3	66.5	20.0

（续表）

农药	浓度（μg/mL）	重复数	萌发率（%）	校正抑制率（%）
889	25	3	63.0	23.5
	50	3	59.5	28.4
	100	3	58.2	29.9
	200	3	41.8	49.7
	500	3	21.0	74.7
苯莱特	25	3	78.0	6.1
	50	3	64.0	23.0
	100	3	62.9	24.3
	200	3	54.7	34.2
	500	3	44.9	46.0
休菌灵	25	3	82.0	1.3
	50	3	79.6	4.2
	100	3	54.2	34.8
	200	3	7.9	90.5
	500	3	0.9	99.2
波尔多液对照	1%	3	12.8	84.6
		3	83.1	—

表2　农药防治杧果炭疽病小区试验效果

农药	重复次数	喷前病指	最终病指	平均防治效果（%）
复方T.F	6	12.6	15.7	68.6
D.L.B.	6	12.9	11.9	77.8
889	6	10.0	16.0	62.2
苯莱特	6	10.0	16.5	61.7
复方多菌灵	6	10.5	20.5	53.5
对照	6	11.3	45.8	—

表3　新农药对杧果炭疽菌菌丝生长抑制效果

农药	浓度（μg/mL）	重复数	平均抑制圈直径	相当于1%波尔多液（%）
D.L.B.	25	6	1.55	620.0
	50	6	1.62	648.0
	100	6	1.66	664.0
	200	6	1.70	680.0
	500	6	1.78	712.0

（续表）

农药	浓度（μg/mL）	重复数	平均抑制圈直径	相当于1%波尔多液（%）
复方 T. F	25	6	1.54	616.0
	50	6	1.60	640.0
	100	6	1.63	652.0
	200	6	1.69	676.0
	500	6	1.74	696.0
T. F	25	6	0.25	100.0
	50	6	0.27	108.0
	100	6	0.55	220.0
	200	6	0.63	252.0
	500	6	0.68	272.0
多菌灵	25	6	1.51	604.0
	50	6	1.58	636.0
	100	6	1.60	640.0
	200	6	1.62	648.0
	500	6	1.63	652.0
百菌清	25	6	0.32	128.0
	50	6	0.36	144.0
	100	6	0.48	192.0
	200	6	0.50	200.0
	500	6	0.54	202.0
波尔多液对照	1%		0.25	100.0
		6	0.0	0

表 4　新农药防治炭疽病效果比较

农药	试验地点	重复次数	喷前病指	果实防效最终病指	平均防效（%）	喷前病指	叶片防效最终病指	平均防效（%）
0.27%复方 T. F	两院	4	10.0	11.0	72.5	10.0	20.8	73.3
	南茂	8	13.2	17.1	74.2	28.4	25.2	52.7
	大岑	8	19.1	4.7	100	18.1	7.6	68.5
	福报	10	16.9	9.5	74.7	19.5	11.8	53.0
	南田	8	8.0	5.2	76.8	3.9	4.1	81.9
	三亚	4	6.5	4.2	74.4	5.0	2.0	75.6
	平均		12.3	8.6	78.8	14.2	12.3	67.5

（续表）

农药	试验地点	重复次数	喷前病指	果实防效最终病指	平均防效（%）	喷前病指	叶片防效最终病指	平均防效（%）
	两院	4	10.0	14.5	63.8	10.0	22.8	67.2
	南茂	8	22.2	20.3	54.1	28.5	30.6	41.6
	大岑	8	19.5	6.9	98.5	18.4	11.3	47.5
0.2%多菌灵	福报	10	17.8	10.9	73	17.2	12.1	43.1
	南田	8	10.2	13.2	48.3	2.5	7.9	64.0
	平均		18.6	12.5	67.6	17.5	17.3	52.7
	两院	4	10.0	23.0	42.5	10.0	26.4	57.9
	南茂	8	19.6	22.5	38.9	32.6	37.6	35.5
	大岑	8	19.1	9.9	72.9	19.4	13.5	40.1
1%波尔多液	福报	10	15.3	10.4	66.4	16.9	12.1	43
	南田	8	9.0	12.3	46.8	3.2	10.4	56.8
	平均		16.7	13.9	53.5	18.3	20.2	46.4
	两院	4	10.0	40.0	—	10.6	49.6	
	南茂	8	16.4	31.6	—	25.7	47.6	
	大岑	8	13.8	13.3	—	15.8	16.2	
对照	福报	10	15.1	30.4	—	20.1	26.4	
	南田	8	7.5	20.3	—	3.6	25.0	
	平均		12.8	27.4	—	14.7	33.0	

表5 新农药防治炭疽病增产效果比较

农药	试验地点	年份	重复	挂果率（%）	平均亩产（kg）	比对照增减率（%）
	南茂	1991	4	68.1	159.45	42.1
		1992	4	80.0	61.7	264.0
	福报	1991	5	90.0	85.8	209.3
0.2%复方 T.F		1992	4	92.0	229.6	29.8
	南田	1992	4	84.0	204.9	207.9
		1993	1	95.0	379.3	68.4
	平均			84.9	152.7	136.9
	南茂	1991	4	68.1	124.05	16.6
		1992	4	66.0	27.85	63.7
	福报	1991	5	89.0	74.9	135.3
0.20%多菌灵		1992	4	87.0	240.9	36.0
	南田	1992	4	88.2	172.55	147.5
		1993	1	81.9	147.7	80.3
	平均			80.0	131.35	79.9

（续表）

农药	试验地点	年份	重复	挂果率（%）	平均亩产（kg）	比对照增减率（%）
1%波尔多液	南茂	1991	4	70.0	114.35	6.4
		1992	4	58.0	22.05	30.1
	福报	1991	5	85.0	46.85	61.5
		1992	4	83.0	178.1	0.56
	南田	1992	4	78.0	97.5	84.4
		1993	1	83.0	225.3	10.3
	平均			76.6	114.6	32.3
对照	南茂	1991	4	76.5	112.2	0
		1992	4	44.0	16.95	0
	福报	1991	5	79.0	29.0	0
		1992	4	75.0	177.1	0
	南田	1992	4	62.0	54.9	0
		1993	1	80.0	225.3	0
	平均			69.5	102.6	0

表6 新农药防治杧果炭疽病成本比较

农药	试验地点	年度	重复	面积（亩）	喷次	总金额（元）	防治成本/亩	增（减）率（%）
0.2%复方 T. F	南茂	1991	4	92.4	2	739.2	8.0	228.6
		1992	4	42.4	4	678.4	16.0	3 070
	福报	1991	5	67.0	2	1028.9	15.35	990.3
		1992	4	16.0	3	145.8	15.4	663.8
	南田	1992	4	31.0	4	625.8	20.18	398.8
		1993	1	20.0	6	605.4	30.27	605.4
	总平均			268.8	3.4	3923.5	17.53	536.8
0.2%多菌灵	南茂	1991	4	46.7	4	635.1	13.36	388.6
		1992	4	49.6	4	674.6	13.6	261.5
	福报	1991	5	97.0	2	730.8	7.53	285.8
		1992	4	16.0	3	120.48	7.53	324.6
	南田	1992	4	32.0	4	394.0	12.31	243.7
		1993	1	20.0	4	360.0	12.0	240.0
	总平均			261.3	3.4	291.5	11.1	324.0

（续表）

农药	试验地点	年度	重复	面积（亩）	喷次	总金额（元）	防治成本/亩	增（减）率（%）
1%波尔多液	南茂	1991	4	44.0	3	154.0	3.5	100
		1992	4	7.6	4	39.52	5.2	100
	福报	1991	5	64.0	3	99.2	1.55	100
		1992	4	16.0	2	37.28	2.32	100
	南田	1992	4	27.0	4	136.7	2.32	100
		1993	1	20.0	4	100.0	5.0	100
	总平均			178.6	3.3	564.7	3.77	100
对照	南茂	1991	4	4.3	0	0	0	0
		1992	4	4.3	0	0	0	0
	福报	1991	5	4.0	0	0	0	0
		1992	4	4.0	0	0	0	0
	南田	1992	4	4.0	0	0	0	0
		1993	1	20.0	0	0	0	0

表7　新农药防治杧果炭疽病经济效益比较

农药	试验起点	年度	面积（亩）	总金额（元）	元/亩	比对照增（元/亩）	增减率（%）	较比照纯增（元）
0.2%复方 T.F	南茂	1991	92.4	43 464.9	470.4	133.8	39.75	12 363.12
		1992	42.4	7 169.8	169.1	118.3	132.54	5 012.80
	福报	1991	67.0	17 024.0	254.1	167.1	92.06	11 195.70
		1992	16.0	27 305.6	1 706.6	1 175.3	121.19	18 804.80
	南田	1992	31.0	43 834.0	1 414.0	1 249.3	658.50	38 728.30
		1993	20.0	45 492.6	2 274.6	1 598.7	135.50	31 974.00
	总平均		268.8	184 290.9	1 048.3	740.6	196.80	112 128.30
0.2%多菌灵	南茂	1991	46.7	16 746.6	358.6	22.0	65.30	1 027.4
		1992	49.6	3 469.5	69.95	19.1	37.60	947.36
	福报	1991	97.0	19 174.0	197.7	110.7	27.24	10 737.9
		1992	16.0	28 787.5	1 799.2	1 267.9	138.6	20 286.4
	南田	1992	32.0	33 088.0	1 034.0	869.63	427.8	21 817.6
		1993	20.0	29 400.0	1 470.0	794.1	117.5	15 882.0
	总平均		261.3	130 665.8	821.6	596.3	128.9	76 698.7

（续表）

农药	试验起点	年度	面积（亩）	总金额（元）	元/亩	比对照增（元/亩）	增减率（%）	较比照纯增（元）
	南茂	1991	44.0	15 602.4	354.6	18.00	5.3	782.0
		1992	7.6	462.7	60.88	10.03	19.7	76.23
	福报	1991	64.0	8 896.0	139.0	52.0	59.8	3 328.0
1%波尔多液		1992	16.0	2 133.4	1 333.4	502.1	50.97	12 833.6
	南田	1992	27.0	15 858.0	578.3	422.6	156.6	11 410.2
		1993	20.0	26 936.0	1 346.8	670.9	99.3	13 418.0
	总平均		178.6	89 087.5	636.6	328.9	65.3	18 931.6
	南茂	1991	4.3	1 447.4	336.6	—	0	—
		1992	4.3	218.7	50.85	—	0	—
	福报	1991	4.0	348.8	87.0	—	0	—
对照		1992	4.0	2 125.2	531.3	—	0	—
	南田	1992	4.0	658.8	164.7	—	0	—
		1993	20.0	13 518	675.9	—	0	—
	总平均		40.6	18 316.1	307.7	—	0	—

2.3 大田防治试验

2.3.1 几种农药大田防治效果比较

1991—1993 年在海南福报、南茂、南田、大岭等农场大田防治比较试验的结果表明（表4）：3 种参试农药，以复方 T.F 的效果最佳，果实平均防效 78.8%，叶片平均防效 67.5%，次为多菌灵，果实、叶片平均防效分别为 67.6% 和 52.7%。波尔多液效果较差，果实平均防效 53.5%，叶片平均防效 46.4%，显著性测验结果，复方 T.F 极显著优于波尔多液，显著优于多菌灵；多菌灵显著优于波尔多液。可见，复方 T.F 和多菌灵是防治杧果炭疽病的有效农药。

2.3.2 新农药防病增产效果比较

喷施农药防治杧果炭疽病，可以明显减少病害所引起的落花、落果，增加产果量。表5 综合 3 个农场 1991—1993 年喷施不同农药后的产量，结果表明：喷施复方 T.F、多菌灵、波尔多液均有防病增产的效果，其中以复方 T.F 的增产效果最高，平均达 136.9%。次为多菌灵，平均增产 79.9%。波尔多液由于防效较低，增产率只有 32.3%。喷施农药所以增产，主要是提高挂果率和平均每株果数。从表5 还可以看出，喷施 T.F 后，挂果率比对照增加 84.9%，多菌灵增加 80.0%，波尔多液增加 76.6%。从平均亩产来看，最高为复方 T.F，达 152.7kg，每亩比对照增加 50.1kg。多菌灵次之，为 131.35kg，比对照增产 45.1kg。波尔多液则较低，仅为 114.6kg，比照只增产 12.2kg。可见，喷施高效农药防治杧果炭疽病的增产效果是显著的。

2.3.3　农药防治成本和经济效益比较

（1）防治成本：1991—1993 年各参试农场的防治成本综合如表 6，从表 6 可以看出，防治成本最高是 0.2%复方 T. F，平均每亩 17.53 元，比 1%波尔多液高 4.32 倍。其次为多菌灵，平均每亩 11.1 元，比 1%波尔多液高 2.24 倍。1%波尔多液成本最低，平均每亩 3.77 元。

（2）防治经济效益：比较参试农药与对照的经济效益表明（表 7）：喷 0.2%复方 T. F 的经济效益最高，平均每亩 1 048.3 元，比对照每次增加 740.6 元，增长率达 196.80%。减去对照的收益，共获纯经济效益 11.2128 万元，投入（防治成本）与产出（经济效益）比为 1：59.8。其次为多菌灵，平均每亩经济效益 821.6 元，比对照每亩增加 596.3 元，增长率 128.9%，纯经济效益 7.66987 万元，投入产出比为 1：74。波尔多液则较差，平均每亩经济效益 636.6 元，比对照每亩增加 328.9 元，增长率 65.3%，纯经济效益 1.8931 万元，投入产出比为 1：161.1。可见，应用农药防治杧果炭疽病的经济效益是显著的。尤其应用高效农药，虽然成本较高，但经济效益多，能较大幅度弥补防治成本高的缺陷，获得比成本低但效果较差的农药较多的经济效益。

3　结论和讨论

（1）经过室内农药筛选到大田多点农药防治比较试验，一致表明复方 T. F 是一种高效、低毒的新农药。它不但有保护效果，而且有治疗效果。虽然此药成本较高，但其效果优异，增产效果显著，经济效益较高，是可以大量推广的农药。此药为进口农药，目前笔者已找到国产的相似农药，可以代替推广。复方 T. F 的一个缺点是黏着性较差，因而，其防效在较干旱的地区（海南南部和西南部）较好，而在多雨地区则降低。为克服其缺点，可在药液中加入 1%甲基纤维素或淀粉浆。多菌灵也是防治杧果炭疽病的一种较好的农药，其防治效果、经济效益都较目前生产上大量应用的波尔多液高。此药属内吸治疗剂，保护效果较差，在海南西部较适用。但此药长期应用后病菌易产生耐药性，必须注意与其他农药交替使用。

（2）根据 4 年对上述 3 种农药的试验，用 0.2%复方 T. F 和多菌灵，在抽蕾、开花前、小果期、中果后期各喷一次，可获得良好的防治效果。为了提高防效和降低防治成本，必须注意加强病情测报工作，掌握在雨前或雨后及时喷药。笔者对此病的发生规律和预测方法已做研究，可供参考。

（3）参试的几种农药，多菌灵和波尔多是国内外早已应用的农药，T. F 在杧果炭疽病防治上应用则未见有报道。T. F 本身是保护性农药，在防治其他作物病害上有应用。本试验把它复配成复方 T. F，则兼有内吸治疗效果。这在国内外尚无报道。

参考文献（略）

原载于 *热带作物研究*，1995（1）：39—49

杧果幼树回枯病研究

肖倩莼　余卓桐

[摘要] 对杧果幼树回枯病的病原、发病条件及综合防治措施的研究结果发现：该病的病原菌是盘长孢状刺盘孢菌［*Colletotrichum gloeosporioides* Penz）和蒂腐色二孢菌 *Diplodia natalensis* Pole（Evens）］；易感病品种为秋芒；秋芒在长期干旱后容易发生回枯病；采用及时挖除病死植株、修剪病枝叶并喷洒 1%波尔多液等综合防治措施，能有效地控制病害的发展，其防治效果可达 99%。

1988 年，海南岛一些杧果园幼树（1~2 龄）发生较严重的回枯病，发病率在 25% 以上，致使大量树枯死。为此，笔者对该病的病原、发病条件及综合防治措施进行了研究。现将研究结果报道如下：

1　材料和方法

采用大岭农场农牧队 1 龄秋芒 901 作为试验材料。病原鉴定按照分离—接种—再分离的常规步骤进行。分离用的培养基为马铃薯、琼脂培养基。首次分离得到的病原物经显微镜检查鉴定后，分别接种于无病的离体枝条和叶片（接种前均用针刺伤）上，待其发病后，再分离镜检病原物。所有的接种试验均以清水接种为对照。

防治试验设在大岭农场农牧队，结合生产进行。试验面积为 180 亩，品种为秋芒 901。试验分综合防治和不防治两种处理，采用成对对比法设计。综合防治设 3 次重复，每个重复面积 36 亩左右，每一重复旁选少量植株不防治作为对照。为减少生产损失，只保留半亩（分 3 个重复）的对照区。防治措施是，先剪除病枝病叶，挖除病死植株并集中烧毁，然后每隔 6~10 天喷 1 次 1%波尔多液，共喷 5 次。

2　试验结果

2.1　病害症状

病害发生在枝条和叶片上。先是叶片边缘出现褐色病斑，然后向叶中部蔓延，最后整个叶片变褐枯死（图 1），并沿叶柄枝条扩展，侵染枝条和茎，使之产生褐色病斑。病斑环绕主茎后，病部以上的树冠即枯死。同时沿主茎向下扩展，使整个植株死亡。也有不经叶片侵染而直接侵染主茎，并向下扩展致使整株死亡的。解剖病茎，可见木质部变褐，并有褐色条纹（图 2）。

2.2　病原物鉴定

经分离 35 片叶片和 30 条枝干病部样本，共发现 3 种病原物：*Colletotrichum* sp.、*Diplodia* sp. 和 *Alternaria* sp.。其中以 *Colletotrichum* sp. 占多数（70%）。

图1　杧果回枯病叶片症状

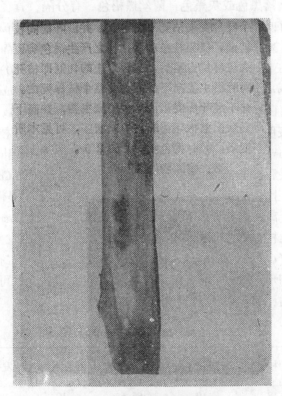

图2　杧果回枯病茎的纵剖面

Colletotrichum sp：菌落初期白色，后期产生黑色素而转为灰黑色，气生菌丝较多。生长5~7天后常在菌落中间产生粉红色孢子堆。在叶斑上散生小黑点状分生孢子盘。分生孢子盘圆形或卵圆形，直径100~220μm。孢盘内密生短小分生孢子梗。分生孢子梗直立、不分枝，单孢、无色，长度为12~18μm，顶上产生分生孢子。分生孢子单胞、无色、椭圆形或长圆形，有时有油点，大小为（13.2~16.2）μm×（3.3~5.3）μm。

这种分离菌的形态，与 Pethak（1980）和 Paul Holliday（1980）描述的杧果炭疽病病原菌 *Colletotrichum cloeosporioides* Penz 完全一致，故认为本菌仍为 *Colletotrichum gloeosprioides* Penz（盘长孢刺盘孢菌）。

Diplodia sp.：菌落黑色，表面光滑。菌丝黑色，有分隔，3~8μm。无性繁殖器官为分生孢子器，产生于杧果枝条或叶片表皮细胞下，黑色、炭质，大小为（125~150）μm×（370~150）μm。分生孢子器内释放产生大量分生孢子。分生孢子椭圆形或卵形，未成熟时为单胞、无色，成熟后则为双胞、黑褐色、有数条脊纹，大小为（18~24）μm×（12~15）μm。这种分离菌的形态，与 Pathak（1980）和 Paul Holliday（1980）所描述的杧果回枯病病原菌 *Diplodia natalensis* Pole（Evans）的形态完全一致，故认为本分离菌为 *Diplodia natalensis*。热作两院植保系、所合编的《热带作物病虫害防治》一书，把此菌定为 *D. mangiferae*，笔者查阅有关文献，未见对这个种和有关形态的描述，无法确定它是不是 *D. natalensis* 的异名。

Alternaria sp：菌落黑色或灰黑色，菌丝黑褐色，有分隔，直径 4~6μm。分生孢子梗单枝或有分枝，直或稍弯，淡褐色，长为 46~50μm，宽为 3~6μm。分生孢子单生或串生，大小为（23~30）μm×（10~12）μm，有数个纵和横分隔（一般有 5~8 个横隔，4~6 个纵隔），长圆形。这种分离菌的形态，与 Holliday（1980）描述的杧果叶斑病病原菌 *Alternaria alternata*（Fe）Keissler 一致，故认为此菌为 *Alternaria alternata*。

将上述 3 种分离菌接种于离体枝条和叶片，其发病情况如表 1。

接种试验结果表明，*Colletotrichum gloeosporioides* Penz 能侵染枝条、叶片，*Diplodia natalensis* Pole（Evans）只侵染枝条，其症状与自然发病的症状相同，即在枝条上产生褐色病斑，病部扩展后枝条枯死，病茎木质部有褐色条纹。接种 *Colletotrichum gloeosporioides* Penz，在叶片上形成黑褐色的病斑，病斑扩展后使病叶变黑褐色枯死。将上述已侵染的枝条病部再分离，仍然分离到原来的两种真菌。而接种 *Alternaria natalensis* 则只侵染叶片，不能侵染枝条使之回枯。由此可以确定，近年海南省发生的杧果回枯病，是由盘长孢刺盘孢菌（*Colletotrichum gloeosporioides* Penz）和蒂腐色二孢菌（*Diplodia natalensis* Pole（Evans））所引起的。前者既可侵染枝条造成回枯，也可通过侵染叶片并向枝、干扩展造成回枯；后者则只侵染枝条造成回枯。

表 1　三种真菌接种杧果枝叶的发病率

真菌种类	接种枝条数	发病枝条数	发病率（%）	接种叶数	发病叶数	发病率（%）
Colletotrichum sp.	18	10	55.6	12	8	66.7
Alternaris sp.	20	0		12	3	25.0
Diplodia sp.	20	4	20.0	12	0	0
对照	20	0	0	12	0	0

2.3　发病条件

在大岭农场调查，秋芒 901 的发病率为 20%~30%，而种植在同一块地上的青皮、留香、象牙等品种则未见发病，说明此品种较易感病。

回枯病在1988年4月开始发生，7—8月达到高峰，而1989年4—5月却未见发生。比较这两年的气象资料看出，1988年发病严重的主要原因是1987年10月至1988年3月本地区几乎没有降雨。由于长期干旱，杧果树体抵抗力下降，4月份开始下雨后，极易受回枯病原菌的侵染，而大量发病。

从上述调查研究可以看出：秋芒在长期干旱后容易发生回枯病。

2.4　综合防治效果

1988年7月开始进行综合防治试验，1988年12月检查防治效果，结果如表2。

表2结果表明：采用及时挖除病死植株，修剪病枝病叶和定期喷洒波尔多液等综合防治措施，能有效控制回枯病的发展，防治效果高达99%。

表2　杧果幼树回枯病综合防治效果

处理	防治前发病率（%）	防治后发病率（%）	防治效果（%）
综合防治	5.0	0.2	99.0
对照	4.0	20.0	—

3　结论与讨论

（1）杧果回枯病是在综合条件作用下发生的一种病害，易感病品种秋芒在经受长期干旱影响后，严重降低了抵抗力，而后为盘长孢状刺盘孢菌（*Colletotrichum gloeosporioides* Penz）和蒂腐色二胞菌［*Diplodia natalensis* Pole（Evans）］等弱寄生菌所侵染，这是海南省杧果回枯病严重发生的主要原因。国外对此回枯病病因的研究也未获得最后一致的结果。笔者估计，在不同的地区可能会有不同的发病条件和病原物，对此必须进行具体分析。

（2）采用及时挖除病死植株，剪除病枝病叶和定期喷洒1%波尔多液等综合防治措施，能有效地控制病害的发展，这是极为有效的防治措施。根据本病的发病原因和条件，本病也是可以预防的，预防回枯病发生的措施，主要是加强水肥管理，提高杧果树的抗病能力。只要做好预防工作，并在发现病株后及时采取上述综合防治措施，杧果回枯病将不再是生产上的严重问题。

参考文献（略）

原载于*热带作物研究*，1991（1）：58—61

杜果树流胶病病原菌鉴定和防治研究

肖倩莼　余卓桐　陈永强　黄国标　杨明兴　谭志琼

[摘要] 杜果树流胶病有两种病原物：色二孢菌（*Diplodia natalensis* Pole-Evans）和炭疽菌（*Colletotrichum gloesporiodes* Penz），以前者为主。用剪除病枝，对大的枝干刮除病部，涂上 10%波尔多液等方法防治杜果流胶病，防治效果达 96.7%。

流胶病是杜果的重要病害，在各地的杜果产区均有发生。特别是在台风雨后，发病异常严重，对杜果树的生长造成严重为害。国内外过去一直认为是色二孢菌（*Diplodia* sp.）引起的病害，但对其发生规律和防治工作则基本上没有进行过研究。为了解决这一杜果病害问题，笔者从 1989 年起，对此病的病原、发生规律和防治方法做了研究，现将研究的结果报道如下。

1　材料与方法

1.1　病原菌鉴定

1991 年在海南三亚市南田农场，1989 年在白沙大岑农场、石碌水库，1992 年在南田、大丰等杜果园采集新发病、有典型症状的流胶病样本，进行保湿、切片，并刮取病部病原物，做镜检初步鉴定。再从病健交界处取病组织分离病原物。上述 4 个地方的样本，每个地方都取 10 个枝干病组织作分离。1989 年分离 20 个样本，1991 年分离 10 个样本，1992 年分离 20 个样本。分离用的培养基为 DNA。病原物培养两个半月后，挑取病原物镜检，做进一步鉴定。并取菌块（含孢子和菌丝），接种于预先刺伤的杜果树枝干上，测定分离菌的致病力。1983 年接种 10 株，1991 年接种 5 株，1992 年接种 14 株，每株接 4 个接种点。再从发病的组织分离病原物，按照柯赫法则做出鉴定。

1.2　发病规律调查

在海南代表性杜果产区南部南田农场，西部石碌水库、大岑农场、两院试验农场等地做普查，特别在台风雨后做调查，分析环境条件主要是台风雨与发病的关系。

1.3　防治试验

1991 年选择发病较严重的南田农场布置试验。试验采用对比法设计。有两种处理：一种是防治处理，方法是在发病树上剪除病枝烧毁，对较大的枝干用利刀切除病部，伤口用 10∶10∶100 的波尔多浆涂封。另一种处理是对照区，不做任何处理。两种处理均在同一块试验地，面积为 20 亩（1.33hm²），每个处理地重复 8 次，每个重复为一行杜果树。处理前调查病情，处理后 2 个月调查其结果。

2　试验结果

2.1　杧果流胶病症状

本病主要发生在枝条和茎干。感病初期，病部出现水渍状黑褐色病斑；病斑扩大后病部开裂流出褐色树脂，后期树脂变黑，最后病部以上的枝条枯死。

2.2　杧果流胶病病原菌鉴定

1991 年从南田，1989 年从石碌、大岑等地取样，保湿后挑取病原菌镜检，均发现有两种真菌：*Diplodia* sp. 和 *Colletotrichum* sp.，将病部组织分离培养，仍获这两种病原物，出菌率 100%。在南田的 10 个分离样本，有 7 个为 *Diplodia* sp. 3 个为 *Colletotrichum* sp.；在石碌、大岑的 20 个分离样本中，有 14 个为 *Diplodia* sp.，6 个为 *Colletotrichum* sp.，总计 30 个样本的分离菌，*Diplodia* sp. 共 21 个，占 70%；*Colletotrichum* sp. 9 个占 30%。用这两种病原物接种杧果枝干，发病率分别为 87.5% 和 85.0 %。病部变褐，未见典型的流胶症状。将病部组织再分离也获得这两种真菌，接种 *Diplodia*；获得 *D. sp*；接种 *Colletotrichum* sp. 获得 *C. sp.*，出菌率 100%。1992 年从南田农场和大丰农场取样，镜检和分离均获得 *D. sp.*，用其分离出来的菌块接种于 14 株杧果枝条，结果全部发病（发病率为 100%）；而对照却未见发病（发病率为 0），病部症状同上。将病部组织再次分离亦为 *Diplodia* sp.。根据上述柯赫法则程序的鉴定，笔者认为，*Diplodia* sp. 是杧果流胶病的主要病原菌，*Colletotrichum* sp. 也可以侵染杧果枝干，引起与流胶病相似症状。现对两种病原菌的鉴定分述如下。

（1）*Diplodia* sp. 的鉴定。人工培养的菌落呈黑色，表面光滑，菌丝黑色，有分隔，直径为 3~8μm。培养 80~90 天后产生分生孢子器。分生孢子器有孔口，近球形，大小为（125~150）μm×（370~450）μm。分生孢子器内有大量分生孢子。分生孢子椭圆形或卵圆形，未成熟时为单胞，无色。成熟后双胞，深褐色，有 4~5 条脊纹，大小为（18~26）μm×（12~18）μm。这种分离菌的形态与 1980 年 Paul Holliday 所描述的 *Diplodia natalensis* Pole-Evans 相一致，故认为杧果流胶病的病原菌属此菌种。此菌的分生孢子器有时会聚生于子座上，即变成可可球二胞（*Botryodiplodia theobromae* Pat）。据戚佩坤的报道，真菌分类学上把这两种菌合为一种，即 *Botryodiplodia theobromae* Pat = *Diplodia natalensis* Pole-Evans.（其有性态为 *Physalospora rhodinra* Berk et Curt）本文为了与国外报道一致，采用 *D. natalensis*。

（2）*Golletotrichum* sp. 的鉴定。经分离培养和镜检测量，其菌落、菌丝、分生孢子的形态、大小均与 *Colletotrichum gloeosporiodes* Penizs 相吻合。故认为属此菌种，这里不做详述。

2.3　有关条件

1991 年海南南部杧果产区，发生严重的流胶病，发病率为 21%~50%。由于海南三亚市 1990 年遭受 12 级台风袭击，使杧果树严重受伤，降低抗病力而诱发本病的发生；而 1992—1994 年未受台风为害，发病率在 1% 以下。可见台风雨是诱发本病的主要气候条件。

1989 年位于石碌水库边的一个杧果园出现严重的流胶病，发病率达 25%，导致大量枝条枯死。分析此地发病的条件，认为与栽培管理有密切的关系。此杧果园已失管多时，全园杂草丛生，树势生长极差；而附近一个管理良好，生势旺盛的杧果园，无一发病。可见果园失管，树势生长衰弱也是诱发本病的重要条件。

2.4 防治试验

1991 年在南田农场进行防治试验，其结果见表 1。结果表明：应用田间卫生和化学保护相结合的方法，能有效地控制杧果流胶病的发展，平均防治效果达 96.7% 以上。

表 1 杧果流胶病防治效果

处理	重复数	处理前发病率 （%）	处理后发病率 （%）	防治效果 （%）
防治	8	37.2	1.2	96.7
不防治	8	32.4	36.8	——

3 讨论

（1）经 3 年用柯赫法则鉴定杧果流胶病的病原物，发现此病有两种病原菌，即 *Diplodia natalensis* Pole-Evans 和 *Colletotrichum gloeosporiodles* Penz。国内外文献均报道，*D. natalensis* Pole-Evans 是杧果流胶病的病原菌，而未报道过 *C.* Penz 引起流胶病。笔者认为 *D. natalensis* Pole-Evans 是主要病原菌；但在某些条件下，如在强台风雨侵袭后，杧果树受到严重伤害，或果园长期失管，抗病力大为降低的情况下，炭疽菌乘机入侵，造成枝枯、流胶病的发生也是可以理解的。因此，我国的杧果枝枯流胶病，可以由两种病原物引起。至于是否存在混合侵染的问题，则有待进一步研究。

（2）杧果流胶病是在特定条件下才严重发生的病害，在正常天气和栽培管理的条件下极少发生。因此，加强栽培管理、增施肥料，保持旺盛的树势，在台风雨后及时处理病株，可基本上避免或控制此病的发生或发展。

参考文献（略）

原载于 *热带作物研究*，1995（2）：25-27

主要热带果树煤烟病的为害性及病原菌种类研究

肖倩莼 余卓桐 陈永强 谭志琼

[摘要] 在海南等地的调查、测定结果表明，煤烟病对热带果树有一定为害性。在特别重病的情况下，杧果产量损失 8%~9%；杧果品种间对煤烟病抗病性有明显的差异。经鉴定，杧果、荔枝、柑橘、人心果、油梨、番石榴的煤烟病有 8 种；其中 *Moliola* spp.，*Tripospermum* spp.，*Capnodium* spp. 为优势种群。

[关键词] 热带果树；煤烟病；为害性；病原菌种类

热带果树煤烟病，是一类发生非常普遍的病害。但对其危害性的研究报道较少。对其种类的研究，过去国内只报道 3 种煤烟菌。近年来，煤烟病造成水果产量下降，果面变黑，严重影响果品的外观和售价，为了解决这些问题，笔者对杧果、柑橘、油梨、荔枝、番石榴等的煤烟病的发生、为害及病原菌种类做了研究。

1 材料与方法

试验材料取自中国热带农业科学院试验场、大丰、大岭及南茂等农场，以及广东湛江、云南河口等地的果园，各种果树均为生产上大量种植的品种。采用大田调查、实测与室内鉴定相结合的方法。1988—1995 年，每年 4—7 月雨季开始后，在上述地区调查杧果、荔枝、柑橘、油梨、番石榴和人心果的煤烟病发生情况。病害按病斑占叶片或果实面积的百分比分为 0~5 级，其所占面积依次为 0，1%~10%，11%~25%，26%~40%，41%~74%，75% 以上。病害为害损失估计，以杧果煤烟病为代表进行测定，选几个生产上大量种植的品种，每个品种在同一果园里随机选轻病、重病植株各 20~30 株分别测定产量，比较重病和轻病株产量。室内鉴定每种作物取样 200 片病叶。样品用 4% 甘油制成临时玻片标本，在显微镜下观察和测量菌丝体、分生孢子、子囊孢子、子囊壳、分生孢子器的形态和大小。每个样本每种孢子测量 30~50 个。根据魏景超有关煤烟病的分类标准和 L. T. Kwee 有关杧果煤烟菌的描述分类鉴定。如前人已有报道，而本鉴定结果与其相同，则确认为相同的菌种，否则，暂定为 sp. 。由于迄今该菌尚不能用人工培养，所以本试验全部采用活体上自然生长的材料。

2 试验结果

2.1 煤烟病的发生及为害

1988—1993 年 4—5 月，对本院 5 种热带果树煤烟病病情的调查结果（表 1）表明，这 5 种热带果树，都有煤烟病发生，有些年份，如 1988 年，1991 年，1992 年，5 种热带果树煤烟病病指都在 40 以上，达到重病的程度。笔者在广东湛江、云南河口及海南各地调查，也发现这些果树煤烟病很普遍，植株发病率在 30% 以上。说明这些热带果树的煤烟病发生相当普遍，有时还较严重。据 1991—1992 在海南大岭农场对鸡蛋芒、象牙芒、秋芒等品种的测定（表 2），杧果叶片受煤烟病侵害后，在重病（病指 55 ~ 73）的情况下，减产 3.6% ~ 5.4%；在病情特别严重的情况下（病指 80 以上），减产 6.8% ~ 9.8%。测定结果（表 2）还表明，病情指数与减产率高度相关，相关系数达 0.9698（$P < P_{0.01}$），其直线回归式为：$y = 0.11x - 2.16$（y 为损失率，x 为病情指数）。以表 1 的杧果病指代入上式统计，可知道杧果煤烟病一般年份可造成杧果 3% ~ 6% 的产量损失。

据 1996—1998 年大田鉴定，不同杧果品种对煤烟病的抗病力有明显差异（表 3）。从表 3 可见，我国目前在生产上推广的杧果品种，大部分都感病，只有少数表现田间轻病。按上述产量损失估计模式统计，轻病（病指 5 以下）品种产量无损失；中病（病指 6 ~ 39）品种最高损失 1%；较重病（病指 40 ~ 59）品种损失 1.6% ~ 4.3%；特重病（病指 60 以上）品种损失 4.7% ~ 8.6%。

表 1　5 种热带果树煤烟病病情

年份	杧果病指	荔枝病指	人心果病指	油梨病指	柑橘病指
1988	65.4	56.8	59.9	40.3	49.6
1989	38.3	25.6	31.4	28.1	33.4
1990	33.2	20.3	29.8	24.1	20.8
1991	67.4	53.4	46.5	41.1	45.6
1992	58.3	55.6	52.8	40.4	48.7
1993	26.7	27.6	23.2		

表 2　杧果煤烟病为害损失测定

测定项目	鸡蛋芒				象牙芒				秋芒			
	1991	1991	1992	1992	1991	1991	1992	1992	1991	1991	1992	1992
株数	20	20	30	30	20	20	30	30	20	20	30	30
病情指数	15.5	61.4	13.4	58.0	11.0	73.6	12.0	82.1	18.8	91.8	14.5	81.5
平均株产（kg）	5.83（100）	5.60（95.8）	7.49（100）	7.23（96.4）	8.79（100）	8.34（94.6）	8.20（100）	7.68（93.2）	9.53（100）	8.58（90.3）	9.46（100）	8.86（93.1）
增减率（%）		-4.1		-3.6		-5.4		-6.8		-9.8		-6.9

说明：表中括号内的数据为相对产量（%）。

表3　主要杧果品种的田间抗病性

品种	叶片病指	果皮病指	品种	叶片病指	果皮病指	品种	叶片病指	果皮病指
白象牙	8.0	12.0	A1	48.0	16.0	桂香	68.5	36.1
枋红	8.0	12.0	A4	48.0	20.0	小青	69.0	34.5
马切苏	12.0	16.0	高农	58.8	32.0	紫花	74.0	35.0
红芒6	30.0	20.0	秋芒	62.0	46.0	黄玉	74.0	42.0
鸡蛋芒	34.0	28.0	红芒1	66.0	28.0	土芒	81.0	56.0
吕宋	20.0	36.0	白玉	67.0	41.0	海顿	97.0	50.5
黄象牙	42.0	24.0	大青	68.0	37.0			

2.2　煤烟菌种类

据1988—1995年在本院、海南省大丰、南茂、大岭农场及广东胜利农场、云南河口农场等采样鉴定，热带果树煤烟病有8种：*Moliola* spp.，*Triposperrnum* spp.，*Capnodium* spp.，*Scorias* spp.，*Chaetothyrium* spp.，*Limaciluna* spp.，*Scolecoxyphium* spp.，*Polychacton* spp.。

（1）*Moliola* spp. 为子囊菌亚门白粉菌目小煤炱科小煤炱属真菌。菌丝体暗褐色，藕节状，菌丝有附着枝，互生，双胞。子囊壳黑色，球形，有几根刚毛，大小为146~225μm。子囊孢子长圆形，未成熟时无色，成熟后深褐色，有4个隔膜，大小为（60~364.5）μm×（18~31.5）μm。据魏景超的分类检索表，因该种小煤炱子囊孢子有4个隔膜，子囊壳有刚毛，应属第2群。在杧果上该菌符合Kwee描述 *M. mangiferae* Earle，故认为属此菌种（图1）。海南、广东、广西、云南均有分布。

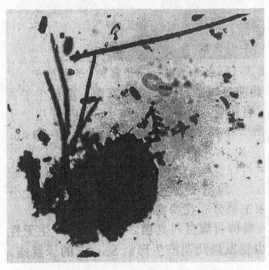

图1　*Moliola* spp. 的子囊菌亚门座囊孢、菌丝

（2）*Triposperum* spp. 为子囊菌亚门座囊菌目星炱菌科三叉孢炱属真菌。菌丝体淡褐色，圆柱形，分枝少，分隔较长。分生孢子淡褐色，星形，多为3分叉，少数2或4

分叉，多孢，有一短柄着生在菌丝上，大小为（50.4～72）μm×（48～8.4）μm据Kwee的描述，该菌为 *T. acetium*（Syd）Speg（图2）。该菌主要分布于海南各地。

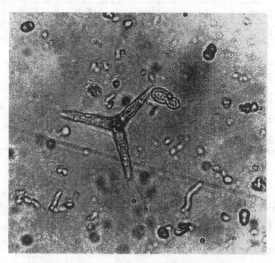

图2　*Triposperum* spp. 的星状分生孢子

（3）*Capnodium* spp. 为子囊菌亚门腔菌纲座囊菌目煤炱科煤炱属真菌。菌丝由串珠状菌丝组成。子囊座纵长。子囊壳黑色、圆形，无柄或有短柄，55μm×90μm。子囊棒状，子囊孢子长椭圆形，有3～5个分隔，有纵隔，43μm×17μm。据Kwee的描述，该菌在杧果上为 *C. mangiferae* P. Hennign（图3）。海南、广东、广西、云南均有分布。

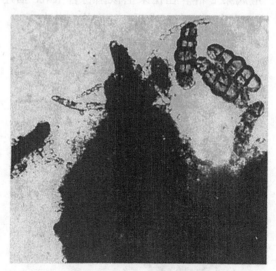

图3　*Capnodium* spp. 子囊壳和子囊孢子

（4）*Scorias* spp. 为子囊菌亚门腔菌纲座囊菌目煤炱科蛛网煤炱属真菌，菌丝体生于植物表面，有明显的孔口。子囊棒状，内有4～8个子囊孢子。子囊孢子长形，4个细胞，无色或淡橄榄色，（20～43）μm×（7～12）μm。据魏景超等报道，此菌属

S. capitata Saw. （茶长柄煤炱菌：图 4）主要分布于海南各地。

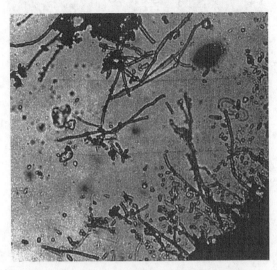

图 4 *Scorias* spp. 子囊壳、子囊孢子和菌丝

（5）*Chaetothyrium* spp. 为子囊菌亚门腔菌纲座囊菌目煤炱科刺盾炱属真菌。菌丝生于寄主表面，子囊座无柄，球形，壁由串珠状菌丝组成，有刚毛，大小 110~125μm，内有几个子囊。子囊梭形，无色，（33~53）μm×（13~17）μm 子囊孢子 3~4 个细胞，椭圆形，无色，（17~23）μm×（5~7）μm （图 5）。该菌在海南儋州、琼中发现。

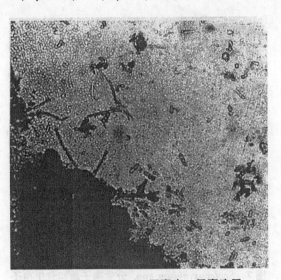

图 5 *Chacetothyrium* 子囊壳、子囊孢子

（6）*Limaciluna* spp. 为子囊菌亚门腔菌纲座囊菌目煤炱科的真菌。菌丝生于寄主表面，暗色，由串珠状细胞组成。子囊座无柄，球形，无刚毛。子囊孢子褐色，有 5~7 个分隔。每个分隔有一个纵隔，大小为 43μm×17μm （图 6）。该菌主要分布在海南儋州、琼中。

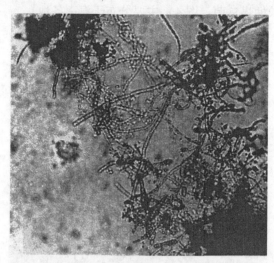

图 6 *Limaciluna* **spp.** 子囊壳、子囊孢子、菌丝

（7）*Scolecoxyphium* spp. 为子囊菌亚门腔菌纲座囊菌目煤炱科真菌。该菌通常产生无性世代。菌丝和分生孢子形态与 *Scorias* 相似，有人也曾发现此菌产生形似 *Scorias* 的子囊座，故认为本菌为 *Scorias* 的无性世代。分生孢子器柱状，直立或稍弯，顶端不膨大，大小为（119~204）μm×（24~34）μm 分生孢子无色、透明、椭圆形，单胞，大小为（4~6）μm×（2~4）μm（图 7）。该菌在海南儋州发现。

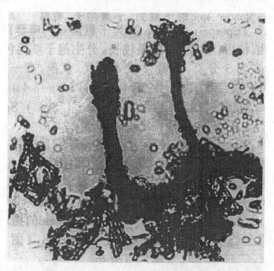

图 7 *Scolecoxyphium* **spp.** 分生孢子器和分生孢子

（8）*Polychaeton* spp. 为子囊菌亚门腔菌纲座囊菌目煤炱科真菌。该菌一般只产生无性世代，其有性世代亦为 Scorias 形的子囊座。分生孢子器似 *Scolecoxyphium* sp.，但该菌的分生孢子器顶端膨大，形若长颈烧瓶。膨大部分有毛状物，其下面颈部缩小成瓶状，大小为（136~731）μm×（10~20）μm。分生孢子无色透明，单胞，椭圆形，大

小为（5~7）μm×（3~4）μm（图8）。该菌在海南儋州发现。

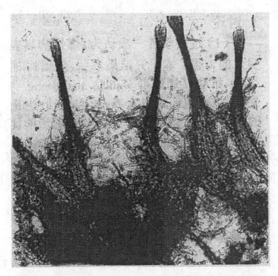

图8　*Polychaeton* spp. 分生孢子器和分生孢子

2.3　不同煤烟菌在热带果树上发生率

据1991年、1993年的调查鉴定（表4），杧果煤烟菌有8种，其中*Moliola* sp.，*Tripospermum* spp. 发生率占60%，是杧果煤烟病的2个主要菌种。而*Capnodium* sp.、*Scorias* sp. 2菌种的发生率为12%，出现频率稍高，其他6个菌种发生率都在4.8%以下，较为罕见。

表4　几种煤烟病在热带果树上的发生率

菌种	杧果	荔枝	柑橘	人心果	油梨	番石榴
Moliola spp.	33.3	54.9	38.6	0	0	0
Tripospermm spp.	26.5	6.1	38.7	42.0	73.1	80.0
Capnodium spp.	12.3	23.9	1.2	0	21.4	20.0
Scorias spp.	12.6	6.1	0	0	0	0
Limaciluna spp.	3.6	3.5	0	0	0	0
Chaetothyrium spp.	4.7	1.0	9.3	28.5	5.5	0
Scolecoxyphium spp.	4.8	2.0	0	18.0	0	0
Polychacton spp.	2.3	1.5	12.3	11.5	0	0

荔枝煤烟菌也有8种，其中*Moliola* spp.，*Capnodium* spp. 占78.8%，是荔枝煤烟菌的主要菌种。其他6个菌种的发生率都在6.1%以下。

柑橘煤烟菌有5种，其中*Moliola* spp.，*Tripospermum* sp. 发生率占77.3%，是柑橘煤烟菌的主要菌种。*Capnodium* spp.，*Chaetothyriam* spp.，*Polychaeton* sp. 有少量发生，发生率1.2%~12.3%。

人心果有 4 种煤烟菌，*Tripospermum* spp.，*Chaetothyriam* spp. 占 70.5%，是人心果煤烟菌的主要菌种。*Scolecoxyphium* spp.，*Polychaeton* sp. 有少量发生，发生率 11.5%~18.0%。

油梨有 3 种煤烟菌，其中 *Tripospermum* spp. 占 73.1%，是油梨煤烟菌的主要菌种。*Capnodium* spp. 也有一定量的发生，发生率为 21.4%。*Chaetothyrium* spp. 只有少量发生。

番石榴仅有 2 种煤烟菌，*Tripospermum* spp. 占 80%，是番石榴煤烟菌的主要种，*Capnodium* spp. 也有一定量的发生。

综上所述，*Moliola* spp.，*Tripospermum* spp. 是热带果树煤烟病病原菌的主要种群。这 2 种菌是属于子囊菌中不同目的真菌，前者有寄生性，后者表生，对热带果树的生长、产量、品质都有影响。

3 讨论

（1）过去学者一般认为，煤烟病属表生菌，除减少作物光合作用面积以外，对作物没有明显的为害。本研究结果表明，煤烟病对热带果树的产量和果品质量都有影响。海南杧果、荔枝、柑橘煤烟菌以 *Moliola mansiferae* 为优势种群。此菌除表生外，还能产生侵入丝侵入果、叶表皮组织吸取营养，影响果、叶生长发育。在煤烟病严重的情况下，可造成 7%~10% 的产量损失。煤烟病对果品质量的影响比对产量的影响更显著。煤烟病严重发生的年份，绝大部分果面变黑，售价一般降低 50%，使收益减半。因此煤烟病是不可忽视的问题。

（2）国内外绝大多数学者只报道 2 种热带果树煤烟病病原菌 *Moliola* sp.，*Capnodium* sp.。本研究发现我国热带果树煤烟菌有 8 种，其中 *Tripespermum* spp. 还是杧果、柑橘、油梨、番石榴、人心果煤烟菌的主要菌种。

（3）煤烟病是热带地区许多作物的常见病，由于过去研究较少，对其发生规律、为害性、病原菌种类、防治方法都了解不多，今后还有待深入研究。

参考文献（略）

原载于 *热带作物学报*，2000，Vol 21，No. 1：25-30

热带植物白粉菌种类研究

余卓桐　肖倩莼　陈永强　单家林　伍树明　符瑞益

[摘要] 经过 1991—1993 年的采集与鉴定，获得 58 种热带植物白粉菌。它们分属 7 个白粉菌属。热带植物白粉菌均为无性型孢子，*Oidium sp.* 为优势种。其寄主植物属 28 种植物，以葫芦科、菊科、大戟科、茄科、含羞草科植物白粉菌种类较多。黄花稔、山麻秆、泥胡菜、蜈蚣草、九里香、赤才、刺树 7 种是国内白粉菌新寄主纪录。

　　热带植物白粉菌，对多种热带作物造成严重为害，是一类重要病原菌。过去国内外学者对其研究不多。戴芳兰、邓叔群报道过一些热带植物白粉菌，郑儒永、余永年在《中国真菌志》（第一卷　白粉菌目）中报道了热带及亚热带的植物白粉菌有 65 种，其中热带植物白粉菌 12 种。Holliday 较全面地收集了热带作物病害的资料，报道有 36 种热带植物白粉菌，而对许多热带植物白粉菌则无报道。可见。国内外学者对热带植物白粉菌尚没有进行过全面深入的研究和报道。为了弥补国内外对热带植物白粉菌研究的短缺，并为研究热带作物白粉病的发生规律、预测预报和防治措施提供理论基础，1991—1993 年笔者对海南、广东、广西、云南等省的热带植物白粉菌种类做了调查研究。

1　材料与方法

　　从自然生长植物上采集白粉病的病组织为材料。把新鲜感病组织材料带回室内，用显微镜观察白粉菌的形态特征，包括分生孢子梗、脚胞、分生孢子、菌丝的形态，记录分生孢子梗的有无和数量，长宽度；分生孢子的大小，属单生或串生，有无纤维体；脚孢弯直、膨大或缢缩等与分类有关的特征。每种植物白粉菌测量 50 个分生孢子和分生孢子梗。根据各种植物白粉菌的形态特征和寄主范围及其植物的分类地位，参照《中国真菌志》（第一卷　白粉菌目）的分类标准进行分类。热带植物白粉菌多为无性型，极少产生子囊壳。如果某些植物白粉菌已在其他地区找到有性世代和确定种类，笔者就按照他们的鉴定结果分类；如未找到有性世代，则参照 Spencer 按无性型分类鉴定的方法和笔者关于寄主范围的研究成果（待发表）进行鉴定。

2　试验结果

2.1　采集菌种分类

　　3 年来在热带地区共采集 70 多种植物白粉菌。其中包括部分亚热带植物白粉菌，由于采集时某些寄主未开花，查不出其分类地位，不能确定其白粉菌种属，这里只把寄主鉴定清楚的植物白粉菌综合见表1。

表 1　热带植物白粉菌种类

序号	名称	学名	寄主	分布	备注
1	车前白粉菌	Erysiphe sordida Junell	车前（Plantago asiatical L.）车前科	海南、广东、广西	仅找到无性型
2	茄白粉菌	E. Hycsoyami zeng & Chen	茄子（Solanum melongenal L.）茄科	海南、广东、广西	仅找到无性型
3	豌豆白粉菌	E. Cucumbitacearum Zheng & Chen	豌豆（Pisum spp.）豆科	海南、广西、云南	仅找到无性型
4	南瓜白粉菌	E. Cucumbitacearum Zheng & Chen	南瓜等瓜类作物，葫芦科	海南、广东、广西、云南	仅找到无性型
5	苦瓜白粉菌	E. Cucumbitacearum Zheng & Chen	苦瓜等瓜类作物，葫芦科	海南、广东、广西、云南	仅找到无性型
6	西瓜白粉菌	E. Cucumbitacearum Zheng & Chen	西瓜等瓜类作物，葫芦科	海南、广东、广西、云南	仅找到无性型
7	丝瓜白粉菌	E. Cucumbitacearum Zheng & Chen	丝瓜等瓜类作物，葫芦科	海南、广东、广西、云南	仅找到无性型
8	冬瓜白粉菌	E. Cucumbitacearum Zheng & Chen	冬瓜等瓜类作物，葫芦科	海南、广东、广西、云南	仅找到无性型
9	黄瓜白粉菌	E. Cucumbitacearum Zheng & Chen	黄瓜等瓜类作物，葫芦科	海南、广东、广西、云南	仅找到无性型
10	毛瓜白粉菌	E. Cucumbitacearum Zheng & Chen	毛瓜等瓜类作物，葫芦科	海南、广东、广西、云南	仅找到无性型
11	杧果白粉菌	E. cichoracerum D. C.	杧果（Mangifera indical L.）漆树科	海南、广东、广西、云南	仅找到无性型
12	艾蒿白粉菌	E. Artemisiae Grev	茼蒿（Chrysanthemum coronarium L.）菊科	海南、广东、广西、云南	仅找到无性型
13	菊白粉菌	E. cichoracerum D. C.	风毛菊（Saussurea spp.）菊科	海南、广东、广西、云南	仅找到无性型

（续表）

序号	名称	学名	寄主	分布	备注
14	番茄白粉菌	E. Polygoni D. C.	番茄（Lycopersicon spp.）茄科	海南、广东、广西	仅找到无性型
15	紫薇白粉菌	Uncinula australiana MeAlp.	紫薇（Lagerstroemia indica L.）千屈菜科	海南、广东、广西、云南	仅找到无性型
16	假败酱白粉病	U. tectonae salm.	假败酱（Stachytarpheta jamalicensis）	海南、广东、广西、云南	仅找到无性型
17	桑面白粉菌	U. mori Miyake	桑（Morus alba L.）桑科	海南、广东	仅找到无性型
18	玫瑰白粉菌	Sphaerotheca rosae（Jaez）Zhao	玫瑰（Rosa rugosa Thumb）蔷薇科	海南、广东、广西、云南	仅找到无性型
19	凤仙花白粉菌	S. balasminae（Ulalli）Kari	凤仙花（Impatiens balsamina Linn）凤仙花科	海南、广东、广西	仅找到无性型
20	桑叶白粉菌	Phyllactinia moricola（p. Hen）Henma	桑（Morus alba Linn）桑科	海南、广东、广西	仅找到无性型
21	旱金莲白粉菌	Leveilula tropaeroli（Berger）Cif	旱金莲（Tropaeolum majus）旱金莲科	海南、广东	仅找到无性型
22	叶下珠白粉菌	Oidium sp.	叶下珠（Phyllanthus cochinchinensis spir.）大戟科	海南、广东、广西	
23	酢浆草白粉菌	Oidium sp.	酢浆草（Ozalis corrniculatah）酢浆草科	海南、广东、广西	
24	大丽花白粉菌	Oidium Dahlia.	大丽花（Dahlia pinnata Cav. Dest）菊科	海南、广东、广西	
25	大叶相思白粉菌	Oidium sp.	大叶相思，小叶相思（Acaeia spp.）含羞草科	海南、广东	仅找到无性型
26	木瓜白粉菌	O. caricae papayae	木瓜（Carica papaya K.）	海南、广东、广西	
27	苦荬菜白粉菌	Oidium sp.	苦荬菜（Ixeris denticulata（Houtt）steb.）	海南、广东、广西	

（续表）

序号	名称	学名	寄主	分布	备注
28	胜红蓟白粉菌	Oidium sp.	胜红蓟（Ageratum conyzoides Linnm.）菊科	海南	
29	飞扬草白粉菌	Oidium sp.	飞扬草（Euphorbia hirea L.）大戟科	海南、广东、广西、云南	
30	橡胶白粉菌	O. heveas Steinn	橡胶（Hevea brasiliensis）大戟科	海南、广东、广西、云南	
31	刺头婆白粉菌	Oidium sp.	刺头婆（Urena lobata sp.）锦葵科	海南	仅找到无性型
32	一点红白粉菌	Oidium sp.	一点红（Emilia sonchifolia）	海南	
50	可可白粉菌	Oidium sp.	可可（Theobroma cacas Linn.）梧桐科	云南	
51	荔枝白粉菌	Oidium sp.	荔枝（Liehi chinensis Sonn.）无患子科	云南	
52	落地生根白粉菌	Oidium sp.	落地生根（Bryophyllum pinnatum）景天科	海南	
53	山银花白粉菌	Oidium sp.	山银花（Lonicera confusa DS）忍冬科	广东	
54	川弓白粉菌	Oidium sp.	川弓（Ligusticum chuan Xiong Hort）伞形科	广东	
55	三七白粉菌	Oidium sp.	三七（Panax pseudo-ginseng wall）五加科	广东	
56	辣椒白粉菌	Leveillula taurica (Lev.) Salm	辣椒（Capsicum frutescens L.）茄科	广东、海南、云南	
57	红木白粉菌	Oidium sp.	红木（Bixa orellana L.）红木科	海南、广东、广西	
58	麻疯树白粉菌	Oidium sp.	麻疯树（Tatopha urcas）大戟科	海南	

第二部分　其他热带作物病害

从表1可以看出，在热带地区，至少有58种植物白粉菌。在这些白粉菌中，有37种未发现有性世代，占63.7%，在其他地区发现有性世代的菌种21种，占36.3%。在本研究中，所有的植物白粉菌都只找到无性世代，有性世代多是前人在热带以外的地区找到的。因此，热带植物白粉菌基本上是无性型白粉菌。

在已发现有性世代的菌种中，大部分是 *Erysyphe*（白粉菌属），有7个种，14种植物白粉菌，占66.7%，其他菌种有 *Uncinula*（钩丝壳属）3种，占14.3%，*Sphaerotheca*（单囊壳属）3种，占14.3%，*Leveillula*（内丝白粉菌属）1种，占4.7%。*Phyllactinia*（球针壳属）1种，占4.7%。在无性型的36种植物白粉菌中，有34个为 *Oidium*（粉孢属），占94.4%，只有2种是 *Oidiopsis*，占5.6%，可见，热带地区的白粉菌，以 *Oidium* spp. 为优势种。

从白粉菌的寄主分类地位来看，热带植物白粉菌寄生28种植物。其中白粉菌寄生较多的科有：大戟科6种，占10.3%；葫芦科7种，占12%；菊科7种，占12%；锦葵科3种，占5.2%；茄科3种，占5.2%；含羞草科3种，占5.2%。其他科只有1~2种。可见，热带植物白粉菌主要寄主植物为葫芦科、菊科、大戟科、锦葵科、茄科、含羞草科的植物。

在笔者找到的植物白粉菌中，黄花稔白粉菌（*Oidium* sp.）、山麻秆白粉菌（*Oidium* sp.）、泥胡菜白粉菌（*Oidium* sp.）、蟛蜞草白粉菌（*Oidium* sp.）、九里香白粉菌（*Oidium* sp.）、赤才白粉菌（*Oidium* sp.）、勒仔树白粉菌（*Oidium* sp.）7种，在国内有关文献中未见有报道。

2.2　一些热带植物白粉菌菌种鉴定

根据 Spencer 对白粉菌无性型的分类标准，并参考张中义等白粉菌分生孢子阶段检索表，将一些尚未在其他地区找到有性世代的热带植物白粉菌菌种，初步分类鉴定如下。

（1）橡胶、山麻秆、刺头婆、飞扬草等4种，白粉菌形态大小相似，其分生孢子梗数量多，脚胞平直，（70~133）μm×（7.5~10.5）μm。分生孢子串生，椭圆形，无纤维体，（27~45）μm×（15~25）μm，均属 Erysiphe sp.。

山麻秆、刺头婆与橡胶白粉菌，人工交互接种和回接均成功，认为是相同菌种，即均为 O. heveae Steinm.，飞扬草与橡胶白粉菌交互接种也能成功。但接到橡胶后菌丝生长不良，并有变形现象。因此，认为飞扬草白粉菌与橡胶白粉菌是不同的菌系。陈昭炫在福建找到飞扬草白粉菌的有性世代，鉴定为 *Sphareotheca* sp. 但它是寄生在叶柄和茎上，形成厚毡状菌丝体，而在海南的飞扬草白粉菌则主要寄生在叶片上，形成疏薄层菌丝体，两者菌种可能不同。

（2）大叶相思白粉菌分生孢子梗多，脚胞平直，（37.5~69）μm×（7.5~9）μm。分生孢子串生，椭圆形，无纤维体，（19.5~39）μm×（13.5~19.5）μm，属 Erysiphe sp. 此菌形态与橡胶白粉菌相近，但多次交互接种都未获成功，与橡胶白粉菌属不同菌种。

（3）芹菜白粉菌分生孢子梗多，脚胞平直，（57~126）μm×（6~9）μm。分生孢子串生，短棒状，无纤维体，（36~52.5）μm×（12~18）μm，由于其分生孢子为桶形类型，属 *Spharotheca* sp.。

（4）万年青白粉菌分生孢子梗稀少，或缺。分生孢子单生，椭圆形，（22.5～34.5）μm×（13.5～16.5）μm。由于其缺少分生孢子梗，据 Spencer 的分类法，属 *Podosphera* sp. 但据张中义的检索表，此菌属 *Erysiphe* Trina。因此，此菌的菌种仍需进一步鉴定。

（5）大丽花白粉菌分生孢子梗多，脚胞多数平直，少数膨大，（60～120）μm×（9.0～12.0）μm。分生孢子串生，纺锤形，（21～34.5）μm×（12.2～21）μm，无纤维体，属 *Erysiphe* sp.，据华南农业大学花木病虫防治组报道，此菌为 *E. polygoni* Dc. 但据他们描述，其分生孢子单生，椭圆形分生孢子梗少。

（6）胜红蓟、红毛顶、九里香、木瓜、黄花稔、蟛蜞草、柚木、赤才、肖焚天花、酢浆草、叶下珠、落地生根、野营卜、咳咳、泥胡菜、勒仔树等白粉菌，均有相似的特征，其分生孢子梗数量多，脚胞平直，分生孢子串生，椭圆形，无纤维体，故均属 *Erysphe* 属。但上述各种植物白粉菌的形态和大小不同，加上它们的寄主都属于不同的科。白粉菌相同的菌种，大部分都在同一个科内。据此，认为上述 14 种植物白粉菌，属 *Erysiphe* 的不同菌种。

（7）瓜类白粉菌分生孢子梗多，脚胞平直，（52.5～135）μm×（9～13.5）μm. 分生孢子串生，椭圆形，无纤维体，南瓜孢子的大小为（27～39）μm×（13.5～16.5）μm，苦瓜为（23.1～33）μm×（13.2～19.8）μm。国内文献报道有 3 个种：*Erysiphe cichoracearum* DC，*E. cueurbitacearum*，*Sphaerotheea fuliginea*（Sch1.）Poll. 笔者采到的上述瓜类白粉菌形态，显然属 *Erysiphe*，不是 *Sphaerotheca*，因为后者有纤维体。在 Erysiphe 的两个种中，*E. eichoracearum* DC 的分生孢子较大，为（24～45）μm×（13～24）μm，而 *E. cucurbitaeearum* 则较小。海南的瓜类白粉菌分生孢子，多较 *E. cichoracearum* DC 小，而接近 *E. cucurbitaeearum*，故认为海南的瓜类白粉菌以后者为主。

3 讨论

（1）热带植物白粉菌，是热带地区一个大类的重要真菌类群。笔者 3 年就采集超过 58 种植物白粉菌。他们寄生 28 个科，58 种植物，其中至少有 8 种白粉菌对热带经济植物造成危害，是值得注意的一类真菌类群。

（2）由于热带地区高温多湿，热带白粉菌都是产生无形性孢子，这给鉴定带来很大困难。有些菌种已在其他地区找到有性世代，而其无性世代形态和寄主也与笔者找到的相同，则笔者按照他们的鉴定结果决定菌种。其余未找到有性世代的菌种，只能据目前有些学者按无性世代分类法进行分类。他们鉴定的菌种，都是温带植物白粉菌菌种，笔者只能鉴定到属，其种暂以 sp. 表示；真正菌种所属，有待进一步鉴定。从现在的鉴定结果来看，热带植物白粉菌多属 *Erysiphe* sp. 这是热带地区的优势种；而其寄主则范围很广。其中黄花稔、红毛顶、泥胡菜、蟛蜞草、九里香、赤才、勒仔树 7 种白粉菌是白粉菌的新寄主纪录。至于这些寄主上的白粉菌是否属新种，还有待进一步研究。

（3）本研究虽然采集到较多的白粉菌，但是由于时间关系，笔者只对橡胶、杧果、大丽花、相思、瓜类白粉菌及与其有关的寄主做过寄主范围的研究，其他的白粉菌寄主范围尚需今后进一步试验。

参考文献（略）

选自《中国菌物学会成立大会论文集》，1993：69-70

热带果树病害检疫对象的一些问题

余卓桐

目前，我国热带地区为适应市场经济之需要，正以前所未有的速度发展热带果树生产。热带果树种类繁多，我国的热带果树主要有杧果、香蕉、菠萝、荔枝、龙眼、椰子、木瓜、柑橘、油梨等。由于近年大量从国内外引种，这些果树存在着外检和内检的一些病害对象问题。

1 杧果

Prokash（1987）报道，世界上有真菌病害 70 种，与杧果有关的真菌 140 种，线虫 12 种，细菌病、藻斑病，寄生等 10 多种。据笔者的调查和鉴定，我国有 26 种杧果病害，34 种病原物。近年华南五省（区）普查出 49 种病害，32 种病原物。可见，国外发现的很多病害或病原物，在我国尚未发现。在我国尚未发现的病害中，有 2 种病害值得注意。

畸形病

此病有三种典型症状：幼苗束顶丛生；枝叶畸形丛生肿大；花序畸形丛生。国外对其病原进行过长期的研究，提出过不同的病因，如生理性病因（土壤水分过多，碳氮含量过高，碳、氮比率过高，缺锌等）。病毒、螨类为害、镰刀菌等。目前获得致病性证明的只有镰刀菌 *Fusarium monidiforme* Sheld var. *subgl* Utinas Wollenw et Reink（亚黏团串珠镰孢），用人工互接种可产生上述典型症状。因此，一般认为此病是镰刀菌引起的病害。此菌种是否在我国存在还需进一步调查、鉴定。但据调查，笔者还未发现有此种症状的病害，应注意检疫。此病在印度较严重，平均损失 87%。巴基斯坦、中东、南非、中美、墨西哥、美国报道有此病发生。

2 香蕉

据国外报道有 60 多种病害，357 种有关微生物。近年华南五省（区）普查，发现我国有香蕉病害 17 种，病原物 14 种。因此，国外许多病害还没有发现。植物检疫上，值得注意的病害有以下几种。

（1）香蕉穿孔线虫病［*Radopholus* Similis（Cobb）Thorne］：此病曾引入福建，但在海南尚无此病，是对外检疫对象，要注意加强内外检疫。1993 年马来西亚在其提供亚洲及太平洋植保委员会的检疫名单中，还提出一种新的线虫病，其病原是 *Hoplolaimu sparrarobustus* Sher and Coomans，也值得注意。

（2）香蕉烟头病（*Cigarend disease*）：也是马来西亚新列入检疫名单 A1 类的病害，此病是刺腐霉 *Trachysphaera fructigena* Tab. et Bunt 所致。主要分布在喀麦隆、刚果、法尼亚、加蓬、加纳、尼日利亚、马达加斯加等。

（3）香蕉白化病（Banana marbling）：是一种由 MLO 引起的病害。目前分布在象牙海岸和喀麦隆。马来西亚把它列为 A1 检疫对象病害。

除上述病害以外，花叶心腐病的检疫和细菌性枯萎病（Moko disease）的检疫也是值得注意的。过去海南的花叶心腐病发生很少，近年推广香蕉组培苗，大量从广东引苗，使我省此病的发病率大幅度上升。据调查，儋县至乐东一些蕉园发病率达 5% 左右。需要加强内检，防止蔓延。

3　荔枝

龙眼病害据华南五省（区）调查，荔枝病害有 23 种，20 种病原物。龙眼病害 24 种，病原物 18 种。其中龙眼鬼帚病和荔枝霜疫霉最严重。最值得注意的是龙眼鬼帚病在海南的传播问题。过去海南种植龙眼很少，鬼帚病不多。近年有些地方发展龙眼，从广东、广西大量引进苗木，同时把大量鬼帚病的病苗引入海南。据最近在儋县调查，引进的苗木，现已发生鬼帚病，发病率 0.1% 左右，个别地块，发病率在 1% 以上。今后要加强引进种苗的检疫，防止此病进一步扩大传播。

另外，椰子华南五省（区）调查发现有 12 种病害和病原物。由于国际上有三种严重病害即致死性黄化病、红环腐病、败生病正威胁着笔者的椰子生产，加强外检互作尤其重要，目前大批引进椰果的状况必须改变。

本文为海南省植物检疫协会 1995 年年会论文

低聚糖素对香蕉叶斑病防病增产试验

杨公正　肖倩蒓　余卓桐（执笔）

[摘要] 用低聚糖素防治香蕉叶斑病，可取得良好的防治效果和增产作用。低聚糖素与植物营养剂或微量元素混用，不能提高防治效果，但能起增产作用；低聚糖素与植物营养剂和微量元素混用，则防效与百菌清、百可宁相近，且能大幅度提高产量。与百菌清、百可宁相比，低聚糖素防治效果略低，但增产明显。

[关键词] 低聚糖素；叶斑病；香蕉；防治；产量

香蕉叶斑病是香蕉的重要病害。过去国内外主要应用化学农药进行防治。有毒化学农药的大量使用已造成严重的环境污染和人畜为害。寻找无公害的生物农药代替有毒化学农药，是生产和环保的迫切需要。近年来，广东原沣生物工程公司利用多种植物作原料，应用现代生物技术，成功地研制出无公害生物农药——低聚糖素（OS）和植物营养剂。OS 可诱导植物产生植保素、酚类等抗病物质，从而提高植物抗病能力，控制病害发展。植物营养剂（主要成分是多肽，也有低聚糖素）也可以提高植物抗病力，减轻病害。为了确定 OS 和植物营养剂对香蕉叶斑病的防病增产效果，2001 年开始在海南进行了该项试验。

1　材料与方法

1.1　材料

0.4%低聚糖素水剂和原沣植物营养剂，广东原沣生物工程公司生产；75%百菌清可湿性粉剂，日本株式会社生产；50%百可宁可湿性粉剂，深圳瑞德来公司生产。

1.2　方法

（1）室内药效测定

先用 3 种不同浓度的 OS 和多菌灵（对照农药）喷撒香蕉嫩叶，以不喷药的香蕉嫩叶为空白对照，经 36h 内吸诱导抗病性取样回室内做孢子萌发和芽管菌丝生长抑制试验。抑制试验样品磨碎取汁，涂在预先涂有一层琼脂的玻片上；汁液干后，立即喷洒孢子悬浮液（40 万个孢子/mL）。孢子由田间病叶保湿产生，绝大多数是灰纹病 [*Cordana musae* (Zimm) Holm]；晾干，保湿培养 12h，检查孢子萌发率。每处理的每个重复检查 100 个孢子，重复 3 次。同时，用显微测微尺测量芽管菌丝生长长度，每处理的每个重复测量 20 个孢子，重复 3 次。

（2）病害分级标准

按病斑占叶面积的 0、5%、10%、20%、50%和 75%以上，依次将其分为 0~5 级。

1.3 试验设计

（1）小区试验

2001 年，采用随机区组设计，在澄迈热带果树示范基地布置小区试验，面积 1.3hm²。设 15mg/L OS、15mg/L OS+微量元素、15mg L OS+0.3%植物营养剂、15mg/L OS+0.3%植物营养剂+微量元素、0.2%百菌清、0.1%百可宁、对照（不施药）7 种处理，3 次重复。香蕉抽穗前喷第 1 次药，以后每隔 15~20 天喷 1 次，共喷 3 次。比较各处理防治香蕉叶斑病和增加产量的效果。

（2）生产性试验

2002 年选用小区试验筛选出的最佳处理，即 15mg/L OS+0.3%植物营养剂+微量元素，在澄迈热带水果示范基地做生产性试用，面积 7hm² 左右。喷药方法同小区试验，喷药（液）量 900kg/hm²，与附近生产上一般防治（喷施敌力脱 2 000倍液，面积 7hm² 以上）比较，测定防治效果和产量。

1.4 防治及产量调查

每个处理的每个重复调查 50 株，统计发病指数和防治效果。产量按实收产量统计每公顷产量。

$$发病指数 = \frac{\sum（各级值×该级株数）}{调查数×5} × 100$$

$$防治效果（\%）= \frac{对照区发病指数 - 防治区发病指数}{对照区发病指数} × 100$$

2 结果与分析

2.1 OS 室内抑菌作用

（1）孢子萌发抑制效果

喷撒过 OS 的香蕉嫩叶的汁液，具有明显抑制灰纹病病菌孢子萌发的作用。其平均抑制率比喷撒多菌灵的高，二者间差异达极显著。详见表 1。

（2）芽管菌丝生长抑制效果

表 1　OS 对香蕉灰纹病病原孢子萌发及芽管菌丝生长抑制效果

处理	病原孢子萌发			芽管菌丝生长	
	校正抑制率均值（%）	差异显著性		校正抑制率均值（%）	差异显著性
		$\alpha = 0.01$	$Pr>F$		$\alpha = 0.05$
OS	54.4	A	0.001	48.0	a
多菌灵	23.4	B	$(F=1\,670.41)$	46.2	a

表 1 的结果还表明，喷撒 OS 的香蕉叶汁，对灰纹病病菌芽管菌丝的生长有抑制作用。与多菌灵相比，抑制效果差异不显著，说明 OS 对香蕉灰纹菌菌丝生长的抑制作用，与生产上大量应用的农药多菌灵相当。

2.2 防治效果

（1）小区试验防治效果

2001 年，小区防治试验的结果表明，OS 对香蕉叶斑病有较好的防治效果，叶片病情控制在 1 级左右，平均防效 57.4%。用微量元素或植物营养剂与 OS 混用，平均防效仅为 53.2%~54.9%，不能提高 OS 的防治效果。但若将 OS 与微量元素和植物营养剂三者混用，则可明显提高 OS 的防效，平均防治效果达 63.6%。与对照农药百菌清和百可宁相比，OS 与植物营养剂或微量元素混用，效果都明显较低。但三者混用则防效与对照农药百菌清、百可宁差异不显著，见表 2。

表 2　OS 防治香蕉叶斑病小区试验防治效果及 HSD 测验结果

处理农药	发病指数				防治效果			
	均值	差异显著性			均值（%）	差异显著性		
		$\alpha=0.05$	$\alpha=0.01$	$Pr>F$		$\alpha=0.05$	$\alpha=0.01$	$Pr>F$
15mg/L OS	26.7	bcd	BCD	57.6	Bc	BCD		
15mg/L OS+微量元素	29.2	b	B	53.2	C	D		
15mg/L OS+植物营养剂	28.1	bc	BC	54.9	C	DC		
15mg/L OS+微量元素+植物营养剂	22.8	cde	BCD	0.001（$F=169.15$）	63.6	Ab	ABC	0.001（$F=210.18$）
0.2%百菌清	20.0	e	D	67.9	A	A		
0.1%百可宁	21.2	de	CD	66.1	A	AB		
对照	62.6	a	A	0	D	E		

（2）大田防治效果

2002—2003 年，在海南西部、南部大面积推广应用 OS+植物营养剂+微量元素混剂（以下简称 OS 混剂）。结果表明：用 OS 混剂防治香蕉叶斑病，防效高达 69.2%；与香蕉叶斑病的特效药敌力脱（平均防效 72.6%）相比，两者无显著性差异（表 3）。这说明，OS 混剂是防治香蕉叶斑病的有效农药。

表 3　OS 混剂防治香蕉叶斑的大田防治效果及 HSD 测验结果

处理农药	发病指数			防治效果			
	均值	差异显著性		均值（%）	差异显著性		
		$\alpha=0.05$	$\alpha=0.01$		$\alpha=0.05$	$\alpha=0.01$	$Pr>F$
OS 混剂	20.4	b	B	69.2	b	A	0.001
敌力脱	18.0	b	B	72.6	a	A（$F=4751.56$）	

2.3 OS 增产效果

2001 年的产量测定结果表明：OS 有一定的增产作用，比空白对照的产量高 19%~

31%，比农药对照高9%~23%；OS 与植物营养剂或微量元素混用，香蕉产量比单用时提高3%~4%，但三者间差异不显著。OS 与植物营养剂和微量元素混用，香蕉产量比单用OS时高14.6%，比喷施对照农药百菌清、百可宁的高19%~23%。显著性测验表明，这4个处理差异显著（表4）。这说明，OS 及其混剂不仅可防病，还有明显刺激香蕉增产的作用。

表4 OS 对香蕉的防病增产效果及 LSD 测验结果

处理农药	平均产量（kg/hm²）	差异显著性		
		α=0.05	α=0.01	*Pr>F*
15mg/L OS	56 500	b	AB	
15mg/L OS+微量元素	58 250	ab	AB	
15mg/L OS+植物营养剂	58 827	ab	AB	
15mg/L OS+微量元素+植物营养剂	66 125	a	A	0.0151（*F*=4.31）
0.2%百菌清	51 125	bc	B	
0.1%百可宁	53 375	bc	AB	
对照	45 750	c	B	

3 结论

几年的室内、大田试验和生产防治应用结果证明，低聚糖素及其混剂对香蕉防治叶斑病和刺激增产都有良好的效果。其防病机制，是通过诱导寄主产生抗病物质，提高抗病力而实现的。这与过去的农药主要通过杀菌防病的机制不同。本试验将低聚糖素诱抗剂应用到植物病害防治及生产中，并取得成功，这在国内外尚未见有报道。低聚糖素在1999年已被国家批准为国家重点新产品，国家高新科技产业化项目重点开发。

低聚糖素以植物为原料精制而成，对白兔 LD₅₀>8 000mg/kg 对人畜无毒，又具有良好的防病增产作用。大力推广 OS 及其混剂，对减少环境污染，增加香蕉产量都有重大的作用。应用 OS 及其混剂，宜在病害初发期开始喷药，以后每隔15~20天喷1次，连续喷4~5次。喷药浓度以用原沣公司生产的0.4%低聚糖素成品对水250~300倍液为宜。每公顷每次使用成本为75元。

参考文献（略）

原载于 *中国热带农业科学*，2003，23（6）：15-18

鸡旦果、香草兰树茎腐病抗病种质资源及抗病机制研究工作总结

余卓桐　肖倩莼　单家林　黄武仁

1　工作概况

1996 年、1997 年两年笔者主要进行了如下的工作：

（1）引进鸡旦果种质 7 个：海南黄果种、广东黄果种，台农种（分离种）紫果种，黄果×紫果杂交种、台农无性种，甜果种。

（2）引进香草兰田间抗病单株 10 株。

（3）对鸡旦果种质的抗病性做了人工接种测定，两年重复测定 3 次，测定各种质的发病率，病情扩展速度。

（4）对抗病种、感病种病部组织做切片观察，寻找抗病的组织学基础。

（5）对抗病种，感病种的病部组织酚类物质含量，过氧化物酶的活性做了测定。明确其生物化学抗病基础。

2　主要结果

（1）鸡旦果种质的抗病性鉴定：经 3 次测定，7 个种质中以 2 种黄果种最抗病。3 次人工接种都未见发病，黄果×紫果杂交种也表现抗病。只在人工接种后 10 天出现细小变色病斑，发病率 1% 以下。台农 1 号的分离种较感病，发病率 14.5%，病斑平均每天扩展 0.5mm。台农无性系与台农 1 号分离种抗病力相近，发病率 13.9%，平均每天病斑扩展 0.5mm。紫果种最感病，发病率 26.2%，平均每天病斑扩展 0.7mm。甜果种由于生长慢，繁殖苗数不多，只做了 1 次人工接种，初步看出此种也较感病。可见，通过两年的抗病性鉴定，笔者确定了目前生产上大量种植品种的抗病力，为进一步推广品种，发展鸡旦果生产提供依据。

（2）鸡旦果对茎腐病抗病组织学和生物化学基础：对抗病的黄果种和感病的紫果种病部组织解剖和有关的生化物质测定结果发现，抗病种质病部纤维含量较多。受伤后组织愈伤速度较快，含酚类物质较多。据 3 次测定结果，黄果种（抗病体）平均每天愈合 0.186mm；紫果种（感病种）平均每天愈伤 0.10mm，黄果种平均含酚量 218mg/kg，紫果种 108mg/kg。

（3）香草兰抗病单株筛选：从兴隆发病严重的香草兰国，选了 10 株田间表现轻病的植株，用人工接种法测定其对茎腐病的抗病力，结果找到 4 株病害较轻的植株。其发病指数 10 以下。但这个测定只做 1 次，而且也未对其抗病特性及抗性机制做测定，尚不能获得真正抗病的种质。

3 存在问题

（1）对种质的生化抗病机制研究不够。如与抗病有关的酶、植保素尚未测定。

（2）收集的种质不多，参试种质少。

（待发表）

几种热带作物白粉菌寄主范围研究

余卓桐　肖倩莼　陈永强　伍树明　符瑞益

[摘要] 研究了橡胶、杧果、大丽花、大叶相思、瓜类等热带作物白粉菌的寄主范围。发现刺头婆、山麻秆是橡胶白粉菌的野生寄主；野艾蒿、马鞭草是大丽花白粉菌的野生寄主。南瓜白粉菌可以侵染苦瓜、毛瓜，不能侵染冬瓜、丝瓜、黄瓜，用 5 种瓜的白粉菌接种南瓜均不成功。杧果、大叶相思白粉菌未发现野生寄主。

[关键词] 热带作物；白粉菌；寄主范围

热带植物白粉菌是热带地区的一类重要植物病原真菌，对多种热带作物造成严重的为害。一般认为白粉菌是一类多寄主的病原菌，弄清其寄主范围及一个地区中白粉菌之间的相互关系，对于掌握白粉病的发生规律、预测预报以及制订防治方案都有重要意义。

国内外对热带作物白粉菌的寄主范围研究不多，多见于橡胶白粉菌的寄主范围研究，对杧果、大丽花、大叶相思白粉菌的寄主范围则未见有报道。国外学者先后报道过飞扬草、麻疯树、红木等植物是橡胶白粉菌的交互寄主。斯里兰卡橡胶研究所重复了 Young 的试验，未能证实其结果。陆大京等（1954）用飞扬草、叶下珠等几种热带植物白粉菌接种橡胶，均未成功。笔者在 20 世纪 70 年代用刺头婆白粉菌接种橡胶获得成功但未回接。为了摸清几种热带作物白粉菌的寄主范围，研究其流行规律，为该病害的预测预报和防治提供依据，1991—1993 年笔者对橡胶、杧果、大丽花、大叶相思、瓜类白粉菌的寄主范围做了研究。

1 材料与方法

1.1 材料

以田间的无病植物和经发芽试验确定为新鲜的白粉菌为材料。从田间选取无病植物，盆栽后放在隔离箱内种植 1 周以上，确定无病才使用。接种用的白粉菌，为接种前从田间采集的新鲜孢子。

1.2 方法

采用交互接种法。在大量采集热带植物白粉菌的基础上，根据形态观察，选择形态相同的几种白粉菌做交互接种。同时以接种本寄主植物做对照，以确定当时的条件是否适合侵染。为了确定是否存在自然侵染，每种参试植物均留下 3~4 株不接种做空白对照，以决定试验的可靠性。因此，每种待测的白粉菌寄主范围的研究，都包括有 6 种处理：甲（甲种植物的白粉菌）接种乙（乙种植物），乙（乙种植物的白粉菌）接种甲（甲种植物），甲接种甲，乙接种乙，甲不接种，乙不接种。接种的方法，是用田间的新鲜孢子，用玻棒接在植物的嫩叶上，每片叶接 2~4 个点。接种后整盆植物放入隔离箱内保湿培养。7~10 天后记录侵染率。每种待测白粉菌按上述方法重复 2~4 次，如交互接种成功，又无自然侵染，即认为它极可能是该菌的野生寄主。

2　试验结果

2.1　橡胶白粉菌寄主范围

用刺头婆（*Urema lobata* sp.）、大飞扬草（*Euphorbia hirta* L.）、叶下珠、大叶相思、酢浆草（*Olalis corninulata* L.）、赤才 [*Erioglossum rubiglmosum*（Roxb）BI.]，山麻秆（*Alchornea davidii* Franch）、蓖麻等植物的白粉菌与橡胶白粉菌交互接种，结果见表 1。

表 1　橡胶白粉菌（甲）与几种植物白粉菌（乙）的交互接种

交互接种植物	发病率（%）					
	甲接乙	乙接甲	甲接甲	乙接乙	甲不接种	乙不接种
橡胶-刺头婆	41.4	44.7	51.0	46.5	0	0
橡胶-山麻秆	50.0	71.4	59.0	73.0	0	0
橡胶-大叶相思	0.0	0.0	54.0	42.0	0	0
橡胶-飞扬草	44.0	65.8	58.8	71.5	0	0
橡胶-酢浆草	0.0	0.0	58.8	51.5	0	0
橡胶-赤才	0.0	0.0	54.0	—	0	3.1
橡胶-叶下珠	0.0	0.0	60.0	63.0	0	0
橡胶-蓖麻	24.3	—	60.0		0	0

由表 1 可见，刺头婆、山麻秆白粉菌可与橡胶白粉菌交互接种，用橡胶白粉菌接种这 2 种植物，或用这 2 种植物白粉菌接种橡胶，其发病率与用自身的白粉菌接种相近，而空白对照无自然侵染，说明刺头婆和山麻秆是橡胶白粉菌的野生寄主。飞扬草白粉菌与橡胶白粉菌也能交互侵染，但飞扬草白粉菌在橡胶上菌丝生长不良，变形，不产孢，说明它与橡胶白粉菌不是相同的菌种。橡胶白粉菌接种蓖麻可以侵染，但未做回接，尚不能肯定蓖麻是否为野生寄主。叶下珠、酢浆草、大叶相思、赤才等白粉菌与橡胶交互接种多次均未成功，说明它们不是橡胶白粉菌的野生寄主。

2.2　大丽菊白粉菌寄主范围

用野艾蒿、苦荬菜、假马鞭草、胜红蓟、万寿菊等白粉菌与大丽花白粉菌交互接种，结果见表 2。

表 2　大丽花白粉菌（甲）与几种热带植物白粉菌（乙）交互接种

交互按种植物	发病率（%）					
	甲接乙	乙接甲	甲接甲	乙接乙	甲不接种	乙不接种
大丽花-野艾蒿	32.0	75.0	94.4	56.0	0	0
大丽花-假马鞭草	20.0	10.5	94.4	38.0	0	0

（续表）

交互接种植物	发病率（%）					
	甲接乙	乙接甲	甲接甲	乙接乙	甲不接种	乙不接种
大丽花–苦荬菜	0.0	0.0	94.4	—	0	0
大丽花–胜红蓟	8.0	0.0	94.4	—	0	0
大丽花–万寿菊	0.0	0.0	94.4	—	0	0
大丽花–菊花	0.0	0.0	94.4	—	0	0

结果表明，野艾蒿白粉菌可与大丽花白粉菌交互接种，并获得较高的侵染率，说明野艾蒿是大丽菊白粉菌的野生寄主。假马鞭草白粉菌与大丽菊白粉菌交互接种成功，但侵染率偏低。空白对照均无病，说明不是自然感染。侵染率低可能是由于接种量和培养条件所致。因此初步认为假马鞭草是大丽菊的野生寄主。苦荬菜、万寿菊、菊花白粉菌与大丽菊白粉菌交互接种多次未成功，说明他们不是大丽菊的白粉病的野生寄主。用胜红蓟白粉菌接种大丽菊不成功，但用大丽菊白粉菌接种胜红蓟有 8.1% 发病，胜红蓟是否属大丽菊白粉菌的野生寄主，尚需进一步测定。

2.3 南瓜白粉菌寄主范围

用西瓜、冬瓜、苦瓜、黄瓜、丝瓜、瓜叶菊等白粉菌与南瓜白粉菌交互接种，结果用南瓜白粉菌接种苦瓜、毛瓜，发病率依次为 17.5% 和 23.3%。但用苦瓜、毛瓜白粉菌接种南瓜则未获成功。因此苦瓜、毛瓜是否为南瓜白粉菌交互寄主，尚待进一步研究。用冬瓜、丝瓜、黄瓜、西瓜、瓜叶菊等白粉菌与南瓜白粉菌接种均不成功，说明它们存在与南瓜白粉菌不同的菌种。据文献报道，瓜类白粉菌有 3 个不同的菌种，各菌种之内还有不同的生理小种，均有不同的寄主范围。瓜类的种类多，菌种又复杂，搞清其相互关系尚需进一步深入研究。

2.4 杧果白粉菌寄主范围

用野艾蒿、大叶相思、瓜叶菊、橡胶等白粉菌与杧果白粉菌交互接种均未成功，说明他们不是杧果白粉菌的交互寄主。

2.5 大叶相思白粉菌寄主范围

用含羞草、紫薇、橡胶、瓜叶菊白粉菌与大叶相思白粉菌交互接种，只有含羞草白粉菌接种大叶相思有 1.8% 发病，其他均未侵染，说明这些植物均不是大叶相思的交互寄主。含羞草白粉菌对大叶相思的少量侵染，可能是自然感染所致。

3 讨论

（1）本研究发现橡胶、大丽菊白粉菌的一些野生寄主和瓜类白粉菌之间的某些相互关系，其中橡胶白粉菌的野生寄主刺头婆、山麻秆；大丽菊白粉菌的野生寄主野艾蒿、假马鞭草是国内外文献尚未见报道的新寄主。这些研究，对掌握有关作物白粉菌的发生规律、预测预报，制定防治措施有实际意义。上述野生寄主，是热带地区广泛分布的野生植物，其白粉病发生一般较寄主作物早，为有关作物的白粉病发生提供菌源；在测报、防治上都要充分考虑这一因素的影响。

（2）热带植物白粉菌是一类寄主范围较广的植物病原菌。郑儒永、余永年等认为，一个种以不超过一个科为其最大寄主范围。但从本实验结果，总的说来是相符的，但也存在一些特殊情况，如锦葵科的刺头婆白粉菌，可以侵染大戟科的橡胶；马鞭草科的假马鞭草白粉菌，可以侵染菊科的大丽菊等。因此，研究白粉菌的寄主范围，主要要从病原菌的形态出发，把形态相同的白粉菌进行交互接种，才能搞清楚其相互关系。

（3）热带植物白粉菌之间存在着复杂的相互关系。不同植物之间的白粉菌可能是相同的菌种；同种植物的白粉菌有不同的专化型或生理小种，侵染不同的植物品种或变种。交互接种成功，并不一定说明它们就是同一菌种，还要进行形态学、生物学的一系列实验，才能确定。本研究仅是国内对热带植物白粉菌相互关系研究的一个开端。

参考文献（略）

原载于*热带作物学报*，1996，Vol. 17，No. 2：25-28

水稻纹枯病流行、预测及损失测定[*]

余卓桐

[摘要] 1982 年在美国路州大学水稻试验站进行本试验。流行学研究结果表明，品种抗病性、接种体数量是影响纹枯病发展的重要因素。Mars、Melrose 等品种具有中等抗病性，Lebonnet、Belmont 和 Labelle 等品种最感病，Saturn、Leah 和 Brazos 则属中等感病。从品种抗病性和接种量的相互作用关系中看出，品种抗病性在决定病害严重度上作用更大。

病害系统观察发现，水稻不同生育期的感病率与成熟期病害严重度呈高度正相关。据此建立了不同抗病水平品种的病害严重度预测模式。纹枯病对不同抗病水平品种的为害损失测定结果表明，感病品种损失率为 29%，中等感病种为 22%，中等抗病种为 9%。试验发现，水稻拔节期及孕穗期的稻秆感病率与产量损失有中度至高度正相关。据此，亦建立了产量损失预测模式。

结论认为防治水稻纹枯病的根本途径是选育和推广抗病高产品种；中抗以上的品种能满足生产防治需要，不必施行其他防治措施。

目前，水稻纹枯病已成为水稻生产上的一个严重问题。Hori（1969）报道，当病害达到剑叶时，产量损失 25%。国际水稻研究所（1975）测定，在施用氮肥少的情况下，产量损失 25%；在施用氮肥多的情况下，产量损失 30%。Ono（1953）和 Yashimura（1954）提出按照病级来估计病害严重度和为害率。Tsai（1975）研究了病害严重度与产量损失的关系并提出了直线回归模式来估计病害所造成的损失。欧世黄（1972）认为，越冬菌核数与初侵染强度有密切关系，但病害后期的发展受气候条件和品种的感病性影响更大。堀真雄（1967）提出，如果在孕穗期的发病率超过 20%～30%，则有必要用杀菌剂进行防治。但是，目前世界上对于接种体数量与病害流行强度的定量关系，水稻不同生育期的发病与最终病情及产量损失的关系，病害及产量损失预测等方面的研究尚不多，影响对纹枯病综合治理水平的提高。本文报道作者 1982 年在美国对这些方面的研究结果，以供参考。

1 材料和方法

试验布置在路州大学水稻试验站。参试的水稻品种有 Lebonnet、Belmont、Labelle、Leah、Saturn、Brazos、Mars、Melrose。接种体使用致病力强的 *Rhizoctoilia solani* 菌系 LR172。将菌种接在消过毒的谷粒与谷壳（按 1 : 2 体积混合）混合培养基上，在人工

---

[*] 本文为作者在美国路易斯安那大学研究的论文，顾问为该大学教授 M. C. Rush 博士。

气候箱中24℃和3万lx光照下培养14天后使用。为了研究接种体数量与病害发生和产量损失的关系，并在不同品种中形成不同的病害水平，采用6种不同接种体数量，即每0.09m²。用0、0.25mL、0.5mL、1.0mL、2.0mL、5.0mL菌种。水稻分蘖期接种，将菌种均匀地撒在小区内。

试验小区6.10m长，2.13m宽，播种8行，行距0.21m。小区间相距0.61m。小区四周不做处理，作为保护区。每个处理重复4次。小区按完全随机区组设计。每个品种共48个小区，8个品种，共384个小区，占地1.21hm²。

4月上旬用播种机播种，每0.405hm²播300磅。播种时同时施N、P、K混合肥，每0.405hm²施500磅。

水稻分蘖后期、拔节期、孕穗期、抽穗期、成熟期分别做病情观察。在每个小区内均匀地取4个点（基本固定位置），每个点取样25个分蘖，共100个，记录感病率和病级。病情按国际9级（0至9级：0级，无病；1级，在近水面的叶鞘有一个病斑；5级，病斑占稻秆面积2/3；9级，稻株死亡，倒伏等）分级标准分级，计算严重度。严重度的计算公式为：严重度＝普遍率×各病级株数×该级级值。

8月下旬用小型康拜因收割机逐个小区收割、称重，并以一种电子计算机种子含水量测定仪测定含水量，然后计算各小区的产量。

为了了解水稻纹枯病的为害机制，明确纹枯病对不同抗性品种为害率不同的原因，收获前分别在不同抗病水平品种及每个品种不同病害水平的小区取病秆分离病原菌，确定病原菌侵入部位。每处理取20个稻秆，每个分上、中、下3个部位，每个部位分离5个样本。

2　试验结果

2.1　品种抗病性测定

结果表明，美国商业品种中，以Belmont、Lebonnet、Labelle最感病，Mars、Melrose比较抗病，Saturn、Leah、Brazos属中等感病。这说明早熟种（Belmont、Lebennet、Labelle）较迟熟种（Mars、Melrose、Saturn）感病，短粒种较长粒种抗病（表1）。

表1　美国商业水稻品种的病害严重度

接种体水平 品种	低（0.5mL/0.09m²） 严重度	中（2mL/0.09m²） 严重度	高（5mL/0.09m²） 严重度
Lebennet	2.2	5.75	7.75
Belmont	1.23	4.87	6.48
Labelle	2.3	4.39	5.94
Brazos	1.05	3.10	5.37
Saturn	0.81	2.91	4.53
Leah	0.66	2.49	4.65
Mars	0.38	2.16	3.83
Melrose	0.86	2.96	3.27

2.2 接种体数量与发病关系

用不同接种体数量接种不同抗病力品种的试验结果（图1）表明，不论任何品种，病情都随接种体数量的增加而加重，其间的相关系数高达 0.8713。分析表 1 品种抗病水平与接种体数量的相互关系看出，感病品种对接种体数量变化的反应比抗病品种敏感得多。使感病品种重病所需的菌量是 2mL/0.09m，中感品种要 5mL，而中抗品种即使用 5mL，病害仍为中偏轻。可见，品种抗病性在病害流行上有更大的作用。

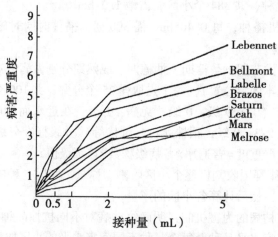

图1　接种体数量与病害严重度的关系

2.3 病情预测

病情系统观察的结果分析发现，水稻不同生育阶段的感病率与成熟期的病害严重度高度相关（相关系数 0.8107~0.9195）；病害发生愈早，早期发病率愈高，则成熟期病情愈重（表2）。

表2　不同生育期发病率与成熟期病害严重度关系

品种	拔节期发病（%）	孕期发病（%）	抽期发病（%）	病害严重度
	0.0	1.75	1.20	0.01
	1.20	5.00	8.75	1.08
Lebennet（感病种）	2.20	3.20	10.25	2.04
	3.75	7.00	14.00	3.60
	6.00	12.75	38.00	4.39
	10.50	19.75	46.25	7.63
	0.0	0.0	1.5	0.02
	0.25	4.25	7.75	0.56
Saturn（中感种）	0.75	15.75	20.75	0.81
	1.00	10.00	11.25	1.33
	3.90	17.75	21.50	2.91
	5.25	26.50	39.50	4.53

（续表）

品种	拔节期发病（%）	孕期发病（%）	抽期发病（%）	病害严重度
	0.0	0.0	0.0	0.0
	0.0	1.30	9.00	0.31
	0.50	2.50	10.75	0.38
Mars（中抗种）	0.25	5.25	25.50	0.65
	1.00	7.20	16.25	2.16
	2.00	12.25	42.25	3.83

根据上述关系，用多元回归法建立测报模式。经用相关法进行预测因子的选择，选定拔节期和孕穗期的发病率为预报因子，分别这两个时期和综合两个时期组成模式。不同抗病水平品种不同生育阶段的预测模式如表3。

表3表明，所有的预测模式准确率都较高，回归显著性测验亦达极显著。因此，认为利用纹枯病的早期发病率预测最终病害严重度是可行的。

表3 纹枯病严重度预测模式

品种	生长阶段	相关系数	预测模式	准确率（%）	r^2
高感	拔节期	0.8245**	$y = 1.08 + 0.73x_1 \pm 1.61$**	61.3	0.75
	孕穗期	0.8084**	$y = 1.0 + 0.334x_2 \pm 1.67$**	60.0	0.61
	拔节和孕穗	0.7945**	$y = 0.236 + 0.534x_1 + 0.686x_2 \pm 1.4$**	68.0	0.68
中感	拔节期	0.6107**	$y = 0.75 + 0.38x_1 \pm 1.33$**	80.7	0.73
	孕穗期	0.6746**	$y = 0.71 + 0.18x_2 \pm 1.34$**	74.1	0.80
	拔节和孕穗	0.8831**	$y = 0.19x_1 + 0.027x_2 - 0.258 \pm 0.85$**	79.0	0.60
中抗	拔节期	0.7782**	$y = 0.656 + 0.48x_1 \pm 0.98$**	75.1	0.63
	孕穗期	0.9092**	$y = 0.08 + 0.23x_2 \pm 0.65$	88.4	0.78
	拔节和孕穗	0.9184**	$y = 0.092 + 0.12x_1 + 0.19x_2 \pm 0.66$*	88.2	0.80
各类综合	拔节期	0.9195**	$y = 0.33 + 0.24x_1 \pm 1.2$**	66.6	0.68
	孕穗期	0.8107**	$y = 0.29 + 0.94x_2 \pm 0.73$**	88.9	0.62
	拔节和孕穗	0.9183	$y = 0.18 + 0.52x_1 + 0.066 \pm 0.91$**	80.6	0.79

注：y=病害严重度，x_1=拔节期发病率，x_2=孕穗期发病率，r^2=决定系数。

2.4 产量损失测定及预测

8个不同抗病水平品种的病害产量损失测定结果表明（表4），当病害严重为害时，感病品种产量损失17.7%～29.4%，中感品种9.55%～22.37%，中抗品种6.37%～

9.96%，品种愈感病，损失愈严重。就不同抗病水平品种同一病害水平相比，也是如此。如感病品种 Lebonnet，当病害严重度为 3.6 时，产量损失达 22.36%，而抗病种 Melrose，病害严重度 3.27 时，产量损失只有 7.19%。为了查明产生这种现象的原因，研究了病原菌对不同抗病水平品种的侵入部位。用 3 200 个不同抗病水平品种不同部位的病秆样品分离结果看出，病原菌对高感品种茎秆侵入率达 36%，而对中抗品种茎秆的侵入率只有 8%。纹枯病所以对感病品种造成较大的为害，主要原因是病原菌较易侵入稻秆，使茎秆遭受损害。纹枯病在抗病种上，多数只侵染叶鞘，大部分茎秆未受侵害，因而产量损失较少。作者在美国期间，未见到纹枯病大面积造成绝产的情况。分析水稻不同生育阶段的发病率与产量损失的关系发现，它们之间存在正相关的关系（相关系数 0.3893~0.8877），病害发生愈早，发病率愈高，为害愈重（表4）。

表4　纹枯病的发生与产量损失的关系

品种	拔节期发病（%）	孕穗期发病（%）	抽穗期发病（%）	病害严重度	产量损失（%）	品种	拔节期发病（%）	孕穗期发病（%）	拉穗期发病（%）	病害严重度	产量损失（%）
Belmont	0.0	0.75	0.0	0.12	0.0	Brazos	0.0	0.25	0.0	0.01	0.0
	0.25	1.00	1.25	0.93	3.64		1.50	3.75	8.75	0.57	1.13
	0.50	2.20	3.00	1.23	16.40		1.20	6.20	10.00	1.05	0.07
	1.75	4.50	9.50	1.68	11.86		1.00	9.75	10.25	2.24	1.25
	2.50	6.00	10.50	4.87	23.89		4.50	9.50	15.25	3.10	4.05
	9.50	22.25	36.75	6.48	25.11		6.00	24.00	40.50	5.37	9.96
Lebennet	0.0	1.75	1.20	0.01	0.0	Leah	0.25	1.00	0.0	0.05	0.0
	1.20	5.00	8.75	1.08	10.51		0.75	2.00	4.50	0.41	2.60
	2.20	3.20	10.25	2.04	18.01		1.20	2.70	8.50	0.66	6.45
	3.75	7.00	14.00	3.60	22.36		3.00	5.25	11.25	1.75	15.43
	6.00	12.75	38.00	4.39	23.28		6.00	6.20	15.50	2.94	5.24
	10.50	19.75	46.25	7.63	29.92		6.70	8.25	21.25	4.65	22.37
Labelle	0.25	0.25	1.00	0.05	0.0	Mars	0.0	0.0	0.0	0.0	0.0
	2.25	4.00	7.70	0.35	7.56		0.0	1.30	9.00	0.31	2.65
	2.00	3.20	8.20	0.54	9.12		0.50	2.50	10.75	0.38	1.10
	3.50	6.50	16.50	1.05	12.09		0.25	5.25	25.50	0.65	1.00
	4.50	8.75	35.50	4.39	17.73		1.00	7.20	16.25	2.16	4.70
	7.20	16.50	44.20	5.94	13.77		2.00	12.75	42.75	3.85	6.37
Saturn	0.0	0.0	1.50	0.02	0.0	Melrose	0.0	0.50	1.00	0.00	0.0
	0.25	4.25	7.75	0.56	3.07		1.00	8.50	9.25	0.52	0.27
	0.75	15.75	20.75	0.81	2.94		1.20	2.50	6.00	0.86	3.93
	1.00	10.00	11.25	1.33	3.91		0.75	1.20	3.00	1.68	4.42
	3.90	17.75	21.50	2.91	3.63		7.25	11.75	17.50	2.96	4.25
	5.25	26.50	39.50	4.52	9.55		7.50	13.50	19.75	3.27	7.97

　　根据上述关系，用多元回归法建立单点和多点产量损失预测模型。经用相关法筛选，选定拔节期和孕穗期的感病率为预测因子。从多个模式中选择准确率高的模式为预

测模式。不同抗病水平品种不同生育阶段的预测模式如表5。

表5 产量损失预测模式

品种	生长阶段	相关系数	预测模式	准确率（%）	R^2
高感	拔节期	0.7527 **	$y=7.35+2.15x_1\pm5.78$	90.8	0.74
	孕穗期	0.7209 **	$y=8.73+0.84x_2\pm7.2$	81.1	0.72
	拔节和孕穗	0.8877 **	$y=5.02-6.53x_1+4.27x_2\pm4.51$	80.9	0.73
中感	拔节期	0.7177 **	$y=1.24+1.99x_1\pm4.72$	74.9	0.65
	孕穗期	0.2109 **			
	拔节和孕穗	0.5380 **	$y=1.89+2.12x_1-0.15x_1\pm3.9$	75.0	0.68
中抗	拔节期	0.7354 **	$y=1.32+0.79x_1\pm2.03$	93.7	0.75
	孕穗期	0.8360 **	$y=0.46+0.36x_2\pm2.32$	92.1	0.79
	拔节和孕穗	0.8481 **	$y=0.49+0.24x_1+0.29x_2\pm1.5$	92.6	0.77
各类综合	拔节期	0.6277 **	$y=2.63+2.01x_1\pm6.05$	77.2	0.73
	孕穗期	0.3893 **	$y=4.31+0.48x_2\pm7.75$	70.6	0.65
	拔节和孕穗	0.6948 **	$y=3.2+1.8x_1+0.2x_2\pm10$	72.6	0.76

注：y=产量损失率，x_1=拔节期发病率，x_2=孕穗期发病率，** 显著水平=0.01。

由表5表明，利用拔节期和孕穗期感病率预测产量损失基本上是准确可行的，预测值与实际值偏差较大的是中感品种孕穗期的模式。这类品种若用拔节期和孕穗期的多点模式，则尚属准确。

纹枯病引起的产量损失，还可以根据成熟期的病级来估计。据本试验资料分析，病级与产量损失有直线函数的关系，相关系数为0.7705~0.9217。用直线回归构成的单点产量损失估计模式如表6。

表6 利用病级估计产量损失的模式

品种	相关系数	预测模式	显著性测验	回报准确率
高感	0.9217 **	$y=3.29x-0.115\pm10.8$	$F>0.01$	85
中感	0.7705 **	$y=0.29+1.8x\pm3.54$	$F>0.01$	79
中抗	0.8676 **	$y=0.935x-0.637\pm1.17$	$F>0.01$	82

这些模式回报准确率较高，显著性测验亦达极显著，说明用成熟期病级估计产量损失是可行的。

3 结论及讨论

（1）纹枯病的发生和严重程度，主要受品种抗病性、接种体数量、气候等因子所影响。栽培措施，如种植密度、施肥水平等对病害的发展也有明显的作用。但从因子间相互作用的试验结果可以看出，品种抗病性对纹枯病的发生有更大的作用。在本试验中，有用很高菌量的处理，种植密度较通常大，施肥量也较多，但是，中等抗病水平的品种，无论在何种情况下，病情都不严重。

（2）病害系统观察和产量损失测定的结果发现，水稻不同生育阶段的发病程度与成熟期的病害严重度和产量损失有密切的关系，据此建立了从早期病情预测病害最终严重度和产量损失率的模式，为预测病害和病害损失估计提出了依据。这在世界纹枯病的研究上仍较少报道。作者根据本试验产量损失测定结果，不同感病品种的平均产量，1982 年美国谷价，化学防治效果、用飞机防治的防治成本等分析，将感病品种的经济阈值定为病级 3，中感品种为病级 5，中抗品种为病级 7。

为了在生产上应用，根据上述试验和分析结果，提出如下的测报指标，如果感病品种拔节期感病率达到 5%，中感品种感病率 10%~15%，则可预计最终病情会超过经济阈值，需要在一个星期内进行化学防治。根据本试验结果，美国路易斯安那州 1983 年推荐拔节期发病率达到 10%需要进行化学防治的防治指标。

（3）纹枯病对不同抗病水平品种造成不同的产量损失，品种愈感病，损失愈大。品种抗病性不同，经济阈值也不相同。品种愈抗病，经济阈值愈高。在一般情况下，中度抗病品种最高病级为 5~6，不超过其经济阈值 7，故一般都不必进行防治。

（4）根据上述各项研究结果，认为解决水稻纹枯病的根本途径是选育抗病高产品种。目前美国中抗以上的品种，已能满足生产防治的需要，不必用其他方法进行防治。

参考文献（略）

原载于《植物保护学报》，1985，12（3）：181-187

水稻纹枯病流行、预测及经济阈值研究

余卓桐　M.C拉斯

（美国路易斯安那大学植物病理生理系）

[摘要] 1982年在路州大学水稻试验站布置了水稻纹枯病流行、预测及为害损失测定试验。流行学研究结果表明，品种抗病性、接种体数量和降雨是影响纹枯病发展的重要因素。Mars、Melrose等品种具有中等抗病性，Lebennet、Belmont和Labelle等品种最感病，Saturn、Leah和Brazos则属中等感病。从品种抗病性和接种量的相互作用的关系中看出，品种抗病性在决定病害严重度上作用更大。

病害系统观察发现，水稻不同生育期的感病率与成熟期病害严重度高度相关。据此建立了不同抗病水平品种的病害严重度预测模式。

纹枯病对不同抗病水平品种的为害损失测定结果表明：感病品种损失率29%，中等感病种22%，中等抗病种为9%。试验发现，水稻拔节期及孕穗期的稻秆感病率与产量损失中度至高度相关。据此。亦建立了产量损失预测模式。

根据产量损失测定，杀菌剂的防治效果、防治成本、产品价格和经济效益等研究结果的综合分析，明确了感病品种病级3，中感品种病级5，中抗品种病级7时，防治费用约等于防治挽回的损失，定为纹枯病在这些品种上的经济阈值。

根据上述试验和分析，结论认为防治纹枯病的根本途径是选育和推广抗病高产品种，中抗以上的品种已能满足生产防治的需要，不必施行其他防治措施。

1　材料和方法

试验布置在路州大学水稻试验站。参试的水稻品种有：Lebennet（高感）、Belmont（高感）、Labelle（高感）、Leah（中感）、Saturn（中感）、Brazos（中感）、Mars（中抗）、Melrose（中抗）。接种体使用致病力强的菌系LR172（*Rhizoctonia solani*）。将菌种接在消过毒的谷粒与谷壳（按1：2体积混合）混合培养基上，在人工气候箱28℃和3万Lex光照下培养14天后使用。为了研究接种体数量与病害发生的关系，并在不同品种中形成不同的病害水平，本试验使用了6个不同的接种体数量，即每平方英尺用0、0.25mL、0.5mL、1.0mL、2.0mL、5.0mL菌种。每个品种按这些接种体浓度安排试验小区，重复4次。水稻分蘖期接种，将菌种均匀地撒在每个小区内。

试验小区长20英尺，宽7英尺，中间播种8行，行距7英寸。两小区相距2英尺。每个处理重复4次。小区按随机完全区组设计。每个品种共48个小区，8个品种合计384个小区，占地约3英亩（包括保护行）。

4月上旬用播种机直播法播种，每英亩播300磅。播种时同时施用20-10-10 N、

P、K 混合肥料，每英亩 500 磅。

试验区接种后，在水稻分蘖后期，拔节期、孕穗期、抽穗期，乳熟期、成熟期分别做病情观察。每个试验小区均匀地取 4 个点（基本固定位置），每个点取样 25 个分蘖，共 100 个，记录感病率和病级。病害按国际 9 级分级标准分级，计算严重度。

试验区各品种于 8 月下旬至 9 月上旬相继成熟，此时用专门设计的小型康拜因收割机逐个小区收割，分别称重，用一种电子计算机种子含水量测定仪测定含水量，然后计算各小区的产量。

为了了解水稻纹枯病的为害机制，明确纹枯病对不同抗性品种为害率不同的原因，收获前分别在不同抗病水平品种及每个品种不同发病水平的小区取样病秆分离病原菌，以确定病菌的侵入部位。每处理取样 20 个稻秆，每个分上、中、下 3 个部位（第一节、第三节、顶节），每节分离 5 个样本。

水稻收获后一个月，再生稻长出后做了再生稻分蘖数调查。每小区查 3 个点，每点一码长，统计各小区平均每码分蘖数，以确定纹枯病对再生稻的为害。

2 试验结果

2.1 1982 年纹枯病的发生过程

1982 年水稻纹枯病中度发生。按照 Ven der Plank 的流行速度公式，抽穗前的 r 值为 0.13～0.15；抽穗后至成熟期为 0.18～0.22。抽穗初期，抗病品种病情稍为下降，感病品种的病情保持。此后病情发展较快，病害发展曲线近似 S 形。

2.2 流行因素分析

2.2.1 品种抗病性

美国商业品种对纹枯病的感病性差异很大，据 8 个商业品种测定的结果列于表 1。

表 1 美国商业水稻品种的病害严重度

接种体水平 严重度品种	低（0.5mL/0.009m²）	中（2mL/0.009m²）	高（5mL/0.009m²）
Lebennet	5.25	5.75	7.75
Belmont	1.23	4.87	6.48
Labelle	0.54	4.39	5.94
Brazos	1.05	3.10	5.37
Saturn	0.81	2.91	4.53
Leah	0.66	2.49	4.65
Mars	0.38	2.16	3.83
Melrose	0.86	2.96	8.27

2.2.2 接种体密度

用不同接种体数量接种不同抗病水平品种的测定结果表明，接种体密度与病害严重度有密切关系。不论任何品种，病害都随接种体数量的增加而加重。所有的病害曲线都表现为直线，病害严重度与接种体数量的相关系数高达 0.8713。分析抗病水平与接种体数量的相互关系看出，感病品种对接种体水平的反应比抗病品种敏感得多。使感病品种重病所需要的菌量是每平方英尺 2mL，中感品种需要 5mL，而中抗品种即使用 5mL，病害仍为中等偏轻（表1）。可见，品种抗病性在病害流行上更有决定作用。

2.2.3 气候

在本试验过程中，天气是正常的，雨水也相当调匀，纹枯病在大部分时间中能正常发展。但从 7 月 20—29 日，天气干热，最高气温 36℃ 以上，其中仅有 3 天短时阵雨，雨量共 2.8mm。在这段时间里，纹枯病不能发展。纹枯病发展需要高湿，这段时间的主要限制因素是干旱。因此，笔者认为阴雨高湿是纹枯病发展的重要因素。

2.3 病害严重度预测

2.3.1 不同阶段的稻秆感病率与成熟期病害严重度的关系

病害系统观察的资料分析发现，水稻不同生育阶段的稻秆感病率与成熟期的病害严重度高度相关，相关系数达 0.8107~0.9195。一般说，病害发生愈早，早期发生率愈高，则成熟期的病害严重度愈重（表2）。

表 2　不同生育阶段发病率与成熟期病害严重度关系

品种	拔节期发病（%）	孕穗期发病（%）	抽穗期发病（%）	病害严重度
	0.0	1.75	1.20	0.01
	1.20	5.00	8.75	1.08
	2.20	3.20	10.25	2.04
Lebennet（感病种）	3.75	7.00	14.00	3.60
	6.00	12.75	38.00	4.39
	10.50	19.75	46.25	7.63
	0.0	0.0	1.5	0.02
	0.25	4.25	7.75	0.56
	0.75	15.75	20.75	0.81
Saturn（中感种）	1.00	10.00	11.25	1.33
	3.90	17.75	21.50	2.91
	5.25	26.50	39.50	4.53
	0.0	0.0	0.0	0.0
	0.0	1.30	9.00	0.31
	0.50	2.50	10.75	0.38
Mars（中抗种）	0.25	5.25	25.50	0.65
	1.00	7.20	16.25	2.16
	2.00	21.25	42.25	3.83

2.3.2 病害严重度预测模式

由于病害严重度与不同生育阶段发病率为直线函数关系，故用多元回归法建立测报模式。经用相关法进行预测因子的选择，并考虑化学防治适期之前需要发出预报，选定了拔节期的发病率、孕穗期的发病率作为预报因子，分别这两个时期建立预测模式，并综合两个因子组成多点模式。不同抗病水平品种不同生育阶段的预测模式如表3。所有的预测模式符合率都较高，回归显著性测验亦达极显著。因此，认为利用纹枯病的早期发生率预测最终病害严重度是可靠的，这些模式可以在生产预测上试用。

表 3　病害严重度预测模式

品种	生长阶段	相关系数	预测模式	回报符合率（%）	r^2
	拔节期	0.9195**	$y=0.33+0.24\,x_1\pm1.2$ **	77.0	0.68
各类综合	孕穗期	0.8107**	$y=0.29+0.94x_2\pm0.73$ **	83.3	0.62
	拔节至孕穗	0.9183**	$y=0.18+0.52x_1\pm0.066\pm0.91$ **	67.0	0.79

注：y=病害严重度，x_1=拔节期发病率，x_t=孕穗期发病率，r=决定系数，＊＊显著性水平等于 0.01。

2.4　产量损失测定及预测

2.4.1　产量损失测定

8 个不同抗病水平品种的病害产量损失测定结果：当病害严重为害时，感病品种产量损失 17.7%~29.4%，中感品种 9.55%~22.37%，中抗品种 6.37%~9.96%，品种愈感病，损失愈严重。就不同抗病水平品种同一病害水平相比，也是如此。如感病品Lebennet 当病害严重度为 3.6 时，产量损失达 22.36%，而抗病种 Melrose，病害严重度3.27 时，产量损失只有 7.19%。为了查明这种现象产生的原因，笔者研究了病原菌对不同抗病水平品种的侵入部位。经 3 200 个不同抗性水平品种不同部位的茎秆样品分离的结果看出：病原菌对高感品种茎秆侵入率达 36%，而对中抗品种茎秆的侵入率只有8%。纹枯病所以对感病品种造成较大的为害，主要原因是病原菌较易侵入稻秆，使茎秆遭受损害。纹枯病在抗病种上，多数只侵染叶鞘，大部茎秆未受侵害，因而产量损失较少。

分析水稻不同生育阶段的发病率与产量的关系看出，它们之间显著相关，相关系数0.3893~0.8877，复相关系数 0.6948。可见，病害发生早，发病率高，最后的产量也损失较大。

2.4.2　产量损失预测模式

纹枯病于水稻特定的生育期中，其发病率与产量损失之间有直线函数的关系，故用线性回归法建立单点和多点产量预测模式。经用相关法筛选，以拔节期和孕穗期的感病率为预报因子，建立了不同抗病水平品种不同生育阶段的预测模式（表4）。利用拔节期和孕穗期发病率预测产量损失基本上是准确可行的。预测值与实际值偏差较大的是中度感病品种的模式。这类品种若用拔节期至孕穗期的多点模型，则尚属准确。

表 4　产量损失预测模式

品种	生长阶段	相关系数	预测模式	回报符合率（%）	r^2
	拔节期	0.6277 **	$y = 2.63 + 2.01x_1 \pm 6.05$	79.2	0.73
各类综合	孕穗期	0.893 **	$y = 4.31 + 0.48x_2 \pm 7.57$	68.8	0.65
	拔节至孕穗	0.6948 **	$y = 3.2 + 1.8 + 0.2x_2 \pm 10$	79.2	0.76

纹枯病引起的产量损失，还可根根据成熟期的病级来估计。据笔者分析，病级与产量损失有直线函数的关系，相关系数为 0.7705~0.9217。故用单点模型构成产量估计模式（表5）。

表 5　利用病级估计产量损失的模式

品种	相关系数	预测模式	显著性测验	回报准确率（%）
高感	0.9217	$y = 3.29x - 0.115 \pm 10.8$	$F > 0.01$	85
中感	0.7705	$y = 0.29 + 1.8x \pm 3.54$	$F > 0.01$	79
中抗	0.8676	$y = 0.935x - 0.637 \pm 1.17$	$F > 0.01$	82

2.5　水稻纹枯病经济阈值分析

由于防治费用和各种防治方法挽回的损失是变动的数值，所以经济阈值也不是固定的数值。兹据本试验的测定，对纹枯病的经济阈值进行初步分析。分析的基本数据来源：

2.5.1　各品种不同病级的产量损失率

根据表 5 产量损失估计模式算出。按照高感品种平均产量 4 314磅/英亩，中感品种 4 880磅/英亩，中抗品种 5 667磅/英亩算出各病级产量损失数，以每百磅谷价 10.47 美元折算出损失金额。

2.5.2　防治挽回的损失

即防治效益等于产量损失减去防治后的产量损失。防治后的产量损失，是根据用化学防治后残留的病级估算，估算的方法仍同上述，并折成美元以便比较。化学防治效果是根据美国当前推荐的农药 Duter、Supertin 喷两次的平均防效 79.6% 计算的。

2.5.3　防治成本计算

只算化学防治成本，因为目前美国防治纹枯病只做化学防治。用飞机喷 Duter 每亩次的费用为 14.25 美元，两次为 28.50 美元。

用上述方法计算出来的各项数据可以看出：在感病品种病级 3，中感品种病级 5，中抗品种病级 7 时，防治成本略低于防治挽回的损失，可定为这些品种的经济阈值。

3　结论及讨论

（1）纹枯病的发生和严重程度主要受品种抗病性、接种体数量及降雨等因子所影响。栽培措施，如种植密度、施肥水平等对病害的发展也有明显的作用。但从测定各因素的相互作用中看出，品种抗病性对纹枯病发生更有决定作用。在试验中，有用很高菌量的处理，种植密度较一般大，施肥量也较多，但是，具有中等抗病性的品种则病情始终不严重。

（2）由系统观察、测定和分析的结果发现，水稻不同生育阶段的发病程度与成熟期的病害严重度和产量损失有密切的关系，由此建立了从早期病情预测病害最终严重度和产量损失率的模式，根据上述试验结果，可提出如下的测报指标：如果感病种拔节期感病率达到5%，中感种感病率10%~15%，则可预计最终病情超过经济阈值需要进行防治。根据本试验结果，美国路易斯安那州1983年推荐拔节期发病率达到10%需要进行化学防治的测报指标。

（3）纹枯病对不同抗病水平品种造成不同的产量损失，品种愈感病，损失愈大。品种愈抗病，经济阈值愈高。一般情况下，中度抗病品种最高病级为5~6，不超过其经济阈值7，故一般都不必进行防治。

（4）根据上述各项研究结果，解决水稻纹枯病的根本途径是选育和推广抗病高产品种，目前中抗以上的品种，已能满足生产防治的需要，不必用其他方法进行防治。

原载于《病虫测报》，1985（3）：17-21

Rice Sheath Blight Epidenieoology and Control

Zhoutong Yu, M. C. Rush

(Plant Pathology Dap. LSU. Luisiana U. S. A.)

1 Sheath Blight Epidemiology

1. 1 several factors affect blight development and severity

Varietal resisance, inoculum levels, and rain are the most important factors. The most susceptidle varieties are Lebonnet, Belmont and Labelle. Saturn, Lean and Brazos are susceptible, and Mars and Melrose have moderate resistance. Inoculum level is closely related to disease severity. The experimental results showed that disease severity increased with raising inoculum level. From the result of varietal resistance and inoclum level interaction, it was found that varietal resistance was the most important factor in determining disease severity. Because moderately resistant varieties were not seriously damaged even though the inoculum level was more than 5mL/sp. ft (high inoculum level).

1. 2 Forecasting sheath blight severity

During systematic observation of disease development, it was found that the percentage of tillers infected growth stages was higly related to disease severity at maturity. The linear correlation coefficients are 0. 8107−0. 9195. Thus sheath blight severity can be forecasted by scouting disease tillers at green ring or booting. The models for forecasting disease in varieties with different resistance levels have been devwloped.

1. 3 Forecasting yield loss by sheath blight

The yield loss of rice by sheath blight has been tested. Sheath blight can cause about 30% yield loss in susceptible varieties, and 10% yield loss in moderately resistant varieties. It was found that the percentage of tiffers infected at green ring and booting was also hight correlated with yield loss. Thus yield loss can be forecast by surveying the percentage of disease in varieties with different resistance levels have been developed.

1. 4 Analysis of sheath blight's economic injury level

Based on the date from yield loss tests, fungicide control efficiency, control cost, and benefit; when disease rating was 3 in susceptible varieties, 5 in moderately susceptible varieties or 7 in moderately resistant varieties, cost just equaled crop returns. These values are considered the economic injury levels for these varieties, respectively.

561

1. 5   It is suggested that the essential approach for sheath blight is selecting and recommending resistant variety

2   Funhicide Test

Seven fungicides were tested in the field to determine their efficiency for sheath blight control and the timing of application. It was found that Bay N-T-N 19701, Supertin and Duter were the most effective chemicals for controlling sheath blight. Yield was significantly increased by using there chemicals. The best time for chemical application was at the booting and heading growth stages. It was necessary to use these chemicals twice for controlling sheath blight.

本文为作者 1981—1983 年在美国路易斯安那大学研究工作摘要，
是向美国农业部报告内容之一。

Predicting Disease Severity and Yield Loss to Sheath Blight in Rice[*]

Zhuotong Yu   M. C. Rush

(Plant Pathology Dep. LSU. Luisiana U. S. A.)

Introduction

Sheath blight is one of important rice disease in the world. The disease has become a sevious problem in many rice growing counties. Hori (1969) reported 25% loss in yield when disease reach flog leave. Boytte andLee (1978) estimated yield loss dew to sheash blight at 16－20 in Arkansas. IRRI (1975) found that the yield loss were 25% at low nitrogen level and 30% at high nitrogen level. Ono (1953), Yashimura (1954) suggested scales to estimate the severity of the disease or the degree of damage. Tsai (1975) studied the relationship of disease severity to yield loss, and suggested linear regressions. It is considered that hight yield dwarf susceptible cultivers, havery applied of nitrogen fertilizer and close planting are the reasons of disease severe. Ou (1972) considered that the intendity of primary infection is closely relate to the number sclerotia. but subsequent disease development is more affected by environment conditions and sescetibility of the host plant. 堀真雄 (1967) suggested it should be necessary to control with fungicide if disease incidence at booting is more than 20%－30%. There are a few informations regarding the disease epidemiology, forecasting of disease sveverity and yield loss and economic injury level. In this paper. we will disclibe these researching results.

1 Materials and methds

The experiment was conducted at L. S. U. Rice Experiment Station. The cultivars we used and their reaction to sheath blight were: Lebemnet (V. S), Belmont (V. s), Labelle (V. s), Leah (s), Saturn (M. s), Mars (M. R.), Brazol (M. R.), Melrose (M. R.)

The virulent isolate LR 172 of Rhizoctonia solani was used from grwoing on an autoclaved mixture of rice grain and hull (1 : 2v/v). The inoculum 1evel for testing the corelations between inoculum resources and disease severity were 0, 0.25, 0.5, 1.0, 2, 0, 5.0mL/sq. ft, Rice plant were inocurated at tillering growth stage by sprad the inoculum in each plants evenly.

---

* 本文是作者在美国路易斯安那大学与 Dr. Rush 教授合作研究的论文，1983 年 1 月在路州植物病理学会会议上作了论文报告。

The experimental plots were 20-ft, 6-row, drilistripe with 7-inch row spacing and 14-inches alleys。Each treatment was repeated four times ina randomized compie block design. Five hundred Ibs/A of 20-10-10 N. P. K, fertilizer was appied by a drell to the area at planting.

Disease was recorded as percent tillers infected and 0-9 race。0=no disease, 9=tillers dead and collapsed, the others are moderate disease Percentage of lodging and panicles were surveied at maturity. One hundred tillers from four plots were observed in each plot.

The plots were haversted with a small-plot combine on Aug. 20-Sept. Rough rice weight were corrected to 12%moisture.

2 Results

2.1 Disease Development in 1982

The desease severity was moderate in 1982. Disease developed slowly. Acording Ven der plank'S (8) equation of disease progresson, disease developed faster befor heading. The rates of increase were 0.13-0.15unit/day. At heading, the disease of resistent varieties decreased a little, retained in susceptible varieties, and then developed a litle fasster until the end of the crop season. The progress curves appeared as a straight lines (Fig 1).

2.2 Factors Affecting Disease Severity

2.2.1 Varieties Resistence

The disease severity among commercial varieties in Louiseana are dfferent. The result we tested eight commercial varieties showed Belmont, Lebennet, Labelle are the most susceptible to sheath blight and Mars Melrose appear rather resistent, Saturn, Leah, and Brazes are moderate susceptible. It is indicated that early maturity varieties appear to suffer more than late ones, and the short grain varieties such as Mars and Heirose are mest resistent (Table 1).

Table 1 Disease severity of commercial varieties

Lnoculum level Varieties	Low (0.5mL/sq. f)	Medium (2mL/sq. f)	High (5mL/sqf)
Lebennet	5.25	5.75	7.75
Belmont	1.23	4.87	6.48
Labelle	0.54	4.39	5.94
Saturn	0.81	2.91	4.53
Leah	0.66	2.49	4.65
Mars	0.38	2.16	3.83
Brazos	1.05	3.1	5.37
Melrose	0.86	2.96	3.27

2.2.2 Inoculum Density

The testing which were inoculated with different inoculum levels indicated that inoculum level related closely to disease severity at maturity (Fig 2). It is showed that the disease severity increase with raising inoculum level. All the lines appear straight ones. The correlatinn coefecient is 0.8713. Susceptible varieties are more sensitive to inoculum level than resishent ones. The inoculum amonnt which sheath blight epidemic needs is more than 2mL/sq. ft. for susceptible Varieties, 5ml/sq. ft. for moderate susceptiable varieties. moderate resistent varieties are not seious even thought inoculum level is more than 5ml/sq. ft.

2.2.3 Climate

During this experiment, the weather was normal, neither too wet nor too dry, sheath blight can develop regularly in most of this time. But there was a rather hot dry period from Jul—22 to 27, the rainfall was l inch, rain days were 3. it was a short shower. the highest temperature was 91 F. the lowest temperaturewas 72F. sheath blight could not develop. Percent disease of tillers disease secor retained (Fig 1). It is considered that rain is an important factor for sheath blight development.

2.3 Forecasting Disease Severity

(1) Corelationsbetween percentage of infected tillers at different growth stages and disease level at maturity.

It is found that the percentage of tillers disease at different growth stages is highly related with disease severity at maturity. The linear corrlation coeffioients are 0.8107—0.9195. The disease severity will be more than 5 if infected tillers at green ring exceeds 5% in susceptible varieties. in resistent varieties, however, even thought percentage of tillers disease is more than 6%, disease is not so Severe (Tab. 2)

Table 2　Percent disease at different growth stages Relate to disease seyerity at maturity

varieties	%dis. at greenring	%dis, at booting	%dis. at heading	Disease Severity
	0.25	1.0	1.25	0.93
	0.5	2.0	3.0	1.23
Belmont	1.75	4.5	9.5	1.68
	2.5	6.0	10.5	4.87
	9.5	22.2	36.8	6.5
	0.0	0.75	0.0	0.12
	1.2	5.0	8.8	1.1
	2.2	3.2	10.2	2.0
Labenner	3.8	7.0	14.0	3.6
	6.0	12.8	38.0	4.39
	10.5	19.8	46.3	7.63

（续表）

varieties	%dis. at greenring	%dis, at booting	%dis. at heading	Disease Severity
	0.0	1.8	1.2	0.01
	2.3	4.0	7.7	0.35
	2.0	3.2	8.2	0.54
Labelle	3.5	6.5	16.5	1.1
	4.5	8.8	35.5	4.4
	7.2	16.5	44.2	5.9
	0.25	0.25	1.0	0.05
	0.25	4.25	7.8	0.56
	0.75	15.8	20.75	0.81
Saturn	1.0	10.0	11.3	1.3
	3.9	17.8	21.5	2.9
	5.3	26.5	39.5	4.5
	0.0	0.0	1.5	0.02
	0.75	2	4.5	0.41
	1.2	2.7	8.5	0.66
Leah	3.0	5.3	11.3	1.8
	6.0	6.6	15.5	2.9
	6.7	8.3	21.3	4.7
	0.25	1.0	0.0	0.05
	0	1.3	9.0	0.31
	0.5	2.5	10.8	0.38
Mars	0.25	5.3	25.5	0.65
	1.0	7.2	16.3	2.2
	2.0	12.3	42.3	3.8
	0.0	0.0	0.0	0.0
	1.5	3.8	8.8	0.57
	1.2	6.2	10.0	1.05
Brazos	1.0	9.8	10.3	2.2
	4.5	9.5	15.3	3.1
	6.0	24	40.5	5.4
	0.0	0.25	0.0	0.01
	1.0	8.5	9.3	0.52
	1.2	2.5	6.0	0.86
Melrose	0.75	1.2	3.0	1.68
	7.3	11.8	17.5	2.96
	7.5	13.5	19.8	3.3
	0.0	0.5	1.0	0.004
Correlation coeffecient	0.9195	0.8107	0.8493	

（2）Models for forecasting disease severity based On scoutihg for percentage of tillers infected at different growth stages. Because the correlation between disease severity and percentage of tillers infected are linear ones, linear regression and multiple regression are used to develop the models. The models for different resistent level varieties based on percentage of tillers infected at green ring and booting are given as Table 3.

Table 3　Models for forecasting disease severity

varieties	Growth stage	Correlation coeffecient	Regression equation	Accuracy (%)
V. S	Greenring	0. 8245 **	$Y = 1.08 + 0.73x_1 \pm 1.61$	83. 3
	Booting	0. 8084 **	$Y = 1.0 + 0.344x_2 \pm 1.67$	66. 7
	G. & B	0. 7954 **	$Y = 0.24 + 0.53x_1 + 0.69x_2 \pm 1.37$	77. 7
M. S	Greenring	0. 7107 **	$Y = 0.75 + 0.38x_1 \pm 1.33$	83. 3
	Booting	0. 6746 **	$Y = 0.71 + 0.81x_2 \pm 1.34$	91. 7
	G. & B	0. 8831 **	$Y = 0.26 + 0.19x_1 + 0.027x_2 \pm 0.85$	66. 7
M. R	Greening	0. 7782 **	$Y = 0.66 + 0.48x_1 \pm 0.98$	72. 2
	Booting	0. 9093 **	$Y = 0.08 + 0.23x_2 \pm 0.65$	83. 2
	G. & B	0. 9184 **	$Y = 0.09 + 0.12x_1 + 0.19x_2 \pm 0.66$	83. 3
All Varieties	Greening	0. 9195 **	$Y = 0.33 + 0.24x_1 \pm 1.2$	77. 0
	Booting	0. 8107 **	$Y = 0.29 + 0.94x_2 \pm 0.73$	67. 0
	G. & B	0. 9183 **	$Y = 0.18 + 0.52x_1 + 0.07x_2 \pm 0.91$	83. 3

Note：** significant level = 0. 01; Y = disease severity at maturity; x_1 = percentage of tillers infected at green ring; x_2 = percentage of tillers infected at booting.

Table 3 shows all the models are quite accuracy, and regression sigrnificant testings were significant at the 0. 01 level. It is considered that these models are statisticly significant.

2. 4 Forecasting yield loss

2. 4. 1　Correlation between percentage of infected tillers at different growth stages and yield

lt was found that the percentage of infected tillers at differentgrowth stages is also significant correlated with yield loss. The linear correlation coeffecients are 0. 5893 – 0. 6177, multiple correlatinn coeffe-cient is 0. 6948 the more disease occurs at early growth stages, the more yield loss is resulted (Table 4).

Table 4　correlation between disease incidence and yield
Loss caused by sheath Blight

varieties	%dis. At G. R.	%dis At booting	%dis. At heading	Disease severity	Yield Lbs/a	%yield Loss
	0. 25	1. 0	1. 25	0. 93	4 203	3. 62
	0. 5	2. 2	3. 0	1. 23	3 646	16. 4
Belmont	1. 75	4. 5	9. 5	1. 68	3 844	11. 86
	2. 5	6. 0	10. 5	4. 87	3 319	23. 89
	9. 5	22. 3	36. 8	6. 48	3 266	25. 11
	0. 0	0. 75	0. 0	0. 12	4 361	0. 0

（续表）

varieties	%dis. At G. R.	%dis. At booting	%dis. At heading	Disease severity	Yield Lbs/a	%yield Loss
Labennet	1.2	5.0	8.8	1.08	4 175	10.5
	2.2	3.2	10.3	2.04	3 825	18.0
	3.8	7.0	14.0	3.6	3 622	22.36
	6.0	12.8	38.0	4.4	3 579	23.28
	10.5	19.8	46.3	7.63	3 292	29.42
Labelle	0.0	1.75	1.2	0.01	4 665	0.0
	2.25	4.0	7.7	0.35	3 316	7.56
	2.0	3.2	8.2	0.54	2 160	9.12
	3.5	6.5	16.5	1.05	3 132	12.69
	4.5	8.8	35.5	4.4	2 951	17.73
	7.2	16.5	44.2	5.94	3 093	13.77
Saturn	0.25	0.25	1.0	0.05	3 587	0.0
	0.25	4.3	7.8	0.56	6 164	3.07
	0.75	15.8	20.75	0.81	6 172	2.94
	1.0	10	11.3	1.33	5 923	3.91
	3.9	17.8	21.5	2.9	6 128	3.63
	5.3	26.5	39.5	4.53	5 752	9.55
Lerh	0.0	0.0	1.5	0.02	6 359	0.0
	0.75	2.0	4.5	0.41	3 369	2.6
	1.2	2.7	8.5	0.66	3 073	6.45
	3.0	5.3	11.3	1.75	2 778	15.43
	6.0	6.2	15.5	2.94	3 113	5.24
	6.7	8.3	21.25	4.65	2 550	22.37
Mars	0.25	1	0.0	0.05	3 285	0.0
	0.0	1.3	9.0	0.31	6 128	2.56
	0.5	2.5	10.8	0.38	6 226	1.1
	0.25	5.3	25.5	0.65	6 233	1.0
	1.0	7.2	16.3	2.16	5 999	4.7
	2.0	12.3	42.3	3.8	5 894	6.4
	0.0	0.0	0.0	0.0	6 295	0.0

（续表）

varieties	%dis. At G. R.	%dis At booting	%dis. At heading	Disease severity	Yield Lbs/a	%yield Loss
	1.5	3.8	8.8	0.57	5 621	1.13
	1.2	6.2	10	1.05	5 681	0.07
Brazos	1.0	9.8	10.3	2.2	5 614	1.25
	4.5	9.5	15.3	3.1	5 455	4.05
	6.0	24	40.5	5.4	5 149	9.96
	0.0	0.25	0.0	0.01	5 685	0.0
	1.0	8.5	9.3	0.25	4 924	0.27
	1.2	2.5	6.0	0.86	4 743	3.93
melrose	0.75	1.2	3	1.68	4 719	4.42
	7.3	11.8	17.5	2.96	4 727	4.25
	7.5	13.5	19.8	3.3	4 582	7.2
	0.0	0.5	1.0	0.004	4 937	0.0

Note：Correlation　0.6777 **　0.3893 **　0.6345 **　0.7492 **.

2.4.2　Models of forecasting yield loss

The correlations between percentage of tillers infected at different growth stages and yield loss are also linear ones. Thus linear regression and multiple regression are used to develop the models. The mkdels for different resistant level varieties at different growth stages are given as Table 5.

Table 5　Models of forecasting yield loss

Varietids	Growth Stages	Correlation coefficient	regression equation	accuracy
	Greenring	0.7527 **	$¥ = 7.35+2.15x1±5.78$	80.0
V. S	Booting	0.7209 **	$¥ = 8.37+0.84x2±7.2$	80.0
	G. & B	0.8867 **	$¥ = 5.02-6.53x1+4.27x2$	61.1
	Greenring	0.7177 **	$¥ = 1.24+1.99x1±4.72$	60.0
M. S	Booting	0.2109 **	$¥ =$	
	G. & B	0.5380 **	$¥ = 1.9+2.2x1-0.15x2±5.1$	75.0
	Greenring	0.7354 **	$¥ = 1.32+0.79x1±2.03$	83.3
M. R	Booting	0.8360 **	$¥ = 0.36x1+0.46±2.32$	83.3
	G. & B	0.8481 **	$¥ = 0.49+0.24x1+0.29x2±1.5$	6.96
	Greenring	0.6277 **	$¥ = 2.63+2.01x16.05$	79.2
All level	Booting	0.3893 **	$¥ = 4.3+0.48x2±7.57$	68.8
varieties	G. & B	0.6948 **	$¥ = 3.2+1.80x1±0.2x2±10$	79.2

Note：Y=%yield loss；* significant level=0.05　** =0.01；x_1=% disease at green ring x_2=% disease at booting %accuracy is from comparing the theoretical value to this experiment actual value.

2.5　Annalysis of economic injury level

2.5.1　Effect of sheath blight damage on first crop and ratoon crop

The main damage of sheath blight to rice is reducing yield by killing tillers and panicles. 17.7%~29.0% yield loss were caused when disease were severe in susceptible varieties. They are 9.55%~22.37% in moderate susceptible varieties. and 6.37%~9.96% in moderate resistent varieties. Under serious disease, more than 50%panicles were killed (Table 4).

Yield loss caused by sheath blight is closely related to disease rating at maturity. The linear corrlation coeffecients are 0.9217, 0.7705, and 0.8676 for v.s, M.S. M.R. varieties, respectively. The linear regression equations are given as follew：

$$Y = (3.29-0.1) 5x+1 0.8 \quad (\text{V. S. varieties})$$

$$Y = 0.29+1.8x±3.54 \quad (\text{M. S. varieties})$$

$$Y = 0.37+0.9351.17 \quad (\text{M·R·varieties})$$

Sheath blight not only affects the yield at first crop, but also the ratoon crop since it killed tillers. There were less tillers growing at the ratoon crop in the plots of susceptible varieties suffering severely from the disease at first crop. The correlation coefficient between disease severity and tillers in ratoon in susceptible varietiesis 0.8086 with significant level 0.01, but the correlation coeffecient is just 0.4474 with significant level less 0.05. It is expected that the yield will be reduced in ratoon crop (Table 6).

Table 6　Effect of disease severity on tillers in ratoon crop

varieties	Disease severity In the first crop	Tiller/yerk In ratoon crop
Labennet	0.01	37
	1.08	35
	2.04	29
	3.6	30
	4.39	24
	7.63	22
Brazos	0.0	45
	0.57	42
	1.05	37
	2.24	36
	3.1	36
	5.37	34
Mars	0.0	64
	0.31	57
	0.38	62
	0.65	55
	2.16	61
	3.83	56

2.5.2　Economic injury level

According to Main（1976）（4）, ecornomic threshold is that pest desity（or amount of plant damage）at which incremental cost of control justequals incremental crop returns, In order to calculat the cost of control and crop return（benefit）, analyse economic injury level, our datas of yield loss and fungicides testing are used, and two models were developed. these models are：Benifits＝yield loss（dallors）－yield loss after control

E＝c/m×P×r

E：economic injury level

c：the cost of control

m：yield loss（Ibs）/each rating

r：%control

The calculating result is giyen as Table 7. From our experiment：

V. S. m＝142；　M. S. m＝86；　M. R. m＝53

c＝14.25/one time spray.

r＝79.6%

V. S. E＝28.5/142×0.1047×0.796＝2.4

M. S. E＝28.5/86×0.1047×0.96＝3.97

M. R. E＝28.5/53×0.1047×0.796＝6.45

These calculating shows that at disease rating 2.4 in V. S, at rating 3.49 in M. S. varieties, rating 6.45 in M. R. varieties the costs of controlequal crop returns. They are economic injury levels for theee varieties, respectively（Table 7）.

Table 7　Sheeth blight control cost and benefit

varieties	Yield loss			Yield loss after control			control cost	benifit dallou
	Rating	Yild loss ibs（a）	dallors	Rating	Yild loss ibs（a）	dallor		
	1	137	14.34	0.2	23	2.45	14.25	11.89
	2	279	29.2	0.41	52	5.42	28.50	23.78
	3	421	44.06	0.61	80	8.40	28.50	35.66
	4	563	58.93	0.82	109	11.38	28.50	47.55
V. S.	5	705	73.78	1.02	137	14.34	28.50	59.44
	6	847	88.64	1.22	165	17.30	28.50	71.34
	7	989	103.5	1.43	194	20.28	28.50	83.22
	8	1131	118.36	1.63	222	23.26	28.50	95.1
	9	1272	133.22	1.84	251	26.24	28.50	107

（续表）

varieties	Yield loss			Yield loss after control			control cost	benifit dallou
	Rating	Yild loss ibs（a）	dallors	Rating	Yild loss ibs（a）	dallor		
M·S.	1	102	10.68	0.2	32	3.32	14.25	7.36
	2	188	19.67	0.41	50.6	5.16	28.50	14.51
	3	278	29.08	0.61	67	7.00	28.50	22.08
	4	366	38.26	0.82	84	8.84	28.50	27.71
	5	451	47.26	1.02	102	10.68	28.50	36.58
	6	539	56.45	1.22	120	12.52	28.50	43.93
	7	629	65.86	1.43	137	14.36	28.50	51.5
	8	717	75.06	1.63	155	16.2	28.50	58.86
	9	803	84.05	1.84	172	18.04	28.50	66.01
M.R.	1	89	9.32	0.2	47	4.92	14.25	4.4
	2	142	14.86	0.41	57	5.97	14.25	8.89
	3	195	20.41	0.61	68	7.12	28.50	13.29
	4	248	25.96	0.82	78	8.17	28.50	17.79
	5	301	31.51	1.02	89	9.32	28.50	22.17
	6	355	37.17	1.22	100	10.47	28.50	25.1
	7	407	42.61	1.43	110	11.52	28.50	31.08
	8	460	48.16	1.63	121	12.76	28.50	36.49
	9	513	53.71	1.84	131	13.72	28.50	39.99

Note：（a）yield loss is calculated from the equations in V. A. Average yield are 4314 1bs/A, 4880 1bs/A, and 5667 1bs/A, for V.S., M.S, and M.R. varietes respectively.

（b）10.47 dallors/cwt rouge grain.

（c）percent control efficiency is from our fungicides test with duter Supertin and N-N-N. It fs 79.6% by two times spraying.

（d）one time spraying by airplane with fungicide Duter cosrs 14.25dallors, two times spraying costs 28.50 dallors.

（e）Benefits＝yield loss（dallors）－yield loss after control.

3 Conclussios

Sheath blight severity is mainly determined by varieties resistence level and inoulum level, Climate and culturel practise affect signiricantly the disease disease progress. Disease severity at maturity is closely related to the level at early growth stages. Sheath blight can be forecasted from the disease level at green ring and booting. The forecast models based on these relationships are rather accuracy. Sheath blinght can caused about 30% yield loss. The yield loss is significantly correlation with disease level at early growth stages and disease severity at maturity. The models of forecasting yield loss are also accuracy. Economic injury level among comercial varieties are different. It is much higher in M. R. Varieties than v. s. varieties. Usually it is not necessary to control sheath blight for M. R. varietiesi. Thus the essential approach for solving sheath blinght problen is selecting and recommending resistent varieties.

References （Omitted）

Report in conference of plant pathology tor 1982, huiseana, U. S. A. 1983. 1

水稻纹枯病化学防治研究

余卓桐　M. C. Rush

（美国路易斯安那州大学植物病理生理系）

[摘要]　7 种农药的防治效果和使用方法试验结果表明：毒菌锡、N-T-N19701、薯瘟锡的防治效果最好。苯莱特、三唑防病效果较差，但增产作用显著。化学防治纹枯病的最适时间为孕穗期和抽穗期。施药一次未能完全控制病害，需要施用两次才能获得满意的效果。

水稻纹枯病是一种重要的水稻病害，自从推广感病的矮种以来，此病已成为世界许多种植水稻国家的严重问题。目前，化学防治仍然是纹枯病综合防治系统中的一种重要的措施，60 年代以来，研究者们测定和推广了许多农药，如退菌特、苏化 911、多氧霉素、苯莱特、Bavistin、敌菌丹、Linosan 等。这些农药都被认为是防治纹枯病的有效农药。日本广泛推荐使用苏化 911 和多氧霉素。美国许多生产者认为这些农药太贵效果也不很稳定，因此有必要继续筛选有效农药。并研究农药的使用方法。

1　材料和方法

试验布置在路州大学水稻试验站，参试农药及使用剂量为：苯莱特 1 磅/英亩、Mertact 340F 1 品脱/英亩、毒菌锡 1 磅/英亩、薯菌锡 1 品脱/英亩、三唑 2 品脱/英亩，Lyi56236 1 磅/英亩、BayN-T-N19701 1 磅/英亩、喷药时间试验有 5 个处理：拔节期，拔节期加拔节后 2 周（2 次）。孕穗期、孕穗期加抽穗期（2 次）；抽穗期。杀菌剂按上述剂量用 10 加仑水稀释用背负式二氧化碳压力喷雾器喷撒（美制单位：1 磅 ≈ 0.45kg，1 英亩 ≈ 4 046.86m²，1 品脱 ≈ 500mL，1 加仑 ≈ 3.79L）。

试验区种植最感病品种 Labelle。为确保试验区严重发病，各处理区（除一个空白对照外）全部采用人工接种。接种体用致病力强的菌系 LR172（*Rhizoctonla solani*）。将新分离的菌种接在消过毒的谷粒与谷壳（按 1 : 2 体积混合）的混合培养基上，在人工气候箱中 24℃和 3 万 lx 光照下培养 7~15 天后使用。水稻分蘖期接种，将菌种均匀地撒在每个小区内，接种量 2mL/平方英尺。

试验按完全随机区组设计，重复 4 次，每重复有 37 个处理，包括一个接种的对照和一个不接种的对照区。试验小区长 20 英尺，宽 6 英尺，中间播种 6 行，行距 7 英寸。

水稻成熟期观察各小区病情，计算防治效果。每个试验小区均匀地取 4 个点，每点随机取样 25 条稻秆，记录感病率和病级，病害分为 9 级，0 级无病，1 级少数病斑，3 级病斑占稻秆 1/4，5 级病斑占稻秆 1/2，9 级稻秆死亡，等等。

试验区于 8 月下旬成熟，此时用小型康拜因收获机收割，并随即逐区称重，测定种子含水量，计算各处理区的产量，与对照相比，计算增产效果。

2　试验结果

2.1　几种农药防治效果比较

农药的防治效果，以处理与对照相比降低病害严重度的比率和增产率来表示，现以参试农药在孕穗期和抽穗期喷药两次的效果做比较，结果综合如表1。

表1　新农药防治纹枯病效果比较

农药	发病率（%）	病级	防治效果（%）	增产（%）	死穗（%）
毒菌锡	6.50	1.00	84.6	15.45	0.63
N-T-N19701	15.50	1.25	80.8	13.95	0.25
薯瘟锡	16.50	2.00	69.2	16.92	1.50
Lyi 56236	45.75	3.25	50.0	13.95	2.62
三唑	57.00	4.25	34.6	22.15	4.00
苯莱特	49.20	4.25	34.6	15.21	15.00
Mertact	65.70	5.50	15.9	9.89	8.75
接种对照	78.25	6.50	—		33.75
空白对照	14.50	1.25	—	26.79	0.25

结果表明：7种农药中，防治纹枯病效果最好的是毒菌锡、N-T-N19701、薯瘟锡，防治效果在69%以上，增产13.95%以上，目前在美国推广的苯莱特防病效果并不理想，还不到上述农药之一半，但增产却很明显，是否这种农药有增产刺激作用，尚待进一步研究，据M.C.Rush 1981年试验，三唑的效果相当突出，今年的防病效果不佳，而增产效果却异常显著。毒菌锡、薯瘟锡在美国亦已试验多年，并已在某些地方推广，本试验亦证实其效果。N-T-N19701为新试农药，本试验看出其对纹枯病具有优异的效果，值得进一步试用。

2.2　施药适期和次数测定

7种农药在4个不同时间，2个不同施药次数的试验结果（表2）表明：在孕穗期、抽穗期施药2次的效果最好，拔节期和拔节后2周施药2次的处理次之。说明防治纹枯病喷1次药不足以控制病害，必须2次，就喷1次的3个时间相比，以抽穗期施药效果最佳，拔节期最差。

表2　施药期和施药次数防效比较

施药时间	发病率（%）	严重度	防治效果（%）	平均增产率（%）	最高增产率（%）
拔节期施一次	73.75	6.50	0.0	2.17	13.20
孕穗期施一次	48.46	5.17	20.46	4.38	22.13

（续表）

施药时间	发病率（%）	严重度	防治效果（%）	平均增产率（%）	最高增产率（%）
抽穗期施一次	53.35	4.25	34.61	11.04	21.20
拔节期及拔节后2周各施一次	54.67	4.42	32.00	14.15	20.04
孕穗期及抽穗期各施一次	30.14	3.07	52.76	15.37	22.15
对照	78.25	6.50	—	0.0	0.0

3 讨论

（1）7种农药经过严格的病害条件（高接种量）的考验，选出了一种前人尚未进行试验的防治纹枯病新农药N-T-N19701，进一步确定了前人已初步确定效果的两种农药毒菌锡和薯瘟锡，这些农药经扩大试验后，有可能成为美国防治纹枯病的推荐农药。有些农药，如苯莱特和三唑，防治效果并不理想，但增产很显著，作者认为还是可以在生产上推荐使用，至于增产机制，则需进一步研究。

（2）化学防治水稻纹枯病的最适宜时间是孕穗期至抽穗期。因为水稻此时对纹枯病最感病，病害发展最快。施药过早，到水稻最需保护的时候得不到保护，效果反差。孕穗至抽穗的时间较长，一次施药不足保护，必须施用两次，这一试验结果与前人试验结果基本一致。

原载于美国路易斯安那大学农业试验站1982年年报：15-17

海南省热带亚热带林木检疫对象病害调查

余卓桐　执笔

　　海南省地处热带北缘，气候高温多湿，适宜各种热带、亚热带林木生长，不单有大面积用材林，而且还有大面积的经济林。用材林主要的树种是桉树、松树、马占相思、台湾相思、木麻黄、竹等。经济林主要有橡胶、椰子、杜果、荔枝、龙眼、杨桃、木菠萝、人心果。

　　根据国家林业局林护通宗（1998）36号《关于在全国范围内开展森林植物检疫对象普查的通知》精神，为摸清我省森检对象发生现状，1999年11月至2000年10月海南省林业局开展了全省森检对象的调查。根据我省林木树种和全国35种森检对象和我省补充森检对象，调查重点是桉树蕉枯病、青枯病、松针褐斑病、松材线虫、松突圆蚧、菊花线虫、柑橘溃疡病、椰子红象蚰、椰子死亡病、致死性黄化病、红环腐病、杜果果核象蚰、橡胶南美叶疫病等森检对象。作者参加了调查。本文报道上述森检对象病害调查和其后作者继续调查的结果。

　　海南林业局余法先等3人参加调查工作，本所罗永明负责森检对象害虫调查。

1　调查方法

　　调查先由各县（市）初查，了解本县（市）有关树种的病虫基本情况，然后由省局组织专业组逐个县（市）根据其初查结果做重点调查。大田调查采取路线调查与标准地调查相结合的办法。先做路线调查，发现可疑的检疫对象病虫后进行标准地调查。每个株区选3~5个代表性林地做路线调查，发现可疑检疫对象立即就地做标准地调查，记录发病地区单株病级和发病面积范围。同时采集标本做室内镜检，病原物分离鉴定。经镜检或分离培养，出现与检疫对象的形态特征一致的病原菌，即可确定该地区存在这种检疫对象。

2　调查结果

　　经在全省17个县（市）普查，鉴定和随后的重点调查，我省存在4种森检对象病害：桉树蕉枯病、青枯病、松针褐斑病、柑橘溃疡病，同时明确一些尚未分布的国内外检疫对象病害。

　　（1）桉树蕉枯病：在本省儋州市首先发现。田间采集具有典型症状的标本镜检，只找到少量孢子。经分离、培养2周产孢后镜检鉴定，此菌的分生孢子梗2~3次分枝，分生孢子顶生，无色透明，柱状，大部分5~6分隔，少数为1~2分隔，大小前者为（65.4~110.6）μm×（6~12）μm，后者为（42.3~56.9）μm×（3.0~5.6）μm。依次与文献报道的柱枝五隔胞霉（*Cylindrocladium quinqucsetatum*）、柱枝双胞霉

中国热带农业科学院环境与植物保护研究所1953—2010年科研论文与调研工作报告选编（第二卷）

（*C. scoparium*）一致，因此，确认此病就是森检对象桉树蕉枯病。标准地调查发病指数31，发病面积1 000余亩，桉树品种为巨尾桉，是海南星火集团从广东、广西引种种植。其后在海南其他县市调查也相继续发现此病。尤其在临高，病情非常严重，发病指数60以上。镜检病叶发现大量孢子。澄迈林场和中兴镇的巨尾桉、尾叶桉在台风病害严重发生，大量叶片枯死，发病指数50~70。后到琼山桉树苗圃调查，发现海南多地桉树幼苗大部分从此苗圃运出，而此苗圃的蕉枯病就很严重。这是海南引进蕉枯病的主要策源地。

（2）桉树青枯病：属局部分布病害，列为海南省补充森检对象。笔者调查只在澄迈发现此病，尤以澄迈林场最为严重。重病林区发病率10%左右，一般林区5%左右，已造成大批幼树死亡。此病主要侵害尾巨桉、巨尾桉、尾叶桉。小叶桉则未见发病。病害发生与风雨、品种、前作有密切关系。上述品种在前作茄科植物的地方种植最为严重，台风雨后病害发展最快。海南省除澄迈外，尚未在其他地方发现本病。做好检疫工作，禁止从疫区输出苗木，可能控制其蔓延传播。

（3）柑橘溃疡病：以前在海南未发现有柑橘溃疡病，故列为海南森检对象病害。本调查首先在儋州发现此病，后在其他种植柑橘的地方均发现有本病发生。尤其在夏秋梢抽出时间有台风雨，病害迅速发展流行。病害侵害叶片、嫩梢、果实，形成黄褐色圆形病斑，直径0.3~1cm，中间凹陷，边缘隆起，周围有水渍状晕圈。潮湿时有菌脓，取菌脓镜检，可看到鞭毛杆状细菌。其菌种为*Xanthomonas citri*（Hase Dowson），海南种植柑橘较少，此病未受生产部门重视，检疫、防治工作没有开展，以致如此普遍严重之病害也未发现。

（4）经本次调查和作者其后补充调查，确定海南尚无松材线虫病，竹子梢枯病、椰子死亡病，致死性黄化病、红环腐病，橡胶南美叶疫病，可可肿枝病等检疫对象病害。

（5）发现一些主要树种的新病害和新问题：在澄迈林场和屯昌林场发现松树根腐病。主要侵害加勒比松。澄迈林场最严重一个病区达30株病树，大部分已死去。还有几个1~5株的小病区。其症状是根部变褐枯死，皮层腐烂，木质部较坚实，有蘑菇味。根表有白色圆形菌索。剥开树皮，可见大量扇状白色菌索。树茎部长出檐状子实体。根据上述情况，初步认为此病为担子菌灵芝属（*Ganoderma* sp.）引起的病害，其菌种尚待进一步分离鉴定。

在海南各地调查桉树都发现尾孢霉引起的叶斑病相当普遍严重。发病率均在30%以上，特别是巨尾桉和尾巨桉等，与蕉枯病同时发生，症状类似蕉枯病。初期产生紫红色圆斑，扩大后或不规则形，中向变灰褐色，有黑霉。镜检和分离其病原菌均为尾孢属（*Cercospora* sp.）。分生孢子无色，圆柱形，基部较圆大，顶部尖细，3~5分隔，大小为（32~41）μm×（3~5）μm。此病过去有报道，认为是次要病害，未引起注意。

3　设想和建议

（1）对本次普查发现的森检对象，要划定疫区严格封锁，在疫区要大力开展铲除性的防治工作，力争扑灭。要禁止从疫区输出苗木，木材或其他病害材料，防治其继续扩大蔓延传播。

（2）对本省的森林树种尚未发现对内、对外森检对象，要加强检疫工作。在其他地区引种，在引进前先做产地检疫，确定无检疫对象才可引进。

（3）健全和加强省市县森防检疫，积极开展正常森检工作。市县防检站是开展检疫工作的主力军。目前我省市县基本已建立森防检疫站，有些检疫站也开展了森检工作。但因人才、设备等问题，大都未能开展正常的森检工作，造成森检对象蔓延传播。今后各市县都应配备人员，并购置必要的设备，建立检疫实验室和检疫苗圃，开展正常的森检工作。

（4）建议国家林业局开办森林检疫对象培训班，系统培训县市级以上森防检疫站科技人员，使其能掌握全国 35 种森检对象，和我国外检对象中有关林业的检疫对象的知识，检验、检疫方法，检疫处理和扑灭方法。

（5）对本次普查出来的严重危害的森检病虫害，建议国家林业局列题，给予一定投入开展科研工作，以掌握其发生规律和传播途径，控制和扑灭方法。

热带果树病害的研究现状及防治对策

余卓桐

我国热带农业的市场经济，目前，我国热区正以前所未有的速度发展热带果树生产。热带果树种类繁多，我国主要的热带果树有杧果、香蕉、菠萝、荔枝、龙眼、椰子。它们是我国其他地区不能生产或生产不多的名、优、特种果品。有些地区虽能生产，但季节较迟。因此，热带果树生产是热带地区的一个突出的优势。海南省已规划，重点发展热带果树生产。但是，这些果树，都存在着严重的病虫害问题，正限制着它们的发展。笔者过去对热带果树病害研究较少，起步较晚，生产防治的水平也较低，远不能适应目前热带地区市场经济发展的形势。本文试图简要地介绍国内外热带果树病害的发生和研究的主要进展，提出控制策略，供有关部门参考，希望对热带果树的发展有所帮助。

1 国内外热带果树病害发生及研究现状

1.1 杧果病害

据报道，国外有 80 多种，笔者近年鉴定，我国有 34 种。其中主要的病害有炭疽病、白粉病、细菌性黑斑病、蒂腐病、流胶病、立枯病、畸形病、灰斑病 8 种。炭疽病是全世界杧果的主要病害，任何种植杧果的地方都有发生，在潮湿的地区，是影响杧果产量的主要因素。炭疽病的为害，一般减产 30% 以上。在严重的情况下甚至失收。长期以来，国内外防治此病均以化学防治为主。为了提高化学防治效果，田间卫生减少病原是必要的。国内外都一直选有抗病品种，但成效甚微；目前国内种植的品种，大都比较感病。据报道，Edward、Paris 和 Fairchied 比较抗病。国内外筛选出来的有效农药很多，其中较有效的农药有苯莱特、代森锌、灭菌丹、福美铁等。笔者近年选出复方 T. F和多菌灵。

白粉病：在世界一些杧果产区比较严重，如在印度此病可导致 30% ~ 90% 减产。我国海南南部和西南部、云南西双版纳、广西百色等地，有些年份也严重发生。印度曾选出一些抗病品种如 Neelum、Zardalu、Bangalora、Totapari khurd 等，目前仍以化学防治为主，有效的农药包括各种硫剂、苯莱特、多菌灵、粉锈宁、Karathanel、灭菌丹、托布津等。

细菌性黑斑病：在许多种植杧果的国家发生，以南非较严重。我国海南、广东（湛江）、福建等有此病发生，未见大面积严重流行，注意检疫、田间卫生和施用农药是国内外防治此病的常规方法，有效的农药有铜剂和链霉素等。

蒂腐病：在我国、印度和东南亚一些国家是个严重的病害，特别在采果以后，造成大批果实腐烂。蒂腐病目前仍是一个难治病害。一般应注意在采收时防止伤果，收果后用 53℃ 热水处理 10min，或用 43℃ 6% 硼酸液浸 3min，0.025% Procheoraz31℃ 热液或 0.05% 苯菌灵热液浸果 10min，可以减少发病。

流胶病主要在台风后发生。在海南台风严重的年份，发病率很高、国内外对此病研究不多。笔者曾用剪除病枝，对主茎和较大枝条刮除病皮，并涂 10% 波尔多浆保护切面等方法获得良好的防治效果。

立枯病：印度、菲律宾等国报道此病在苗圃严重发生。我国近年海南西部和西南部发生严重的立枯病。发病率 10%~20%，经笔者鉴定是 *Rhizoctonia sp.* 所引起。笔者用甲基托布津淋灌获得良好的防治效果。

畸形病：印度报道此病严重发生。此病的病源至今尚未确定，有的认为是病毒、类菌原体所致，有的认为是镰刀菌引起，有的认为是生理性病害。品种抗病性有显著的差异，据报道 Langra 较少感病。由于病原未定，虽然报道过多种防治方法，但未能对症施治。

1.2　香蕉病害

据国外报道，香蕉有 60 多种病害，357 种病原物菌种（包括部分腐生种）。主要的病害有束顶病、花叶心腐病、褐缘灰斑病、细菌性枯萎病（Moko disease），镰刀菌枯萎病（Panama disease）、线虫病等。

束顶病：除加勒比海和中南美洲以外，其他种植香蕉的地区都比较严重，我国香蕉产区一般发病率 5% 左右，严重者达 50% 以上。早期认为此病是病毒引起的病害，但病原体一直未找到。近年报道是类细菌或类菌原体所引起。目前尚未定论。已证明香蕉蚜虫（*Pentatonia nigronervasa* Coquerel）是传播介体。加强检疫、及时铲除病株、防治蚜虫，选育抗病品种是防治此病的常规措施。据报道，几乎所有的香蕉品种都是感病的。Magae（1953）报道 Gros Michel 比较抗病。

花叶心腐病：是分布较广的病害，在菲律宾、印度造成过严重的损失。我国香蕉产区近年此病有增长的趋势。特别推广组培苗后，传播速率大增，海南有些地方发病率达 10% 左右。其病原已证明是 CMV（黄瓜花叶病毒），由蚜虫传播。铲除病株，防治蚜虫，种苗检疫仍是目前防治此病的方法。近年已选出一些抗病品种，如 Ela azalwi-Athirya Kol、Karu Bale、M. balbisiana、M. chiliarpa、M. coccinia、M. acarninata 等。

褐缘灰斑病：国外称为 Sigataka disease，是分布广、为害重的香蕉病害，1986 年海南发展 7 万亩香蕉，由于此病严重流行，摧毁了 2 万亩，中止了当时香蕉的发展。近年推广的一些组培苗品种，由于比较感病，此病又复上升。国内外防治此病主要应用化学防治。已选出一些有效农药，如苯莱特、Napthenic 喷雾油（单用或与杀菌剂混用）、Derosal toleinline、多菌灵、tceto 等。笔者近年选出的灭粉灵也有较好的防治效果。

细菌性枯萎病：在国外一些国家是个严重的病害，主要发生在 Trinidad、印度等地，我国目前未证实有此病，要加强对此病的检疫。防治此病主要通过轮栽，晒土，土壤消毒，挖除病株，应用无病苗等方法。

镰刀菌枯萎病（巴拿马病）：是香蕉分布广为害严重的病害，特别在马拿马和象牙海岸，在历史上曾造成过严重的为害。我国广东、台湾、海南有此病发生，种苗检疫、选种抗病品种和无病苗、土壤消毒等是有效的防治方法。一般说粉蕉和西贡蕉比较感病，而香蕉、大蕉比较抗病。但 1990 年后，广东、广西、海南、台湾都报道，原来抗病的香蕉品种变得严重感病。据鉴定认为是病原菌出现一种能侵染香蕉品种的 4 号生理小种。目前此病已在香蕉品种广泛分布地区严重发生，威胁香蕉业的发展。据报道 Cavendish 品种很抗病，种植此品种发病很少。用石灰、Vapam、福尔马林等淋灌土壤也有一定的效果。近年国内有些单位开展抗病选育种、农药筛选和生物防治研究。笔者用复方低聚糖素在广东中山和海南儋州作防治试验，有一定效果。

1.3 菠萝病害

据调查，我国菠萝病害有 10 多种，主要有凋萎病、心腐病、叶斑病、黑心病。

凋萎病：在世界种菠萝的地区都有发生，我国海南东北部发病相当严重，发病率 20%~50%，造成大量植株死亡。其病原在国际上长期争论。有的认为是粉蚧引起，有的认为是病毒引起的病害。近年国外从病株中找到了病毒的粒子，并证明粉蚧可以传病。近年有人用在病株取食过的粉蚧接种无病株，几次未获成功，防治蚂蚁（传播粉蚧的昆虫）和粉蚧，清除病株，应用抗病品种和无病苗，是当前防治此病有效方法。据笔者观察，卡因种比较抗病，而沙涝越、巴黎种则比较感病。

心腐病：是分布很广的病害，我国各省菠萝植区均有发生，尤以广州市郊和海南较严重。已鉴定为寄生疫霉，烟草疫霉所致。心腐病的防治应采取综合治理技术、选种抗病品种和健壮无病苗、种苗消毒（热水或杀菌剂液浸苗）、注意排水，合理施肥（不偏施氮肥）、及时拔除病株和喷施农药等。有效的农药有甲霜灵、霉疫净、敌菌丹、多菌灵、苯菌灵等。

叶斑病：有多种，主要为长喙壳属（*Ceratocyitis*）引起的叶斑病。此病也能引起茎腐、蒂腐，在收果后造成果腐，防治此病主要应用无病苗，种苗消毒，苗田土壤消毒，果柄消毒或晒果等，种苗消毒可用 10% 硼酸，土壤消毒用 brassicol 或 vapa。

黑心病：是采后严重病害，在广东，广西等地严重发生。国内外对其病原进行了深入的研究，已确定是低温冻害所引起的生理性病害。

1.4 椰子病害

椰子在国外存在几种严重病害，如致死性黄化病、红环腐病、败生病。这些病害国内尚无发现。国内主要有灰斑病和芽腐病。

致死性黄化病：是中南美洲椰子的严重病害，造成过大批椰子死亡。过去一直未确定病原。20 世纪 70 年代确定为类菌原体引起的病害，并找到其传播昆虫麦蜡叶蝉。目前防治此病主要通过植物检疫，选育抗病品种，及时铲除病树和对轻病树注射四环素等方法。菲律宾用矮种和高种杂交育成抗病种——马洼种。

败生病：在菲律宾和关岛等地是严重病害，国内尚无发现。过去认为此病是类立克氏体引起的病害。20 世纪 80 年代初期，菲律宾椰子研究所确定是一种类病毒（ccRNA），加强检疫，铲除病树仍是目前的主要防治方法。

红环腐病：是中南美洲特有的病害，其他国家尚未发现。此病早已鉴定为线虫病害。80 年代委内瑞拉查明是由棕榈象甲传播。加强检疫及时砍除病树，选育抗病品种，防治棕榈象甲等有较好的防治效果。西非用高种椰子与马来西亚的矮种椰子杂交获得了抗病种。

芽腐病：在全世界所有种植椰子的地方都有发生。铲除病树，喷药保护周围健康树有一定的防治效果。

椰子灰斑病：是世界性广泛分布的病害，但只在某些情况下发病较重。目前防治此病主要依靠化学防治。在严重的情况下，必须配合清除和烧毁病死叶片，才能获得良好效果。国内外已筛选一些有效农药，如克菌丹、代森锰、王铜、百菌清、多菌灵、敌菌丹、波尔多液等。笔者1990年后在海南热作院、保亭、昌江等地，用彻底清除烧毁病残叶，连喷2次0.2%百菌清，获得良好的防治效果。

1.5　荔枝、龙眼病害

国内外对其研究不多，主要有荔枝霜疫霉病和龙眼鬼帚病。荔枝霜疫霉病在广东比较严重，海南琼山永兴的荔枝，近年发生花穗枯死病，经笔者分离，初步发现霜疫霉菌。华南农业大学植保系已筛选出有效农药，如瑞毒锰锌等，乙磷铝、瑞毒霉也有良好的效果。

鬼帚病是龙眼一种严重病害，已鉴定为病毒所引起，其有关研究工作正在进行。

1.6　鸡旦果病害

据报道有20多种病害，主要的有果疫病、茎基腐病、花叶病、木质化病毒病等。

果疫病：是鸡旦果重要病害，分布在巴西、印度、沙捞越、澳大利亚、南非、中国等国家，常在苗圃和大田果园中造成严重为害，已确定是寄生疫霉所引起。印度报道Kavari杂交种对茎部有抗性，但叶仍感病。乙磷铝、敌菌丹、瑞毒霉等杀菌剂对防治本病有良好效果。

茎基腐病：主要分布在我国台湾、福建、美国、澳大利亚、印度和乌干达。在澳大利亚、印度曾造成过严重的损失，已鉴定是几种镰刀菌引起的病害，主要是尖镰孢、腐皮镰孢等。选用杂交种（紫果×黄果），能较好控制本病发生。用除草剂除草，降低湿度，可大大减少病害发生。

花叶病：分布在中国、日本、马来西亚、澳大利亚、巴西、美国、印度等国。在巴西、澳大利亚常常造成严重的损失。已鉴定为黄瓜花叶病毒所引起的。严格选用无病苗种植，防治蚜虫，选种抗病种（黄果×紫果）是防治本病的有效方法。

木质化病毒病：我国尚未确定有此病，主要在澳大利亚、新西兰、巴西、肯尼亚等国发生。在澳、新、巴造成很大损失，已鉴定为木质化病毒（PWV）引起，由桃蚜传播，汁液亦可传病，目前主要是通过防治蚜虫和用木质化病毒弱株系防治此病。

2　热带果树病害发展趋势分析

从总的来说，由于近年天气变暖，热果面积扩大，高度感病种的推广和新作物病害防治经验的缺乏，植物检疫工作不完善，热果病害将日趋严重，有些病害将为某些作物发展的限制因素。

（1）杧果病害，近年杧果的种植有很大的发展，已向北扩展到广西、云南等低温潮湿地区；所种植的品种都较感病，气候、品种都适合一些病害发生，预计炭疽病会比目前更加严重，成为制约产量的主要因素。杧果发展需大量育苗，在几年内幼苗立枯病，回枯病仍将是一个重要的病害问题，白粉病将随杧果面积扩大连片种植等日渐加重。

（2）香蕉病害，目前香蕉又一次大发展，所植品种大都是高产感病种。随着病菌的不断引入，和已有病菌的扩大传播，花叶心腐病、束顶病、枯萎病会日趋严重。褐缘灰斑病由于推广某些感病种，再次获得发展的机会。

（3）椰子病害，目前海南正大量从国外引进椰果和种苗，给国外几种危险性病害引进创造了良好的机会，我国椰子产区现在受到外来危险性病害的严重威胁。万一引进后果将是不堪设想。

3　控制热带果树病害的对策

根据上述国内外热带果树病害的发生，研究情况和发展分析，笔者认为防治的对策应该是一方面加强检疫，防止危险性病害的引进，保护我国热带果树免遭其害。另一方面要加强对热带果树病害的研究，大力推广有效的综合治理技术，控制现存的严重病害的为害。

（1）加强植物检疫，防止危险性病害传播。植物检疫包括外检、内检。外检是针对国外发生尚未引进我国的危险性病害。主要对象有椰子致死性黄化病、败生病、红环腐病、杧果畸形病、香蕉细菌性枯萎病、鸡旦果木质化病毒病等。应禁止从外国疫区引进种植材料或带病的产品和包装材料。内检是针对国内某些地区发生，本地尚未引入的危险性病害，如在海南，原未发现香蕉花叶心腐病时，应对从外地输入的香蕉苗检疫，禁止、销毁病苗引入。菠萝凋萎病主要在琼文地区发生，其他无病区应采取内检的方法控制其进一步扩展。

（2）加强病情监测，及时掌握病情，采取防治措施。过去各地都建立了测报组织，对主要作物病害进行监测，近年各地的监测工作有所放松，一些地区的测报组织已解体。必须重新组织和培训，健全测报组织与队伍，开展果树病害的监测工作。

（3）对现有的病害，要抓住重点，大力推广和开展综合治理工作。病害的综合治理，应以种植抗病高产品种，农业防治，生物防治，物理防治为主要措施，化学防治只在必要时应用。这样既控制了病害，又少用农药，节约防治成本，减少环境污染。

（4）加强果树病害的研究，提出经济，有效，安全的综合治理技术。我国热带果树的研究起步较晚，不能适应目前热区发展热带果树形势的需要，要迅速设题开展研究。首先要组织热带果树病害调查，确定病害的种类和主要病害，其次针对主要病害组织攻关，提出和推广有效的防治技术。当前对热带果树病害研究的投入太少，建议有关部门大力支持。

（5）加强植保队伍培训，建立和健全植保队伍，建议有关部门拨款或资助，由有关研究和教学单位开办果树病害专题培训班，培养热带果树植保技术人员。

本文为中南区植物病理学会 1991 年学术交流会论文

热带农作物病害危害分析*

余卓桐

热带地区高温多湿，无明显的低温期，病害不单种类繁多，而且为害也特别严重。为了保障我省特区经济的稳定发展，有必要对我省热带作物和热带农作物的病害为害的趋势做一个大概估计，以便做好准备，预防热带作物病害的严重发生。

1 热带农作物病害为害现状

热带农作物病害，种类之多，为害之重，是其他地区作物病害所罕见的。据调查，海南热带作物病害有200多种。其中严重为害的病害就有30多种。橡胶白粉病的为害近年有较大幅度的增长，过去流行率39%，现已上升至70%。每次流行，都可能造成10%~20%的产量损失。1991年橡胶褐皮病的发病率达26%，即已有1 500多万胶树发生死皮，每年损失干胶近万吨。胡椒近年出现了一些严重的病害问题，细菌性叶斑病，黄萎病造成大面积胡椒的减产甚至死亡。近年发展的杧果，已出现较多的病害问题。杧果炭疽病造成大量落花落果，使许多杧果园歉收甚至失收；杧果立枯病已使大批幼苗死亡。香草兰近年才发展，就受到细菌性叶斑和茎腐病的严重为害，成为其进一步发展的限制因素。1986年海南发展香蕉，遭到褐缘灰斑病的侵害，损失2万多亩，中止了香蕉的发展。近年推广组培苗，已从广东引进大量带有花叶心腐、束顶病毒和枯萎病的幼苗，发病率在15%以上。给香蕉的进一步发展构成严重的威胁。

2 主要热带农作物病害为害趋势估计

从总的来说，由于海南的天气变暖，作物面积扩大，高产感病品种的推广和新作物病害防治经验的缺乏，热带农作物的病害将日趋严重，有些病害将成为某些作物进一步发展的限制因素。

（1）橡胶病害：目前橡胶大量更新，种植高产感病品系。预计20世纪90年代，褐皮病、根病、炭疽病会日趋严重；白粉病仍保持目前的流行频率发展，病害问题仍然是橡胶产胶和发展的重要因素。

（2）杧果病害：杧果近年在海南有较大的发展。目前杧果植区已扩大到儋州市，万宁县等潮湿地区；所种植的品种，几乎都是感病种。气候、品种都适合一些严重病害发生。杧果炭疽病将比目前更加严重，成为制约产量的主要因素。杧果发展大量育苗，在几年内幼苗立枯病和回枯病仍将是影响育苗的重要问题。

（3）香蕉病害：目前香蕉又一次大发展，所植品种多是高产感病种，随着病苗的

---

* 本文获海南省减灾会议优秀论文奖。

不断引入，花叶心腐病，束顶病的菌源增加，已种植的病苗的不断传播，这两种病害会日趋严重。褐缘灰斑病由于推广某些感病品种，再次获得发展机会，将又一次成为限制香蕉发展的因素。

（4）椰子病害：在海南种植的农作物中，椰子是受病害为害最小的一种作物。但是，在国际上，椰子都是遭受病害为害最严重的作物之一。目前在一些热带地区，椰子正受到致死性黄化病、红环腐病、败生病的严重为害。这些病害，很易通过种苗或种子传播。目前海南大量从国外引进椰果或种苗，给危险性病害的引进创造性了良好的机会；笔者现在正受到来自国外的严重病害的威胁。万一引进这些病害，后果将不堪设想。

（5）咖啡病害：过去咖啡锈病比较严重。近年种植感病的小粒种不算很多，病害只在这些感病种发生。如果今后发展小粒种，咖啡锈病将成为咖啡发展的限制因素。

（6）甘蔗病害：海南的甘蔗过去未发现严重的病害问题。褐条病在屯昌曾局部发生，近年发病较少。近年发现的赤条病，黑穗病和根结线虫病零星发生，估计近年还不会有严重病害暴发。

（7）柑橘病害：海南柑橘种植面积不大，但却遭到多种病害侵害，由于过去检疫工作较差，大量引进病苗，柑橘黄龙病日趋严重，有些柑橘园已不断传播，又未采取有力的防治措施；病苗还在不断引入，预计这种病害还会继续发展，造成一些柑橘园的毁灭。

（8）茶树病害：红锈藻病、红根病在一些地区比较严重，从发展来看，红根病在小区茶园将会发展，对茶叶生产造成为害。

（9）水稻病害：海南的水稻，一贯受稻瘟病、白叶枯病、纹枯病的为害，由于长期累积的经验，已有一套综合防治技术，但稍一疏忽，或大面积推广对这些病害的感病品种，这些病害都会立即发展，造成为害。

（10）林木病害：主要是桉树青枯病和蕉枯病。这两种病害主要为害幼苗。目前推广的品种都较感病，预计这两种病害会有发展。

3 防治对策

（1）加强病害监测，及时掌握病情，采取防治措施。近年各地对病害监测工作有所放松。一些地方的测报组织已解体，测报员不固定，影响病虫监测工作的开展。必须重新整顿，健全测报组织和队伍。

（2）植物检疫是预防危险性病虫引入海南的主要措施，必须大力加强，特别是对椰子、橡胶、香蕉、柑橘重点抓好，禁止从国内外疫区引进种植材料或带病产品。

（3）对现有的严重病害，要大力推广有效的防治技术成果，采取综合治理方法，既控制病害的为害，又尽量少用农药，节省防治成本，减少环境污染，保护生态环境，把病害的为害降低到最低程度。选育抗病品种、生物防治、农业防治、物理防治是综合治理的主要方法，应大力推广。

（4）加强植保队伍的培训，建立和健全海南植保队伍，建议有关部门拨款或资助，由有关研究或教学单位开办专题培训班，大量培养植保技术人员。

（5）加强植保科学研究，尽快解决一些严重病害的发生规律和防治技术问题。目前，笔者对一些严重病害的防治尚缺少有效的方法，很需进行研究，但是，由于对植保科研的投入太少，至今仍未开展研究或研究很少，如香蕉病害、杧果病害、柑橘病害和一些新发展作物的病害，由于经费不足，现在没有设题研究，建议有关部门重视，支持这些研究。

本文为 1994 年海南省减灾会议论文

海南省作物病虫防治工作的建议

余卓桐

海南省地处热带、亚热带地区，气候高温多湿，农作物病虫害不仅种类繁多，危害也异常严重。为了做好我省作物病虫防治工作，保证我省作物健康发展，提高产品的品质和产量，根据我省病虫发生和植保工作现状，提出防治工作建议，供省领导和有关部门参考。

1 病虫害发生现状

根据笔者近年调查，海南省各种作物病虫害500种以上，其中危害严重，造成明显经济损失的有50种以上。每年造成经济损失超过10亿元。就一些主要作物来看，几乎都存在着几种严重的病虫害，严重制约着作物的发展和产量的提高。水稻的严重病虫有7种，如稻瘟病、白叶枯病、纹枯病、螟虫、飞虱、叶蝉、稻纵卷叶蛾等。每年造成20%以上的损失。杧果存在多种严重病虫害，大大影响其生长、品质和产量。20世纪70年代发展的杧果，由于遭受脊胸天牛的为害，毁灭了近万亩果园，使杧果生产一度停止发展。近年发展的杧果，正受到炭疽病、立枯病、扁喙叶蝉、尾夜蛾、果蝇等病虫为害，每年减产30%以上，严重的果园甚至失收。1987年发展香蕉7万亩，由于褐缘灰斑病流行，摧毁了2万多亩蕉园，损失亿元以上，中止了当时香蕉的发展。近年推广组培苗，大量从外省引进种苗，现已传入严重病毒类病害花叶心腐病和束顶病。有些地区发病率高达15%。由于近年大量种植的组培苗品种相当感病，褐缘灰斑病又再次严重发生。国内椰子病虫较少，目前主要是鼠害，造成一定损失，但是，国外存在着多种摧毁性病害，如致死性黄化病、红环腐病、败生病等。目前我省为了发展椰子和椰乳，从国外大量引进椰果、椰苗，为引进这些危险性病害创造了良好的机会。一旦引入，后果将是不堪设想。近年橡胶主要病害明显加重。白粉病的流行年频率从过去30%左右升至70%以上，如不防治，每年损失干胶10%左右，价值2亿元。褐皮病的发病率已高达15%，重病不能割胶的胶树400多万株。仅此一项，年损失干胶近万吨，价值1亿元。胡椒过去受胡椒瘟为害，损失近1/3的椒园，目前仍有发生。近年细菌性叶斑病和黄萎病已发展到很大的地区，对胡椒的发展构成新威胁。反季节瓜菜是海南农业发展的优势之一，但却遭到前所未有的病虫为害。西瓜枯萎病在乐东、东方、文昌等地相当严重，发病率10%以上，有些高达50%。特别是在连作区为害极重。加上近年果蛀虫为害造成的损失，大大挫伤了农民种植西瓜的积极性。

上述情况可以看出，海南省每一种主要作物都存在着严重病虫的为害；病虫问题已成为海南发展热带水果的主要障碍，必须引起各级领导的注意。

2　作物病虫防治现状

过去我省在作物病虫防治工作上做了大量工作，取得了较明显的效果。

（1）建立了较完整的植物保护组织机构和病虫测报网，每年开展病虫测报和防治工作，使许多病虫能及时发现和控制。

（2）基本上控制了主要作物的病虫为害，挽回大量的经济损失。过去一贯重视病虫害防治的作物有水稻、橡胶、杧果、香蕉、胡椒等作物，每年病虫防治面积 1 000 万亩以上，消耗农药 5 000t 以上，挽回经济损失数亿元。如橡胶病害防治，每年都在 200 万亩以上，挽回干胶损失 2 万 t 以上，价值 2 亿多元。

（3）建立了植物检疫机构，进行了大量的植检工作，防止了国外一些严重的病虫传入。有些病虫，如咖啡果小蠹，虽已传入，也能及时发现和消灭，保护我省作物安全生产。

（4）对海南主要作物的病虫发生规律和防治方法进行了不少研究，取得了多项研究成果，培养了一批专业人才。

但是，当前病虫防治工作还存在较多问题：

（1）过去建立的植物保护组织，现在多较涣散，有的甚至已经解体。植保队伍不稳定，技术骨干外流，素质严重降低，工作不太正常。有些单位甚至不做病虫测报工作。

（2）各地对病虫防治工作投入不多，使许多必须开展的工作无法进行，投入包括人才和资金，都显得不足。

（3）在技术上贯彻"预防为主，综合防治"的方针不够，基本上是采取化学防治方法。大量滥用农药已造成严重的人畜中毒事故和环境污染，这种情况在瓜菜病虫防治上尤其突出。出售农药的一些商人为了获取利润，大量销售伪劣农药，严重影响防治效果，使一些病虫为害更为猖獗。

（4）有些单位不顾植物检疫法规，大量从国内外引进种子、种苗，给植物检疫部门的工作带来极大的困难，也为危险性病虫传入打开了方便之门。目前，由于种种原因，内检工作很不正常，使国内一些严重病虫大量传入，如过去笔者没有发现的香蕉花叶心腐病，现已引进儋县、乐东等地。

（5）科研部门由于缺少科研经费，许多生产急需解决的病虫害课题，不能深入开展研究。

总之，海南农作物病虫害防治工作，虽然取得一定的成绩，但还存在较多问题，需要各级领导重视和解决。

3　防治工作建议

针对我省作物病虫发生、防治工作情况，笔者认为防治工作应该是一方面加强植物检疫，防止国内外危险性病虫的引入，保证我省农业安全生产，另一方面要建立或健全各种植物保护组织，增加投入，加强植保科学研究，大力推广有效的科技成果，控制现存主要病虫的为害。

（1）加强植物检疫，防止危险性病虫草害传入。植物检疫包括外检、内检。外检是针对国外发生尚未引进我国的危险性病害。国家已颁布外检名单，与我省有关的检疫对象有橡胶南美叶疫病、水稻茎线虫、椰子致死性黄化病、败生病、红环腐病、香蕉枯萎病、穿孔线虫病、咖啡南美叶斑病、果小蠹虫、杧果果肉象甲、果核象甲、地中海实蝇、可可肿枝病、松材线虫病等。应禁止从外国疫区引进上述作物种子、种苗、带病产品和包装材料。少量引进作科研用的材料，要经报批，引入时做好消毒处理，并在检疫苗园试种观察两年，确定无病虫才允许在产区种植。内检是针对国内某些地区发生，尚未引入本省的危险性病虫草害。我省尚无对内检疫名单，需经过调查后制订。当前急需对从外省引进的大量种子种苗检疫，以防危险性病虫草害大量引入，建议建立一个种子种苗检测中心专门从事此项工作，所有从外省引进的种苗，必须经检测中心检验，确定无危险性病虫草害才准引进。

（2）加强病虫监测，及时掌握病虫情况，采取防治措施。过去各县（市）、农场都建立了病虫测报组织，对主要作物病虫进行测报。近年各地的测报组织涣散，工作有所放松，必须重新整顿健全，尽快恢复正常监测工作。

（3）大力推广科技成果，开展综合治理工作。推广科技成果，要恢复和健全各级植保组织机构，培训植保人员；提高业务素质。同时要增加投入，包括人才和资金的投入，使其开展工作。病虫综合治理，要抓住重点病虫草害综合治理，从技术上说应以种植抗病虫品种、农业防治、生物防治、物理防治为主要措施。化学防治在必要时才应用，避免滥用农药。这样既控制病虫为害，又节省农药，减少防治费用和环境污染。

（4）建立植物医院，指导综合治理工作。为了更好地推广先进的防治技术，提高防治效果，减少防治费用和环境污染，建议在我省建立植物医院，各县、市建立植物医院分院，开展植物保护技术咨询、技术培训、技术承包，提供优质对症农药，指导农民正确进行防治工作。海南省植物病理学会已在工商部门登记注册建立植物医院。目前由于缺乏资金，未能正常开展工作，省领导应给予大力支持。在植物医院内还可以设立农药检测中心和种苗检测中心，以保证我省农药和种苗的质量。

（5）加强植保科学研究，提高我省病虫草害防治水平。过去我省植保研究项目不多，有些作物病虫基本上没有开始研究，远不能适应特区农业经济的发展，急需确立课题开展研究。建议组织有关专家进行病虫草害调查，掌握我省病虫草害种类和主要病虫草害，然后针对主要病虫草害确定科研课题组织攻关研究。当前要进行海南果菜病虫害调查研究，为领导提出防治对策建议。

（6）加强植保队伍培训，提高队伍素质。建议有关部门拨款或资助，委托有关研究和教学部门开办培训班。培训一批植保人员，并提高现有人员的业务水平。

原载于 *科学工作者建议*，1994，第七期（总期 71 期）：1-6

2000年我国热带作物植物保护科学技术发展预测（病害部分）

郑冠标 余卓桐（执笔）

热带作物病害，种类之多，为害之重，在世界植物保护史上是颇为著名的。据估计，橡胶树每年因病损失干胶45万t。约占世界干胶总产的15%。三叶橡胶原产巴西，但由于南美叶疫病的为害。致使该国迄今不能大规模植胶。每年干胶产量仅有2万多吨。占世界总产不到2%；椰子致死性黄化病使牙买加的椰子产量损失1/3。由于咖啡锈病的为害，使斯里兰卡原英国人经营的咖啡园被迫改种茶树。据报道，可可肿枝病曾摧毁加纳东部1亿株以上的可可树，全世界可可产区因此病为害，每年平均损失10%。1977年马来西亚农业部统计指出，该年因病虫害所造成的损失，橡胶树为400万马元。油棕4亿马元，胡椒4 000万马元（1马元=0.7元人民币）。当年农药投资达1亿马元。我国的热带作物，也曾蒙受过各种病害造成的巨大损失。1959年海南省首次暴发橡胶树白粉病大流行，许多胶树因病落叶2~3次，胶乳产量比1958年减少50%。1978年流行年，仅广东垦区就用掉2.500t硫磺粉，价值250万元，加上当年干胶损失，数字就更大了。条溃疡病于1970年和1971年分别在海南岛和西双版纳垦区较大面积流行，造成数百万株胶树割面溃烂，分别占该地区当年开割胶树总数的12%和15%。有些重病树当年遭风折、虫蛀，使之永远失去生产价值。胡椒瘟、胡椒细菌性叶斑病在海南岛都曾造成过毁灭性的为害，使一些胡椒园全军覆灭。从上述事例可以看出，在发展热带作物过程中，防治病害是保证热带作物顺利发展、高产、稳产的重要一环，而对植物保护工作的任何忽视，都将导致不堪设想的后果。

1 国外热带作物保护及其科学技术的发展概况

国外热带作物保护，在病害诊断、病害监视、病原学、病原生物学、流行测报、抗病选育种、化学防治、农业防治、生物防治、植物检疫等方面做了大量的工作，取得了明显的进展。

1.1 热作病害诊断

过去一些未明病因的严重病害，近年来都有明确的诊断。例如：20世纪70年代以来，对椰子致死性黄化病及败生病的病害诊断，已有了突破性进展。根据对椰子病树注射盐酸四环素有治疗作用，电镜超薄切片检查，发现在叶柄，心叶及根系的筛管内有类菌原体（MLO）存在，因此认为MLO是致死性黄化病的病原，并已得到世界公认，80年代初美国佛罗里达州研究报道，已证明麦蜡叶蝉（*Myndus crudus*）是传病虫媒，潜育期18~34个月，报告还提及，找出虫媒后，已为品种抗病性鉴定及寄主范围研究提供了可靠的科学方法。此病主要分布在加勒比海地区的牙买加、开曼群岛、海地、巴哈马斯、多米尼加及美国佛州。类似本病症状的椰子病害在非洲的贝宁、加纳、多哥、几内亚、喀麦隆均曾有过报道，但未得到科学证实。1971 年牙买加研究机构从对世界许多地方采集来的主要品种进行测试表明，所有品种对此病只有低度抗性。所以，此病对每个椰子生产国均有巨大威胁。因此世界椰子生产国对此病都加强检疫，严密监视。

80 年代初，菲律宾椰子研究中心已终于确定椰子败生病的病原是一种类病毒（coRNAS，它是 ccRNA-1 和 ccRNA-2 的复合体）。类病毒的分子结构已基本弄清楚，含 246~247 个分子。用从病树汁液抽出物取得的聚乙二醇 6 000 沉淀物，或从这种作为接种源的沉淀物中抽提的核酸，注射到幼龄椰子苗上，可诱发出败生病的症状。成龄椰子树接种未成功。本病除分布在菲律宾中部外，关岛也证实有此病发生。本病发展不受四环素及青霉素处理的影响。

在诊断技术上也有很大的进步，例如为了确定油梨是否有日斑病（病毒病），利用 RNA 聚丙烯酸酯凝胶电泳法测定油梨叶片抽出液，可在 6h 内拿出结果。最近发现用互补 DNA 分子杂交法可以快速诊断日斑病。利用酸性甲醇染色病茎切片，诊断可可肿枝病亦已取得了结果。

1.2 病害监测

国外对一些局部发生的毁灭性病害，十分注意其发展动向。例如南美叶疫病，1977 年发现它传到海地。马来西亚为了监测病的发展，研究其发病规律，专门在特立尼达设点进行研究。60 年代以前咖啡锈病只在东半球发生，70 年代传入巴西，就被发现而且很快鉴定为生理小种 I，并立即开展了大量的研究，随时掌握其发展动态。1971 年发现此病向南传播 300km，1973 年全巴西都已发生。目前咖啡诱病已传到墨西哥。中南美已有 12 个国家发现此病。对椰子致死黄化病、红环腐病，也在密切注意其发展。对一些本地发生的病害，国外也注意每年进行调查，分析其动态。例如马来西亚 1969 年至 1973 年调查发现，橡胶叶片病害有较明显的发展，原因是大量推广了高产但感病的品系，因而 70 年代后大大加强了叶片病害的研究。

1.3 病原学及病害传播

70 年代以来，国外对热带作物的病原学、病害的传播方法、传播介体加强了研究，并在 4 个方面取得了进展。

（1）鉴定了一批新病害，或病害新记录，例如橡胶的线孢叶斑病（*Cylindrocladium qulqueseptatum*）、棒孢叶斑病（*Corynespora cassicola*）、割面坏死病（*Fusarlium solahiand Botryodip lodia Thobromae*）、橡胶病毒病等；油棕的叶斑病（*Cylindro cladium macrosporum*）；咖啡细菌性叶疫病（*Pseudomonas cichorii*（Swingle）、咖啡叶斑病（*Ascochyta coffee P. Henn*）；杧果花枝畸形病（*Fusarium moni liforme*）、杧果果斑病（*Pseudomonas mangiferae* Indicae）；油梨疮痂病（*Sphoceloma* Perseae）、油梨枯萎（*Vertillium* sp.）；腰果落叶病（*Phytophthora nicotiane*）；木薯细菌叶斑病（*Xanthomonas manihotis and X. cassavae*）。

（2）确定了本地某些病害的病原种或生理小种。马来西亚研究了橡胶疫霉的菌种，发现引起割面条溃疡的主要是棕榈疫霉（*Phytophora palmivola*），而引起季风性落叶的主要是葡萄疫霉（*P. palmivora*）。印度在分离的 89 个样本中，33 个属于蜜色疫霉

（*P. meadil*），56 个为棕榈疫霉。锡兰认为蜜色疫霉（*P. meadil*）的形态变化很大，对 9 个橡胶品系接种时发现有 5 个生理小种，这是橡胶疫霉菌小种分化的第一次报道。巴西对咖啡上的炭疽菌种进行了研究，从树皮，果，花梗分离出来的 41 个菌株物为柑橘炭疽（*Colletotorichum gloeosporiodes*），与肯尼亚的炭疽菌 *C. coffeanum* 不同。国外对咖啡锈菌的生理分化进行了深入广泛的研究，至今已鉴定了 20 多个生理小种，印度共鉴定了 12 个生理小种，肯尼亚 6 个。

（3）更正了以前病原鉴定的错误，例如南美叶疫病，原鉴定为 *Dothidell auleip*. Henning，现改为 *Microcyclus ulel*（*P. Henning*）von Arx；橡胶白根病原鉴定为 *Fomes noxius*（Kiotzsch）Bre 现改为 *Rigidoporus* lignosus（Kl）Imaz。橡胶褐根病原鉴定为 *Fomes noxius* Conner，现改为 *Phellinus noxius* Conner，橡胶麻点病原鉴定为 *Heminthosporium heveae* Petch，现改为 *Drechslera heveae*（Potoh）M. B. Ellls。

（4）弄清了一些病害的传播方法及传播介体，非洲油棕猝枯病是一种病毒病，现已鉴定是由一种虫 *Haplaxius pallidus* 传播。委内瑞拉红环腐病病原线虫现已查明是由棕榈象甲（*Rhynchophorus palmarum*）传播的。咖啡锈病如何传入巴西，虽然迄今仍有争论，但其传播方法则已肯定。它可以由蝇（*Drosophila* spp.）和雨传播。椰子致死性黄化病，最近已找出其传播媒介昆虫——麦蜡叶蝉。

1.4 病原菌生物学、生理学

70 年代以后，国外对热作病原菌生物学、生理学的研究非常重视，做了大量的研究，取得了较明显的进展。

1.4.1 侵染过程各环节与环境条件的关系

马来西亚发现，橡胶白粉菌侵染，产孢的适宜条件为最高温度 32℃以下，相对湿度 90% 以上，这种条件每天持续 13h 以上。这就为预测预报提供了依据。马来西亚对南美叶疫病的病原生物学亦进行了深入的研究，发现玻片上的分生孢子，在潮湿条件下能存活 16 个星期，在 65% 相对湿度下存活 4 周。说明物品携带分生孢子可以作远距离传播。在南美叶疫菌的生活循环中，要有 2 个月形成子座，然后再过 2 个月才发育成子囊，1 个月成熟和释放子囊孢子，认为有可能在其产生传播体——子囊孢子以前的子座形成期间（2 月），采取化学防治措施打断其生活循环。橡胶、咖啡、杧果等作物炭疽病菌的研究均表明，此菌的侵染过程与水滴和高的相对湿度有密切的关系。例如橡胶炭疽菌的孢子发芽率，相对湿度 99% 比 100% 减少一半。如把湿度降至 95% 以下，就很少发芽了。疫霉菌生物学的研究表明，其传播、萌发、侵染都必须水滴。橡胶条溃疡菌侵染橡胶割面则要求两个基本条件：伤口与水膜，这为制订割胶防病措施提供了依据。

1.4.2 侵染来源

经过长期的研究。各种热作病害的侵染来源都已基本摸清，在病害防治上起了作用。例如橡胶根病，主要的侵染来源是开垦时留下的病桩。近年还发现白根病，褐根病菌可以用气传孢子传播，侵染树桩截面引起树桩发病，成为侵染来源。先后报道橡胶白粉菌的野生寄主有：飞扬草（斯里兰卡）、红木、麻疯树（印度）、刺头婆（中国）等。说明橡胶白粉菌的最初侵染来源可能来自野生寄主。橡胶疫霉的侵染来源已研究清楚，病原菌主要来自土壤和病果。马来西亚还研究了疫霉菌在土壤中的形态，把厚壁孢子放入土中，4 个星期后再也分离不出来，说明厚壁孢子在传播上不重要，而将菌丝溶液放入土中，32 个星期后仍能找到，割面条溃疡的另一个重要侵染来源是树冠上的病果。树冠的病情与割面病情有肯定的关系。

1.4.3 气传孢子的释放、传播

近年国外利用孢子捕捉器对咖啡锈菌、橡胶白粉菌、绯腐病菌、褐根病菌、疫霉菌的孢子的释放，传播规律做了研究。发现这些病菌的孢子释放有日周期性，释放的高峰多与风速的高峰一致，捕捉数与病情、温度、湿度、风速、降雨等因素有关系，孢子密度随着与发病中心距离的增加而减少，但巴西在 1 000m 高空捕捉到咖啡锈菌的夏孢子，认为有可能做远距离传播。

1.5 流行规律及预测预报

相对来说，国外对热作病害的流行预测的研究是较薄弱的，但近年已显著加强，在下述两个方面取得了一定的进展：

1.5.1 摸清了一些主要病害的流行条件

（1）南美叶疫病的流行条件：马来西亚研究认为每天雨量 2.7mm，相对湿度 92% 以上，每天持续 14h，日均温低于 22℃ 的时间有 18h，连续 8 天则会暴发南美叶疫病的流行。

（2）橡胶二次落叶病：马来西亚分析了 13 年的材料后认为最重要是雨量和雨日，雨量和雨日多则炭疽病严重，而白粉病轻。

（3）咖啡果炭疽病：肯尼亚研究发现，咖啡果炭疽病的侵染与总雨量无关。但与每天 5h 以上潮湿天数和 1mm 以上雨量的日数相关。

（4）季风性落叶病：斯里兰卡研究表明，决定季风性落叶病流行的主要条件是橡胶结果时期的湿度和降雨条件，而温度、日照亦有一定关系。

1.5.2 提出了一些病害的测报指标

（1）橡胶季风性落叶病，斯里兰卡 Pleris 在 1965 年提出，气温等于或低于 29℃，相对湿度大于 80%，每天雨量在 2.54mm 以上，每天日照小于 3h，如果在胶树上存在大量绿果时，连续 4 天以上出现这种条件，则在两周后可出现季风性落叶病流行。

（2）橡胶白粉病：马来西亚研究院 1971 年提出白粉病"侵染日"的气象指标，即在抽叶期间，如果出现最高温度 32℃ 以下，相对湿度 90% 以上，每天持续 13h 的天气，则 7~10 天后会出现白粉病为害而落叶。按此指标出现后 4~5 天开始喷粉，大大提高了防效，虽然减少两次喷粉，仍能获得与未用"侵染日"前喷 5 次的相同效果。

（3）咖啡果炭疽病：肯尼亚提出了预测模式。

$$y = 1.1645 + 3.1582x_1 - 0.3276x_2$$

式中：y＝最高发病率；x_1＝果实胚乳软化阶段的发病率；x_2＝果实变硬绿色阶段的发病率。

1.6 抗病选育种

国外对咖啡、橡胶、椰子、胡椒等主要热带作物的抗病选育种、抗病性测定方法、抗病机制、抗性遗传等做了较为深入的研究，迄今已取得了较大的进展，为恢复发展某些热带作物（如咖啡、橡胶）做了准备。

1.6.1　培育了一批抗病高产的品种

（1）橡胶：经测定证明 RRIC52 对橡胶白粉病具有高度抗性。对季风性落叶病、炭疽病具有耐病性。近年选出的 RRIC100、RRIC103 不但对橡胶白粉病有较高的抗性，而且产量亦高。FX3810（F4542×AV383）是抗南美叶疫病的品系；而 RRII105、RRII108（印度品系）则是一组较高产又较抗季风性落叶病的品系。

（2）椰子：用矮种与高种杂交已选出了抗致死性黄化病的品种——马洼种。

（3）咖啡：用小粒种与中粒种杂交，选出了一种抗锈的高产品种"阿拉巴斯塔"。胡椒：据报道，乌兰哥达种胡椒在田间较少感染胡椒瘟病，印度南方近年育成抗胡椒瘟品种 Belatung。

1.6.2　找出了一些抗病性速测法

例如咖啡的抗锈鉴定，可以采用叶碟法，将夏孢子接于叶碟上，根据世代长度，每个孢子堆的孢子数，潜育期的长度可鉴别品种的抗病性。橡胶树白粉病的抗性，可用离体叶片培养技术测定产孢强度来鉴别。马来西亚研究院用离体接种技术测定 45 个品系对炭疽病的抗性，结果与苗圃表现一致。胡椒品种对胡椒瘟的抗性，可用病菌培养滤液（含毒素）浸胡椒幼苗的方法来测定。

1.6.3　抗病机制的研究正在开展

多种热带作物对病害的抗病机制研究表明，品种的抗病与过氧化物酶、多酚氧化酶等的活性有关。例如橡胶对季风性落叶病的抗性、油梨对根腐病的抗性，咖啡对溃疡病（*Ceretocystis fimbriata*）的抗性，都已发现与这些酶的较高活性相联系。斯里兰卡在 RRIC52 品系（抗病品系）上发现它能产生植保素。这种物质能杀死疫霉菌的游动孢子。马来西亚在用离体橡胶叶片培养炭疽病孢子悬液时，也在渗透液中发现有植保素。据称，这种植保素能抑制白粉菌分生孢子梗的产生，抑制棕榈疫霉游动孢子和麻点病菌分生孢子的萌发。在抗南美叶疫病的品系 IAN717 的叶片中分离和提纯出一种抗病物质，叫 3，5，7，4 四氧化黄酮-鼠李二糖苷的抗病物质。肯尼亚发现，在咖啡对溃疡病的抗病品种的叶片上，多元酚的含量比感病品种多得多，而黄酮的含量则较低。

1.6.4　对某些病害进行了抗病性遗传的研究

例如肯尼亚对咖啡抗锈遗传研究中，鉴定了 6 个抗咖啡锈病的显性基因，这些基因能抵抗目前存在的所有锈菌生理小种，在抗病育种中利用这些基因非常有效。在对 75 个引进的咖啡品种抗锈测定中，发现有 4.3% 属 E 型反应，表示具有 SH_5 基因型。其余的有 SH_1、SH_2、SH_3、SH_4 基因，在抗病株中，55% 是异型合子，多数高产品种具有 SH_5 基因。将 Tinor 杂种与 caturra 杂交，发现有 3 个新的抗病基因。

1.7　化学防治

这是国外研究最广泛，成果最显著的一个项目。他们几乎对每一个病害都做了新农药筛选。目前多数病害都采用了第二代或甚至第三代新农药。为适应热带特点，他们在农药剂型、施药机具的改革上亦有明显的进展。

1.7.1　高效、低毒新农药筛选

最成功的例子表现在近年来对橡胶和咖啡几种主要病害的农药筛选成果上。

在巴西，近年来筛选出代森锰锌、苯菌灵（每亩 20g，溶于 400L 水中），甲基托布

津（350g/hm² 或 23.3g/亩溶于 400L 水中），每周喷一次，约喷 10 次，对橡胶南美叶疫病有良好防效。最近报道粉锈宁的效果更好。

在马来西亚，1962 年开始筛选根颈保护剂防治橡胶根病。初期选出五氯硝基苯对白根病有效。随着选出敌菌酮对褐根病有效，近年又选出十三吗啉，对白、红、褐三种根病都有效的根颈保护剂。保护期 2 年。这是防治根病史上的一个重大的突破，马来西亚推广了这种农药后，根病已基本上得到控制。近年报道用淋浇技术施 13 080 株防治白根病，获得较好的防治。

马来西亚在研究防治橡胶白粉病新农药上亦取得了进展，近年选出了十三吗啉，用热雾机每隔 12~15 天喷一次 3.5% 十三吗啉油剂，连喷 3 次，其防治与每周喷一次，连续喷 4~5 次硫磺粉一致，但降低了防治成本。另外选出一种叫 fenarimol 的农药，具有同样效果。

马来西亚在筛选防治条溃疡的农药上也是有成效的。为了取代剧毒农药溃疡等，他们先后筛选出敌菌丹、放线酮、乙磷铝，最近又选出高效、低毒、内吸的新农药瑞毒霉。近年测定 RE26940（0.8%）效果与瑞毒霉一致。

对咖啡锈病，果炭疽病的农药筛选工作也是卓有成效的。他们对用铜剂防治这两种病害进行过长期、深入的研究，在生产上广为推广应用，不单可以防病，还有刺激增产作用。近年对这两种病都找到了效果更高的、低毒、内吸的农药。例如氧化姜锈灵 20EC。粉锈宁防治咖啡锈病，二噻唑、多菌灵、敌菌丹、薯瘟锡、百菌清等防治咖啡果炭疽病。据称粉锈宁具有内吸、治疗和保护作用，其效果较 BM 高，有效期长达 30个月。

其他的热作病害，如橡胶炭疽病、绯腐病、霉腐病、杧果炭疽病、白粉病、油棕叶斑病、炭疽病、腰果炭疽病、油梨疮痂病等都找到了有效的农药。这里不一一列举。

1.7.2　剂型的改进

热带地区高温多雨，许多病害发生在雨季，应用常规的剂型（粉剂、水剂）不耐雨水冲刷，效果低、残效短，国外对多种热作病害的化学防治都注意剂型的改造。60年代初期印度用氧氯化铜、氧化亚铜粉剂防治季风性落叶病，效果很差。60 年代末期研制了铜油剂，在季风雨来临前用飞机喷一次就可以控制病害发展。有效期长达 4 个月。现在已大面积推广应用，但据报道成本尚高了一些，有待改进。

马来西亚研究院采用十三吗啉沥青乳剂作根颈保护剂防治根病，也是在农药剂型的改造上的一个创造。他们还配制了十三吗啉浓缩胶乳剂防治绯腐病。

在橡胶叶片病害的化学防治上，目前国际上一个趋向是发展油剂。因为油剂耐雨水冲刷，有效期长。如防治橡胶白粉病的十三吗啉油剂，防治橡胶炭疽病的百菌清油剂等。

1.7.3　施药机具改革

热带作物如橡胶、椰子、油棕等都是高大乔木，以前多靠地面小型机动喷粉机喷药，喷幅小、射程低、功效慢、不能适应热作植保需要。近年国外在研究航空防治和使用热雾机上取得了进展。印度 1970 年前用双翼农用飞机，1970 年后改用直升飞机施药，现在每年喷 60 万亩。用较大的 Bell45、G₅ 型直升飞机，能装药 300~350L，出动一

次能喷 105~120 亩，仅需 3~8min（包括装药），按每天 6h 作业算，一天可喷 3 300~
3 700 亩，大大提高了工效。小型直升飞机则只装药 120~170L，飞行一次仅喷 45~60
亩。飞行高度一般要距树冠 3~5m，才能获得良好效果。目前印度航空防治的成本仍然
很高（每亩 31.7 卢比，约合人民币 6.2 元）。正在研究降低成本的方法。

　　马来西亚 1972 年以后用双翼飞机喷撒脱叶剂（二甲肟酸、脱叶亚磷）防治橡胶白
粉病、炭疽病取得了一定的成效，现在每年喷 5 万亩左右。由于橡胶越冬期短，即使应
用飞机也不可能在短期内把数千万亩的橡胶脱叶。现正研究另外的方法改进。

　　巴西用飞机喷撒代森锰锌乳油防治南美叶疫病是成功的，现已在较大面积上应用。
1976—1977 年巴西、马来西亚分别从美国进口了热雾机。并在防治橡胶多种叶片
病害上做了试验。据马来西亚报道，热雾机有效喷幅达 150m，喷高 25~30m，每小时
可喷 225~300 亩，每天可喷 1 500~2 400 亩，其功效相当于我国丰收-30 喷粉机的 5~8
倍。他们用热雾机施用 3.5% 十三吗啉油剂防治橡胶白粉病、施用 21.8% 含铜油剂防治
季风性落叶病，施用 5% 百菌清油剂防治炭疽病都取得良好的防治效果，用热雾机喷
16% 2,4,5-T 正丁酯柴油剂，可使橡胶叶子在两周内落光，其成本比飞机喷雾低得多。

1.8　农业防治

　　国外对于利用农业的方法防治热带作物病害研究不多，即使如此，在少数的农业防
治研究中，成效还是很显著的。

1.8.1　利用割胶防病

　　70 年代以后，斯里兰卡橡胶研究所提出，如果割面潮湿，树上又有疫霉菌侵染的
胶果时，不应割胶，由于推广了这一研究成果，条溃疡病的发病率已减少 80%。

1.8.2　施肥防病

　　马来西亚研究院提出，在橡胶抽叶初期加倍施用氮肥，可以促进抽叶，避免白粉病
和炭疽病发生。

1.8.3　研究培育无病种苗的方法

　　1977 年尼日利亚找到了无木薯细菌叶斑病菌污染的方法，他们在病健交界下方
12cm 以下的地方截取种苗茎杆，就能保证培育出无病的木薯苗。对木薯花叶病，则采
取加热法，将插植 20~30 天已发芽的插条，种于温度为 37℃，相对湿度 75%，光照强
度为 5 000~6 000lx 光照时数 18h 的 3×3×3M. 的人工气候室中，9 个月后从顶截取 1~
1.5cm 的组织移植，对防治木薯花叶病有部分效果。

1.8.4　遮荫防病

　　油棕苗疫病的侵染程序决定于土温，一般 80~85°F 最适侵染，尼日利亚利用遮荫
降低土温，明显地减轻了油棕苗疫病。

1.9　生物防治

　　在热作保护领域中，生物防治是 20 世纪 70 年代以后才开始研究的课题。目前进展
不太理想。斯里兰卡于 1976 年发现白根病的发生与木霉菌（*Tricnoderma* sp.）有关。
他们首先试验在土壤中施用硫磺粉以防治白根病。硫磺能降低土壤 pH 值，使土壤条件
适合绿色木霉菌的生长，从而抑制白根病的发生。印度尼西亚、马来西亚都证实了施用
硫磺防治白根病的结果。实验室试验表明，木霉、曲霉、青霉等在培养皿内能抑制木灵

芝菌的生长。大田试验表明，结合盖草和施全肥，用甲基溴和威百亩熏蒸土壤，可以扩大拮抗作用的真菌区系；淋灌敌菌酮可增加根圈的真菌，特别是木霉菌属真菌的数量。

巴西研究发现，木患子属的树皮氯仿抽出液含有一种叫做波尔定碱，此物对疫霉菌有较强的抑制作用。

1.10　植物检疫

东南亚各植胶国家对南美叶疫病非常重视，都采取了极其严格的检疫措施，以杜绝此病的传入。同时马来西亚还研究了一旦此病传入时应采取的紧急应变措施，即用飞机喷洒脱叶剂，促进橡胶大面积落叶，务必使南美叶疫病不能立足。其具体措施如下：

（1）1954 年东南亚在太平洋地区植物保护委员会协定已明确规定，严格禁止从南美进口三叶橡胶属各种材料。科研单位如有特别需要从南美进口非橡胶植物园种植材料，必须经过中间站处理，隔离试种，确认无病后方可引种。严格禁止带土植株的引进。法国在加勒比海的瓜得罗普岛设有中途检疫站，凡从拉美、巴西等地引种的橡胶种植材料，均需在此隔离种植一年以上，证明无南美叶疫病，方能引种到非洲象牙海岸（即科特迪瓦）等植胶国家。

（2）凡从拉美热带地区来的人员或旅客，需取道北美或欧洲中间停留站，并禁止携带活的植物材料，否则一律没收和焚毁。

2　国内热带作物保护科技现状

我国热带作物发展较晚，热带作物保护科技工作开展较迟，许多工作是 20 世纪 60 年代才开展的，而且工作主要集中在一些主要的热带作物，如橡胶、胡椒、剑麻、咖啡、香茅、油棕的主要病害研究。下面分别各种作物简单评述我国热作病理的现状。

2.1　橡胶树病害

经多年的观察调查，我国橡胶树主要有白粉病、条溃疡病、根病、炭疽病、褐皮病、麻点病、季风性落叶病等 7 种病害。

2.1.1　白粉病

这是我国发生最广泛，为害较严重的一种病害。在生产上每年都要进行防治，全面流行的年份，每年防治面积 300 万~400 万亩。消耗硫磺粉近 3 000t。常年的防治面积亦有数 10 万亩，用硫磺 300~500t。1959 年以来，对此病的流行规律，预测预报防治措施进行了深入广泛的研究，取得了较大的进展。

（1）流行规律：华南热作院研究发现与橡胶白粉病流行有关的条件有嫩叶期长短、越冬菌量、病害在抽叶过程出现的迟早，气候条件（温度、相对湿度、雨日、台风）等，其中冬春温度是病害流行的主导因素，低温阴雨是一个综合有利于病害流行的气候条件。根据橡胶白粉病的流行频率、气候、物候，将广东垦区划分为 3 个流行区：常发区、易发区、偶发区流行过程的研究发现此病的发展过程有 4 个阶段，即越冬期、中心病株（区）期、春季流行期及病害消退期。

（2）预测预报：1963 年华南热作院植保所第一次应用回归法组建中期预测模式后，70 年代开始国内许多单位开展了这方面的工作，组建了一些预测模式。华南热作院植保所 1976 年以后，应用逐步回归法组建了海南南部、东部、中部、西部、湛江中部的预测模式，经 1978—1984 年 7 年的预测验证，南部、东部的准确率 85% 以上，西部、中部的准确率 70% 以上。

1960 年后华南热作院植保所开展了短期预测方法研究，1965 年后先后在生产上推广了总指数法、混合病率法等短期预测法，以及嫩叶病率法的施药指标。在以往研究成果的基础上，近年又提出了一种改进的新的短期预测法——总发病率法，经过成果鉴定，已在生产上推广应用。生产上应用上述短期预测方法后，使施药次数由 3~4 次减为 1~2 次，提高了防效，降低了防治成本，在生产上发挥了作用，近年保亭热作所利用孢子捕捉器进行了预测预报试验。

（3）防治措施：根据病害流行过程的研究，提出了以减少初侵染源和降低流行速度相结合的防治策略，即冬防、中心病株（区）防治、流行期防治（包括后抽植株防治）等三大战役的防治措施，生产上已普遍应用，收到了良好的效果。

农药的研究，着重研究了硫磺粉的使用方法。华南热作院植保所经 1962 年后多年的研究，确定了使用硫磺粉的防治指标（总指数的指标及嫩叶病率指标），已在全国垦区推广应用，确认这些指标的可靠性。对硫磺粉的细度、剂量的研究确定，用 325 筛目的硫磺粉，每亩 0.5~0.8kg 剂量，就可以获得良好的效果，比原定标准每亩用 120 筛目硫磺粉 1kg 剂量减低用药量 20%~50%，大大节约了防治成本。

为了寻找代替硫磺的高效、低毒、低成本的农药，全国橡胶垦区都做了不少的工作，先后筛选的农药不下 50 种。选出的防效接近或超过硫磺的农药有内疗素、托布津、甲菌定、十三吗啉等农药。近年华南热作院植保所用热雾机喷撒 1.5% 粉锈宁油剂，获得比喷硫磺更好的效果。此外，华南热作研究院还进行了脱叶剂的筛选，1971—1972年选出乙烯利。1977 年选出脱叶亚磷，海南农垦局等单位也进行了此项工作，并取得了结果。

我国垦区许多单位都注意改革施药机具。1961 年华南热作研究院从锡兰（即斯里兰卡）引进了 Mistral IIAB。经与上海农机厂合作仿制出丰收-30 喷粉机，成为我国防治橡胶白粉病的主要机具。海南农垦局，通什农垦局又与其他单位协作，研制成几种背负机、多用背负机，在生产防治上亦发挥了作用。1976 年后华南热作两院与海南农垦局、通什农垦局和广东民航局协作进行了航空防治研究。取得满意的防治效果。1981年以后华南热作院植保所从美国进口了一套热雾机。现已由热机所仿制出第一台国产热雾机。1983—1984 年喷撒粉锈宁防治橡胶白粉病的试验证明、热雾机比丰收-30 喷粉机功效高 3~4 倍。在利用品系抗性防治白粉病的研究中发现，种植抽叶整齐、抗病的品系，是防治橡胶白粉病的经济有效的方法。在化学防治中可利用品系抗病性，减少喷药的面积，次数和剂量，降低防治成本。

2.1.2 割面条溃疡病

亦为我国橡胶树一个严重的病害。在云南、海南一些地区造成严重为害。在这些地区每年冬季都必须进行防治，1962 年开始设题研究，在病害诊断、侵染来源、发生流行规律、防治措施等方面取得了进展。

（1）病害诊断：1961 年和 1962 年先后由云南热作所及华南热作研究院植保所用柯克法则鉴定此病为棕榈疫霉菌引起的条溃疡病。

（2）侵染来源：华南热作院植保所提出，条溃疡病的发生发展有如下 4 个阶段：侵染阶段，又侵染又扩展阶段、扩展流行阶段、病情下降阶段。毛毛雨或高湿天气是病菌侵染的主要条件，在高湿条件下，低温是造成树皮溃烂的重要因素。割胶制度、割胶深度、割线高度和割胶技术与病害发生有密切的关系。品系与发病亦有关系，一般说芽接树比实生树病重，其中 PB86 最感病，RRIM600、PR107 次之，GT1、RRIM513、RRIM603 病情较轻。

（3）防治措施：经多年研究，确定了以农业防治为基础，结合开展化学防治的原则，在生产上普遍推广应用。取得了明显的防治效果。农业防治的措施主要是贯彻"一浅四不割"转高线割等安全割胶措施，和入冬前加强林管、降低林段湿度。在海南尤以转高线割胶效果最好。1962 年保亭所发现防雨帽有防病作用。云南近年也开展了利用防雨帽防病试验发现，既可防病又可增加刀次，从而增加干胶产量。

1963 年以后华南热作院植保所开展农药筛选工作，1970 年云南热作所也开始此项工作，先后选出溃疡净、内疗素、敌克松、敌菌丹、乙磷铝、23-16、4261、疫霉净、瑞毒霉等农药。效果与国外的基本相同。1971—1972 年，华南热作院和当时生产建设兵团进行了处理病灶的外科手术试验，发现早期小病斑处理对于控制病斑扩展有巨大作用。涂封剂以凡士林、伤好为最优。

2.1.3 根病类

根病在海南的发生率 0.6% 左右。我国橡胶树根病主要发生在海南山区开垦的胶园和云南河口、西双版纳等胶区。在根病区，生产上每年都进行根病的调查与处理，挽回了一些病树，控制了病区的发展。无论科研部门或是生产部门，对根病都还未进行深入系统的研究。迄今我国根病研究所取得的主要进展如下：

（1）基本查清华南垦区 6 种根病（红、褐、紫、黑纹、臭根病及黑根病）的分布，为害情况，寄主范围及地面症状诊断方法。

（2）华南热作院植保所筛选出毒莠丹、2,4,5-T 丁酯和 2,4-D 正丁酯等有效的树桩毒杀剂。

（3）华南热作院植保所引进和验证确定了根颈保护剂十三吗啉，与软沥青混用有良好防治效果。此外还筛选了十二吗啉、稻瘟净、放线酮等农药，对根病亦有一定效果。

（4）褐皮病病原研究：华南热作院植保所 1980—1983 年根据用四环素、青霉素、氯霉素处理病树，干胶增产明显，电镜检查发现褐皮病病部，根部及丛枝病病部，均有类原核生物存在。而健康树的相应部位则没有存在。认为类立克次体可能是橡胶树褐皮病的病原之一，并筛选出生物农药保 01 有良好防效和增产效果。

（5）炭疽病：我国橡胶炭疽病在 1970 年以后才在湛江、广西局部地区严重发生。1972 年后开始进行研究，在流行规律，化学防治上取得了一定的进展。几年的流行观察发现，品系抗病性、降雨和相对湿度是决定炭疽病流行的主要条件。对于感病品系，如果在抽芽至嫩叶期间连续 3 天以上阴雨高湿天气，则病害可在短期内暴发流行。研究部门和生产部门都进行了新农药筛选。发现许多农药在室内有效，但到大田使用效果很差。这主要是剂型和机具问题。目前笔者尚无射程高的喷雾机，用丰收机喷粉，又不耐雨水冲刷。近年华南热作院植保所用多用机（加压力泵）喷射拌种灵、福美双胶悬剂获得较好的防治效果。

2.2　胡椒病害

2.2.1　胡椒瘟

经华南热作院兴隆站和植保所的多年研究，已提出适合我国海南岛实际情况的综合防治措施。其措施包括注意选地，搞好排水，缩小椒园面积，营造防护林，隔离病区，做好田园卫生，适时对叶片喷洒 1% 波尔多液，在根围表土上下施用硫酸铜、敌克松、敌菌丹、乙磷铝等药剂。生产实践证明，上述措施是行之有效的。

2.2.2　胡椒细菌性叶斑病

已鉴定出病原细菌，弄清楚此病在华南四省（区）分布及为害情况并提出了下述防治措施：①缩小椒园面积、营造好防风林以减少风害。②搞好田园卫生，收集病枝叶并烧毁。③喷洒 1% 波尔多液保护叶片。

2.2.3　胡椒花叶病

已鉴定出病原物为黄瓜花叶病毒。提出了加强内检及选用无病种菌等防治措施。

2.3　剑麻斑马纹病

已鉴定病原菌为烟草疫霉（*Phytophthora nicotianae* Breda），进行了农药筛选，提出了下述综合防治措施：做好麻田排水，旱季适时割叶、降低湿度、搞好田园卫生、烧毁病叶、病株；及时喷洒敌菌丹、乙磷铝等农药，防效很好。

2.4　咖啡锈病

研究了咖啡锈病在华南四省（区）的分布，流行规律，提出了包括加强栽培管理，抗选，适时喷撒 1% 波尔多液等综合防治措施。

2.5　油棕果腐病

已鉴定病原为非侵染性病害、由于水、肥、授粉不良而引起，不必采取防治措施。

2.6　香茅叶枯病

鉴定出病原是 *Curvuraria andropogon*。研究了流行规律，提出了包括适时割叶，以减少侵染来源及降低湿度，搞好田园卫生、烧毁病叶及重点喷洒 1% 波尔多液等综合防治措施。

2.7　热作病虫普查

由华南热作院植保所、华南热带作物学植保系与华南四省（区）农垦局及有关农场合作，经过 4 年的普查，已基本摸清华南垦区热作病虫的种类、分布及为害情况。为植检及热作病虫防治科研提供了科学资料。经普查发现共有热作病害 214 种，虫害 333 种。

3　我国热作植物保护的差距及研究重点

3.1　差距

3.1.1　工作不够全面

多年来由于我国发展热带作物的方针经常变动，加以对橡胶的发展过于强调，我国的热作保护工作出现了单打一的倾向。绝大部分力量只投入研究和防治橡胶病虫，而对其他热带作物病虫研究则甚少，有些作物，如椰子、热带水果、可可、腰果等基本上没有开展研究，与国外同类作物病虫研究相比，除橡胶病害比较接近外，其他作物的病虫研究差距甚大。

3.1.2 基础理论研究比较薄弱

20 世纪 50 年代初期发展热带作物以来，特别是"文化大革命"期间，由于受到极左思想的影响，科技人员不敢从事基础理论的研究，绝大部分力量放在生产应用问题研究上面。因此，与国外相比，一些基础工作的研究，例如病原（分类）学、病理生物学、生理学。病原-寄主相互关系遗传学、生理小种的变异规律、病害生态学等，差距较大。有些病原如疫霉菌、炭疽菌，虽已开展了分类及生物学研究，但水平与国外相比仍然落后数年到十几年。

3.1.3 多方面的应用研究和防治工作仍较落后

（1）抗病选育种研究。除了对一些病害的抗病鉴定方法以外，尚未进行过研究。

（2）化学防治在农药、机具方面都比国外落后 5~7 年；有几种病害的化防研究，基本上是模仿国外。

（3）检疫研究没有开展，检疫方法及手段都相当落后。

（4）科研工作薄弱、分散、信息慢、设备差。

我国从事热作植保研究的力量不多，投资很少，而且十分分散，设备较差，没有充分的力量、资金、设备从事较深入的工作。例如国外已用人工气候模拟做系统分析，进行病害管理与预测预报，笔者至今仍无法进行。另外，由于全国热带作物研究中心远离大、中城市，与外界联系少，信息很慢，科技人员知识老化现象严重，也是科技落后的一个原因。

4 到 1990—2000 年的发展预测

4.1 病害趋势预测

4.1.1 橡胶病害

由于生产上广泛采用化学刺激，注意避免强割和贯彻—浅四不割，提早停割，橡胶割面病害将不是生产上的一个重要问题，到 2000 年将变成一个局部的偶发性病害。随着更新和全面种植芽接树，叶片病害的流行频率可能降低，这决定于所推广的品系的抗病性，如果大面积推广 RRIM600、RRIC100、RRIC103 等品系，防治次数也可减至 1~2 次。更新胶园如果没有注意彻底清理树桩，根病的发生一般都会增多。根病的年自然增长率约 0.1%，目前海南平均根病发病率为 0.6%，如果防治不好，根病的发病率将超过 2%。到 2000 年，根病可能是一个重要的橡胶树病害问题。估计到 2000 年可能会提出橡胶树褐皮病初步有效的综合防治措施。

4.1.2 胡椒瘟、胡椒细菌叶斑病

将随着家庭承包制的贯彻，防治工作的日益完善和推广而逐渐减少。但局部地区的流行将是不可避免的。油棕估计不会有重大的病害问题，因为其种植面积小而分散。如果换种抗病品种，剑麻斑马纹病将不是一个严重的生产问题。随着咖啡的发展，锈病将是一个威胁。杧果炭疽病到 2000 年还将是一个影响杧果产量和保鲜的重要问题。腰果

炭疽病随着腰果事业的发展，可能会成为腰果生产的一个值得注意的问题。

　　如果检疫研究不开展，检疫工作维持目前状态，有朝一日将会在我国首先传入一些热带作物检疫性的严重的病害。如南美叶疫病、椰子致死黄化病、败生病、红环腐病。根据这些病害的发生流行条件、传播方式，这些病害一旦引入我国，将可能在我国热带某些地区流行，给我国热带作物的发展造成威胁。

4.2　损失及防治挽回损失预测

　　据笔者的测定及国外有关专家估计，预计几种热带作物病（虫）损失如表1。

表1　主要热带作物病（虫）损失率估算

作物	病虫损失率（%）
橡胶	15
椰子、油棕	5
咖啡	16.6
杧果	15
剑麻	10

　　参照当前我国热作保护系统科学水平及预计1990年和2000年的发展，应用各种防治方法挽回的经济损失如表2。

表2　主要热带作物病（虫）防治挽回损失估算预测

作物	防治挽回损失率（%）
橡胶	10
咖啡	12
杧果	10
剑麻	15
椰子、油棕	3

4.3　学科发展预测

　　病害综合治理是整个植保科学的发展方向，随着热作保护研究的深入，热作病害综合治理的研究必将开展。到1990年一些主要的病害如橡胶白粉病、条溃疡病，有可能提出初步的综合治理方法，到2000年，有可能对整个橡胶病害的综合治理提出方法。到那时，将可能用系统分析的方法组成各种模型，利用电子计算机网络系统指导生产防治工作，即预计可达到美国20世纪80年代初的水平。

　　在综合治理的具体措施中，化学防治、抗病性鉴定和抗病品系的推广利用，农业防治、生物防治、植物检疫、系统分析、预测模型等将得到较快的发展。化学农药将更进一步向高效、低毒低成本的方向迈进，施药机具中航空防治和热雾技术会有较快发展。植检的方法、手段将有较大的改善。

5 具体措施及建议

要实现上述的预测目标，需要采取下述措施

（1）健全热作植保队伍，明确责任，努力提高这支队伍的科技水平。目前我国热作植保队伍薄弱、分散、责任不明确，主要从事推广工作的科技工作者却以相当多的时间从事研究，而从事研究者又要花很多时间从事推广工作。这种不正常的现象必须扭转。现有的热作植保人员知识老化现象严重，需要培训更新知识。

（2）加强科学研究，尽可能把用于科研的资金、力量、设备集中到一些重点的研究机构中，配备现代的先进设备，如电镜、人工气候室、电脑、各种分析仪器，等等。

（3）尽快开展植物检疫和病害综合治理的研究，建议在广州设立热带作物检疫中心试验室，在深圳设立热作检疫苗圃，开展酶联吸附免疫法、免疫吸附电镜法、单克隆技术、熏蒸先进技术等方面的检疫方法研究。病害综合治理的研究，可先从事一种病害的研究，然后进行整个作物主要病害综合治理的研究。

（4）大力开展科学普及工作，尽快把最新成果推广到生产上去。科普工作可采取举办训练班，编写发行专业书籍、图谱、挂图、拍电影幻灯等方式进行。

（5）及时引进国外先进技术，如新农药、新剂型、新机具、新的抗病高产品种，新的诊断病害设备，等等。

参考文献（略）

本文为农业部 1984 年科学发展规划会议论文

重大热带农业病虫灾变预测与
控制科技发展战略研究

余卓桐 罗永明 文衍堂 黄光斗 程立生

农业部最近增设"'九五'-2010年农业科技规划与发展战略研究"重点课题，探讨"九五"-2010年我国农业科技发展面临的问题及主要任务，发展目标与应采取的战略措施。热带农业是我国农业不可或缺的重要组成。据笔者长期调查研究，病虫害是制约热带农业发展的主要问题，为此，笔者对热带农业病虫灾变预测和控制的"九五"-2010年科技规划与发展战略做了研究，提出重点任务，发展目标和主要内容。

1 热带农业和农村经济发展与热带农业保护

热带农业是我国农业的一个重要组成部分，在我国国民经济中占有重要地位。在热带地区，由于具有其他地区所没有的优越气候条件，是我国发展农业得天独厚的地方，可以生产其他地区不能生产一些特种农产品，如橡胶、椰子、咖啡、胡椒、杧果、香蕉等，有些作物，虽能在国内其他地区生产，但在热带地区可以反季节提早生产，供应全国淡季产品。因此，热带农业必须在我国农业科技发展规划中给予特别的重视与安排。

根据笔者多年的调查研究，要发展热带农业，首先要解决品种和病虫害问题。在热带地区，由于高温多湿，病虫种类之多，为害之严重，在世界上及我国农业发展史上都是之颇为著名的。

热带地区的粮食作物和油料作物的病虫害，都比其他地区同种作物病害严重。近年在海南多次暴发东亚飞蝗。1988年发生面积70多万亩，为害水稻、甘蔗等作物，损失800多万元。稻瘟病、白叶枯病、飞虱、稻纵卷叶蛾都曾多次流行，一般年份损失产量15%左右。

热带水果的病虫害，已成为一些果树发展的限制因素。杧果炭疽病在全世界杧果产区都很严重，年减产30%以上。在我国海南中部以北的地区，有些年份甚至因此病的为害而失收。20世纪70年代我国发展的杧果，由于脊胸天牛的为害，摧毁了近百个杧果园，使杧果一度停止发展。1986年海南发展香蕉，由于褐缘灰斑病摧毁了近万亩蕉园，中止了当时香蕉的发展。木瓜花叶病已大量摧毁南方的木瓜，使热区不能大面积种植。

反季节瓜菜，是热区农业发展优势之一，但目前正遭受多种病虫严重为害，限制其发展，如多种瓜类作物，正受到瓜螟和枯萎病的为害，导致大量烂果或死亡，大大挫伤了农民种瓜积极性。

据FAO（1982）统计，咖啡可年损失7 000t，占总产42.4%，在历史上，斯里兰卡曾因咖啡锈病严重为害，大批咖啡死亡而不得不改种茶树，我国近年此病也很严重，小粒种减产 50%。云南的咖啡由于旋皮天牛的为害，几乎全军覆灭。

从上述情况可以看出，病虫害是热带农业生产中的一个突出的问题，是阻碍其发展的主要限制因素，因此，发展热带农业，必须首先解决病虫为害问题。

2 国内外热带农业病虫预测和防治的现状和发展趋势

2.1 国外病虫预测和防治

2.1.1 防治措施

热带农业病虫防治的基本措施，和其他作物病虫防治一样，主要有化学防治、抗病虫选育种，生物防治、农业防治、物理防治等。过去一直以化学防治、抗病选育种为主，近 20 年来，由于化学防治存在的问题，以生物防治为主的非化学防治方法受到重视，并有较大的发展。

2.1.1.1 化学防治

过去的高毒、高残留的农药，都已禁用或限制使用，大力发展高效、低毒、低残留的农药，如氨基甲酸酯类、除虫菌酯类农药、植物性农药、生物农药、有机硫、苯并咪唑、硫脲基甲酸类、氧硫杂己类、吗啉类、抗菌素等农药。目前，主要的热带农业病虫，都已筛选出多种有效农药。农药的用量，迄今仍有上升的趋势，还是综合治理的一个重要的措施，但是由于化学防治对人类和环境的不良影响和抗药性等问题，目前各国都在设法减少使用农药。而农药的本身，也继续朝着高效、低毒、低残留的方向发展，估计化学防治仍将是综合治理的一项重要措施，特别是对高速流行病虫的应急措施。

2.1.1.2 植物抗性选育种

在过去的几十年中，抗病虫选育种一直是防治热带农业病虫，尤其是防治病害的主要措施。国外对一些严重的热带农业病害，都已选出或多或少的抗性较强的品种，如对水稻的稻瘟病、白叶枯病、橡胶的南美叶疫病、白粉病；椰子的致死性黄化病；咖啡锈病；西瓜枯萎病；杧果白粉病；香蕉的褐缘灰斑病、枯萎病的抗病品种，有些已在生产上大面积应用，对控制这些病害的发生发挥了重大的作用。过去抗病选育种主要选育垂直抗病性，近来转向选育水平抗性和多抗性品种，并提出保持抗性稳重的基因管理措施。国际水稻研究所、印度等都已选出一些抗几种病，或抗病又抗虫的水稻品种。

为了提高抗性育种的水平，近年许多热带农业国加强了对抗病虫机制、抗性遗传、基因分析、生理小种鉴定，抗性速测等基础研究，在一些主要热带农业作物上，如水稻抗白叶枯、稻瘟病、咖啡抗锈病已取得可喜的进展，抗病虫基因转移工作也已开始。可见，国外对抗病虫选育种的研究，已开始从常规选育逐渐转向应用现代生物基因工程技术进行选育种的方向发展。

2.1.1.3 生物防治

近 20 年来，由于化学防治存在的问题，生物防治引起广泛的重视，并在防治一些热带农业病虫上取得成功。用澳洲瓢虫防治蔗蚧（坦桑尼亚，1972）、用 3 种寄生蜂防治椰子缢胸叶蝉（斯里兰卡，1973）、用寄生蜂防治蔗螟（巴巴多斯，1975）、用病原病毒防治椰子二疣犀甲（斐济，1963；菲律宾，1983）、用捕食动物（蜘蛛等）防治水稻叶蝉和飞虱（印度、韩国，1973）、用苏云金杆菌防治多种蔬菜、果树害虫都已取得良好的效果与效益。病害的生物防治发展较迟，目前主要是筛选抗生菌，已有一定的进展。如橡胶根病抗生菌 *Trichoderma* spp. 和 *Panicillium* spp.（马来西亚、印度，1986）。

2.1.1.4　农业防治

农业防治是建立和调节农业生态系防治病虫的主要方法，迄今各热带国家仍在广泛应用。农业防治主要是培育无病虫种苗、施肥、改变耕作制度（如播种期、割胶制度等），已在一些病虫防治上取得明显的效果。用40℃处理外殖体4周或用茎尖培养，获得较高比例无毒香蕉苗（菲律宾，1990；尼日利亚，1990）；提早播种、移植能减轻稻瘟病（印度，1989）；调节播种密度和适当与施肥量可以有效地防治纹枯病（哥伦比亚，1992）；在割面潮湿，树上又有疫霉菌侵染的胶果时不割胶，可使条溃疡发病率降低80%（斯里兰卡，1973）；在种胶前两年种覆盖作物，可减轻白根病发生（马来西亚，1985）；在更新油棕园种豆科覆盖可显著减少二疣犀甲的为害；消除病株防治椰子致死黄化香蕉束顶病；植前用机耕清除树头或用毒树剂毒杀树桩，减少橡胶根病发生，等等。

建立和调节农业生态系以控制病虫，是现代病虫综合治理的基本原理，农业防治作为调节农业生态系的主要方法必将得到更大的发展。

2.1.1.5　物理防治

鉴于化学防治出现的问题，物理防治有所发展。物理防治包括利用光、温、辐射等方法防治病虫，尤其在种子和果品采后处理上广泛应用。马来西亚用黑光灯诱捕二齿裸金龟，结合施药防治成虫，获得良好的防治效果。咖啡豆荚用49℃处理30min能有效地防治咖啡果小蠹；用红外线照射咖啡豆，使其温度升至74℃，经13.5s，可杀死豆内全部幼虫。杧果采后用54℃热水浸泡10min，可减少炭疽病、蒂腐病引起的果腐。美国用X-射线、钴-60等辐射照射杧果果实，可减少果腐；用辐射雄性实蝇使其不育，然后释放防治地中海实蝇获得良好的效果（西班牙，1969）。用低剂钴-60照射杧果，可使果内象甲大部死亡，残存者亦无生殖能力（美国，1971）。

物理防治方法简便，效果较高，对人畜安全，不污染环境，必将有较大的发展。

2.1.1.6　其他病虫防治技术的发展

热带农业病虫防治，除了上述各种常规方法以外，近20年来，发展了多种防治新技术。

（1）利用交互保护作用防治植物病害，以弱株系接种，减轻致病力病株系的侵染，在一些热带农业病害防治上已有成功事例，如防治香蕉花叶心腐病、水稻稻瘟病、白叶枯病等（韩国，1990）。但此项技术仍存在问题，弱株系会加强致病力，引致病害严重发生，因此应用尚不多。

（2）诱导抗病性：包括生物诱抗和化学、物理诱抗近年有所发展，如接种不亲合的 Pyriculalia 到抗稻瘟品种，可提高其对孢子抑制作用（韩国，1990）。用 Polyacrylic acid、Aspririn 等接种到植物上，可诱发对 TMV、Peronospora sp. 和 Pseudcnenas Syringae 的抗性等。这项技术目前还处在试验阶段，估计不久会在生产上得到应用。

（3）利用昆虫激素防治害虫，利用保幼激素、抗保幼激素、脱光激素、信息素、抗幼虫几个合成剂等防治害虫，有些已进行试验，有些已应用成功，具有发展前途，如用 Methoprene 防治椰子二疣犀甲（Dhondy，1976）；用脱皮激素 Ponasterono A 防治水稻二化螟、甘蔗粉蝶有良好的效果。菲律宾、韩国、伊朗用信息素诱捕水稻二化螟亦获成功，在美国、日本已有商品生产。

（4）利用遗传不育防治害虫。遗传不育技术，包括利用绝育剂、杂交不育技术、引入置换型竞争种、细胞质不亲和性、染色体易位性、比偏离等遗传不育技术防治害虫具有独特的防治潜力，已在多种热带害虫，害螨防治中研究或应用，有发展前途。

2.1.2　综合治理体系的发展

国际热带农业病虫防治技术的历史发展，和其他地区一样，经历了从单一防治向综合治理发展的过程。第二次世界大战后各国研制了大批有机合成农药，在病虫防治上取得优异的效果，使在病虫防治上，出现了单纯依靠化学防治病虫的倾向，从而导致滥用农药现象大量发生。农药的大量应用，产生了严重的后果，病虫抗药性迅速提高，使农药的用量越来越多，对环境污染日趋严重；人畜中毒事故和慢性毒性普遍发生，对人畜健康构成严重威胁，杀伤天敌和有益微生物，破坏生态平衡，造成防治对象的再增猖獗，诱发一些次要病虫的发生。这迫使人们考虑应用化学防治以外的方法来控制病虫的发生。50 年代中后期，在森林病虫生态群体治理上取得了新的进展。他们不用或少用农药，采用系统管理和生物防治，将病虫为害控制在经济为害水平以下。结果，1959 年后引进了经济阈值，经济为害水平和综合治理（IPM）的概念，使植物病虫防治技术进入一个新阶段。

病虫综合治理体系是建立在：①建立和调节农业生态系，控制病虫群体增长；②以经济阈值决定 IPM 的必要性；③综合协调的防治措施等三项基本措施的基础上。自从 IPM 体系建立以后，热带农业病虫防治也沿着这个方向发展，在多种作物病虫防治上取得了显著的成就，印度在全国建立了 26 个 IPM 中心，定期调查病虫动态，预测确定施药的需要和最适时间；采取各种措施保护，增加害虫的寄生菌，捕食者和病原菌；大力推广农业防治和抗病虫品种和其他非化学防治方法。1991—1993 年对水稻、甘蔗、蔬菜等作物实行 IPM，仅在水稻上每公顷净收入比不进行 IPM 的地区每公顷增加 1 500 卢比。泰国对水稻病虫实行 IPM，1991 年增加纯收入 52%，1992 年增加 25%。马来西亚已把 IPM 技术用于水稻、蔬菜、可可、油棕的病虫和杂草防治上，主要措施是生物防治和生态系统管理。印度尼西亚大力推广 IPM 技术，不管是粮食作物、园艺作物或其他作物，都已推广应用。其主要措施是应用抗病虫品种，利用天敌进行生物防治，生物杀虫剂，农业防治等。

IPM 有 3 个不同水平：一种病虫 IPM；一种作物病虫 IPM；一个地区多作物多病虫 IPM，以后种为最高水平。从上述热带国家农业病虫 IPM 的发展情况来看，国外热带农业病虫 IPM，已逐步从单一病虫综合治理，向一种作物病虫 IPM 发展。预计到 2000 年以后，多数热带农业病虫的防治，都会建立 IPM 体系，并在生产上大面积应用。

2.1.3　病虫预测

热带农业病虫的预测，除水稻病虫以外，研究起步较迟。20 世纪 70 年代以后，各国加强了对病虫生物学、流行学和预测方法的研究，取得了明显的进展，到 80 年代初期，一些主要的热带农业病虫都已有成熟的预测方法。如国际水稻研究所提出用露水观察结合其他条件（水稻感病期、品种抗性等）预测稻瘟病的流行；美国根据田间菌核数量或早期病害水平，预测纹枯病（Rush，1992）；马来西亚（1973）根据最高温度和相对湿度确定"侵染日"预测橡胶白粉病的流行；斯里兰卡（1975）根据温度、湿度、降水量、日照时数预测橡胶季风落叶病等。这些预测方法，多已在生产中应用，并获得了提高防效、减少喷药次数的效果。近年，国外，热带农业病虫预测有较大的进展，已从过去的定性预测发展到定量预测。目前，许多国家正发展电算模拟模型或预测模式。如日本（1990）的 BLASTAM 稻瘟病预测系统模型；苏里曼（1988）纹枯病的直线预测模式；水稻飞虱、纵卷叶蛾、螟虫的数据库和电算模拟模型；橡胶炭疽病侵染水平预测模式（Fitzell，1984），橡胶红根病和白根病侵染机率预测模型（Chadoeuf，1992）；以天气为基础的预测香蕉叶斑病的模拟模型（苏里曼，1988）等。可见，国外热带农业病虫预测，现正由定性预测逐步向定量预测的方向发展；建立电算模拟模型对植物病虫进行预测和治理，是其发展的基本方向。虽然目前成功事例不多，估计到 2000 年后，会有较大的进展，并在生产防治中应用。

2.2 国内热带农业病虫预测和控制

我国热带农业作物，除水稻、甘蔗、柑橘等原有作物以外，许多热作是从 20 世纪 50 年代才开始发展的，热带农业植保工作开展较迟，许多工作 60 年代才开始。经过 30 多年的工作，已在一些主要热带农业病虫预测和防治上取得了进展。

2.2.1 预测预报

70 年代以前，着重研究各种热带农作物病虫的生物学、流行学，并在此基础上提出和推广了一套预测方法，在生产防治上起了作用。其中水稻、橡胶病虫的预测预报工作，研究较多，成效较大。水稻的主要病虫，如稻瘟病、纹枯病、白叶枯病、黏虫、三化螟、纵卷叶蛾都已建立测报网和一套测报方法，在生产上广泛应用，在掌握防治时机、提高防效、减少喷药次数上起了巨大的作用。80 年代以后，开展预测模式和电算模拟模型研究，迄今已取得了较大的进展。如提出了预测纹枯病发生的模拟模型 RSPM-I，预测细菌性条斑的预测模式，对稻纵卷叶蛾、飞虱、螟虫已建立了数据库，并提出了模拟模型。

橡胶病虫的预测，主要研究白粉病，70 年代前，主要根据冬春温度，橡胶落叶抽叶整齐度和越冬菌量做定性中期预测，根据病害在抽叶过程出现迟早和流行速度做短期预测，提出了总发病率等短期预测法，在生产上普通推广应用，获得了提高防效，减少喷药次数的明显效果。80 年代以后，逐步建立预测模式进行定量预测，并在生产上推广应用，使预测准确率提高到 85% 以上，并减少了喷药次数。近年正开展电算模拟模型的研究。

热带果树和蔬菜的病虫也进行了预测的研究，取得了进展。杧果炭疽病已提出初步的短期预测模式。香蕉主要病害测报研究，以台湾研究较深入，现已提出了预测预报系统。

从上述情况可以看出，我国热带农业病虫预测的发展走势与国外大致相同，但研究的广度和进度则仍有一定的差距。

2.2.2 主要热带农业病虫控制

国内主要热带农业病虫的防治，也经历了从单一防治向综合治理的发展过程。70 年代以前，以单一病虫为对象，以化学防治为主要方法进行防治。80 年代开始，逐步开展一种病虫或一种作物主要病虫的综合治理。

（1）防治措施。我国热带农业病虫防治的主要措施，包括抗病虫选育种、化学防治、生物防治、农业防治、物理防治等。

①抗病虫选育种：我国热带农业作物抗病虫选育种工作，除水稻、蔬菜以外，一般起步较晚，进展较慢。水稻抗瘟病的育种取得了重大的进展。VU-64、XU-64、88-112 已大面积推广防治稻瘟病。过去推广杂交稻对防治稻瘟起了重大作用，但却引起飞虱的大发生。近年注意开展多抗性育种，已初步取得进展。迄今已选出一些抗飞虱、纵卷叶蛾、蓟马和抗稻瘟病、细菌条斑病的多抗性品种。抗性遗传、基因分析和转基因等基础工作正在开展。

橡胶抗病育种到 80 年代才开始，主要鉴定现有品系和从亚马孙引进的新种质对白粉病、炭疽病的抗性，已选出一些抗病的品系或新种质，目前尚未推广应用。为了加强抗病选育种的进程，已提出了一些速测法。

②生物防治：以水稻病虫生物防治的研究最广，迄今已在水稻生态系中找到 1303 种害虫天敌，其中以蜘蛛、线虫、捕食甲虫为最多。同时选出了井冈霉素、多氧霉素、抗菌素 120 等抗菌素。特别是用井冈霉素防治纹枯病，已在全国稻区推广，获得良好的防治效果和重大的社会、生态、经济效益。其他热带农业病虫的生物防治，也进行了部分工作。如已发现杧果害虫天敌 20 种，热带水果害螨天敌多种；选出了疫霉菌抗生菌 4261、2316；在橡胶条溃疡病和白粉病防治上试用，内疗素有一定的效果，但因药效不稳定而未推广应用。用寄生蜂防治油棕刺蛾已取得一定的成效。

③农业防治：在热带农业病虫防治中应用很广，成效显著。通过水肥管理防治稻瘟病和纹枯病已成为常规措施在生产上应用，对控制这些病害发生起了作用。贯彻"一浅四不割"，转高线割胶，安装防雨帽等安全割胶措施，已基本控制了橡胶条溃疡病的为害。增施肥料，提高树体营养水平可以显著减轻咖啡锈病的发生。利用机垦或毒树剂桩彻底消灭侵染源，大大减少植后橡胶根病的发生。清除二疣犀甲的滋生场所成功地控制了此虫的发生。农业防治迄今仍是我国热带农业病虫防治的重要措施。

④化学防治：60 年代以前，主要应用一些高毒、高残留农药，如汞剂、DDT、666 等防治热带农业病虫。70 年代以后，这些农药逐渐禁用，开始广泛筛选高效低毒新农药。迄今，各种热带农作主要病虫都已筛选出几种高效低毒新农药，如防治橡胶条溃疡病和斑马纹病的乙磷铝，瑞毒霉、敌菌丹；防治橡胶根病的十三吗啉；防治橡胶褐皮病的保01；防治白粉病的粉锈宁；防治各种作物炭疽病的多菌灵、百菌清、复方 T.F；防治咖啡锈病的复方波尔多液；防治稻瘟病的富士一号和三环唑；防治热作害螨的尼索朗；防治杧果扁喙叶蝉的速灭杀丁；防治亚洲飞蝗的除虫菊酯；防治槟榔红脉穗螟的速灭杀丁，等等。

热带地区高温多雨，许多热作又为高大乔木，施药机具和农药剂型是化学防治需要解决的重要问题。在过去的几十年中已取得了进展。丰收-30 喷粉机，热雾机和烟雾机的引进和仿制，航空防治的应用，对解决热带农业病虫防治起了巨大的作用；防治割面条溃疡的缓释剂，防治白粉病的粉锈宁油剂胶悬剂，可延长有效期，减少施药次数提高防治效果。

热带农业病虫的化学防治，现已向高效、低毒、低残留的方向发展，估计今后还会继续往这个方向推进；油剂、胶悬剂、烟雾、热雾、航空喷雾等施药技术会有发展。

⑤物理防治：用灯光诱虫，热处理种子或果品防治病虫，早在热带农业多种病虫防治上应用。这也是综合治理中的有效方法，估计今后还会发展。

⑥植物检疫：我国热带农业病虫的植物检疫，由全国的植物检疫机构进行。对我国尚未发生的国外严重热带农业病虫，如南美叶疫病、椰子致死黄化病、红环腐病、咖啡美洲叶斑病、可可肿枝病、椰心叶甲、剑麻象甲、咖啡果小蠹，杧果果肉、果核象甲、香蕉穿孔线虫等已列为外检对象，进行严格检疫，多年来取得很大的成绩，截获了多批外检病虫。由于目前改革开放，国际交往频繁，大批产品引入，对植物检疫带来极大的困难，很有必要对进口农产品的数量和检疫措施做严格的规定或限制。

（2）综合治理技术的发展："预防为主、综合防治"是我国农业病虫的一贯方针。在国际"综合治理"技术的影响下，80年代开始发展综合治理技术。1980—1986年是综合治理的发展试验阶段。主要研究综合治理的基础问题，包括各种作物病虫调查、鉴定、预测预报、防治指标、经济阈值、防治措施等，1989—1994年是综合治理技术的推广阶段，针对一些主要作物病虫在生产上推广。

热带农业病虫的综合治理，以水稻病虫研究最早，推广最广，其主要措施为：推广抗病虫品种、生物防治（包括保护或利用天敌防治害虫，用抗菌素、抗生菌防治病害）、农业防治、化学防治，应用经济阈值，防治指标，预测预报指导防治等。1986—1992年在南方和长江中、下游推广综合治理技术，面积13.33万 hm^2。1988—1992年，还参加 FAO 组织的区域性水稻 IPM 国际项目，我国9个省，14个地区参加，获得10多亿元的经济效益。

橡胶主要研究条溃疡病和白粉病综合治理。条溃疡病综合治理的主要措施包括安全割胶制度（一浅四不割、转高线割、装防雨帽）、加强林管，用缓释剂进行化学防治等，1985年后在云南等地推广，获得良好防治效果和较大的经济效益。橡胶白粉病的综合治理措施包括以经济阈值确定防治决策，以测报指导防治，充分利用品系抗（避）病性和不利发病天气，根据防治指标化学防治等。1990年后在华南五省胶区推广，面积165万亩，使防治效果较常规防治提高18.2%，用药量减少30%，经济效益提高19.98%，共获1 400多万元纯收益。橡胶根病、褐皮病的综合治理，目前正进行试验，预计在2000年可望推广。

其他的热带农业病虫，如咖啡锈病、胡椒瘟病、细菌性叶斑病、剑麻斑马纹病都已进行综合治理试验，有些已推广，获得较大的社会、经济效益。

总之，热带农业病虫综合治理，已在一些主要病虫开展，但除水稻已发展到以作物为单位的综合治理水平以外，其他均为以单种病虫为单位的综合治理，与国外相比，还有较大的差距。估计至2000年，可望较全面开展以作物为单位的病虫综合治理工作。2010年则可进入以作物为单位的病虫系统管理或甚至开展区域性的多作物、多病虫的系统管理。

3 2000 年重大热带农业作物病虫发生趋势预测

3.1 橡胶病虫

目前主要有白粉病、割面条溃疡病、炭疽病、褐皮病。由于割胶制度改革、减少割次和使用乙烯利等刺激剂，割面病害将减轻，但褐皮病仍是主要病害。近年白粉病的流行频率和流行强度都明显增加，预计仍是橡胶的主要病害。根据目前的更新情况，大多没有彻底清理树桩，根病的发病率将增加，成为云南、海南的主要病害。由于目前推广的大部分品系对炭疽病都比较感病，炭疽病的流行地区和频率都会增加，使它成为流行范围较广的病害。因此，预计至 2000 年后的橡胶病害，以白粉病、根病、炭疽病、褐皮病为主，每年造成损失 15% 左右。

3.2 水稻病虫

目前又大量推广常规稻种，稻瘟病、白叶枯病、纹枯病又复上升，预计这些病害仍是主要水稻病害，近年鞘腐病有所发展，值得注意。水稻害虫，近年飞虱大发生，成为水稻主要害虫。纵卷叶蛾、螟虫还是主要害虫。蜻象、蓟马近年急剧上升，可能成为水稻主要害虫。因此，预计到 2000 年，水稻的主要病虫为稻瘟病、白叶枯病、纹枯病、飞虱、纵卷叶蛾、螟虫、蜻象和蓟马，每年造成损失 15% 左右。

3.3 椰子病虫

目前主要有鼠害和灰斑病、芽腐病。但国外存在几种摧毁性病害，随着国际交往频繁和我国检疫工作存在的问题，对我国椰子业已构成严重的威胁。预计 2000 年后，鼠害和国外几种检疫性病害的传入是椰子病虫的主要问题。

3.4 热带水果病虫

目前种植的杧果品种对炭疽病都较感病，随着树龄增加和郁蔽，炭疽病会进一步加重。近年杧果种植面积扩大和连片种植，为白粉病的发生提供有利条件，其发生地区和流行频率将明显增加，成为杧果的又一个主要病害。当前的一些主要害虫，如扁喙叶蝉、果实蝇、象甲、钻蛀性螟蛾、脊胸天牛等的发生不断增加。预计到 2000 年炭疽病、白粉病、扁喙叶蝉、果实蝇、象甲、钻蛀性螟蛾、脊胸天牛是杧果的主要病虫。由于生产上个体承包为主，防治不力，每年损失还在 30% 以上。

3.5 香蕉病虫

由于近年推广未经检疫感病组培苗品种、束顶病、花叶心腐病广泛传播，褐缘灰斑病再度发展，香蕉品种感染枯萎病，预计这 4 种病害将成为 2000 年后的主要病害，每年损失产量 30% 以上。

3.6 热带蔬菜病虫

目前枯萎病、霜霉病、炭疽病、白粉病、病毒病、小菜蛾、菜青虫、蚜虫、果螟、蓟马、螨类都较严重，每年损失 35% 左右，近年发现非洲斑潜蝇，已在海南大量发生，损失 30%~40%。预计 2000 年后，这些病虫是热带蔬菜的主要病虫，随着种植面积扩大，复种年限延长，枯萎病会有较大增长，温室化的栽培，为蚜虫和蓟马的发生提供有利的条件，可以预计，这些病虫，在 2000 年后将成为热带蔬菜生产比较突出的问题。

3.7　咖啡病虫

目前主要有锈病、枝小蠹和旋皮天牛。如果 2000 年大量推广 Catimor 等抗病品种，锈病将得到控制，否则锈病仍是重要问题。目前小粒种种植面积占 60%，到 2000 年仍以小粒种为主，上述病虫仍是主要病虫。

3.8　甘蔗病虫

目前主要有螟虫、金龟子和赤腐病，预计 2000 年后这些病虫仍是主要病虫。

4　2000 年、2010 年热带农业植保科技的重点任务和目标

热带农业植保的科技工作，应着重研究橡胶、水稻、椰子、热带果树、热带蔬菜病虫的预测预报和综合治理技术，提出经济、有效、安全的控制技术，使我国热带农业病虫测报和防治的技术接近或达到世界先进水平。

（1）橡胶病虫：重点研究白粉病、褐皮病、根病、炭疽病的预测和综合治理技术，到 2000 年提出以作物为单位的综合治理方法和预测模型，防治效果在 75% 以上，预测准确率在 80% 以上，推广面积 25% 以上，挽回产量损失 10% 左右，使我国橡胶病害的预测和防治达到世界同类作物病虫的先进水平。

（2）水稻病虫：重点研究稻瘟病、白叶枯病、纹枯病、飞虱、螟虫、纵卷叶蛾等病虫的系统管理和预测模型。到 2000 年要选出几个多抗性高产品种，开发和发展生物技术，提出水稻病虫系统模型，在此基础上，完善和进一步推广以作物为单位的综合治理技术，挽回产量损失 10% 以上，使我国水稻病虫综合治理技术达到世界先进水平。

（3）椰子病虫：重点研究鼠害和检疫对象的快速诊断技术。要求到 2000 年提出和推广控制鼠害的综合治理技术和外检对象快速诊断技术，挽回产量损失 10%，防止外检对象引进，接近国际先进水平。

（4）热带水果病虫：重点研究杧果炭疽病、白粉病、扁喙叶蝉、果实蝇、脊胸天牛、钻蛀螟虫、香蕉束顶病、花叶心腐病、褐缘灰斑病等病虫的综合治理和预测预报技术。到 2000 年要求提出这些病虫的综合治理技术，防治效果在 70% 以上，推广面积 30% 左右，挽回产量损失 25% 以上，使我国热带果树病虫防治接近世界先进水平。

（5）热带蔬菜病虫：重点研究反季节瓜菜枯萎病、霜霉病、炭疽病、瓜螟、小菜蛾、蚜虫、蓟马等病虫的综合治理和预测预报技术。到 2000 年提出这些病虫无公害的综合治理技术，防治效果在 70% 以上，推广面积 30% 左右，挽回产量损失 25% 以上，使我国热带果树病虫防治接近世界先进水平。

到 2010 年，应开展区域性的多作物多病虫的系统管理和系统模型的研究，并获得较大的进展，使主要热带农业病虫得到了经济有效的控制，获得更大的社会、经济、生态效益。

5　"九五"期间的热带农业病虫重点研究课题

5.1　橡胶病害综合治理研究

（1）橡胶病害系统研究。研究橡胶病害系统组分之间的相互关联，为进行生态治理提供依据。

（2）主要病害（白粉病、炭疽病、根病、褐皮病、条溃疡病）为害损失估计，为确定经济阈值提供基本依据。

（3）主要病害综合治理措施研究，提出以作物为单位的综合协调的病害治理措施。

（4）主要病害预测方法研究，研究炭疽病、褐皮病、根病的预测方法，初步提出预测指标，继续研究白粉病系统模型，提出系统模型供生产试用。

5.2 水稻病虫系统管理研究

（1）水稻病虫生态系研究，研究水稻病虫生态系组分之间的相互关系，为生态防治提供依据。

（2）水稻对主要病虫抗性遗传和基因分析，为应用现代生物基因工程技术提供依据。

（3）多抗性和持久抗性选育种，选育出几个多抗性高产品种。

（4）生物防治因子的调查、利用及生物防治技术研究，生物防治制剂工厂化生产技术研究，为生物防治提供基础。

（5）系统管理模型研究，建立水稻病虫系统管理模型，进行病虫预测和系统管理。

5.3 热带果树病虫综合治理研究

（1）杧果主要病虫生物学、流行、预测及综合治理研究，提出杧果重要病虫预测及综合治理方法。

（2）香蕉主要病害发生规律，预防预报及综合治理研究，提出香蕉主要病害综合治理方法。

5.4 反季节瓜菜病虫综合治理研究

（1）主要瓜菜病害无公害综合治理技术研究。

（2）主要瓜菜害虫无公害综合治理技术研究。

5.5 热带农业病虫区系调查研究

着重调查研究热带农业作物病虫的种类、分布及为害性，明确主要病虫。

5.6 热带农业检疫对象病虫快速诊断和处理技术研究

着重研究椰子致死性黄化病、败生病、红环腐病，可可肿枝病的快速诊断技术。

6 主要措施

（1）贯彻"稳住一头、放开一片"的方针，稳住热带农业植保重点研究任务，有关机构和人员，把上述课题列入国家科研计划，增加科研经费的投入，配备现代先进设备，改善科技人员待遇，使科技人员专心从事研究工作。同时，放开放活大量开发研究机构，举办植物医院或其他科技实体，促进科研成果的推广与转化。

（2）稳定和吸引科技人员，加强科技队伍建设，热带农业科研机构多在老、少、边、穷地区，工作与生活条件较差，科技队伍不稳定，人员外流严重，急需采取措施，制订优惠政策，稳住现有科技队伍，并广泛吸引科技人员投入热带农业植保事业。

（3）加强科技协作，明确分工，组织攻关。

（4）广泛开展国内外学术交流，合作研究，提高热带农业植保科技水平。

原载于农业部编 *1995—2000 年热带农业发展战略*，1994：20-31

中国热带作物病害研究概况

余卓桐

[摘要]　本文概述我国热带作物病害的研究进展，包括橡胶病害、胡椒病害、咖啡病害、剑麻病害、热带水果（杧果、香蕉、油梨）病害、油棕病害、香料（香芳、香草兰）、南药（槟榔、益智、白豆蔻、丁香、巴戟、砂仁、肉桂、降香、檀香、藿香等）病害的种类及这些热带作物主要病害的发生流行规律、预测预报、综合防治的研究成果，并提出了热带作物病害研究的问题和今后的方向。

我国的热带和热带地区，主要为海南、广东、广西、云南、福建南部。1950年后，开始发展热带作物。目前我国已种植橡胶、椰子、胡椒、咖啡、剑麻、油棕、可可、杧果、油梨、腰果、西番莲、南药（益智、砂仁、槟榔）等热带作物1 000多万亩。其中橡胶种植面积最大，达600多万亩。我国的热带作物的发展，也同其他热带国家一样，遭到多种严重病害的为害。1959年海南首先暴发橡胶白粉病（*Oialium heuea*）大流行，许多胶树因病落叶2~3次，使干胶减产50%，损失1亿多元。1970年和1971年橡胶条溃疡病（*Phytophthora palmivora*）分别在海南、云南大面积流行，造成数百万株胶树割面溃烂，分别占该地区当年开割胶树总数的12%和15%，60年代中期发展胡椒，胡椒瘟（*P. palaucp*）和细菌性叶斑病（*Xanthomonas* sp.）大流行，使许多胡椒园全军覆灭。20世纪80年代中期，海南的香蕉遭受叶斑病（*Cercospora*）的为害，几乎摧毁了新发展的蕉园。

面对热带作物病害的严重威胁，我国热带作物科研和生产部门，及时开展了研究。30多年来，笔者先后对橡胶病害、胡椒病害、咖啡病害、剑麻病害、油棕病害、热带水果病害、香料作物、南药病害的种类及其中较重要的病害的病原、侵染循环、发生流行规律、预测预报、防治方法进行了较深入的研究，取得了显著的进展，并在生产上推广了多种病害的防治方法，取得了良好的效果，为我国热带作物发展做出了贡献。

1　研究进展

1.1　橡胶病害种类

1976—1980年，华南热作研究院和学院，与华南四省（区）农垦局及有关农场合作，对我国热带地区的橡胶、胡椒、椰子、油棕、剑麻、咖啡、可可、腰果、杧果、茶树、柑橘、甘蔗、油梨、凤梨、金鸡纳、木瓜、香茅等各种作物病害做了调查鉴定。发现这些作物病害共有350种，其中橡胶病害65种，胡椒病害26种，椰子病害9种，油棕病害7种，剑麻病害33种，咖啡病害17种，可可病害5种，腰果病害6种，杧果病害21种，茶树病害43种，柑橘病害46种，其他甘蔗、油梨、凤梨、金鸡纳、木瓜、香茅等 14 种作物有 93 种病害。其中真菌病害 246 种（占总数 20.3%）、细菌病害 7 种（占 2%），病毒和类菌原体病害类病毒病害 7 种（占 2%），线虫病害 5 种（占 1.43%），藻类病害 12 种（占 3.43%），寄生植物 15 种，生理病害 14 种，病原待定的 12 种。明确了这些作物的主要病害，各种病害的分布、为害性，肯定了一些国外严重的检疫性病害，如橡胶南美叶疫病、可可肿枝病、咖啡南美叶斑病、油棕苗疫病、萎蔫病、椰子败生病、红环腐病、致死性黄化病等尚未在我国分布。不但基本摸清了我国热带作物的病害情况，而且为热作病害的研究，防治和检疫打下了基础。

1.2　橡胶病害

这是 30 多年的研究重点。经多年的调查研究，确定我国橡胶的主要病害有白粉病、条溃疡病、根病、炭疽病、褐皮病、黑团孢叶斑病、麻点病、季风性落叶病等 8 种。

1.2.1　白粉病（*Oidium hevea*）

这是我国橡胶树的严重病害，华南五省（区）均有发生和流行，流行频率 30% 以上，有些地区则年年流行。1954 年开始，对其病原生物学、流行规律、预测预报、防治措施进行了深入的研究，取得了较大的进展。病原生物学和流行规律的研究，摸清了流行条件，明确了冬春温度是此病流行的主导因素。1 月平均温度 17℃ 以上，春天嫩叶期出现持续低温（12~18℃）阴雨或气候温和，平均温度 15~23℃，则病害流行。冬冷，1 月平均温度在 15℃ 以下，或嫩叶期出现持续 6 天以上的高温，平均温度 28℃ 以上，则病害轻微。根据华南五省历年白粉病的流行情况，划分了 3 个流行区；常发区、易发区、偶发区。并据多年系统观察，明确了流行过程。这些研究，为开展预测预报和制订防治策略提供了理论基础。预测预报的研究，发现了病害在抽叶过程出现迟早与病害最终严重度高度相关的规律和不同天气、物候情况下的病害流行速度，据此建立了总发病率预测法，在生产上推广，使防治次数从每年 4 次减少 1~2 次，取得了节省防治成本 30%~50%，提高防治效果 20% 的良好效果。80 年代以后，根据流行规律的研究成果，在大量筛选预测因子的基础上，组建了中短期预测模式，并在生产上大面积推广应用，准确率在 80% 以上，把我国橡胶白粉病的预测预报，从定性向定量预报推进了一步。防治措施的研究，研究了越冬防治、消灭中心病株，流行期以测报指导防治，后抽植株防治等防治对策，和以总指数、发病率的水平为主要标准的防治指标，在生产上应用，大大提高了防治效果，现已成为生产上控制白粉病的主要措施。1984 年后，华南热作研究院根据多年病害流行、测报、为害损失、防治的研究成果，提出了根据经济阈值确定防治决策，以测报指导化学防治，以防治指标决定防治适期，利用品系抗（避）病性和不宜发病天气减少化学防治等综合治理措施，在华南五省（区）胶区 150 多万亩应用，防治效果提高 12.4%，防治成本降低 15.6%，经济效益提高 33.1%。共获 1 300 多万元的经济效益。此外，在农药筛选和施药机具的研制上也有较大的进展。高效低毒农药粉锈宁油剂的选出和研制、地面高射程喷粉、喷雾机的研制和推广、航空微量喷雾、热雾技术的应用是这些研究中较突出的成果。

1.2.2　割面条溃疡病

此病也是橡胶树的一种严重病害，在海南、云南曾造成过很大的为害。1963 年开始设题研究，在病原菌鉴定、发生流行规律、防治方法等方面取得了进展，病原菌种型研究发现，我国橡胶疫霉有 5 种疫霉：柑橘褐腐疫霉（*Phytophthora citrophthora*）、辣椒疫霉（*P. eapsiei*）、密氏疫霉（*P. meaclii*）、寄生疫霉（*P. Parasitica*）和棕榈疫霉（*P. palmivora*）。其中以柑橘褐腐疫霉为主；密氏疫霉和寄生疫霉在中国橡胶树上是首次报道。此病有多种侵染来源（土壤带菌、树上的老病灶、胶果、叶片感染由雨水传至割面等）。在低温阴雨树身潮湿的情况下割胶是诱发此病的主要条件。据此提出了加强林段抚育管理（砍除杂草和下垂枝）、疏通林带，保持林段通风透光，做好冬季防病安全割胶（一浅四不割、转高线割和安装防雨帽等），及时开展化学防治等综合治理措施，1981 年后在云南进行大面积的综合治理开发研究，取得了减少化学防治，提高防效和经济效益的显著效果，现已在生产上广泛应用。为了寻找有机汞的代替农药，先后选出了敌菌丹、乙磷铝、瑞毒霉等有效农药。80 年代中期研制的缓释剂，对延长农药的有效期，减少施药次数、节省用药用工有较大的作用。在割面上施用乙烯利能诱发橡胶树对条溃疡的抗性，这是一个发现，在理论上和实践上有一定的意义。

1.2.3　根病

我国的橡胶根病，主要为红根病、褐根病、紫根病。黑纹根病、臭根病也有少量发生。1984 年在海南东太农场发现白根病，现已清除。1963 年开始系统研究，在主要根病的地上部诊断、寄主范围，侵染来源，发生条件、传播方法和防治措施等方面取得了进展。70 年代中期以后引进和利用十三吗啉根颈保护剂防治红、褐根病在生产上推广，取得了良好的防效。近年还研究利用淋灌法施用十三吗啉防治这些根病，也取得较好的效果。为了寻找简易消灭侵染来源的方法。开展了毒树剂试验。选出了 2,4-D 丁酯、毒莠定、百草枯等有效农药，毒树方法简易，效果快速，彻底，比人工或机械毒树大大节省成本和用工，现已推广应用。

1.2.4　褐皮病

是开割胶树的严重病害，发生率 10% 左右。造成 1 000 多万胶树树皮干枯不能割胶，严重降低橡胶产量。过去国内外一直认为是一种生理病害。80 年代以后，根据电镜检查病部有类原核生物存在，病树对抗菌素的反应和近年的传病试验结果，认为此病是由类立克次氏体侵染所引起。近年试验应用一种抗菌素保 01 防治褐皮病，发现此药可控制病斑的扩展，并且橡胶树增产 5% 左右。现已推广应用，这项研究，在国内外同类研究中占领先地位。

1.2.5　炭疽病（*Colletotrichum gloeosporiodes* Penz）

是我国局部胶区的严重病害，在华南五省（区）局部地区发生，1972 年开始研究。在病原学、病原生物学、流行规律、化学防治上取得一定的进展。我国的橡胶炭疽病主要种型是 *C. gloeosporiodes* Penz。种植感病品系、连续降雨、高湿是此病流行的主要条件。感病品系在抽芽至嫩叶期连续出现 3 天以上的阴雨，90% 以上相对湿度的高湿天气，则病害发展。据此，提出了施药期的短期预测方法。化学农药筛选，选出了百菌清、多菌灵、代森锌、trifuncit、拌种灵、福美双胶悬剂防治此病，获得良好的效果。

橡胶病害的研究，除了上述几个主要病害外，还有研究人员针对麻点病（*Helmimphosporium hevea*）、季风性落叶病（*Phytophthora palmivora*）做过短期的研究，这里不做详述。

1.3 胡椒病害

多年调查研究确定，我国的主要胡椒病害有胡椒瘟病、细菌性叶斑病、胡椒花叶病（TMV）、线虫病，近年在海南发现黄萎病，病因及防治方法正在研究。

1.3.1 胡椒瘟病

是胡椒生产上最严重的病害。1964 年开始研究，在病原学、流行规律、综合防治等方面取得了进展。我国胡椒瘟病主要的病原菌种型是，*P. palmivora* MF4。其主要侵染来源是带菌的土壤、病（死）植株的残屑及其他寄主植物。病原菌通过流水风及人畜传播。降雨，特别是台风雨是病害流行的主要条件。70 年代中期以后，提出了以制"水"为中心的综合防治方法应用农业防治（选地、种无病苗，排水，隔离）化学农药（1%波尔多液、乙磷铝、瑞毒霉），进行大面积防治试验，取得良好的防治效果。此法已在生产上推广应用。

1.3.2 细菌性叶斑病

是胡椒生产中的一个严重病害。1965 年开始研究确定的其病原物是 *X. betlicola pateletat* 所引起。提出了农业防治（选用无病苗、选择地、缩小椒园）、田间卫生、化学防治（1%波尔多液，乙磷铝）等综合防治措施，并在生产上试用，获得较好的防治效果。

1.3.3 胡椒花叶病

已鉴定其病害原物为 TMV，并确定其传毒蚜虫，提出了加强检疫，选用无病种苗、防治蚜虫、田间卫生防治措施。

1.3.4 胡椒黄萎病

此病是近年发生的病害。目前正研究其病原及防治方法。初步认为此病与 fusarium 和线虫有关。笔者用 300 倍复方低聚糖素混合液淋灌 2 次，获得 80%的防治效果。

1.4 咖啡病害

我国的咖啡主要病害有咖啡锈病、炭疽病、褐斑病、立枯病、细菌性叶斑病、枝枯病等。咖啡病害的研究，虽然在 20 世纪 50 年代已开始，但中断了很长一段时间，直到 1985 年才恢复研究。主要研究咖啡锈病，对其病原生理小种、品种抗病性、流行规律及防治措施做了研究，取得一定的进展。近年引进鉴定出一些抗病品种如 Catimors、S 288、arabusta。应用复方波尔多液防治咖啡锈病，具有防治和增产的效果。

1.5 剑麻病害

主要有斑马纹病（*Plytophthora nicotianae*），近年出现一种新的茎基腐病，已确定的是 *Aspergerlus* sp. 所引起的霉腐病。斑马纹病是剑麻的严重病害。1974 年后在病原学、流行规律、综合防治等方面进行了研究，确定此病的病原菌种是烟草疫霉（*Phytophthora nicotianae* Breola de Haan）。新麻田的初侵染来源是带病的种苗和附近的其他寄主植物；老麻田则以带菌土壤和病残物为主。病菌主要通过流水和雨溅传播，雨水多而集中的年份有利于病害流行。地势低洼、雨季定植、割叶、中耕除草、偏施氮肥都有利病害发生。品种中以东一号最感病，马盖麻中度感病，而番麻抗病性最强。已选择出敌克多、敌菌丹、乙磷铝等有效农药，并提出做好麻田排水、使用无病种苗、合理施肥、适时割叶、田间卫生、及时喷洒农药等综合防治措施在生产上推广，收到较好的防治效果。

1.6 热带水果病害

热带水果种类繁多，80年代对我国的主要热带水果杧果和香蕉病害做了研究，据笔者调查鉴定，我国杧果病害有24种，包括真菌病害22种，细菌病害1种，藻类病害1种，其中炭疽病、白粉病、细菌性叶斑病、流胶病、蒂腐病、幼苗立枯病、立枯病、煤烟病为主要病害。近年对炭疽病的流行规律及化学防治做了研究，发现此病的流行决定于杧果抽叶和开花结果期的降雨和气温条件，一周内降雨3天以上，平均温度16℃以上，则病害迅速发展。干旱和低温（14℃以下）是病害发展的限制因素。多种化学农药测定。发现复方 Trifuncit 百菌清和多菌灵有较好的防治效果。杧果存在着多种真菌的潜伏侵染，主要为 *Colletrichum* sp. 和 *Diplodia* sp. 80年代中期后开展的杧果防腐保鲜研究，用热水（54℃）或敌克多等药的热药液（52℃）浸泡杧果10min，可保鲜25~40天，腐果率减少80%以上，防效76%~96.8%。

近几年对香蕉病害做过一些研究，基本摸清海南香蕉病害的种类，并对褐缘灰斑病（*Cercospora music* Zimm）的发生规律和化学防治做了较多的研究，选出了灭菌灵等有效农药。1990年后发现枯萎病在原来抗病的香蕉品种上发生，经鉴定是其病原菌4号生理小种所致。近年病情日趋严重，已开展抗病品种选育和化学防治的研究。

1.7 油棕病害

油棕病害有7种，都是真菌病害；未发现有严重的侵染性病害。1960年海南油棕发生大量果腐现象，经研究确定为生理性病害，是由于水肥不足和授粉不良所致。

1.8 香料作物病害

我国热带地区的香料作物，主要为香茅和香草兰。由于香草兰近年才有发展，对其病害问题未做详细研究。目前发现有炭疽病（*Glomerella vanillae*）和茎基腐病（*Fusaria* sp.）两种主要病害。香茅主要有叶枯病。50年代末到60年代初做过研究，在病原学、流行规律、防治措施等方面取得了进展。确定其病原菌是弯胞霉菌（*Cuvularia andiopgoni*）所引起，提出了适时割叶、田间卫生，化学防治等综合防治措施。

1.9 南药病害

我国南药的种类很多，主要有槟榔、益智、白豆蔻、丁香、巴戟、砂仁、肉桂、降香和檀香等10种。近年对南药病害做了调查和病原物鉴定，发现上述南药有42种病害。其中益智、白兰蔻立枯病（*Rhizoclonia solani* Kichn）、益智轮纹叶枯病（*Pestalotia palmarum* Cooke）、槟榔细菌性叶斑病（*Xanthomones* sp.）、炭疽病（*Colletotrichum ghoosporioles* Penz）、幼苗枯萎病（*Macophoma abensis* Hara）、白豆蔻猝倒病（*Pythium utltincm* Jkow）、白豆蔻、藿香青枯病（*Pseudononas solanacearum* E. F. Smith）等病害为害最严重。近年对槟榔细菌性叶斑的病原来菌做了鉴定，认为是 *Xanthomonas* sp. 所引起。80年代中期，槟榔普遍发生黄化，调查表明是生理性问题，是由于缺肥所引起。

2 讨论

（1）30多年来，我国的热带作物病害研究是有成绩的。不但摸清了热带作物病害的种类，而且对生产上出现的严重病害问题进行了系统深入的研究，鉴定了多种病害的病原物，摸清了发生流行规律，提出了病害预测方法和有效的综合防治措施，控制了病害的流行，取得了良好的防病增产和节支的效果。这些成果，既是生产部门辛勤劳动的成果，也是科研部门深入生产、深入实际开展科学试验的成果。

（2）热带作物病害的研究，虽然取得了较大的成绩，在某些方面达到甚至超过国外同类研究的水平，但存在不少问题，无论在研究的广度方面或是深度方面，同先进国家相比都有一定的差距。如研究范围较窄，主要的力量是研究橡胶病害，而对其他作物病害研究较少；综合治理的研究水平较低，还未开展一种作物病害或多种作物病害的系统管理；抗病选育种的研究尚未开展，基础理论研究薄弱，影响了开创性应用研究的发展等，这些问题目前已引起有关部门的注意，相信在不远的将来，热带作物的病害的研究，会有较大的发展。

（3）随着我国开放改革势的发展，热带作物已出现大发展的形势，热带作物病害问题，已是多种热带作物发展的障碍，解决热带作物病害问题，是我们刻不容缓的任务。我们要在原有基础上扩大研究范围，广泛开展对热带作物，特别是新发展的热带作物病害的研究。在研究工作中，要掌握研究方向，重点解决病害的综合治理及其基础理论问题。

本文选自 *海峡两岸植物病理学术交流会论文集*，1992：146-147

第三部分

有关植物病害诊断、流行预测及综合治理简介与评述

植物病害诊断方法简介

余卓桐

1　基本诊断过程

对于一种以前从不了解的传染性病害，其基本诊断过程是按照 Koeks 法则进行的，即在病株上分离出病原菌，再将病原菌接种到出现这种病害的品种寄主上，产生同样症状的病害，并且从这些病株中再分离，得到同样的病原菌。经过上述步骤，并证明所做的是确实无误，就可以肯定分离菌是这种病害的病原菌。

若是一种老病，或别人已做过鉴定的病害，凭自己的经验，或观看症状是否与书上所描述一致，一般都可以诊断了，若有相似的病害不易分清，则要在显微镜下观察病原菌。有些病害在某种条件下不产孢子，需要诱发。最普通的诱发方法是将病组织放在培养皿保湿，并给予适当的温度下培养，几天内可产生孢子。如果观察到的孢子与书上描述的一致，即可肯定为某种病害。对于这种病害，诊断至此算是完成了。不必按照 Kocks 过程全做。

有些病组织污染多种次生菌或附生菌，观察孢子不能肯定属何种病害，病害的诊断需要做进一步的工作——病原分离。分离菌如为以前曾经报道过的病原菌，而且症状也相同，即可确诊。若分离菌为未报道过，症状也与报道过的不同，则需按 Kosks 法则进行诊断。

2　真菌分离方法

2.1.1　培养皿、试管、吸管等器皿消毒

（1）用烘箱 150~160℃ 干热消毒 1h 以上；

（2）在重铬酸钾—硫酸液（洗液），或 1：1 000 氯化汞，5% 福尔马林，95% 乙醇浸 1min，然后用无菌水洗 3 次。

2.1.2　培养基的制作

一般用马铃薯—葡萄糖—琼脂培养基（PDA）培养分离真菌，少数真菌需用选择性培养基。PDA 的配方为马铃薯 20%，葡萄糖 1%，琼脂 1%~2%，水 1L。培养基配制后放入三角瓶或试管，在高压消毒锅中消毒。高压消毒锅达到 15 磅（120℃）后 20min 即消毒完毕。取出培养基倒入消过毒的培养皿中，冷却后即可使用。

2.2.3　分离方法

（1）从叶片分离病原方法：在病斑边缘，剪下病健交界的一小块组织（5~10mm），放入表面消毒液中，一定要使组织表面为消毒药液所润湿，故有时先将分离的组织先放入 70% 酒精中浸一下，目前常用的表面消毒药有：5.75% 次氯酸钠（1 份

clorox 加 9 份水），消毒时间为 30s 至 5min，95%乙醇，消毒时间 3s，氯化汞 1∶1 000，消毒时间 15~60s，也有将 1∶1 000 氯化汞配入 50%酒精中，叶片组织放在消毒液中可隔不同时间取出，以测定表面消毒的最适时间。组织消毒后可放在消毒纸上吸干，或在灭菌水中洗 3 次，然后放在有 PDA 的培养皿中培养。每皿放 5 片。

菌丝长出后，即移至新的培养基上培养。每个分离菌移入一个培养皿中。

（2）从茎、果分离病原菌的方法：基本与上述步骤相同。但在许多情况下，不必进行表面消毒。将茎、果从健部撕开，再撕去一些健康组织，使达病部边缘，然后用消毒的摄子或解剖刀取一小块病健交界的内部组织，立即放到培养皿中的培养基上。

3　病害诊断学研究进展

目前世界上虽然仍以观察症状，分离病原为主要的植物病害诊断方法；随着人类医学诊断学生物化学的进展，各种先进仪器的创制，使植物病害诊断学有了一些进展，下面简单介绍几种方法：

（1）血清诊断学：是鉴别病毒的最好的方法。目前也有用于细菌和个别真菌病害，根据抗原和抗体反应的专化性，可以直接诊断植物病害。

（2）氨肽酶测定法：有些病原菌，特别是能游动的植物病原真菌和细菌，能分泌专门的氨肽酶。测定病组织的氨肽酶种类和含量，可诊断植物病害。

（3）电泳法：用来测定蛋白质核酸，免疫电泳法更有专化性，可速测多种糖类，有助植病诊断。

（4）电镜素描法：特别的寄主与病原菌之间，在侵染过程中形成特别的超微结构。根据电镜素描的结果，可以诊断植物病害。

（5）气相色谱法：用于诊断仓库病害。测定果蔬仓库中乙烯等挥发性气体，可预示果蔬腐烂病的发生。

（6）生物发光测定法：虫荧光素酶是一种酶，在产生 ATP 时发光。如果用虫荧光素酶处理组织切片后发光，即可肯定有某种病原菌。

本文为 1984 年中国热科院植保所开办的 "植物保护科技新进展" 讲习班专题报告

植物病害流行学概要[*]

余卓桐

20 世纪 60 年代以前，人们对植物病害流行学的研究，是用分散定性的方法，那时，根据病情的观察，单因素地分析其与病害的关系，然后从定性的角度描述出流行规律。这种方法分析的结果往往是片面的，经验性的，利用这种结果做预测，也属经验的、定性的预测。

1963 年 Van der Plank 发表了 "Plant diseasc：Epidemics and Control"，提出了植物病害流行学和防治策略的数理分析方法，把植物病害流行学从定性分析推向定量阶段。他着重分析植物病害的流行速度，以了解病害流行过程的时间动态。他认为流行速度是寄主、病原、环境条件相互关系的集中表现，是流行学研究的中心问题。他提出了计算流行速度的模型，并用以分析防治策略。

60 年代就有学者对病害特别是孢子在空间的变化规律进行了研究，并利用空中粒子运动的物理学公式分析孢子在空间的运动规律。70 年代以来，对病害传播的距离、速度、侵染梯度等，许多学者都提出了数学模型。现就有关植物病害流行的时间动态和空间动态，综合介绍现代植病流行学的一些主要研究成果。

1　植物病害流行学基本概念

1.1　植物病害流行学的定义

Van der Plank 把植物病害流行学称为植物病害在植物群体中的科学。他强调，这是一种群体的现象。

Zadoks（1979）认为植物病害流行学是讨论寄主—病原物在环境和人类的影响下相互作用的科学。他对流行学这种提法，把原来病害流行三大因素，即病原、寄主、环境增为 4 个因素，把人的影响作为植物病害流行的一个重要成分。

近来还有学者把时间、空间也提出来考虑。把时间作为病害流行的第四个因素，认为任何一个病害的流行，没有一定的时间与空间是不可能的。不能设想，一种病害会在几个小时内暴发流行；也不能设想，在几平方米面积上的作物严重发病就是群体的病害流行，会招致很大的经济损失。

1.2　现代流行学的一些名词

（1）侵染几率：病原物的一个传播体，着落于寄主表面后，在一定条件下得以侵染成功，引致发病的几率（或概率）。

（2）接种体势能：是菌量、生活力、致病性和环境条件的综合量。

---

[*] 本文主要参考曾士迈《植物病害流行学》. 1983.

（3）病害日传染率＝子代病点数／亲代病点数／日。

（4）单年流行病：一个生长季内，只要条件适合，就能发生流行的病害。

（5）积年流行病：需几年才能完成菌量累积过程的流行病。

（6）多循环病害（相当于复利病害）：一个生长季节内有多次再侵染的病害。

（7）单循环病害（相当于单利病害）：一个生长季节只侵染一次，无再侵染的病害。

（8）表面侵染速度（r 值）：单位时间内所增病害数量相当于原有病害数量的比率。

（9）侵染梯度（又称病害梯度）自菌源中心向一定方向一定距离新生的病害分布的梯度。

2 病害流行类型和结构

2.1 病害流行类型

根据病害流行的菌量积累过程所需的时间，将病害分为两大类。凡在一个生长季中，只要条件合适，就能完成数量积累过程，造成流行的，叫单年流行病害。Van der Plank 把这类病害称为复利病害。这种病害的菌量积累过程类似在银行的复利存款，一定时间得到的利息，加到资本中，在以后的时间中又会得到利息，新的利息又获新利。这种利息称为复利。复利病害发展，类似复利的增加，故称复利病害。Zadok（1979）则把这种病害称为多循环病害。即在一年中有数次的病害循环，这类病害的特点是再侵染频率高，潜育期短。一个生长季中可繁殖 3 代，4 代以至更多世代数，病原物繁殖率高。

另一类流行病称为积年流行病，需要连续几年才能完成菌量积累过程，发生病害流行。这类病害大体相当于 Van der Plank（1963）的单利病害。或 Zadok（1979）的单循环病害。这类病害的特点是无再侵染，或虽有再侵染但代数很少，潜育期长。一般为系统性或全株性病害。

2.2 流行结构的分析

流行结构是指初始菌量、流行速度和流行时间三者以何种数量结合而导致流行的。而同等的流行程度可以由不同的结构而实现。三者以不同数量结合，就形成多种多样的流行结构，一般说可有如下各种：

（1）高速度、低菌量、中—长时间；

（2）低速度、高菌量、中—长时间；

（3）高速度、高菌量、中—长时间；

（4）低速度、低菌量、中—长时间。

3 流行阶段的划分

过去通常把流行过程分为始发期、盛发期和衰退期 3 个阶段，这是从定性的意义上划分的。但从定量分析看，各期之间的分界点则不确定。从数理分析看，可以分为如下 3 期：

3.1　指数增长期

又称对数增长期，这是流行前期（或始发期）。从开始发展的微量病情到病情普遍率达 0.05 为止。Van der Plank（163）提出普遍率 0.05 作为此阶段的结束期。认为病害普遍率 0.05 以前，病害是按指数的方式增长，而 0.05 以后，则病害自我抑制作用增大，进入另一个病害发展阶段。

在指数增长期间，病情增长的绝对数量很小，但增长速率却很大，是流行全程中增长速度最快的时期。

3.2　逻辑斯蒂期或流行中期

按照 Van der Plank，从病情普遍率 0.05～0.95 的期间为逻辑斯蒂期（Logistic phase）。Zadoks（1979）则把这个时期定为 0.05～0.5 期间，在实际应用上，则以前者较方便，因为病害普遍率达 0.95 以上，自我抑制作用很强，病情增长渐趋停止。

在逻辑斯蒂期间，病情增长是绝对数量和幅度最大，实际上病情增长的速度已开始下降。

3.3　衰退期或称流行末期

此时由于寄主发病接近饱和，或寄主成株抗性提高，或气候条件再不适于发病，病情增长趋于停止。

在上述 3 个阶段中，指数增长期占时日最大，也是最关键的一期，不论预测预报，喷药防治或是栽培防病，流行规律的分析研究，都应抓住指数生长期。

4　流行曲线类型

如果定期（每日或隔数日）系统调查田间病害发生率，把病情数据绘成随时间而变化的曲线，便得到病害的季节流行曲线。不同病害，或同一病害在不同条件下，可有不同形式的季节流行曲线。

4.1　"S"形曲线

一年（一季）中病害中有一个高峰。如果病害发展到最后能够达到饱和，而且寄主群体不再生长，则流行曲线呈曲线形的 "S" 形曲线，如马铃薯晚疫病，小麦锈病等。

4.2　单峰曲线

同为上述病害，如果后期或由于寄主成株抗病性增强，或由于气候条件变为不利病害发展，而寄主却仍在继续生长，则新生枝叶发病轻微或甚至无病。这种病害的曲线则呈马鞍形的单峰曲线，如橡胶白粉病。

4.3　多峰曲线

有些病害一年（季）中可有数次的发展和下降，其年度（或生长季）的曲线就形成多峰曲线。例如橡胶条溃疡病在云南有两个高峰，稻瘟病在南方可能出现苗瘟、叶瘟、颈节瘟等 3 个高峰。病害多次高峰的出现与作物感病期或适宜病害发展的天气多次出现有关。

上述三种流行阶段的划分是以这些类型曲线为依据的。

为了便于分析，往往把流行曲线直线化，通常的方法是将病情换成机率值或对数值绘图。或纵坐标用逻辑斯蒂值分格，或将病害百分率转换为逻值 $\left(x \rightarrow \ln \dfrac{x}{1-x}\right)$ 后再用普通坐标纸作图。

5 植物病害的时间动态

研究植物病害的时间动态，主要是研究病害流行速度及其变化规律，病害流行的预测，损失估计及防治决策等都需要以流行速度的研究为基础。

5.1 流行速度的数学模型

Van der Plank（1963）首先用表面侵染速率（r 值）来表示病害的流行速度。如上所述，它是病害的"日增长率"。例如原有病害发病率为 0.1，一日后发展为 0.12，新增病害数量为 0.12−0.1=0.02，相当于原有病害数量的 0.02/0.10=0.20，因而病害的日增长率为 0.20。这就是 r 值。Van der Plank 根据 Verhulst（1840）提出的逻辑斯蒂模型（Logistic model）导出 r 值的计算模式。

$$r = \frac{1}{t_2 - t_1}\left(\ln \frac{x_2}{1-x_2} - \ln \frac{x_1}{1-x_1}\right) \tag{1}$$

t_1 =前次观察时间；

t_2 =本次观察时间；

$x_1 = t_1$ 时的病情，$x_2 = t_2$ 时的病情。

$\ln \dfrac{x}{1-x} = x$ 的逻辑值。可以从专门的附表中查出。

例如：橡胶白粉病 3 月 1 日时田间的普遍率为 0.01，3 月 10 日普遍率为 0.05，求 r 值。

$$r = \frac{1}{10}\ \left(\ln \frac{0.05}{1-0.05} - \ln \frac{0.01}{1-0.01}\right)$$

$$= \frac{1}{10}\ \left[-2.94 - (-4.59)\right]$$

$$= \frac{1}{10} \times 1.65$$

$$= 0.165$$

用常用对数的公式为：

$$r = \frac{2.3}{t_2 - t_1}\log_{10}\frac{x_2\ (1-x_1)}{x_1\ (1-x_2)}$$

用上述数据代入上式得

$$r = \frac{2.3}{10}\log_{10}\frac{0.05\ (1-0.01)}{0.01\ (1-0.05)}$$

$$= 0.23\log_{10}\frac{0.04995}{0.0095}$$

$$= 0.165$$

5. 2　流行过程数据分析在病害防治研究上的应用

Van der Plank（1963）认为病害在任何一个时间的病害数量，为侵染源的接种体数量及其后之流行速度所决定。其数学模型为：

$$X = X_0^{e^n} \qquad\qquad (2)$$

$X = t$ 时的发病率；

$X_0 =$ 为接种体数量；

$r =$ 为流行速度；

$e = 2.718$。

从（3）式可以看出，降低病害流行强度可用3种方法：

（1）减少初菌量 X_0；

（2）降低流行速度 r；

（3）缩短发病时间 t。

对于流行速度高的病害，主要的防治策略是降低流行速度 r；对流行速度低或无再侵染的病害则减少初侵染源作用最大。降低 r 值能推迟流行高峰的到来，其推迟的日数可用下式推算：

$$\triangle t = \frac{1}{r} \ln \frac{X_o}{X_{os}} = \frac{2.3}{r} \lg \frac{X_o}{X_{os}}$$

例如：越冬菌量为 0.1%，消灭其 90%，$r = 0.25$，求推迟发病天数，代入上式得。

$$\triangle t = \frac{2.3}{0.25} \lg \frac{0.1}{0.01}$$

$$= \frac{2.3}{0.25} \lg 10$$

$$= \frac{2.1}{0.25} = 9 （天）$$

流行高峰期推迟 9 天，在防治上能收到一定的效果。但若当年天气条件很适合发病，流行速度提高，则防治效果降低，如 r 值提高到 0.5 则推迟的天数为：

$$\triangle t = \frac{2.5}{0.5} \lg 10$$

$$= \frac{2.3}{0.5} = 4.6 \, 天$$

推迟 4.6 天效果就不如上者显著。

一种病害的防治策略，应根据病害的发生流行规律来确定。一般说，一次侵染和流行速度慢的病害，应着重减少初侵染来源；多次侵染而流行速度高的病害，以降低流行速度为主。感病期短，并需在感病期配合特别条件才能流行的病害，可用避病的策略。有些病害流行速度虽高，但感病期短，可兼用两种策略，一方面减少菌源，推迟发病，另一方面采用措施降低流行速度。针对病害发生特点，全面考虑防治措施对生态系统各成分的作用选用防治策略和措施，这是病害综合治理的一个基本原则。

目前应用的病害防治措施主要有下述六类：植物检疫、农业防治、抗病选育种、化学防治、生物防治、物理防治。各种防治措施在综合治理上的作用如下（表1）。

表1　一般防治方法及其流行学上的作用

	主要作用
A　避病	
1. 选择种植地区	x_0　r
2. 选择种植地块	x_0　r
3. 选择种植日期	x_0　r
4. 种植无病材料	x_0
5. 改善栽培措施	r
B　杜绝病原	
1. 处理种子或种植材料	x_0
2. 植物检疫	x_0
3. 消灭昆虫介体	x_0　r
C　铲除病原	x_0　r
1. 病原生物防治	x_0
2. 作物轮栽	x_0
3. 消灭和清除感病植物或病部	x_0
a 清除病苗	x_0
b 消灭杂草寄主或交互寄主	x_0
c 卫生措施	x_0
4. 种植苗木热和化学处理	x_0
5. 土壤处理	x_0
D　保护植物	
1. 喷雾喷粉和处理植物繁殖材料以防侵染	x_0
2. 防治病原昆虫介体	r
3. 改变环境条件	r
4. 用弱病毒株接种以防止毒力强株系的侵染	x_0
5. 改变营养条件	r
E　抗病寄主的利用	
1. 选择和培育抗病品种	r
a 垂直抗病性	x_0
b 水平抗病性	r
c 二元抗病性	x_0
d 群体抗病性（多系品系）	r
F　治疗感病植物	x_0
1. 化学治疗	r
2. 热力治疗	x_0

注：x_0=初始菌量；r=流行速度

6　植物病害的空间动态

空间动态的研究重点是病害的传播，病害的传播距离首先因病原各类及其传播方式而异。气传病害传播距离最远，土传病害则很近。昆虫传播病害，主要决定于传病昆虫的移动飞迁能力。种子传播的病害则受人为因素的影响较大。这里主要是讨论气传病害的传播。

气传病害的传播，决定于下述的物理学因素和生物学因素。

（1）病原物传播体的形状、大小、比重以及由上列因素决定的沉降速度。

（2）上升气流动力、水平风、速风时及其他大气乱流等情况。

（3）病原物传播体的数量，其存活能力及对不利环境因素的抵抗力，病原小种的致病性。

（4）寄主植物的数量、分布和密度、品种的感病性。

（5）与侵染有关的环境因素，如温度、湿度等。

6.1　孢子传播的物理学分析

很早就有人用物理学的分析方法来推算孢子能随气流飞散多远，Schrodter（1960）曾用下列公式推算：

$$X = 0.91\frac{Au}{OC^2} \tag{4}$$

X：孢子飞散距离；

A：物质交换值，即由于端流造成的气体质量上下垂直交换的量（g/cm·s）；

u：水平风速；

O：空气密度；

C：孢子沉降速度。

上式可以看出，孢子飞散的距离，与气体质量交换数量，水平风速成正比，而与空气密度、孢子沉降速度成反比。

经计算，在标准的空气密度下，不同垂直水平风速及孢子沉降速度下的孢子飞散距离如表2。

表2　不同风速（U）和孢子沉降速度（C）下孢子飞散距离

A (g/cm·s)	U (m/s)	C (cm/s)	X (km)
10	4	2	7.6
20	4	2	15.2
20	8	2	30.3
20	8	1	121.3

由于真菌孢子的沉降速度因孢子大小而异，因而是按上式，不同大小的孢子可能飞

散的距离就有所不同，表 3 列出不同大小的孢子其可能飞散距离。

表 3　不同大小孢子飞散距离

孢子大小（直径 μm）	沉降速度（cm/s）	飞散距离（km）
小型孢子 5×3	0.035	12 400
中型孢子 14×6	0.188	800
大型孢子 20×16	0.975	16

至于孢子能随上升气流升到的最大高度，Schrodtet（1960）导出下列公式，其最大高度 Z_{max} 为：

$$Z_{max} = 0.227 \times \frac{A}{SC} \tag{5}$$

据此公式可算出不同大小孢子上升最大高度见表 4。

表 4　不同孢子的最大上升高度

孢子大小 长×宽（μm）	沉降速度（cm）	不同的物质交换值下最大飞散高度（km）			
		10	20	50	100
小形孢子 5×3	0.035	541	1 082	2 705	5 410
中形孢子 14×6	0.138	137	274	685	1 370
大形孢子 22×16	0.975	19	38	95	190

6.2　病害的传播

侵染梯度从菌源中心飞散出的孢子落到四周或顺风方向的寄主体表后，如遇适宜的环境，就萌芽、侵入、引起发病，至此，病害的传播便告实现。新生病害的分布一般是在菌源中心处病害密度最大，距离愈远，密度愈小，呈现一定的梯度，这就是侵染梯度。

清泽茂久（1972）的 mac Kenzie（1979）先后提出两种数学模型来拟合侵染梯度。

清泽的数学模型为：

$$X_i = a/d_i^b \tag{6}$$

a：传播发病后菌源中心处的病情或由于传播而产生一个病斑的概率。

X_i：距离为 d_i 处的病情或传播发病的概率。

d_i：距离，菌源中心为 1，$d_i > 1$。

b：梯度系数，决定于病害各类，传播条件（如风速等）一般 $1 < b < 3$。

使用这个模型时，不能命 $d_i = 0$。当 $d_i = 1$ 时，$X_i = a$，符合 a 的定义。d_i 的单位取 cm，dm、m 均可。

Maekerzie 模型为

$$X_i = a \cdot e - bd_i^n \tag{7}$$

亦可写作 $X_i = a \cdot exp \ (-b \cdot d_i^n)$

X_i，a 的意义同上。

b 为梯度系数，$b = 0.1 \sim 3$。

n 为传播模型的决定系数，决定于病害种类，一般 $3 > n > 0$。

d_i 为距离，菌源中心点为 0，$d_i > 0$。

当 $d_i = 0$ 时，$X_i = a$，符合定义。

在传播发病以前，梯度模型并不能直接给出某一距离外的绝对病情。而只能给出各距离处病情的相对比例，如 $a = 100\% = 1$，即以菌源中心处发病密度为标准，可求出距离为 d_i 处的病情相当于 a 的百分之几，到发病以后，如经实查得到 a 值，方可推算出不同距离处的病情数值。

根据实测值，可以通过拟合而测出该实测场合中的 b 值，模型 1 较简单，只要通过回归，求出回归斜率，即为 b 值，模型 2 较为复杂。要从 b 与 n 的多组合中，选出最佳拟合的组合，现以模型 1 为例。

设传播发病后，于不同距离处测出的病情如下：

D_i（距离）	1	2	4	8	16	32	64	128
X_i（病情）	0.46	0.22	0.10	0.06	0.03	0.01	0.004	0.002

试求 b 值。

先取 d_i，X_i 的对数

$\ln d_i$	0	0.69	1.386	2.079	2.77	3.47	4.16	4.85
$\ln X_i$	0	−77	−1.51	−2.3	−2.81	−3.5	−5.5	−6.2

求回归式

$$\ln x_i = -0.668 - 1.125 \ln d_i$$

即 $X_i = exp \ (-0.668) = 0.51$

所以 $a = exp \ (-.668) = 0.51$

$b = 1.125$

在此必须注意，b 为梯度系数，为一个比例数值，其数值大小却依 d 所采取的距离单元的大小而异，距离单位愈小，求得的 b 值也愈小，距离单位愈大，b 值也愈大。

6.3 传播距离和传播速度

（1）一次传播距离和一代传播距离孢子从释放至侵入发病，需一定时间。我们可用这一段时间单元内所引起的病害传播来确定传播距离，叫一次传播距离。

但在实际的病害流行中，传播有可能连日发生，而同一日传播侵入的侵入点，其发病却分布在连续数日之内，为了不改变田间自然情况，还可采用一代传播距离法，这就是从开始观察记载的第一天开始，菌源中心逐日产孢传播，到 $t = 2p$（$p = $ 潜育期）时调查传播距离，这个距离即是一代传播距离。

在实际中，查出最低病情（X_{min}），即可由传播梯度模型导出传播距离 d。

如用梯度模型 $X_i = a / d_i^b$

双方取对数移项得

$$\ln d_i = \frac{1}{b} \ (\ln a - \ln x_i)$$

以 X_{min} 代 X_i，以 D 代 d_i 得：

$$\ln D = \frac{1}{b} \ (\ln a - \ln x_{min})$$

所以 $D = \exp \frac{1}{b} \ (\text{In } a - \ln x_{min})$ （8）

由上式可见，只要已知 a、b，并规定了 X_{min}，即可推求出传播距离 D 来。

（2）传播速度是单位时间内的传播距离。时间单位可以是日、周、月，如果是日，则传播速度等于逐日的一次传播距离的增量。设 RD 为日平均传播速度，Dd_i 为第一天实现的一次传播距离。则

$$RD_d = \frac{1}{n-1} \sum_{i=1}^{i=n-1} (D_{d_i+1} - D_{d_i})$$

$$= \frac{1}{n-1} (D_{dn} - D_{d_i})$$

        （9）

例如：设橡胶白粉病在 3 月 1 日传播距离为 0.7m，3 月 12 日达 4m，则日平均传播速度为：

$$RD = \frac{l}{12-l} \times \ (4-0.7) \ = 0.3\text{m/日}$$

7 病害预测预报

近年，随着数理分析和系统分析在植病上的应用，特别是人工气候模拟和电子计算机的广泛应用，植物病害的预测预报，已从定性的经验预测，向定量的方向发展，取得了明显的进展。

7.1 预测因子的选择

预测因子应根据不同病害的流行规律来确定。一般来说，单年流行病的流行受气象条件影响较大，主要根据气象条件来预测。如稻瘟病、马铃薯晚疫病等。世界著名的马铃薯晚疫病的预测法——标蒙率就是根据气象条件来预测的，其指标为在生长季节中第一次出现连续 48h 内相对湿度≥75%，温度≥10℃时，15~22 天后将出现中心病株。

没有再侵染或再侵染极为次要的病害，受环境影响不大者，可根据越冬菌量来预测。例如棉花黄萎病，Devay（1982）提出如下的回归预测式：

$$y = 1.865 + 2.715x - 0.0204x_2 \ (r = 0.95)$$ （10）

$y = 9$ 月黄萎病病株率；

$x_2 = 5$ 月每克土壤微菌核数量。

有些病害流行速度和程度与菌量、天气关系都很密切，可根据越冬菌量和天气来预测。例如，我国南方小麦赤霉病的流行程度主要决定于越冬菌量和小麦扬花期的雨日。

7.2 预测模型的类型及其研制

目前，预测模型已从定性走向定量，从单纯经验走向数量统计的方法，乃至系统模

拟的方法。

　　预测模型可分两大类：整体模型（即经验模型）和系统模型（即模拟模型）。

　　（1）整体模型自 Van der Plank（1963）应用回归法分析植物病害以后，多元回归法近年已成为建立预测模型的一种重要的方法，特别是电脑普及后，逐步回归法得到了广泛的使用。建立这种模型，需要完整成套、规格一致的成组数据。数据组数愈多，各变量变幅愈大，数据愈准确可靠，则所导出的回归预测式愈可靠。经逐步回归算出之预测式，可按下述准则选择最合适的预测式：①回归显著；②回归方差贡献最大；③预测值标准差合理地小；④自变量易于测定，数据可靠。应用回归模式的主要缺点是适用的时空范围有局限性，同时使用范围不能外延。

　　（2）系统模型制作：系统模型实际上是病害流行系统分析的产物。它比整体模型制作远为繁琐，需要进行一系列的田间监测，人工试验，以及人工气候环境下的多因子试验，取得病害流行各阶段各环境的有关速率、参量，取得病原物、寄主及其相互作用的基础的参数，如病菌发育温度阈值，不同温度或结露时间的萌发率，生长速率或侵染率等，最后组成系统模型。制作出来的系统模型，最初可能准确率较低，但经修订，改进后，最后准确率可以提高。它克服了回归模型的缺陷，可以外延，适合的时空范围很广。目前世界上正大力进行研制系统模型，在实际中应用尚不多。如 Vaggoner（1972）的 EpiMAY 模型，用以预测玉米小斑病。

本文为中国热带作物科学院植保所开办的"植物保护科技新进展"

讲习班专题报告（1984 年）

植物病害预测预报研究概要

余卓桐

植物病害预测是在某种植物病害发生以前或发病过程中，估计以后一定时期内病害发生发展的趋势。1952 年，Miller 对预测预报做出如下定义："预测预报工作包括确定和通知一定范围内的农民，条件非常适合某些病害的发生，如果取某些防治措施，将得到经济的效益。或者另一方面，也有同样的重要性，即所预计的病害的程度，不需花费时间、精力、金钱去进行防治。"

在作物生长季节，相隔一定时间发出病害流行的预报，可以指导季节性的防治策略，做好防治的准备，选择最适宜的防治时机，及时控制病害的发展，减少化学防治次数，提高防治效果，降低防治成本。相反，如果预报病情轻微，可以节省或免去采用防治措施，从而节省大量人力物力。因此，各国植物病理学者越来越重视预测预报的研究。

预测预报的进展，依赖流行学研究的成果。一个测报方案本身就是流行学的一个大规模的试验，通过预报的分析和实践，又丰富了流行学的知识，实际上，预测预报就是定量流行学。

1 植物病害预测预报的分类

因目前在全球未有统一的分类标准，根据各国学者的报道，整理出以下几种分类方法：

（1）根据预测的时间分为长期预测和短期预测 2 种。①长期预测是在病害发生的较长时间以前，对病害发生趋势做出预测。②短期预测是近期内对病害发生的预测。有时，在短期和长期预测之中，还分中期预测。各种作物病害，究竟采用那一种预测方法，要根据病害流行规律来确定，而不是一种预测方法比另一种好。

（2）根据确定预测标准的方法分为经验预测和基础预测方法。这一分类方法下面再详述。

（3）根据预测的标准分为侵染预测和发病预测。

侵染预测，是在几天前预测有利于侵染的气象学和生物学的条件的出现，根据这些条件出现预计侵染的发生。因此，首先要确定那些有利于病菌侵染的生物学和气象学的条件。但是，虽然许多病害对这些条件的要求已经明确，可在实践中要预测这些条件的出现却是很困难的。因此，这种方法利用作预测的因素越少，准确性越高，利用的因素越多，准确性越差。例如一种病害，如果只根据平均温度就能预测侵染的出现，那么，这种预测一定会较准确。但是，如果还要有 ≥90% 相对湿度的时数，就不容易了。因为，甚至在 1~2 天内要预测 ≥90% 相对湿度的时数，也是很困难的。因此，侵染的预测，在很大程度上决定于小气候和大气候预测的准确度。这也是目前对侵染预测成效不高的基本原因。

发病预测，是通过测定某些已知病原菌对寄主侵染的有利条件来预测症状的出现。一但有利于侵染条件出现，其后一定时期病害即会发生。由于侵染是发病的预兆，并且是通过预测条件去预测，目前大多数病害都是利用这一方法进行预测。这一方法要求对病菌的传播、侵染、潜育期的条件有深入的了解。

（4）根据预测的目的分为产孢预测、传播预测、潜育期预测、始病期预测、流行过程预测、严重度预测、为害损失预测等，这里不一一列举说明。

2　有效预测的条件

不是所有植物病害都有必要和有可能进行预测。目前世界上能够进行预测的植物病害还是极少数。一种准确、实用的预测制度，必须具备下述条件：

（1）预测的对象作物，具有普遍的经济重要性，如粮食作物、重要的经济作物等。没有很大经济意义的作物病害，一般很少采用防治措施，没有必要进行预测。

（2）预测的病害，应是一种暴发性的病害，而且，它只在一定的条件下发生。这种病害，不是经常发生，因而经常的防治是浪费的，但又不能忽视，否则有病害流行的危险。这种病害，必须用预测预报来指导防治，才能达到经济有效的防治目的。

（3）具有对病害发展规律的详细观察和试验材料，天气预报和天气报告。没有这个材料，就无法制订预测的指标和方法。

（4）对预测的病害已有有效的防治措施，否则预测预报就毫无意义。

3　植物病害预测的依据

植物病害预测的根本依据，是它的流行规律。因此，在制定病害预测标准前，首先要明确在病害周年循环中，那一个时期对以后的病害发展是最重要的时期，什么条件决定这个时期的进程。病害的周年循环，包括越冬、初侵染来源、孢子的传播、沉降、萌发、潜育期、侵染、产孢、再侵染、越夏等过程。影响病害发展的条件，有病菌的数量、寄主的感病性和感病期、气候、土壤、耕作条件等。某些病害在一个时期的条件，可决定其全季的发生；另一些病害关键期可能出现多次。在发病条件方面，有些病害菌量的大小是流行强度大小的指示；另一些病害只要感病期出现都会发生病害的流行；大多数病害气候是流行的决定条件。而多数流行病的流行都要有病原、寄主、气候的适当配合。在分析这些条件时，非常适合和非常不适合的条件是容易分析的，但中间性和边缘性的条件则不容易区别。因此，为了确定病害的预测依据，必须对具体病害做具体的分析。下面介绍植物病害的各类预测依据。

3.1　初侵染源数量

对于一次侵染或流行速度慢或寄主感病期很短的病害，初侵染源的数量往往决定病害流行的程度。因此，初侵染源数量的调查，就构成这类病害的预测基础。

苹果黑星病的有性世代在落叶上越冬，它的成熟依赖冬春的天气。根据冬春的气候条件可预测春天子囊孢子第一次发射的时间。依据苹果树的发育阶段和当时的天气，可预测侵染的数量。

小麦麦角病以有性世代以菌核越冬，根据种子和田间的菌核调查可预测田间的流行强度。

小麦腥穗病也有类似的情况。其侵染来源是附着在麦种表面的厚垣孢子。在麦种发芽时侵入。在正常情况下，条件是适于侵染的，绝大多数品种也是感病的。因此，种子带菌量的调查提供了预测的基础。

初侵染源由于它的早期存在，所以在病害预测上特别有用。

3.2　接种体的传播

侵染源必须经过传播，才能达到感病的寄主，如果条件一般都适合侵染，根据传播的条件，即可预测侵染的发生。对于传播要求一定条件，而传播后的条件又适合于侵染的病害，可以利用传播条件进行预测。例如，许多病毒病害，主要靠某些昆虫传播。根据某些昆虫发生的生态条件和发生数量，可预计这类病毒病的发生程度。

某些病原细菌主要靠飞溅的雨滴传播，降雨可用来预测细菌病害的流行。

对于气传病害，在侵染源从单一地区发生的情况下，病害流行强度与距侵染源远近成反比。Gregory 根据空气气流传播的统计理论，提出了接种体传播的假设，认为侵染机率与 $1/x^n$ 成比例（x 为与接种源的距离，n 大约为 2）。因而减少一半距离，侵染机率可增大 4 倍，可见，接近接种体来源的地方，流行的危险增大。

3.3　孢子捕捉数量

孢子沉降到作物表面越多，侵染机率就越大。对于气传病害的孢子捕捉，有助于了解感病作物周围的病原菌数量，可为预测病菌侵染提供依据。锡兰的研究表明，茶饼病的发生，与茶园的茶饼病菌空中孢子数量有密切关系，根据空中孢子捕捉量，可预测这种病害的发生。有些地方的小麦锈病的侵染源，为冬季的干旱严寒所杀死，初侵染源主要来自南方早发病地区吹来的夏孢子。因此，对上层气流的孢子捕捉，能预测病害的发生。

3.4　侵染的条件

病害要发生流行，首先要大量侵染，而侵染过程对天气和作物条件都很敏感，因此，为预测病害的发生提供了良好的机会。菌源较多，作物又处于感病时期，可利用侵染条件预测病害的发生。这种预测依据，要求对孢子的存活力、发芽、侵染的条件有充分的了解。

某些种子带病的腐霉菌病害，常在种子发芽时侵染，其发生程度，与作物出土快慢相联系，湿冷的春天可预期发生较多。

橡胶炭疽病的侵染，要求在橡胶嫩叶期有高湿的条件。嫩叶期出现持续阴雨潮湿天气，可预测炭疽病会发生。

其他的病害，如马铃薯晚疫病、葡萄霜霉病等主要也是根据侵染的条件来预测。下面将详细介绍。

3.5　潜育期

潜育期与病害循环的其他时期相比是较长的。因此，为预测者提供了机会。但是，对于潜育期受环境条件影响不大，或潜育期很短的病害，则无法利用这个时期作预测。

在潜育时期，病菌已安全地生活在活的植物组织中，因而温度成为影响潜育期的重要因素。例如马铃薯晚疫病，如果把最高温度和最低温度从 23℃ 和 15℃ 降到 20℃ 和 10℃，潜育期延长 1/4，这样每个月的增殖就由 6 次减为 5 次。据此，就可以估计在一个生长季节内能否达到流行的程度。

前苏联（Hayuob）根据温度与潜育期的关系创造了一种预测规，后来 Ome na kob 提出了潜育期的预测公式：$t = \dfrac{O}{T-K}$，k=病害发展最低温度，T=最近几日平均温度。t= 时间，O=有效积温。

3.6 病害早期发生水平

病害早期的发生时间、数量、分布等往往与以后的发生程度有密切关系。因此，根据病害初期的发生情况，可以预测病害的发展。但是，前后期发生关系不密切的病害，则不能利用这种方法预测。我国马铃薯晚疫病的研究结果认为，发病中心的出现及其发展，与以后病害的发展有密切的关系。因而根据病圃的中心病株发生情况，可指导大田群众性普查，消灭中心病株以及采取有次序的化学防治，开展大面积的防治战役。橡胶白粉病在抽叶过程出现愈早，后期发病愈重。根据白粉病在春季抽新叶期间出现的迟早，可预计病害的严重程度，从而确定是否需要进行化学防治。橡胶炭疽病、稻瘟病在其发生过程中若出现急性型病斑，预示病害会有较大的发展。

3.7 寄主的感病性

如果病原普遍存在，气候条件适合病菌的发展，感病寄主的种植，或感病期的出现可提供预测的机会。我国南方的气候一般适合稻瘟病菌的发展，菌源也是较多的，所以 1959 年引种感病品种粳稻，引起稻瘟病的大流行。水稻不同发育阶段感病性的变化，也可提供短期预测的依据。如果分蘖期新叶增加迅速，叶片宽展，浓绿，柔软，前端下垂，或抽穗期叶色浓绿，剑叶宽长，叶片质地软弱，抽穗比常迟 10 天以上则为感病状态，可预测稻瘟病发生。

3.8 气候条件

气候影响菌源数量，侵染过程各环节和寄主的感病性，感病阶段的长短，是多数病害预测的主要依据。显然，只有那些直接或间接受气候影响较大的病害才有可能利用气候条件进行预测。

上述利用初侵染数量及循环各个环节做依据的许多预测病例中，都引述了气象条件的影响和利用气象条件做预测的依据。这里不重述。除此以外，近年有利用天气图来预测病害的发生。Bor rke 以西北欧的天气图为基础，确定马铃薯晚疫病的发生和天气图的关系，认为：①海洋上的热带气团开始活动。②停滞或缓慢移动的低压造成的长时期的潮湿阴雨天气。当天气图出现有这两种天气，即用报纸或广播通知栽培者进行喷雾。这种方法不考虑影响气候的条件，因而没有考虑到影响侵染和发病的地理变化。因此，在一个地区建立的指标，常常不能运用于别的地区。

目前用于病害预测的气象要素有降雨、相对湿度、温度、叶片潮湿时间、露期、日照等。在利用这些因素时，特别要注意它们的强度、出现和持续的时间。而持续时间常常是以小时为单位的。利用气象条件预测需要有气候记录材料或气象预报材料。

上述各类预测根据中，只根据寄主的感病性和感病期来预测，是在假设菌源和气候都适合发病，因此容易产生误差。同时，同一种病害在不同地区的限制因素可能有不同，不同的地区应根据当地的病害流行规律制订不同的指标。

4 建立预测标准的方法

Kause（1975）认为，建立预测标准有两种基本的方法：经验法和基础法。

（1）经验法或称推导法，常常是比较特定地区的病害观察气象记录，提出病害的发生与特殊气象条件的关系。这种方法通常统计成预测公式，或在病害发生前已经完成的特殊气象指标。分析特定地区的资料得出的指标，并不意味着这种指标仅运用于这个地区，如果这种方法不能普遍应用，说明对影响寄主—病原相互作用的所有重要的因子还不明确或不完全明确。因此，建立一种经验预测方法以后，应在不同条件的地区加以检验、补充和修正。

（2）基础法：根据实验室或大田试验，得到有关病原生物学特性或病原—寄主相互关系的资料，制订病害预测标准的方法称为基础法。此法又称理论法或诱导法。

经验法和基础法常常是可以转化的。一种基础法常从经验法而来。因为经验法要进行地区的适应性试验，改变以适合不同地区，当出现问题时，必需在控制的条件下解决，而当这些问题解决，确定了数理关系时，这种方法也就变成一种基础法了。

Kraus（1975）总结了马铃薯晚疫病和玉米细菌性凋萎病的预测方法改进过程后认为，建立预测标准的最简捷的方法，是在田间或试验区评价改进现存的预测方法。

5 处理几个具体问题的现代途径

（1）因子的测定：病害发展与天气关系的研究，要求对环境因素和病害的发展有准确的定量。1950 年开始，各国学者对测定环境因素的设备有较大的兴趣。在这个时期，Hirst 设计了一种测定空气中孢子数量的自动容量孢子捕捉器。1960 年以来，测定环境因素的设备有很大的进展。电热偶、电热电阻代替了双金属的或水银温度计，湿敏陶器的感湿器代替了毛发湿度计。美国还研究了露水记录仪，马铃薯晚疫病预测记录仪等，大大提高了测定的准确性。

（2）资料的记录和处理：以前，研究者要花很多时间在原始记录计算、画出统计表、统计图。现在，只要把资料记于压力纸或磁带上，以转换到计算机上，或将获得的数字，直接放到某些电子计算机上，几秒钟就可以完成数理统计任务，这就大大增加数理和统计技术的利用。

（3）多元回归分析：对多因子分析的多种统计技术中，最实用的方法是多元回归分析法（MRA）。这种技术，直到 1963 年 Van der Plank 强调植物病害流行学需要定量分析，和在流行学中应用相关回归以后，才在植物病理学上广泛应用。多元回归分析常用来解释流行过程、流行与环境的关系、预测病害在某一时间的发生水平、发病循环等问题，已在病害广泛应用。

（4）造型和模拟：通过造型试验，模拟自然的真实过程，已在多种学科中应用，而在植物病理学中的应用，则是在 1960 年才开始。一种人工气候室是模拟，一种计算机是模拟，一个预测公式也是模拟。Waggoner 描述马铃薯晚疫病的模拟式（Epidem）是植物病理学的第一模拟式。近年已描述了几个其他的模拟式，如 Hpimay（南方玉米叶疫病）、Epiven（苹果黑星病）等。Massie 建立的 Epimay，用多元回归建立预测模式，作为不同病害循环的模式。并且，利用机率分布和观察不同品种反应，用相同的导入资料作模拟。结果表明，不仅病害的平均速度，而且不同的品种变化都得到指示。用模式或模拟的方法，能使植物病害对环境的反应向定量的方向发展。

6　预测预报的组织和发报方法

在资本主义国家，植物病害预测，主要是依靠专业预测机构来进行。如在美国，以区域为单位建立预报业务组织。20 世纪 60 年代的预报业务包括马铃薯、番茄晚疫病、烟草霜霉病、黄瓜霜霉病、茶豆霜霉病等。各区指导当地防治。例如美国对马铃薯晚疫病的预报，在 Pennsylvnaia 地区选择试验区内 12 个栽植者，为每个人提供一套温湿度计、雨量计等仪器，要求栽植者定期用电话向中心测报站报告他们最近的天气记录，中心站根据 Hyre 的预测指标估计病情，发出喷雾警报。在 3min 内完在一个点的预报，每小时可处理 15~20 个预报。

我国的预测预报，以专业机构和群众测报相结合，开展群测群防的方法。在省、地、县、乡镇建立测报网。发动群众进行测报试验和预测预报工作，及时指导当地防治。这种专群结合的方法，比资本主义国家有更大的优越性。

7　植物病害预测预报的典型实例

7.1　马铃薯晚疫病

40 多年前，Van Everdingen 在荷兰提出了 4 个指标：①夜间凝露时间最少 4h，夜温低于露点温度的时间至少 4h。②最低温度 ≥10℃。③次日阴天 0.8 或更多。④次日可测量的雨量至少 0.1mm。如果 4 个条件具备，即应进行防治。这称为荷兰指标（Dutcn rules）。1928 年在荷兰实践证明是准确的。

1937 年英国标蒙氏（Beaumont）把荷兰指标改为 2 个指标：①最低温度 10℃ 或 10℃ 以上。②至少有两天的相对湿度在 75% 以上。近年爱尔兰从室内人工控制对晚疫病有利的环境试验中建立了新的预报标准：①潮湿时间至少有 12h，温度 ≥10℃，相对湿度 ≥90%。②叶上自由水至少维持 4h。其依据是这种温湿度下能使游动孢子产生和有利于侵染。

在美国，1946 年晚疫病严重流行以后，Cook 研究了东弗吉尼亚前 17 年的温度、降雨与马铃薯晚疫病的关系，发现在该地区的关键时期是从 5 月 8 日开始。按疫病年和非疫病年画出以 5 月 8 日为起点的积累平均降雨线，并做出中点线称之为关键降雨线。关键温度为 24℃。后来，他扩大分析到 31 年的资料。在其总结中指出在诺福克地区这个预测方法有 84% 的准确性，在 Oharleston 有 81% 的准确性。并分别在这两地区可避免 77% 和 58% 面积不需要喷雾。错误完全是出于人们预测病害流行，而实际上病害却未发展到流行的程度。

Hyre 应用了 Cook 的方法并加以改进，为美国东北部建立了预测标准。他用 Cook

曾经用过的"移动"降雨和温度分析法，把它改为在降雨线上每一点代表 10 天总雨量，而每一点的温度改为截至所指到那一点的 5 天平均温度的平均数。适合的日子就是 5 天平均温度在 25.5℃ 以下，10 天雨量 ≥3cm。连续 10 个有利日出现后，7~14 天晚疫病即出现。这个方法在北缅因州预测获得成功，1955 年在阿鲁斯图郡也非常成功。但 1956 年，马铃薯生长期特冷，在 Pnesgue 岛 26 天最低温度都低于 10℃，这种方法发生了误差。因此，对这个方法做了如下的补充：任何一天最低温度低于 10℃ 应认为不适合晚疫病的发生。

Hyre 的指标，不能运用到美国中西部，其中一个主要的原因是晚疫病在中西部可以在没有可测定的降水量的情况下发生。因为中西部的高湿条件已满足了此病发生的要求。Wallin 等做出了中西部的预测标准，对预测初侵染和再侵染，准确度极高。他的指标是：8 天的温度 ≤25.5℃，而每天有 10h 相对湿度 ≥90%。晚疫病的成功侵染即可出现。这些条件同样适合孢子囊的形成和侵染。

Hyre 和 wallin 的指标虽然很准确，但因农民缺乏仪器和经常提供资料不及时，一直没有普遍推广应用。到 1972 年经在测报组织和发报方法改进后（见前述），才广泛推广使用。

7.2 茶饼病的预测预报

锡兰 Kerr 等在 1966-1969 年深入研究了茶饼病流行学之后，发现茶饼病的发生与茶园的孢子沉降数量和叶片润湿的时间有密切的关系。但要测定这两个因素，在茶园中缺乏仪器。后来，他们发现孢子浓度与 100 个芽的病斑数和日照射数相关。多元回归预测孢子量的公式为：

$$y = 2.5824 - 0.6169x_1 + 0.06x_2$$

y = 每个病斑的孢子数的对数。通过转换可得出每个病斑的孢子数，乘以单位面积的病斑数，即可估算出大气中的孢子量。

x_1 = 每 100 个芽病斑数的对数。

x_2 = 平均每天平均日照时数的对数。

而叶片潮湿时间则与日照数相关。因此，只要知道 100 个芽的病斑数和日照时数，就可以测出孢子浓度和叶湿时间。代入下述多元回归公式可计算出 3 个星期后的病害发生程度：

$$y = 33 + 0.3145x - 0.03725x_1x_2$$

y = 3 个星期后每 100 芽病斑数；

x_1 = 每单位体积空气孢子量；

x_2 = 平均每天日数时数。

茶园中只要装一个日照计，同时，每天采茶后抽样 100 个芽，数出病斑数，就可以预测病害的发展，从而决定是否需要喷药。锡兰推广这种预测方法以后，喷药的次数由原来 24 次，减为 12~14 次就得到同样的效果，大大节省了人工和农药，预测的准确度很高。

7.3 玉米细菌性凋萎病

美国 Stevens 发现冬暖，翌年该病会严重流行。因为冬暖为传播媒介玉米跳甲安全越冬提供了有利的条件。其预测指标为：冬春温度（12月至翌年2月平均温度总计）96以下，指示轻病，100以上指示流行，90～100为中等发病。

7.4 橡胶季风性落叶病

锡兰Peries研究了季风性落叶病的流行规律，认为最适于侵染的温度为28℃。室内试验适于产孢、孢子发芽和游动孢子活动的温度为20～28℃。同时观察到29℃以下传播最快。大气湿度稳定地维持在80%以上，病害才能迅速发展，每天降雨0.1英时可使孢囊层维持长期活动。长期每日光照少于3h能引起病害流行。据此，Peries提出了预测季风性落叶病的预测指标：温度<29℃，相对湿度>80%，每天雨量最少0.1英时，每天日照时数少于3h，当有感病的绿果在树上，这种天气又维持4天，可预测在14天后病害流行。以后发现在6月中以前和8月底以后，即使出现这种条件也不流行。在1964—1967年进行试验，证明这个指标是有用的。

本文为热带农业科学院植保所开办"植物保护科技新进展"

讲习班专题报告（1984年）

植物病害综合治理的基本原理

余卓桐

目前世界上的植物病虫防治技术，已经改变了过去一病一虫逐个防治的状况，发展到利用多种措施、控制多种病虫的综合治理阶段。这是近年来植物病虫综合治理新理论发展的结果。迅速掌握、推广、应用和提高这个理论，对于提高我国病虫防治水平，保护生态环境，增加防治经济效益，都有重大的意义。目前国内外仍然很少有全面系统地论述植物病害综合治理的文献。本文简要评述植物病害综合治理的理论。

1 病虫综合治理理论的由来

病虫综合治理理论的产生，是人类长期与病虫害做斗争的新发展，是病虫防治技术进一步完善的表现。

20 世纪 40 年代以后，农药的研究发展很快，研制了大批的高效农药，使用农药防治病虫表现出优异的效果，于是，在病虫防治上，特别是虫害的防治上，出现了一种倾向，企图只通过化学防治消灭某些害虫。这样，滥用农药的现象发生了。农药的大量应用，出现了许多问题，如病虫的抗药性迅速提高，应用农药的数量越来越多；防治对象的再度猖獗；次要病虫的新暴发，对人畜的残毒；杀伤天敌和有益微生物；污染环境，破坏生态衡等现象都严重发生了。1962 年 Rechal carson 写了一本《静寂的春天》描述这些情况及严重后果，对植物保护学界震动很大。在这些年代前后，森林害虫的生态群体治理上取得了进展。他们不用农药，主要采用两种防治技术，一是生物防治，利用捕食性昆虫、寄生菌、雄性不育等技术，另一种是根据生态学和群体动态规律的知识，通过生态系统的管理，将害虫的为害降低至经济为害水平以下。结果，在 50 年代后期引进了经济阈值（Economic threshold）和综合防治（Integrated contro1）的概念。60 年代以后，逐步形成了综合病虫管理（Integrated pest management）的理论，并在多种病虫治理上取得了进展。

2 病虫综合治理的定义

关于病虫综合治理，学者们提出了多种定义，但一般使用联合国粮农组织采纳的权威定义："综合防治是一个病虫管理系统，根据有关的环境条件和病虫群体动态，尽可能以协调的方式，利用所有适当的技术与方法，把病虫保持在经济为害水平之下。"

"综合"两字有两个基本含义，一是治理对象的综合，即要防治同一作物，或一个生态区内主要作物的多种主要病虫。二是措施综合，即运用多种协调的措施防治一种或多种病虫。

3 病害综合治理的基本原理

植物病害综合治理包括生态学原理、经济学原理和防治技术学原理。

3.1 病害综合治理的生态学原理

病害综合治理的理论认为，病害综合治理是一种生态系统的管理问题，是生态系统管理的一部分，它必须从整个生态系统出发，根据生态学原理，科学地处理病害问题。

生态系统是在一定时间、空间内，生物的和非生物的成分之间，通过不断的物质循环和能量流动而相互作用、相互依存的统一整体。这个系统在自然界中形成、发展，以至成熟，达到相对的平衡。

人类种植作物、树木，也形成农业或森林的生态系统。它的生物成分包括作物、病原菌、抗生菌、害虫、天敌、其他微生物、动物、杂草等，非生物成分如气候（光、温、雨、湿、风）、土壤、水、大气、耕作措施等，这些成分相互作用、相互制约、相互依存，形成一个复杂的相互关系的整体——农业生态系统。病害问题，是生态系统的一个组成成分或亚系统，称为植物病害系统（Phytosystem）。植物病害系统中两个主要成分——病原菌和作物，除了它们之间的相互联系、相互作用以外，还与生态系统中其他成分联系、相互作用。例如病原-杂草、病原-抗生菌、病原-环境、病原-耕作制度；作物-杂草、作物-环境、作物、害虫、作物耕作制度的关系等（图1）。它们构成食物链或食物网，进行不断的物质循环和能量流动。这些相互联系、相互作用的总和决定了病害系统的特征—病害发生强度。如果这些联系有利于病原菌，不利于作物，则病害严重发生，作物遭受损害；相反，如果这些联系有利于作物提高抗性，不利于病菌，则病害轻微，作物丰产。

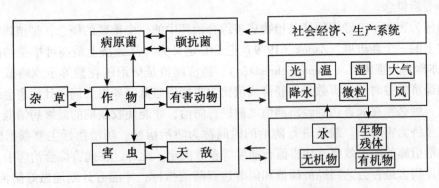

图1 作物-病虫生态系统主要成分相互示意图

病害综合治理，就是从生态学成分间相互联系、相互作用的原理出发，利用人类的干预措施，调节生态系统的成分关系，在保持整个生态系统相对平衡的前提下，使有利于作物，不利于病原菌，免遭病虫的为害，增加作物生产。

笔者在农业生产系统中施加各种措施，即进行病害综合治理，不单对病菌、作物及它们的相互关系——病害有影响，而且对整个农业生态系统都有影响。这些影响，可以有正的影响，如控制了病害，提高了作物的抗病性，促进抗生菌和害虫天敌的增长，增加了作物产量等；也可以有负的影响，如对人畜的残毒，污染环境，产生病虫的抗药性，杀伤有益微生物、抗生菌和害虫天敌，诱发其他病害发生等。因此，植物病害综合治理，必须从整个生态系统出发，在深入了解农业生态系统各成分之间的相互关系和各种防治措施对其影响的基础上进行。从农业生态系统出发，应用适当的防治措施调节生态系统各成分的关系以控制病害，并同时保持生态系统的平衡，这是植物病综合治理的根本原理。

根据这一原理，病害综合治理应注意下列问题。

（1）尽量避免使用或减少使用对生态系统有破坏作用的防治措施，如高频超量地使用农药等。

（2）注意利用生态系统的自然控制因素，如抗生菌、害虫天敌、有益微生物等。

（3）尽可能保持农业生态系统成分的多样性。生态系统中成分越多，营养结构越复杂，稳定性越大。

（4）利用各种耕作、栽培和防治措施创造有利于作物，不利于病害的生态条件。

3.2 病害综合治理的经济学原理

现代的病害综合治理，比以前任何时候都更强调实际的经济效益。

现代病虫综合治理的研究认为，生态系统中少量的病虫数量的存在，不继续认为是一个病虫害的问题。在某种意义上说，少量的病虫存在，对于人类的经济利益，对于维持生态系统的平衡都是有利的。因为允许少量的病虫存在，人们可以在一些轻病的地区或轻病的年份免去或减少防治，节约成本，避免环境污染和杀伤各种有益生物。基于上述基本观点，现代病虫综合治理提出了允许受害标准即经济为害水平（Economic injury 1evel 简称为 EIL）、经济阈值（Economic threshold）、作用阈值（Actlon threshold）即防治指标等新概念。

经济为害水平、经济阈值是植物病害综合治理中的一个重要的概念，是植物病虫害防治史上的一个新进展。Zadok（1979）把 EIL 定义为"从经济上最高可接受的病害水平"，亦称为为害阈值（Damage threshold）。经济阈值是防治的花费等于或略低于防治挽回的经济效益时的病害数量。经济阈值比为害阈值略低。如果人们预计病害会超过经济阈值，则必须在病害达到经济阈值之前进行防治，才能使收获期的最终病情低于经济阈值或经济为害水平。最适进行防治的时间称为防治指标。防治指标主要根据经济阈值、防治措施的防治效率、病害流行速度等参数决定。此外，在病害综合治理中，人们必须预计病害是否会达到经济阈值和何时达到防治指标，才能有计划地做好防治准备，使防治工作顺利进行。这就要求在防治指标到达之前有预测指标。病害预测包括经济阈值和防治适期。上述各种参量的相互关系如图 2。

强调防治的经济效益，根据经济阈值、防治指标来指导病害综合治理，也是病害综合治理的一个基本原理。

3.3 综合协调的防治措施

在进行病害综合治理时，所采用的措施要综合、协调，这也是病虫综合治理的一个基本原理。综合的涵义如前述（见综合治理的定义）。综合不是各种措施的机械叠合，必须互相协调，符合"安全、有效、经济、简易"的原则。措施的协调就是措施之间

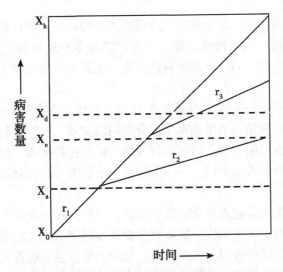

图2　经济阈值、为害阈值、防治指标的相互关系

注：X_0=初接种体；X_a=防治指标；X_e=经济阈值；X_d=为害阈值；
X_h=收获期病情；R=流行速度，r_1 为防治的流行速度，r_2 为在防治
适期防治的流行速度，r_3 为经济阈值时防治的流行速度。

没有矛盾或尽可能少矛盾，措施不重复，一种措施不抵消另一种措施的作用。一般说，化学防治与生物防治常常存在矛盾，但是化学防治与生物防治协调得好，既可减少施药量亦能提高生物防治的效能。措施协调的进一步要求是措施间有协同增效作用。有些措施往往对另一些措施有增效作用。例如应用水平抗性的品种，能提高化学防治的效果，减少用药量；应用某些农业措施如施肥、灌水等可明显提高商业品种水平抗病性，等等。

上述是病害综合治理的3个基本原理。第一个原理表明综合治理的根据，第二个原理表明在何种情况下要进行综合治理，第三个原理表明如何进行综合治理。三者互相联系，构成植物病害管理系统。这样病害综合治理的理论就全面地发展了植物病害防治科学，把病害防治提高到了一个新的水平。

4　防治策略、措施及其在综合治理上的作用

植物病害的防治，按照 Van der Plank（1963）的理论，主要有两种策略：

一是减少初接种体数量。如应用无病种子，种子消毒处理，收后消灭病残株，轮栽，种植垂直抗病品种等，它的主要作用是推迟病害的发生，对于一次侵染流行速度慢的病害较有效。

二是降低流行速度。如施用化学农药，应用有水平抗病性的品种，生物防治等，其作用是降低病害发展速度，适于流行速度高的多次侵染病害。

目前应用的防治措施主要有下述六类：植物检疫；农业防治；抗病选育种；化学防治；生物防治；物理防治。各种防治措施在综合治理上的作用如下。

4.1 植物检疫

植物检疫是对一些尚未广泛分布的危险性病虫进行检疫，防止其传入或输出，对限制病害传播有重大作用。植物检疫工作，一方面要健全检疫机构，制订良好的检疫制度，改进检疫手段与方法，另一方面要宣传群众，做到人人自觉遵守检疫制度。

4.2 农业防治

农业防治在病害综合治理中占有重要的地位。我国把农业防治作为综合治理的基础。农业防治的主要原理是调节生态系统成分之间的关系，创造有利于作物而不利于病原的条件，它具有减少侵染来源，降低流行速度，提高作物抗病、耐病、避病能力等作用。这类措施无需额外的防治费用，不污染环境，不伤害天敌和有益微生物，既经济又安全。

不是所有的农业措施都能用来防治植物病害，要根据各种农业措施对防治病害的作用来选择。目前用作防治病害的农业措施有改变耕作制度，消灭寄主植物，轮作，应用无病种子、种苗，改变播种时间，施肥排灌，田间卫生，组织培养无病种苗等，这里不一一赘述。其中特别值得提出的是耕作制度、施肥、组织培养等措施。耕作制度可以用来防治病害，但也可以诱发病害的严重发生。一般说，大面积栽培单一的作物品种，会使生物群落单纯化，整个生态系统不平衡，容易诱发病害流行，应该尽量避免；同一地区栽培多种作物，一年多熟，间作套种等有利于发挥农业生态系统的自然调节能力，减少病害。施肥也有这样的双重作用。目前已发现一些肥料既可作植物的营养，又有防病的作用，应该深入研究，广泛利用。组织培养是农业防治上的一个新进展。如某些作物的 Fusarium、Verticilium 引起的维管束病害，许多作物病毒病害，病原不可侵入到顶端组织，利用顶芽 1mm 的组织进行组织培养，可获得无病的繁殖材料。

4.3 抗病、耐病、避病品种的利用

利用作物基因的特性防治植物病害，投资少，效果高，有效期长，是一种十分经济有效的方法，也是当前病害综合治理的主要措施。它包括利用品种的垂直抗病性、水平抗病性、耐病性、避病性等，所涉及的问题较多，将在另一文中详述。

4.4 化学防治

化学防治具有见效快，效果高，使用、贮运方便，可以大规模工业生产等优点，尤其适合病害大面积发生时迅速控制病害，这是其他防治措施所不能比拟的。因此，化学防治即使存在各种问题，目前在病害综合治理中，仍然是一项必要的、不可取代的手段。

化学防治的主要问题是农药对人畜的残毒，对各种有益生物的毒害，污染环境，影响农业生态系统的平衡。目前主要从合成高效、低毒、低残留的农药品种和改进应用技术两方面来克服化学农药这些缺陷。在综合防治中，要避免单独施用农药。密切配合其他防治措施，不单可以节省农药，而且可以提高防治效果。

4.5 生物防治

是指利用对病菌有颉颃作用的微生物或其代谢产品防治植物病害的方法。鉴于施用农药存在的问题，生物防治已日益被人们所重视。生物防治具有不污染环境，不破坏生态平衡等特点，因而在病害综合治理中占有一定的地位。

生物防治包括利用抗生菌、抗生植物和抗生菌的代谢产物等方法。目前发现的抗生菌有真菌寄生菌、线虫寄生菌、噬菌体。此外，近年国际上还利用一种致病弱的病原株系保护植物免受致病力强的病原株系侵害的交互保护方法。抗生植物如文竹、金盏草等能分泌对线虫有毒的物质，用这些植物作间作可减少土壤的线虫数量。利用抗菌素防治植物病害已日渐增多。如在日本应用稻瘟菌素-S防治稻瘟病，国内用井冈霉素防治纹枯病等。

4.6　物理防治

包括利用机械筛选、温度、辐射处理等方法。主要用作种子处理和果品处理保鲜。其主要作用是减少初侵染来源。这在病害综合治理中常常应用。

5　开展病害综合治理的方法

进行病害综合治理，首先要制订综合治理的方案，然后根据这个方案组织人力、物力实施，并在实施过程不断修改、补充方案，提高综合治理的水平。

5.1　如何制订综合治理方案

制订综合治理方案，首先要确定管理的单位，明确管理对象，了解管理作物及其病害的生物学、生态学，测定经济阈值，然后选择和配合综合治理措施，发展监测技术，建立预测和管理模型。

（1）提出病害综合治理的目标，确定是一种病害的综合管理、一种作物病害的综合管理，还是一个生态区多种作物、多种病害的管理。

（2）调查了解被管理的农业生态系统成分之间的相互关系，特别要摸清植物病害系统中各种联系，环境对寄主和病原的影响，各种防治措施对病害的作用、病害发生的薄弱环节等。

（3）明确主要管理对象病害。这类病害不总是一个生态系统中发生数量最多的类群，而是在大部分时间内为害最大的病害。

（4）了解管理作物的生物学与生态学。

（5）研究管理对象病害的病原生物学及流行病学，包括病害的侵染循环，侵染、繁殖、存活、传播的生态条件，病害的流行条件、流行过程、流行速度等。

（6）确定经济阈值，要测定病害的为害损失，同时测定各种防治措施的防治效果、防治成本，防治挽回的损失等。

估计病害的为害损失有4种方法：①单点模型。用一元回归法统计某一点（关键点）的病害强度与损失率的关系。这种方法对一些为害期与产品主要生产期相吻合的病害比较适用。②多点模型。用多元回归法建立几点病情与产量损失的关系。适用于流行过程病程变化大、不同时期为害减产机制不同的病害。③流行曲线下的面积与病害为害损失的函数关系。这种类型是多点模型的进一步发展。④系统模型。要求事先有植物生长发育（产量形成）模型或动态生理模型，再加入病害这一组分，确定病害与其他组分之间的相互关系，从而形成可用于损失估计的系统模拟模型。组建的方法，系统分析法的使用，这里不做详述。

（7）选择与配合综合治理措施：选择与配合综合治理措施，以上述各项的研究为依据，要求符合"安全、有效、经济、简易"的原则。同时，在配合时要尽可能协调，减少矛盾；要注意利用措施间的协同增效作用；一种措施最好能兼治一些其他病害，以简化所用的措施。

（8）发展病害监测技术：在植物病害综合管理中，要求观察测定多种参量才能确定病害是否要治理，何时何地进行治理。主要需要监测的项目有：初接种体数量，作物候期，病原群体动态、病害发生动态，发病环境条件等。进行这些监测，要求有较好的方法，取样技术以及先进的测定设备。这里不做进一步详述。

（9）制作管理模型：现代的植物病害综合治理，主要靠电子计算机模型或数学模型来指导。模型是客观实际的缩写，可用数学式来表示。

制作模型，就是把上述各种观察、测定、试验的材料，用数学的方法，把系统内各成分的相互关系组建成模型。

制作模型的方法是用系统分析的方法。

5.2 如何开展病害综合治理

（1）组织有关力量，包括病理学者、生态学者、数学家协同调查、研究，测定生态系统和植物病害系统，制订合理的综合治理方案。

（2）建立一支稳定的植保队伍，并大力开展技术培训，提高这支队伍的水平，令其掌握病害综合治理的技术。

（3）从易至难，以点带面。开始时可做一些简易的综合治理，如一个病害的综合治理，取得经验后逐步提高。综合治理方法的推广，要坚持办点，以点带面。首先在点上试验，经过修正、补充，然后逐步向上推广。

参考文献（略）

原载于*热带作物研究*，1984（3）：19-23

植物抗病性利用

余卓桐

利用植物抗病性防治植物病害，是人类防治植物病害最早发现最先使用的方法之一。历史经验证明，利用这种方法防治植物病害投资少，效果高，有效期长，不污染环境，是十分经济、安全、有效的方法，也是当前植物病害综合治理的一个主要措施。笔者从《植物病害综合治理的基本原理》一文中选出"植物抗病性的类型与利用"这一专题做进一步的阐述，作为该文的补充。

Van der Plank（1963）根据寄主品种的抗病力与病原物小种的致病力之间有无特异性的相互作用，把植物抗病性分为两个类型。有特异性相互作用的称为垂直抗病性（Vartical resistance）；没有特异性相互作用的称为水平抗病性（Horizontal resistance）。如果用图来表示品种对生理小种的反应（图1、图2），具有垂直抗病性者，其图形是有若干垂直柱，说明对能抵抗的小种，抗病程度很高，而对不能抵抗的小种，则感病程度很高。具有水平抗病性者，其图形是水平状，分不出对那个小种较抗病，或较感病。

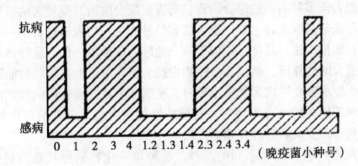

图1　马铃薯品种 Kennebec 的垂直抗病性

（它对0、2、3、4、2.3、2.4、3、4等小种有抗性；对1、1.2、1.3、1.4等小种感病）

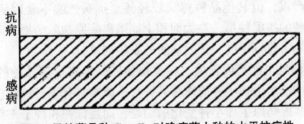

图2　马铃薯品种 Capella 对晚疫菌小种的水平抗病性

Van der Plank 提出这种抗病性分类以后，国际上引起了一些评论。许多学者认为这种分类过分绝对化，抗病性是相对的，抗病性的差异有如梯度的差异，有感病、中感、中抗、高抗，免疫等不同的等级，不应把植物的抗病性截然划分为两类。

笔者认为，Van der Plank 的抗病性分类，大体上反映了植物抗病性的基本类型，目前在国际上为许多学者所采用，本文将以其分类法讨论抗病性的利用问题。

植物的抗病性，除上述两类真正的抗病性以外，还有耐病性、避病性，在病害综合治理中都可以利用。

1 垂直抗病性及其利用方法

垂直抗病性是植物只抗一个或少数几个生理小种的特性。它对别的生理小种或新出现的生理小种则不能抵抗。在遗传学上，垂直抗病性是由单基因或寡基因（oligogene）所控制的，由主效基因独立起作用。抗病性遗传上表现为质量遗传（qualitative inheritance）。在流行学上，由于具有垂直抗病的品种可以抵抗某些病原物小种的侵染，并能限制对它能致病的小种在病斑中扩展，因而起到了减少初始有效菌量的作用。

垂直抗病性在田间一般表现为免疫或高度抗病的过敏性反应，即表现为无病或极轻病，因此，极易从田间发现和选出。具有这种抗病性的品种，一般幼苗的抗病性与成株相关较高，通过幼苗接种测定，即可确定其抗病程度。所以利用垂直抗病性，可以节省选育种的时间与金钱。

在病害综合治理中，利用垂直抗病性防治某种病害效果是异常显著的，很少需要配合其他措施，但若作多种病害的综合治理，则需要配合防治其他病害的措施。

过去几十年来都是以选育、推广垂直抗病品种为主。当人们选育出一个抗病高产品种后，就大面积地推广这一品种，形成了一个地区的品种单一化。品种的单一化必然对病原小种产生强大的选择压，结果在病原物中就会出现对这个抗病品种能够致病的生理小种。当这个生理小种发展成为优势小种时，抗病品种就会丧失抗病性。可见，垂直抗病性是不稳定和不持久的。合理利用垂直抗病性就成为病害综合治理中的一个重要问题。目前合理利用垂直抗病品种有如下方法。

（1）合理配搭种植抗病性不同的品种。品种单一化容易导致垂直抗病性的丧失，如果将抗病性不同的品种搭配种植或在一块田型种植多个品系（多系种植），就可以在一个地区内造成作物群体在遗传上的异质性，防止病原物群体的优势小种的形成，这样垂直抗病性的品种就不会很快丧失抗性，或即使出现能侵染某个品种的优势生理小种，丧失抗病性，病害严重，但其他品种感病较轻甚至抗病，就不会因病害而造成全面减产。抗病性不同品种的搭配种植，在大面积上能阻碍病原物的传播，降低病原的繁殖速度，因而可以减缓病害流行速度，推迟病害的发生与流行。

（2）轮换品种国外也称基因轮换。在发现能侵染垂直抗病品种的生理小种数量上升时，立即用能抵抗这个生理小种的作物品种替换原来具有垂直抗病性的品种。由于现代科学技术能及时掌握病原生理小种变化的动态，而且育种和种子工作也能跟得上，更换品种也变得现实可行。但是，必须指出，对于多年生的乔木，育种期较长，品种轮换尚有困难。

（3）利用多抗性品种。将对多种病害的垂直抗病性基因组合到一个品种中去，育出具有抵抗多种病害的品种而加以利用。国外称为基因累加。如水稻 IR28 除能兼抗白叶枯病和稻瘟病外，也抗飞虱和叶蝉，因而也能避免发生因这些媒介昆虫所传的病毒病。

2　水平抗病性及其利用方法

水平抗病性又称非小种专化抗病性、普遍抗病性，田间抗病性，它对所有小种的反应都是一致的，能抗多种病原生理小种，不易因小种发生变化而在短期内变为完全感病，抗性比较稳定。在遗传学上，水平抗性是由多基因（polygene）控制的，由许多微效基因（minor genes）综合起作用，抗性遗传表现为数量遗传（quantiration inheritalice）。水平抗病性能阻止病原物侵染寄主后进一步扩展和繁殖，因此，其在田间表现是病害潜育期长，形成的病斑少而小，病原物产生繁殖体的数量较少，其结果是病害流行速度较慢，最终发病程度较轻。水平抗病性不是一种绝对的或高度的抗性，在田间中其群体常有从抗病至感病个体的等级差别，在环境条件的影响下，抗病程度变化较大。因此，在有利于发病的条件下，水平抗性必须配合其他防治措施才能将病害控制在经济阈值以下。但是，由于它具有抗病性，当配合其他防治措施时，会比其他感病品种防治花费少、效果高。最近发现水平抗性也有丧失抗性问题，即病原物也会产生能侵害它的生理小种。如马铃薯对晚疫病具有水平抗性的某品系，其抗性有衰退现象。可见，水平抗病性也不是一种持久的抗病性，也不是在所有地区都能表现抗病，必须经过区域性抗性试验才能应用。利用水平抗病性还存在着鉴别、选择困难、不易选出兼具优良农业性状的品种，不兼抗其他病害等缺点。在病害综合治理中要注意解决。

3　耐病性及其利用方法

耐病性（tolerant）是指植物忍耐病害的性能。具有耐病性的植物，其发病与感病种相似，但病害对产量影响比感病种小，它是一种感病但产量不减少的一种性状。耐病性的利用，特别是在病毒病的防治上，最近引起了植物病理学者的兴趣。它的主要作用机制是推迟发病，到作物成熟期病害才发生，有的甚至是隐症，故对产量影响不大。利用耐病性防治作物病害，在多对象的综合治理中，需要配合其他措施。最近也发现耐病性有小种专化问题，也不是永久的特性。利用作物耐病性防治植物病害，还存在一些问题，例如其保护作用一般较抗病性低，选育耐病品种甚花时间与费用，难于在田间鉴别、挑选等。

4　避病性及其利用方法

避病性（escape）是植物避免发病或避免病害为害的特性。避病的植物，在本质上并不抗病，它所以避病，与寄主、病原和环境条件的相互关系有关。在日本，晚播水稻可使水稻抽穗感病期避过高温多湿的条件，减轻纹枯病的发生。有些作物的避病，与其形态、生理功能有关。如橡胶树有一品系 LCB870，其叶片生长较快，角质层在 14 天即可长至最大厚度，感病期很短，所以白粉病发生较轻。但若把此品系种植在高海拔地区，由于温度低，其叶片生长减慢，白粉病同样也会严重发生。因此，利用避病性防治植物病害是有条件的。

总之，在植物病害综合治理中，有 4 种植物抗病性可以利用。但是，任何一种抗病性都有其局限性，要根据情况应用。目前国际上以利用多种垂直抗病性为主，对水平抗病性、耐病性亦相当重视。笔者认为应该结合利用，发挥各种抗病性之所长，克服其短，这样才能获得较稳定的抗病性。

利用植物抗病性的最大问题是菌种的变异问题。所以现在提出了"稳定选择"的理论，这就是通过合理利用抗病品种使病原生理小种的组成稳定下来。上面提到的抗病性利用方法，是以这个理论为基础提出来的。目前还不能认为所有问题都解决了，仍需深入研究。

原载于*热带作物研究*，1984（3）：24-26

后　记

　　本书汇编了余卓桐 1959—2006 年从事热带作物农业病理学研究的论文和调研报告，主要内容是橡胶树、热带水果、水稻、热带林木等病害和热带农业病害科技进展及其发展战略研究的结果，其中包括 20 世纪 60 年代初中期周启昆、郑冠标主持有关橡胶树白粉病的论文和报告。书中各时期的论文报告，都是针对当时热带农业发生的重大病害进行研究和推广研究的成果，基本能反映重要热带农业病害研究的问题与进展，对相关人员也许有参考价值。

　　参加本书各时期有关项目研究的人员分别如下：周启昆（1953—1961），郑冠标（1962—1969），吴木和（1960—1965），黄朝豪（1963—1969），王绍春（1963—1990），张开明（1962），周春香（1977—1981），冯淑芬（1974—1975），姚金玉（1974—1976），林石明（1985—1988），肖倩莼（1985—1996），郑服丛（1984—1985），符瑞益（1986—1995），陈永强（1990—1995），伍树明（1992—1995），黄武仁（1997—2005），罗大全（1996—2005），谢艺贤（1996—2005），张运强（1996—2005），陈慕容（1996—2005），冯淑芬（1996—2005）。

　　20 世纪 60 年代初期中国农业科学院植物保护研究所所长林传光博士，80 年代初期美国路易斯安那大学教授 M. C. Rush 博士，80 年代中期北京农业大学教授、中国植物病理学会理事长曾士迈先生参加或指导过部分研究工作；海南省、广东省、云南省、广西壮族自治区、福建省农垦总局及其所属多个农场的一些主要植保科技人员（如龙永棠、罗立安、李志云、范会雄、邱学进、陈积贤、林寿峰、肖陈保、黄秀兴、孔丰、陈鸣史、李振武、陈仕廉、李世池、潘伟民等）对书中研究项目的参与和支持，在此一并致谢。

　　本书的汇编与出版是在中国热带农业科学院环境与植物保护研究所易克贤、黄贵修所长亲自计划安排下完成的，首先要感谢他们的支持，同时也要感谢陆敏泉、楚小强、李余霞、林培群、李博勋等协助书中资料整理、编排、文字校订。

余卓桐

2018 年 8 月 8 日

图书在版编目（CIP）数据

中国热带农业科学院环境与植物保护研究所1953—2010年科研论文与调研工作报告选编（第二卷）/中国热带农业科学院环境与植物保护研究所主编. —北京：中国农业科学技术出版社，2019.10

ISBN 978-7-5116-4033-8

Ⅰ.①中…　Ⅱ.①中…　Ⅲ.①热带作物-病害-防治-文集　Ⅳ.①S435.621-53

中国版本图书馆CIP数据核字（2019）第019539号

责任编辑　姚　欢
责任校对　李向荣　马广洋

出 版 者　中国农业科学技术出版社
　　　　　北京市中关村南大街12号　邮编：100081
电　　话　（010）82106636（编辑室）　　（010）82109702（发行部）
　　　　　（010）82109709（读者服务部）
传　　真　（010）82106631
网　　址　http://www.castp.cn
经 销 者　各地新华书店
印 刷 者　北京建宏印刷有限公司
开　　本　787 mm×1 092 mm　1/16
印　　张　41.25　彩插　16面
字　　数　980千字
版　　次　2019年10月第1版　2019年10月第1次印刷
定　　价　160.00元